国家科学技术学术著作出版基金资助出版

复杂冶金过程智能控制

吴　敏　曹卫华　陈　鑫　著

科学出版社

北　京

内 容 简 介

本书结合作者多年来的研究工作和实践经验，系统阐述了复杂冶金过程智能控制与优化方法在生产实践中的应用。主要内容包括：复杂冶金过程建模、控制与优化方法以及一些经典的智能控制与智能优化方法；炼焦配煤和焦炉加热燃烧过程智能优化控制、焦炉作业计划与优化调度、炼焦生产全流程优化控制；烧结配料、混合制粒与偏析布料、烧结点火和烧结热状态过程智能优化控制；高炉布料模型、高炉料面温度场在线检测和炉况诊断、高炉热风炉智能优化控制和高炉顶压智能解耦控制；蓄热式加热炉和 CSP 加热炉混合建模和智能控制；煤气混合加压过程智能解耦控制、煤气平衡系统设计与应用。

本书可作为高等院校理工科研究生和高年级本科生的参考书，也可供自动化及冶金领域相关工程人员参考。

图书在版编目(CIP)数据

复杂冶金过程智能控制/吴敏，曹卫华，陈鑫著. —北京：科学出版社，2016. 3

ISBN 978-7-03-047537-4

Ⅰ. ①复⋯ Ⅱ. ①吴⋯②曹⋯③陈⋯ Ⅲ. ①冶金-过程控制-智能控制 Ⅳ. ①TF0

中国版本图书馆 CIP 数据核字(2016) 第 044368 号

责任编辑：裴 育 陈 婕 纪四稳／责任校对：郭瑞芝
责任印制：张 倩／封面设计：蓝正设计

科学出版社 出版
北京东黄城根北街 16 号
邮政编码：100717
http://www.sciencep.com

新科印刷有限公司 印刷
科学出版社发行 各地新华书店经销

*

2016 年 3 月第 一 版 开本：720×1000 1/16
2016 年 3 月第一次印刷 印张：29
字数：572 000

定价：**168.00** 元
(如有印装质量问题，我社负责调换)

前　言

钢铁工业是国民经济和国防建设的基础,是保障国家高速发展的基础产业。据世界钢铁协会数据显示,2014 年中国内地粗钢产量为 8.23 亿吨,占全球钢产量的 49.5%,已连续 19 年位居世界首位。但是,我国钢铁工业污染严重,冶金过程控制水平与国际先进水平相比有较大差距,严重制约了钢铁工业的进一步发展。因此,需要进行工艺改造和产业技术升级,提高我国钢铁生产的效率,实现节能减排。

我国“十二五”规划中指出,钢铁行业要以“结构调整、转型升级”为主线,利用先进控制技术解决节能减排、环境保护、产业布局、生物制造等多方面存在的问题。目前,我国钢铁工业正面临着新的机遇与挑战。首先,随着国际铁矿石价格的波动,需要不断技术创新,将先进的智能化控制技术应用到钢铁冶金中,提高企业竞争力;其次,钢铁冶金是高耗能、高污染产业,在产业转型中,需要将“绿色制造”的概念贯彻到烧结、炼焦、炼铁、炼钢等各主要耗能环节中,利用先进控制技术提高生产效率,减少污染排放。

本书针对钢铁冶金过程控制问题,总结作者多年来的研究工作和体会,综合大量的国内外文献资料,系统阐述复杂冶金过程智能控制方法与技术以及在生产实践中的应用。本书可作为高等院校理工科研究生和高年级本科生的参考书,也可供自动化和冶金领域相关工程人员参考。

全书由 6 章组成。第 1 章是绪论,分别从建模、控制和优化三个角度阐述目前冶金行业的现状,并介绍一些经典的智能控制和智能优化算法。第 2 章针对炼焦过程,结合生产工艺,叙述炼焦生产过程全流程优化控制系统设计与实现。第 3 章以烧结过程中配料、混合制粒与偏析布料、点火和烧结热状态四个主要过程为研究对象,阐述针对不同对象的建模和智能优化控制方法,介绍智能优化控制系统在工业中的应用。第 4 章针对高炉生产过程,建立高炉布料模型,对高炉料面温度场和炉况进行检测和诊断,设计高炉热风炉智能优化控制系统和高炉顶压智能解耦控制系统。第 5 章以蓄热式加热炉和 CSP 加热炉为对象,提出混合建模和智能控制方法,设计加热炉智能优化控制系统。第 6 章主要论述煤气混合加压过程智能解耦控制和煤气平衡系统的技术方法与系统实现。

在撰写本书过程中,日本东京工科大学佘锦华教授给予了支持和帮助;中国地质大学(武汉)熊永华教授、安剑奇副教授,中南大学雷琪副教授以及北京国能日新系统控制技术有限公司向婕博士进行了大量整理工作;湖南华菱涟源钢铁有限公司信息自动化中心刘建群、黄兆军、王桂芳、冯力力、陈奇福、张新建和龚伟平等在控制系统设计与应用方面提供了协助和支持; 曹原、余慧萍、刘博、夏志勇、李浩、王亚、黎许峰、胡学敏、张永月、朱露莎、陈娅、曹军清、黄冰、彭凯、李皇、潘芳芳、谢新鹏、张小杨、李蕾、伍成静和王静等研究生承担了本书的文字整理、录入与校对工作, 在此对他们深表感谢。

由于作者水平有限, 书中存在不妥和疏漏之处在所难免, 望广大专家和读者批评指正。

作　者

2015 年 12 月

目　　录

第1章 绪 论

钢铁工业是指生产生铁、钢、钢材和铁合金的工业,是发展国民经济的重要基础产业。钢铁工业的发展直接影响着与其相关的国防工业及建筑、机械、造船、汽车、家电等行业。钢铁工业在我国国民经济发展中持续占据重要地位,国内钢铁需求持续走高,我国自 1996 年以来粗钢产量一直位居世界第一,钢铁行业蓬勃发展。其中,冶金自动化技术在钢铁工业生产中发挥着越来越重要的作用。

1.1 复杂冶金过程及其控制问题

钢铁工业生产流程如图 1.1 所示。整个流程可以分为铁前炉料制备、高炉炼铁、炼钢、连铸和轧钢等过程,进一步可以细化为炼焦过程、烧结过程、高炉炼铁过程、加热炉燃烧过程、连铸连轧过程和公用工程系统等环节。

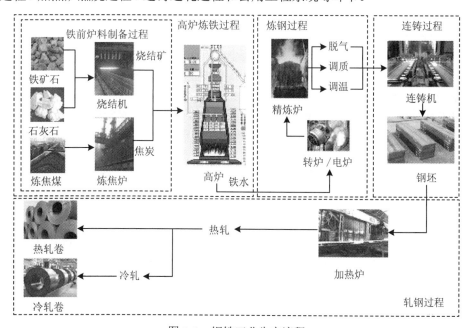

图 1.1 钢铁工业生产流程

首先,将铁矿石、石灰石、熔剂、燃料和烧结循环利用物等按照一定的比例,配成粒度合适的混合料并铺在烧结机台车上,在燃料燃烧供热、混合料不完全熔化的状态下烧结成块。目标是生产出成分合适、还原性强、透气性良好、具有一定尺寸和机械强度的烧结矿,以满足高炉熔炼要求。另外,将不同种类的炼焦煤按照比例配合,将混合均匀的配合煤送往焦炉炼焦,通过加热燃烧、推焦等过程之后,得到符合生产需求的焦炭。然后,将烧结料、焦炭和石灰石等原料送往高炉。在高炉中,矿石料在下降过程中逐渐被还原,熔化成铁水和铁渣。高炉炼铁的目的是通过还原反应将矿石中的铁元素提取出来,主要产品为铁水。接下来,将铁水送入转炉和精炼炉,通过脱气、调质和调温等步骤,去除高炉铁水中硫等非金属杂质。转炉生产出来的钢水经过精炼炉精炼以后,需要将钢水铸造成不同类型、不同规格的钢坯。连铸过程就是将精炼后的钢水连续铸造成钢坯的生产工序。钢铁冶金的最后一道工序是轧钢过程,轧钢分为热轧和冷轧两种,其目的一方面是得到需要的形状,另一方面则是改善钢的内部质量。通过这一系列的生产过程,最终将铁矿石变成人们生活中各种各样的钢铁制品。公用工程系统为钢铁工业生产提供保障基础,包括供水、供气、供电和供热等,煤气供应就是复杂冶金过程中典型的公用工程系统。

本书将分别针对炼焦过程、烧结过程、高炉生产过程、加热炉燃烧过程以及公用工程系统中的建模、控制与优化问题进行陈述。

随着钢铁生产规模不断扩大,对产品质量的要求不断提高。为了实现安全、环保和高效的生产目标,对复杂冶金过程控制提出了更高的要求。因此,如何在现有工艺流程、生产设备的情况下,利用过程信息,以工艺指标、节能、降耗和高效益为目标,实时在线优化生产过程参数,使整个生产过程运行于最优状态,切实提高企业的经济效益,是目前过程控制与优化所要解决的主要问题。

总之,复杂冶金过程是一个涉及传质、传热和复杂化学反应的工业过程。随着现代化工业生产过程越来越复杂,规模越来越庞大,人们对提高生产效益和产品质量、降低生产成本、强化环境保护的要求越来越高,从而对冶金生产自动化也提出了更高的要求。

1.2 复杂冶金过程的建模、控制与优化方法

如何利用有效的过程信息,建立准确的对象模型,设计高效的控制器,实时在线优化生产过程参数,同时对生产过程进行评估,从而实现系统优化运行,这是目前复杂冶金过程所面临的主要问题。

1.2.1 复杂冶金过程建模

复杂冶金过程的先进控制、参数的软测量、过程优化、调度与管理等都以模型为基础。工业过程建模经历了传统建模和智能建模两大阶段,如表 1.1 所示。然而,随着冶金工业往大型化、综合化和复杂化方向发展,工业过程建模难度越来越大,

它不仅涉及对象的非线性、不确定性、大时滞、参数分布性和时变性等内在的复杂机理问题, 而且涉及客观环境和人为的作用因素。

表 1.1 复杂冶金过程建模发展

阶段	建模理论	建模方法	建模要求	模型形式
第一阶段	传统建模	机理建模、系统辨识	简单、准确	较为单一
第二阶段	智能建模	智能化技术与理论	智能、集成、高效	多样化

传统的冶金过程建模方法包括机理建模和系统辨识两种建模方法。机理建模是在工艺机理分析的基础上, 依据物料平衡、热量平衡、动力学和热力学等理论建立的类似于方程式的模型。采用机理建模对过程进行描述, 在很大程度上依赖于科研和工程开发人员对实际工业过程的理论和化学、物理过程原理的认识。由于实际过程的复杂性和不确定性, 对于工业过程的认知总是有限的, 所以建立严格的机理模型十分困难, 所花费的时间和资金很多。

系统辨识通过对所研究工业过程输入与输出关系的观测, 基于一组给定的模型类, 用参数估计方法确定与所测过程等价的模型。系统辨识的关键是模型类的确定以及参数估计方法。已成功应用于系统辨识中的参数估计方法主要包括极大似然法、最小二乘法、互相关法、辅助变量法和随机逼近法等。

随着计算机水平的不断发展, 复杂冶金过程建模也逐渐由传统建模向智能建模发展。智能建模方法指将神经网络、模糊逻辑、模式识别等智能化技术和理论用于工业过程建模中。目前智能化建模技术已广泛应用于实际的复杂冶金过程中, 而且取得了很好的应用效果, 其中神经网络和模糊建模技术应用最为广泛。

人工神经网络可任意逼近非线性, 且具有大规模并行处理、知识分布存储、自学习能力强和容错性好等特点, 在复杂冶金工业过程建模中备受青睐。例如, 针对烧结制粒过程粒度参数定量化问题, 利用烧结热状态参数和操作参数, 建立粒级参数的 BP(back propagation) 神经网络模型[1], 对不同的粒级参数进行有效的定量评估。但是, 神经网络是一种基于生产数据的黑箱模型, 模型不具透明性, 不能揭示过程的机理。另外, 神经网络对训练样本的选择和需求量大, 当输入较多时, 存在网络结构复杂、网络训练耗时和收敛速度慢的缺点。因此, 可以利用粒子群、蚁群等优化算法对神经网络进行优化以克服这些问题。例如, 将粒子群优化算法与 BP 神经网络结合, 建立钢水终点温度预报模型。这种方法改善了神经网络收敛性能, 提高了预测速度和精度, 为钢水的冷却和轧制提供了精确的模型基础[2]。

模糊建模技术根据经验知识对过程进行描述, 它采用模糊推理方法, 能很好地处理生产过程中存在的大量不确定性信息。有学者针对铅锌烧结烧穿点温度无法直接检测问题, 利用 T-S 模糊建模方法建立了烧穿点预测模型, 有效地预测了烧穿点位置和温度[3]。但是模糊建模技术也存在难以获取知识的问题, 同时这种方法在确定规则数和模糊隶属度函数时需要有效数据的附加信息或先验知识, 而这些信息有时并不容易得到。大部分情况下, 将模糊技术和神经网络结合, 构成模糊神经网络建模方法。这样既可以处理和描述模糊信息, 又可以提高推理速度和模型精度。在复杂冶金过程建模中, 模糊神经网络技术也得到了广泛的应用。例如, 针对钢坯热轧过程中的能耗问题, 建立基于轧制信息反馈的模糊神经网络热轧生产过程模型, 可以解决神经网络容易陷入局部最小值的问题[4]。

复杂冶金工业过程存在多变量、非线性、强耦合、时变时滞以及不确定等复杂特性。这些复杂性导致传统的建模方法难以适用于复杂冶金过程建模。因此, 利用智能建模方法来提高模型性能显得尤为重要。综合利用已知的过程机理知识、实际操作经验和历史生产数据等, 将不同的建模方法集成运用, 是解决复杂冶金工业过程建模的有效途径。

1.2.2 复杂冶金过程控制

复杂冶金过程控制的发展和控制理论、仪表、计算机、计算机通信与网络以及相关学科的发展紧密相关。复杂冶金过程控制发展大致经历了简单控制系统、先进控制系统和综合自动化系统三个发展阶段, 如表 1.2 所示。

表 1.2 复杂冶金过程控制发展阶段

阶段	控制理论	控制工具	控制要求	控制水平
第一阶段	经典控制理论	常规仪表	安全、平稳	低下
第二阶段	现代控制理论	分布式控制系统	优质、高产、低耗	一般
第三阶段	多学科集成技术	计算机网络	智能、集成、高效	先进

第一阶段是 20 世纪 70 年代以前的简单控制系统。这一时期采用的控制理论为经典控制理论, 控制工具为气动、液动、电动等常规仪表, 控制目标只能保证生产安全、平稳和少出事故。

第二阶段是 20 世纪 70~90 年代的先进控制系统。在这一时期, 由于计算机技术的发展, 分布式工业控制计算机系统的出现与成熟, 为复杂冶金过程实施先进控制创造了技术基础。模型预测启发式控制、动态矩阵控制以及多变量预测控制系统的应用, 使得过程控制达到了一个新水平, 在实现优质、高产和低消耗的控制目标方面前进了一大步。这一时期的控制理论在深度和广度上有了许多进展, 鲁棒控制、非线性控制、预测控制在理论上都有重大突破。但是, 控制理论与实际过程控制的应用依然存在不小差距, 控制理论的发展仍不能完全满足实际的需要。

第三阶段是从 20 世纪 90 年代后期开始的综合自动化系统随着多学科如控制论、信息论、系统论、人工智能、管理科学和工程学等学科的交叉与渗透, 同时信号处理、数据库、计算机网络与通信技术的迅猛发展为实现高水平的自动控制提供了强有力的技术工具,复杂冶金过程控制的发展进入了第三阶段。在这一阶段,过程控制的目标已从保持安全平稳进入提高产品质量、降耗节能、降低成本、减少污染,最终以效益为驱动力来重新组织整个生产系统,最大限度地满足动态多变的市场需求,提高产品的市场竞争力。在该阶段,复杂冶金过程控制发展的主要特点如下。

(1) 先进控制成为发展的主流。20 世纪 70 年代以后,许多生产装置采用了分布式控制系统 (distributed control system, DCS)。但由于当时的理论和技术,控制水平仍停留在单回路 PID 控制、联锁保护等。随着企业提出高柔性、高效益的要求,上述控制方案已经不能适应。先进控制策略提出并且成功应用于实际生产之后,受到了过程工业界的普遍关注。先进控制策略主要有多变量预测控制、自适应控制、解耦控制、推理控制、专家控制、模糊推理和神经网络控制等,这些控制策略在复杂冶金生产过程中得到了广泛的应用。根据集气管压力耦合关系的不同,应用智能解耦算法,设计出组内解耦控制器和组间解耦控制器,用以消除三座焦炉在并联生产时集气管相互耦合对生产带来的影响[5];利用模糊控制方法,设计点火温度模糊控制器,对点火燃烧过程进行优化控制,可有效提高点火燃烧质量和煤气利用率[6]。

(2) 控制系统向开放式系统发展。随着综合自动化的潮流和计算机科学与技术的发展,各 DCS 生产厂家的产品大多不能兼容的局面已被打破。一些主要的 DCS 生产商经过激烈竞争,最后终于联手共同推出一种国际标准的现场总线 (fieldbus) 控制系统。它的主要特点在于开放性、彻底的分散性,以及智能化现场仪表和现场数字信号传输,因此被公认为具有时代特点的新一代分布式计算机控制系统。目前,在高炉、焦炉、烧结等复杂冶金生产中,现场总线控制系统因其可靠性、扩展性、开放性、功能的完备性、系统的可维护性等特点得到越来越广泛的应用。

(3) 综合自动化系统是未来发展方向。国内外企业在国际市场剧烈竞争的刺激和要求加强环境保护的社会压力下,节能降耗,少投入、多产出的高效生产和减少污染的洁净生产成为企业的生产模式,企业把提高综合自动化水平作为挖潜增效、提高竞争能力的重要途径。集常规控制、先进控制、过程优化、生产调度、企业管理、经营决策等功能于一体的综合自动化成为当前过程控制发展的趋势。综合自动化就是在计算机通信与网络和分布式数据库支持下,实现信息与功能的集成,进而充分调动以人为主要因素的经营系统、技术系统及组织系统的集成,最终形成一个能适应生产环境不确定性和市场需求多变性的全局优化的高质量、高效益、高柔性的智能生产系统。

1.2.3　复杂冶金过程优化

优化的问题就是讨论在众多的方案中寻找最优方案,并为问题的解决提供理论基础和求解方法, 它是一门应用广泛、实用性很强的科学。对于复杂冶金过程优化问题, 目前的研究热点主要集中于以下几点。

(1) 工况区域优化理论与技术。传统的优化理论中, 如线性规划 (linear programming, LP)、梯度方法, 是要在各种约束条件下, 求取目标函数的全局最优值。在实际的复杂冶金过程中, 一方面由于系统的复杂性, 求全局最优值十分困难; 另一方面, 许多过程并非一定要求最优值, 而只要求得优化区域就能满足要求。区域优化在实际应用中具有重大的使用价值。当前, 主要研究内容集中为: 区域优化问题的评价函数的确定; 根据实际问题, 确定优化区域; 区域优化算法研究, 包括传统优化算法、基于规则的搜索方法、遗传算法等; 区域优化算法的收敛性分析。

(2) 随机搜索优化方法。在复杂冶金过程中, 最受关注的几种方法是模拟退火算法 (simulated annealing algorithm, SAA)、遗传算法、进化计算 (evolution computing, EC) 和趋化性算法 (chemotaxis algorithm, CA)。这些优化算法的主要推动力来自要寻找全局最优解的难题, 如运用模拟退火算法对配煤比进行优化计算, 实现对配煤过程的控制 [7]。在求全局最优解的方法中, 一类是确定性方法, 如非线性规划 (nonlinear programming, NP); 一类是随机性方法, 如模拟退火算法、遗传算法和进化计算等。近年来, 利用混沌运动的遍历性、随机性和规律性等特点, 有关学者研究了混沌优化算法 (chaos optimization algorithm, COA), 取得了一些成果, 但混沌优化算法的内在机制、收敛性以及计算量尚待进一步研究。因此, 学者将遗传算法、趋化性算法和模拟退火算法等与传统优化算法有机结合, 探索有较快收敛速度, 保证全局最优解的优良算法。

(3) 智能优化。对于复杂冶金过程, 优化目标不一, 约束条件各异。用一般优化方法会遇到 "组合爆炸" 问题。智能优化方法的思想来源于模仿人脑在处理优化问题时的活动和自然界生物群体所表现出的智能现象。目前已达到应用阶段的技术有神经网络技术、遗传算法和粒子群算法 (particle swarm optimization, PSO) 等。遗传算法在复杂冶金过程控制领域中得到了不少的应用, 例如, 用遗传算法对焦炉煤气量的模糊控制器参数进行寻优, 利用遗传算法对烧结终点的人工神经网络的结构进行优化设计和权值学习等 [8]; 还有就是将传统人工智能技术与神经网络相结合, 例如, 通过提出基于模糊控制规则提取和神经网络技术相结合的钢坯加热过程综合优化控制策略, 实现对加热炉炉温预设定值波动的动态优化补偿 [9]。

1.3　智能控制与智能优化方法

工业过程日趋复杂化、大型化, 使得对过程控制提出了越来越高的要求。但是, 由于一些过程存在严重的不确定性, 以经典控制和现代控制理论指导的、基于被控对象数学模型的传统控制方法已经显示出不适应性。以知识工程为指导的智能控制理论和方法, 在处理高复杂性和不确定性方面表现出了其灵活性的决策方式和应变能力而受到高度重视。

1.3.1 神经网络控制

人工神经网络是模仿脑细胞结构和功能、脑神经结构以及思维处理问题等脑功能的新型信息处理系统。由于人工神经元网络具有复杂的动力学特性、并行处理机制、学习、联想和记忆等功能, 以及它的高度自组织、自适应能力和灵活性, 因而受到自然科学领域学者广泛重视。

神经网络是由大量神经元广泛互连而成的网络, 每个神经元在网络中构成一个节点, 它接收多个节点的输出信号, 并将自己的状态输出到其他节点。可以从不同的角度对人工神经网络进行分类。

(1) 根据所构成拓扑结构的不同, 神经网络可分为前馈型网络和反馈型网络。

(2) 根据网络性能的差异, 可分为连续型与离散型网络、确定性与随机性网络。

(3) 根据学习方式的角度, 可分为有导师学习网络和无导师学习网络。

(4) 根据连接突触的性质, 可分为一阶线性关联网络和高阶非线性关联网络。

根据有无隐含层, 前馈型网络又分为单层前馈型网络和多层前馈型网络, 分别如图 1.2(a) 和 (b) 所示。前馈型网络中每一层的神经元只接收前一层神经元的输出。这种网络结构简单, 属静态非线性映射系统, 通过简单非线性处理单元的复合映射, 可获得复杂的非线性处理能力。典型的前馈型网络有感知器网络、BP 神经网络和径向基函数 (radical basis function, RBF) 神经网络等。反馈型网络是指在网络中至少含有一个反馈回路的神经网络。在该网络中, 多个神经元互连以组织成一个互连神经网络, 如图 1.3 所示。其中, 有些神经元的输出被反馈至同层或前层神经元, 因此信号能从正向和反向流通。Hopfield 神经网络和 Elman 神经网络是典型的反馈型神经网络。

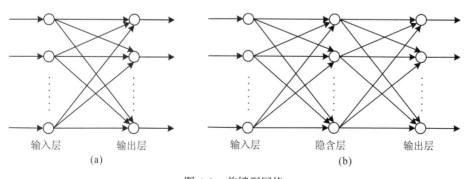

图 1.2 前馈型网络

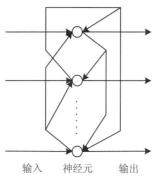

输入　　神经元　　输出

图 1.3　反馈型网络

从作用效果看，前馈型网络主要是函数映射，可用于模式识别和函数逼近。反馈型网络按对能量函数极小点的利用来分类有两种：第一类是能量函数的所有极小点都起作用，这一类主要用作各种联想存储器；第二类只利用全局极小点，它主要用于求解最优化问题。

神经网络系统是一个高度复杂的非线性动力学系统，不但具有一般非线性系统的共性，更主要的是它还具有自己的特性。一般来说，神经网络具有以下基本特点。

(1) 并行分布处理。神经网络具有高度的并行结构和并行实现能力，因此大大加快了信息处理的速度，适用于实时控制和动态控制。

(2) 非线性映射。任意连续的非线性函数映射关系可由多层神经网络以任意精度逼近，利用这一特性，神经网络可以有效地解决非线性系统的建模问题。这一特性在后续章节中广泛应用。

(3) 通过训练进行学习。神经网络通过基于过去的数据和经验进行训练，具有归纳全部数据的能力，因此能够解决那些由于数学模型或描述规则难以处理的控制过程问题。

(4) 自适应与集成。神经元之间的连接具有多样性，并且各神经元之间的连接权值又具有可塑性，这使得神经网络具有很强的自适应能力。此外，具有的信息融合能力使得网络过程可以同时输入大量不同的控制信号，实现信息的集成和融合。这些特点很适合复杂、大规模和多变量系统的控制。

在人工神经网络的实际应用中，人工神经网络模型多采用 BP 神经网络及其改进形式。除了 BP 神经网络，RBF 神经网络和 Hopfield 神经网络也是经常采用的神经网络模型，本节分别介绍这三种神经网络模型。

1) BP 神经网络

BP 神经网络就是一种采用误差反向传播学习方法的单向传播多层次前馈型网络，以三层神经网络为例，其结构如图 1.4 所示。

BP 神经网络学习是有导师学习，其学习过程由正向传播和反向传播组成。在正向传播过程中, 输入信息从输入层经隐含层处理, 并传向输出层, 每一层神经元的状态只影响下一层神经元的状态。如果在输出层不能得到期望的输出, 则转入反向传播, 将误差信号沿原来的连接通路返回, 通过修改各层神经元的权值, 使得误差信号最小。由于 BP 神经网络的这些特点, 它在模式识别、系统辨识、优化计算、预测和自适应控制领域有着较为广泛的应用。

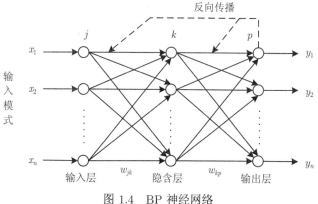

图 1.4 BP 神经网络

假设神经网络的输入层、隐含层和输出层的神经元数目分别为 n、l 和 m, 用 $\mathrm{In}_j^{(i)}$ 和 $\mathrm{Out}_j^{(i)}$ 表示第 i 层第 j 个神经元的输入和输出, 则网络中各层的输入输出关系为

$$\mathrm{Out}_j^{(1)} = \mathrm{In}_j^{(1)} = x_j, \quad j = 1, 2, \cdots, n \tag{1.1a}$$

$$\mathrm{In}_k^{(2)} = \sum_{k=1}^{l} w_{jk}^1 \mathrm{Out}_j^{(1)} + b_k, \quad \mathrm{Out}_k^{(2)} = f(\mathrm{In}_k^{(2)}), \quad k = 1, 2, \cdots, l \tag{1.1b}$$

$$\mathrm{In}_p^{(3)} = \sum_{p=1}^{m} w_{kp}^2 \mathrm{Out}_k^{(2)} + b_p, \quad \mathrm{Out}_p^{(3)} = \varphi(\mathrm{In}_p^{(3)}), \quad p = 1, 2, \cdots, m \tag{1.1c}$$

式中, w_{jk}^1 为输入层神经元和隐含层神经元的连接权值; w_{kp}^2 为隐含层神经元和输出层神经元的连接权值; $f(\cdot)$ 为隐含层神经元的激发函数; $\varphi(\cdot)$ 为输出层神经元的激发函数; b_k 为隐含层第 k 个神经元的阈值; b_p 为输出层第 p 个神经元的阈值。

可见, 一个三层神经网络的整体输入输出关系可以描述为

$$y_k = \mathrm{Out}_p^{(3)} = \varphi \left[\sum_{p=1}^{m} w_{kp}^2 f \left(\sum_{k=1}^{l} w_{jk}^1 x_j + b_k \right) + b_p \right], \quad p = 1, 2, \cdots, m \tag{1.2}$$

神经网络是通过学习算法来修正网络参数进而实现其函数逼近能力的, 下面介绍常用的 BP 学习算法。

假设有 h 个样本 $(\hat{X}_q, \hat{Y}_q)(q = 1, 2, \cdots, h)$, 将第 q 个样本的 $\hat{X}_q$ 输入网络, 得到的网络输出为 Y_q, 则定义网络训练的目标函数为

$$J = \frac{1}{2} \sum_{q=1}^{h} \left\| \hat{Y}_q - Y_q \right\|^2 \tag{1.3}$$

网络训练的目标是使 J 最小, 其网络权值的训练可以描述为

$$w(t+1) = w(t) - \eta \frac{\partial J}{\partial w(t)} \tag{1.4}$$

式中, η 为学习速率; $w(t)$ 为 t 时刻的网络权值; $w(t+1)$ 为 $t+1$ 时刻的网络权值。对图 1.4 所示的三层 BP 神经网络, 式 (1.4) 又可写为

$$w_{jk}^1(t+1) = w_{jk}^1(t) - \eta_1 \frac{\partial J}{\partial w_{jk}^1(t)} \tag{1.5a}$$

$$w_{kp}^2(t+1) = w_{kp}^2(t) - \eta_2 \frac{\partial J}{\partial w_{kp}^2(t)} \tag{1.5b}$$

令 $J_q = \frac{1}{2} \left\| \hat{Y}_q - Y_q \right\|^2$, 则

$$\frac{\partial J}{\partial w} = \sum_{q=1}^{h} \frac{\partial J_q}{\partial w} \tag{1.6a}$$

$$\frac{\partial J_q}{\partial w_{jk}^1} = \sum_i \frac{\partial J_q}{\partial Y_{qi}} \frac{\partial Y_{qi}}{\partial w_{jk}^1} \tag{1.6b}$$

$$\frac{\partial J_q}{\partial w_{kp}^2} = \sum_i \frac{\partial J_q}{\partial Y_{qi}} \frac{\partial Y_{qi}}{\partial \text{Out}_k^2} \frac{\partial \text{Out}_k^2}{\partial \text{In}_k^2} \frac{\partial \text{In}_k^2}{\partial w_{kp}^2} \tag{1.6c}$$

式中, Y_{qi} 表示在样本 q 作用下的第 i 个神经元的实际输出。

因此, 上述训练算法可以归结为以下步骤。

Step 1: 依次取第 q 组样本 $(\hat{X}_q, \hat{Y}_q)$, $q = 1, 2, \cdots, h$, 将 $\hat{X}_q$ 输入网络。

Step 2: 依次计算目标函数 $J = \frac{1}{2} \sum_{q=1}^{h} \left\| \hat{Y}_q - Y_q \right\|^2$, 如果 $J < \varepsilon(\varepsilon$ 为算法结束指标), 则退出; 否则, 进入下一步。

Step 3: 计算 $\partial J_q / \partial w_{jk}^1$ 和 $\partial J_q / \partial w_{kp}^2$。

Step 4: 计算 $\partial J / \partial w = \sum_{q=1}^{h} \partial J_q / \partial w$。

Step 5: 计算 $w(t+1) = w(t) - \eta \partial J / \partial w(t)$ 来修正权值, 再返回 Step 1。

2) RBF 神经网络

径向基函数神经网络简称 RBF 神经网络, 其网络结构也为三层结构, 如图 1.5 所示。

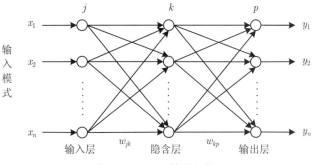

图 1.5　RBF 神经网络

RBF 神经网络是一种局部逼近的神经网络, 即它对于输入空间的某个局部区域只有少数几个连接权值影响网络输出。因此, 它具有学习速率较快的特点。

RBF 神经网络隐含层节点由像高斯函数的作用函数构成, 输出节点通常是如下所示的高斯函数, 即

$$\mu_k(x) = e^{-\frac{(x-c_k)^{\mathrm{T}}(x-c_k)}{2\sigma_k^2}}, \qquad k = 1, 2, \cdots, l \tag{1.7}$$

式中, μ_k 是第 k 个隐含层节点的输出; $x = [x_1, x_2, \cdots, x_n]^{\mathrm{T}}$ 是输入样本; c_k 是第 k 个高斯函数的中心值; σ_k 是第 k 个高斯函数的尺度因子; l 是隐含层节点数。由式 (1.7) 可知, 节点的输出范围为 0 到 1, 且输入样本越靠近节点中心, 输出值越大。

RBF 神经网络的输出是其隐含层节点输出的线性组合, 即

$$y_p = \sum_{p=1}^{m} w_{kp}\, \mu_k(x), \qquad p = 1, 2, \cdots, m \tag{1.8}$$

式中, m 为输出层节点数; w_{kp} 为隐含层神经元 k 到输出层神经元 p 之间的连接权值。

RBF 神经网络的学习过程与 BP 神经网络的学习过程是类似的, 两者的主要差别在于各使用不同的作用函数。BP 神经网络中隐含层节点使用的是 Sigmoid 函数, 其函数值在输入空间中无限大的范围为零值; 而 RBF 神经网络中使用的是高斯函数, 属于局部逼近的神经网络。

3) Hopfield 神经网络

Hopfield 神经网络属于反馈型网络, 具有连续型和离散型两种类型。图 1.6 描述了离散型 Hopfield 神经网络的结构。

图 1.6 是一个单层网络, 共有 n 个神经元节点, 每个节点输出均连接到其他神经元的输入, 各节点没有自反馈, 图中的每个节点 j 都附有一阈值 θ_j。w_{ij} 是神经元 i 与神经元 j 间的连接权值。

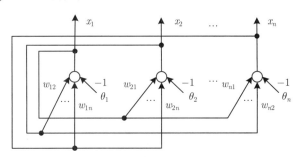

图 1.6 离散型 Hopfield 神经网络

对于每一个神经元节点有

$$\begin{cases} s_i = \sum_{j=1}^{n} w_{ij}x_j - \theta_i \\ x_i = f(s_i) \end{cases} \tag{1.9}$$

整个网络有如下两种工作方式。

(1) 异步方式: 每次只有一个神经元节点进行状态的调整计算, 其他节点的状态均保持不变, 即

$$\begin{cases} x_i(k+1) = f\left(\sum_{j=1}^{n} w_{ij}x_j(k) - \theta_i\right) \\ x_j(k+1) = x_j(k), \quad j \neq i \end{cases} \tag{1.10}$$

其调整次序可以随机选定, 也可按规定的次序进行。

(2) 同步方式: 所有的神经元节点同时调整状态, 即

$$x_i(k+1) = f\left(\sum_{j=1}^{n} w_{ij}x_j(k) - \theta_i\right), \quad i = 1, 2, \cdots, n \tag{1.11}$$

上述同步计算方式也写成如下的矩阵形式, 即

$$X(k+1) = f(WX(k) - \theta) = F(s) \tag{1.12}$$

式中, $X = [x_1, x_2, \cdots, x_n]^{\mathrm{T}}$ 和 $\theta = [\theta_1, \theta_2, \cdots, \theta_n]^{\mathrm{T}}$ 是向量; W 是由 w_{ij} 所组成的 $n \times n$ 矩阵; $F(s) = [f(s_1), f(s_2), \cdots, f(s_n)]^{\mathrm{T}}$ 是向量函数, 其中

$$f(s) = \begin{cases} 1, & s \geqslant 0 \\ -1, & s < 0 \end{cases}$$

离散 Hopfield 神经网络实际上是一个离散的非线性动力学系统。因此, 如果系统是稳定的, 则它可以从一个初态收敛到一个稳定状态; 若系统是不稳定的, 由于节点输出 1 或者 −1 两种状态, 系统不可能出现无限发散, 只可能出现限幅的自持振荡或极限环。

1.3.2 模糊控制

模糊控制理论是由美国加利福尼亚大学著名学者 Zadeh 教授提出的, 它是以模糊数学为基础, 采用语言型控制规则, 由模糊推理进行决策的一种高级控制策略。在设计中不需要建立被控对象的精确数学模型, 因而可以依据系统的模糊关系, 利用模糊条件语句写出控制规则, 设计出较理想的控制系统。这一特点使得模糊控制在实际工程控制中有着广泛的应用。

模糊理论是建立在模糊集合基础上的, 是描述和处理人类语言中所特有的模糊信息的理论。它的主要概念包括模糊集合、隶属度函数、模糊算子、模糊运算、模糊关系和模糊推理等。

根据模糊确定方式的不同, 模糊推理形式有很多, 较典型的除了 Mamdani 方法, 还有 Zadch 法、Baldwin 法、Yager 法和 Tsukamoto 法等, 具体内容可以查阅关于模糊控制的相关书籍。

模糊控制属于智能控制范畴, 发展至今已成为人工智能领域中的一个重要分支。模糊控制系统以模糊控制器为核心, 主要问题是模糊控制器的输入量模糊化接口、知识库、推理机、输出清晰化接口四部分的设计。图 1.7 为模糊控制系统的一般结构。

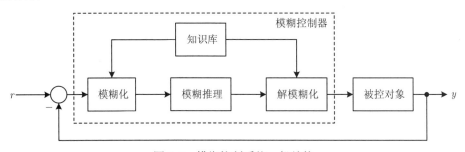

图 1.7 模糊控制系统一般结构

模糊化接口的作用是完成从输入的实际精确量到模糊量的量化、模糊化的过程。该过程首先是从模糊论域中元素个数的确定开始的。增加元素个数可以提高控制精度, 但会增大计算量, 而且模糊控制效果的改善并不显著, 在典型模糊控制系统中, 模糊语言值的个数为 $2\sim10$ 个, 而模糊论域元素的个数一般为 $5\sim30$ 个。

输入值从基本论域到模糊论域的映射是通过量化因子来完成的。假设在实际中, 某一输入量 (如误差 e) 的实际取值范围 (基本论域) 是 $[a,b]$, 其模糊论域确定

为 $\{-n, -n+1, \cdots, -1, 0, 1, \cdots, n-1, n\}$，则量化因子可通过式 (1.13) 来确定，即

$$K_e = \frac{n-(-n)}{b-a} \tag{1.13}$$

若某一时刻的输入值是 e_i，则对应于模糊论域中的元素为

$$E = \text{INT}\left[K_e\left(e_i - \frac{a+b}{2}\right) \pm 0.5\right] \tag{1.14}$$

输入值的模糊化是通过各语言值的隶属度函数实现的。为了保证在论域内所有的输出量都能与一个模糊子集相对应，要求模糊子集的数目和范围遍及整个论域，通常模糊集合选取的非零隶属度的元素个数为模糊集合总数的 2~3 倍。在论域大小的选取上，必须要满足论域中所含元素个数为模糊语言词集总数的 2 倍以上，确保诸模糊集能较好地覆盖论域，避免出现失控现象。

知识库是由数据库和规则库两部分组成的。数据库存放所有输入输出变量的全部模糊子集的隶属度矢量值，若论域为连续，则为隶属度函数。规则库用来存放全部模糊控制规则，在推理时为推理机提供控制规则。

模糊控制器的规则是基于专家知识或手动操作经验建立的、按人直觉推理的语言表示形式，通常用一系列的关系词连接而成，如 If、Then、Else、Also、and、or等。模糊控制是基于规则的控制，规则的优劣直接决定了整个系统的控制精度。

模糊控制规则的描述方式大体上有两种形式：一是采用语言描述形式，如 If < 条件 > Then <"当前事实" 特征标志 > 或 If <"当前事实" 特征标志 > Then < 控制规则 >；另一种是采用控制规则表的形式。

推理机是模糊控制器根据输入模糊量和知识库完成模糊推理并求解模糊关系方程，从而获得模糊控制量的功能部分。模糊推理又称模糊决策，有多种实现方法。

清晰化接口是把由模糊推理所得到的模糊输出量转变为精确控制量的单元，包括模糊判决和比例变换两部分。经过模糊推理得到的控制输出是一个模糊隶属度函数或模糊子集，必须从模糊输出隶属函数中找到一个最能代表这个模糊集合作用的精确量，这就是模糊判决。模糊判决有多种方法，如最大隶属度法、重心法、最大高度法、最大平均值法、高度法、面积法和最大面积法等。下面分别介绍常用的最大隶属度法和重心法。

(1) 最大隶属度法：在推理结论的模糊集合中，取隶属度最大的那个元素作为输出量。如果所得到的隶属度函数曲线是平顶的，则其具有最大隶属度的元素不止一个，需要对这些最大隶属度的元素求平均值。

最大隶属度法简单、方便且实时性好，但其丢掉了隶属度较小的元素，忽略了模糊推理结果的隶属函数形状宽窄和分布情况，所概括的信息量较少，因此这种方法适用于实时性要求较高但控制精度要求低的控制系统中。

(2) 重心法: 通过计算输出范围内的整个采样点的重心而得到控制量, 即取模糊隶属度函数曲线与横坐标所围面积的重心作为代表点。该方法比较直观地反映了模糊输出的实际值, 其计算表达式为

$$u = \frac{\sum x_i \mu(x_i)}{\sum \mu(x_i)} \tag{1.15}$$

式中, u 为精确化输出量; x_i 为输出变量; $\mu(\cdot)$ 为模糊集隶属度函数。

输出比例变换又称反量化, 是将模糊论域上的量化值转换为基本论域上的实际控制量的过程。该过程是通过比例因子来完成的。假设在实际中, 输出量的模糊论域为 $\{-n, -n+1, \cdots, -1, 0, 1, \cdots, n-1, n\}$, 其实际取值范围 (基本论域) 是 $[u_{\min}, u_{\max}]$, 则比例因子可通过式 (1.16) 来确定, 即

$$K_u = \frac{u_{\max} - u_{\min}}{n - (-n)} \tag{1.16}$$

若某一时刻的、经模糊判决后得到的精确化输出值是 u, 则对应实际控制量为

$$u_{\mathrm{f}} = K_u u + \frac{u_{\max} + u_{\min}}{2} \tag{1.17}$$

模糊控制器的设计需要解决如下几个问题: 模糊控制器结构的确定、控制规则的确定、模糊化和清晰化方法的确定、推理方法的确定等。

所谓模糊控制器结构的确定就是确定模糊控制器的输入输出变量。控制器的结构对整个系统的性能有较大的影响, 必须根据被控对象的具体情况和对系统性能指标的要求合理选择。一般有以下几种分类。

根据输入输出量的个数, 可将模糊控制器分为单输入单输出 (single input single output, SISO) 模糊控制器和多输入多输出 (multiple input multiple output, MIMO) 模糊控制器。单输入单输出模糊控制器又根据输入量个数分为一维、二维、三维等。理论上, 模糊控制器的维数越高, 控制越精细。但是维数过高, 模糊控制规则变得过于复杂, 控制算法的实现相当困难。因此在实际应用中一般选用二维模糊控制器。

根据控制的机理, 模糊控制器可分为单一型和复合型。复合型模糊控制器是把模糊控制和其他传统控制方式组合在一起的控制器, 通常由简单模糊控制器和 PI 或 PID 控制器组合。

根据控制功能, 模糊控制器又分为固定型、变结构型、自组织型和自适应型等; 根据智能化程度, 模糊控制器可分为模糊专家控制器、模糊神经控制器、模糊混沌网络控制器和智能集成控制器等。

在模糊控制器的设计中, 通常把语言变量的论域定义为有限整数的离散论域, 如 $[-6, +6]$ 或 $[-3, +3]$ 等。增加论域中元素的个数可提高控制精度, 但增大了计算

量, 且模糊控制效果的改善并不一定显著。因此, 一般选择模糊论域中所含元素个数为模糊语言变量总数的两倍以上, 确保各模糊集能较好地覆盖整个论域。

量化因子的大小对控制系统的动态性能影响很大, 以两输入模糊控制器为例, 假设输入为误差 e 及其变化率 ec, 则有误差量化因子 K_e 较大时, 响应加快, 但系统振荡加剧, 超调较大且过渡过程较长; 误差变化率量化因子 K_{ec} 较大时, 超调量减小, 但系统的响应速度变慢。同样地, 输出比例因子的大小也影响控制系统的性能。它作为模糊控制器的总增益, 其大小直接影响着控制器的输出: 选择过小, 系统动态响应过长; 选择过大又会导致系统振荡。

语言值分档越多, 对事物的描述越细、越准确, 制定控制规则更灵活, 控制效果也越好。但是太多又可能使得控制变得复杂, 编程困难且占用存储量大。选择较少的语言值分档, 规则相应变少、规则的实现也会更方便, 但过少的控制规则又会导致控制作用变粗而达不到预期的效果。因此, 在选择模糊状态时要兼顾简单性和控制效果。

常用的隶属函数有高斯函数、三角函数、钟形函数、S 形函数和 Z 形函数等。一般隶属函数的形状越陡, 分辨率越高, 控制灵敏度也越高; 相反, 若隶属函数的变化很缓慢, 则控制特性也较平缓, 系统的稳定性较好。因此, 在选择语言值的隶属函数时, 一般在误差为零的附近区域采用分辨率较高的隶属函数, 而在误差较大的区域可采用分辨率较低的隶属函数。

模糊控制规则是模糊控制器的核心, 是人们对受控过程认识的模糊信息的归纳和操作经验的总结。在选择控制规则时应注意规则的条数和质量。控制规则的获取一般有三种途径: 经验归纳法, 即根据人的控制经验和直觉推理经整理、加工和提炼后构成模糊规则的方法; 推理合成法, 即根据已有的输入输出数据对, 通过模糊推理合成求取被控系统的模糊控制规则; 在通用控制规则表的基础上, 进行适当修改, 作为系统控制规则的方法。

模糊推理一般采用 Mamdani 推理法。由于在线推理比较费时, 所以为了节省 CPU 的运算时间, 增强系统的实时性, 通常采用离线方式进行模糊控制规则查询表的计算。

综合考虑控制系统的精度和实时性等要求, 从最大隶属度法、重心法、面积法和中位数法等中选取一种方法来解模糊, 得到变量的精确控制量。

理论上, 经过模糊化接口、规则库、模糊推理和清晰化接口的设计, 一个较完整的模糊控制器就构建成功了。但是, 当系统在线运行时, 如果每次采样都要根据以上步骤进行一次推理、去模糊化, 则运算十分烦琐, 将占用大量的计算机资源并影响系统的实时性。所以, 通常用查表法来解决这个问题。

查表法就是将模糊语言控制规则表中的输入输出模糊语言值用模糊论域中的一个元素来代替, 从而得到一个查询表格存储在计算机的内存中。在实时控制时,模糊控制器首先将采样得到的输入量 (如偏差和偏差变化率) 量化, 再根据量化的结果去查查询表得出控制量的量化值。

1.3.3 专家控制

专家系统 (expert system, ES) 是人工智能最重要的应用领域之一。经过几十年的发展, 理论和技术日臻成熟, 其应用得到了飞速发展。专家控制技术是专家系统在控制领域中的典型应用, 是一种基于知识的控制方法。它利用专家系统的推理机制来决定控制方法的灵活选用, 实现解析规律与启发式逻辑的结合、知识模型与控制模型的结合; 它模仿人的智能行为, 采取有效的控制策略, 从而使控制性能的满意实现成为可能。

专家系统是一个具有大量专门知识和经验的程序系统, 可以根据某个领域一个或多个专家提供的知识和经验, 模拟人类专家解决问题的方法, 进行推理、判断和决策, 处理那些需要专家才能解决的复杂问题。简单地说, 专家系统是一种模拟专家解决领域问题的计算机程序系统。

专家系统的基本组成是以知识库为中心的, 如图 1.8 所示, 包括知识库、推理机和人机接口。

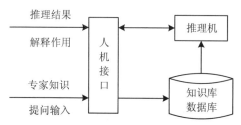

图 1.8 专家系统的基本组成

不同的专家系统, 根据功能的不同, 其结构也有不同的形式。图 1.8 给出了所有专家系统都应具有的部分, 这里一个非常简单的框架, 把知识和推理分离, 表示了所有专家系统的显著特征。

与其他系统相比较, 专家系统具有一些显著的特点, 主要表现在能够处理病态结构问题 (即难以用数学或算法解决的问题), 以知识处理为核心, 具有透明性、灵活性和可扩展性等方面。

知识库是专家系统的核心, 包括两部分内容: 一部分是与当前问题有关的数据信息; 另一部分是进行推理时用到的一般知识以及领域专家的专门知识和经验。这些知识和经验可以用产生式规则的形式, 即

$$\text{If} \quad \text{条件} \quad \text{Then} \quad \text{动作} \tag{1.18}$$

式中, 条件表示系统的状态; 动作表示得出的结论。当给定的条件满足时, 则采取相

应的动作。用产生式规则构筑起来的专家系统称为基于规则的系统。

为了建立知识库, 必须解决知识获取和知识表示问题。知识获取涉及如何从领域专家那里获得专门知识和经验, 而知识表示则是如何用计算机能够理解的形式表达和存储知识。式 (1.18) 表示的产生式规则就是知识表示的一种形式。

推理机根据知识库中的知识和经验进行推理, 并得出结论。对于基于规则的系统, 推理机根据系统的状态解释和执行知识库中的产生式规则, 从而最终得出结论。

人机接口是人与系统进行信息交换的界面。对于建立专家系统的知识工程师, 它提供向知识库输入新知识、修改知识库中的知识、解释推理的过程和说明推理的结果。对于使用专家系统的操作者, 一方面要识别解释输入的问题和数据等信息, 并把这些信息转化成为系统内部的表示形式, 另一方面要以易于理解的形式说明推理的结果, 解释推理的过程。通过这种方式, 使人与系统之间能够进行交互式对话。

应用专家系统的概念和技术, 模拟控制专家的知识和经验构筑起来的控制系统, 称为专家控制系统 (expert control system, ECS)。专家控制系统与一般的专家系统是有明显区别的。一方面, 一般的专家系统通常是离线工作的, 对专门领域的问题进行咨询和解释等, 而专家控制系统则需要定时获取在线信息, 进行实时控制; 另一方面, 一般的专家系统以知识为基础进行推理, 可以得到能够用自然语言描述的结论, 而专家控制系统则往往使用基于模型的推理方法, 自动地获得相应的控制作用来实现控制功能。

一个用于工业过程的专家控制系统可以用图 1.9 所示的简化结构来表示, 它是在专家系统的基本组成上扩展得到的, 除了知识库、推理机和人机接口, 还增加了数据库和过程接口, 分别用于存储过程数据和与控制对象连接。

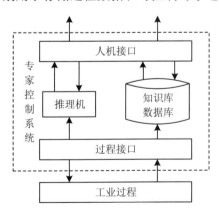

图 1.9　工业过程专家控制系统的简化结构

在基于产生式规则的专家控制系统中, 数据库是一种过程信息数据库, 含有工作内存的功能, 存放来自于过程接口的过程状态信息, 用于与规则的条件部分相匹配。过程接口可分为检测接口和控制接口两个部分, 检测接口向专家控制系统提供过程状态和数据, 控制接口把专家控制系统的推理结果变换为控制作用, 对工业过程进行直接控制。

对于一些控制问题, 考虑到控制性能、可靠性、实时性等方面的要求, 可以将专家控制系统简化为一个专家控制器, 而对一些复杂过程, 可以采用分级递阶结构的专家控制系统。根据专家控制器在控制系统中的作用, 可以把专家控制系统分为下述两类。

(1) 直接专家控制系统。这时的专家控制器直接给出控制信号, 影响被控对象, 它根据测量到的过程信息和知识库中的规则, 由推理机进行推理, 导出每一个控制时刻的控制信号。很显然, 在这种情况下, 专家控制器直接包含在控制回路中, 每一个控制时刻都必须由专家控制器给出控制信号, 控制系统方可正常运行。直接专家控制系统如图 1.10 所示。

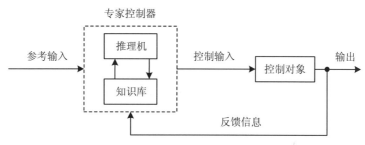

图 1.10 直接专家控制系统的结构

(2) 间接专家控制系统。它的一个显著特点是把基本控制器或控制装置与专家控制器分离开来, 基本控制器可能采用 PID 控制、模糊控制、极点配置、模型参考自适应等算法, 专家控制器则起到自校正、自整定等参数调节的作用。专家控制系统在这种情况下, 应用一些规则实现的启发性知识使不同功能的算法都能正常运行, 以满足控制要求。另外, 专家控制器还可以用于调整传统控制器的结构。间接专家控制系统的结构如图 1.11 所示。

一个典型的间接专家控制系统是专家 PID 控制系统, 它把专家控制系统技术与传统 PID 控制系统技术相结合, 根据控制对象的状态信息, 采用专家控制器调节传统 PID 控制器的参数, 使控制系统不仅对环境的变化有较强的自适应能力, 而且可以实现比较优良的控制性能。在专家控制器中, 除了数据库和推理机, 还应有信息获取与处理以及控制与操作机构, 前者使控制器定时获得有关控制对象的在线信息, 后者根据推理机的推理结果对控制对象实施控制与操作, 或用于参数调节的控制与操作。

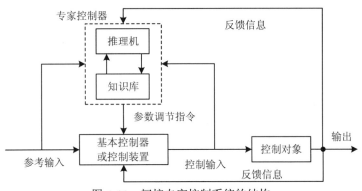

图 1.11　间接专家控制系统的结构

基于模型的专家控制系统, 主要是应用对象模型和控制模型来进行专家控制, 不仅利用专家知识和经验, 而且强调对象模型和控制模型, 在推理方法上, 往往采用基于模型的推理。图 1.12 是一个基于模型的专家控制系统。

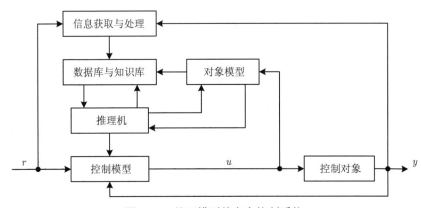

图 1.12　基于模型的专家控制系统

基于模型的专家控制系统获得合适的控制信号的推理过程如下: 首先是获取过程的状态和信息, 进行特征信号处理; 然后应用知识库的知识和规则进行推理, 根据推理结果由控制模型获得控制输入; 最后利用对象模型预测在这种控制输入作用下过程的输出特性, 如果这时的输出特性符合要求, 则这种控制输入可以作用于实际过程, 否则继续进行推理, 直到获得有效的控制输入。

1.3.4　解耦控制

耦合是生产过程控制系统中普遍存在的一种现象, 生产过程是一种有序过程, 环环相扣, 变量间关系错综复杂, 一个过程变量的波动往往会影响多个变量的变化, 这就是耦合, 而解除耦合关系的过程称为解耦。

两个控制回路之间的耦合, 往往会造成两个回路久久不能平衡, 以致无法正常工作, 设这种耦合关系如图 1.13 所示。

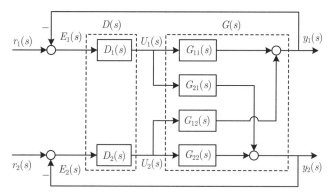

图 1.13 多变量控制系统的耦合关系图

在该多输入多输出的多变量控制系统中, 被控对象的传递函数矩阵为

$$G(s) = \left[\begin{array}{cc} G_{11}(s) & G_{12}(s) \\ G_{21}(s) & G_{22}(s) \end{array} \right] \tag{1.19}$$

则被控对象输入输出间的传递关系为

$$\left[\begin{array}{c} Y_1(s) \\ Y_2(s) \end{array} \right] = G(s) \left[\begin{array}{c} U_1(s) \\ U_2(s) \end{array} \right] \tag{1.20}$$

且

$$\left[\begin{array}{c} U_1(s) \\ U_2(s) \end{array} \right] = \left[\begin{array}{cc} D_1(s) & 0 \\ 0 & D_2(s) \end{array} \right] \left[\begin{array}{c} E_1(s) \\ E_2(s) \end{array} \right] = D(s) \left[\begin{array}{c} E_1(s) \\ E_2(s) \end{array} \right] \tag{1.21}$$

式中, $D(s) = \left[\begin{array}{cc} D_1(s) & 0 \\ 0 & D_2(s) \end{array} \right]$ 为控制矩阵。

由图 1.13 可知, 多变量控制系统的开环传递函数矩阵为

$$G_k(s) = G(s)D(s) \tag{1.22}$$

闭环传递函数矩阵为

$$\Phi(s) = [I + G_k(s)]^{-1} G_k(s) \tag{1.23}$$

式中, I 为单位矩阵。

解耦控制的主要目标是通过设计解耦补偿装置, 使各控制器只对各自相应的被控量施加控制作用, 从而消除回路间的相互影响。

对于一个多变量控制系统, 如果系统的闭环传递函数矩阵 $\Phi(s)$ 为一个对角线矩阵, 即

$$\Phi(s) = \begin{bmatrix} \Phi_{11}(s) & 0 & \cdots & 0 \\ 0 & \Phi_{22}(s) & \cdots & 0 \\ \vdots & \vdots & & \vdots \\ 0 & 0 & \cdots & \Phi_{nn}(s) \end{bmatrix} \tag{1.24}$$

那么, 这个多变量控制系统各控制回路之间是相互独立的。因此, 多变量控制系统解耦的条件是系统的闭环传递函数矩阵 $\Phi(s)$ 为对角线矩阵, 如式 (1.24) 所示。

为了达到解耦的目的, 必须在多变量控制系统中引入解耦补偿装置 $F(s)$, 如图 1.14 所示。由式 (1.23) 可知, 为了使系统的闭环传递函数矩阵 $\Phi(s)$ 为对角线矩阵, 必须使系统的开环传递函数矩阵 $G_k(s)$ 为对角线矩阵。因为 $G_k(s)$ 为对角线矩阵时, $[I + G_k(s)]^{-1}$ 也必须为对角线矩阵, 那么 $\Phi(s)$ 必为对角线矩阵。

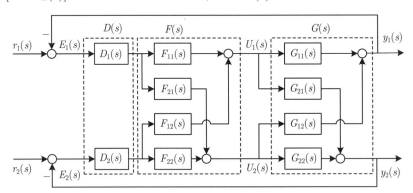

图 1.14 多变量解耦控制系统框图

引入解耦补偿装置后, 系统的开环传递函数矩阵变为

$$G_k F(s) = G(s)F(s)D(s) \tag{1.25}$$

式中, $F(s) = \begin{bmatrix} F_{11}(s) & F_{12}(s) \\ F_{21}(s) & F_{22}(s) \end{bmatrix}$ 为解耦补偿矩阵。

由于各控制回路的控制器一般是相互独立的, 控制矩阵 $D(s)$ 本身已为对角线矩阵, 所以, 在设计时, 只要使 $G(s)$ 与 $F(s)$ 的乘积为对角线矩阵, 就可使 $G_k F(s)$ 为对角线矩阵, 即

$$\begin{bmatrix} G_{11}(s) & G_{12}(s) \\ G_{21}(s) & G_{22}(s) \end{bmatrix} \begin{bmatrix} F_{11}(s) & F_{12}(s) \\ F_{21}(s) & F_{22}(s) \end{bmatrix} = \begin{bmatrix} G_{11}(s) & 0 \\ 0 & G_{22}(s) \end{bmatrix} \tag{1.26}$$

因而, 解耦补偿矩阵 $F(s)$ 为

$$\left[\begin{array}{cc} F_{11}(s) & F_{12}(s) \\ F_{21}(s) & F_{22}(s) \end{array} \right] = \left[\begin{array}{cc} G_{11}(s) & G_{12}(s) \\ G_{21}(s) & G_{22}(s) \end{array} \right]^{-1} \left[\begin{array}{cc} G_{11}(s) & 0 \\ 0 & G_{22}(s) \end{array} \right] \quad (1.27)$$

综上所述, 采用对角线矩阵综合方法, 解耦之后的两个控制回路相互独立, 如图 1.14 所示。

目前, 国内外对于多变量系统的解耦控制研究主要有三大类。

(1) 传统解耦方法。传统解耦方法以现代频域法为代表, 也包括时域法, 主要适用于线性定常多输入多输出系统, 典型的方法有求逆矩阵法、相对放大系数匹配法、对角优势法、状态反馈法。

(2) 自适应解耦方法。自适应控制思想与解耦技术相结合并应用于多变量系统中, 就形成了自适应解耦控制。自适应解耦控制的目标是使系统的闭环函数成为对角阵, 通常把耦合信号作为干扰处理。自适应解耦实质上采用了最优控制的思想, 这是自适应解耦控制与传统解耦方法的本质区别。

(3) 智能解耦方法。智能解耦控制主要是指神经网络解耦控制、模糊解耦控制等利用智能化方法实现解耦的方法。由于神经网络可以任意精度逼近任意函数, 并具有自学习功能, 主要用于时变、非线性、特性未知的对象。当对象的输入输出之间没有明确的映射关系时, 通过建立相应的模糊规则进行模糊解耦控制是常用的方法 [10]。

传统解耦方法和自适应解耦方法相对简单、容易实现, 适用于能求得精确数学模型的线性系统, 如果系统无法求得精确数学模型, 则不再适用。神经网络解耦控制不需要建立被控对象精确的数学模型, 主要以神经元网络解耦方法为代表。目前神经网络解耦在一类非线性系统中已有了一些研究成果, 但更多的解耦策略带有尝试性, 通常只停留在仿真实验阶段。神经网络解耦控制系统通常采用以下三种形式: 神经网络解耦补偿器置于被控制对象与控制器之间; 神经网络解耦补偿器置于控制器之前; 神经网络解耦补偿器置于反馈回路。神经网络解耦补偿器一般采用三层前向神经网络, 用 BP 学习算法训练。神经网络解耦控制系统为了提高参数收敛速度, 采用分段学习算法。为了避免陷入局部极值, 还可以采用遗传算法。但神经网络存在实现复杂性、针对性太强的缺陷, 限制了神经网络解耦控制的有效应用和推广。

与神经网络解耦控制系统一样, 模糊解耦控制系统也不需要建立被控对象精确的数学模型, 只需事先总结出一个模糊解耦规则表。模糊解耦规则表是一个专家系统, 将控制专家的解耦经验与专家知识事先存在规则库 (知识库) 中。当进行解耦控制时, 当前的测量数据以及事实、证据、情况等存入数据库, 规则应用模型 (推理机) 对规则进行选择与执行, 进行模糊推理, 实现解耦。模糊解耦控制在多输入多输出系统中应用是非常成功的, 成功的关键是解耦控制器设计相对简单, 避开了高深晦涩的解耦理论, 它解决多变量之间的耦合性问题是通过模糊解耦规则体现出来的。因此其模糊解耦规则的设计应充分考虑多变量之间的耦合性。

1.3.5 预测控制与自适应控制

过程控制界认为预测控制 (predictive control, PC) 是一种很有前途的控制方法, 尤其是已获得成功应用的多变量预测控制。预测控制的基本原理是模型预测、滚动优化和反馈校正, 它需要过程的动态模型。通过在线重复优化和反馈校正, 及时校正建模误差及其他不确定性造成的影响, 但对一般系统鲁棒性和稳定性较难分析。在控制方案实施上要求阶跃响应或脉冲响应实验, 有的生产过程不能做到。基于对象输入输出数据离线或在线辨识的广义预测控制(generalized predictive control, GPC) 克服了上述缺陷, 并作为一种具有代表性的预测控制算法之一, 被广泛应用于过程工业中。目前 GPC 都是以线性系统作为被控对象, 对于弱非线性系统, 一般仍能取得较好的控制效果, 但对一些强非线性系统, 难以奏效。对于非线性的广义预测控制研究, 主要有基于 Hammerstein 模型的广义预测控制、基于 LMOPDP 模型的广义预测控制、基于神经元网络的非线性系统广义预测控制, 还有基于双线性模型、多模型等多种方法。

在复杂冶金过程中, 很多过程是时变的, 如焦炉加热燃烧过程中焦饼的温度变化、焦炉集气管的压力变化等, 若采用参数与结构固定不变的控制器, 则控制系统的性能会不断恶化, 此时需要采用自适应控制系统来适应时变的过程。自适应控制可以看成一个能根据环境变化来智能调节自身特性的反馈控制, 可以使控制系统按照一些设定的标准工作在最优状态, 它是辨识与控制的结合。目前, 比较成熟的自适应控制分为三类。

(1) 自整定调节器及其他的简单自适应控制器。其中, 自整定 PID 调节器已有成熟产品并在工程中获得了较广泛的应用。

(2) 模型参考自适应控制。它能自动调整控制规律, 使控制系统输出与参考模型输出相近。在这些系统中, 自适应回路的稳定性至关重要。

(3) 自校正调节与控制。瑞典的 Åström 教授与英国的Clarke 教授在这方面做了许多开拓性的研究工作, 国内外许多学者在他们的基础上进行了大量的改进、提高、完善及应用工作, 使其更加完善与可靠。

一般来说, 自适应控制在航空、导弹和空间飞行器的控制中很成功, 但在复杂冶金过程的控制应用中, 传统的自适应控制效果并不理想, 需要进行有效的系统设计才能取得满意的效果。

1.3.6 递阶智能控制

分级递阶智能控制 (hierarchical intelligent control, HIC) 是在人工智能、自适应控制和自组织控制、运筹学等理论的基础上逐渐发展形成的, 是智能控制的最早理论之一。

目前智能递阶控制理论有两类: 一类是由 Saridis 提出的基于三个控制层和"精度随智能提高而降低"原理的三级递阶智能控制理论; 另一类是由 Villa 提出的基于知识描述数学解析的两层混合智能控制理论, 这两类控制理论在递阶结构上相类似。

在递阶控制中, 控制系统由许多控制器组成, 最下面一级的每个控制器只控制一个具体的子系统。每一级控制器从上一级控制器 (或决策单元) 接收信息, 以控制下一级控制器 (或子系统), 各控制器之间的冲突由上一级控制器 (或协调器) 进行协调。递阶协调控制的任务是通过协调控制, 使大系统中的各子系统相互协调、配合、制约、促进, 从而在实现各系统的子目标、子任务的基础上, 实现整个大系统的总目标、总任务。

由萨里迪斯提出的分级递阶智能控制理论按照 IPDI (精度随智能提高而降低) 的原则去分级管理系统, 它由组织级、协调级、执行级三级组成, 这三个基本控制级的级联交互结构如图 1.15 所示。图中, f_1 为自协调级至组织级的离线反馈信号; f_2 为自执行级至协调级的在线反馈信号; $C = \{c_1, c_2, \cdots, c_m\}$ 为输入指令; $U = \{u_1, u_2, \cdots, u_m\}$ 为分类器的输出信号, 即组织器的输入信号。

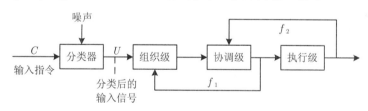

图 1.15 递阶控制结构示意图

1) 组织级

组织级是递阶智能控制系统的最高级, 是智能系统的"大脑", 能够模仿人的行为功能, 具有相应的学习能力和高级决策的能力。组织级能够根据用户对任务的不完全描述与实际过程和环境的有关信息组织任务, 提出适当的控制模式向低层下达, 以实现预定的控制目标。其主要功能有以下几种。

(1) 推理: 将不同的基本动作与接收的命令通过推理规则联系起来, 产生控制目标与为达到目标所需要进行的活动, 并从概率上评估每个动作。

(2) 规划: 对动作进行排序, 并用熵函数计算活动的不确定性。

(3) 决策: 选择最大可能的规划, 即最小总熵的规划, 这是一个完全有序的活动序列, 是下达给协调级的任务或指令。

(4) 反馈: 在执行每次任务并对此评估之后, 从较低层选取反馈信息, 通过学习算法更新概率。

(5) 存储交换: 更新长效记忆存储器中的内容。

2) 协调级

协调级是递阶智能控制系统的次高级, 其任务是协调各控制器的控制作用与各子任务的执行。该级可以进一步划分为两个分层: 控制管理分层与控制监督分层。控制管理分层基于下层的信息决定如何完成组织级下达的任务, 以产生施加给下一层的控制指令; 控制监督分层的任务是保证、维持执行级中各控制器的正常运行, 并进行局部参数整定与性能优化。

协调级一般由多个协调控制器组成, 每个协调控制器既接受组织级的命令, 又负责多个执行级控制器的协调。它是组织级与执行级之间的接口, 运算精度相对较低, 但有较高的决策能力与一定的学习能力。

3) 执行级

执行级是递阶智能控制系统的最低一级, 由多个硬件控制器组成。执行级完成具体的控制任务, 并不需要决策、推理、学习等功能。执行级的控制任务通常是执行一个确定的动作, 执行级控制器直接产生控制信号, 通过执行结构作用于被控对象; 同时执行级也通过传感器测量环境的有关信息, 并传递给上一级控制器, 给高层提供相关决策依据。执行级的智能程度最低, 控制精度最高。

在萨里迪斯的递阶智能控制系统中, 对智能控制系统的各级采用熵作为测度。组织级是智能控制系统的最高层次, 可以采用熵来衡量所需要的知识; 协调级连接组织级与执行级, 可以采用熵测量协调的不确定性; 在执行级, 熵函数表示系统的执行代价, 等价于系统所消耗的能量。每一级的熵相加成为总熵, 可以用于表示控制作用的总代价。设计和建立递阶控制系统的原则就是使所得的总熵为最小。

综上所述, 分级递阶智能控制的基本原理为: 系统按照自上而下精度渐增、智能递减的原则建立递阶结构, 而智能控制器的设计任务是寻求正确的决策和控制序列, 以使整个系统的总熵最小。这样, 递阶智能控制系统就能在最高级组织级的统一指导下, 实现对复杂、不确定系统的优化控制。

1.3.7 智能优化算法

优化是科学研究、工程技术和经济管理领域的重要研究对象。例如, 工程设计中怎样选择参数, 使设计方案既满足要求又能降低成本; 资源分配中, 怎样分配有限资源, 使分配方案既满足各方面的基本要求, 又能获得好的经济效益。在人类活动的各个领域中, 诸如此类, 不胜枚举。

优化问题是个古老的课题, 目前对优化问题的求解研究有两个发展方向, 一个是以分析泛函为基础的, 对优化问题进行严格的理论证明, 提出确切的求解算法, 只要这些算法求解的问题满足一定的条件, 就能保证求出问题的最优解。另一个方向就是以自然界生物群体所表现出的智能现象为基础而设计的智能算法, 这些算法虽然不能够保证一定得到问题的最优解, 但这些算法有以下特点：算法机理简单, 易于理解, 而且算法设计简洁, 对目标函数没有特殊的要求; 易于编程计算, 能在可接受的时间范围内给出问题的一个满意的解。因此, 对智能优化算法的研究是当今的热点。

自 20 世纪 90 年代以来, 一些学者便开始注意到如蚂蚁、蜜蜂、鸟群和鱼群等群居生物能够依靠整个集体的行为完成觅食、清扫、搬运、御敌, 建立坚固、漂亮和精确的巢穴等许多令人匪夷所思的高效的协同工作。人们受这些生物行为的启发, 通过模拟自然生态系统机制并结合计算机科学来解决一些传统问题和实际应用中出现的新问题, 这就是智能优化算法。

智能优化算法在传统优化技术难以处理的组合优化问题中具有独特优势, 是人工智能研究领域中的一个重要分支。目前较为流行的几种智能优化算法包括模拟生物界中自然选择和遗传机制的遗传算法、源于固体退火原理的模拟退火算法、模拟鸟类群体捕食行为的粒子群算法 (又称微粒群算法) 以及模拟蚂蚁群体觅食行为的蚁群算法等。这些算法大大丰富了现代优化技术, 也为那些传统优化技术难以处理的组合优化问题提供了切实可行的解决方案。

对于具有非线性、时变、强耦合的复杂冶金工业过程, 传统的优化方法难以满足其优化要求, 智能优化方法作为计算机科学与遗传算法、蚁群算法和粒子群算法等人工智能技术相结合的产物, 逐步地成为近年来复杂冶金工业过程控制发展的方向。本节主要对遗传算法、蚁群算法和满意优化进行简要的概述。

在复杂冶金过程自动控制领域中有很多与优化相关的问题需要求解, 遗传算法已经在其中得到了初步的应用。例如, 用遗传算法对焦炉煤气量的模糊控制器参数的寻优过程进行说明, 利用遗传算法对烧结终点的人工神经网络的结构进行优化设计和权值学习等。

遗传算法是模拟生物在自然环境中的遗传和进化过程而形成的一种自适应全局优化概率搜索算法。该算法最先由美国密歇根大学的 Holland 教授于 1975 年在其专著 *Adaptation in Natural and Artificial Systems* 中系统提出。20 世纪 70 年代 Jong 基于遗传算法的思想在计算机进行了大量的纯数值函数优化计算实验。在一系列研究工作的基础上, Goldherg 进行了归纳总结, 形成了遗传算法的基本框架。

遗传算法的基本原理如下。

将问题空间中的决策变量通过一定编码方法表示成遗传空间的一个染色体, 并将该染色体对应的决策变量的目标函数的值转换成适应度值。生物的进化是以集团为主体的, 与此相对应, 遗传算法运算的对象是由染色体个体组成的集合, 称为群体。与生物一代代的自然进化过程相类似, 遗传算法的运算过程也是一个反复迭代的过程。在迭代过程中, 该群体不断地经过遗传和进化操作, 并且每次都按照优胜劣汰的规则将适应度较高的个体更多地遗传给下一代, 这样最终的群体将会得到一个优良的个体, 它所对应的解将达到或者接近问题的最优解。

生物的进化过程主要是通过染色体之间的交叉和染色体的变异来完成的。与此相对应, 遗传算法中最优解的搜索过程也模仿生物的这个进化过程, 使用选择、交叉和变异三个遗传算子来进行遗传操作, 从而得到新一代的群体。选择算子用来实施适者生存的原则, 即把当前群体中的个体按与适应值成比例的概率复制到新的群体中, 构成交配池 (当前代与下一代之间的中间群体)。选择算子的作用效果是提高了群体的平均适应值。由于选择算子没有产生新个体, 所以群体中最好个体的适应值不会因选择操作而有所改进。交叉算子可以产生新的个体, 它首先使从交配池中的个体随机配对, 然后将两两配对的个体按某种方式相互交换部分基因。变异算子是对个体的某一个或某一些基因值按某一较小概率进行改变。从产生新个体的能力方面来说, 交叉算子是产生新个体的主要方法, 它决定了遗传算法的全局搜索能力; 而变异算子只是产生新个体的辅助方法, 但也必不可少, 因为它决定了遗传算法的局部搜索能力。交叉和变异相配合, 共同完成对搜索空间的全局和局部搜索。

遗传算法的基本步骤如下。

Step 1: 问题的染色体表示。

Step 2: 初始化。设置算法的终止条件, 随机生成 M 个个体作为初始群体 $P(0)$。

Step 3: 个体评价。计算群体 $P(t)$ 中各个个体的适应度值。

Step 4: 选择运算。将选择算子作用于群体。

Step 5: 交叉运算。将交叉算子作用于群体。

Step 6: 变异运算。将变异算子作用于群体。群体 $P(t)$ 经过选择、交叉、变异运算之后得到下一代群体 $P(t+1)$。

Step 7: 若当前解符合算法终止条件, 则算法结束, 否则跳至 Step 4。

与传统的优化算法相比, 遗传算法具有如下优点: 不是从单个点, 而是从多个点构成的群体开始搜索; 在搜索最优解过程中, 只需要由目标函数值转换得来的适应值信息, 而不需要导数等其他辅助信息; 搜索过程不易陷入局部最优点。

虽然遗传算法具有上述优点, 但由于其本质是一种基于概率的启发式随机搜索方法, 所以也存在自身的局限性: 早熟收敛问题; 遗传算法的局部搜索能力问题; 遗传算子的无方向性。

总体而言, 遗传算法具有隐式并行性和全局搜索性两大主要特点。作为强有力且应用广泛的随机搜索和优化方法, 遗传算法可能是当今影响最广泛的进化计算方法之一。近十几年来, 遗传算法在复杂优化问题求解和工业工程领域应用方面, 也取得了一些令人信服的结果。其成功的应用包括函数优化、机器学习、组合优化、人工神经元网络训练、自动程序设计专家系统、作业调度与排序、可靠性设计、车辆路径选择与调度成组技术、设备布置与分配等。

在冶金工业生产过程中, 经常需要进行车间作业调度、工作调度或故障诊断, 这些都可通过蚁群算法实现。

蚁群算法是一种应用于优化问题的启发式随机搜索算法, 是受 20 世纪 50 年代仿生学家对真实蚁群觅食行为研究的启发, 由 Dorigo 等于 90 年代首先提出的。它基于对自然界真实蚁群的集体觅食行为的研究, 模拟真实的蚁群协作过程。算法由若干个蚂蚁共同构造解路径, 通过在解路径上遗留并交换信息素提高解的质量, 进而达到优化的目的。

蚁群算法的基本原理如下。

蚂蚁虽然没有视觉, 但运动时会通过在路径上释放信息素来寻找路径。当它们碰到一个还没有走过的路口时, 就随机地挑选一条路径前行, 同时释放出信息素。蚂蚁走的路径越长, 遗留在该路径上的信息量越小。当后来的蚂蚁再次碰到这个路口时, 选择信息量较大的路径的概率相对较大, 这样便形成一个正反馈机制。最优路径上的信息量越来越大, 而其他路径上的信息量却会随着时间的流逝而逐渐衰减, 最终整个蚁群会找出最优路径。信息素的作用使得整个蚁群行为具有非常高的自组织性, 蚂蚁之间交换着路径信息, 最终通过蚁群的集体自催化行为找出最优路径。

蚁群算法可解决许多组合优化问题。组合优化问题包括三类。

(1) 静态的组合优化问题, 如旅行商问题 (traveling saleman problem, TSP)、二次分配问题 (quadratic assignment problem, QAP)、工作调度问题 (job scheduling problem, JSP)、车辆路径问题 (vehicle routing problem, VRP)、排序问题 (standard operating procedure, SOP)、图着色问题 (graph coloring problem, GCP) 等。

(2) 动态的组合优化问题, 如有向连接的网络路由、无连接网络系统路由。

(3) 其他领域的应用, 如管线敷设问题、开关和布线问题等。

例如, 冶金生产过程中的作业计划调度可以转化为 TSP。现以 TSP 为例, 介绍基本蚁群算法的数学模型。

设 $C = \{c_1, c_2, \cdots, c_n\}$ 是 n 个城市的集合, $L = \{l_{ij}|c_i, c_j\}$ 是集合 C 中元素两两连接 l_{ij} 的集合, 为城市 i 和城市 j 之间的欧氏距离, 即

$$d_{ij} = \sqrt{(x_i - x_j)^2 + (y_i - y_j)^2} \tag{1.28}$$

设 $b_i(t)$ 表示 t 时刻位于元素 i 的蚂蚁数目, 为 t 时刻路径 (i, j) 上的信息量; n 表示 TSP 规模; m 表示蚁群中蚂蚁的总数目, 则 $m = \sum\limits_{i=1}^{n} b_i(t)$。$\Gamma = \{\tau_{ij}(t)|c_i, c_j \subset$

C} 是 t 时刻集合 C 中元素 (城市) 两两连接 l_{ij} 上残留信息量的集合, 在初始时刻各条路径上的信息量相等。

蚂蚁 $k(k = 1, 2, \cdots, m)$ 在运动过程中, 根据各条路径上的信息量决定其转移方向。这里用禁忌表 $\text{tuba}_k(k = 1, 2, \cdots, m)$ 来记录蚂蚁 k 当前所走过的城市, 集合随着 tuba_k 进化过程进行动态调整。在搜索过程中, 蚂蚁根据各条路径上的信息量及路径的启发信息来计算状态转移概率。$p_{ij}^k(t)$ 表示 t 时刻位于 i 号城市的第 k 只蚂蚁转移到 j 号城市的概率, 即

$$p_{ij}^k(t) = \begin{cases} \dfrac{[\tau_{ij}(t)]^\alpha [\eta_{ij}]^\beta}{\displaystyle\sum_{j \in \text{allowed}_k} [\tau_{ij}(t)]^\alpha [\eta_{ij}]^\beta}, & j \in \text{allowed}_k \\ 0, & j \notin \text{allowed}_k \end{cases} \tag{1.29}$$

式中, allowed_k 为蚂蚁 k 下一步允许选择的城市; α 为信息启发因子, 用来控制信息素浓度的相对重要程度; β 为期望启发因子, 用来控制启发式信息的相对重要程度; η_{ij} 为启发函数, 其表达式为

$$\eta_{ij} = \frac{1}{d_{ij}} \tag{1.30}$$

为了避免残留信息素过多引起残留信息湮没启发信息, 在每只蚂蚁走完一步或者完成对所有 n 个城市的遍历后, 要对残留信息进行更新处理。这种更新策略模仿了人类大脑记忆的特点, 在新信息不断存入大脑的同时, 存储在大脑中的旧信息随着时间的推移逐渐淡化, 甚至忘记。由此, $t + n$ 时刻在路径 (i, j) 上的信息量可按如下规则进行调整, 即

$$\tau_{ij}(t + n) = (1 - \rho) \cdot \tau_{ij}(t) + \rho \Delta \tau_{ij} \tag{1.31}$$

$$\Delta \tau_{ij}(t) = \sum_{k=1}^m \Delta \tau_{ij}^k(t) \tag{1.32}$$

式中, ρ 表示信息素挥发系数, 则 $1 - \rho$ 表示信息素残留因子, 为了防止信息的无限积累, ρ 的取值范围为 $\rho \subset [0, 1)$; $\Delta \tau_{ij}$ 表示本次循环中路径 (i, j) 上的信息素增量, 初始时刻 $\Delta \tau_{ij}(0) = 0$, $\Delta \tau_{ij}^k(t)$ 表示第 k 只蚂蚁在本次循环中留在路径 (i, j) 上的信息量。

根据信息素更新策略的不同, Dorigo 提出了三种不同的基本蚁群算法模型, 分别称为 Ant-Cycle 模型、Ant-Quantity 模型和 Ant-Density 模型, 其差别在于 $\Delta \tau_{ij}^k(t)$ 求法不同。

在 Ant-Cycle 模型中

$$\Delta \tau_{ij}^k(t) = \begin{cases} \dfrac{Q}{L_k}, & \text{若第 } k \text{ 只蚂蚁在本次循环中经过 } (i, j) \\ 0, & \text{否则} \end{cases} \tag{1.33}$$

式中, Q 表示信息素强度, 它在一定程度上影响算法的收敛速度; L_k 表示第 k 只蚂蚁在本次循环中所走路径的总长度。

在 Ant-Quantity 模型中

$$\Delta\tau_{ij}^k(t) = \begin{cases} \dfrac{Q}{d_{ij}}, & \text{若第 } k \text{ 只蚂蚁在 } t \text{ 和 } t+1 \text{ 之间经过 } (i,j) \\ 0, & \text{否则} \end{cases} \tag{1.34}$$

在 Ant-Density 模型中

$$\Delta\tau_{ij}^k(t) = \begin{cases} Q, & \text{若第 } k \text{ 只蚂蚁在 } t \text{ 和 } t+1 \text{ 之间经过 } (i,j) \\ 0, & \text{否则} \end{cases} \tag{1.35}$$

式 (1.34) 和式 (1.35) 利用的是局部信息, 即蚂蚁完成一步之后利用的局部信息, 也就是蚂蚁完成一步之后更新路径上的信息; 而式 (1.33) 利用的是整体信息, 即蚂蚁完成一次循环后更新所有路径上的信息。

基本蚁群算法的具体实现步骤如下。

Step 1: 初始化, 令时间 $t=0$ 时, 循环次数 nc 为 0, 设置最大循环次数 $\text{nc}_{\max}$, 将 m 只蚂蚁置于 n 个元素 (城市) 上, 令有向路径 (i,j) 上的 $\tau_{ij}(0) = \text{const}$, 其中 const 表示常数, 初始时刻 $\Delta\tau_{ij}^{(0)} = 0$。

Step 2: 循环次数 nc=nc+1。

Step 3: 蚂蚁的禁忌表索引号 $k=1$。

Step 4: 蚂蚁数目 $k=k+1$。

Step 5: 蚂蚁个体根据状态转移公式计算得到的概率选择元素 (城市)j 并前进, $j \in \{C - \text{tuba}_k\}$。

Step 6: 修改禁忌表指针, 即选择好之后将蚂蚁移动到新的元素 (城市), 并把该元素 (城市) 移动到该蚂蚁个体的禁忌表中。

Step 7: 若集合 C 中的元素 (城市) 未遍历完, 则 $k < m$, 则跳转到 Step 5; 否则执行 Step 9。

Step 8: 更新每条路径上的信息量。

Step 9: 若满足结束条件, 即如果循环次数达到 $\text{nc}_{\max}$, 则循环结束并输出程序计算结果, 否则清空禁忌表并跳转到 Step 3。

蚁群算法是一种分布式的正反馈并行算法, 具有较强的鲁棒性, 易于与其他启发式算法相结合。但是蚁群算法也有一些缺点, 主要表现为: 算法的搜索时间长; 容易出现停滞现象, 即搜索进行到一定程度后, 所有个体所发现的解完全一致, 不能对解空间进行进一步搜索, 不利于发现更好的解; 收敛性能对初始化参数的设置比较敏感。

　　总体上讲, 蚁群算法具有的正反馈性、并行性、强收敛性以及鲁棒性等优点, 在车间作业调度、控制参数优化等冶金生产工业领域已经取得成功的实际应用。蚁群算法智能优化具有极强的适应性和生命力, 具有广阔的发展前景。

　　最优化理论作为一套较为完善和系统的理论, 对人类社会的发展作出了巨大的贡献。但最优化理论也存在局限性, 对一些问题的求解存在困难, 如一些求解代价很大的问题、一些不必求精确解的问题和一些实时问题等, 对这些问题, 最优化理论并不完全适用。

　　复杂冶金工业过程的对象一般难以建立精确的数学模型。其工业环境中存在着各种扰动, 给生产带来很大的影响, 但随着复杂工业过程的规模日益庞大, 生产者已不可能对生产全部过程参数提出控制要求, 转而根据生产要求提出不同指标, 并尽可能综合考虑这些指标的优化, 从而构成了动态环境下的满意优化问题。

　　1947 年, 诺贝尔奖获得者 Simon 在经济组织决策的研究中提出“令人满意准则”, 他认为在某些情况下, 应当用“令人满意解”来代替传统意义的最优解。满意准则的提出把人们从纯理性思维的研究方式带到一个有限理性的状态, 为人们解决问题提供了崭新的途径。满意优化是满意度原理和最优化理论相结合的产物, 其核心思想是在最优化问题中, 不强调获取最优解, 而是根据具体情况寻求问题的满意解。满意优化在求解过程中遵循满意准则: 基于满意度原理, 一些不太适合最优化理论求解的问题可以得到满意的解答。

　　经过萌发、理论研究阶段以后, 满意度理论逐渐受到多个领域的关注, 主要包括优化、控制、管理、决策、资源分配和任务调度等方面。

　　满意度和满意解是满意理论的核心, 学术界曾先后出现过多种满意度、满意解的定义, 主要有基于模糊数学的定义、基于线性取值的满意度定义、给予神经元计算的定义等, 根据烧结过程控制的模糊特性, 本书采用基于模糊数学的满意度理论实现烧结过程的优化控制。重点介绍模糊满意度的相关概念, 如下所述。

　　论域为变量 (操作变量、输出变量、状态变量或指标变量) $u \in [u_{\min L}, u_{\max L}]$ 上的一个模糊集合, 即满意取值集合 S, 对于 $[u_{\min L}, u_{\max L}]$ 中的每一个取值, 都指定一个常数 $\mu_s(u) \in [0,1]$ 与之对应, 称为 u 对 S 模糊集合的隶属度, 也称为 u 取值的模糊满意度, 可简写作 $S(u)$。这意味着定义了一个映射, 使

$$S[u_{\min L}, u_{\max L}] \to [0,1], u \to S(u) \tag{1.36}$$

此映射称为模糊集合 S 的隶属函数, 也称为变量取值的模糊满意度函数, 以下简写为满意度及满意度函数, 同时定义单变量取值的不满意度函数

$$\bar{S}(u) = 1 - S(u) \tag{1.37}$$

　　一个变量的满意度函数主要取决于各种客观要求 (如物理性质、化学性质及工

艺要求等) 和主观愿望 (如操作安全、操作方便及利润最大)。常用的满意度函数的
形态如图 1.16 所示。

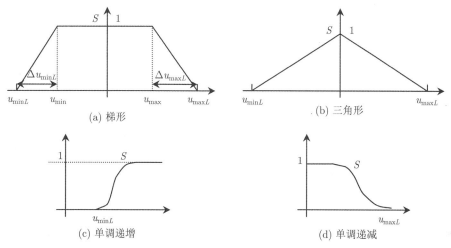

图 1.16 满意度函数形态图

综合满意度: 系统有 q 个变量, 对第 i 个变量取值的满意度为 S, 则对于整个
系统运行的综合满意度为

$$S = \sum_{i=1}^{q} \gamma_i S_i \tag{1.38}$$

式中, γ_i 为第 i 个变量的满意度相对整个系统的权重, 它反映了各变量的优先级;
$\sum_{i=1}^{q} \gamma_i = 1$。

Pirjanian 定义的满意解如下:

向量优化问题的一个满意集合就是每个目标值都超过期望水平 (或目标函数)
的可行解的一个子集, 其中的元素是满意解。

满意解是相对于 "最优解" 和 "所有解" 提出的。"所有解" 是指不论其质量
的、没有约束条件的、全部的问题解决方案, 它是解的一个集合。"最优解" 则是
指问题的全部解中质量最好的一个 (特殊情况下, 可能存在有限的几个), 是唯一的,
是 "所有解" 集合中的一个元素。"满意解", 顾名思义, 应该是关于问题的、满足
一定约束条件的所有 "令人满意的解", 显然也应该是解的一个集合, 称为 "满意解
集"。

满意度原理发展至今, 已初步形成了以满意度、满意解、满意控制等概念为核
心的满意理论, 在许多领域受到了足够的关注和重视, 并对这些领域产生了一定的
影响, 有效地解决了一些传统优化理论不能解决的问题。但与优化、控制等理论相
比, 满意理论还远不成熟, 主要存在以下几方面问题。

(1) 在知识的系统化方面, 作为比最优化更一般的理论, 满意度原理还差得很多, 其中包括满意度相关概念的完善、满意度原理公理化体系的建立、满意度原理应用的规范化等。因此, 满意度原理知识系统的完善工作十分必要。

(2) 满意度原理在问题求解方法上不够系统, 特别是满意度的表示和满意度函数的建立。满意度具有丰富的内涵, 因此在具体使用过程中, 满意度的设计方法可能不同。研究合理的满意度建立方法进而建立求解满意问题的系统方法, 将是满意度原理应用研究中的一个重点。

(3) 在多数研究中, 满意度应用都在问题的可行域上进行。对于一般问题, 寻找可行解本身就是一个难点, 且多数问题的可行解不充满整个解空间; 有时可行域可能是非连通集合, 一些问题的可行解甚至难以表达。因此, 如何确定问题的可行域, 是满意度原理首先要解决的问题。对于一些具有特殊性的非凸、不连续等问题, 如何确定可行域就显得更加重要。

(4) 从人性化方面考虑, 满意度原理在一定程度上遵从了一种人性化的理念。那么在处理问题过程中, 如何把这种人类的偏好在应用中体现出来, 是满意度研究的关键问题之一。

总体上讲, 满意度原理具有普遍性、模糊性、智能性以及相对性等特点, 更能反映人类的人性化本质。满意度原理不仅包容最优化原理, 而且也适用于推理机、知识获取、人工智能、模式识别、管理工程及可靠性等领域。

1.4　本书内容

本书以复杂冶金过程为研究对象, 从建模、控制和优化等方面对多个复杂冶金过程进行深入研究。本书共 6 章。

第 1 章, 绪论。从复杂冶金过程的工艺出发, 从建模、控制和优化三个角度介绍了目前复杂冶金过程控制现状, 以及一些经典的智能控制和智能优化算法。

第 2 章, 炼焦过程智能控制。首先分析炼焦生产工艺过程, 包括配煤过程、加热燃烧过程、集气管集气过程和推焦过程; 然后针对炼焦过程生产目标和控制要求, 陈述炼焦智能优化控制、焦炉加热燃烧过程智能优化控制、焦炉集气管压力智能控制、焦炉作业计划与优化调度; 最后建立炼焦生产全流程优化控制系统, 分析在实际工业生产的应用情况。

第 3 章, 烧结过程智能控制。首先介绍烧结过程工艺流程, 包括配料、混合制粒与偏析布料、点火和热状态四个主要过程, 分析目前烧结过程中常用的建模和控制方法; 然后根据不同生产过程的特性, 提出具有针对性的建模方法和智能优化控制方法; 最后对智能优化控制系统在实际工业中的应用效果进行分析和总结。

第 4 章, 高炉生产过程建模与控制。首先对高炉的生产流程及工艺进行分析;

然后针对高炉过程生产目标和控制要求,建立高炉布料模型,对高炉料面温度场和炉况进行检测和诊断,并设计高炉热风炉智能优化控制系统和高炉顶压智能解耦控制系统;最后对所建立的高炉生产优化系统在实际工业中的应用效果进行分析和总结。

第 5 章,加热炉燃烧过程智能控制。首先介绍加热炉的生产工艺流程,针对加热炉非线性、强耦合特点,建立加热炉回归神经网络模型;然后基于多模型控制结构和模糊专家控制策略,实现炉温自适应控制和炉温的优化设定;最后分别建立两种加热炉燃烧过程的智能控制系统,以减小钢坯出炉温度偏差和断面温差,降低能耗。

第 6 章,公用工程系统智能控制与优化。主要介绍煤气混合加压过程智能解耦控制、煤气发生量与消耗量的平衡系统的技术方法及系统实现。

第2章　炼焦过程智能控制

炼焦生产的焦炭广泛用于冶金、机械、化工等行业，为国民经济发展提供重要的物质基础。随着国民经济的高速发展，炼焦工业发展迅速，生产技术达到了一定水平，对焦炭质量、产量以及焦炉能耗提出了更高的要求。本章首先分析炼焦生产工艺过程，包括配煤过程、加热燃烧过程、集气管集气过程和推焦过程；然后针对炼焦过程生产目标和控制要求，分别阐述炼焦配煤智能优化控制、焦炉加热燃烧过程智能优化控制、焦炉集气管压力智能解耦控制、焦炉作业计划与优化调度等方法和技术；最后建立炼焦生产全流程优化控制系统，对系统在实际工业中的应用效果进行分析和总结。

2.1　炼焦生产过程及控制目标

炼焦生产的主要产品是焦炭，同时附带焦炉煤气和百余种化学产品。炼铁所用焦炭是高炉生产中的供热燃料、还原剂及支撑骨架，对其抗碎强度和耐磨强度要求较高；铸造所用焦炭，要求粒度大、气孔率低、固定碳高和硫分低；化工气化所用焦炭对强度要求不严，但要求反应性好，灰熔点较高；电石生产所用焦炭要求尽量提高固定碳含量。

炼焦是一个复杂的传热和化学变化过程，由于焦炉炉体结构复杂，操作环境恶劣，检测手段少，比起其他工业窑炉，焦炉的控制较难实施。大型焦炉的计算机控制一直是钢铁企业的薄弱环节。随着企业自动化水平的提高，针对焦炉加热燃烧过程、焦炉集气过程等建立了基础自动化系统，提高了信息化水平，但同时也存在一些问题：目标火道温度、集气管压力以及结焦时间主要依靠人工经验给定，难以根据工况变化进行实时调整。钢铁企业要求在炼焦生产过程中达到期望的综合生产目标，即在焦炭质量满足要求的前提下，焦炭产量最大，焦炉能耗最小[11]。

2.1.1　炼焦生产工艺流程

根据炼焦生产工艺流程，煤料的高温干馏焦化过程主要包括四个子过程：炼焦配煤过程、焦炉加热燃烧过程、焦炉煤气集气过程、推焦过程。

1) 炼焦配煤过程

炼焦配煤过程是把多种性质不同的单种煤，按照一定的比例进行配合，得到符合焦炭质量要求的配合煤。配煤时将各种不同类型的单种煤由堆取料机从煤场运出, 由移动皮带输入指定煤斗。根据单种煤配比启动各圆盘给料机, 煤斗中的煤随着圆盘的转动, 经电子秤小皮带传送到皮带, 通过电磁铁除铁, 经皮带输送到粉碎机, 经回笼皮带, 将混合均匀的配合煤送往焦炉煤塔。配煤过程工艺图见图 2.1。

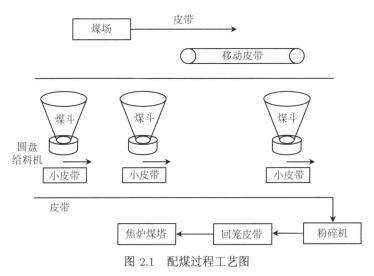

图 2.1 配煤过程工艺图

2) 焦炉加热燃烧过程

焦炉是热工窑炉中较为复杂的热工设备, 由许多相互间隔的炭化室和燃烧室组成, 炭化室和燃烧室仅一墙之隔, 如图 2.2 所示。燃烧室包括众多火道, 室中每两个火道作为一对, 组成一个气体通路, 其两端分别和下面的蓄热室相连接。为了保证煤料受热均匀, 并使推焦顺利进行, 焦炉炭化室通常为楔形, 焦侧宽度大于机侧宽

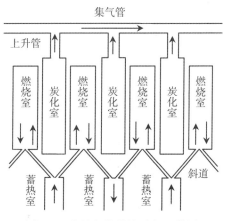

图 2.2 焦炉加热燃烧过程工艺图

度。因此, 在对炭化室加热时, 焦侧燃烧室的温度要高于机侧燃烧室的温度。为使炭化室均匀加热, 加热系统定时改变废气流向, 同时, 为充分利用废气余热, 通过蓄热室来预热进入燃烧室的空气, 因此焦炉每隔 30min 交换作为煤气和空气上升通道的蓄热室及作为废气下降通道的蓄热室, 即进行换向。加热煤气和空气在燃烧室内混合燃烧产生热量, 热量通过炉墙传导给煤料。煤料在整个结焦时间内, 因性质的变化及导热系数的不同, 即在整个结焦时间内的热流是变化的, 其在结焦的第一个小时内达到最高值, 然后逐渐降低。煤料依次经过结焦过程的各阶段, 逐渐炭化而成为焦炭。

3) 焦炉煤气集气过程

炭化室中的煤料在高温下干馏, 产生一定量的荒煤气, 通过位于焦炉顶部的集气管对荒煤气进行收集, 然后通过冷凝器以及鼓风机送至净化装置, 净化后的焦炉煤气一部分外送出去, 一部分作为焦炉加热燃烧的燃料。本书涉及的某钢铁企业焦化厂有 1#、2# 两座焦炉。1#、2# 焦炉产生的荒煤气经过各自集气管煤气汇入总管后, 经初冷器 (1#、2#) 冷却, 由鼓风机 (1# 和 2# 中的一台, 另一台鼓风机作为备用设备) 送往净化回收工序, 经脱硫、硫铵、终冷洗苯几道工序后, 分两路送出: 一路煤气外送, 送给动力分厂; 另一路煤气回炉, 供焦炉炼焦。整个系统的工艺流程如图 2.3 所示。

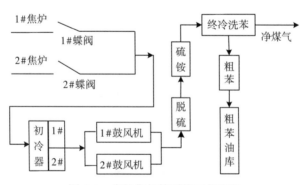

图 2.3　焦炉集气管系统工艺流程

4) 推焦过程

推焦过程主要完成从配合煤到焦炭过程中的机械操作 [12]。炭化室的焦炭已经成熟后, 通过四大车 (装煤车、推焦车、拦焦车和熄焦车) 的协调完成一系列操作, 将焦炭取出: 推焦车打开机侧炉门将成熟的焦炭推出, 同时在焦侧准备好的拦焦车将焦侧的炉门打开, 并且使推出的高温焦炭滑落到下侧轨道上的熄焦车内; 熄焦车将炽热的焦炭运至熄焦塔进行熄焦, 冷却后的焦炭被运输到储存地或冶炼现场; 装煤车从煤塔取出一定质量的配合煤, 通过炭化室顶部装煤孔卸入炭化室内; 炭化室装煤完毕后, 煤落在室内成锥形, 由推焦机上的平煤杆将煤推平。焦炉作业计划调度系统则主要是综合考虑生产任务、工艺要求和设备资源,制定焦炉作业计划方案,实时指导焦炉四大车有序进行推焦操作。只有严格按计划进行生产,才能稳定加热制度,提高产品质量,合理使用机械设备以延长炉体寿命。

2.1.2 炼焦过程生产目标与控制要求

在炼焦生产过程中,最受钢铁企业关注的是综合生产目标,即在焦炭质量满足要求的前提下,使得焦炭产量最大、焦炉能耗最小。然而,炼焦生产是一个复杂的工业过程,影响焦炭质量、产量以及能耗的因素众多。本节首先确定炼焦生产各个过程的局部优化目标的衡量指标与炼焦生产全流程的综合生产目标的衡量指标,然后根据综合生产目标的衡量指标来分析其影响因素。

1. 局部生产目标与控制要求

炼焦生产工艺涉及多个过程,其控制问题主要集中在焦炉加热燃烧过程控制、焦炉集气管压力控制和焦炉作业计划三个方面。综合生产目标优化系统是建立在以上述三个过程为子系统的基础之上的。

1) 目标火道温度

焦炉加热燃烧过程控制主要是根据焦炉目标火道温度的变化,适时地调整供热量,使焦炉目标火道温度保持基本稳定。目标火道温度是在炼焦生产过程中,为了保证在规定的结焦时间内焦饼中心达到要求的温度,火道温度平均值的控制值。目标火道温度分为机侧目标火道温度与焦侧目标火道温度,它是在规定的结焦时间内保证焦炭成熟的一个主要工艺指标,目标值定得过高,单位产品的能耗迅速上升,并易造成"扒焦"现象,影响焦炭质量;定得过低,会使焦炭受热不均匀,并且温度过低,需要在炭化室干馏的时间也就越长,进而影响焦炭质量与产量。因此,目标火道温度值的设定是保证焦炭质量、产量与减少能耗的一个重要环节。

2) 集气管压力

集气管是收集荒煤气的装置。集气管压力设定值过低,炭化室会吸入空气导致焦炭燃烧,使得焦炭质量下降;压力设定值过高,会导致焦炉跑烟、冒火,既污染环境又浪费大量能源,并且会影响焦炉炉体寿命。因此,集气管压力设定值的确定具有重要意义。焦炉集气管压力控制主要是通过调节煤气阀门开度和鼓风机前吸力,保证焦炉集气管压力稳定。

3) 结焦时间

焦炉作业计划与优化调度则主要是综合考虑生产任务、工艺要求,制定焦炉作业计划方案,实时调度四大车的有序操作。焦炉作业计划的制定需要依据结焦时间。结焦时间是指配合煤在炭化室内停留的时间,即装煤时刻至推焦时刻的时间间隔。根据炼焦生产工艺,结焦时间的大小直接影响焦炭质量、产量与能耗,因此保证合理的结焦时间至关重要。

　　基于以上分析可以得出, 目标火道温度、集气管压力以及结焦时间将直接影响焦炭质量产量以及焦炉的能耗。同时目标火道温度、集气管压力分别作为焦炉加热燃烧过程控制与焦炉集气管压力控制系统的设定值, 结焦时间作为制定作业计划的重要决策参数, 与各个子系统关系紧密, 当将综合生产目标分解为局部优化目标时, 通过各子系统合理有效的协调, 能达到企业期望的综合生产目标。因此, 将目标火道温度、集气管压力、结焦时间作为炼焦生产各过程的局部优化目标的衡量指标。

　　2. 综合生产目标与控制要求

　　钢铁企业关注的综合生产目标为: 在焦炭质量满足要求的前提下, 使得焦炭产量最大、焦炉能耗最小。因此, 涉及焦炭质量、焦炭产量以及焦炉能耗, 下面分别对这些指标进行确定。

　　焦炭的质量是炼焦生产过程优化的一个重要生产指标, 主要衡量指标包括水分 (M_{ad})、灰分 (A_d)、挥发分 (V_{daf})、硫分 ($S_{t,d}$)、抗碎强度 (M_{40})、耐磨强度 (M_{10})、反应性指数 (CRI)、反应后强度 (CSR)。焦炭质量指标要求 (以 % 表示) 如下:

　　I 级焦炭质量指标要求为

$$\begin{cases} 3 < M_{ad} < 6, \quad 0 < V_{daf} < 1.9 \\ 0 < A_d \leqslant 12, \quad 0 < S_{t,d} \leqslant 0.6 \\ 92 < M_{40} < 100, \quad 0 < M_{10} \leqslant 7 \end{cases} \tag{2.1}$$

　　II 级焦炭质量指标要求为

$$\begin{cases} 3 < M_{ad} < 6, \quad 0 < V_{daf} < 1.9 \\ 12 < A_d \leqslant 13.5, \quad 0.6 < S_{t,d} \leqslant 0.8 \\ 88 < M_{40} < 92, \quad 7 < M_{10} \leqslant 8.5 \end{cases} \tag{2.2}$$

　　III 级焦炭质量指标要求为

$$\begin{cases} 3 < M_{ad} < 6, \quad 0 < V_{daf} < 1.9 \\ 13.5 < A_d \leqslant 15, \quad 0.8 < S_{t,d} \leqslant 1 \\ 83 < M_{40} < 88, \quad 8.5 < M_{10} \leqslant 10.5 \end{cases} \tag{2.3}$$

式中, M_{ad}、A_d、V_{daf}、$S_{t,d}$、M_{40}、M_{10} 分别为水分、挥发分、灰分、硫分、抗碎强度、耐磨强度。反应性指数 (CRI) 一般要求为 22%~25%, 反应后强度 (CSR) 一般要求为 65%~70%。

　　大量实际生产的历史数据表明, 在实际生产中, 不同班组的焦炭产量有时相差较大, 其原因主要是推焦没有按正常的作业计划进行, 使得原本应该在上一班推焦的炭化室推迟到下一班推焦, 从而造成不同班组的焦炭产量有时相差较大。按每天统计的产量来看相差不大, 并且在正常、异常工况下焦炭产量有明显的不同, 有利于在建模时对焦炭产量数据进行有效的划分。因此, 焦炭产量指标按照通常标准以吨/天来衡量。

炼焦生产的主要能耗是在炼焦过程中消耗的高炉煤气与焦炉煤气, 同时还包括工业用水、耗电量等。由于在实际生产过程中有三种加热制度, 即焦炉煤气加热, 高炉煤气加热, 焦、高炉煤气混合煤气加热。针对不同的加热制度对应有不同的煤气消耗, 为了统一, 选取高炉煤气消耗量与焦炉煤气消耗量作为焦炉能耗的衡量指标。

3. 综合生产目标影响因素

炼焦生产过程中, 综合生产目标的影响因素众多, 下面分别从焦炭质量、焦炭产量、焦炉能耗出发, 分析各指标的影响因素。

1) 焦炭质量影响因素

配合煤质量: 炼焦生产过程是将一定量的配合煤通过在炭化室内高温干馏得到冶金用的焦炭, 它是一个复杂的物理化学过程, 配合煤质量包含如下指标: 水分 (M_{ad})、灰分 (A_d)、挥发分 (V_{daf})、硫分 ($S_{t,d}$)、黏结性指数 (G)、胶质层指数 (X)、胶质层厚度 (Y)、细度 (D)。配合煤质量的好坏直接影响焦炭质量, 因此配合煤质量是焦炭质量的重要影响因素之一。

烟道吸力: 烟道吸力分为机侧烟道吸力、焦侧烟道吸力。对焦炉炭化室加热采用焦炉煤气或高炉煤气, 同时还需要一定的空气量, 空气量主要通过烟道吸力来调节, 由于自动加热需要经常改变煤气流量, 如果不能有效地调节吸力, 有可能造成过量空气带走热量或空气不足造成未充分燃烧的煤气污染环境和能源浪费, 从而降低煤气的燃烧效率, 影响焦炉火道温度, 进而影响焦炭质量。

2) 焦炭产量影响因素

每孔装煤量: 每孔装煤量是指每个炭化室装入的配合煤的质量。每孔装煤量越大, 每个炭化室内形成的焦炭产量也就越多, 每天统计的焦炭产量也就越多。反之, 每天统计的焦炭产量也就越少。因此, 每孔装煤量对焦炭产量有较大影响。

出炉数: 出炉数是指每天的推焦炉数。推焦炉数越多, 产量也就越高; 推焦炉数越少, 产量也就越低。因此, 出炉数影响着焦炭产量。

3) 焦炉能耗影响因素

煤气流量: 煤气流量分为机侧煤气流量、焦侧煤气流量。针对不同的加热制度, 煤气流量又分为高炉煤气流量、焦炉煤气流量、混合煤气流量。煤气流量过高, 可能使得煤气燃烧不完全, 进而增加焦炉能耗。煤气流量过低, 加热到相同火道温度所需要的时间势必增加, 同样在一定程度上影响焦炉能耗。此外, 加热方式有三种,即高炉煤气加热、焦炉煤气加热以及两者混合煤气加热, 涉及的钢铁企业大部分时间采用混合煤气加热, 偶尔会采用高炉煤气加热与焦炉煤气加热。加热方式影响不同煤气的消耗值。煤气压力分为机侧煤气压力和焦侧煤气压力。针对不同的加热制度, 煤气压力分为高炉煤气压力、焦炉煤气压力和混合煤气压力。煤气压力影响煤气流量, 从而影响焦炉消耗。

烟道吸力: 对焦炉炭化室加热不仅需要焦炉煤气或高炉煤气, 同时还需要一定的空气量, 空气量主要通过烟道吸力来调节, 如果烟道吸力调节得不合理, 势必影响空气量的供应, 使得煤气量与空气量不成比例, 从而影响焦炉燃烧室的加热效果与焦炉能耗。

2.2 炼焦配煤智能优化控制

配煤是根据炼焦生产过程对焦炭质量的要求, 将各种品质的单种煤按照一定的比例混合, 得到符合标准的配合煤。配合煤经皮带运送到焦炉顶部的煤塔后, 在一定的时刻由装煤车送入炭化室; 加热用煤气在燃烧室内燃烧后产生的热量以辐射、对流的方式传给炭化室; 配合煤在炭化室中经过约 20h 的高温干馏, 冷却后形成焦炭。

2.2.1 配煤智能优化思想

由人工确定各单种煤的配比, 只是定性的、凭经验的操作不能定量地预测焦炭质量, 造成准确性不高, 计算和验证的周期长, 难保证配合煤的质量且配煤效率低等问题, 增加了配煤成本; 此外, 由于未建立配合煤与焦炭的质量数据库, 数据需要人工进行输入, 造成现场工作人员工作量大。

炼焦配煤智能优化的基本思想是通过对生产数据进行分析, 从中找出焦炭各项质量指标与煤种质量指标的相关关系, 建立焦炭质量预测模型。根据焦炭质量的要求和各单种煤的质量、价格和库存量, 通过模拟退火算法计算得到最优配煤比。炼焦配煤智能优化主要包括质量预测模型、配煤比优化计算两个部分。

(1) 质量预测模型: 根据各单种煤组分、配比和配煤条件等参数条件, 采用线性模型预测配合煤质量, 然后根据配合煤质量和炼焦工艺条件参数, 建立神经网络模型预测得到焦炭质量, 作为配比计算和配比优化模型的基础。

(2) 配煤比优化计算: 基于给定的焦炭质量指标或配合煤质量指标、煤场现有的各单种煤质量参数以及配煤和炼焦条件, 以配合煤成本和配合煤硫分最低为优化目标, 根据一定的成本和库存等约束条件, 应用模拟退火算法建立配比优化计算模型。

2.2.2 配合煤质量预测模型

由于配煤过程的复杂性,可采用线性回归来预测配合煤质量,具体包括配合煤的水分、灰分、挥发分、硫分和黏结性指数等。本节将介绍如何建立配合煤质量预测模型。

1. 配煤生产过程数据处理

配合煤的性质是焦炭质量的决定因素,既影响焦炭的灰分、硫分等化学组成,又影响机械强度和反应特性。

灰分是配合煤的化学组成之一,在炼焦生产过程中全部转入焦炭,是硬度较大的惰性物质,在炼焦时不熔融、不黏结也不收缩。当半焦收缩时,灰分颗粒成为裂纹中心,既影响配合煤的黏结性,又增加焦炭的裂纹,降低抗碎强度,影响焦炭在高炉冶炼中的透气性,使焦炭的反应性升高,反应后强度降低。硫分是配合煤的另一化学组成,主要指的是元素硫、硫酸盐、硫化铁和有机硫等。炼焦过程中一部分硫分转化为硫铁化合物和硫化钙残留在焦炭中,另一部分在高温下气化后与焦炭反应生成复杂的硫碳复合物。配合煤中的硫分能破坏煤的黏结性,降低焦炭的机械强度。

配合煤的挥发分和黏结性是影响焦炭质量的关键因素。较高的挥发分既使焦炭的收缩度变大,影响焦炭的机械特性,又使气孔壁变薄和气孔率增大,影响焦炭的反应特性。黏结指数和胶质层厚度反映了配合煤的黏结性。过高的黏结指数将会导致焦炭变脆,强度降低。胶质层厚度是配合煤中胶质体的含量,如果胶质体过量,将会影响结焦过程中挥发物的溢出,从而影响焦炭机械特性和反应特性。

细度是煤料粉碎后,小于 3mm 的煤料占全部煤料的质量百分数。细度过低,使得配合煤之间混合不均匀,进而导致焦炭内部结构不均匀,强度降低。细度过高,又会导致配合煤的堆密度下降,影响焦炭机械特性和反应特性。配合煤水分影响焦炭质量。水分含量过多时,会附着在煤粒表面形成水膜,阻碍煤粒间滑动使之不能紧密排列,导致入炉煤堆密度减小,气孔率增加,而且水分含量波动较大时,易造成焦饼中心温度偏低以致局部生焦,降低焦炭强度。

基于生产过程统计数据,根据焦化反应机理,采用 BP 神经网络建立焦炭质量预测模型。确定焦炭质量预测模型的输入变量为配合煤质量预测模型的输出 (配合煤的黏结性指标、挥发分、硫分、灰分、水分) 和细度。模型的输出为焦炭的抗碎强度、耐磨强度、硫分、灰分、反应性指数和反应后强度。根据系统要求确定模型输入输出量以后,在神经网络开始训练之前,通常需要对样本数据进行预处理,主要包括两个方面:样本筛选和样本标准化。

样本筛选有三个方面的内容:样本集中各输入参数之间最好线性无关;剔除奇异样本,即将样本集中明显不符合物理意义的点剔除;过滤噪声,由于工业现场存在多种干扰因素,系统检测设备和数据通信网络不可避免地存在着扰动信号,采用了"限幅滤波 + 算术平均滤波"的方法, 即根据统计数据和专家经验确定各参数的变化幅度限制, 然后用多个采集数据点的算术平均值作为本次采样的样本点。

由于原始样本集的变量量纲不同, 不同变量数据大小差别很大, 如灰分、挥发分、水分、细度一般是 10^2, 而硫分一般是 10^{-2}; 同时, 数据分布范围也不一样, 数据平均值和方差不一样, 会夸大某些变量对目标的影响作用, 掩盖某些变量的贡献。对配合煤水分、灰分、挥发分、硫分、黏结性指数和细度的数据按式 (2.4) 进行归一化处理, 即

$$P_n = \frac{2(P - P_{\min})}{P_{\max} - P_{\min}} - 1 \tag{2.4}$$

式中, P 是采集的原始输入数据; $P_{\max}$、$P_{\min}$ 分别是 P 中的最大值和最小值; P_n 是归一化之后神经网络的输入数据。

2. 配合煤质量预测模型

不同煤种在配合煤中所起的作用是不同的, 配合煤的结焦性取决于各单种煤的性质及其配入比例, 配煤的结焦性是各单种煤结焦性的综合作用的结果, 如果配煤方案合理, 就能充分发挥各煤种的特点, 相互取长补短, 提高焦炭质量。

根据配煤过程的运行经验, 使用下述模型来预测配合煤的质量:

$$\hat{Y} = QX + \Delta B \tag{2.5}$$

式中

$$\hat{Y} = \begin{bmatrix} \hat{V}_{daf} \\ \hat{S}_{t,d} \\ \hat{M}_t \\ \hat{A}_d \\ \hat{G} \end{bmatrix}, \quad Q = \begin{bmatrix} V_{daf1} & V_{daf2} & \cdots & V_{dafn} \\ S_{t,d1} & S_{t,d2} & \cdots & S_{t,dn} \\ M_{t1} & M_{t2} & \cdots & M_{tn} \\ A_{d1} & A_{d2} & \cdots & A_{dn} \\ G_1 & G_2 & \cdots & G_n \end{bmatrix} \tag{2.6}$$

$$X = \begin{bmatrix} x_1 \\ x_2 \\ \vdots \\ x_n \end{bmatrix}, \quad \Delta B = \begin{bmatrix} \Delta V_{daf} \\ \Delta S_{t,d} \\ \Delta M_t \\ \Delta A_d \\ \Delta G \end{bmatrix} \tag{2.7}$$

式中, x_j $(j = 1, 2, \cdots, n)$ 是第 j 种煤的配比; G_j、V_{dafj}、$S_{t,dj}$、M_{tj} 和 A_{dj} 分别表示第 j 种煤的黏结性指数、挥发分、硫分、水分和灰分; $\hat{G}$、$\hat{V}_{daf}$、$\hat{S}_{t,d}$、$\hat{M}_t$ 和 $\hat{A}_t$ 是配合煤质量的预测值; ΔV_{daf}、$\Delta S_{t,d}$、ΔM_t 和 ΔA_d 是补偿值, 用于提高配合煤质量的预测精度。

为了确定式 (2.7) 中的 ΔV_{daf}、$\Delta S_{t,d}$、ΔM_t 和 ΔA_d, 采用迭代积累的方法计算第 k 次的补偿值。假设 B 是对应于 $\hat{B}$ 的实际测量值, 采用如下步骤: 在第一次

预测之前, 由专家经验给出一组经验校正值 $\Delta B(0)$; 在第一次预测时, 由经验校正值 $\Delta B(0)$ 形成 $\Delta B(1)$, 令 $\Delta B(1) = \Delta B(0)$; 从第二次预测起, 第 $k+1$ 次预测误差为第 k 次预测值 $\hat{B}(k)$ 与实测值 $B(k)$ 之差, 即 $\Delta B(k+1) = \hat{B}(k) - B(k)$。

2.2.3 配比优化计算方法

各单种煤的配比优化指标复杂, 变量及约束条件较多, 要找到最优配比是一项计算量很大的工作, 如果采用传统的方法很难找到最优解。本节基于给定的焦炭质量指标和配合煤质量指标、煤场现有的各大类煤种质量参数, 以及配煤和炼焦条件, 根据一定的成本和库存等约束条件, 应用模拟退火算法, 建立配比计算和配比优化模型, 通过该模型可以获得最优的配煤比和配煤方案 [13]。

1. 目标函数

配煤时主要考虑两方面的目标: 一是配合煤成本最低, 二是配合煤中的硫分最低。假设 n 种单种煤相配, 第 j $(j = 1, 2, \cdots, n)$ 种单种煤的成本价为 C_j, 其配比为 x_j, 那么为了提高企业的经济效益, 则应追求其成本价最低, 即

$$\min f_1(x) = \min \sum_{j=1}^{n} C_j x_j \tag{2.8}$$

减少炼焦过程中二氧化硫的排放量, 可以有效地减少用户的环保费用支出, 因而应尽量使配合煤中的硫分指标值最小。假设 n 种单种煤相配, 第 j $(j = 1, 2, \cdots, n)$ 种单种煤的硫分指标值为 S_j, 其配比为 x_j, 那么为了提高企业的经济效益, 则应追求其硫分值最低, 即

$$\min f_2(x) = \min \sum_{j=1}^{n} S_j x_j \tag{2.9}$$

2. 约束条件

相对炼焦配煤过程, 配合煤和焦炭质量指标都有一个上、下限。这里所采用的指标是: 配合煤指标 $W = [w_1, w_2, \cdots, w_5]$, 分别为配合煤的水分、灰分、挥发分、硫分、黏结性指数; 焦炭指标 $V = [v_1, v_2, \cdots, v_6]$, 分别为焦炭的灰分、硫分、抗碎强度、耐磨强度、反应性指数、反应后强度。对应技术指标的上、下限分别为 $W_{\max} = [w_{1\max}, w_{2\max}, \cdots, w_{5\max}]$、$W_{\min} = [w_{1\min}, w_{2\min}, \cdots, w_{5\min}]$ 和 $V_{\max} = [v_{1\max}, v_{2\max}, \cdots, v_{6\max}]$、$V_{\min} = [v_{1\min}, v_{2\min}, \cdots, v_{6\min}]$, 即

$$w_{l\min} \leqslant w_l \leqslant w_{l\max} \tag{2.10}$$

$$v_{m\min} \leqslant v_m \leqslant v_{m\max} \tag{2.11}$$

式中, l 表示考察的配合煤质量指标约束个数, 取 $l = 1, 2, \cdots, 5$; m 表示考察的焦炭质量指标约束个数, 取 $m = 1, 2, \cdots, 6$。

　　另外, 考虑企业库存的约束条件。企业在一个单位时间内 (如 1 周、1 月或 1 季) 配煤是有计划的, 往往由于会缺少某一种单煤而影响配煤计划的完成。因此, 还必须附设一个条件来限制稀缺煤种的配比。如果在计划期内计划配煤 S, 但是第 j 种单煤库存为 H_j。为了保证计划的完成, 就必须使第 j $(j = 1, 2, \cdots, n)$ 种单煤占配煤的比 x_j 不能大于它的库存量 H_j 在配煤计划量 S 中的比, 即

$$x_j \leqslant \frac{H_j}{S} \tag{2.12}$$

另外, 还要求配煤中, n 种单煤的配比之和为 100%, 即

$$\sum_{j=1}^{n} x_j = 100\% \tag{2.13}$$

　　以上就组成了配煤的约束条件。在这些约束条件的限制下, 可以保证配煤的计划性并适应炼焦过程要求的煤质指标。这些约束条件实际上是一个具有 n 个未知数的线性方程组。在一般情况下, 能满足这些约束条件的解是很多的, 这些解都称为 "可行解"。以下要做的工作就是运用优化算法, 在这些可行解中寻找出使配煤最经济的优化解。

　　采用模拟退火方法求得炼焦配煤过程的配煤比。参数化处理后的最优控制问题可以用下面的非线性约束优化问题描述, 即

$$
\begin{aligned}
\min \quad & F(f_1(x), f_2(x)) \\
\text{s.t.} \quad & L_1(x) = W_{\min} - W \leqslant 0 \\
& L_2(x) = W - W_{\max} \leqslant 0 \\
& L_3(x) = V_{\min} - V \leqslant 0 \\
& L_4(x) = V - V_{\max} \leqslant 0 \\
& L_5(x) = x_j - H_j/S \leqslant 0 \\
& L_6(x) = \sum_{j=1}^{n} x_j - 1 = 0
\end{aligned}
\tag{2.14}
$$

3. 配比优化计算的模拟退火算法

　　模拟退火算法的关键技术就是对冷却进度表中参数的选取, 具体步骤如下。

Step 1: 初始温度的选取。

　　实验表明, 初始温度越大, 获得高质量解的概率越大, 但花费的计算时间将增加。因此, 初始温度的确定应折中考虑优化质量和优化效率。

　　随机产生 L 个初始可行解 $X_1, X_2, \cdots, X_L$ 以及 2 个权值 w_1、w_2, 且 $w_1, w_2 \in [0, 1]$, $w_1 + w_2 = 1$, 评价其各独立优化目标 $f_1(x)$、$f_2(x)$ 以及综合目标 $F(\cdot) = $

$w_1 f_1(\cdot) + w_1 f_1(\cdot)$, 确定初始温度 $t_0 = -(F_{\max} - F_{\min})/\ln P_r$, 其中 $F_{\max}$、$F_{\min}$ 分别为初始 L 个解的最大、最小综合目标值, $P_r \in (0,1)$ 为初始控制接受概率。然后根据目标确定最佳解 X^* 并令其为当前解 X, 令 $k=0$。由于初态的随机性, 当数量 L 足够多时可在一定程度上体现整个解空间中状态的分布情况, 而通过定义 P_r 来确定初始温度能赋予不同状态合适的突跳概率且一定程度上能避免初始温度选取的盲目性。选取 $L=20$, $P_r = 0.1$。

Step 2: 邻域的选取。

设计状态产生函数 (邻域函数) 的出发点应该是尽可能保证产生的候选解遍布全部解空间。由当前解 X 通过邻域函数产生新解 X' 直至其可行, 并评价其各优化目标和综合目标。

函数优化采用的状态发生器方式为

$$x' = x + \eta \times v \tag{2.15}$$

式中, η 为扰动振幅参数; v 为随机扰动。随机扰动可服从柯西、高斯、均匀等分布, 不同的分布机制对算法的搜索行为和性能均有影响。基于高斯分布的状态发生器较适合于局部搜索, 产生大扰动的概率几乎为零。因此, 采用附加高斯分布扰动方式, 即 $X' = X + \eta \times \zeta, \zeta \in N(0,1)$, $\eta = 0.1$ 为步长。

Step 3: 接受准则的确定。

接受状态函数一般以概率的方式给出。设计状态接受概率, 应该遵循以下原则: 在固定温度下, 接受使目标函数值下降的候选解的概率要大于使目标函数值上升的候选解的概率; 随着温度的下降, 接受使目标函数值上升的解的概率要逐渐减小; 当温度趋于零时, 只能接受目标函数值下降的解。

若 $F(X') < F(X)$, 则用 X' 替代 X 成为新的当前解, 进而若 $F(X) < F(X^*)$, 则用 X' 替代 X^* 成为新的最优解; 否则若 $\exp[(F(X) - F(X'))/(tk)] >\text{random}(0,1)$, 则仍用 X' 替代 X, 否则保留 X。

Step 4: Mapkob 链长度的选取。

在某一温度 T 下, 理论上需经过无穷多次搜索才能达到稳定。实际上, 如果连续搜索若干次, 目标函数变化都很小, 就可以认为系统趋于热平衡, Metropolis 抽样达到稳定, 也可以选择一个固定数作为 Metropolis 抽样稳定的条件。

判断当前温度下抽样准则是否满足, 如果满足则继续以下步骤, 否则返回 Step 2。采用传统的定步长法, 即连续 S_1 步抽样, 选取 $S_1 = 50$。

Step 5: 温度衰减函数。

温度下降的基本原则是保证温度下降缓慢进行, 否则会发生淬火现象。如果温度下降得过快, 有可能错过最优解, 从而导致搜索失败。

温度管理问题是模拟退火难处理的问题。当邻域搜索过程中, 解的质量变差的

概率呈玻尔兹曼分布时, 对数降温方式可使模拟退火收敛于全局最优解, 即

$$T(t) = \frac{k}{\ln(1+t)} \tag{2.16}$$

式中, k 为正的常数, 称为降温系数; t 为降温的次数。

当邻域搜索过程中, 解的质量变差的概率呈柯西分布时, 按式 (2.17) 的降温方式可使模拟退火收敛于全局最优解, 即

$$T(t) = \frac{k}{1+t} \tag{2.17}$$

实际应用中, 由于必须考虑计算复杂度的切实可行性等, 同时为了避免算法进程产生过长的 Mapkob 链, 控制参数 T_k 的衰减量应以小为宜。选取的退温函数为 $t_{k+1} = \lambda t_k$ $(0 < \lambda < 1)$, 选取 $\lambda = 0.95$。

Step 6: 算法终止。

模拟退火算法的收敛性理论中要求温度终值趋于零, 但却不切合实际。通常的做法包括: 设置终止温度的阈值; 设置迭代次数; 算法搜索到的最优值连续若干步保持不变; 检验系统熵是否稳定。这里采用搜索到的最优值连续若干步保持不变的判断方法终止准则是否满足, 若是则结束搜索并输出 X^*, 否则返回 Step 2。

2.3　焦炉加热燃烧过程智能优化控制

焦炉加热燃烧过程是单个炭化室间歇、全炉连续、受多种因素干扰的热工过程, 具有纯滞后、大惯性、时变、非线性等特性。实现火道温度的智能优化控制, 对于降低焦炉能耗、提高焦炭质量、延长焦炉寿命、减少环境污染和改善劳动条件都具有非常重要的意义。

从焦炉生产工艺入手, 分析焦炉加热燃烧过程的机理和影响火道温度的主要因素以及目前火道温度控制的难点, 提出基于复杂工况分析的焦炉火道温度智能优化控制方法。

2.3.1　火道温度智能集成软测量模型

在工业生产中, 为了获得合格的产品, 必须对产品质量以及与产品质量密切相关的重要参数和过程进行严格的控制。然而, 在实际的生产过程中, 有许多过程变量难以测量甚至无法测量。

在焦炉加热燃烧过程中, 火道温度是与生产密切相关的工艺参数, 如果火道温度不稳定、波动大, 将导致焦炭加热不均匀, 局部生焦会造成出焦时冒黑烟, 直接影响焦炭质量和炉体寿命。因此, 焦炉火道温度的控制对于提高焦炭质量、延长焦炉寿命、降低炉体维修费用都具有非常重要的意义。

为了获得火道温度的变化规律, 最直接的方法是在每个燃烧室都安装测温热电偶, 利用热电偶获得火道温度的实时数据。但是, 由于焦炉的独特结构, 热电偶的安装比较困难, 并且火道的温度高达 1300℃ 左右, 安装的热电偶很容易因为高温而损坏, 因此这种方式由于成本高和维护困难在实际应用中很少采用。为此, 需要寻求一种间接测量的思路, 即利用易于获取的其他测量信息, 通过计算来实现被检测量的估计。应用软测量技术实现焦炉火道温度的在线检测对于焦炉加热过程控制非常重要。

软测量技术又称软仪表技术, 它是根据某些最优准则, 把自动控制理论与生产工艺过程知识有机结合起来, 选择一组在工业上容易检测而且与主导变量有密切关系的辅助变量 (如压力、温度、液位等过程参数), 通过构造主导变量与辅助变量之间的数学关系 (软测量模型), 利用各种数学计算和估计方法, 用计算机软件实现对主导变量的在线估计。

辅助变量的选择是建立软测量模型的第一步, 对软测量的成功与否至为关键。辅助变量的选择包括变量的类型、数目和测点位置。这三个方面是相互联系的, 并由过程特性所决定, 同时在实际应用中还应考虑经济性、可靠性、可行性及维护性等额外因素的制约。辅助变量类型的选择应符合过程实用性、灵敏性、特异性、准确性和鲁棒性的原则。

根据以上原则, 所选择的辅助变量必须与焦炉火道温度有较大的相关性, 火道温度能够通过辅助变量较好地反映出来, 并且工程上易于在线获取, 同时一些影响因素对火道温度的影响能够通过辅助变量表现出来。由于从蓄热室顶部温度 (蓄顶温度) 与火道温度间的相关性分析中得出二者具有显著的相关性, 所以可以将蓄顶温度作为模型输入来建立软测量模型。

每两个蓄热室之间夹着一个燃烧室, 每个蓄热室为其斜上方两个燃烧室提供预热后的煤气; 每两个燃烧室之间夹着一个炭化室, 从两个方向给炭化室提供热能。在物理结构上, 除了边蓄热室的其他蓄热室都处于炭化室的正下方。煤气从底部蓄热室预热后, 进入其斜上方的燃烧室进行燃烧; 燃烧结束后的废气下降进入其横向相邻的两个蓄热室排出。

煤气换向操作是焦炉特有的结构和加热方式决定的。燃烧室被分割成若干个火道, 蓄热室与燃烧室相连的特点决定了气体流动遵循的原则是: 每个蓄热室与相同编号燃烧室的双号火道相连接, 与前号燃烧室的单号火道相连接, 煤气进入燃烧室时总是从单数或者双数火道上升进行燃烧, 燃烧结束后又从双数或单数火道下降, 直到煤气换向后, 煤气进入和排出所经历的火道相互交换。煤气在燃烧室燃烧产生的热量传递给炉墙, 炉墙将热量以多种方式传递给炭化室内的煤料。煤料在炭化室内密闭加热, 直至结焦成熟。

燃烧室内燃烧后的气体在换向时快速进入蓄热室顶部, 其温度能够反映对应燃烧室内的火道温度, 同时, 蓄热室在焦炉的底部, 有效隔离了外部对焦炉加热系统的干扰, 可以保证蓄热室顶部温度对焦炉火道温度的真实反映, 因此确定蓄顶温度作为火道温度软测量模型的辅助变量。

为了保证炼焦生产的顺利进行, 焦炉推焦应按一定串序进行。5-2 串序是目前广泛采用的一种推焦串序。根据 5-2 串序的排列规则, 将 55 孔炭化室分成笺, 每笺中相邻的两个炭化室编号相差 5, 每一笺推完后笺号加 2, 以下是其具体的排列顺序。

1 号笺: 1, 6, 11, 16, 21, 26, 31, 36, 41, 46, 51。

3 号笺: 3, 8, 13, 18, 23, 28, 33, 38, 43, 48, 53。

5 号笺: 5, 10, 15, 20, 25, 30, 35, 40, 45, 50, 55。

2 号笺: 2, 7, 12, 17, 22, 27, 32, 37, 42, 47, 52。

4 号笺: 4, 9, 14, 19, 24, 29, 34, 39, 44, 49, 54。

炭化室在结焦前半期, 特别是装煤初期, 煤料从炉墙吸收大量的热, 火道温度会下降; 而在结焦的后半期, 从炉墙吸热较少, 火道温度会上升。因此, 在推焦串序的安排中, 新装煤的炭化室均匀分布于全炉, 使炉组温度分布均匀。而且相邻炭化室结焦时间相差一半, 燃烧室两侧的炭化室分别处于结焦的前半期和后半期, 使燃烧室的供热和温度比较稳定, 减轻了因炭化室周期性装煤、推焦所造成的燃烧室温度的大幅度波动。火道温度的变化会在蓄顶温度反映出来, 因此在典型蓄热室选择的时候, 必须考虑推焦串序的影响。

由于焦炉内蓄热室众多, 如果在每个蓄热室顶部安装热电偶, 成本太高, 所以需要选择典型的蓄热室。根据炼焦生产工艺机理分析和长期的现场操作经验, 本书确定典型蓄热室的选取原则为:

(1) 热电偶不安装在边火道蓄热室;

(2) 典型蓄热室对应的炭化室和燃烧室生产正常, 温度具有代表性;

(3) 每两个典型蓄热室之间的推焦间隔时间大致相等;

(4) 安装热电偶的典型蓄热室尽量不相连;

(5) 奇数号蓄热室个数和偶数号蓄热室个数尽量相同。

根据上述原则, 最终确定机侧和焦侧安装热电偶的个数分别为 6 个, 确定的典型蓄热室编号为 8、14、27、35、47、51。

在建模过程中, 必须要对辅助变量和主导变量进行时序匹配, 以保持两者在时间上的对应关系。由于换向操作, 蓄顶温度存在周期性的波动。一个换向周期, 蓄顶温度变化分为两个阶段, 当上升煤气经过蓄热室时, 气体被预热, 该阶段蓄热室的温度持续下降; 换向后, 燃烧后的高温废气进入燃烧室, 放出大量的热, 使得蓄顶温度快速上升。

在蓄顶温度变化过程中, 并不是任何时刻的温度检测值都可以作为辅助变量。首先, 上升气流到达蓄热室是为了预热, 并没有参与燃烧, 此时的蓄顶温度与火道燃烧时的温度关联不大。而下降气流是火道内混合煤气燃烧结束后的废气, 这些废气会在煤气燃烧数秒之内到达蓄热室, 因此下降气流到达蓄顶时的温度与气体在火道内燃烧时的温度具有最大的相关性。同时, 换向操作后 15min 左右时, 蓄顶温度的变化基本平稳, 而测温工人也是在这个时刻测量火道温度, 这样就可以形成软测量的样本。

1. 集成软测量模型的总体结构

考虑到焦炉加热燃烧过程的复杂性和火道温度与蓄顶温度之间关系的特点, 以及线性回归 (linear regression, LR)、专家知识、神经网络等方法在系统建模中的优点, 采用合理的集成形式及学习算法, 建立了火道温度与蓄顶温度的智能集成软测量模型, 整体框架如图 2.4 所示。

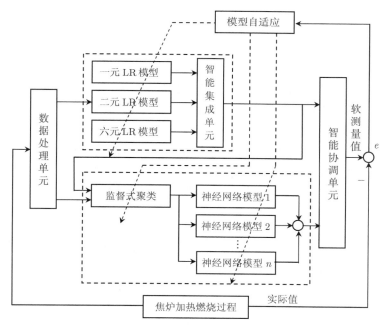

图 2.4　焦炉火道温度软测量的集成模型框图

根据图 2.4 可知, 火道温度软测量的集成模型分为五部分: 数据处理、LR 集成模型、分布式神经网络模型、智能协调、模型自适应。这五部分相互协调成为一个整体, 共同实现火道温度的软测量, 并能根据焦炉加热燃烧过程的变化实时地保证软测量的精度。

1) 数据处理

在数据采集过程中, 由于受环境影响, 辅助变量, 即蓄顶温度存在很多噪声, 所以在用于软测量模型时, 在数据处理部分首先要进行滤波。

2) LR 集成模型

根据火道温度和蓄顶温度的关系的分析, 两者存在比较明显的线性关系。但是, 由于焦炉的独特结构, 蓄顶温度和火道温度的这种线性关系存在不同的表现形式。为了兼顾模型的稳定性和准确性, 建立两者之间不同形式的 LR 模型, 并且通过一定的专家规则进行集成, 建立 LR 集成模型。

3) 分布式神经网络模型

尽管 LR 集成模型能够反映蓄顶温度和火道温度之间的线性关系, 实现对火道温度的软测量, 但是无法反映两者之间的非线性关系, 因而虽然能较好地反映火道温度的变化趋势, 但是模型难以达到理想的精度。实际生产拥有大量的历史数据, 为神经网络建模创造了条件。为了保证模型的精度和泛化能力, 首先采用监督式聚类方法, 对样本进行聚类, 然后对于不同子空间建立神经网络模型, 并利用模糊隶属度综合得出分布式神经网络模型的输出。

4) 智能协调

LR 集成模型和分布式神经网络模型有各自的优点, 也各有不足之处, 为了充分发挥两者的优势, 弥补彼此的缺陷, 智能集成模型中设计了一个协调单元, 协调两者的输出, 以提高软测量模型的精度。

5) 模型自适应

在实际生产过程中, 生产过程的工作状态会随时间的推移发生一定程度的漂移。为了保证模型的精度, 必须对各个模型进行修正以适应新的工作状态。集成模型通过在线更新和自适应, 可不断完善并进一步提高软测量模型的精度。

2. LR 集成模型

根据数学建模理论, 可以建立经典的 LR 模型来反映蓄顶温度与实测火道温度之间的线性关系。由线性回归建模原理, 首先对历史数据分析, 获得一定数量的样本, 分析样本数据的统计学规律, 可以建立火道温度的线性回归软测量模型。当模型运行时, 对采样的蓄顶温度值滤波, 滤波结果作为模型的输入, 就可得到实时的火道温度软测量值。

1) 火道温度六元 LR 模型

根据典型蓄热室的选取原则, 分别在焦炉的机侧和焦侧选取了六个蓄热室作为典型蓄热室。如果分别用机侧和焦侧的六个输入建立机侧和焦侧的回归模型, 则可以用这两个回归模型来分别得到焦炉机侧和焦侧的火道温度。

根据线性回归模型的原理, 设因变量 y 与 p 个自变量 $x_1, x_2, \cdots, x_p$ 之间满足

式 (2.18), 则可建立多元线性回归模型。

$$\begin{cases} y = \beta_0 + \beta_1 x_1 + \beta_2 x_2 + \cdots + \beta_p x_p + \varepsilon \\ \varepsilon \sim N(0, \sigma^2) \end{cases} \tag{2.18}$$

式中, $\beta_0, \beta_1, \cdots, \beta_p$ 为多元回归参数; ε 为随机误差。

以六个蓄顶温度为基础, 可以建立六元线性回归模型。设 y 为火道温度实测值, $x_1, x_2, \cdots, x_6$ 为对应时段的六个蓄顶温度值, 并对 $(x_1, x_2, \cdots, x_6, y)$ 作 $n\,(n > 7)$ 次实验, 就可以得到一个容量为 n 的样本和一个有限样本模型。

$$\begin{cases} y_1 = \beta_0 + \beta_1 x_{11} + \beta_2 x_{12} + \cdots + \beta_6 x_{16} + \varepsilon_1 \\ y_2 = \beta_0 + \beta_1 x_{21} + \beta_2 x_{22} + \cdots + \beta_6 x_{26} + \varepsilon_2 \\ \qquad\qquad \vdots \\ y_n = \beta_0 + \beta_1 x_{n1} + \beta_2 x_{n2} + \cdots + \beta_6 x_{n6} + \varepsilon_n \end{cases} \tag{2.19}$$

式中, $\varepsilon_1, \varepsilon_2, \cdots, \varepsilon_n$ 相互独立且与 ε 同分布。记

$$Y = [y_1, y_2, \cdots, y_n]^{\mathrm{T}}, \quad \beta = [\beta_0, \beta_1, \cdots, \beta_6]^{\mathrm{T}}, \quad u = [\varepsilon_1, \varepsilon_2, \cdots, \varepsilon_n]^{\mathrm{T}},$$

$$X = \begin{bmatrix} 1 & x_{11} & \cdots & x_{16} \\ 1 & x_{21} & \cdots & x_{26} \\ \vdots & \vdots & & \vdots \\ 1 & x_{n1} & \cdots & x_{n6} \end{bmatrix}$$

可用矩阵将式 (2.19) 表示为

$$\begin{cases} Y = \beta X + u \\ u \sim N_n \left(0, \sigma^2 I_n\right) \end{cases} \tag{2.20}$$

式中, 下标 n 表示样本自变量的维数, 即表示用作拟合的样本的个数。根据最小二乘法可得 β 的最小二乘估计 $\hat{\beta}$ 为

$$\hat{\beta} = (X^{\mathrm{T}} X)^{-1} X^{\mathrm{T}} Y \tag{2.21}$$

式 (2.20) 表示的模型即火道温度六元回归软测量模型。根据此模型可以得到火道温度六元回归模型的输出 $\hat{Y}_6$。样本个数的多少对软测量模型的准确度有很大的影响, 样本个数较少时, 模型灵敏度高, 如 $n < 60$ 时, 模型的输出误差出现较大的振荡; 样本个数较多时, 模型比较稳定。经过反复实验可知, 当样本容量为 90 时, 模型误差可以控制在较小的范围内, 因此模型的样本容量取为 90。

2) 火道温度一元 LR 模型

焦炉加热燃烧过程复杂, 会出现多种故障导致部分蓄热室的温度异常。常见的故障包括: 煤气在蓄热室中串烧, 导致蓄顶温度异常升高, 超过蓄顶温度正常上限; 由于煤车或者推焦车故障, 成熟焦炭无法按时出炉, 此时操作工会将相应的煤气阀门关掉, 导致蓄顶温度异常降低。为保证在发生故障时仍能得到准确的火道温度的测量值, 建立一元线性回归模型, 该模型自变量取所有温度在正常温度范围内的蓄顶温度平均值。

该一元回归模型对热电偶每分钟采集到的蓄顶温度进行判断, 将不合格的数据剔除, 对合格的蓄顶温度数据取平均值, 得到一元回归模型中的自变量 x_i。然后将蓄顶温度平均值 x_i 与对应时刻的火道温度 Y_i 一起构成回归样本 (x_i, Y_i)。最后利用最小二乘法求取模型参数的估计量。则

$$Y_i = \beta_0 + \beta_1 x_i + \varepsilon_i, \quad i = 1, 2, \cdots, n \tag{2.22}$$

式中, Y_i 表示全炉火道温度的平均值; x_i 表示对应时刻无故障的蓄热室顶部温度的平均值; ε_i 表示第 i 次实验中的随机误差; n 为样本容量。

通过计算得到一元回归模型的输出 $\hat{Y}_1$, 即可对火道温度进行在线测量, 但是精度比六元回归模型低。

3) 火道温度二元 LR 模型

根据焦炉生产机理和工艺要求, 奇数号蓄顶温度和偶数号蓄顶温度的采样时刻相差半个小时。由于时间上的间隔和气流方向的不同, 奇数号蓄顶温度和偶数号蓄顶温度的性质有所不同, 为反映这种不同, 以奇数号蓄顶温度的平均值和偶数号蓄顶温度的平均值作为两个输入, 建立二元线性回归模型。

与六元线性回归模型类似, 在所有蓄顶温度正常的情况下, 取奇数号蓄顶温度和偶数号蓄顶温度的平均值 x_{i1}、x_{i2}, 然后与对应时刻的火道温度 Y_i 一起构成回归样本, 利用最小二乘法求取模型参数的估计量。则

$$Y_i = \beta_0 + \beta_1 x_{i1} + \beta_2 x_{i2} + \varepsilon_i, \quad i = 1, 2, \cdots, n \tag{2.23}$$

式中, Y_i 表示全炉火道温度的平均值; x_{i1}、x_{i2} 分别表示对应时刻奇数号和偶数号蓄顶温度的平均值; ε_i 表示第 i 次实验中的随机误差。

与一元回归模型类似, 首先采集蓄顶温度, 将滤波后的结果作为模型的输入, 可以计算得焦炉火道温度二元线性回归模型是输出 $\hat{Y}_2$。

4) 集成 LR 模型

在分别建立焦炉火道温度的六元、二元和一元线性回归模型后, 可以每小时得到三个模型的输出, 此处通过规则模型将三个线性回归模型的输出进行综合, 结果

作为线性回归模型的整体输出。线性回归模型的集成就是要寻求方法使集成模型的最终输出逼近火道温度的真实值。

记六元、二元、一元线性回归模型的输出分别为 $\hat{Y}_6$、$\hat{Y}_2$ 和 $\hat{Y}_1$，对这三个值进行加权组合，得到线性回归模型的软测量值

$$\hat{T}_{\mathrm{reg}} = \alpha_1 \hat{Y}_6 + \alpha_2 \hat{Y}_2 + \alpha_3 \hat{Y}_1 \tag{2.24}$$

式中，$\alpha_1 + \alpha_2 + \alpha_3 = 1$，且 $0 \leqslant \alpha_1, \alpha_2, \alpha_3 \leqslant 1$。$\alpha_1$，$\alpha_2$ 和 α_3 的初始值相同，都为 1/3，通过规则改变。即通过求出最佳的模糊系数，使得集成模型的输出误差 E 最小。令

$$\frac{\partial E}{\partial a_n} = 0 \tag{2.25}$$

式中，$n=1, 2, 3$。求得最佳的模糊系数 a_n 的估计值。

以一元回归模型输出 $\hat{Y}_1$ 的测量误差为例说明系数变化规则。

R_1：If abs$(\hat{Y}_1 - Y_{\mathrm{real}}) \leqslant 1\ ℃$ Then $\alpha_3 = 1, \alpha_1, \alpha_2 = 0$

R_2：If abs$(\hat{Y}_1 - Y_{\mathrm{real}})$ 最小   Then $\alpha_3(k) = 1.5\alpha_3(k-1)$

R_3：If abs$(\hat{Y}_1 - Y_{\mathrm{real}})$ 最大   Then $\alpha_3(k) = 0.5\alpha_3(k-1)$

3. 监督式分布神经网络模型

蓄顶温度和火道实测温度之间主要是线性关系，但是两者之间也存在一定程度的非线性关系，这种非线性关系无法用 LR 模型表达，必须建立两者之间的非线性模型。神经网络正是这样一种能满足建立两个变量间非线性映射关系的模型。

为了能够较好地建立火道温度与蓄顶温度的软测量模型，不仅需要尽可能全面地考虑影响它们的因素，而且需要收集大量的学习样本，并且使样本的覆盖面尽可能宽。从某钢铁厂收集的历史运行数据，经过数据误差处理后，获得了包括上千条有效数据的学习样本。为使模型的计算尽量准确，针对不同特点的样本和输入采用不同的神经网络进行训练和输出是必要的。

为反映焦炉蓄顶温度和火道温度之间的非线性关系，并且在一定程度上能抑制矛盾样本对软测量效果的影响，采用一种焦炉火道温度分布式神经网络的建模方法对学习样本进行聚类处理，将样本空间划分为若干个子空间，分别用不同的神经网络方法来描述各个子空间输入输出的关系；然后利用一个模糊分类器确定输入对每个神经网络的隶属度，并根据隶属度将每个模型的输出综合而得到整个分布式神经网络模型的输出。

在焦炉火道温度分布式神经网络软测量模型中，模糊聚类起着重要的作用。它不仅决定了如何对输入进行分类，也间接决定了各个子神经网络模型对输出的影响程度。监督式聚类方法的特点在于学习样本聚类时，不仅基于样本的输入变量，还

综合考虑了输出变量对样本空间分布的影响. 模糊聚类广义输入可以表示为

$$\tilde{X}_k = [X_k, \beta y_k], \quad k = 1,\ 2, \cdots \tag{2.26}$$

式中, $\tilde{X}_k$ 为广义输入; X_k 为 6 个蓄顶温度; β 为控制 y_k 对聚类结果影响程度的参数, β 越小, y_k 对聚类结果影响越小. 聚类样本集可以表示为

$$\{X_k, \beta y_k | X \in \mathbf{R}^6, y \in \mathbf{R}^1, k = 1,\ 2, \cdots\} \tag{2.27}$$

式中, y_k 为对应时刻焦炉火道实测温度. 采用广义样本, 优化的目标函数为

$$Q = \sum_{j=1}^{c} \sum_{k=1}^{N} u_{jk}^2 \left\| \tilde{X}_k - V_j \right\|^2 \tag{2.28}$$

式中, u_{jk} 为样本分布矩阵; $X_1, X_2, \cdots, X_N$ 是空间 $\mathbf{R}^n$ 的 n 维向量; $V_1, V_2, \cdots, V_c$ 是聚类中心.

模糊 c-均值聚类算法 (fuzzy c-means algorithm, FCM) 在应用中, 对初始值的选取非常敏感, 如果初始值选取不当, 会导致收敛于局部最优. 同时, 选择合适的聚类中心也是非常重要的. 为了保证监督式分布神经网络 (supervised distributed neural networks, SDNN) 模型相对简单及其在线学习的效率, 聚类中心的数量必须比较小. 根据焦炉加热过程的数据, 采用减法聚类来找到聚类中心和聚类中心的数量, 对每一个增广输入向量, 采用 FCM 修正, 并得到最终的聚类中心和相应的半径.

由每个子空间的中心和半径, 可以确定相应的子网隶属度为

$$\mu_j = \begin{cases} 1 - \dfrac{\left\| \tilde{X} - V_j \right\|}{r_j}, & \left\| \tilde{X} - V_j \right\| \leqslant r_j \\[3mm] 0, & \left\| \tilde{X} - V_j \right\| > r_j \end{cases} \tag{2.29}$$

设第 j 个子神经网络的输出为 $\hat{Y}_{\mathrm{NN}j}$, 则采用模糊组合方法得到的 SDNN 模型的输出为

$$\hat{Y}_{\mathrm{NN}} = \frac{\displaystyle\sum_{j=1}^{c} \mu_j \hat{Y}_{\mathrm{NN}j}}{\displaystyle\sum_{j=1}^{c} \mu_j} \tag{2.30}$$

模型运行时, 由于通过线性回归模型可以得到焦炉火道温度的基本软测量值 $\hat{T}_{\mathrm{reg}}$, 这样可以将 $\hat{T}_{\mathrm{reg}}$ 和蓄顶温度 X_k 构成的广义输入, 采用监督式聚类方法对输入样本进行划分. 模糊分类器的广义输入可以表示为

$$\tilde{X}_k = [X_k, \beta \hat{T}_{\mathrm{reg}}], \quad k = 1,\ 2, \cdots \tag{2.31}$$

采用 BP 神经网络来建立焦炉火道温度和蓄顶温度之间的非线性模型, 该神经网络采用基本的三层结构。在该结构中, 利用 x_i $(i = 1, 2, \cdots, 6)$ 表示 6 个蓄顶温度输入, $\hat{T}_{\text{net } j}$ $(j = 1, 2)$ 为子网的输出的软测量值。这样, 神经网络子网的输入层有 6 个神经元, 输出层有 1 个神经元, 中间层根据经验公式和实验结果, 取 $m = 18$ 个神经元, 其隐层采用 Sigmoid 函数, 输出层函数采用 $y = x$, 则子网的输入和输出关系可用式 (2.32) 描述, 即

$$\hat{T}_{\text{net } j} = \sum_{m=1}^{18} w_m^O \text{tansig} \left(\sum_{i=1}^{7} w_{i,m}^H \tilde{x}_i + b_m^H \right) + b^O \tag{2.32}$$

式中, $\tilde{x}_i$ $(i = 1, 2, \cdots, 7)$ 为广义输入; $w_{i,m}^H$ 为广义输入的第 i 个值对应的神经元到中间层的第 m 个神经元的权值; b_m^H 为中间层第 m 个神经元的阈值; w_m^O 是中间层的第 m 个神经元到输出层神经元的权值; b^O 是输出层神经元的阈值; $\text{tansig}(\cdot)$ 表示 Sigmoid 函数 [14]。

经仿真和实际应用效果表明, 提出的分布式神经网络模型在正常生产条件下有较高的测量精度, 其不足之处是当生产出现异常时, 其输出会有一定的误差。

SDNN 在大部分情况下具有较高的精度, 但是由于数据众多, 样本存在矛盾, 仍然会出现预测偏差较大的情况。LR 模型集中了三种方法的特点, 软测量的结果具有一定的灵敏性和鲁棒性, 当 SDNN 得到的焦炉温度偏差较大时采用 LR 模型的预测结果。因此, 根据现场数据的分析得到一系列专家规则, 根据这些规则得到软测量的最终结果。

在生产过程中, 每隔 4h 测量一次火道温度, 计算所得到的焦炉温度和所对应的蓄顶温度组成了新的样本。用于训练 LR 模型和 SDNN 模型的样本库中样本的数量是固定的, 这些样本被不断地更新。获取新样本后应该判断新样本是否合格, 而非直接用于模型学习。

新样本判断合格后, 会被加入样本库中, 同时替换样本库中最老的样本, 并将新样本写入记录文件中。若样本不合格则会被丢弃, 并且不合格的新样本会在不同的文件中作记录。当样本库中的新数据累积到一定数量时, 需要启动学习程序对已经建立的软测量集成模型进行修正。

模型自适应包括两个方面: 结构更新和参数更新。分布式神经网络中, 样本空间的划分, 即聚类中心对预测结果的影响是很大的。为了建立焦炉温度软测量模型, 收集了近两年来的历史数据, 因此学习样本的覆盖面是非常广的, 利用这些学习样本来划分样本空间, 分成的类别也是非常全面的。因此, 从必要性和所需开销的角度进行分析可知, 不需要频繁进行分布式神经网络结构自适应调整。当经常出现采集到的数据样本与每个类的中心都很远的情况, 则说明模型结构需要调整。同时, 为了保证分布式神经网络模型的准确性, 在模型运行较长时间后, 对结构进行定时

自适应更新。另外, 在不进行结构自适应更新时, 当样本库中的新数据累积到一定
数量时, 需要启动学习程序对已经建立的软测量集成模型进行修正, 包括线性集成
模型和分布式神经网络模型的更新。

2.3.2　火道温度优化设定模型

目标火道温度定得过高, 单位产品的能耗迅速上升, 易造成 “扒焦” 现象; 定得
过低, 焦炭不能成熟。根据统计分析发现, 火道温度每升高 10℃, 炼焦耗热量就增
加 95kJ/kg。因此, 实现焦炉加热燃烧过程中目标火道温度的优化设定, 进而实现
温度的自动控制, 对于降低焦炉能耗、提高焦炭质量、延长焦炉寿命、减少环境污
染和改善劳动条件都具有非常重要的意义。

1. 焦炉目标火道温度优化设定模型

选取抗碎强度 (M_{40}) 和耐磨强度 (M_{10}) 作为目标火道温度设定模型的辅助变
量, 建立目标火道温度设定模型。目标火道温度设定模型包括两类: 一类是基于最
小二乘的线性回归模型, 另一类是基于 BP 神经网络的模型。线性回归模型具有线
性度好、设定目标火道温度平稳的特点, 但是精度不高。神经网络模型精度高, 但
有时也会出现较大的误差。只有将两者结合起来利用一定的策略进行集成, 才可以
对目标火道温度进行最佳的设定 [15]。

1) 基于二元线性回归的目标火道温度设定模型

线性回归模型的输出数据是目标火道温度, 在线性回归模型中选择焦炉生产基
本正常、焦炭各指标 (主要是 M_{40} 和 M_{10}) 都比较好的情况下某些班次的实测机、
焦侧立火道温度作为目标火道温度样本。

从现场获得的辅助变量信号总是带有大量的噪声, 因此这些信号必须经过滤波
后才可以输入模型中。

选取焦炭成熟情况好时对应的入炉煤水分、每孔装煤量、焦饼中心温度和结焦
时间建立二元线性回归模型。设 y 为立火道温度实测值, x_1、x_2 为对应时段抗碎强
度和耐磨强度的值, 并对 (x_1, x_2, y) 进行 n 次实验, 根据线性回归的原理得到一个
容量为 n 的样本和一个有限样本模型如下所示:

$$\begin{cases} Y = \beta X + u \\ u \sim N\left(0, \sigma^2\right) \end{cases} \tag{2.33}$$

式中, $Y = [y_1, y_2, \cdots, y_n]^{\mathrm{T}}$; $\beta = [\beta_0, \beta_1, \beta_2]^{\mathrm{T}}$; $u = [\varepsilon_1, \varepsilon_2, \cdots, \varepsilon_n]^{\mathrm{T}}$。经过仿真实验,
得到 $n = 60$, 二元回归目标火道温度设定模型参数如表 2.1 所示。

2) 神经网络目标火道温度设定模型

由于 M_{40}、M_{10} 与目标火道温度具有较大的线性相关性, 所以建立两者之间的
线性回归模型是可行的。但是, M_{40}、M_{10} 对目标火道温度的影响也具有非线性和

滞后性的特点, 如果单纯采用线性回归方法建立模型是不合适的。神经网络具有很强的非线性映射能力, 所以可以利用神经网络进行目标火道温度优化设定。

表 2.1　二元回归模型参数

参数	机侧 ($\sigma^2 = 12.09354$)		焦侧 ($\sigma^2 = 10.58416$)	
	参数值	标准误差	参数值	标准误差
β_0	1106.608	83.5843	1104.369	73.15229
β_1	2.234968	0.910023	2.912518	0.796444
β_2	-3.29543	2.587472	-2.09582	2.264534

将 BP 神经网络运用在目标火道温度优化设定上, 关键是确定隐含层神经元个数。针对某钢铁企业炼焦过程实际运行数据, 通过 MATLAB 仿真, 选取不同的隐含层神经元个数和训练次数, 并记录每次的网络训练误差值, 经过多次实验, 最终隐含层神经元个数取为 $m = 7$, 此时网络的性能可以达到最佳。

当网络结构取为 $2 \times 7 \times 1$ 时, BP 神经网络可以实现对大量样本的学习, 学习之后, 网络完成由 M_{40} 和 M_{10} 到目标火道温度的映射。同时网络输出的误差降到较低的程度。

BP 神经网络是一种基于梯度下降算法的神经网络, 它依赖于大量的数据样本。当训练次数足够多时, 网络可以对任意非线性进行逼近。仿真结果表明, 建立的 BP 神经网络目标温度优化设定模型, 可以对目标火道温度进行设定, 设定最大误差为 $\pm 13^\circ\text{C}$。设定误差在 $\pm 10^\circ\text{C}$ 以内的合格率达到 85.2%。与线性回归模型相比, 设定精度有所提高, 但是也有不足之处, 例如, 温度设定存在略微偏移现象, 这是因为挑选的测试样本具有很大的随机性。

3) 目标火道温度优化设定模型的集成策略

虽然 BP 神经网络有较好的精度, 但是学习样本中极少数不合适样本对网络精度也会造成较大影响, 会使 BP 神经网络模型的精度下降。为了更好利用线性回归模型和神经网络模型各自的优点, 避免各自的缺点, 需要将两类模型进行有效集成。模型的集成策略是从最优化方法出发, 确定各个模型的权重以使误差的平方和最小。集成模型如式下:

$$y = \sum_{n=1}^{2} a_n y_n \tag{2.34}$$

式中, y_n 是第 n 种优化设定模型的设定值; a_n 是 y_n 的模糊系数; y 是集成模型的输出值。

集成模型输出优化规则如式 (2.35) 所描述, 即

$$\min E = \min \frac{1}{2} \sum_{i=1}^{N} (y_i - y_i^r)^2 \tag{2.35}$$

式中, y_i 是集成模型对第 i 组数据的输出值; y_i^r 是第 i 组数据中待检测变量的真实值, 通常情况下未知, 用实际检测值代替; E 是误差平方和; N 是选取的样本容量。优化设定模型的集成就是要寻求方法实现模型的最终输出逼近待检测变量的真实值。

可以针对子模型选取合适的样本, 对其输入输出进行测试, 求出最佳的模糊系数 a_n, 使得优化设定的输出的误差 E 最小。令

$$\frac{\partial E}{\partial a_n} = 0 \tag{2.36}$$

求得最佳的模糊系数 a_n 估计值, 式中 $n=1, 2$。仿真结果表明, 集成模型可以很好地跟踪目标火道温度样本的变化, 对目标火道温度的设定比较理想, 比单独的各个模型具有有更好的精度和可靠性。

2. 模型自适应修正

通过建立的目标温度设定模型得到机、焦侧目标温度计算值, 但是实际运行工况往往会出现变化, 因此为了适应这些工况波动, 必须对目标温度优化设定模型进行修正。

在一些影响目标火道温度的因素中, 入炉煤水分、每孔装煤量等因素影响尤为重要。因此有必要针对入炉煤参数的波动对模型进行适量修正。

一般认为当煤气流量和装煤质量保持不变时, 入炉煤水分增加或减少 1%, 焦炉目标火道温度应增加或减少 6℃左右。

基于样本的离线模型可以对目标火道温度进行比较准确的设定, 但是随着生产过程的进行, 焦炉的性能变化和工况偏移会使离线模型产生较大的偏差。为了解决这个问题, 优化设定模型必须具备在线学习的能力。

输入的数据经过滤波程序后便获得一组样本数据, 但并不能立即用于更新样本集, 必须在其通过合格性判断后才能用于更新样本集。对新样本的合格性判断的规则主要包括: 数据基本范围判断; 数据相关性判断, 即判断新数据与历史数据是否线性相关, 如果是则将其视为无新信息的"老"数据, 不可用于更新样本集, 否则造成样本集的奇异。

当新样本判断合格后, 替换最老的数据, 并写入日志文件; 否则丢弃不合格的数据并修改日志文件。当样本集的新数据累积到一定数量时, 启动学习程序重新建模或对过时的模型进行修正。

样本学习速率对模型设定影响很大。当学习速率较大时, 样本集更新的速度很慢, 对目标火道温度设定有利, 但是缺乏灵敏性, 难以跟踪焦炉工况骤然变化时的趋势。当学习速率较小时, 样本集更新频繁, 会削弱立火道温度的稳定性, 严重时造成设定误差正负振荡。由于样本集的大小也对目标火道温度设定的稳定性

有类似的影响, 只当样本集的容量比较大时, 才可以选择较小的学习速率。通过大量数据分析, 可知当样本集容量为 100, 样本学习速率为 1 时, 设定误差达到最小。

模型的学习不仅是调整合理的样本学习速率, 更重要的是制定恰当的学习算法。可以对传统的误差反向传播算法进行改进, 以增加算法的稳定性和鲁棒性。对网络权值的修正可按下式进行调整:

$$\Delta w(k) = \eta(k) \cdot \Delta w(k-1) + [1 - \eta(k)] \cdot r(k) \cdot \delta \tag{2.37}$$

式中, $\Delta w(k)$ 是本次最终的权值调整量; $\Delta w(k-1)$ 是上一次网络权值的调整量; $r(k)$ 是本次学习速率; $\eta(k)$ 是小于 1 的非负数, 它用于本次权值修正的动量项, 也是一个可以根据经验规则进行自调整的变量, 其物理意义相当于每次的修正量对下一次修正的冲量作用。当冲量系数取为零时, 就等同于传统的学习算法; 当冲量系数等于 1 时, 就忽略了当前局域梯度对权值的修正作用, 因此可以说修正后的算法是对传统 BP 算法的推广。

样本的更新和模型的学习使得模型获得了自我改善和提高的能力, 模型的输出变得更加有效。

3. 加热燃烧过程工况判断

长期的生产实践表明, 在焦炉加热燃烧过程中, 工艺的复杂性造成了工况的复杂多变, 这种工况的复杂多变增加了火道温度控制的难度。如何正确地划分工况, 并进行准确的判断, 对于在焦炉加热燃烧过程中选取合理的控制策略是至关重要的。

在焦炉加热燃烧过程中, 各炭化室中煤的结焦状态的变化不仅影响与之相邻的燃烧室的温度, 导致火道温度的波动, 而且会导致焦炉整体耗热量的变化, 改变焦炉整体的加热水平, 从而引起工况的实时变化。因此, 在对现场工艺分析的基础上, 主要根据实时耗热量的变化来划分工况。

炼焦生产推焦操作时, 焦饼带走大部分热量, 因此火道温度的波动主要与焦炉定期装煤、推焦操作有直接关系, 而出焦是否均衡是影响焦炉温度的一个重要因素, 按照生产计划正常出焦可以维持耗热量的平衡。但是当出现长时间不出焦的情况时, 将会引起焦炉整体加热水平的改变, 同时也引起火道温度的波动。

因此, 需要对生产状态进行分类, 状态划分如下。

S_1 为正常生产状态, 即按照生产计划进行装煤、推焦和检修等操作, 生产计划的编制已经考虑到推焦均衡的进行, 因此尽管在这种状态有检修, 但是不会影响生产的进行, 不用考虑间歇性操作对火道温度的影响, 火道温度稳定性较好。

S_2 为停止推焦状态, 即由于设备故障, 生产被迫停止, 并且停止时间较长, 这时炭化室中的焦炭已成熟, 并且随着时间的推移, 焦炭成熟的炭化室越来越多, 炭化室平均吸热速率降低, 燃烧室平均热能增加, 焦炉整体温度呈上升趋势。

S_3 为等待推焦状态, 即当排除故障后, 由于长时间没有出焦, 为了恢复正常生产, 必须要将需要出炉的炭化室进行处理, 因此, 处于结焦初期的炭化室很多, 大部分炭化室处于吸热的状态, 炭化室吸热速率升高, 这时焦炉的整体温度呈下降趋势。

将炭化室中焦炭的成熟程度作为判断焦炉生产状态的主要因素, 但是由于工艺结构以及生产条件的限制, 炭化室的实时工况很难在线检测, 并且焦炉是一个集合体, 任何一个或少数炭化室的工况都不能代表焦炉整体的工况。因此, 在每个炭化室对应的上升管处都安装热电偶来获取荒煤气的温度, 在对炭化室的数据进行分析、校正以及特征分析的基础上, 采用模糊神经网络的信息融合方法对焦炉加热工程的工况作出判断, 结构如图 2.5 所示。

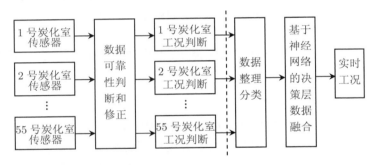

图 2.5　基于信息融合的工况判断结构框图

信息融合包括两个部分: 单个炭化室工况判断和焦炉实时工况判断。在单个炭化室工况判断部分, 考虑到现场采集的数据受外界众多因素的干扰, 首先需要采用基于趋势分析的方法对数据进行一致性、可靠性判断, 并进行校正, 在提取特征点后, 采用专家规则的方法对各个炭化室的数据进行分析, 得出单个炭化室的工况判断结果, 每一个炭化室的工况识别模块会输出一个分类决策, 并在决策层采用基于神经网络的数据融合方法对这些分类进行信息融合, 最终得出焦炉加热过程的实时工况。

运用基于趋势分析的方法对上升管荒煤气温度进行分析, 确定上升管的温度趋势是否可以用于工况判断。当部分上升管的热电偶采集的数据并不能用于判断炭化室工况时, 需要根据工艺参数及相关数据, 对相应的炭化室的工况进行判断, 主要有以下两种情况。

(1) 由于热电偶损坏, 传感器的数据长期不能用于工况判断。此时相应炭化室的工况根据推焦串序来判断。例如, 11 号炭化室的工况不能根据相应传感器的数据判断, 而根据 5-2 串序, 推焦串序应该是 1, 6, 11, 16, · · ·, 此时, 可以根据 6 号和 16 号炭化室焦炭的结焦状态来判断 11 号炭化室的工况。

(2) 由于外界干扰, 传感器的数据在一个或者几个周期不用于工况判断。在这种情况下, 对应炭化室的工况根据 5-2 串序以及正常周期的数据进行判断。

每个炭化室焦炭处于结焦的不同时期时, 吸收热量的速率不一样。每个炭化室的焦炭在经历结焦的各个阶段的时候, 对应的上升管荒煤气的温度在火落前一定的时间明显上升后急剧下降。火落是焦饼基本成熟的标志, 经过火落点, 炭化室中的焦炭在结焦末期从吸热状态转变成为放热状态, 因此火落点是焦炉加热过程中的一个重要特征点。对结焦末期的焦炭状态进一步细化, 将炭化室中焦炭的状态划分为结焦初期、结焦中期、结焦末期、焦炭成熟和过焦。

另外, 当前的结焦时间也可以从一定程度上反映该炭化室中焦炭的结焦状况, 而结焦指数则可以反映焦炭进入焖炉阶段后的成熟程度, 即结焦指数 = 结焦时间/火落时间, 因而用炭化室从加煤时刻到当前时刻的时间 t 与结焦周期 T 的比值、炭化室是否到达火落时刻的标志 a 和炭化室焦炭的结焦指数 C 描述焦炉加热过程的工况, 每个炭化室焦炭的状态 p_i 用 $(t_i/T, a_i, C_i)$ 表示。

对于传感器数据正常的炭化室, 第 i 个炭化室工况的判断规则如表 2.2 所示。根据表 2.2 中的炭化室工况判断规则表, 对单个炭化室的输出空间进行整理、分类, 并结合其他因素作为决策层信息融合决策的输入空间。

表 2.2 炭化室工况判断规则表

规则	条件			焦炭状态
	t_i/T	a_i	C_i	p_i
1	0~1/3	0	——	结焦初期
2	1/3~2/3	0	——	结焦中期
3	2/3~1	1	——	结焦末期
4	2/3~1	1	1.2~1.3	焦炭成熟
5	2/3~1	1	> 1.3	过焦

模糊神经网络集模糊逻辑推理的强大结构性知识表达能力与神经网络的自学习能力于一体, 既能用训练数据自学习, 产生输入输出之间的模糊规则, 又赋予神经网络的连接权值以明确的物理意义。

该网络共 5 层, 结构如图 2.6 所示。输入量为炭化室处于结焦初期的个数 N_{begin}、炭化室处于结焦末期的个数 N_{end} 和没有推焦操作的时间 t_{noper}。各层节点的输入输出关系如下。

第一层: 输入层, 该层的各个节点直接与输入向量的各分量 x_i 连接, 节点数 $n = 3$, 将处于结焦初期的炭化室个数、处于结焦末期的炭化室个数、停止操作的时间作为网络输入, 起着将输入值 $x = [x_1, x_2, x_3]$ 传输到下一层的作用。

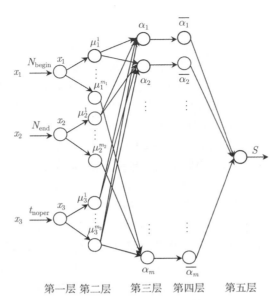

第一层　第二层　　第三层　第四层　　　第五层

图 2.6　模糊神经网络结构图

第二层: 模糊化层, 该层根据输入信号的特性选择隶属度函数来划分输入信号。每个节点代表一个语言变量, 如 NB、PS 等。它的作用是计算各输入分量属于各语言变量值模糊集合的隶属度函数 μ_i^j, 其中 $i = 1, 2, 3$, $j = 1, 2, \cdots, m_i$, m_i 是 x_i 的模糊分类个数。

第三层: 模糊规则层, 该层的每个节点代表一个规则, 它的作用是用来匹配模糊规则的前件, 计算每条规则的适用度 α_j 。

第四层: 该层的节点数与第三层相同, 即 $N_4 = N_3 = m$, 实现的是归一化计算的 $\overline{\alpha_j}$ 。

第五层: 输出层, 所有第四层节点均与该层节点连接, 完成解模糊过程。模糊神经网络的输出即焦炉当前的工况。

2.3.3　火道温度优化控制模型

在焦炉加热燃烧过程中, 直接影响火道温度的是煤气流量, 但是焦炉火道温度的变化是一个缓慢的过程, 在焦炉加热过程控制中, 每调节一次焦炉煤气流量, 火道温度在 2~3h 之后才会反映出变化; 而每调节一次高炉煤气流量, 则需要大概 6h 才会反映出火道温度的变化, 加之焦炉生产工艺的复杂性, 造成了加热燃烧过程工况复杂和时滞这两个突出的难点。

火道温度优化控制的目标是: 稳定火道温度, 保证焦炭质量, 同时减少煤气量的消耗, 保持焦炉的稳顺生产, 延长焦炉的使用寿命。焦炉加热过程控制的目标主要包括焦炭质量及煤气消耗量,可采用目标组合法构造焦炉加热过程总的目标函数。在构造目标函数时,由于各个目标度量单位缺乏统一性且和变化范围不一致而产生非标准化误差。为有效避免非标准化误差,使评价决策结果更加客观、准确,应该考虑目标非标准化对决策的影响,对各目标进行归一化处理,设计焦炉加热燃烧过程总的目标函数。

$$J = w_1 \frac{e(k) - e_{\min}}{e_{\max}} + w_2 \frac{\displaystyle\sum_{k=0}^{M} (u(k) - U_{\min})}{U_{\max}} \tag{2.38}$$

$$\text{s.t. } 0 \leqslant \Delta u(k) \leqslant \Delta U_{\max}$$

式中, $e_{\min}$ 和 $e_{\max}$ 分别为火道温度偏差的最小值和最大值; $U_{\min}$ 和 $U_{\max}$ 分别为一个控制周期内煤气消耗量的最小值和最大值,根据现场生产数据统计得到。

1. 火道温度优化控制结构

焦炉火道温度智能优化控制目标是根据火道温度的变化,适时地调整供热量,自动组织合理燃烧,在各种干扰因素的作用下,保证炉温的稳定。火道温度的智能优化系统控制结构如图2.7所示,主要包括工况判断模块和温度优化控制模块。

工况判断模块包括离散变量预处理和工况判断两部分,首先将各种离散事件和离散变量进行预处理,提取有效信息,转换为可以用于控制的离散变量。同时,对过程中的其他离散信号进行处理。炼焦生产工艺比较复杂,这也是造成焦炉加热过程复杂工况的主要原因,加热煤气种类、加热方式、换向时间等都是焦炉加热过程中的重要工艺参数。正确处理这些工艺参数对于焦炉加热过程有着十分重要的意义。实际系统中,由现场工人根据当前的工艺状况选择加热方式和加热制度,系统根据选择的结果采用相应的控制策略。

火道温度优化控制模块是焦炉火道温度智能优化控制系统的核心部分,主要由温度控制系统和阀门控制系统构成。由于阀门控制系统的工作频率远高于温度控制系统的频率,所以将它们分成两个独立的子系统。根据以上分析,系统以温度反馈、煤气流量和烟道吸力的反馈控制为基础,应用串级控制的思想,将火道温度智能优化控制系统分为主、副两个回路。

主回路为温度优化控制回路,主要作用是保证火道温度稳定在目标温度附近。在考虑加热煤气种类、加热制度等参数的情况下进行工况判断,采用分而治之的思想,对不同工况下的温度控制器参数采用优化算法进行寻优,并建立在线的切换控

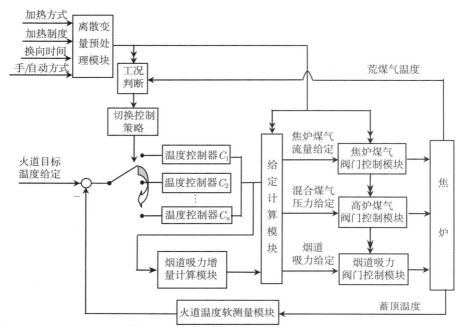

图 2.7 火道温度智能优化控制系统结构图

制策略, 根据实时工况判断的结果, 选择合适的温度控制器, 以弱化复杂工况和时滞给控制带来的困难; 并且利用火道温度软测量模型, 得到实时火道温度, 同时, 在煤气流量发生改变时, 为保证煤气合理、充分地燃烧, 建立烟道吸力的数学模型, 通过该模型对机、焦侧吸力进行及时的调节。

副回路为阀门控制回路, 主要作用是保证现场的煤气流量与烟道吸力稳定且跟随设定值, 是主回路温度优化控制的基础。系统阀门控制器的设计采用模糊控制与专家控制相结合的智能控制方法, 通过实时地调节阀门开度, 以克服外界扰动带来的煤气流量及烟道吸力的波动。

2. 煤气量优化

在火道温度控制常用的模糊控制器的设计中, 隶属度函数的选择、模糊规则的建立是十分重要的, 并且它们之间相互影响。本节基于协同进化的思想, 从种群的分解与编码、适应度评估、种群的遗传操作、协同进化几个方面, 对模糊控制器的参数寻优过程进行说明。

首先确定模糊控制系统的输入变量。考虑到在对火道温度进行控制时, 不仅要考虑火道温度的偏差, 还需要考虑温度变化的趋势, 因此模糊控制器的输入为火道温度的偏差 e 和偏差的变化率 ec, 输出为煤气量的变化量 Δu。为了简化算法, 提高算法的效率, 对于模糊控制的一些参数仍然根据人工经验确定. 将模糊控制器分解为模糊隶属度函数种群和模糊控制规则种群两个种群, 主要对隶属度函数的值、模糊控制规则的前件和结果进行寻优.

1) 隶属度函数种群 P_1

该种群选用梯形隶属度函数 $F_{\text{tra}}(x; a, b, c, d) : U \to [0, 1], x \in U$, 其中 a, b, c, d 是需要优化的参数.

根据参数的不同可产生不同的模糊集, 使模型具有较强的适应能力, $b = c$ 为三角形隶属函数, $b = a$ 为降半梯形函数, $c = d$ 为升半梯形函数, 但是 $b = a$ 和 $c = d$ 不能同时发生. 隶属度函数的参数种群, 采用实数编码方式, 实数编码染色体比二进制编码的染色体长度短, 编码方式简洁自然, 减轻了遗传算法的计算负担, 提高了运算效率, 能够更好地保持种群多样性. 待编码的参数为 a、b、c、d, 每条染色体有 $4 \times n \times m$ 个编码, 式中 n 为输入变量的维数, m 为模糊控制模型隶属度函数的个数. 对于第一条染色体其编码为

$$D_1 = (a_{11}, \cdots, a_{nm}, b_{11}, \cdots, b_{nm}, c_{11}, \cdots, c_{nm}, d_{11}, \cdots, d_{nm}) \tag{2.39}$$

给定搜索空间 $[D^{\min}, D^{\max}]$,

$$D^{\min} = (a_{11}^{\min}, \cdots, a_{nm}^{\min}, b_{11}^{\min}, \cdots, b_{nm}^{\min}, c_{11}^{\min}, \cdots, c_{nm}^{\min}, d_{11}^{\min}, \cdots, d_{nm}^{\min}) \tag{2.40}$$

$$D^{\max} = (a_{11}^{\max}, \cdots, a_{nm}^{\max}, b_{11}^{\max}, \cdots, b_{nm}^{\max}, c_{11}^{\max}, \cdots, c_{nm}^{\max}, d_{11}^{\max}, \cdots, d_{nm}^{\max}) \tag{2.41}$$

式中, $a_{ij}^{\min}, b_{ij}^{\min}, c_{ij}^{\min}, d_{ij}^{\min}, a_{ij}^{\max}, b_{ij}^{\max}, c_{ij}^{\max}, d_{ij}^{\max}$ 是对应梯形隶属度函数参数的取值范围, $i = 1, 2, \cdots, n, \ j = 1, 2, \cdots, m$。

2) 模糊规则种群 P_2

该种群主要描述模糊控制的规则, 包括规则所涉及的变量、规则的条件和结果. 在编码时由于变量和规则的规模, 如果采用常规的二进制编码, 将导致基因链过长, 增加搜索时间. 因此对该种群采用二维编码, 即

$$\begin{bmatrix} c_1^1 & c_1^2 & \cdots & c_1^j & \cdots & c_1^n & r_1 & l_1 \\ c_2^1 & c_2^2 & \cdots & c_2^j & \cdots & c_2^n & r_2 & l_2 \\ \vdots & \vdots & & \vdots & & \vdots & \vdots & \vdots \\ c_{rm}^1 & c_{rm}^2 & \cdots & c_{rm}^j & \cdots & c_{rm}^n & r_{rm} & l_{rm} \end{bmatrix} \tag{2.42}$$

式 (2.42) 中, 每行代表一条规则, rm 表示规则的总的数量, n 表示可能涉及的变量的数目, 在同一行中 c 表示在某条规则前件中各个变量的值, 而 r 表示在某条规则中的输出值, l 则表示这条规则在模糊模型中是否有效.

在系统进化中, 个体适应度计算不仅依赖于该个体本身的适应度的值, 还取决于该个体与其他种群的代表合作产生的个体的适应度的值。控制器的性能通过焦炉加热燃烧过程的目标函数 ($F_{per} = J$) 的值来衡量。

模糊隶属度函数的解释性指标可表示为

$$F_{mem} = \sum_{k=1}^{M-1} \left| f_{FS(S_k)} - \alpha \right| \tag{2.43}$$

式中, $f_{FS(S_1)}, \cdots, f_{FS(S_{M-1})}$ 是隶属度函数的交叉率; M 是模糊推理系统的分区; α 是合适的交叉率。

对于模糊规则个体的解释性主要从规则的数目和形成模糊模型的个数考虑。首先确定输入变量数目, 对于模糊规则, 数目越多, 其解释性越低; 模糊规则要完整覆盖特征论域, 对每一有效的输入变量组合, 至少有一条模糊规则被激励。模糊规则群体的解释性指标为

$$F_{rule} = R_{num} \tag{2.44}$$

式中, R_{num} 为通过规则相似度计算进行约简后的模糊规则数目。F_{per}、F_{men} 和 F_{rule} 的值越小越好, 采用分量加权求和, 适应度函数为

$$\text{Fit} = v_1 \cdot F_{per} + v_2 \cdot F_{mem} + v_3 \cdot F_{rule} \tag{2.45}$$

式中, 加权因子 v_1、v_2、v_3 为正实数, 在计算适应度函数时预先根据经验设定。

依据遗传算法的思想设计遗传操作包括选择、杂交和变异。两类种群都选用精英保留和随机遍历抽样法相结合的选择操作。

两个种群的编码方式不同。种群 P_2 采用的是二维二进制编码方式, 所以交叉操作选用单点交叉, 变异采用多子基因串下的单点变异; 而种群 P_1 采用的是十进制编码方式, 采用的交叉和变异策略分别是启发式交叉和非均匀变异。对于基于协同进化的遗传算法, 交叉概率和变异概率要取比一般遗传算法稍大的概率。

在焦炉加热燃烧过程的火道温度控制中, 两个种群的协同进化类型是合作型的协同进化。由于种群之间的相互作用, 种群 P_1 与 P_2 的个体适应值的评估是互相依赖的。各个种群的 "合作者" 由两部分组成, 一方面采用精英策略, 选择种群中适应值最好的个体, 这样可以保留进化过程中优秀个体的信息; 另一方面, 为了保持个体的多样性, 在种群中随机选择部分个体。经过种群 "合作者" 的选择过程, 在模糊控制规则群体 P_2 中, 首先选择 N_{el} 个优秀的个体, 再随机选择 N_{ra} 个个体, 从而确定 $N_{rem} = N_{el} + N_{ra}$ 个 "合作者" 后, 与隶属度函数种群 P_1 的一个个体合作产生 N_{rem} 个模糊模型, 对每个模型计算适应度, 取最优的适应度为种群 P_1 中该个体的适应度。同理, 计算种群 P_2 的适应度。

3. 空气量计算

煤气的燃烧需要空气, 在焦炉中, 空气是通过自然抽风的形式进入燃烧系统的, 空气量的多少直接影响着燃烧的效率。在空气量的调节中必须避免两种情况: 一种是空气量不足使煤气过剩并排放到大气中; 另一种是空气过量使废气带走了大量的热量。

空气量的调节分两部分: 一部分是手工改变空气进风口挡板的开度, 保证煤气和空气量的大体平衡; 另一部分是调节烟道吸力。烟道吸力直接影响蓄热室顶部的吸力, 而蓄顶吸力又与看火孔压力相关, 为了提高热效率和使操作方便, 工艺上要求看火孔的压强不超过 ±5Pa。控制系统主要通过控制烟道吸力来调节空气供给量。

下面将针对不同的加热方式, 讨论烟道吸力的调节。

1) 高炉煤气加热方式下烟道吸力的调节

当高炉煤气流量由 Q_{GML} 扩大 K_{G} 倍, 变为 $Q'_{\mathrm{GML}} = K_{\mathrm{G}} Q_{\mathrm{GML}}$ 时, 通过相应的关系计算得到高炉煤气流量改变后看火孔压力变化量为

$$\Delta a_{\mathrm{k}} = (1 - K_{\mathrm{G}}^2)[h^{\mathrm{sb-st}}(\rho_{\mathrm{air}} - \rho_{\mathrm{s}})g + h^{\mathrm{st-k}}(\rho_{\mathrm{air}} - \rho_{\mathrm{l}})g] \tag{2.46}$$

式中, Δa_{k} 为看火孔压力变化量; $h^{\mathrm{sb-st}}$ 为蓄热室底部到顶部的垂直高度; $h^{\mathrm{st-k}}$ 为蓄顶到看火孔的垂直高度; ρ_{air} 为外界大气密度; ρ_{s} 为蓄热室内气体平均密度; ρ_{l} 为火道内气体平均密度。焦炉生产中, 看火孔的压强应保持在 $-5 \sim 5\mathrm{Pa}$。根据式 (2.46) 可以确定在进风门开度不变的条件下, 保证空气系数不变时, 煤气流量允许变化的范围。

同时, 高炉煤气流量改变后的分烟道吸力变化量为

$$\Delta a_{\mathrm{f}} = (K_{\mathrm{G}}^2 - 1)[h^{\mathrm{sb-st}}(\rho_{\mathrm{air}} - \rho_{\mathrm{s}})g - h^{\mathrm{st-f}}(\rho_{\mathrm{air}} - \rho_{\mathrm{w}})g + a_{\mathrm{f}}] \tag{2.47}$$

式中, a_{f} 为分烟道吸力; Δa_{f} 为分烟道吸力变化量; $h^{\mathrm{st-f}}$ 为蓄顶到分烟道的垂直高度; ρ_{w} 为废气平均密度。对于一个确定的焦炉, 式 (2.47) 中的 $h^{\mathrm{sb-st}}$、$h^{\mathrm{st-f}}$ 均为常数, 因此在空气系数不变的条件下, 式 (2.48) 可以简化为

$$\Delta a_{\mathrm{f}} = (K_{\mathrm{G}}^2 - 1)(A + a_{\mathrm{f}}) \tag{2.48}$$

式中, A 为常数, 根据式 (2.48) 可确定在高炉煤气流量改变时, 分烟道吸力的调节量。

2) 焦炉煤气加热方式下烟道吸力的调节

焦炉煤气加热时, 分烟道吸力等于从进风口到分烟道翻板前整个燃烧系统的阻力与上升及下降气流浮力之和, 表示为

$$a_{\mathrm{f}} = \sum \Delta P + \sum P_{\mathrm{d}} - \sum P_{\mathrm{u}} \tag{2.49}$$

式中, $\sum \Delta P$ 为进风口至分烟道翻板前阻力和; $\sum P_{\mathrm{d}}$ 为跨越孔至分烟道翻板前浮力和; $\sum P_{\mathrm{u}}$ 为进风口至跨越孔浮力和。

当焦炉煤气流量由 Q_{GML} 扩大 K_{G} 倍, 变为 $Q'_{\mathrm{GML}} = K_{\mathrm{G}} Q_{\mathrm{GML}}$ 时, 在保证炉内调节装置和进风口开度均不变的条件下, 分烟道吸力变化量为

$$\Delta a_{\mathrm{f}} = K_{\mathrm{J}}^2 \left[a_{\mathrm{f}} - \left(\sum P_{\mathrm{d}} - \sum P_{\mathrm{u}} \right) \right] + \sum P_{\mathrm{d}} - \sum P_{\mathrm{u}} \tag{2.50}$$

式中, $\sum P_{\mathrm{d}}$、$\sum P_{\mathrm{u}}$ 对于一个固定的焦炉, 可以近似为常数不变。因此式 (2.50) 可以简化为

$$\Delta a_{\mathrm{f}} = K_{\mathrm{J}}^2 (a_{\mathrm{f}} - A) + A \tag{2.51}$$

式中, A 为常数, 根据式 (2.51) 可确定焦炉煤气流量改变时, 分烟道吸力的调节量。

3) 混合煤气加热方式下烟道吸力的调节

当焦炉采用混合煤气方式加热时, 分烟道吸力可以写为

$$\Delta a_{\mathrm{f}} = A_0 + A_1 K_{\mathrm{G}} + A_2 K_{\mathrm{J}} + A_3 K_{\mathrm{G}}^2 + A_4 K_{\mathrm{J}}^2 + A_5 K_{\mathrm{G}} K_{\mathrm{J}} \tag{2.52}$$

式中, $A_0, A_1, \cdots, A_5$ 为常数; K_{G}、K_{J} 分别为高炉煤气和焦炉煤气改变的倍数。

在实际现场操作中, 在煤气流量改变较小时, 可将分烟道吸力的求取简化为

$$\Delta a_{\mathrm{f}} \approx A_0 + A_1 K_{\mathrm{G}} + A_2 K_{\mathrm{J}} \tag{2.53}$$

式中, A_0, A_1, A_2 为常数, 可根据现场数据来获得。通过确定最佳燃烧状态下煤气流量与分烟道吸力之间的关系模型, 直接根据煤气流量的波动调整分烟道的吸力, 使得烟道吸力与煤气流量相适应。同时, 可离线测量分烟道中的废气含氧量, 对吸力模型 A_0, A_1, A_2 进行修正, 保证燃烧处于最佳状态。

以上分烟道吸力的调节均是在煤气流量调节较小的条件下进行的。当煤气流量调节较大时, 只改变吸力而不改变进风口的开度, 不可能保证看火孔的压强维持在一定的范围内。因此, 当煤气流量有较大幅度的变化时, 需在调节吸力的同时, 改变进风门的开度, 以保证煤气的充分燃烧。

烟道吸力的给定采用前馈控制的形式, 其结构如图 2.8 所示, 在不同的加热方式下, 根据煤气流量的增量来计算烟道给定吸力, 实现烟道吸力的调节。同时, 可根据离线实验测量的废气含氧量和看火孔压力等对烟道吸力模型进行修正。

4. 控制模型切换

在焦炉加热燃烧过程中, 加热方式并不经常发生改变, 所关注的主要是在一种加热方式的不同工况下, 优化控制器的切换。采用基于加权系数的自适应模糊切换策略来保证两种工况下控制器的平稳过渡, 如图 2.9 所示。

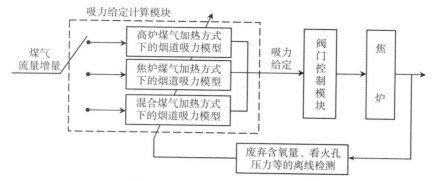

图 2.8 烟道吸力的前馈控制结构

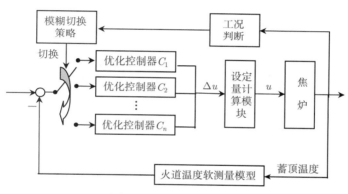

图 2.9 控制器切换策略

为了减少两种工况下控制器的切换带来的扰动, 当前煤气的变化量 Δu 为

$$\Delta u = \alpha \Delta u_S(k) + (1 - \alpha)\Delta u_S(k - 1) \tag{2.54}$$

式中, $\Delta u_S(k - 1)$ 和 $\Delta u_S(k)$ 分别为上一种工况和当前工况所对应的控制器的煤气变化量; α 为加权系数。

由于工况逐渐变化, α 的值根据当前火道温度的偏差和偏差变化率来调整。例如, 当工况由正常工况 (S_1) 变化到停止推焦状态 (S_2), 煤气的变化量 Δu 为

$$\Delta u = \alpha \Delta u_{S_2} + (1 - \alpha)\Delta u_{S_1} \tag{2.55}$$

在确定 α 时不仅要考虑当前的工况, 同时要考虑工况的变化趋势。因此根据当前的工况 S 和工况的变化趋势 ΔS 来确定 α。用当前工况和上次工况表征值之差表示工况变化的趋势, 即 $\Delta S = S(k) - S(k - 1)$。

以正常工况 (S_1) 与停止推焦状态 (S_2) 切换为例, 根据 ΔS 确定 α。当 $\Delta S < 0$, 并且 $|\Delta S|$ 比较大时, 工况由 S_1 切换到 S_2, 说明此时焦炉所需耗热量减少的趋势较

大, 必须抑制停止推焦工况下温度上升的趋势, 所以 α 取较大值; 当 $|\Delta S|$ 很小, 由于此时 $S(k) - a$ 也在一定范围内, 说明虽然工况发生了变化, 所需耗热量有变化, 但是没有发生剧烈波动的趋势, 此时, 为了保持工况的平稳过渡, $\alpha = 0.5$; 当 $\Delta S > 0$, 并且 $|\Delta S|$ 比较大时, 工况由 S_2 切换到 S_1, 说明此时焦炉所需耗热量增大的趋势较大, 必须抑制温度下降的趋势, 所以 α 取较小值。

$$\begin{cases} \alpha = 0.8, & -0.6 \leqslant \Delta S < -0.4 \\ \alpha = 0.6, & -0.4 \leqslant \Delta S < -0.2 \\ \alpha = 0.5, & -0.2 \leqslant \Delta S \leqslant 0.2 \\ \alpha = 0.4, & 0.2 < \Delta S \leqslant 0.4 \\ \alpha = 0.2, & 0.4 < \Delta S \leqslant 0.6 \end{cases}$$

同样还可以得到其他工况切换情况下 α 的取值。随着焦炉加热燃烧过程的进行, 工况逐渐从上一工况转移到当前工况, α 的值逐渐趋近于 1, 上一工况对当前工况的影响逐渐减小。如果在某一工况运行了足够长时间后, α 的值仍然不能趋近于 1, 说明在这种工况下, 焦炉加热过程的特性发生了改变, 优化控制器的参数需要进行重新寻优。

由以上分析可以看出, 切换控制策略不仅实现了控制器的切换, 而且通过调整控制器的参数, 使得控制系统具有较强的自适应能力。

5. 阀门控制器的设计

如何保证焦炉实际的煤气流量及烟道吸力稳定在设定值附近, 此任务则由阀门控制器来完成。在焦炉实际生产中, 由于焦炉煤气流量波动较小, 相对稳定, 因此, 对阀门控制器的研究主要是针对高炉煤气流量的调节及烟道吸力调节。而在工业现场, 高炉煤气流量的控制主要根据混合煤气压力来控制。

由生产工艺可知, 混煤压受高炉煤气主管压力波动的影响较大, 其调节可以看成一个强干扰、严重非线性的控制过程。为了保证控制系统稳定跟踪混煤压设定值, 且能抑制高炉煤气主管压力波动对混煤压的影响, 把前馈控制与反馈控制结合起来, 前馈控制克服主要扰动的影响, 反馈控制克服其余扰动以及前馈补偿的不完全部分。这样, 即使在大而频繁的扰动下, 仍可以获得优良的控制品质。混煤压前馈控制环节采用专家控制, 而反馈环节采用专家控制与模糊控制相结合的方式, 建立混煤压阀门控制器, 阀门的控制周期为 15s。混煤压阀门控制器的结构如图 2.10 所示。

当混煤压给定值与反馈值的偏差超出一定范围时, 为了将压力快速回调, 采用专家控制器实现 "粗调" 过程; 当其偏差值在规定的范围内时, 采用模糊控制器进行控制, 实现混煤压的 "精调" 过程。

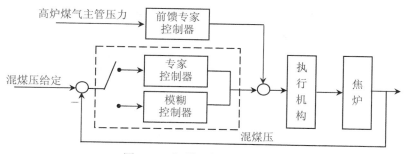

图 2.10 混煤压控制器结构图

控制算法是将专家控制经验进行归纳、总结、整理后形成的, 其结构为 If < 条件 > Then < 结论 >, 组成的规则集作为专家系统知识库。知识库中的主要规则如下, 其中 e 为混煤压偏差, Δu_1 为阀门开度的增量。

$$R_1 : \text{If} \quad e > 200\text{Pa} \quad \text{Then} \quad \Delta u_1 = -2.5$$
$$R_2 : \text{If} \quad 100\text{Pa} < e \leqslant 200\text{Pa} \quad \text{Then} \quad \Delta u_1 = -2.2$$
$$R_3 : \text{If} \quad -200\text{Pa} \leqslant e < -100\text{Pa} \quad \text{Then} \quad \Delta u_1 = 2.2$$
$$R_4 : \text{If} \quad e < -200\text{Pa} \quad \text{Then} \quad \Delta u_1 = 2.5$$

混煤压的偏差在 ±100Pa 的范围内时, 模糊控制器被激活, 它根据当前混煤压的偏差、偏差变化率和模糊规则, 推理得到阀门开度的设定值。混煤压模糊控制模块的输入变量为混煤压与设定值之间的偏差 e 及其变化率ec, 输出变量为阀门开度的增量 Δu_1。

控制器中, 混煤压偏差 $e \in [-100\text{Pa}, 100\text{Pa}]$, 论域 $E = \{-7, -6, -5, -4, -3, -2, -1, 0, 1, 2, 3, 4, 5, 6, 7\}$, 模糊变量的词集选择为{NL, NM, NS, O, PS, PM, PL}, 隶属函数选择常用的三角函数。混煤压偏差变化率 ec $\in [-20\text{Pa/s}, 20\text{Pa/s}]$, 论域为EC= $\{-4, -3, -2, -1, 0, 1, 2, 3, 4\}$, EC 的模糊变量为{NL, NS, O, PS, PL}, 隶属函数选择常用的三角函数。

类似地, 阀门开度增量输出 $\Delta u_1 \in [-2, 2]$, 论域 $U = \{-6, -5, -4, -3, -2, -1, 0, 1, 2, 3, 4, 5, 6\}$, U 的模糊变量为 {NL, NM, NS, O, PS, PM, PL}。

根据现场调节的经验发现, 混煤压偏差变化率ec仅在较大时才能反映出混煤压的变化趋势。因此, 控制增量 U 与偏差 E 的关系较为紧密, 而EC则主要作为 U 的一个辅助参考变量。

在混煤压的模糊控制器被激活后, 系统将混煤压偏差 e 和混煤压偏差变化率ec模糊化后求得 E、EC, 通过查询表, 得到控制输出 U, 并将此值经过清晰化接口, 求得阀门的开度的增量 Δu_1。

烟道吸力控制器保证焦炉空气量的稳定。由于分烟道吸力的阀门特性较差, 若采用精确的模糊控制, 执行机构并不能做出相应的响应; 同时, 吸力的偏差变化率受外界干扰因素影响较大, 具有很大的随机性。因此, 烟道吸力的阀门控制采用专家控制来实现。控制器根据吸力给定与吸力反馈之间的偏差确定阀门增量, 从而保证吸力稳定。

2.4   焦炉集气管压力智能解耦控制

在炼焦生产和回收荒煤气过程中, 集气管压力是一个重要的工艺参数, 其值稳定与否, 直接影响煤气质量、焦炉寿命和生产环境。集气管压力过低, 炭化室会吸入空气导致焦炭燃烧, 影响炉体寿命, 降低煤气质量, 升高煤气系统的温度, 从而加重了冷却系统的负担, 产生不必要的能源消耗。压力过高, 则会导致焦炉跑烟冒火, 既污染环境又浪费大量能源, 并且着火会使炉柱受热而导致强度下降, 缩短炉龄。由此可见, 保持集气管压力的稳定对炼焦生产和钢铁生产都有着重要的意义。

本节通过对多座不对称焦炉耦合关系的分析, 利用分层解耦的思想, 弱化焦炉容量以及管道布局造成的不对称性对系统耦合关系的影响, 逐步消除多座不对称焦炉集气管压力之间的耦合。同时利用模糊控制、专家控制、模糊解耦等先进的控制技术, 保证集气管压力稳定在给定的范围内。

2.4.1   集气过程及特性分析

某钢铁企业焦化厂有三座焦炉, 两大 (分别为 60 孔和 55 孔) 一小。小焦炉 (3#) 生产的荒煤气经过一段超过 600m 的输气管道传输后, 与两座大焦炉 (1#、2#) 生产的荒煤气汇合, 两座大焦炉相距很近 (约 60m), 大焦炉生产的荒煤气与小焦炉生产的荒煤气在大焦炉汇合管中央处汇合后, 流经鼓风机, 最后送往用户。每座焦炉集气管上各装有一个蝶阀和两个压力检测点。

1#、2#和 3#焦炉产生的荒煤气经过各自集气管煤气汇入总管后, 经初冷器 (1#～ 3#) 冷却, 由鼓风机 (1#和 2#) 中的一台 (目前 1#鼓风机作为备用设备) 送往煤气用户, 因此煤气用户的需求量的变化, 也将造成集气管压力的波动, 影响集气管压力的稳定。整个系统的工艺流程如图 2.11 所示。

集气管压力系统的控制方式为: 1#、2#和 3# 焦炉集气管各有两个压力检测点, 通过这两个压力检测点的联合检测可得到各集气管的压力值, 同时每个集气管各有一个蝶阀, 通过控制这三个蝶阀的开度来稳定集气管压力。由于 1#、2#焦炉荒煤气产量高, 为保证焦炉的正常生产, 1#、2#焦炉集气管压力一般要求稳定在100Pa 附近, 3#焦炉集气管压力一般要求稳定在 30Pa 附近。具体数值视具体生产要求而定。

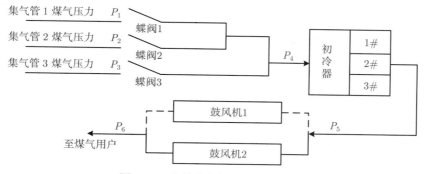

图 2.11 焦炉集气管系统工艺流程

从以上对三座不对称焦炉集气过程特性的分析可见,焦炉集气管压力系统是一个扰动多且变化激烈、耦合严重、具有强非线性和时变特性的多输入多输出系统。因此,为获得理想的控制特性,解耦控制为一种有效的控制方法。但传统的解耦控制方法需要对象的精确数学模型,而在该压力控制系统中存在着很多不确定因素,如装煤时间等,因此传统的解耦控制方法无法直接应用于该系统。

2.4.2 基于耦合度分析的智能解耦控制系统

三座焦炉存在着严重的耦合关系,从既要消除三座焦炉之间的耦合影响,又要简化控制算法方便工程实现这两个方面考虑,对三座焦炉之间的耦合度进行分析,采用了一种分层结构,将多座不对称焦炉集气过程智能解耦与协调控制系统分为基础级、解耦级和协调级三层。控制系统的整体结构如图 2.12 所示。

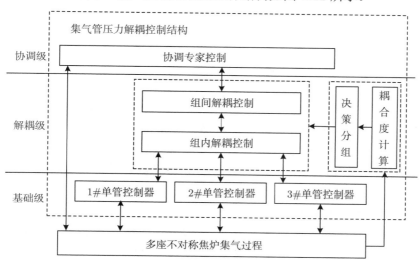

图 2.12 集气管压力智能解耦控制系统

在图 2.12 中, 基础级为单座焦炉分管控制器; 解耦级为系统核心, 该层在单座焦炉分管控制的基础上, 引入耦合度分析模块, 对多座焦炉集气管蝶阀开度和各管压力进行耦合特性分析, 对集气管耦合系统进行决策分组, 并结合模糊控制、专家控制、模糊解耦等先进的控制技术, 设计组内解耦控制器和组间解耦控制器, 实现集气过程的分层递阶解耦控制; 协调层负责系统输入输出量之间, 以及外部扰动对系统影响的协调处理, 优化各座焦炉集气管的压力设定值, 实现系统的协调控制。各层相对独立, 便于实现算法的模块化, 方便与软硬件平台的结合, 易于维护、使用和升级, 有助于提高整体的可靠性。

为了实现焦炉集气过程解耦控制, 需要对焦炉集气过程中各变量之间的耦合关系进行详尽的分析, 从而得知集气过程各变量耦合程度的情况, 继而提出相应的解耦方案, 实现很好的解耦控制。目前评价多变量系统耦合程度的方法已有多种, 应用最广泛的是静态和动态相对增益矩阵理论和分块相对增益矩阵理论。

对于一个 N 输入 N 输出的系统, 相对增益矩阵 RGA 由如式 (2.56) 给出, 即

$$
\mathrm{RGA} = \begin{bmatrix}
\lambda_{11} & \lambda_{12} & \cdots & \lambda_{1N} \\
\lambda_{21} & \lambda_{22} & \cdots & \lambda_{2N} \\
\vdots & \vdots & & \vdots \\
\lambda_{N1} & \lambda_{N2} & \cdots & \lambda_{NN}
\end{bmatrix} \tag{2.56}
$$

$$
\lambda_{ij} = \frac{\Phi_{ij}}{P_{ij}} \tag{2.57}
$$

$$
\Phi_{ij} = \left. \frac{\partial c_i}{\partial m_j} \right|_{m_r = \mathrm{const}(r \neq j)} \tag{2.58}
$$

$$
P_{ij} = \left. \frac{\partial c_i}{\partial m_j} \right|_{c_r = \mathrm{const}(r \neq j)} \tag{2.59}
$$

式中, $i = 1, 2, \cdots, N$; $j = 1, 2, \cdots, N$; Φ_{ij} 定义为第一放大系数, 表示当操作变量 m_j 变化 Δm_j, 其他操作变量 $m_r\,(r \neq j)$ 均保持恒定时, 观测得到的 m_j 与被控制量 c_i 之间的开环稳态增益; P_{ij} 定义为第二放大系数, 表示当固定其他被控量, 只改变 m_j 时所记录得到的被控变量 c_i 的变化, 在静态下两个变量之比。

相对增益 λ_{ij} 所反映的耦合关系如下。

(1) 当 λ_{ij} 接近于 1, 如 $0.9 < \lambda_{ij} < 1.1$ 时, 表明其他通道对该通道的关联作用很小, 不必采用特殊的解耦; 当 $\lambda_{ij}=1$ 时, 表明由 m_j 和 c_i 的控制回路与其他通道无关, 因此系统无耦合, 这是因为无论其他回路闭合与否都不影响 m_j 到 c_i 通道的开环增益。

(2) 当 $\lambda_{ij} < 0$ 或接近于 0 时, 说明该通道调节器不能得到良好的控制效果, 即选配不当, 应当重新选择; 当 $\lambda_{ij} = 0$ 时, 表明 c_i 不受 m_j 的影响, 即系统为超强耦合, 因此不能用 m_j 来控制 c_i。

(3) 当 λ_{ij} 在 0.3 和 0.7 之间或大于 1.5 时, 表明存在严重的耦合, 系统的解耦设计是必需的; 当 $\lambda_{ij} \gg 1$ 时是由求 λ_{ij} 的式中分母趋于 0 引起的, 这说明其他回路的存在使得 c_i 不受 m_j 的影响, 因此不能用 m_j 来控制 c_i。

这种基于概率统计法定义的耦合度, 克服了必须已知传递函数才能得到耦合度定义的特点, 只需知道系统的输入输出数据, 而不必关心系统的内部结构形式。而耦合度的定义只是多变量系统耦合分析的基本问题, 在合适的耦合度定义基础上进行变量配对和分层解耦, 才是多变量解耦控制系统结构建立的关键。

针对各焦炉集气管压力之间的多变量、强耦合的特性, 设计耦合度分析模块, 利用集气过程蝶阀开度和压力检测值的历史数据, 采用前面介绍的概率统计方法计算各座焦炉集气管压力和蝶阀开度之间的耦合程度, 并在此基础上对多座焦炉集气管进行决策分层, 最终达到分组逐层解耦的目的。

由于该钢铁企业共有三座焦炉, 则集气管系统的输入变量为三座焦炉集气管蝶阀开度的控制值 x_1, x_2, x_3, 输出变量为对应各集气管的压力检测值 y_1, y_2, y_3。

由于集气管系统中存在严重的耦合特性, 某座焦炉集气管蝶阀开度的变化会对其他各座焦炉集气管的压力产生影响, 而某单座焦炉集气管压力的变化也是所有焦炉集气管蝶阀共同作用的结果。当所有集气管蝶阀开度值 x_1, x_2, x_3 分别作用于某一集气管压力 y_i 时, 各集气管蝶阀开度 x_1, x_2, x_3 对某一集气管压力 $y_i(i = 1, 2, 3)$ 的影响程度分别为

$$
\begin{aligned}
p\left(y_1\right) &= a_{11}p\left(x_1\right) + a_{12}p\left(x_2\right) + a_{13}p\left(x_3\right) + c \\
p\left(y_2\right) &= a_{21}p\left(x_1\right) + a_{22}p\left(x_2\right) + a_{23}p\left(x_3\right) + c \\
p\left(y_3\right) &= a_{31}p\left(x_1\right) + a_{32}p\left(x_2\right) + a_{33}p\left(x_3\right) + c
\end{aligned} \tag{2.60}
$$

方程采取的是取概率统计算法, a_{ij} 为第 j (j=1,2,3) 个蝶阀开度对第 i (i=1,2,3) 管压力的影响度; c 为其他因素影响量 (如各蝶阀开度的相互抵消量等)。同理, 当某一集气管蝶阀开度 x_j 作用于所有集气管压力 y_1, y_2, y_3 时, 某一集气管蝶阀开度 x_j 对所有集气管压力 y_1, y_2, y_3 的影响程度可表示为

$$
\begin{aligned}
p\left(x_1\right) &= b_{11}p\left(y_1\right) + b_{21}p\left(y_2\right) + b_{31}p\left(y_3\right) + d \\
p\left(x_2\right) &= b_{12}p\left(y_1\right) + b_{22}p\left(y_2\right) + b_{32}p\left(y_3\right) + d \\
p\left(x_3\right) &= b_{13}p\left(y_1\right) + b_{23}p\left(y_2\right) + b_{33}p\left(y_3\right) + d
\end{aligned} \tag{2.61}
$$

式中, b_{ij} 为第 j 管蝶阀开度对第 i 管压力值的贡献度; d 为其他因素影响量。

定义多焦炉集气管压力系统第 i 管蝶阀开度与第 j 管压力的耦合度为 $\lambda_{ij} = a_{ij}b_{ij}$。取任意一段时间内 n=4 组蝶阀开度的输入, 记录对应 4 组输出集气管

压力检测值。利用概率法中求三元线性回归问题的解法, 设 4 个样本观测值为 $(x_{k1}, x_{k2}, x_{k3}, y_{ki})$, 其中 $k=1, 2, 3, 4$, 这里 x_{kj} 表示 x_j 的第 k 次输入值, y_{ki} 表示 y_i 的第 k 次输出值 $(i, j=1,2,3)$。引入记号

$$l_{ij} = \sum_{k=1}^{4} (x_{ki} - \bar{x}_i)(x_{kj} - \bar{x}_j) \tag{2.62}$$

$$f_{ij} = \sum_{k=1}^{4} (x_{ki} - \bar{x}_i)(y_{kj} - \bar{y}_j) \tag{2.63}$$

式中, $\bar{x}_i$ 为第 i 个输入变量 4 次输入值的均值; $\bar{x}_j$ 为第 j 个输入变量 4 次输入值的均值; $\bar{y}_j$ 为第 j 个输出变量 4 次输出值的均值。计算 $\bar{x}_1, \bar{x}_2, \bar{x}_3$ 和 $\bar{y}_1, \bar{y}_2, \bar{y}_3$, 可得到方程组

$$\begin{cases} l_{11}a_{11} + l_{12}a_{12} + l_{13}a_{13} = f_{11} \\ l_{21}a_{21} + l_{22}a_{22} + l_{23}a_{23} = f_{22} \\ l_{31}a_{31} + l_{32}a_{32} + l_{33}a_{33} = f_{33} \end{cases} \tag{2.64}$$

系数矩阵为 $L = (l_{ij})$, $F = (f_{ij})$, $A^{\mathrm{T}} = L^{-1}F$, 得到 $A = \begin{bmatrix} a_{11} & a_{12} & a_{13} \\ a_{21} & a_{22} & a_{23} \\ a_{31} & a_{32} & a_{33} \end{bmatrix}$。

用同样的方法, 设

$$h_{ij} = \sum_{k=1}^{4} (y_{ki} - \bar{y}_i)(y_{kj} - \bar{y}_j) \tag{2.65}$$

$$g_{ij} = \sum_{k=1}^{4} (x_{ki} - \bar{x}_j)(y_{kj} - \bar{y}_j) \tag{2.66}$$

式中, $\bar{y}_i$ 为第 i 个输出变量 4 次输出值的均值, 可求出 $B^{\mathrm{T}} = H^{-1}G$, 其中

$$B = \begin{bmatrix} b_{11} & b_{12} & b_{13} \\ b_{21} & b_{22} & b_{23} \\ b_{31} & b_{32} & b_{33} \end{bmatrix}$$

由此, 计算得到耦合度 λ_{ij}。三座焦炉集气管蝶阀开度与各管压力检测值的耦合度情况为: 1#、2#各集气管蝶阀开度与其各自集气管压力值的耦合强度约为 0.6, 单管耦合度较强。3#集气管蝶阀开度与该集气管压力值的耦合强度大于 0.9, 单管耦合度极强。1#集气管蝶阀开度与 2#集气管压力值的耦合强度约为 0.4, 同样, 2#集气管蝶阀开度与 1# 集气管压力值的耦合强度也约为 0.4, 耦合度较强。3#集气管蝶阀开度与 1#和 2#集气管压力值的耦合强度小于 0.1, 同样, 1#和 2# 集气管蝶阀开度与 3# 集气管压力值的耦合强度也小于 0.1, 耦合度较弱。

由这种方法计算得到的耦合强度情况可知，1# 与 2# 焦炉集气管蝶阀开度与两集气管压力检测值的耦合度较强，而 3#焦炉集气管蝶阀开度和压力检测值与 1#和2#焦炉的耦合度较小。另外，根据对该钢铁企业的焦炉分布和工艺特性分析可知1# 和 2#焦炉布局对称，管道长度和大小也大致相同，而 3#焦炉与 1#和2#焦炉相对较远，管道长度和大小也不尽相同，因此首先将 1# 与 2#集气管分为一组，进行组内解耦控制，再将前期解耦后的 1#和2#集气管与 3#集气管一起进行组间解耦控制，从而实现多座不对称焦炉集气管压力的并联解耦。

2.4.3 焦炉集气管压力智能控制算法

本节针对集气过程的特性，在耦合度分析和智能解耦控制结构的基础上，阐述集气过程的智能集成解耦控制算法的设计过程。在单座焦炉分管控制的基础上，对多座焦炉集气管蝶阀开度和各管压力进行耦合特性分析，设计耦合度分析模块对集气管耦合系统进行决策分组，并结合模糊控制、前馈控制、模糊解耦等先进的控制技术，设计组内解耦控制器和组间解耦控制器，最终组成基于耦合度的多座不对称焦炉集气管压力智能解耦与协调控制算法，从而实现智能控制系统的设计 [16]。

1. 单回路集气管压力控制算法

智能解耦与协调控制算法的第一步是针对焦炉集气过程中的控制对象的特性变化，设计单座焦炉集气管压力回路控制器，克服压力的主要扰动。单座焦炉集气管压力回路控制结构如图 2.13 所示，其中 r 为单座焦炉压力设定值，y 为单座焦炉压力检测值，u 为模糊控制器或者 PID 控制器计算得到的蝶阀控制值，v 为经过专家控制器修正后的蝶阀控制值。

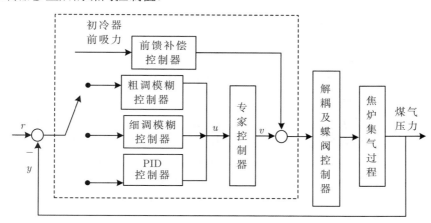

图 2.13 单座焦炉集气管压力回路控制器

单座焦炉集气管压力回路控制算法主要包括模糊控制算法、专家控制算法和前馈补偿控制算法三个部分。模糊控制算法根据压力偏差范围和偏差变化率来设计不同的模糊控制器, 以适应实际工况。专家控制算法针对特殊工况条件下的模糊推理方法无法得出的情况作进一步处理。前馈补偿控制算法针对某些因素对煤气混合过程的大干扰进行快速抑制。

当煤气热值或压力给定值与反馈值的偏差超出一定范围时, 为了将热值或压力快速回调, 采用步长较大的粗调模糊控制器进行控制; 当偏差值在规定的范围内时, 采用步长较小的细调模糊控制器进行控制。根据模糊控制设计方法, 结合煤气热值或压力的手动控制经验得到该模糊控制器的设计步骤与规则如下。

1) 确定模糊控制器的输入变量和输出变量

为了保证具有较好的动态性能, 粗调、细调模糊控制器均采用二维控制器, 模糊控制器的输入是煤气热值或压力的设定值与检测值的差值 E、差值的变化率 EC, 模糊控制器的输出是蝶阀的开启度 U。

2) 确定模糊变量集合

对于模糊词集, 选择较多的词汇描述输入、输出变量, 可以使控制规则的制定更方便, 但是控制规则也会相应变得复杂。选择词汇过少, 使得描述变量变得粗糙, 导致控制器的性能变坏。在论域大小的选取上, 其所含元素个数必须满足为模糊语言词集总数的两倍以上, 确保诸模糊集能较好地覆盖论域, 避免出现失控现象。论域范围越大, 模糊化精度越高。

在粗调模糊控制器的隶属度函数设计上, 考虑到控制的精度不用太高, 故 E 和 EC 的隶属度函数都采用梯形隶属函数。在细调模糊控制器的隶属度函数设计上, 控制的精度要求比较高, 故采用三角形隶属度函数。

PID 控制是工业应用中较为广泛的一种控制规律。在此控制系统中, PID 控制主要是选择好最佳控制参数。当比例控制作用加大时, 系统动作灵敏, 速度加快; 作用偏大时, 振荡次数增多, 调节时间加长; 但控制作用太大时, 系统将不稳定, 控制作用太小时, 又会使系统动作缓慢。在系统稳定的情况下, 加大比例控制, 可以减少稳态误差, 提高控制精度, 但不能完全消除稳态误差。积分控制使系统的稳定性下降, 能消除系统的稳态误差, 提高控制系统的控制精度; 微分控制可以改善系统的动态特性 (如超调量减少, 调节时间缩短), 使系统稳态误差减少, 提高控制精度。由于 3# 焦炉集气管蝶阀的动作直接影响集气管压力, 考虑到实际的生产工艺要求, 当焦炉集气管压力偏差在 ±60Pa 之外, 此时采用模糊控制器调节周期过长, 集气管压力难以迅速回到平衡区, 此时通过对翻板的调节迅速使集气管压力稳定在模糊控制区域, 结合选择最佳 PID 控制参数, 所以采用 PD 控制算法计算蝶阀控制值, 就能较好地控制集气管压力。

考虑到多座不对称焦炉集气过程压力的特性、系统检测点以及工况识别的关系, 每座焦炉集气管压力系统需采用相应的专家控制算法设计控制器。在焦炉集气过程中,专家控制器主要用于控制一些特殊工况。专家控制有前向推理和逆向推理两种,这里采用专家控制的前向推理。

根据焦炉煤气主管压力扰动规律及相应的控制理论,采用专家规则控制算法实现对 1# 和 2# 焦炉集气管蝶阀的控制,其专家控制规则决策层包含 3 条规则。

(1) 压力基本稳定在给定值 ±20Pa 以内时,考虑到煤气自身流体的不稳定波动 (±10Pa) 较小以及蝶阀动作的灵敏度,根据专家规则采用零输出控制,即输出控制增量为零。

(2) 由于管道阻力、机前机后阻力的影响,产生的压力扰动变化不是很快,常规控制方法无法满足控制要求,根据细调规则采用步长较小的细调模糊控制器实现。

(3) 当出现推焦、初冷器吸力和外送压力突变时,压力变化很大,根据粗调规则采用步长较大的粗调模糊控制器实现。

对 3# 焦炉集气管压力,其专家控制规则决策层包含两条规则。

(1) 压力基本稳定在给定值 ±60Pa 以内时,考虑到煤气自身流体的不稳定波动以及由于管道阻力、机前机后阻力的影响,产生的压力扰动变化不是很快。采用细调模糊控制器实现对其压力的控制。

(2) 考虑到实际的生产工艺要求,当焦炉集气管压力偏差在 ±60Pa 之外,使用步长小的模糊控制器难以使其迅速回到平衡区,此时可通过对翻板的调节迅速使集气管压力稳定在模糊控制区域,采用 PID 控制算法计算蝶阀控制值。

在实际应用领域,大多数控制系统都是反馈调节系统。它们共同的特点是系统受到干扰以后,必须在被调参数出现变化后,调节器才对被调参数进行调节来补偿干扰对被调参数的影响,因而是一种按偏差进行调节的自动调节系统。这种系统的特点,只要干扰 (不管是外扰还是由于组成系统的单元特性发生变化或元件参数发生变化所形成的内部干扰) 被包围在反馈回路之中,那么它们对被调参数的影响均能被调节器的调节作用所补偿。但是,这种自动调节系统在受到外扰之后,被调参数未发生变化以前,调节器是不会进行调节的,所以这种调节作用总是落后于干扰作用。

前馈调节是按照干扰作用进行调节的。当干扰一出现,前馈调节器就对调节参数进行调整来补偿干扰对被调参数的影响。调节参数并不等到被调参数出现偏差以后才进行调节,所以被称为“前馈调节”。这种前馈的调节作用如果调整得恰当,可以使被调参数不受干扰的影响。

考虑到系统已经采用了反馈控制,此时的前馈控制只是为了补偿干扰因素的扰动对被调参数的影响,因此,主要采用基于前馈调节的补偿控制器。

初冷器前吸力的变化会引起 1#、2# 焦炉集气管压力很大的波动,因此在 1#、2# 焦炉单座控制器设计的同时,引入初冷器前吸力的前馈控制,这里以 1# 单管控制器为例。

$$u_1(k) = u_1(k-1) + U_1(k) + \alpha \tag{2.67}$$

$$\alpha = \frac{\Delta\phi}{800} \tag{2.68}$$

式中, $u_1(k)$ 和 $u_1(k-1)$ 分别为 1#蝶阀本次和上次的控制值; $U_1(k)$ 为 1#焦炉通过模糊专家控制器计算得到的蝶阀开度增量值; α 为初冷器前吸力对 1#集气管的补偿控制量。采用相关系数法由初冷器前吸力与各管蝶阀的相互关系求得 α 的计算式 (2.68), 式中, $\Delta\phi$ 为初冷器前吸力的变化率。由于对象模型参数的不确定性, 对初冷器前吸力的变化只是实现了部分补偿, 系统把前馈控制与反馈控制结合起来, 通过前馈控制扰动的影响, 并在此基础上再通过反馈控制进一步抑制扰动的影响。确保即使有较大范围内频繁变动的扰动, 系统仍能获得优良的品质。

2. 解耦控制算法

基于耦合度分析的解耦控制算法是焦炉集气过程智能解耦控制算法的核心, 关系整个控制系统的运行效果。在复杂的集气过程面前, 传统的基于精确模型的控制系统设计理论受到了严峻的挑战。由于过程的多变量之间有较强的不对称特性及耦合特性存在, 如果采用常规设计方法设计多变量控制器的解耦控制算法, 要得到焦炉集气过程线性定常的以及精确度较高的数学模型是不易办到的, 或者也会由于其复杂性难以适用于工业现场的实时控制。

采用模糊解耦控制, 不需要对被控对象建立精确的数学模型, 这对具有非线性、时变和耦合等特征的控制对象尤为适用。通过总结操作人员的经验, 分析焦炉集气过程特性和蝶阀属性, 在根据耦合度分析对多座不对称焦炉进行分组之后, 采用基于专家规则的模糊解耦控制算法, 可以克服回路间的相互干扰, 近似地将多变量过程分解为独立的单入、单出过程。

由蝶阀开度与压力耦合度的计算结果可知, 1#焦炉集气管与 2#焦炉集气管之间的耦合受到焦炉容量和所在地理位置的影响, 是集气管压力系统中相互影响最大的一种耦合。当某座焦炉集气管压力或者蝶阀开度发生波动时, 将会对另一座焦炉压力产生影响。采用组内解耦控制算法所设计的组内模糊解耦控制器给出蝶阀控制增量的修正量, 以尽快实现组内平衡。

对于各焦炉集气管压力回路, 压力的波动都将在其回路调节增量 (蝶阀开度变化) 中反映出来, 因此 1#、2#组内解耦控制器的输入选取两个单管模糊控制器的控制增量 U_1、U_2, 输出为控制增量的修正量 v_1、v_2。该模糊解耦控制器实际上是一个双输入 (U_1, U_2)、双输出 (v_1, v_2) 的模糊控制器。1#、2# 组内解耦控制器的结构如图 2.14 所示, 其中虚线部分为组内解耦控制器。

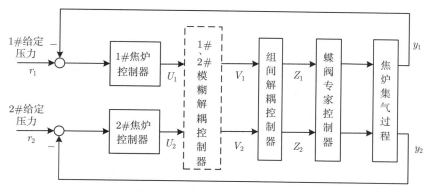

图 2.14 组内解耦控制器结构

通过对大量数据的分析, 同时考虑到压力波动对控制精度的要求, 模糊变量的词集选择为 5 个, 即$\{U_1\}=\{U_2\}=\{v_1\}=\{v_2\}=\{$负大, 负小, 零, 正小, 正大$\}=\{NB, NS, ZO, PS, PB\}$, 论域分别为$\{U_1\}=\{U_2\}=\{-5, -4, -3, -2, -1, 0, 1, 2, 3, 4, 5\}$; $\{v_1\}=\{v_2\}=\{-6, -5, -4, -3, -2, -1, 0, 1, 2, 3, 4, 5, 6\}$。

模糊解耦控制在多输入多输出系统中的应用是非常成功的, 成功的关键是解耦控制器设计相对简单, 其解决多变量之间的耦合性问题是通过模糊解耦规则体现出来的, 而模糊解耦规则的设计应充分考虑多变量之间的耦合性。因而基于焦炉间的耦合关系分析确立模糊解耦控制规则: 当 1# 集气管的压力高于 2#集气管的压力时, 设采用单管模糊控制时阀门输出增量为 U_1 和 U_2。由于此时 1#的煤气还要流向 2#集气管, 使 1#集气管压力下降, 2# 集气管压力上升, 所以实际的输出增量需要在 U_1 和 U_2 的基础上分别减去和加上一个大于零的修正量 Δv。最后根据集气管压力耦合关系分析和专家经验, 设计模糊解耦控制器。

由于组间的集气管道较长, 所以组间耦合时间特性比组内焦炉耦合的时间特性要相对慢得多, 组间解耦可在组内解耦的基础上单独予以处理。所谓组间解耦, 是根据两组压力之间的波动和各蝶阀开度变化情况, 给出各蝶阀控制增量的二次修正值, 以实现两组集气管压力平衡。

由于 1#、2#模糊专家控制器输出为蝶阀增量 U_1、U_2, 而组内解耦控制器输出为蝶阀修正量 v_1、v_2, 此时 1#、2#焦炉集气管蝶阀的控制增量为 $V_1 = U_1+v_1$、$V_2 = U_2+v_2$。取 $V_{12} = (V_1 + V_2)/2$, $V_3 = U_3$ 作为组间解耦控制规则的输入量, 并设解耦控制器的输出 Z_{11} 和 Z_{22} 为控制增量的组间解耦修正量。

经组内解耦和组间解耦修正后, 各焦炉集气管蝶阀的实际控制调节增量分别为

$$Z_1 = V_1 + Z_{11} = U_1 + v_1 + Z_{11} \tag{2.69}$$

$$Z_2 = V_2 + Z_{11} = U_2 + v_2 + Z_{11} \tag{2.70}$$

$$Z_3 = V_3 + Z_{22} = U_3 + Z_{22} \tag{2.71}$$

3. 蝶阀专家控制算法

在多座不对称焦炉煤气集气过程中, 现场各座焦炉集气管道上分别有一个蝶阀, 由于蝶阀本身的流量特性、蝶阀的死区和因老化产生的影响, 对控制量下发的精度存在较大的影响。因此, 本节分析蝶阀组的流量特性, 并在此基础上设计蝶阀开度的专家控制器, 使单个蝶阀更好地响应控制量, 提高控制品质。

执行机构是自动控制系统不可缺少的组成部分, 它接收控制器或人工给定的控制信号, 对其进行功率放大, 并转换为输出轴相应的转角或直线位移, 连续地或断续地去推动各种控制机构, 以完成对生产过程各种参量的控制。在系统中, 蝶阀就是这样的执行机构, 所以根据蝶阀的流量特性合理设计蝶阀控制特性对于保证本系统的控制精度具有很重要的意义。

蝶阀开度从零度开始, 在小开度和大开度时调节作用比较弱, 不够及时, 而在开度的中段, 调节的作用较好。同时, 阀门调节中的最小开度不宜过小, 以免阀芯、阀座受流体冲蚀严重, 缩短寿命。因此, 根据蝶阀的流量特性合理设计蝶阀专家控制器对于保证系统的控制精度具有很重要的意义。

在开度为 $0 \sim 5\%$ 时, 蝶阀由于蝶板的厚度较大, 蝶板还未脱离阀座密封圈, 实际上没有打开, 流量为零。当开度大于 5% 时, 蝶板脱离密封圈, 随开度增加, 流量增加。

在开度为 $5\% \sim 30\%$ 时, 蝶阀的流量特性曲线为直线型, 用微分方程描述为

$$\frac{\mathrm{d}R}{\mathrm{d}\mu} = K \tag{2.72}$$

式中, K 为相应蝶阀起调节功能时的放大系数; R 为流量; μ 为蝶阀开度。

在开度为 $30\% \sim 70\%$ 时, 流量特性曲线为快开型, 用微分方程描述为

$$\frac{\mathrm{d}R}{\mathrm{d}\mu} = KR^{-1} \tag{2.73}$$

蝶阀开度为 $70\% \sim 100\%$ 时基本已无调节作用。

从以上公式可看出, K 值越大, 曲线越陡, 即蝶阀起调节功能的范围越小; 反之, 则蝶阀起调节功能的范围越大。

根据对蝶阀特性的分析可见, 在不同的阀位区域, 相同的阀位调节, 作用是不同的, 为此有必要进行蝶阀专家算法修正。因此在系统中设计了单蝶阀专家修正器, 拟合了蝶阀的流量特性曲线, 在不同的蝶阀开度区间, 用不同的参数修正控制量。

本节针对多座焦炉煤气集气过程具有的多输入多输出、扰动多且变化激烈、耦合严重且具有强不对称特性的特点, 提出了将解耦控制算法、模糊控制算法、专家

控制算法、前馈控制算法等相结合的智能解耦控制算法, 把各种控制算法的简便性、可靠性、抗扰动快速性、灵活性、智能性融为一体, 发挥各自的长处, 消除了多座不对称焦炉集气管压力的相互影响, 并最终实现了多座不对称焦炉集气管压力的智能解耦控制。

2.5 焦炉作业计划与优化调度

焦炉作业计划掌握整个炼焦生产的时序和调度, 对于保证焦炭质量、延长焦炉寿命和降低工人的劳动强度等均具有重要意义。

本节首先针对焦炉生产操作工艺, 说明焦炉作业计划优化调度方法的要求和难点, 对推焦的多工况特性进行分析, 提出调度系统的总体结构; 然后结合某钢铁焦化厂实际情况, 设计焦炉正常工况下和异常工况下的作业计划优化调度方法。

2.5.1 推焦作业计划优化调度分析

焦炉生产操作过程如图 2.15 所示, 主要机械设备是四大车系统, 包括装煤车、推焦车、拦焦车、熄焦车。装煤车按照指令将称量配好的原煤等原料装入指定的炭化室中, 推焦车按指令定位到该炭化室并完成平煤作业; 原料经炭化室高温炼焦过程生成焦炭; 炼焦时间达到后, 推焦车按指令移动并准确定位到指定的炉门前; 拦焦车按指令移动并准确定位到指定炉门的另一侧并设置好接焦栅; 熄焦车按指令移动并准确定位到指定炉门准备接焦。各车到位后, 按统一指令, 推焦车摘炉门, 拦焦车摘炉门; 推焦车开始推焦作业, 将炭化室中的红焦经拦焦车装到熄焦车上; 推焦完成后, 熄焦车将红焦运至熄焦塔完成熄焦; 推焦车和拦焦车关炉门。以上作业循环进行[17]。

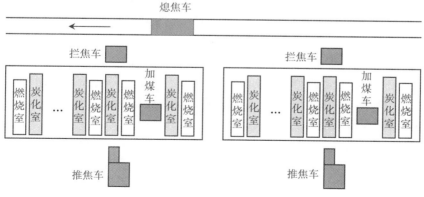

图 2.15 焦炉生产操作过程

推焦作业计划优化调度是根据本班检修计划、标准结焦时间和上一周转时间内各炭化室的实际推焦、装煤时刻, 制定下一班的作业计划。编排推焦计划时, 应该考虑到周转时间、操作时间、检修时间和结焦时间等因素。结焦时间指煤料在炭化室内停留的时间, 通常是指从开始平煤 (装煤时刻) 至开始推焦 (推焦时刻) 的时间间隔。周转时间指某一炭化室从本次推焦 (或装煤) 至下次推焦 (或装煤) 的时间间隔。

推焦过程中存在多种工况, 不同的工况对推焦计划的编排有不同影响, 因此对工况进行分析判断是进行作业计划与优化调度的基础。工况的分析判断主要是通过建立决策分析模块, 对在推焦现场采集到的数据进行管理分析, 判断工况, 并对各种异常工况进行分类和归并, 为推焦作业计划编制提供决策支持。

目前国内多采用人工方法进行调度以适应不同工况, 该方法过于依赖工人经验, 不可靠且反应慢[18]。因此, 需要设计一种适合多工况的焦炉作业计划优化调度方法, 同时设计一种可移植性好的系统架构, 实现数据通信和推焦作业计划编制过程相关数据的自动备份和恢复, 保证系统和信息的安全性, 使之适用于大多数的焦炉作业计划编制过程。

2.5.2　优化调度系统总体结构

为解决焦炉作业计划优化调度难点并实现优化目标, 调度系统综合考虑工艺、机械设备和推焦状态等多种因素设计优化调度系统总体结构。系统总体结构分为决策支持模块、正常工况作业计划优化调度模块、异常工况作业计划优化调度模块、数据管理模块和客户端模块, 如图 2.16 所示。

正常工况下, 作业计划调度主要是在分析焦炉推焦过程的基础上, 依据工艺要求与约束, 建立正常工况作业计划优化调度模型。按照白班、中班、晚班的顺序, 编排出合理的每天每班推焦的炭化室序号的先后顺序, 所生成的推焦计划包括计划的推焦炉数、计划推焦的炭化室序号和相应的计划推焦时间、装煤时间和单炉操作时间等参数。

异常工况下, 作业计划调度主要是在分析各种异常工况的基础上, 对异常工况进行分类归并。符合专家修正规则的用专家修正方法, 不符合的则基于焦炭质量、机械磨损、操作效率和检修时间, 建立异常工况作业计划优化调度模型, 并由蚁群优化算法进行模型求解。

决策支持模块主要对获取的过程信息进行存储和处理, 由信息管理和决策分析两部分组成。所需信息主要包括生产任务、工艺信息和资源信息三个部分。生产任务包括每天焦炭的生产质量和生产产量指标; 工艺信息主要包括单炉操作时间、结焦时间、装煤时间和实际推焦时间; 资源信息主要包括焦炉炉体状态和四大车 (推焦车、熄焦车、装煤车、拦焦车) 状态。

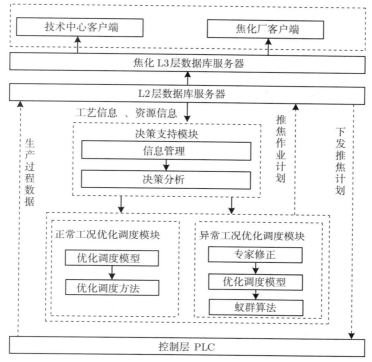

图 2.16　焦炉作业计划与优化调度系统结构框图

数据管理模块的主要功能是对焦炉作业计划与优化调度过程的相关数据进行管理,包括作业计划表的添加、删除、修改和打印。可对已有信息和已生成的推焦计划表根据需求进行查询;也可以人工方式对推焦计划表进行添加和删除;同时可根据需要打印推焦计划表。系统在对本地信息进行管理的同时,通过网络将信息及时保存到企业 ERP 的 L2 层。该模块还可对系统进行管理,包括系统的权限管理、操作管理等[19]。

客户端模块主要实现数据的查询和统计,包括推焦计划、历史记录、直行温度、加热制度、煤气消耗量、推焦系数等的查询和统计等功能。客户端可以查询最近三班的推焦计划编排;历史记录可查询历史推焦计划,有按日期和按班组查询两种方式;直行温度查询可实现不同日期和炉区的直行温度记录表显示,可实现平均值、均匀系数和安定系数的计算;加热制度记录查询历史推焦数据,包括高炉煤气流量和压力、混合煤气流量、焦炉煤气流量和压力、烟道吸力和温度、集气管温度和压力;还可查询推焦系数、结焦时间、推焦电流和装煤系数等。

2.5.3　炼焦生产过程多工况优化调度

正常生产的焦炉,每孔炭化室都按推焦作业计划进行装煤、推焦操作,使整座焦炉有秩序地进行生产。但由于受装煤情况、推焦机械设备状态和炭化室墙面变形与否等众多因素的影响,焦炉的推焦操作无法完全按照已经编排好的推焦计划进行,导致推焦存在多种工况,各工况对作业计划调度有不同影响。

在炼焦生产过程中,装煤、摘门、推焦等反复不断的操作所导致的温度激变、机械力冲击与化学腐蚀作用,使炉体各部位逐渐发生变化。病号炉的炭化室墙面变形,导致推焦阻力增加,常需要推二次焦。为避免该情况发生,需延长病号炉的结焦时间。编排推焦计划时,将病号炉放在正常顺序之外,按其周期时间单独排出循环图表,记录每天病号炉推焦时间,尽量安排病号炉在检修时间推焦,以避免与正常炉子的推焦时间发生冲突。同时需防止漏排、漏推,以避免高温事故[20]。

以上各种工况中按时推焦是焦炉正常生产的最佳状态,将其类归为正常工况。乱笺、事故和病号炉都会影响炭化室的结焦时间,从而导致推焦串序发生错乱,在本周转时间内无法按 5-2 串序进行推焦。这些打乱了推焦串序的情况都归类于异常工况。

正常工况下,推焦计划表的推焦顺序满足标准 5-2 串序,推焦时间与装煤时间等与计划推焦和装煤时间相差不超过 ±5min。异常工况下,本周转时间未能按正常串序推焦,需根据工况,在遵循初始条件约束、工艺约束、资源约束和能源约束的前提下,编排焦炉作业计划,尽量达到保证焦炭质量、减少生产成本等目标,尽快使推焦操作恢复到正常工况下的推焦操作顺序,稳顺炼焦生产[21]。

1) 正常工况作业计划优化调度

以某钢铁焦化厂的焦炉作业计划为例,该企业的 1#、2# 焦炉在计划编制中采用 5-2 串序,1# 焦炉为 60 孔 JN60 型焦炉,2# 焦炉为 55 孔的 JN60 型焦炉,2 座焦炉目前有 2 台推焦车、2 台煤车、1 台拦焦车 (备用 1 台) 和 1 台熄焦车。

推焦计划的实施方案要综合考虑各方面的因素,满足以下约束与原则 (下列时间变量的单位均为 min)。

对于某个炭化室

$$T_{mi} + T_{ri} = T'_{pi} \tag{2.74}$$

式中,T_{mi} 表示 i 号炭化室上一周转时间的实际装煤时刻;T_{ri} 表示 i 号炭化室实际结焦时间;T'_{pi} 表示 i 号炭化室下一周转时间的计划推焦时刻。

满足每个操作工序的操作时间。装煤时刻在推焦时刻后 8min 内,在推焦开始时拦焦车和熄焦车同时开始操作,即

$$T'_{mi} - T'_{pi} \leqslant 8 \tag{2.75}$$

$$T'_{pi} = T'_{si} \tag{2.76}$$

$$T'_{pi} = T'_{ci} \tag{2.77}$$

式中, T'_{mi} 表示 i 号炭化室下一周转时间的计划装煤时刻; T'_{si} 表示 i 号炭化室下一周转时间的计划拦焦时刻; T'_{ci} 表示 i 号炭化室下一周转时间的计划熄焦时刻。

每个炭化室要保证一定的结焦时间, 从而保证焦炭质量。实际结焦时间与标准结焦时间相差不超过 ±5min, 有利于保证焦炭质量, 即

$$|T'_{pi} - T_i| \leqslant 5 \tag{2.78}$$

式中, T_i 表示 i 号炭化室标准结焦时间。

每个炭化室的周转时间 $\tau_{i,\text{cycle}}$ 与实际结焦时间 T_{ri} 相差不大于 15min, 即

$$\tau_{i,\text{cycle}} - T_{ri} \leqslant 15 \tag{2.79}$$

检修时间要足够, 每次检修时间不小于 1h, 即

$$\tau_{\text{jian}} = \tau_{\text{cycle}} - m \times l \tag{2.80}$$

$$\tau_{\text{jian}} \geqslant 60 \tag{2.81}$$

式中, m 为炭化室总数; l 为单孔操作时间; τ_{jian} 为检修时间; τ_{cycle} 为周转时间。此外还要满足检修次数大于一次的条件。

相邻两个炭化室号推焦时间至少相差 2h, 即

$$|T_{pi} - T_{p(i+1)}| > 120, \quad i = 1, 2, \cdots, n-1 \tag{2.82}$$

$$|T_{pi} - T_{p(i-1)}| > 120, \quad i = 2, 3, \cdots, n \tag{2.83}$$

1# 焦炉有 60 个炭化室, 单孔操作时间是 10min, 2# 焦炉有 55 个炭化室, 单炉操作时间是 9min, 根据式 (2.80) 计算出一个周转时间内检修时间为 2.75h。检修时间符合要求, 能满足实际的生产要求, 检修时间分段进行。采用 5-2 推焦串序, 严格按照规定的结焦时间编排推焦计划。结焦时间近似等于周转时间, 根据生产现场的实际情况, 周转时间一般是 21h 左右。

通过分析推焦过程中各个炼焦生产中的时间, 总结各个时间与推焦计划之间的关系, 根据推焦计划编制专家规则和正常工况作业计划优化调度模型, 编制正常工况下的作业计划, 采用将推焦计划分为推焦大循环和小循环的方法进行编排。推焦计划每天分为三班, 即白班、中班、晚班, 循环推焦表规定焦炉每天每班的操作时间、出炉数和检修时间。

在正常工况下, 每班的推焦计划应符合推焦计划表。班推焦计划由负责热工的车间主任制定或核准, 值班主任负责组织实施。在无延迟推焦和不改变生产计划时, 每班的推焦计划应与循环推焦计划表一致。但当遇到延迟推焦、生产计划调整及病号炉等异常工况时, 须将这些特殊因素考虑在内进行编排。

2) 异常工况作业计划优化调度

出现异常工况时, 推焦不再遵循正常工况的推焦作业计划, 情况比较复杂, 需要进行优化调度逐步恢复到正常的推焦串序。

乱签、事故影响和病号炉这三种推焦过程中常见的异常工况会导致推焦顺序发生错乱。由于可以预知这三种工况对推焦计划的影响, 所以在保证焦炭质量和产量的基础上, 可根据专家规则逐步调整不符合 5-2 推焦串序的炉号来进行作业计划优化调度, 即针对错乱的不同情况进行专家修正。

若延迟的炉数较少, 则在每次出炉时将乱签号向前提 1~2 炉, 以逐渐恢复其在串序中原来的位置, 该方法不损失炉数, 但调整慢。若延迟炉数达到 10, 则采取向后丢的方法, 即在该炉号出炉时不出, 使其向后丢, 即延长该炉号的结焦时间, 逐渐调整到原来的位置, 该方法调整快, 但会损失炉数。同时, 为了避免发生高温事故, 延长的结焦时间不应超过规定好结焦时间的 1/4。

若事故时间短, 事故影响的炉数少于 10, 则采用攆炉的方法, 通过缩短操作时间和利用检修时间推焦赶回移动的产量, 即事故后将下一个炉号的推焦时间后移, 但仍按计划推焦顺序表推焦, 同时适当缩短操作时间, 若在检修时间结束时仍无法恢复到正点推焦, 则利用检修时间推焦, 以便在下个循环恢复正常推焦。若事故时间较长, 事故影响的炉数较多, 则先按正点时间推焦, 同时缩短操作时间, 当缩短的时间足够推一炉焦时就把因事故延迟的炉数赶回一炉, 依此类推, 同时利用检修时间推焦, 尽快赶回丢失的炉数, 在下次推焦循环中按 "乱签" 处理。如事故过长, 则应丢炉。

延长病号炉结焦时间, 记录推焦时间, 尽量将病号炉都安排在检修时间推焦, 得出专家修正规则表, 如表 2.3 所示。

焦炉作业恶劣的环境、众多直接或间接因素对推焦过程的影响, 使得异常工况非常复杂, 存在许多无法预计的、不符合专家规则的异常工况, 无法全部由专家修正处理。而且, 专家规则在处理几个同时发生的异常工况时, 编出的计划凌乱, 不能满足工艺和机械设备的要求。因此, 需要在分析这三种常见的异常工况的基础上建立一个通用的模型来解决专家修正难以处理的异常工况。

异常工况下的焦炉作业计划优化调度不仅要保证焦炭质量, 减少损耗, 而且要满足工艺和机械设备的约束, 是一个多目标、多约束的优化问题。异常工况下的焦炉作业计划调度是多目标、多约束的优化问题, 目前的研究比较缺乏, 可参考计划编制的思想来解决焦炉异常工况下的作业计划优化调度问题[22]。这里采用多旅行商问题作为计划编制的模型并采用遗传算法求得问题的近优解。

旅行商问题的路径最优思想可描述为: 给定一组 N 个城市和它们两两之间的直达距离, 使得每个城市刚好经过一次且总的旅行距离最短。其目标是最小化从起点出发经过所有城市的路径[23]。一个推销员要到若干城市推销货物, 从城市 1 出

发, 经过其余各城市一次且仅一次, 求其最短行程, 即寻找一条路径, 使得下列目标函数最小

$$f(V) = \sum_{i=1}^{n} d(v_i, v_{i+1}) \qquad (2.84)$$

式中, v_i 为城市号, 取 $1\sim n$ 内的自然数; $d(v_i, v_{i+1})$ 表示城市 v_i 和城市 v_{i+1} 之间的距离, 对于对称式旅行商问题, 有 $d(v_i, v_j) = d(v_j, v_i)$。用图论的语言描述为: 在一个赋权完全图中, 找出一个最小权的哈密顿图。

表 2.3　专家修正规则表

异常工况	修正规则
一个篦号内延迟出焦的炉数 <10 炉	将该篦号内的上周转时间推迟出焦的炉号向前推 1 个位置
一个篦号内延迟出焦的炉数 >10 炉	将推迟出焦的炉号的结焦时间延长标准结焦时间的 1/4
事故时间内计划推焦的炉数 <10 炉	延长事故影响的炉号的结焦时间, 在计划结焦时间上加上事故时间/受影响的炉数, 同时将受影响的炉号的操作时间减少 1min
事故时间内计划推焦的炉数 >10 炉	将未受影响的炉号的操作时间减少 1min
炉号是病号炉	延长结焦时间至病号炉焦炭成熟所需时间
病号炉与相邻炉号的计划推焦时间间隔 <2h	将后一个炉号向后推到相邻炉号计划推焦时间间隔 2h

推焦作业优化调度问题: 给定 n 个炭化室号和 m 个检修时间段, 及其两两之间的推焦惩罚, 找到一个最优的推焦顺序, 使得每个炭化室都推焦一次, 无漏炉的情况发生且总的惩罚最小。其目标是从起始点开始完成所有炭化室的推焦操作时, 总惩罚最小。由以上描述可见, 该问题与旅行商问题十分相似, 因此本章将异常工况下推焦计划的优化调度问题归结为旅行商问题来解决。

但是焦炉调度与一般的旅行商问题存在区别。对于旅行商问题, 每一个旅行商都是从某个城市出发, 最后必须回到该城市, 其可行路径是一个闭合回路。但是焦炉调度中的作业计划是一个开放路径, 因为每个炭化室只能推焦一次 [24]。

为构成闭合回路, 引入一个既是源点也是节点的虚拟节点, 要求所有的推焦计划都从该虚拟节点出发并终止于该节点。将该节点与任意炭化室之间的惩罚都设置为零, 以免影响计划调度的结果。一个推焦循环的最优计划就相当于一条对旅行商问题求解得到的最短路径。

异常工况主要是对结焦时间产生影响, 最终反映为推焦顺序的改变。推焦顺序和结焦时间严重影响着焦炭的质量和运行成本。因此异常工况下焦炉作业计划的

优化调度就是编制出最优的推焦计划, 保证生产任务和检修时间, 控制好结焦时间, 提高焦炭质量, 尽快使推焦操作恢复正常。

焦炉作业优化调度的对象是四大车, 每个移动机器执行相应任务时要求有一定的操作时间, 工艺约束要求按照一定的顺序完成焦炉的推焦作业。焦炉作业优化调度的目标是使乱箅的异常工况尽快恢复正常, 使推焦顺序错乱和结焦时间过长或过短所引起的总惩罚最小, 该惩罚反映了推焦作业计划调度的效果。低的惩罚可以保证焦炭质量、减少机械损耗和延长炉体寿命。

把影响生产费用的上述两个主要因素作为目标函数, 即最小化由推焦顺序错乱、结焦时间过长或过短引起的总惩罚。首先定义几个变量, 时间的单位均为 min。

相邻两个推焦炭化室号顺序错乱引起的惩罚为

$$Q_{ij} = Y_{ij}q \tag{2.85}$$

$$Y_{ij} = \begin{cases} 1, & 1 < j \leqslant m, \quad i, j \text{炭化室满足 5-2 串序} \\ 0, & m < j \leqslant n, \quad i, j \text{炭化室不满足 5-2 串序} \end{cases} \tag{2.86}$$

式中, $i, j = 0, 1, \cdots, 115, i \neq j$; q 表示该惩罚的权值, 为常数; Q_{ij} 表示相邻的两个推焦炭化室 i 号炭化室和 j 号炭化室不满足 5-2 推焦串序时产生的惩罚。

结焦时间过长或过短引起的惩罚为

$$P_i = e^{t_i} - 1 \tag{2.87}$$

$$t_i = \begin{cases} 0, & T_{\min} - 5 \leqslant T_i \leqslant T_{\max} + 5 \\ \mu \dfrac{T_i - T_{\min}}{5}, & T_i \leqslant T_{\min} - 5 \\ \dfrac{T_{\max} - T_i}{5}, & T_i \geqslant T_{\max} + 5 \end{cases} \tag{2.88}$$

式中, P_i 表示 i 号炭化室的结焦时间变化引起的惩罚, 减 1 是为了使按要求出炉时炉体和焦炭质量不受损, 引起的惩罚为 0; 参数 μ 反映了结焦时间的变化对炉体寿命和焦炭质量损坏程度的大小, 其中提前推焦对炉体受损程度和焦炭质量的影响大于延迟推焦; T_i 为 i 号炭化室计划结焦时间; $T_{\max}$ 和 $T_{\min}$ 分别表示标准结焦时间的最大和最小值。

相邻两个推焦炭化室由上述两个因素引起的总惩罚, 即

$$d_{ij} = X_j(Q_{ij} + P_j) \tag{2.89}$$

$$X_j = \begin{cases} 1, & 1 < j \leqslant m, \quad j \text{点是炭化室号} \\ 0, & m < j \leqslant N, \quad j \text{点是检修时间段} \end{cases} \tag{2.90}$$

$$N = m + m' \tag{2.91}$$

式中, d_{ij} 表示相邻两个推焦炭化室 i 号炭化室和 j 号炭化室的总惩罚; m 为炭化室总数; m' 为检修时间段数, 是按 2h 划分一个时间段来计算的, 即 m'= 总检修时间/120, 其中总检修时间 = 周转时间 $-$ 单孔操作时间 $\times$ 炭化室孔数。

编制推焦计划时, 除了推焦的出炉顺序, 检修时间的插入位置也至关重要。虽然检修时间本身不会造成推焦顺序错乱和结焦时间过长或过短, 即不会引起相应的惩罚, 但检修时间的插入位置会影响其后炭化室的结焦时间。因此把检修时间段也算在推焦顺序的编排中, 一个检修时间段相当于一个推焦炭化室, 但是其本身引起的惩罚值为零 [21]。

根据焦炉作业计划的工艺和相关经验, 这些约束限制可以分为资源约束和工艺约束。异常工况下, 在使推焦顺序恢复正常的过程中, 推焦计划的编制不可能完全满足编制原则, 但至少应该满足以下约束条件。

保证相邻两个炭化室号推焦时间至少相差 2h, 即

$$\left|T_{\mathrm{p}i} - T_{\mathrm{p}(i+1)}\right| > 120, \quad i = 1, 2, \cdots, n-1 \tag{2.92}$$

$$\left|T_{\mathrm{p}i} - T_{\mathrm{p}(i-1)}\right| > 120, \quad i = 2, 3, \cdots, n \tag{2.93}$$

保证足够的检修时间, 单次检修时间大于 1h, 即

$$\tau_{\mathrm{jian}} > 60 \tag{2.94}$$

结焦时间的计算公式为

$$T_i = T_{\mathrm{p}i} - T_{\mathrm{m}i} \tag{2.95}$$

式中, $T_{\mathrm{m}i}$ 为 i 号炭化室上周装煤时间; $T_{\mathrm{p}i}$ 为 i 号炭化室计划推焦时间; τ_{jian} 为检修时间。

综上所述, 焦炉作业计划优化调度目标函数可以描述为

$$D = \sum_{k=1}^{N-1} d_{ij}(k) \tag{2.96}$$

目标是通过编排一个完整的推焦顺序, 使每一次推焦惩罚 $d_{ij}(k)$ 总的惩罚最小。

设相邻推焦炭化室之间的惩罚为城市 i 和城市 j 之间的距离, 城市号与炭化室号码一一对应, 由式 (2.85)$\sim$ 式 (2.95) 求得, 参数 r 为蚂蚁数量。表示 t 时刻位于 i 号炭化室上的第 k 只蚂蚁转移到 j 号炭化室的概率, 如式 (2.97) 所示, 即

$$p_{ij}^k(t) = \begin{cases} \dfrac{[\tau_{ij}(t)]^\alpha [\eta_{ij}]^\beta}{\displaystyle\sum_{j \in \mathrm{allowed}_k} [\tau_{ij}(t)]^\alpha [\eta_{ij}]^\beta}, & j \in \mathrm{allowed}_k \\ 0, & j \notin \mathrm{allowed}_k \end{cases} \tag{2.97}$$

式中

$$\eta_{ij} = \frac{1}{d_{ij}} \tag{2.98}$$

$$\tau_{ij}(t+1) = \rho \cdot \tau_{ij}(t) + (1-\rho)\Delta\tau_{ij}^k \tag{2.99}$$

$$\Delta\tau_{ij}^k = \frac{Q}{d_{ij}} \tag{2.100}$$

allowed$_k$ 表示蚂蚁 k 下一步可走的炭化室集合; α 用来控制信息素浓度的相对重要程度; β 用来控制启发式信息的相对重要程度; η_{ij} 为蚂蚁从 i 号炭化室转移到 j 号炭化室上的启发信息; $\tau_{ij}(t)$ 表示 t 时刻 i 号炭化室和 j 号炭化室之间信息素浓度, 初始时刻 $\tau_{ij}(0) = \text{const}$(const 是初始信息素浓度, 为常数); ρ 为一个取值范围为 0~1 的常数, 表示局部残留信息素的相对重要程度, 值越大说明信息素浓度挥发得越慢, 反之越快; $\Delta\tau_{ij}^k$ 表示第 k 只蚂蚁在时刻 t 和 $t+1$ 之间, 炭化室 i 和 j 之间的路径上增加的信息素浓度; Q 为一个常量, 用来表示每只蚂蚁所持有的信息素总量 [25]。

全局更新规则: 当所有的蚂蚁都完成一次循环后, 生成了全局最优解的蚂蚁按式 (2.101) 和式 (2.102) 对所有路径上的信息素进行全局更新, 不属于最优蚂蚁走过的路径信息素更新为零。

$$\tau_{ij}'(t+1) = \rho_1 \cdot \tau_{ij}'(t) + (1-\rho_1)\Delta\tau_{ij}' \tag{2.101}$$

$$\Delta\tau_{ij}' = \frac{Q}{d_{\text{Lb}_{\text{nc}}}} \tag{2.102}$$

式中, $\rho_1 \in (0,1)$ 表示全局残留信息素的相对重要程度; $d_{\text{Lb}_{\text{nc}}}$ 为第 nc 次循环中最优解的惩罚之和 [26]。

制定推焦计划的主要步骤如下。

Step 1: 每只蚂蚁 k 建立三个表: 炭化室表 G_k、禁忌表 tuba$_k$ 和路径表 allowed$_k$。炭化室表 G_k 包括 N 个炭化室, 禁忌表 tuba$_k$ 保存蚂蚁 k 访问过的炭化室, 路径表 allowed$_k$ 存放蚂蚁 k 下一步可以访问的所有炭化室。

Step 2: 初始化各个参数, 设迭代次数 nc 为 0, 最大迭代次数 nc$_{\max}$ 为 500, 完成任务的蚂蚁数为 0, 每条路径上 $\tau_{ij}(0)$ 为 1, $\Delta\tau_{ij}$ 为 0, 参数 r、ρ、Q、α、β 的最佳组合根据实际的问题确定。第 nc 次迭代的最优解为 Lb$_{\text{nc}}$, 全局最优解为 Lb。

Step 3: r 只蚂蚁都放在算法初始点上。

Step 4: 将每个蚂蚁所走过的炭化室集合 tuba$_k$ 置空, 下一炭化室集合 allowed$_k$ 置空。

Step 5: 确定第 k 只蚂蚁的可移动的下一炭化室集合 allowed$_k$。

Step 6：根据式 (2.97) 计算出转移概率, 按照转移概率确定下一转移炭化室 s, 将炭化室 s 添加到表 tuba$_k$, 并将炭化室 s 从表 allowed$_k$ 中删除。

Step 7：第 k 只蚂蚁到达炭化室 s 后, 按照式 (2.99) 的信息素更新规则对出发炭化室 u 和到达炭化室 s 之间的路径进行信息素的局部更新。

Step 8：若表 tuba$_k$ 中包含所有炭化室, 也就是说第 k 只蚂蚁走完所有炭化室, 在表中会获得一个解, 也就是一个推焦计划 Lk, 若 l 小于总蚂蚁数, 转到 Step 5。

Step 9：在所有生成的解中找出惩罚最小的一个解也就是本次 nc 循环的最优解 Lb$_{nc}$, 则得出该解的蚂蚁就是最优蚂蚁。

Step 10：对最优蚂蚁经过的每一条路径, 按照式 (2.101) 的全局更新原则进行一次信息素的全局更新。

Step 11：转到 Step 3, 重复执行直到迭代次数 nc 达到指定的最大迭代次数或连续若干代内无更好的解出现。输出全局最优解 Lb, Lb 也就是下一个推焦循环的最优的推焦计划。

2.6　炼焦生产全流程优化控制系统

由于炼焦过程生产指标的影响因素较多, 仅依靠机理分析和现场操作人员经验的定性分析结果来确定主要影响因素, 可靠性不高且缺乏理论依据。因此, 在分析炼焦过程生产指标和过程参数之间关系的基础上, 采用灰色关联分析方法从定量分析的角度确定各过程参数对生产指标的影响程度, 进而设计炼焦过程生产指标智能建模及其协调优化的整体结构, 为实现炼焦生产过程优化运行奠定基础。

2.6.1　综合生产目标智能预测模型

焦炉生产过程包括加热燃烧过程、配煤过程及作业计划与优化调度 3 个子过程。由于焦炉生产过程期间伴随着复杂的传热、物理和化学变化, 而且炉体结构复杂、检测手段少且干扰因素多, 目前焦炉生产过程的优化控制一般是针对 3 个子过程进行独立的优化控制。

但是, 加热燃烧过程、配煤过程及作业计划与优化调度 3 个子过程是相互制约、相互影响的。各个子过程独立进行区域优化, 计算得到的操作变量很难同时满足焦炭质量要求和炼焦能耗要求, 难以实现钢铁企业的最终生产目标, 即焦炭质量尽可能高且炼焦生产过程的能源消耗尽可能小。因此, 需要建立一个优化控制模型, 用来协调焦炉生产过程的 3 个子过程, 从而达到钢铁企业的生产目标。面向优化控制的智能预测模型如图 2.17 所示。

焦炉生产过程优化控制模型以炼焦能耗最小为优化目标, 以目标火道温度、配合煤水分以及结焦时间为决策变量, 以焦炭质量及炼焦生产工艺为约束条件, 计算

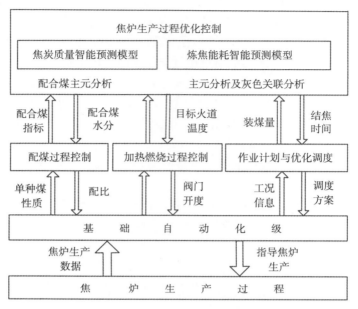

图 2.17　面向优化控制的智能预测模型

加热燃烧过程、配煤过程及作业计划与优化调度三个子过程的区域优化设定值。三个子过程则根据焦炉生产过程优化控制模型计算出的目标火道温度、配合煤水分和结焦时间进行各自的区域优化, 控制基础自动化级的阀门开度、配比和调度方案, 从而实现对焦炉生产过程的指导。

为了提高焦炉生产过程优化控制模型的控制效果, 必须在线检测焦炭质量及炼焦能耗。但是, 目前还没有在线分析仪, 焦炭质量大都是依靠人工化验分析得到质量指标, 存在较大的滞后性; 炼焦能耗则是统计每天的高炉煤气消耗量和焦炉煤气消耗量。这种滞后的检测方法将严重影响优化控制模型, 从而影响钢铁企业的最终生产目标。

1) 焦炭质量预测模型

焦炭质量指标众多, 包括焦炭的硫分 (S)、灰分 (A)、抗碎强度 (M_{40})、耐磨强度 (M_{10})、反应性指数 (CRI) 和反应后强度 (CSR)。

通过机理分析和关联性分析发现: 焦炭的灰分、硫分只与配合煤的灰分、硫分相关, 可以直接根据经验公式建模; 焦炭的抗碎强度和耐磨强度 (即机械强度) 相关性很强, 焦炭的反应性和反应后强度 (即反应特性) 相关性很强, 而焦炭的机械强度和反应特性的相关性却很弱。因此, 分别针对焦炭的机械强度和反应特性建立两个预测模型, 模型结构如图 2.18 所示。

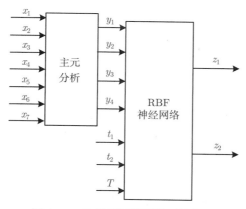

图 2.18 焦炭质量预测模型结构图

焦炭机械强度和反应特性预测模型输入都为配合煤的灰分 x_1、硫分 x_2、挥发分 x_3、水分 x_4、黏结指数 x_5、细度 x_6 和胶质层厚度 x_7；焦炭机械强度预测模型的输出 z_1 和 z_2 分别为焦炭的抗碎强度 M_{40} 和耐磨强度 M_{10}；焦炭反应特性预测模型的输出 $\bar{z}_1$ 和 $\bar{z}_2$ 分别为焦炭的反应性指数 CRI 和反应后强度 CSR。

预测模型由主元分析和径向基函数神经网络两部分组成。通过主元分析消除配合煤指标间的相关性，将 7 个配合煤指标变成 4 个主元变量，减少了 RBF 神经网络的输入变量个数，简化了网络结构，并提高了学习速率；RBF 神经网络是整个预测模型的核心部分，它将主元分析得到的 4 个配合煤主元变量、机侧火道温度 t_1、焦侧火道温度 t_2 和结焦时间 T 作为输入，通过 RBF 网络的学习，获得模型的预测值。RBF 神经网络的学习过程一般分为两个阶段：非监督学习和有监督学习。第一阶段利用非监督学习确定径向基函数的中心向量和宽度；第二阶段有监督学习用于确定隐含层到输出层之间的权值。

2) 炼焦能耗预测模型

由于工业过程的复杂性和不确定性，对于实际工业过程的认识受到一定的限制，所以建立严格机理模型将会困难重重。各种智能方法相对于机理建模方法存在一定优势，同样也存在着一定的缺点。预测控制在工业生产过程中的广泛应用，以及人们对复杂生产过程建模的深入研究表明：无论机理建模方法还是智能建模方法，都具有自身的优点和不足之处。

对于焦炉炼焦生产这样一个复杂的物理化学反应过程，采用一种建模方法很难建立准确的炼焦能耗预测模型。因此，必须从配煤炼焦生产过程的实际出发，采用智能集成方法，综合运用机理分析、主元分析、聚类分析、灰色关联度分析、神经网络等方法，依据焦炉现场采集的数据，在选择合适的过程变量并进行适当预处理的基础上，建立炼焦能耗的智能集成预测模型。炼焦能耗预测模型结构如图 2.19 所示。

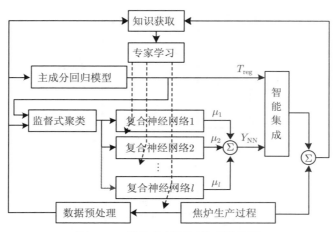

图 2.19   炼焦能耗预测模型结构图

从图 2.19 中可以看出, 炼焦能耗集成预测模型主要由主元回归模型、分布式复合神经网络模型、智能集成、数据预处理及专家学习 5 个部分组成。这 5 个部分相互合作、相互协调, 共同实现对炼焦能耗的集成预测, 而且该模型可以根据工况的变化实时调整各个部分的结构, 从而保证炼焦能耗集成模型的预测精度。

由于焦炉生产过程的复杂性, 影响炼焦能耗的因素众多, 且它们之间存在着较强的相关性, 难以建立常规的线性回归模型来预测炼焦能耗。所以, 采用主元分析方法提取炼焦能耗影响因素的主元变量, 有效消除变量之间的相关性, 进而对提取的主元变量进行回归分析, 从而建立起炼焦能耗的主元回归模型。

尽管主元回归模型能够反映炼焦能耗及其影响因素的线性关系, 但是由于在提取主元的过程中, 忽略了贡献较小的主元变量, 模型难以达到理想的精度。基础自动化系统的广泛应用, 保存了焦炉生产过程中大量的历史数据, 为炼焦能耗神经网络模型的学习奠定了基础。由于影响炼焦能耗的因素众多, 如果将所有的影响因素都作为神经网络模型的输入, 将会导致模型结构异常复杂, 可采用监督式聚类方法, 对样本数据进行聚类, 将样本数据划分为不同子空间, 然后分别在子空间分别建立基于 PCA 的复合神经网络模型, 并利用模糊隶属度将子模型综合得出分布式复合神经网络模型的输出。

炼焦能耗的主元回归模型和分布式复合神经网络模型各有利弊, 为了使两个模型相得益彰, 在炼焦能耗模型结构中设计了一个智能集成单元, 采用基于信息熵的递推算法, 将炼焦能耗分布式复合神经网络模型的预测输出与主元回归模型的预测输出进行加权集成, 不仅使炼焦能耗分布式复合神经网络模型借助于主元回归模型的结果提高自身的预测精度, 而且弥补了分布式复合神经网络模型在焦炉生产异常时预测精度不高的缺陷, 提高了炼焦能耗预测模型的精度。

样本数据的正确性和可靠性关系到模型的预测精度。因此，要采集焦炉生产过程平稳运行时的数据，并使所采集的数据有代表性且数据要均匀分布。由于数据一般是通过焦炉现场的传感器或变送器获得的，在数据采集过程中，难免受到焦炉运行环境及检测手段的影响，配合煤参数及过程操作参数存在很多噪声，所以首先要对数据进行处理，去除误差数据。同时，焦炉生产过程具有很大的滞后性，还要对数据进行时序匹配，并将不同采集周期的数据进行综合。

在实际焦炉生产过程中，由于种种原因，配合煤参数、结焦时间、焦炉燃烧状况以及操作人员的工作经验等都会发生变化，从而使焦炉生产过程的工作点发生一定程度的漂移。而不论是主元回归模型还是分布式复合神经网络模型都可能由工作点的漂移使预测精度有所降低。因此，为了保证模型的精度，必须对炼焦能耗的各个模型进行学习以适应新的工作点。

2.6.2 炼焦生产全流程优化控制

炼焦过程综合生产目标与过程状态参数之间的协调优化问题可以描述为一个多输入、多输出、强非线性、多耦合、多约束的复杂函数优化问题，若能找到过程状态参数的全局最优值，必然会为最优的生产操作带来更大的指导意义。本节在质量、产量、能耗等生产指标智能混合预测模型的基础上，建立了以焦炭质量为约束条件，焦炭产量、焦炉能耗为目标的多目标优化模型，将过程状态参数作为决策变量，求取最优的过程状态参数设定值。

炼焦过程的综合生产目标是指在焦炭质量达标的前提下，使焦炭产量最大、焦炉能耗最小，协调优化的任务是根据当前生产过程的工况参数求取最优的机侧火道温度、焦侧火道温度、集气管压力、结焦时间等过程状态参数以实现炼焦综合生产目标。

炼焦生产过程产量质量能耗优化目标可以通过对焦炭质量、产量和焦炉能耗的智能混合预测获得

$$\min \ (f_1(x), f_2(x), f_3(x))$$

$$\text{s.t.} \quad 3 \leqslant M_{ad} = \hat{y}'_{11}(x) \leqslant 7, 0 \leqslant V_{daf} = \hat{y}'_{12}(x) \leqslant 1.8, 0 \leqslant A_d = \hat{y}'_{13}(x) \leqslant 13.5$$

$$0 \leqslant S_{t,d} = \hat{y}'_{14}(x) \leqslant 0.8, 88 < M_{40} = \hat{y}'_{15}(x) \leqslant 100, 0 \leqslant M_{10} = \hat{y}'_{16}(x) \leqslant 8.5$$

$$(2.103)$$

式中，$f_1(x) = C - \hat{y}'_2(x)$，$f_2(x) = \hat{y}'_{31}(x)$，$f_3(x) = \hat{y}'_{32}(x)$，其中 $\hat{y}'_2(x)$、$\hat{y}'_{31}(x)$、$\hat{y}'_{32}(x)$ 分别表示焦炭产量、高炉煤气消耗量以及焦炉煤气消耗量的预估值，x 为预测模型的输入变量，C 为一个足够大的正数，并可以保证 $C - \hat{y}'_2(x)$ 的值为非负。焦炭质量的水分、挥发分、灰分、硫分、抗碎强度、耐磨强度等指标的预估值则分别表示为 $\hat{y}'_{11}(x)$、$\hat{y}'_{12}(x)$、$\hat{y}'_{13}(x)$、$\hat{y}'_{14}(x)$、$\hat{y}'_{15}(x)$、$\hat{y}'_{16}(x)$。

采用式 (2.104) 对函数 $f_1(x)$、$f_2(x)$、$f_3(x)$ 进行归一化处理, 有

$$f_i{}'(x) = \frac{f_i(x) - f_{\min i}(x)}{f_{\max i}(x) - f_{\min i}(x)}, \quad i = 1, 2, 3 \tag{2.104}$$

式中, $f_{\max i}(x)$ 为第 i 个目标函数的最大值; $f_{\min i}(x)$ 为第 i 个目标函数的最小值。

根据线性加权和方法, 采用权重系数变化法, 给各目标值赋予随机数权重, 然后线性相加计算得到总的目标函数为

$$f(x) = \sum_{i=1}^{3} w_i f_i{}'(x) \tag{2.105}$$

式中, $w_i = h(i) \Big/ \sum_{k=1}^{3} h(k)$, $h(i)$ 为一随机数, 其取值范围代表了决策者对各目标的重视程度。根据炼焦生产过程的实际要求, 确定 $h(1)$、$h(2)$、$h(3)$ 的取值范围分别为 $[0.5, 0.75]$、$[0.35, 0.6]$、$[0.35, 0.6]$。

对于约束优化问题, 由于罚函数法原理简单, 实现方便, 对问题本身没有苛刻要求, 是目前最常用的约束处理技术。较常用的有内点罚函数法、外点罚函数法和乘子罚函数法。为避免目标函数出现病态性质, 内点罚函数法和外点罚函数法都需要罚因子趋于无穷, 才能使罚函数极小从而与原问题等价, 这在数值上容易产生困难; 乘子罚函数法中罚因子可以取某个有限值, 并且 Lagrange 乘子可收敛到有限极值, 因而可以避免内点罚函数法和外点罚函数法中常常出现的病态性质, 所以是解决约束优化问题的有效方法之一。

基于乘子罚函数法的约束处理技术, 可得到优化目标函数的乘子罚函数表达式为

$$F(x) = f(x) + p(x) = f(x) + \frac{1}{2c} \sum_{i=1}^{12} \left\{ [\max(0, \mu_i - cg_i(x))]^2 - \mu_i^2 \right\} \tag{2.106}$$

式中, $p(x)$ 为乘子罚函数; μ_i 为乘子向量, 主要作用是防止病态情况的出现; c 为罚因子, 主要作用是对超出可行域的函数值进行惩罚, 以使最优解在可行域范围内, 通过多次实验将罚因子 c 的值取为 4。

式 (2.106) 中约束条件可以描述为

$$\begin{cases} g_1(x) = Y_{M_{ad}} - 3 \geqslant 0, g_2(x) = 7 - Y_{M_{ad}} \geqslant 0, g_3(x) = Y_{V_{daf}} \geqslant 0 \\ g_4(x) = 1.8 - Y_{V_{daf}} \geqslant 0, g_5(x) = Y_{A_d} \geqslant 0, g_6(x) = 13.5 - Y_{A_d} \geqslant 0 \\ g_7(x) = Y_{S_{t,d}} \geqslant 0, g_8(x) = 0.8 - Y_{S_{t,d}} \geqslant 0, g_9(x) = Y_{M_{40}} - 88 \geqslant 0 \\ g_{10}(x) = 100 - Y_{M_{40}} \geqslant 0, g_{11}(x) = Y_{M_{10}} \geqslant 0, g_{12}(x) = 8.5 - Y_{M_{10}} \geqslant 0 \end{cases} \tag{2.107}$$

乘子 μ_i 的修正式为

$$\mu_i^{(k+1)} = \max \left\{ 0, \mu_i^{(k)} - cg_i(x^{(k)}) \right\}, \quad i = 1, 2, \cdots, 12 \tag{2.108}$$

算法的结束准则式为

$$\left\{ \sum_{i=1}^{12} \left[\min \left(g_i(x^{(k)}), \mu_i^{(k)} \big/ c \right) \right]^2 \right\}^{\frac{1}{2}} < \varepsilon \qquad (2.109)$$

式中, $\varepsilon > 0$ 为允许误差。

无约束化处理后的目标函数的取值为原目标函数和乘子罚函数之和, 当原目标函数和乘子罚函数的取值差别较大时, 该方法不能有效区分可行解和不可行解。另外, 对于有约束多目标优化形式的实际工程问题, 可行解区域在整个搜索空间中的比例较小, 随机产生的解大都是不可行解, 对于这种强约束优化问题, 首先要设计一种有效的发现可行解的机制。同时实际工程问题的最优解可能位于可行域内部, 但很多情况下该最优解位于可行域与不可行域的边界上。对于这种位于边界上的最优解, 协调优化算法必须充分利用约束违反程度较小且目标值较小的不可行解的信息, 以尽可能提高搜索算法的效率。

2.6.3 系统实现与工业应用

在国内某钢铁企业 1#、2# 焦炉的实际炼焦生产过程中, 目标火道温度、集气管压力以及结焦时间主要依靠人工经验给定, 难以根据工况变化进行实时调整, 难以达到其期望的综合生产目标。结合实际炼焦生产过程, 将多目标优化模型以及多目标优化算法应用于实际, 建立综合生产目标优化系统, 优化结果为炼焦生产过程提供了较好的操作指导, 起到了提高焦炭质量和产量、节约生产成本的作用, 满足了生产过程控制的需要。

综合生产目标优化级为一台装有综合生产目标优化系统软件工控机, 位于某钢铁企业焦化厂管理办公室, 是系统实现的核心。它通过人机接口接受综合生产目标要求的设置, 通过综合生产目标优化系统中过程优化计算功能获得局部优化目标(目标火道温度、集气管压力、结焦时间的优化值), 再将其写入数据库服务器中。

局部优化控制层包括焦炉加热燃烧控制系统、集气管压力控制系统和作业计划优化调度系统, 各系统分别从数据库服务器中获取目标火道温度、集气管压力和结焦时间, 并分别将其作为各系统的优化设定值与决策参数, 通过调节各系统的操作参数来达到局部优化目标。

基础自动化层分布在工业现场, 由现场检测仪表、执行结构、西门子 S7-400 PLC 和 Honeywell DCS 组成, 是生产过程实时数据采集与系统控制功能的执行部分。综合生产目标优化系统的数据流程图如图 2.20 所示。

1. 炼焦配煤智能优化控制系统

炼焦配煤智能优化系统软件分为两个部分进行开发: 服务器端和客户端。服务器端在 L3 网络层上运行, 是炼焦配煤智能优化模型的核心所在, 用户不直接操作服务器端程序。客户端运行在 L3 网络层, 分为技术中心版和焦化厂查询版, 其优化计算功能需调用服务器端的优化计算模型程序, 用户通过客户端进行与配煤有关的操作。

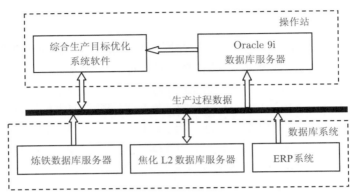

图 2.20　综合生产目标优化系统的数据流程图

服务器端主要为系统的质量预测模型、配比计算和配比优化模型。模型在服务器端一直运行, 通过数据库与客户端程序交换数据, 它的开发利用了 Oracle 9i 分布式数据库通信技术, 使用了数据库链路、视图、触发器、存储过程等数据库对象, 在 Windows 2000/XP 系统上采用 Visual C++ 6.0 语言开发。

客户端则主要包括用户管理模块、优化计算模块、数据查询模块、配比管理模块、曲线显示模块、参数设置模块、数据导出与打印模块。客户端程序由用户控制运行, 利用多线程技术, 在 Windows 2000/XP 系统上采用 Power Builder 8.0 开发。

炼焦配煤过程采用施奈德 PLC 为现场控制器, 工控组态软件 iFIX 作为上位机的监控平台。iFIX 是一种 HMI/SCADA 自动化监控组态软件。无论简单的单机人机界面 (HMI), 还是复杂的多节点、多现场的数据采集和控制系统 (SCADA), iFIX 都可以方便地满足各种应用类型和应用规模的需要。人机界面系统作为基础自动化系统的重要组成部分, 主要用于控制系统各种数据的设定、显示、故障报警、相应操作和设备的在线调试及维护, 并发挥着越来越重要的作用。

系统的数据流程图如图 2.21 所示。焦化 L3 数据服务器将从焦化 L2 层数据库服务器和控制层 PLC 系统得到的配合煤的各种参数、各大类煤和焦炭的技术参数以及现场的情况进行汇总。炼焦配煤智能优化系统从焦化 L3 数据服务器的 Oracle 9i 数据库中读取信息, 运用智能优化思想, 计算得到最优的配比和配煤方案, 直接下发配煤方案, 指导配煤操作。同时, 也可将生产计划表产生的配煤方案打印出来, 形成派工单分配给配煤车间, 指导现场操作。

依照系统需求和系统数据流程图, 将系统分为优化计算模块、数据查询模块、参数设置模块、配比管理模块、曲线显示模块及数据导出模块等六个功能模块。

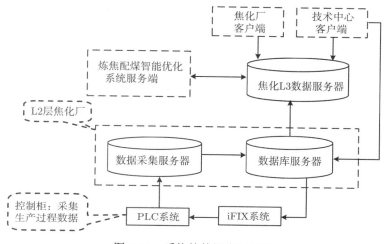

图 2.21　系统的数据流程框图

1) 优化计算模块

该模块是系统算法的核心,包括质量预测模型模块、配比计算和配比优化模型模块两个子模块。质量预测模型模块包括配合煤质量预测模型和焦炭质量预测模型两个子模块,可快速预测配合煤和焦炭的质量指标,为配比的优化提供依据。通过配比计算和配比优化模型模块,以企业的经济指标作为各大类煤的配比优化目标,应用先进的智能优化技术,可获得最优的配煤比和配煤方案。

2) 数据查询模块

通过该模块用户可以查询各大类煤、配合煤、焦炭以及配比等各种参数数据。包括在某一时期各大类煤的进货量、消耗量与实际配比的执行情况;质量指标查询(包括配合煤的水分、灰分、挥发分、硫分、黏结性指数、细度,焦炭的灰分、硫分、抗碎强度、耐磨强度、反应性指数、反应后强度);各煤矿煤种的名称、质量指标以及进货量查询;配煤方案查询;已下发配煤方案查询等,并可统计生成数据报表。

3) 参数设置模块

该模块为用户提供了配比计算过程中需根据情况灵活调整的各参数指标的设置接口。用户可修改优化计算时配合煤和焦炭各相关参数的约束条件;包括配合煤的灰分、挥发分、硫分、黏结性指数,焦炭的抗碎强度、耐磨强度、反应性指数和反应后强度等;用户还可以根据实际情况调整各煤矿煤种的相关信息,包括煤种变化、煤种的各项质量技术指标以及煤种的价格库存等技术指标。

4) 配比管理模块

该模块主要负责管理焦炉配比数据以及下发配比方案的管理,包括保存计算的配比、修改配比、配比下发、历史配比数据查询等功能。用户通过优化计算模块计算出的配比可根据情况保存、手工修改或放弃使用本次计算结果。技术中心客户端有决定最终的配比数据并下发的权限。焦化厂客户端只能查询历史的配比数据。

5) 曲线显示模块

该模块可以根据用户需要显示相关参数的分析曲线, 包括煤矿煤种质量指标数据的历史曲线、配合煤和焦炭质量指标数据的历史曲线、焦炭质量指标参数的控制图曲线、煤种价格变化趋势曲线、配比执行情况曲线、配合煤与焦炭质量对应关系曲线, 并且可以提供异常情况报警。

6) 数据导出模块

该模块能够将系统用户接口上所显示的数据以所得的方式导出为 Excel 文件。

炼焦配煤智能优化控制系统已在某钢铁有限公司焦化厂三座焦炉中得到了成功应用, 提高了配合煤和焦炭质量, 并节约了配煤成本。

融合了线性模型和神经网络模型的质量预测模型能较为准确地预测焦炭质量, 预测后抗碎强度、耐磨强度、反应性指数和反应后强度的平均相对误差分别为 0.63%、3.23%、5.31% 和 4.77%, 为配煤比的优化控制提供了基础。应用效果如图 2.22~ 图 2.25 所示。可以看出, 焦炭的抗碎强度、耐磨强度、反应性指数和反应后强度指标预测后的相对误差落在 $\pm 3\sigma$ 之内的统计概率分别为 97.87%、98.70%、96.67% 和 100%, 完全达到了生产的实际需要。

系统自投入运行以来, 运行稳定, 焦炭质量预测准确率达到 90% 以上, 有效地降低了配煤生产成本, 提供了配煤质量过程能力控制分析和丰富的报表功能, 减小了实际操作人员的劳动强度。实际运行效果证明本系统的运行结果是切合工业现场的实际情况的, 达到了预期要求。

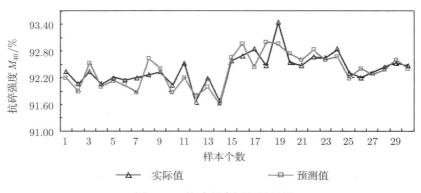

图 2.22　抗碎强度运行效果图

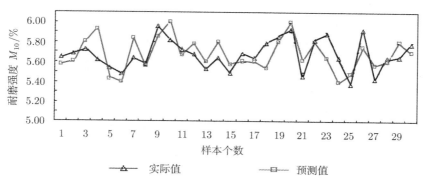

图 2.23 耐磨强度运行效果图

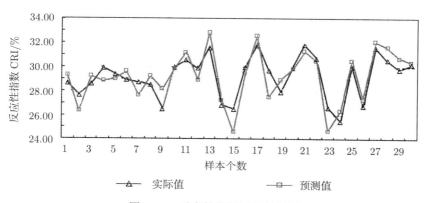

图 2.24 反应性指数运行效果图

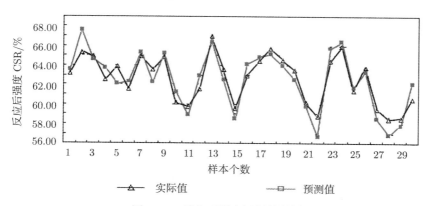

图 2.25 反应后强度运行效果图

2. 焦炉加热燃烧过程智能控制系统

控制系统包括硬件和软件两大部分。硬件由上位机和现场仪器仪表组成,是实现优化控制的基础;控制算法是控制系统的核心,控制软件则是控制算法得以应用的必要条件,控制软件的质量直接关系着控制系统工作的有效性及可靠性。

1) 控制系统整体框架

焦炉加热燃烧过程控制采用西门子 PLC 为现场控制器,工控组态软件 WinCC 作为上位机的监控平台。根据系统的设计原则,在 PLC 控制系统和 WinCC 监控平台基础上添加必要的网络通信设备和工业控制计算机构建焦炉加热燃烧过程优化控制系统,工业控制计算机放在炼焦车间的中心控制室,与 WinCC 控制系统的工作站并排放置。焦炉加热燃烧过程智能集成优化控制系统结构如图 2.26 所示。

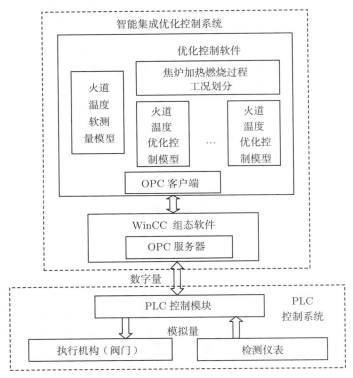

图 2.26　焦炉加热燃烧过程智能集成优化控制系统结构框图

WinCC 是一个集成人机界面和监控管理系统。人机界面主要用于控制系统各种数据的设定、显示、故障报警以及相应操作和设备的在线调试及维护。WinCC 集成了 OPC(OLE for process control) 接口,可在没有附加的配置下直接使用。WinCC OPC 服务器使用 WinCC 变量提供所需的信息至 OPC 客户机。一方面,优化控制软件通过 OPC 客户端获得实时数据并存储于 WinCC 的 SQL Server 数据库中, 对于压力、流量等快速变化的数据, 每秒进行刷新并进行存储, 而对于温度等变化相对较慢的数据, 每分钟刷新并存储一次; 另一方面, 通过优化控制软件得到的优化控制参数, 也通过 OPC 客户端传送到 OPC 服务器端, 并发送到执行机构。

　　根据软件总体设计要求, 将系统软件分为四个部分: 数据采集与预处理模块、过程状态可视化监控模块、火道温度检测与优化控制模块、系统安全与管理模块。图 2.27 为应用软件功能模块图。

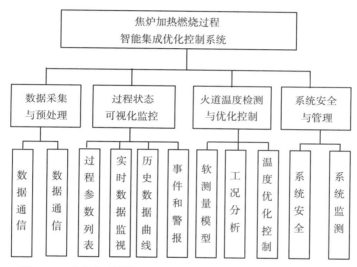

图 2.27　焦炉加热燃烧过程智能集成优化控制软件功能模块

　　数据采集与预处理模块借助 OPC 通信技术完成数据上传和下传通信程序, 主要负责定时从现场设备采集过程数据, 包括压力、流量、温度等, 并且将通过优化控制算法得到的控制量下发到现场设备, 从而完成优化控制软件与现场 PLC 控制系统之间的实时数据交换。

　　数据滤波程序采用 "限幅滤波 + 中值滤波" 方法对现场采集的数据进行滤波, 过滤掉异常数据和换向过程中的流量数据, 以保证采样数据能反映实际工况, 保证控制环节的正常运行。

　　焦炉加热燃烧过程各种参数的实时监视有模拟图、表格和曲线三种形式, "过程模拟图" 以过程工艺图为背景, 直观反映出焦炉加热燃烧工艺流程, 同时显示高炉煤气、焦炉煤气的流量和压力、烟道吸力等。

　　"过程参数列表" 主要显示与焦炉加热燃烧过程相关的操作参数, 把所有监视参数集中到一个界面同时显示, 能显示模拟图中的参数和其他工况参数。

　　"曲线图" 根据历史曲线绘制。"上升管温度曲线" 根据安装于上升管的热电偶采集的数据绘制, 由曲线可以得到炭化室推焦、加煤等操作以及焦炭的成熟程度, 综合考虑各个炭化室的温度曲线, 可以分析得到焦炉的总体工况是否正常。另外, 各个流量、压力也根据实时数据绘制曲线, 根据曲线可以清楚地掌握流量、压力的变化趋势, 以及换向操作是否正确、煤气交换是否充分。

火道温度检测与优化控制模块负责完成三个方面的功能: 采用智能集成建模的方法, 建立火道温度软测量模型; 采集能够反映焦炭成熟程度的信号, 利用信息融合的方法实时判断工况; 完成火道温度的优化控制。该模块是焦炉加热燃烧过程温度智能集成优化控制系统的核心。

为了保证系统操作的安全性, 设置了系统专家级密码和操作员级密码。一般的操作人员只能对应用软件的数据进行观察, 而不能进行修改; 而专家级的操作人员则可以对数据进行修改, 并且管理密码。为了保证应用软件能够稳定运行, 同时设计了系统监控软件。

2) 系统通信机制

系统采用 OPC 技术实现优化控制软件与现场 PLC 控制系统之间的通信。OPC 基于 Windows 的 OLE (obiect linking and embedeing)、COM(component object model) 和 DCOM(distributed COM) 技术, 为自动化层的典型现场设备连接工业应用程序提供了一个理想的方法, 它将访问现场设备的开发任务以标准接口的形式放到设备生产厂家或第三方, 并将该接口以服务器形式透明地提供给用户 (工控软件开发人员), 使得用户得以从底层的通信模块开发中解放出来, 而专注于工控软件的功能。

OPC 技术的实现由两部分组成, 即 OPC 服务器部分及 OPC 客户应用。OPC 服务器是一个典型的现场数据源程序, 它收集现场设备的数据信息, 通过标准的 OPC 接口传送给 OPC 客户端应用。OPC 客户应用是一个典型的数据接收程序, 如 HMI、SCADA 等。OPC 客户应用通过 OPC 标准接口与 OPC 服务器通信, 获取 OPC 服务器的各种信息。符合 OPC 标准的客户应用可以访问来自任何生产厂商的 OPC 服务器程序。

OPC 中所有对象的使用都是通过接口来实现的, 对于客户应用程序, 它所能见到的仅仅是接口。OPC 标准规定的基本 OPC 对象有三个: OPC Server、OPC Group 和 OPC Item。OPC Server 对象除了维护自身信息, 还作为组对象的容器, 可动态地创建或释放组对象, 是客户端软件与服务器交互的首要对象; OPC Group 对象存储由若干 OPC Item 组成的 Group 信息, 相对于项也是一个包容器, 提供一套管理项的机制, 用于组织管理服务器内部的实时数据信息; OPC Item 则表示与 OPC 服务器中数据的连接, 存储具体 Item 的定义、数据值、状态等信息。

按照 OPC 的类模型, 在使用 OPC 对象时, 必须遵循一定的顺序。如果创建一个 OPC Item 类的实例, 则首先需要一个 OPC Group 对象; 而创建一个 OPC

Group 对象的前提是存在一个 OPC Server 类的实例, 并建立一个与服务器的连接。

下面将介绍实现 OPC 数据服务的具体步骤。

Step 1: 调用 CoInitialize( ) 函数初始化 COM 组件。

Step 2: 每个 COM 服务器有一个 ProgID, 通过它可以得到全球唯一的 CLSID。

Step 3: 建立与 OPC 服务器的连接, 创建一个 OPC Server 类实例, 其 CLSID 值设定为

$$CoCreateInstance(OPCClsid, NULL, CLSCTX\_LOCAL\_SERVER,$$
$$IID\_IUnknown, (void**)\& m\_pServerUnkonwn)$$

运行结果是获得一个指向服务器对象 IUnknown 接口的指针 m_pServerUnkonwn。

Step 4: 从 IUnkown 接口获得一个指向服务器对象 IOPCServer 接口的指针, 即调用如下函数, 即

m_pServerUnkonwn→QueryInterface(IID_IOPCServer, (void**)&m_pOPCServer)

Step 5: 创建 OPC 组。IOPCServer 接口的 AddGroup ( ) 方法可以创建 OPC 组, 即

m_pOPCServer → AddGroup (L, TRUE, 500, 1235, 0, &b, 0, &hOPCServerGroup,
&ActualRate, IID_IUnknown, &pGroupUnk)

Step 6: 由于 IOPCItemMgt 接口允许 OPC Group 对象添加、删除和管理其包容的 OPC 项, 如设置 OPC 项的激活状态和数据类型等属性, 所以需获得如下接口, 即

pGroupUnk → QueryInterface(IID_ IOPCItemMgt, (void **)& m_ pOPCItemMgt)

Step 7: 通过 IOPCItemMgt 接口在 Group 中创建有特殊属性和指定数量的 Item, 即

m_pOPCItemMgt → AddItems (NUM, OPCItem, (OPCITEMRESULT**)
&pItemResult, (HRESULT **)&pErrors)

同时, 这段程序也将事件结构变量 pItemResult 赋值为数据项的属性设置。

Step 8: 用 OPC 项执行所需的操作, 需要通过现有的指向 IOPCItemMgt 接口的指针得到指向 IOPCSyncIO 接口的指针, 即

m_pOPCItemMgt→QueryInterface(IID_IOPCSyncIO, (void **)&m_pOPCSyncIO)

Step 9: 删除对象, 释放内存。在程序停止运行之前, 必须删除已建立的 OPC 对象并释放内存。

3) 控制算法实现

在焦炉加热燃烧过程中, 控制算法主要由三部分组成: 火道温度软测量算法、焦炉加热燃烧过程工况判断算法和火道温度模糊遗传算法。

　　火道温度软测量每个小时进行一次, 因此采用一个小时级的定时器完成。在这个定时器中, 需要对数据进行滤波并且通过软测量模型计算软测量值, 并且对得到的软测量值进行保存; 同时, 在有新样本产生时, 需要判断新样本是否合格, 进行样本库的更新, 并且在适当时候要进行模型的更新。

　　按照上述编程思路, 可以将软测量模型分为三个类进行编写: 第一个类实现数据处理操作, 具体包括何时读取蓄顶温度数据, 如何根据换向标志将不同的蓄顶温度填充到数组的各位, 如何对蓄顶数据滤波, 如何进行样本温度的管理和样本的更新等, 以及如何将软测量模型输出值进行智能集成; 第二个类完成线性回归模型的实现, 包含线性回归模型的拟合, 一元、二元和六元线性回归模型的实现等操作; 第三个类完成分布式神经网络模型的实现, 包括分布式神经网络模型的训练、软测量输出值的实时保存等。

　　由于工况判断部分的计算量比较大, 因此在实现时与温度控制主程序分开设计。通过在 PLC 中分配空间, 将所需的重要工艺参数和获得的结果存储在 PLC 中, 这样在服务器上或者工作站上运行温度优化控制程序都可以获得工况判断的结果。

　　对过程趋势进行分析, 是进行工况分析的基础, 所采用的方法是区间半分法, 具体步骤如下。

　　Step 1: 首先进行初始化。数据 $y(t)$ 的采样 $y=(y_1, y_2, \cdots, y_N)$, 起始时间 $T_i = 1$, 终止时间 $T_f = N$, 窗口长度 $l = N$, 多项式阶次 $n = 0$, 段长阈值 l_{th}。

　　Step 2: 多项式匹配。若阶次 $n = 0$, 归一化辨识窗口 $W_{id} = [T_i, T_f] \rightarrow [0, 1]$。计算对应阶次 n 下的值 p_n, 并用 $\varepsilon_{fit}^2 = v_m^{-1} \sum\limits_{i=1}^{m} (y_i - \hat{p}_{n_i})^2$ 计算误差。针对误差 ε_{fit}, 使用 F-检验观察其显著性: 如果不显著 (检验合格), 则继续; 如果显著 (检验不合格), 则转至 Step 6。

　　Step 3: 约束多项式匹配。如果 $T_i = 1$(起始点为第一个点), 那么直接转至 Step 4; 否则, 说明起始点不是第一个点, 即向前存在相邻段, 在当前段 2 和前相邻段 1 进行约束多项式匹配。设 n_1、n_2 分别为段 1 和段 2 拟合曲线函数的阶次, $n_{1\max}$、$n_{2\max}$ 分别为段 1 和段 2 拟合曲线函数阶次的最大值 (使用最小二乘方法拟合, 最大值为 2)。

　　Step 4: 如果 $T_f < N$, 继续 Step 5。如果 $T_f = N$, 已覆盖到终点, 则直接转至 Step 8 进行单峰辨识。

　　Step 5: 新单峰辨识前提。如果有段未进行约束多项式匹配, 则将该段标记为当前段; 否则, 令 $W_{id} = [T_f, T_N]$, 阶次 $n = 0$, 进行新单峰辨识, 转至 Step 1 进行。

　　Step 6: 多项式增阶。如果 $l \leqslant l_{th}$ 并且 $n = 1$, 则转至 Step 2。

　　Step 7: 区间半分。令 $W_{id} = [T_i, T_f] \rightarrow [T_i, T_f](T_{half} = (T_i + T_f)/2)$, $n = 0$, 并返

回 Step 1。

Step 8：单峰辨识。$f \approx \bigcup\limits_{i=1}^{M} p_i$, $\mathrm{d}p_i/\mathrm{d}t = \hat{\beta}_1 + 2\hat{\beta}_2 t$, $\mathrm{d}^2 p_i/\mathrm{d}t^2 = 2\hat{\beta}_2$。辨识结束。

实际运行中由于焦炉加热燃烧过程的复杂特性，需针对不同的工况建立子模型，采用离线方式训练，得到模糊隶属度函数的值和模糊控制规则，在固定高炉煤气、调节焦炉煤气这种加热制度下，正常工况的优化控制器寻优步骤如下。

Step 1：模糊控制参数初始化。温度的偏差 e 和偏差的变化率 ec 的基本论域是 $\{-20\,^\circ\mathrm{C}, 20\,^\circ\mathrm{C}\}$，煤气流量变化量 Δu 的基本论域是 $\{-200\mathrm{m}^3/\mathrm{h}, 200\,\mathrm{m}^3/\mathrm{h}\}$。$e$ 和 ec 的模糊子集论域 E 和 EC 为 $\{-5, -4, -3, -2, -1, 0, 1, 2, 3, 4, 5\}$，$\Delta u$ 的模糊子集 ΔU 论域是 $\{-5, -4, -3, -2, -1, 0, 1, 2, 3, 4, 5\}$。将 E、EC 和 ΔU 分为五个等级，分别为负大、负中、零、正中、正大，表示为 $\{\mathrm{NB}, \mathrm{NM}, \mathrm{ZO}, \mathrm{PM}, \mathrm{PB}\}$。

Step 2：隶属度函数种群和控制规则种群初始化，按照式 (2.45) 评估初始种群中个体的适应度，产生种群的初始代表。

Step 3：对 $P_1(g)$ 进行遗传操作产生 $P_1(g+1)$。

Step 4：$P_1(g+1)$ 与 $P_2(g)$ 选择的"合作者"构成模糊控制器，按式 (2.45) 计算适应值，如果达到要求，则停止，转至 Step 7; 否则，根据适应值的结果，对 $P_1(g+1)$ 选择"合作者"。

Step 5：对 $P_2(g)$ 进行遗传操作产生 $P_2(g+1)$。

Step 6：$P_2(g+1)$ 与 $P_1(g+1)$ 的代表合作构成模糊控制器，按式 (2.45) 计算适应值，如果达到要求，则停止，转至 Step 7; 否则，$g = g+1$，返回 Step 3。

Step 7：输出最优解。

Step 8：根据所得到的模糊隶属度函数和控制规则得到模糊控制表。

控制算法在运行中由三部分组成，即切换控制部分、主回路温度优化控制部分和副回路阀门控制部分。切换控制和主回路控制周期为小时级的，而副回路的控制周期为 15s，其工作频率相差很大，且均有手动/自动控制方式的选择，因而可将它们各自独立，封装在两个不同的类中，分别进行软件实现。

4) 运行结果

焦炉火道温度智能优化控制算法在某钢铁企业焦炉加热燃烧过程中得到了有效应用，起到了稳定焦炉火道温度的作用，满足了生产过程的需要。

机侧和焦侧的软测量模型得到的火道温度分别如图 2.28 和图 2.29 所示。可以看出，两个模型都有较高的软测量精度，机侧模型预测误差在 $\pm7\,^\circ\mathrm{C}$ 以内的达到 89.3%，焦侧模型预测误差在 $\pm7\,^\circ\mathrm{C}$ 以内的达到了 87.6%，预测精度基本可以满足焦炉燃烧优化控制系统反馈控制的需要。

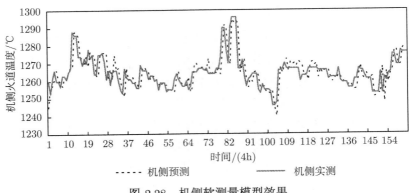

图 2.28   机侧软测量模型效果

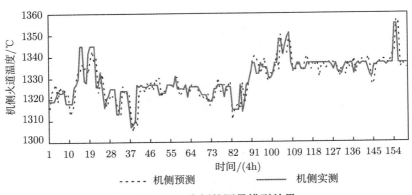

图 2.29   焦侧软测量模型效果

软测量模型在个别软测量输出误差偏大的原因分析如下: 首先, 人工测温不准确, 光学测温计自身存在误差, 由测温仪器造成的误差很难避免, 因此由测温仪器采集到集散控制系统的温度存在一定误差; 其次, 手工测量火道温度受人为因素、环境因素的影响, 对于同时测量火道温度, 不同的人可能得到不同的温度。如果带有实测误差的手工测温数据进入学习系统, 会对后续火道温度软测量带来影响, 模型的参数则会偏离正确的趋势。为了减小模型的误差, 应尽量加强手工测温管理, 要求准时准点。

温度优化控制系统投入运行前后火道温度情况分别如图 2.30 和图 2.31 所示。从图中可以看出, 在温度优化控制系统投入运行以前, 火道温度波动较大, 波动范围在 ±25℃ 之间; 系统投入运行后, 整体上温度比较平稳, 最大波动为 ±15℃, 大部分稳定在 ±10℃ 之间。实际火道温度的控制效果与实验仿真控制效果存在一定的差距, 其主要原因是在焦炉生产过程中, 受多种干扰因素的影响, 如装炉煤参数、环境温度、大气压力及生产状况等。

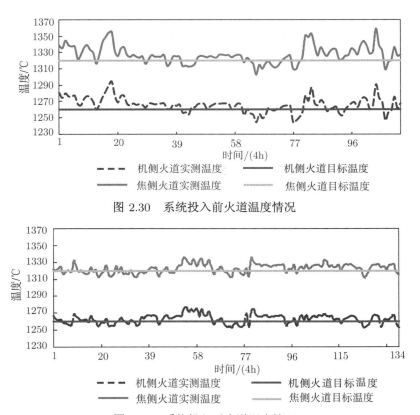

图 2.30 系统投入前火道温度情况

图 2.31 系统投入后火道温度情况

由于进行了工况判断，在控制中更加能够针对实际情况有的放矢，并且设计优化控制器时，不仅考虑了焦炭质量的要求，而且考虑了控制器响应速度以及能量消耗的问题，所以，本系统投入运行一段时间后，运行稳定，控制精度较高，提高了焦炭质量，减少了煤气消耗量，经济效益显著。

系统实现了混合煤气压力、烟道吸力的智能控制。当混煤压、吸力出现扰动时，控制器能快速调节阀门开度，保证混煤压、吸力稳定在工艺要求范围。

系统投入运行前，机、焦侧混煤压的控制采用简单的 PID 控制器进行调节，其控制效果如图 2.32 和图 2.33 所示。从图中可以看出，其控制精度较差，当混煤压因外界扰动而偏离给定时，控制器不能对混煤压进行快速的调节。

系统投入运行后，混煤压的控制效果有了明显的改善。机侧混煤压的偏差 90% 以上控制在 ±50Pa 之内；而焦侧由于阀门特性比较差，不易调节，混煤压偏差 85% 以上控制在 ±50Pa 之内，其控制效果分别如图 2.34 和图 2.35 所示。

系统投入运行前，烟道吸力采用手动方式调节，受人为因素影响较大，其调节频率普遍较小, 机侧、焦侧、烟道吸力控制效果分别如图 2.36 和图 2.37 所示, 并不能满足工艺的精度要求。系统投入运行后, 采用专家控制器对烟道吸力进行调节, 控制精度有了大幅度的提高: 机、焦侧烟道吸力的偏差 95% 以上可控制在 ±5Pa 之内, 其控制效果分别如图 2.38 和图 2.39 所示, 图中的尖峰为焦炉加热过程中的换向时刻。

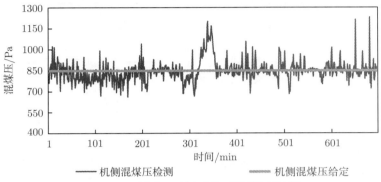

图 2.32   系统投入前机侧混煤压控制情况

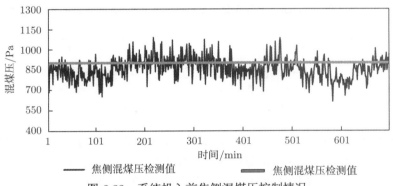

图 2.33   系统投入前焦侧混煤压控制情况

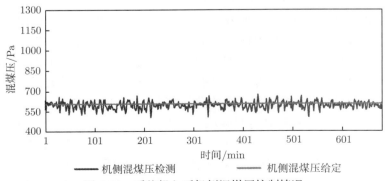

图 2.34   系统投入后机侧混煤压控制情况

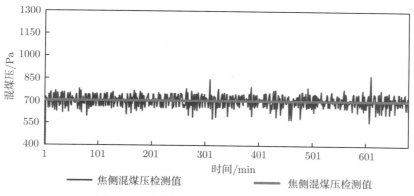

图 2.35 系统投入后焦侧混煤压控制情况

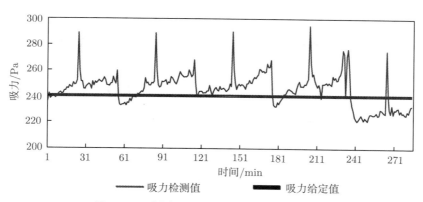

图 2.36 系统投入前机侧烟道吸力控制情况

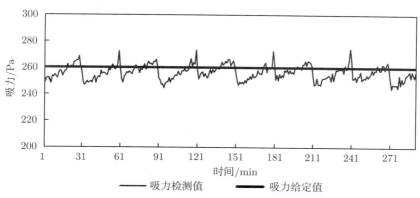

图 2.37 系统投入前焦侧烟道吸力控制情况

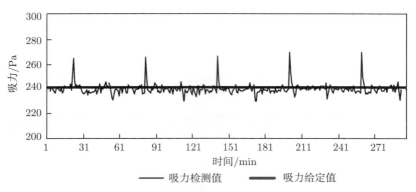

图 2.38   系统投入后机侧烟道吸力控制情况

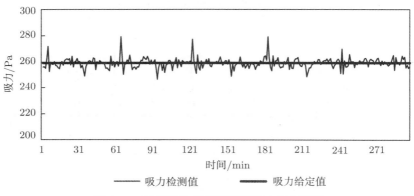

图 2.39   系统投入后焦侧烟道吸力控制情况

总体来说, 系统投入运行后, 运行较稳定, 控制精度较高, 为焦炉生产过程产生了较大的经济效益。主要表现在焦炭质量、节能效果、安定系数与均匀系数。

通过统计历史数据可知, 在本系统投入运行后, 焦炭质量有了明显的提高。以系统运行前和系统运行后 6 个月的焦炭质量为例 (表 2.4), 可以看出与投入前同期相比, 焦炭的抗碎强度 M_{40} 从平均 81.20%提高到 82.00%, 耐磨强度 M_{10} 从平均 7.70%降低到 6.90%。

焦炭质量不仅取决于炼焦条件, 装炉煤性质也是影响焦炭质量的主要因素。分析同等的配煤条件下系统运行前后的焦炭质量如表 2.5 所示, 可以看出焦炭强度的对比情况: 取配合煤质量指标较为相似的两个月数据, 在系统投入运行后, M_{40} 从平均 81.77%提高到 83.10%, M_{10} 从平均 7.48%降低到 6.34%。

在改善焦炭强度的同时, 高炉焦比也得到了有效的降低。通过分析, 由表 2.6可知, 与系统运行前同期相比, 平均高炉焦比从 451.848kg /t 降低到 430.898kg /t, 由此可知高炉焦比降低了近 4.71%。通过分析历史焦炭质量, 可以看出在焦炉燃烧过程控制系统投入运行后, 焦炭强度得到了改善, 同时有效地降低了高炉焦比。

表 2.4 系统运行前后 M_{40}、M_{10} 对比

时间	系统运行前		系统运行后	
	$M_{40}/\%$	$M_{10}/\%$	$M_{40}/\%$	$M_{10}/\%$
第 1 个月	82.40	7.00	82.65	6.71
第 2 个月	81.77	7.48	82.10	6.74
第 3 个月	81.20	7.70	80.78	7.10
第 4 个月	80.80	8.04	81.30	7.06
第 5 个月	80.62	8.17	81.70	6.71
第 6 个月	80.61	7.98	83.10	6.34
平均	81.20	7.70	82.00	6.90

表 2.5 相似配煤条件下的系统运行前后 M_{40}、M_{10} 对比

时间	配合煤								强度/%	
	M_t	A_d	V_{daf}	$S_{t,d}$	D	G	X	Y	M_{40}	M_{10}
系统运行前	11.86	10.27	26.31	0.58	77.68	75.1	30.0	15.4	81.77	7.48
系统运行后	11.00	10.37	26.23	0.62	73.85	73.9	29.4	17.5	83.10	6.34

表 2.6 系统运行前后高炉焦比对比 (单位: kg/t)

时间	系统运行前	系统运行后
第 1 个月	498.003	416.530
第 2 个月	454.280	437.610
第 3 个月	475.210	440.190
第 4 个月	454.468	432.040
第 5 个月	413.056	428.570
第 6 个月	416.069	430.440
平均	451.848	430.898

焦炉耗热量与投入运行前同期比, 平均耗热量从 2.316GJ/t 降低到 2.269GJ/t, 由此可知焦炉耗热量降低了近 2.03%。

为保证全炉各燃烧室温度均匀, 各测温火道温度与同侧直行温度的平均值相差不应超过 ±20℃, 边炉相差不超过 ±30℃, 超过此值的测温火道为不合格火道, 并以均匀系数 K_j 作考核。直行温度不但要求均匀, 还要求直行温度的平均值保持稳定, 并用安定系数 K_a 考核。

分析系统运行前后焦炉的均匀系数 K_j 和安定系数 K_a, 由表 2.7 可知, 系统运行后 6 个月的 K_j 平均值与投入运行前同期比, 从 0.48 提高到了 0.76; 系统运行后 1~6 月的 K_a 平均值与投入运行前同期比, 从 0.32 提高到了 0.78, 由此可见均匀系数与安定系数均有明显的提高。

表 2.7　系统运行前后 K_j、K_a 对比

时间	系统运行前		系统运行后	
	K_j	K_a	K_j	K_a
第 1 个月	0.48	0.32	0.79	0.80
第 2 个月	0.54	0.25	0.74	0.62
第 3 个月	0.48	0.28	0.75	0.82
第 4 个月	0.36	0.36	0.84	0.98
第 5 个月	0.45	0.36	0.78	0.88
第 6 个月	0.49	0.38	0.68	0.61
平均	0.48	0.32	0.76	0.78

3. 焦炉集气管压力智能解耦控制系统

根据某钢铁企业焦化厂多座不对称焦炉集气过程的特点, 结合实际工艺情况, 设计适合该钢铁公司集气管压力控制系统的硬件结构。焦炉集气过程智能解耦与协调控制系统是在 Honeywell 集散控制系统运行环境和操作平台下, 完成对过程数据的采集、实时监视及历史数据分析, 并利用 Visual C++ 语言进行压力智能解耦控制等应用软件的编写, 使用 OPC 技术将应用软件和集散系统无缝连接, 使应用软件能够通过集散系统对现场的执行设备进行控制, 从而把应用软件纳入整个控制系统, 实现对集气管压力的实时控制, 实现三座焦炉集气管压力的解耦与协调控制。

控制系统由两级组成。第一级由 Honeywell 集散控制系统、鼓风机设备、蝶阀系统等组成, 实现现场级的分布式控制和监视。通过智能解耦与协调控制器对三个蝶阀的直接控制, 实现各焦炉集气管蝶阀开度与集气管压力的解耦, 达到压力稳定的目的。Honeywell 集散控制系统不但负责采集整个控制系统的数据监测, 还承担着将控制量发送给执行机构的任务。

第二级主要包括两台工控机。系统的控制软件运行在工控机上。控制软件从 Honeywell R400 中读取数据, 进行计算后把控制量下发给 Honeywell 集散控制系统, 由集散控制系统控制蝶阀执行器。

在软件的设计思想上, 采用面向对象的思想以及模块复用的策略。面向对象方法的出发点和基本原则是: 尽可能模拟人类习惯的思维方式, 使开发软件的方法与过程尽可能接近人类认识世界的方法与过程。为了满足实时控制的目的, 将系统的软件功能划分为三个部分: 人机界面、控制算法和 OPC 通信。

人机界面模块的功能是实现"人机对话", 提供友好易用的用户操作, 实施操作人员对控制系统的支配; 实时显示当前控制系统的过程数据以及状态信息。按功能又可以分为运行状态监视模块、控制过程操作模块、控制过程报警模块。

控制算法模块的功能是对采集信息进行加工计算, 包括数据处理、优化、依据给定算法进行数据运算等。

OPC 通信模块实现集气过程数据的采集和通信, 以及优化软件计算得到控制量的下发。

为了很好地满足这三个功能, 软件在设计上充分利用面向对象的思想, 大量采用对象封装的方法, 而且有各种封装的方式, 使软件在模块化方面有较大的灵活性和优越性, 对于软件的调试、修改、升级以及维护都有很大的好处。

通过在工业现场的实际运行表明, 三座不对称焦炉集气管压力智能解耦与协调控制系统具有下述主要功能:

(1) 集气管压力智能解耦与协调控制;

(2) OPC 通信功能;

(3) 控制参数在线修改;

(4) 实时数据监控和信息管理。

智能解耦与协调控制系统的数据流程如图 2.40 所示, 控制器计算得到的蝶阀开度值通过基于 ATL (ActiveX template library) 封装的 OPC 数据通信技术下发到 DCS 模块。DCS 模块将下发的蝶阀开度值由数字信号转换为模拟信号并通过蝶阀执行机构分别控制三座焦炉集气管的蝶阀开度, 同时将由压力传感器和蝶阀开度传感器采集到的实际压力值和蝶阀开度值由模拟信号转换为数字信号, 并通过 OPC 接口上传到智能解耦与协调控制器中进行下一步的计算。

该智能解耦控制系统主要由智能解耦控制系统应用软件、组态软件和集散控制系统构成。智能解耦控制系统的主要作用是完成在复杂的工况下对集气管压力进行实时监控, 进行三座焦炉集气管压力控制算法的计算, 最后通过 OPC 接口下发蝶阀开度的控制值。系统中采用的是 Honeywell R400 系列 DCS, 包括 OPC 服务器、OPC 组态软件和 DCS 模块。OPC 服务器实现 OPC 客户端和组态软件之间的数据通信, 组态软件完成整个生产过程的调度与监控, 并对实时数据和历史曲线进行统计和分析, 形成相应的报表。DCS 模块在线采集生产过程参数及设备运行状态, 控制生产现场的各个相关设备和系统运行。

控制算法在某钢铁企业得到了实际应用。实际运行结果表明, 智能集成控制算法实现了三座焦炉的解耦, 保证了集气管压力稳定在给定的范围内, 当外界因素对系统造成扰动时, 该系统能在 30s 内迅速将压力稳定在工艺要求波动范围内。该控制算法具有简单、易行、可靠、易扩充及抗干扰能力强等优点, 在控制对象的数学模型难以确定的情况下, 保证了三座焦炉集气管压力稳定在工艺要求波动范围内, 满足了生产的要求。

系统投入某钢铁企业焦化厂运行, 该钢铁企业共有三座焦炉, 现场运行曲线如图 2.41~图 2.46 所示。从图中可以看出: 多座不对称焦炉智能解耦控制系统运行后, 1#焦炉集气管压力有 85% 的时间能稳定在设定值 ±10Pa 以内, 有 98% 的时间能稳定在设定值 ±20Pa 之内; 2#焦炉集气管压力有 87% 的时间能稳定在设定值

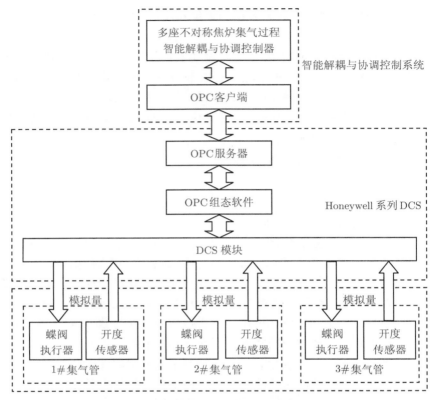

图 2.40 智能解耦与协调控制系统的数据流程图

±10Pa 之内, 94% 的时间稳定在设定值 ±20Pa 之内; 3#焦炉集气管压力完全能稳定在设定值的 ±10Pa 之内。

集气管压力在推焦装煤期间、煤气发生量或使用量发生变化时, 压力变化较大, 但通过对焦炉集气管蝶阀的调节很快就能返回到给定值附近; 在其他时间压力基本在设定值左右波动。

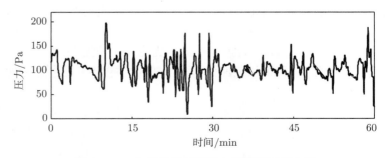

图 2.41 1# 焦炉集气管压力系统运行前曲线

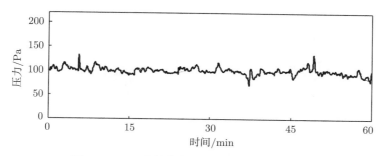

图 2.42 1# 焦炉集气管压力系统运行后曲线

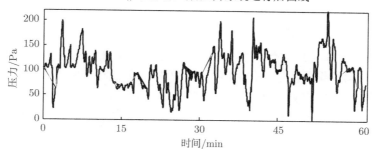

图 2.43 2# 焦炉集气管压力系统运行前曲线

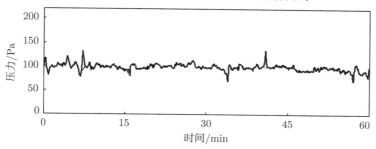

图 2.44 2# 焦炉集气管压力系统运行后曲线

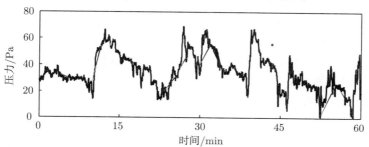

图 2.45 3# 焦炉集气管压力系统运行前曲线

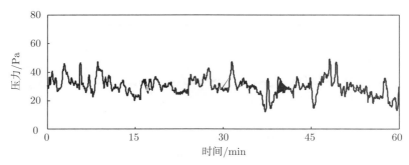

图 2.46　3# 焦炉集气管压力系统运行后曲线

4. 焦炉作业计划与优化调度系统

结合某钢铁焦化厂实际情况, 将作业计划优化调度方法应用于焦炉作业计划编制中, 建立焦炉作业计划优化调度系统, 解决了多工况的焦炉作业计划编制问题, 取得了较好的效果。依照各模块的不同功能和系统需求, 可将系统分为决策支持模块、计划编制模块、参数设置模块、数据查询管理模块、用户管理模块、系统配置模块及报表生成模块等七个功能模块。

参数设置模块为用户提供了计划表编制过程中需要进行调整的各参数指标的设置接口, 包括通用设置模块和系统设置模块, 用户可以根据现场的生产工艺, 设置系统的周转时间、单孔操作时间、检修分段及换班情况等, 而系统设置模块是针对管理者修改现场焦炉参数, 包括推焦串序、推焦炉区号、总炉孔数等。参数设置完成后保存在数据库中, 在系统计算时自动调用。

决策支持模块对获取的过程信息进行存储和处理, 为后续功能模块的实现提供决策支持。一方面, 对采集的数据进行数据预处理, 对于不合理和缺失的数据进行修正和补偿; 另一方面, 将处理后的数据存储到数据库, 并进行统计与分类, 作为决策分析的基础。同时, 可以根据实际需要提供数据查询与修改等功能, 并针对正常工况和异常工况, 分别调用正常工况和异常工况作业计划编制模块。

通过数据管理模块实现记录的优化和存储。系统可以根据现场情况的变化, 自动更新优化推焦计划方案, 添加、更改、删除一些推焦计划方案, 使生产正常进行, 并将最终的推焦计划方案存储和打印。历史记录可以按照时间和班组进行相关查询, 还可以统计一个时间段内甲乙丙三班的实际推焦炉数。可以查询 1#、2# 焦炉的直行温度、加热制度记录、煤气消耗量和推焦计划历史记录等。同时实现了推焦计划历史记录、直行温度、加热制度、煤气消耗量、推焦系数等的查询和统计等功能。

通过系统配置模块实现数据库的自动备份和恢复, 自动存储推焦计划方案和对应的现场信息, 保证系统和信息的安全性。

　　用户管理模块可以对允许使用系统用户的用户名、密码及其权限进行限制, 用户权限以角色的方式进行限制, 以保证记录管理的安全性。系统开始启动时, 要求用户输入用户名和密码, 系统认证通过后方能使用系统。

　　报表生成模块可以将 1#、2# 炉煤气组记录、加热制度、直行温度及炼焦操作日志导出成 Excel 格式文件保存在固定目录下, 方便管理。

　　正常工况计划编制模块和异常工况计划编制模块协作可完成生成计划编制的大部分工作, 充分考虑了实际工况, 提高了工作效率与质量。在传统编制模式下, 每天生产炉数在 130 炉左右; 系统投入应用后, 可提高到 135~140 炉, 编制时间仅需几分钟, 满足了大型钢铁焦化厂生产调度的需求。

　　推焦系数是衡量推焦情况的标准之一, 包括计划推焦系数 $K_{计}$、执行推焦系数 $K_{执}$ 和总推焦系数 $K_{总}$。

　　结焦时间变化情况的指标为

$$K_{计} = \frac{m_1 - a_1}{m_1} \tag{2.110}$$

式中, m_1 为本班计划规定的推焦炉数; a_1 为本班计划结焦时间与标准结焦时间相差 $\pm 5\text{min}$ 以上的炉数。

　　焦炉推焦操作正常与否的指标为

$$K_{执} = \frac{m_2 - a_2}{m_2} \tag{2.111}$$

式中, m_2 为本班实际出炉数; a_2 为本班计划推焦时间与实际推焦时间相差 $\pm 5\text{min}$ 以上的炉数。

　　炼焦车间 (工段) 在执行规定的结焦时间等方面管理水平的指标为

$$K_{总} = K_{计} K_{执} \tag{2.112}$$

推焦计划及其执行情况直接影响焦炉直行温度的稳定, 而直行温度对焦炭的成熟情况有很大影响。直行温度的均匀性和稳定性, 采用均匀系数 $K_{均}$ 和安定系数 $K_{安}$ 来考核。因此, 将推焦系数、均匀系数、安定系数作为考核系统实际应用效果的参数。

　　均匀系数 $K_{均}$ 表示焦炉沿纵长方向各燃烧室昼夜平均温度的均匀性, 即

$$K_{均} = \frac{(M - A_{机}) + (M - A_{焦})}{2M} \tag{2.113}$$

式中, M 为焦炉燃烧室数; $A_{机}$ 为机侧不合格火道数; $A_{焦}$ 为焦侧不合格火道数。

　　安定系数 $K_{安}$ 表示焦炉直行温度的稳定性, 即

$$K_{安} = \frac{2N_{侧} - (B_{机} + B_{焦})}{2N} \tag{2.114}$$

式中, $N_{侧}$ 为昼夜测温次数; $B_{机}$ 为机侧平均温度与标准温度相差 $\pm 7℃$ 以上的次数; $B_{焦}$ 为焦侧不合格火道数。

本系统运行前后推焦计划系数、均匀系数和安定系数分别如表 2.8 和表 2.9 所示, 表中数值为选定日期内的平均值。

表 2.8　系统运行前的系数统计表

日期	$K_{计}$	$K_{执}$	$K_{总}$	$K_{均}$	$K_{安}$
11.01~11.05	0.94	1	0.94	0.93	0.92
11.06~11.10	0.82	1	0.82	0.89	0.85
11.11~11.15	0.95	0.95	0.9	0.86	0.9
11.16~11.20	0.98	0.96	0.94	0.95	0.92
11.21~11.25	0.93	0.98	0.91	0.88	0.83
11.26~11.30	1	0.94	0.94	0.94	0.97

表 2.9　系统运行后的系数统计表

日期	$K_{计}$	$K_{执}$	$K_{总}$	$K_{均}$	$K_{安}$
11.01~11.05	0.94	1	0.94	0.93	0.92
11.06~11.10	0.82	1	0.82	0.89	0.85
11.11~11.15	0.95	0.95	0.9	0.86	0.9
11.16~11.20	0.98	0.96	0.94	0.95	0.92
11.21~11.25	0.93	0.98	0.91	0.88	0.83
11.26~11.30	1	0.94	0.94	0.94	0.97

由表 2.8 和表 2.9 可知, 系统投入应用后, 推焦系数 $K_{计}$、$K_{执}$ 和 $K_{总}$ 均达到实际生产的要求。$K_{计}$ 和 $K_{执}$ 接近 1, 说明计划结焦时间基本满足标准结焦时间, 实际推焦基本按照推焦计划表进行, 保证了焦炭质量; 直行温度系数 $K_{均}$ 和 $K_{安}$ 接近 1, 说明直行温度的稳定性得到很大改善, 从而进一步保证了焦炭质量; $K_{执}$ 接近 1, 说明炼焦车间对推焦操作的管理达到了较高水平。

从工业现场运行情况可以看出, 综合生产目标优化系统运行稳定, 工业应用效果良好, 多目标优化算法具有较高的优化有效率, 优化的结果能有效地指导实际生产, 一定程度上提高了焦炭产量, 降低了焦炉能耗, 焦炭质量等方面都有较大程度的改善。

第 3 章　烧结过程智能控制

烧结法是提供烧结矿的主要方法, 烧结过程的稳定性和烧结矿的质量关系到高炉生产的成本、效率和能源消耗。由于烧结过程具有不确定性、强耦合性、高度非线性和大滞后性等特点, 传统的控制理论难以满足复杂烧结过程的优化控制要求, 智能优化控制方法作为控制理论与人工智能相结合的产物, 逐步成为烧结过程控制发展的方向。

本章首先介绍烧结过程工艺流程, 并分析目前烧结过程中常用的建模和控制方法; 然后根据不同生产过程的特性, 提出具有针对性的建模方法和智能优化控制方法; 最后对智能优化控制系统在实际工业中的应用效果进行分析和总结。

3.1　烧结过程建模与控制问题

炼铁过程主要包括烧结和高炉炼铁两大工艺流程。烧结过程是将铁矿石原料、熔剂、燃料和烧结循环利用物按照一定的比例, 配成粒度合适的混合料并偏析铺在烧结机台车上, 在燃料燃烧供热、混合料不完全熔化的状态下烧结成块 [27]。目标是生产出成分合适、还原性强、透气性良好, 具有一定尺寸和机械强度的烧结矿, 以满足高炉熔炼要求。

3.1.1　烧结工艺及基本原理

带式抽风烧结是现代钢铁烧结的主流技术, 最早由美国布罗肯钢铁企业推出。带式抽风烧结具有加工处理方便, 设备大型化, 产量高, 机械化和自动化程度高的特点。

如图 3.1 所示, 烧结过程主要包括烧结配料、混合制粒、偏析布料、点火烧结、破碎筛分等流程工艺 [28, 29]。混匀矿、熔剂和燃料按一定配比进行配料, 并加入适量返矿以改善透气性, 配好的原料按照一定的配比进行一次混合加水和二次混合加水, 经混匀制粒后送至混合料料槽, 再由布料机均匀平铺在烧结机台车上, 台车沿烧结机的轨道向排料端移动。台车上方的点火炉对烧结料表面进行点火, 混合料中固体燃料被点燃, 在台车移动过程中, 由于下部风箱强制抽风, 烧结自上而下进行, 通过料层的空气和烧结料中的燃料燃烧所产生的热量, 使烧结混合料发生物理和化学反应, 混合料自上而下逐渐烧透而得到烧结矿, 烧透点即烧结终点 (burning through point, BTP)。

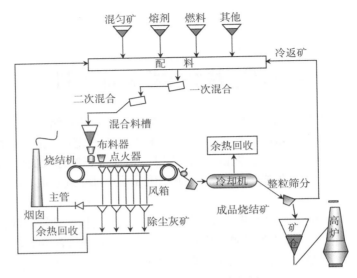

图 3.1 烧结生产工艺流程图

如图 3.2 所示, 正在进行烧结的料层可以从上到下分为五个带, 即烧结矿带、燃烧带、干燥预热带、过湿带和原始混合料带。当混合料烧透时, 烧结结束。在大型烧结机上, 为了保持表层温度和防止急冷, 采用延长点火炉和设置保温炉的方法。烧结完的烧结块由机尾落下, 经破碎成适当块度, 筛分和冷却, 筛上物送高炉, 筛下物作为返矿和铺底料重新烧结。

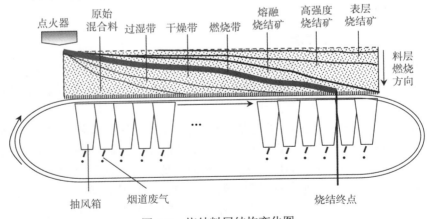

图 3.2 烧结料层结构变化图

3.1.2 烧结过程控制问题

钢铁烧结过程是高炉炼铁的原料制备工序, 具体目标有以下几方面:

(1) 将贫矿中的铁元素富集, 减少富矿消耗;

(2) 氧化脱硫, 将铁矿石中的硫转化成二氧化硫进行脱硫, 减少硫的含量;

(3) 为高炉冶炼提供碱性环境, 从而有利于铁酸钙的形成, 便于高炉还原;

(4) 利用熔剂高温熔化黏结特性, 引起混合料固结、矿化, 形成具有较大机械强度、孔隙度的块状物料, 为高炉熔炼过程提供主要原料。

由于烧结过程具有不确定性、强耦合性、强非线性和大滞后性等控制难点[30], 传统控制理论在烧结过程控制应用方面存在很多不足。目前国内烧结过程尽管采用基础自动化系统实现了过程参数的检测与部分操作参数的控制, 如精矿总量控制、制粒湿度控制、新鲜风风量稳定控制、烟罩压力控制等, 在一定程度上提高了烧结生产的自动化水平, 但烧结工艺过程很多关键岗位仍然采用人工经验控制, 控制效果主要依赖于操作人员的实际经验和个人预测能力, 随机性大, 难以很好地适应工况变化, 这使得烧结过程的返矿率高、烧结矿产量质量波动严重, 且劳动强度大, 影响钢铁企业的经济效益和社会效益, 同时也使得信息管理层的作用得不到充分的发挥[31]。

为应对在烧结控制中存在的种种问题, 国内学者提出了众多控制策略, 例如, 针对混合制粒湿度控制水分检测存在大时滞的问题, 外环控制采用改进 Smith 预估补偿的模糊 PID 算法进行水分调节, 内环控制采用 PI 算法进行流量调节, 以实现水分的稳定控制。针对烧结终点大滞后性, 可将预测控制运用于烧结终点控制。

随着烧结技术的进步, 虽然我国烧结过程的检测和自动控制技术得到了相应的发展, 但是与世界先进水平相比较, 在应用和开发的广度和深度上, 还存在着一定的差距, 具体表现为: 国内大部分技术都处在研究阶段, 大多未能在线实时运行。因此, 结合烧结生产具体实际, 综合运用烧结理论、现代控制理论等多学科知识, 将人工智能技术合理运用于工艺实际, 具有重要的理论意义和使用价值。

3.1.3　烧结过程建模方法

数学模型可以为控制器的设计提供重要参考。建立过程数学模型一般有两种方法: 一种是根据物理化学过程从机理上建立相应的过程模型; 另一种是基于数据驱动的方法建立输入输出模型。

1. 机理建模

最早关于烧结过程的建模研究, 主要是基于烧结过程中的物理化学变化模拟烧结过程。如澳大利亚的学者建立了烧结料层热曲线与焦粉粒度、混合料预热、气流分布等因素的关系模型。这些模型由于一些参数难以检测等限制, 只能用于离线分析, 很难用于工业现场。

20 世纪 80 年代初, 国外一些学者建立了一些机理模型用于烧结过程的参数优化及过程控制。例如,日本神户钢铁企业建立了烧结料层热状态模型[32],将烧结过程的热状态表示为料层厚度、台车速度、点火温度、料层密度、焦粉能耗、焦粉粒度、水分和透气性指数等操作参数的线性表达式,并研究了操作条件、热状态与烧结矿产量和质量之间的关系。意大利冶金公司建立了风箱废气成分与烧结矿 FeO 含量和烧结终点的统计模型,应用效果良好。

2. 数据驱动建模

随着神经网络、模糊系统、支持向量机等智能建模方法的快速发展,一些数据驱动建模方法开始应用于烧结过程建模中,为机理复杂的烧结过程建模提供了新的途径。

例如,针对料层透气性问题,由于影响透气性的因素众多,且透气性难以通过检测得到,在烧结机理分析的基础上,运用智能集成建模的思想,综合神经网络、模糊理论等方法,建立烧结透气性预测模型,实践证明透气性预测模型能有效解决烧结过程中的透气性状态实时检测问题,从而为厚料层烧结的实施做好基础,也为现场工人的操作提供有力的指导。

目前,基于数据驱动的建模技术已经得到了飞速发展,烧结过程建模技术也由传统的机理建模向复杂的智能建模,由单一的建模向集成建模发展。因此,充分利用已有条件,综合烧结过程机理、实际操作经验和历史生产数据,将不同建模方法集成运用,是未来烧结过程建模的发展方向。

3.2　烧结配料优化与控制

混合料制备对烧结矿的化学成分指标具有决定性作用,对烧结矿物理性能具有重要影响。本节针对钢铁烧结中的配料过程,研究烧结配料优化计算以及控制方法,从而降低烧结成本,节约能源消耗。

3.2.1　配料过程建模与优化

混合料制备过程中的烧结配料是根据当前原料的物理特性、化学成分和库存量,以及烧结矿质量要求,确定合适的原料比例,准确推算出该种配比生产出的烧结矿质量[33]。随着烧结自动化水平的不断进步,烧结配料过程的工艺、方法和理论也取得了显著发展。

1. 配料过程

烧结生产过程原料种类繁多,物理性能和化学成分差异很大。为了使烧结矿化学成分和物理性能达到工艺要求,需要在烧结配料过程中把铁矿石原料、熔剂、燃料和烧结循环利用物按烧结矿质量指标要求, 精确配备配料成分, 同时要求合理调整混合制粒中的水分等操作参数, 以满足烧结过程中粒度分布的要求。

烧结配料工艺分为一次配料和二次配料两个环节。在一次配料生产过程中, 不同种类的铁矿石按照一定的比例均匀混合, 形成符合工艺指标要求的中和粉; 然后在二次配料过程中将中和粉、熔剂、燃料和烧结循环利用物也按照一定的比例均匀混合, 形成符合质量指标要求的混合料。

根据烧结矿化学成分和物理性能, 烧结配料工艺要求包括以下方面。

(1) 物理性能: 如混合料的粒度分布、孔隙度、机械强度等。

(2) 化学成分: 混合料的铁品位、碱度、二氧化硅含量等。

(3) 冶金性能: 混合料的还原性、微观结构等。

(4) 节能减排要求: 燃料添加量、硫含量等。

由于烧结生产过程是一个强耦合、大滞后的复杂非线性过程, 以上指标之间的关联耦合严重, 若把所有质量指标均考虑到混合料制备烧结配料的优化问题中, 会导致优化模型过于复杂, 优化目标重点难以突出、甚至没有可行解。烧结生产实践表明, 烧结矿化学成分的稳定很大程度上保证了其物理性能的稳定。因此, 烧结配料优化模型多采用以烧结矿化学成分指标作为约束条件, 以稳定烧结矿的质量。

混合料制备过程中的混合制粒生产主要采用的是二次加水混合工艺, 先后进行一次混合粗调和二次混合精调, 以保证混合料具有一定的粒度分布。依据烧结工艺要求, 混合料粒度分布的特征描述为: 近似正态分布规律, 粒度尺寸大的和粒度尺寸小的混合料颗粒所占比例小, 粒度尺寸中等的混合料颗粒所占比例较大。

虽然烧结生产线广泛采用烧结配料和二次混合加水工艺, 在一定程度上保证了混合料化学成分和粒度分布的稳定, 但是由于烧结过程的复杂性, 仍有许多问题亟待解决。

(1) 烧结生产线广泛采用的经验配料方法, 取决于技术人员的经验判断, 但往往由于原料成分波动的影响需要调节原料配比, 工作量大, 容易出错, 存在着准确率不高的问题; 单目标线性规划法可以解决一次配料优化问题, 但难以对成本、燃料消耗和污染物排放等指标进行综合优化。

(2) 烧结过程的滞后性大, 难以根据烧结矿质量信息及时调整配比, 致使配比的准确性难以及时验证, 烧结矿质量信息缺乏生产指导意义。同时, 缺乏对焦粉用量的深入研究, 焦粉配比长期使用经验数据, 没有给出具体烧结工况下焦粉的最低用量, 造成燃料过剩浪费, 或者燃料不足, 烧结矿质量下降。

(3) 原料配比主要与原料价格因素挂钩, 在降低原料成本、计算优化配比的过程中, 没有考虑燃料消耗、污染物 (特别是 SO_2) 排放等因素, 致使配比成本的降低往往以燃料消耗和 SO_2 排放的增加为代价, 难以实现兼顾成本和环境效益的综合优化。

　　20 世纪 80 年代, 国内外学者开始对烧结生产的机理模型进行研究以实现配料过程的有效控制, 并取得了一定的成果, 主要集中在对烧结矿质量、产量和烧结过程的机理研究方面。

　　在配料过程中, 由于存在模型简化, 忽略了很多参数, 并进行了很多假设, 模型中很多参数在当前检测条件下难以获得等问题, 造成模型与实际烧结生产差距较大, 以致难以保证模型的精度和适用性。因此, 机理模型难以在实际混合料制备过程中获得满意的效果, 在工业应用上受到限制。

2. 配料过程建模及优化算法

　　烧结配料建模的目的是根据原料配比预测烧结矿质量, 以便校验配比的准确性和可行性。烧结配料过程建模与优化从最早的机理模型、经验配比方法发展到目前的智能集成建模、多目标混合优化方法, 主要包括以下几种模型。

1) 机理模型

　　机理模型法是基于物质守恒原理和物料平衡关系, 根据原料的化学成分指标、原料配比和多年烧结实验得到烧损率, 计算得到烧结矿的化学成分指标, 由于烧损率是一种统计的经验数值, 不能反映批次原料的波动, 所以不可避免地带来烧结矿化学成分的预测误差; 更为关键的是, 由于烧结过程物理变化反应机理复杂, 烧结矿物理性能指标难以预测, 在工业上缺乏实用的烧结矿物理性能指标机理模型。

2) 单一时序预测模型

　　通过对烧结矿质量历史数据的研究, 国内外许多专家和学者在对烧结矿历史数据进行滤波处理基础上, 采用多元线性、非线性回归、模式识别和系统辨识、支持向量机、灰色系统理论等方法, 建立了烧结矿质量的时间序列预测模型, 从历史数据中找到烧结矿质量变化的规律, 推测出烧结矿质量的合理预测值。因此, 单一时序预测模型不仅可以对烧结矿化学成分进行预测, 也可以从烧结矿物理性能的历史数据中推测未来烧结矿的物理性能。单一时序预测模型比较符合关键影响因素变化缓慢, 次要的、未知的或已经忽略的因素对模型输出造成较大波动的过程, 比较适合于稳定的、高质量的矿源的配料过程建模, 以及不希望剧烈变化和大幅调节的抽风烧结过程的工业建模。

3) 单一因素预测模型

　　在机理模型的基础上, 基于主元分析、关联系数计算和灰色关联度分析等方法确定影响烧结矿质量的关键因素后, 通过在烧结过程中引入案例推理、人工神经网络、支持向量机、模糊聚类、专家系统等现代智能建模方法, 可以有效建立烧结矿质量的预测模型。由于根据烧结生产历史数据构建了样本集, 单一因素预测模型较机理模型对烧结矿化学成分的预测精度提高, 随着样本集的积累和增多, 不仅烧结矿的物理性能得到准确预测, 而且烧结矿质量的影响因素得到进一步的揭示, 有助于结合机理分析烧结过程的本质。单一因素预测模型是一种比较符合影响因素不断改变的动态系统建模的方法，比较适合国内矿源变化复杂的特点，也比较适合配比发生变化的烧结配料工序的建模。

4) 集成预测模型

在机理模型、单一时间序列模型和单一因素预测模型的研究基础上，国内外学者致力于将三类模型的特点综合，或将不同的建模方法融合，从而得到一种新的兼具各模型优点的集成预测模型，以提高烧结矿质量的精度和模型应用的普适性。

5) 焦粉配比下限计算模型

除了对烧结矿质量的精确预测要求，为了实现节能减排，降低烧结生产中的焦粉配比，减少焦粉使用量，提高焦粉燃烧效率成为烧结工艺改进的重要方面。国内外学者通过烧结杯模拟实验和烧结生产实践经验总结进行了广泛的研究。例如，部分学者研究了焦粉破碎过程与焦粉粒度对烧结矿质量的影响，在生产实践中进一步优化了焦粉粒度参数。

单一时序预测模型、单一因素预测模型、集成预测模型以及焦粉配比下限计算模型需要大量数据建立样本集，因而是数据驱动建模方法。机理建模和数据驱动建模为烧结矿质量的预测提供了准确有效的方法。

实现烧结配料优化对研究烧结配料过程同样具有重要意义。烧结配料优化方法的发展大致可以分为以下阶段。

1) 经验配料方法

经验配料方法是一种根据烧结经验总结出来的最简单的配比计算方法。该方法一般与机理模型搭配使用，通过人工经验制定配比，然后通过机理模型校验配比是否符合烧结矿质量要求，若没有达到要求，仍然依靠经验对各种配比进行反复的、小幅的调节，直到达到工艺指标。

2) 单目标线性规划方法

线性规划方法是一种广泛应用于工业应用的优化方法，适用于目标函数和约束条件全部为线性函数的线性优化模型或非线性约束条件均可以通过代数变换转换成为线性约束条件的非线性优化模型。早期的烧结配料单目标线性规划方法一般以成本最低作为优化目标，以库存限制、化学成分指标等为约束条件，分别建立一次配料和二次配料两个子环节的优化模型。

3) 多目标智能优化方法

随着人工智能技术的发展，模仿自然界现象的智能优化方法发展迅速，出现了以模仿金属退火过程的模拟退火算法，模仿生物种群进化过程的遗传算法、进化规划，模仿群体行为的粒子群算法、蚁群算法、鱼群算法等。随着烧结配料优化模型的复杂化，这些智能方法越来越多地被应用到求解优化模型的问题中。

4) 混合优化方法

智能优化方法往往前期收敛速度快, 但后期随着群体适应度的提高, 收敛速度趋缓, 甚至出现停滞的问题。因此, 通过分析智能优化方法与经典优化方法之间或不同智能优化方法之间的优、缺点, 集成多种智能优化方法, 实现优点互补, 从而提高搜索最优解的速度和准确率。混合优化方法是混合料制备过程烧结配料优化方法发展的趋势。

3.2.2 烧结配料多目标综合优化方法

针对混合料制备过程中烧结配料过程存在的成本高、能源消耗量大、污染物排放多的问题, 结合某钢铁企业烧结生产线实际生产情况, 对烧结配料使用的原料矿石特性充分分析。首先, 基于对配料成本、能源消耗量和污染物排放量等的综合考虑, 结合企业经济技术指标, 提出基于线性加权和的烧结配料多目标优化目标函数, 进而按照工艺先后顺序, 分别建立一次配料优化模型和二次配料优化模型; 其次, 针对优化模型可以等效为线性优化模型的特点, 采用基于线性规划 (linear programming, LP) 和遗传算法–粒子群算法 (genetic algorithm-particle swarm optimization, GA-PSO) 的烧结配料多目标综合优化方法求解一次配料和二次配料优化配比, 以实现烧结配料兼顾成本与减少污染物元素含量的多目标优化。

1. 烧结配料过程原料特性分析

混合料制备过程的烧结配料生产工艺中, 运输来的铁矿石原料经翻车机卸料后, 按照企业计划有序地堆放在一次料场; 当配比制定后, 首先根据配比, 通过堆取料设备进行取料, 并均匀混合, 形成中间产物中和粉, 堆放至中和料场; 然后, 中和粉、熔剂、燃料和烧结循环利用物再通过传输皮带、原料料槽、圆盘给料机等运输、储存、计量设备均匀混合, 形成混合料, 至此完成烧结配料工序。由于烧结配料工序是烧结生产的首道工序, 各种原料特性和原料用量对烧结矿质量参数具有主要影响。同时, 烧结配料过程也是烧结成本、能耗和环境等指标的集中体现, 因此对烧结配料过程进行优化具有非常重要的意义。

1) 一次配料主要原料及特性

在一次配料生产过程中, 所需要的原料主要有进口矿粉、国内矿粉和混合精粉等, 有时用到钢铁生产过程的循环利用物 (如轧钢皮、烧结返矿等)。其中, 进口粉、国内矿粉和混合精粉等一般为铁的氧化物性质的精矿。就产地, 国内钢铁企业的进口矿石用量为 50% ~70%, 产地集中在澳大利亚、南非、巴西和印度等国, 其产出的精粉品质稳定, 伴生金属元素较少, 冶炼相对方便; 国内矿石用量为 30%~50%, 矿石品质波动较大, 伴生金属元素较多, 冶炼相对困难。从化学成分指标来说, 一次配料生产中所关注的化学成分指标主要包括 7 种: 铁品位 (TFe)、二氧化硅含量

(SiO_2)、氧化钙含量 (CaO)、氧化镁含量 (MgO)、氧化铝含量 (Al_2O_3)、硫含量 (S) 和磷含量 (P)。铁品位是矿石中的主要有效成分，硫既是钢铁冶炼过程中的有害元素，也是污染物的主要来源，进口矿石硫含量偏低，而国内矿石硫含量相对偏高。

在原料的物理性质方面，对烧结过程影响较大的是其粒度和亲水性。当精矿的粒度越细时，接触面就越大；亲水性越高，黏结性就越好，这两者均对制粒有利，进而可以在一定程度上改善烧结料层的透气性。因此目前烧结生产均采用粉状矿石代替块状矿石以方便烧结。就经济性指标，国外矿石价格高，国内矿石价格相对较低，而部分钢铁生产过程循环利用物市面价格最高。

2) 二次配料主要原料及特性

在二次配料生产过程中，一般情况下包含 4 类 7 种原料，包括一次配料产物中和粉、熔剂 (生石灰、石灰石和白云石)、燃料 (一般情况下是焦粉) 和烧结循环利用物 (返矿、除尘灰)。就化学成分指标来看，原料成分检测指标除包括一次配料 7 种化学成分指标，还包括烧结矿碱度指标 (R)。在一般情况下，混合料没有单独的检测工序，而是直接经过后续工序生产得到烧结矿之后，再进行最终的成分检测。

就原料物理性能来看，二次配料完成后形成的混合料要经过混合制粒工序形成具有一定粒度分布的混合料，再烧结成矿。因此，原料制粒特性及其在烧结过程中的透气性就格外重要；此外，原料的化学成分在烧结过程中形成黏结相，使物料矿化，最终通过转鼓指数和筛分指数等烧结矿物理性能指标体现出来。

就经济性能指标来看，中和粉为其中成本最高的原料，是烧结矿中有效成分的主要来源；焦粉为烧结过程提供能量，焦粉过多会造成燃料浪费，烧结能耗增加，反之则易造成烧结过程中供热不足，致使返矿量增加，成品率减少，间接增加了烧结成本，因此焦粉配比的优化是烧结配料优化中的关键问题之一；熔剂成本相对较低，但是为了生产高碱度烧结矿，其配比相对稳定；烧结循环利用物则是依据烧结生产线的返矿量和除尘灰量决定，在一段时期内的配比也相对固定。

2. 基于线性加权和的烧结配料多目标优化模型

烧结配料过程分两步进行，因此需要分别建立各自的配料优化模型，即一次配料优化模型和二次配料优化模型。烧结配料优化建模的实质是：在保证配料产物 (中和粉、烧结矿) 化学成分指标符合工艺要求的前提下，通过调整各种原料配比，达到降低成本、减少燃料消耗和污染物排放的目的。非常明显，各种原料的配比就是烧结配料优化模型的决策变量。

1) 一次配料多目标优化模型

中和粉是各种铁矿石原料的均匀混合物，属于物理变化过程，在物料守恒规律基础上，通过原料硫含量折算为可比成本的方式，可以实现降低一次配料成本与减少一次配料 SO_2 排放的多目标优化。

对于 $i = 1, \cdots, n$, 假设 $y_{ci}^{(1)}$ 为第 i 种原料的价格; $K_{\mathrm{S}}^{(1)}$ 为硫含量成本折算因子; $y_{\mathrm{S}i}^{(1)}$ 为第 i 种原料中 S 的百分含量; $x_i^{(1)}$ 为第 i 种原料的一次配料配比。为了实现最小价格和最低 SO_2 排放的目标, 提出的一次配料多目标优化函数为

$$
\begin{aligned}
\min \quad & F^{(1)} \\
& F^{(1)} = \sum_{i=1}^{n} \left(y_{ci}^{(1)} + K_{\mathrm{S}}^{(1)} y_{\mathrm{S}i}^{(1)} \right) x_i^{(1)} \\
& K_{\mathrm{S}}^{(1)} = \frac{1}{n} \sum_{i=1}^{n} \frac{y_{ci}^{(1)}}{y_{\mathrm{S}i}^{(1)}}
\end{aligned}
\tag{3.1}
$$

一次配料过程本身为各种原料均匀混合的物理变化过程, 按照物料守恒原理, 中和粉化学成分指标应为各种原料对应化学成分指标按照配比的加权和。一次配料过程需要考虑的化学成分指标有 7 种, 因此一次配料优化模型中化学成分的约束条件有 7 个, 统一的公式为

$$
y_{k\,\min}^{(1)} \leqslant \sum_{i=1}^{n} y_{ki}^{(1)} x_i^{(1)} \leqslant y_{k\,\max}^{(1)}
\tag{3.2}
$$

式中, $k = \mathrm{TFe}$、CaO、$\mathrm{SiO_2}$、MgO、$\mathrm{Al_2O_3}$、S、P; $y_{ki}^{(1)}$ 是第 i 种原料的第 k 种化学成分的百分含量 (如 $y_{\mathrm{S}i}^{(1)}$ 表示 i 种原料中 S 的百分含量); $y_{k\,\min}^{(1)}$ 和 $y_{k\,\max}^{(1)}$ 分别表示 $y_{ki}^{(1)}$ 的下界和上界。

除满足工艺要求, 每种原料的用量还需受库存量的限制, 即每种原料的用量须在某个区间范围内, 即

$$
x_{i\,\min}^{(1)} \leqslant x_i^{(1)} \leqslant x_{i\,\max}^{(1)}
\tag{3.3}
$$

式中, $x_{i\,\min}^{(1)}$ 和 $x_{i\,\max}^{(1)}$ 分别是 $x_i^{(1)}$ 的下界和上界。

此外, 配比要具有实际执行意义, 必须满足配比和为 1 的约束条件, 即

$$
\sum_{i=1}^{n} x_i^{(1)} = 1
\tag{3.4}
$$

联立式 (3.2)~ 式 (3.4) 可以得到基于线性加权和的一次配料多目标函数的约束条件为

$$
\text{s.t.} \quad
\begin{aligned}
& \sum_{i=1}^{n} x_i^{(1)} = 1 \\
& x_{i\,\min}^{(1)} \leqslant x_i^{(1)} \leqslant x_{i\,\max}^{(1)} \\
& y_{k\,\min}^{(1)} \leqslant \sum_{i=1}^{n} y_{ki}^{(1)} x_i^{(1)} \leqslant y_{k\,\max}^{(1)}
\end{aligned}
\tag{3.5}
$$

2) 二次配料多目标优化模型

由于二次配料完成后, 所形成的混合料没有检测要求, 工艺上也缺乏相应的指标数据, 对于二次配料的化学成分指标要求体现在烧结矿质量工艺要求中。然而,

混合料形成烧结矿需要经过抽风烧结过程, 期间经过了复杂的物理和化学变化。长期的烧结实验和生产实践对反应前后的物质残存量进行统计, 可以发现每种矿石均有相对稳定的烧损率, 通过烧损率和物料守恒原理可以建立原料化学成分指标、原料配比和烧结矿化学成分指标之间的关系。因此, 二次配料多目标综合优化模型与一次配料多目标综合优化模型具有一定的差别。

类似于一次配料优化模型目标函数的建立过程, 将二次配料中原料硫含量折算为可比成本, 建立基于线性加权和的二次配料多目标优化函数及约束条件为

$$\min \quad F^{(2)}$$

$$F^{(2)} = \sum_{j=1}^{m} \left(y_{cj}^{(2)} + K_{\mathrm{S}}^{(2)} y_{\mathrm{S}j}^{(2)} \right) x_j^{(2)} \tag{3.6}$$

$$K_{\mathrm{S}}^{(2)} = \frac{1}{m} \sum_{j=1}^{m} \frac{y_{cj}^{(2)}}{y_{\mathrm{S}j}^{(2)}}$$

$$\mathrm{s.t.} \quad \sum_{j=1}^{m} x_j^{(2)} = 1$$

$$0 \leqslant x_{j\min}^{(2)} \leqslant x_j^{(2)} \leqslant x_{j\max}^{(2)} \leqslant 1 \tag{3.7}$$

$$y_{k\min}^{(2)} \leqslant y_{kj} \leqslant y_{k\max}^{(2)}$$

$$R_{\min} \leqslant R \leqslant R_{\max}$$

式中, $j = 1, \cdots, m$; $x_j^{(2)}$ 是第 j 种原料的百分比, $x_{j\min}^{(2)}$ 和 $x_{j\max}^{(2)}$ 分别是 $x_j^{(2)}$ 的下界和上界; $y_{cj}^{(2)}$ 和 $y_{\mathrm{S}j}^{(2)}$ 分别为第 j 种原料的价格和含 S 量; $y_{kj}^{(2)}$ 是第 j 种原料的第 k 种化学成分含量, $y_{k\min}^{(2)}$ 和 $y_{k\max}^{(2)}$ 分别是 $y_k^{(2)}$ 的下界和上界; R 表示碱度机理计算值, $R_{\min}$ 和 $R_{\max}$ 分别表示碱度下限和上限。

需要特别说明的是: 二次配料优化目标理论上需要降低成本、减少能耗和减少排放量三个部分, 但是由于二次配料中焦粉是硫含量最高的原料, 在这种特殊条件下, 节能目标与减排目标是等效的, 硫含量的降低等同于焦粉配比的减少。因此, 式 (3.6) 虽然与式 (3.1) 类似, 但是其代表的优化目标与意义并非完全相同。

由于考虑了烧损率, 所以二次配料化学成分指标约束条件不再是简单的原料配比与原料对应化学成分指标的加权和, 而是具有一定的物质损耗和物质排放关系。令 $d_j^{(2)}$ 表示第 j 种原料的烧损率, 那么第 k 种化学成分的预测值 $y_{k\mathrm{Mech}}$ 为

$$y_{k\mathrm{Mech}} = \frac{\sum_{j=1}^{m} x_j^2 y_{kj}^{(2)}}{\sum_{j=1}^{m} (1 - d_j^{(2)}) x_j^{(2)}}, \quad k = \mathrm{TFe}, \mathrm{SiO_2}, \mathrm{CaO}, \mathrm{MgO}, \mathrm{Al_2O_3} \tag{3.8}$$

$$y_{k\mathrm{Mech}} = \frac{\sum\limits_{j=1}^{m} \left(1 - d_j^{(2)}\right) x_j^2 y_{kj}^{(2)}}{\sum\limits_{j=1}^{m} (1 - d_j^{(2)}) x_j^{(2)}}, \quad k = \mathrm{S, P} \tag{3.9}$$

除以上 7 种烧结矿化学成分约束条件, 二次配料优化模型还有碱度约束条件, 碱度计算公式为

$$R = \frac{\sum\limits_{j=1}^{m} y_{\mathrm{CaO}j}^{(2)} x_j^{(2)}}{\sum\limits_{j=1}^{m} y_{\mathrm{SiO_2}j}^{(2)} x_j^{(2)}} \tag{3.10}$$

除以上化学成分约束条件, 与一次配料优化模型一致, 二次配料优化模型也存在配比约束条件和 "归一化" 约束条件, 具体体现在式 (3.7) 中。

以式 (3.6) 为优化目标, 式 (3.7) 为约束条件的二次配料优化模型为明显的非线性优化模型, 这对于求解二次配料优化配比非常不利。然而, 对于形式上具有相同类型的非线性约束条件, 通过不等式代数变换, 就可以获得其等价的线性约束条件组。以其中具有代表性的 S 含量和碱度 R 为例进行等价变换, 变换后的线性约束条件组分别如式 (3.11) 和式 (3.12) 所示:

$$\begin{cases} \sum\limits_{j=1}^{m} (1 - d_j^{(2)}) x_j^{(2)} (y_{\mathrm{S}j}^{(2)} - y_{\mathrm{S\,min}}^{(2)}) \geqslant 0 \\ \sum\limits_{j=1}^{m} (1 - d_j^{(2)}) x_j^{(2)} (y_{\mathrm{S}j}^{(2)} - y_{\mathrm{S\,max}}^{(2)}) \geqslant 0 \end{cases} \tag{3.11}$$

$$\begin{cases} \sum\limits_{j=1}^{m} x_j^{(2)} (y_{\mathrm{CaO}j}^{(2)} - R_{\min} y_{\mathrm{SiO_2}j}^{(2)}) \geqslant 0 \\ \sum\limits_{j=1}^{m} x_j^{(2)} (y_{\mathrm{CaO}j}^{(2)} - R_{\max} y_{\mathrm{SiO_2}j}^{(2)}) \leqslant 0 \end{cases} \tag{3.12}$$

经过这样的约束条件线性化变换后, 原二次配料多目标优化模型就可以等价成为具有一次配料多目标优化模型形式的等效二次配料多目标优化模型。这两个优化模型为明显的线性优化模型。

3. 基于 LP 和 GA-PSO 的烧结配料多目标综合优化方法

早期的烧结配料配比计算是通过技术人员的专家经验确定的, 虽然可以基本上保证烧结矿质量指标符合工艺要求, 但是难以实现降低成本、减少能耗和污染物排放的目的。随着优化方法的逐渐普及应用, 线性规划、梯度方法、蒙特卡罗法等经典

优化方法开始应用于一次配料优化配比的求解,但这些方法多以单目标优化为主,所能求解的优化模型较为简单,随着烧结配料优化模型的日益完善和复杂化,单独应用这些方法已经难以适应。然而,智能优化方法的日趋成熟和完善给配料优化带来了新的技术途径,模拟退火算法 (SA)、遗传算法与进化计算 (GA)、粒子群算法 (PSO)、蚁群算法 (ACO)、蜂群算法 (BCO) 和专家协调优化算法等新兴仿生算法及改进、衍生算法的应用日趋广泛。

本节在烧结配料过程基于线性加权和的一次配料、等效二次配料多目标优化模型基础上,提出一种基于 LP 和 GA-PSO 烧结配料多目标综合优化算法,以分别实现烧结配料中一次配料与等效二次配料多目标优化模型的求解。

1) LP 优化算法

求解线性规划问题一般采用单纯形法,其通过单纯形表的行变换不断转换基变量和非基变量,使每次变换后的目标函数值不大于变换前的目标函数值,从而不断逼近最优解。

对于经过整理的基于线性加权和的一次配料问题或等效二次配料优化问题

$$
\begin{aligned}
\min \quad & C^{\mathrm{T}}X \\
\text{s.t.} \quad & AX < B
\end{aligned}
\tag{3.13}
$$

式中, $C, X \in \mathbf{R}^n$, $A \in \mathbf{R}^{m \times n}$, $B \in \mathbf{R}^m$, 且 $B \geqslant 0$ (B 中所有数值大于或等于 0)。

一般情况下, 单纯形方法通过引入松弛变量将不等式约束条件中的上限约束条件转化成为等式约束条件, 即

$$
AX < B \Longleftrightarrow [A, I^{m \times m}] \begin{bmatrix} X \\ X_1 \end{bmatrix} = B, \quad X_1 \geqslant 0
\tag{3.14}
$$

式中, $X_1 \in \mathbf{R}^m$, $X_1 > 0$, 称为松弛变量, 引入松弛变量后, 目标函数不会变化。

等效二次配料多目标优化模型的初始单纯形表建立过程与一次配料多目标优化模型初始单纯形表的建立过程类似,只是由于约束条件增加导致单纯形表的规模进一步增加。最终一次配料与等效二次配料多目标优化模型的初始单纯形表的形式可表达为

$$
\begin{bmatrix}
 & C \\
B & A \\
 & \varSigma
\end{bmatrix}
\tag{3.15}
$$

建立初始单纯形表后,通过对单纯形表进行变换,同时消去人工变量所在的列,直至求解出最优解。在迭代过程中,单纯形表的形式始终不变。

在判别数矩阵 Σ 中, 最小判别数所在列中, 使式 (3.16) 最小的对应元素称为主元。

$$v = \frac{b_i}{a_{ik}} \tag{3.16}$$

式中, k 表示判别数矩阵 Σ 中最小判别数的列序号; i 表示矩阵 A 和矩阵 B 中的行序号; a_{ik} 和 b_i 分别表示矩阵 A 中第 i 行第 k 列的数值和矩阵 B 中第 i 行的值。单纯性方法迭代过程如下所示。

Step 1: 初始化, 根据式 (3.13)~ 式 (3.15) 列出初始单纯形表, 计算初始判别数, 初始化循环变量 $m=0$。

Step 2: 根据式 (3.16) 计算的判别数寻找主元, 并根据式 (3.17) 和式 (3.18) 对矩阵 A、B 进行行变换。变换后, 矩阵 A 主元行主元列的数值为 1, 非主元行主元列的数值为 0。

$$a_{ij}(m+1) = \begin{cases} \dfrac{a_{ij}(m)}{a_{lk}(m)}, & i=l, j=1,2,\cdots,k,\cdots \\ a_{ij}(m) - \dfrac{a_{ik}(m)}{a_{lk}(m)}a_{lj}(m), & i \neq l, j=1,2,\cdots,k,\cdots \end{cases} \tag{3.17}$$

$$b_i(m+1) = \begin{cases} \dfrac{b_i(m)}{a_{lk}(m)}, & i=l, j=1,2,\cdots,k,\cdots \\ b_i(m) - \dfrac{a_{ik}(m)}{a_{lk}(m)}b_l(m), & i \neq l, j=1,2,\cdots,k,\cdots \end{cases} \tag{3.18}$$

式中, 主元所在行为 l, 主元所在列为 k。

Step 3: 根据式 (3.19) 更新判别数矩阵 Σ:

$$\sigma_j(m+1) = \sigma_j(m) - \frac{a_{lj}(m)}{a_{lk}(m)}\sigma_k(m), \quad j=1,2,\cdots,k,\cdots \tag{3.19}$$

Step 4: 消去所在的列里面不为单位向量的人工变量及其在矩阵 A、C 中的对应列。

Step 5: 对判别数矩阵 Σ 进行判断, 若矩阵中所有元素均不小于 0, 则转入 Step 8; 若矩阵所有元素均小于 0, 转入 Step 7; 其他情况转入 Step 6。

Step 6: $m = m + 1$, 判断 m 是否超过最大循环次数, 若是, 转入 Step 7; 否则, 转入 Step 2。

Step 7: 所求优化问题无可行解, 结束。

Step 8: 在矩阵 A 中依次提取单位列向量 (形如 $[0,\cdots,0,1,0,\cdots,0]^{\mathrm{T}}$ 的列向量), 假设 "1" 所在的行序号为 j, 从矩阵 B 中以此提取出 b_j, 组成最优解, 结束。

在单纯形法迭代过程中, 单纯形法可能会出现退化和循环。在某些情况下, 由于计算精度误差可能导致单纯形法无法求解; 在问题无可行解的情况下, 单纯形法难以提供接近可行域的不可行解, 因此 LP 求解一次配料问题具有一定的局限性。

2) GA-PSO 多目标综合优化算法

在采用线性规划算法为 GA-PSO 提供可行的次优解基础上, 针对基于线性加权和的烧结配料优化模型, 采用一种 GA-PSO 混合智能优化方法以求解一次配料优化配比。其基本思想在于: 搜索初期利用基本 PSO 的快速收敛能力, 迅速靠近全局最优解; 当收敛末期粒子群出现 "振荡" 现象, 则采用遗传操作, 以增加 PSO 多样性, 从而使算法跳出局部最优解, 实现快速高效的搜索。

GA-PSO 初始粒子群的产生应当尽量满足各约束条件的需求。由于 GA-PSO 算法采用罚函数方法将优化问题中的各约束条件转变成为带惩罚项的适应度函数, 使原约束优化问题转变成为无约束优化问题进行求解。因此, GA-PSO 算法中的适应度函数包括目标函数项和惩罚函数项两大方面。针对一次配料多目标优化模型, 提出式 (3.20) 所示的目标函数:

$$\min J^{(1)} = \min \left\{ F^{(1)} + Q_0^{(1)} + Q_1^{(1)} + Q_2^{(1)} \right\}$$

$$Q_0^{(1)} = r_0^{(1)} \left(\sum_{i=1}^n x_i^{(1)} - 1 \right)^2$$

$$Q_1^{(1)} = \sum_{i=1}^n r_i^{(1)} \left(\max \left\{ \max \left\{ 0, x_i^{(1)} - x_{i\max}^{(1)} \right\}, \max \left\{ 0, x_{i\min}^{(1)} - x_i^{(1)} \right\} \right\} \right)^2$$

$$Q_2^{(1)} = \sum_{i=n+1}^{n+7} r_i^{(1)} \left(\max \left\{ \max \left\{ 0, \sum_{i=1}^n y_{ki}^{(1)} x_i^{(1)} - y_{k\max}^{(1)} \right\}, \right. \right.$$

$$\left. \left. \max \left\{ 0, y_{k\min}^{(1)} - \sum_{i=1}^n y_{ki}^{(1)} x_i^{(1)} \right\} \right\} \right)^2 \tag{3.20}$$

式中, $F^{(1)}$ 为由式 (3.1) 所求得的值; $Q_0^{(1)}$ 为 "归一化" 惩罚项; $Q_1^{(1)}$ 为配比约束条件惩罚项; $Q_2^{(1)}$ 为化学成分指标约束惩罚项; $r_i^{(1)}(i=0,1,2,\cdots,n+7)$ 为惩罚因子, 包括 "归一化" 惩罚因子 $r_0^{(1)}$、配比约束条件惩罚因子 $r_1^{(1)} \sim r_n^{(1)}$, 以及化学成分指标约束条件惩罚因子 $r_{(n+1)}^{(1)} \sim r_{(n+7)}^{(1)}$。

惩罚因子的数值并不完全相同。"归一化" 惩罚因子是最大的, 因为若配比和不为 1, 则该配比不具备现实执行意义; 配比约束条件惩罚因子其次, 因为超出约束条件的配比给企业的库存管理和物料运输计划带来混乱, 甚至造成生产断料停滞等事故。

在化学成分指标惩罚因子中, 密切关联烧结矿质量的铁品位、氧化钙含量、二氧化硅含量约束条件惩罚因子 (即 $r_{(n+1)}^{(1)}$、$r_{(n+2)}^{(1)}$ 和 $r_{(n+3)}^{(1)}$), 以及关系到 SO_2 排放量的硫含量约束条件惩罚因子 $r_{(n+6)}^{(1)}$ 相对较大, 其他化学成分指标约束条件惩罚因子相对较小。因此, 在建立 GA-PSO 算法适应度函数时, 各约束条件惩罚因子具有以下关系：

$$
\begin{aligned}
r_0^{(1)} > r_1^{(1)} = r_2^{(1)} = \cdots = r_n^{(1)} > r_{(n+1)}^{(1)} = r_{(n+2)}^{(1)} \\
= r_{(n+3)}^{(1)} = r_{(n+6)}^{(1)} > r_{(n+4)}^{(1)} = r_{(n+5)}^{(1)} = r_{(n+7)}^{(1)}
\end{aligned}
\tag{3.21}
$$

类似于一次配料多目标优化模型适应度函数的建立，提出如式 (3.22) 所示的二次配料多目标优化模型适应度函数。二次配料多目标优化模型适应度函数中除了一次配料多目标优化模型适应度函数所包含的惩罚项，还包括碱度惩罚项 $Q_3^{(2)}$。

$$
\min J^{(2)} = \min \left\{ F^{(2)} + Q_0^{(2)} + Q_1^{(2)} + Q_2^{(2)} + Q_3^{(2)} \right\}
$$

$$
Q_0^{(2)} = r_0^{(2)} \left(\sum_{j=1}^{m} x_j^{(2)} - 1 \right)^2
$$

$$
Q_1^{(2)} = \sum_{j=1}^{m} r_j^{(2)} \left(\max \left\{ \max \left\{ 0, x_j^{(2)} - x_{j\,\max}^{(2)} \right\}, \max \left\{ 0, x_{j\,\min}^{(2)} - x_j^{(2)} \right\} \right\} \right)^2
$$

$$
Q_2^{(2)} = \sum_{j=m+1}^{m+7} r_j^{(2)} \left(\max \left\{ \max \left\{ 0, y_k^{(2)} - y_{k\,\max}^{(2)} \right\}, \max \left\{ 0, y_{k\,\min}^{(2)} - y_k^{(2)} \right\} \right\} \right)^2
$$

$$
Q_3^{(2)} = r_R^{(2)} (\max\{\max\{0, R - R_{\max}\}, \max\{0, R_{\min} - R\}\})^2
\tag{3.22}
$$

式中，$F^{(2)}$ 为由式 (3.6) 所求得的值；$Q_0^{(2)}$ 为"归一化"惩罚项；$Q_1^{(2)}$ 为配比约束条件惩罚项；$Q_2^{(2)}$ 为化学成分指标约束惩罚项；$Q_3^{(2)}$ 为碱度指标约束惩罚项；$r_R^{(2)}$ 为碱度惩罚因子；$r_j^{(2)} (j=0, 1, 2, \cdots, m+7)$ 为惩罚因子，类似于一次配料惩罚因子。二次配料的惩罚因子大小关系为

$$
\begin{aligned}
r_0^{(2)} > r_1^{(2)} = r_2^{(2)} = \cdots = r_m^{(2)} > r_{(m+1)}^{(2)} = r_{(m+2)}^{(2)} \\
= r_{(m+3)}^{(2)} = r_{(m+6)}^{(2)} = r_R^{(2)} > r_{(m+4)}^{(2)} = r_{(m+5)}^{(2)} = r_{(m+7)}^{(2)}
\end{aligned}
\tag{3.23}
$$

在实际生产中，根据约束条件的重要程度高低，将惩罚因子分为 4 级，同时，依据优化的精度要求，确定惩罚因子数值，如 $r_0^{(2)}$ 重要程度第 4 级，精度要求 0.01%，则惩罚因子应为 $r_0^{(2)} = 10^4/(0.0001)^2 = 10^{12}$。其他惩罚因子数值可类似确定。

4. 仿真结果与分析

以某钢铁企业 $360\mathrm{m}^2$ 烧结生产线一次配料过程为例，验证所提出算法的有效性与优越性。所使用的一次配料原料化学成分指标和原料价格如表 3.1 所示。

首先，通过比较以成本最优化为目标的基本 LP 求解出的优化配比，以及所建立的一次配料多目标综合优化模型，分别采用基于 LP 和 GA-PSO 的烧结配料多目标优化算法求解出的优化配比，说明所建立的优化模型的有效性。以上配比计算结果如表 3.2 所示。

表 3.1　一次配料原料化学成分和价格表

项目	化学成分/%							价格/(元/吨)
	TFe	SiO$_2$	CaO	MgO	Al$_2$O$_3$	S	P	
原料 1	62.78	5.50	0.03	0.03	1.48	0.03	0.05	1140.00
原料 2	61.00	4.40	0.10	0.11	1.90	0.04	0.07	1082.00
原料 3	61.35	3.90	0.10	0.10	2.03	0.02	0.06	1082.00
原料 4	56.50	5.80	0.14	0.10	2.70	0.01	0.03	940.00
原料 5	63.20	4.00	0.10	0.01	2.03	0.02	0.09	1160.00
原料 6	63.00	5.00	1.50	1.20	1.50	0.31	0.04	1075.00
原料 7	61.71	4.50	2.80	1.00	1.20	0.54	0.03	1045.00
原料 8	69.50	3.00	0.52	1.30	1.48	0.00	0.00	1265.00

表 3.2　不同一次配料优化模型计算结果对比表

项目	最小成本优化模型	线性加权和优化模型
原料 1	4.00	4.00
原料 2	20.04	22.32
原料 3	25.00	24.97
原料 4	24.44	24.19
原料 5	5.00	5.17
原料 6	3.00	3.00
原料 7	13.53	11.35
原料 8	5.00	5.00

　　传统的一次配料优化模型采用的优化目标为最低成本。而基于线性加权和的预配料优化模型兼顾了成本和中和粉中的硫含量。由表 3.3 可知, 在铁品位相同的情况下, 优化模型所计算出的优化配比的价格仅比线性规划相对提高了 0.11%, 但硫含量相对降低了 10.9%, 成本的小幅度提升却换来硫含量的大幅降低, 因此, 提出的优化模型较传统的以成本最低的线性规划模型更符合企业节能减排要求。

表 3.3　不同一次配料优化解参数对比表

评价指标	最小成本优化模型	线性加权和优化模型
TFe 机理值/%	60.750	60.750
SiO$_2$ 机理值/%	4.603	4.596
CaO 机理值/%	0.535	0.473
MgO 机理值/%	0.314	0.295
Al$_2$O$_3$ 机理值/%	1.990	2.004
S 机理值/%	0.100	0.089
P 机理值/%	0.048	0.049
价格/(元/吨)	1057.50	1058.74

　　以某钢铁企业的 $360m^2$ 烧结生产线的二次配料过程为例, 验证本书所提算法

的有效性。当日所使用的二次配料原料化学成分指标和原料价格如表 3.4 所示。

表 3.4　二次配料原料化学成分和价格表

项目	化学成分/%							价格/(元/吨)
	TFe	SiO$_2$	CaO	MgO	Al$_2$O$_3$	S	P	
原料 1(中和粉)	62.90	5.34	0.23	0.24	1.70	0.09	0.05	1174.00
原料 2(焦粉)	0.00	12.00	0.92	0.60	2.10	0.40	0.00	965.00
原料 3	0.00	3.00	83.00	3.30	1.10	0.00	0.00	219.50
原料 4	0.00	1.00	54.00	2.50	0.70	0.00	0.00	78.45
原料 5	0.00	1.00	30.20	20.00	0.90	0.00	0.00	53.20
原料 6	55.80	5.60	10.30	2.00	1.90	0.04	0.08	0.00
原料 7	55.80	5.60	10.30	2.00	1.90	0.04	0.08	0.00

在表 3.4 中, 原料 6 和原料 7 为烧结循环利用物, 只是来源于烧结生产不同的工序, 具有不同形态。因此, 这两种原料成本为零且化学成分指标相同。

根据焦粉配比下限值, 求解最低成本优化模型和基于线性加权和的二次配料优化模型, 可以得到如表 3.5 所示的不同优化配比, 对应的化学成分指标的机理估计值如表 3.6 所示。

从表 3.5 和表 3.6 可以看出, 基于线性加权和的二次配料综合优化模型所计算出的优化配比较传统最低成本优化模型所计算出的配比, 焦粉添加量仅为其 86%, 下降 14%, 燃料节约效果明显, 其代价是成本由 696.538 上升至 697.713, 相对升高 0.17%。通过一次配料和二次配料的优化仿真实验结果表明, 基于线性加权和的优化模型可以全面考虑成本、能耗和排放目标, 实现了烧结配料的综合优化。

其次, 在验证模型的优越性后, 进而验证优化算法的优越性。在维持 GA-PSO 粒子数目为 200, 多次实验后遗传交叉概率 $P_c = 0.3$、变异概率 $P_m = 0.05$ 的条件下, 用不同参数对模型进行 100 次求解, 统计结果如表 3.7 所示。

表 3.5　不同二次配料优化模型计算结果对比表

项目	最小成本优化模型	线性加权和优化模型
原料 1	55.06	55.61
原料 2	3.90	3.36
原料 3	3.08	3.08
原料 4	4.73	4.73
原料 5	3.85	3.84
原料 6	28.08	28.08
原料 7	1.30	1.30

表 3.6 不同二次配料优化解参数对比表

评价指标	最小成本优化模型	线性加权和优化模型
TFe 机理值/%	55.604	55.716
SiO_2 机理值/%	5.701	5.635
CaO 机理值/%	10.310	10.256
MgO 机理值/%	1.888	1.876
Al_2O_3 机理值/%	1.828	1.817
S 机理值/%	0.069	0.0688
P 机理值/%	0.055	0.055
碱度机理值	1.809	1.820
价格/(元/吨)	696.538	697.713
TFe 预测值/%	55.597	55.708
碱度预测值	1.811	1.818
转鼓指数预测值	81.501	81.500

表 3.7 不同参数设置下 PSO 与 GA-PSO 算法性能对比表

项目	算法性能和参数设置				
	$C_1 = C_2$	w	迭代次数	搜获次数	搜获准确率
PSO	2	0.6	3830	96	96%
GA-PSO	2	0.6	1984	100	100%
PSO	2	0.8	2922	93	93%
GA-PSO	2	0.8	1559	100	100%
PSO	2	1.0	1069	91	91%
GA-PSO	2	1.0	786	99	99%
PSO	1	0.8	3124	96	96%
GA-PSO	1	0.8	2013	100	100%
PSO	3	0.8	969	90	90%
GA-PSO	3	0.8	920	98	98%

由表 3.7 可知, GA-PSO 算法参数取值应为 $C_1 = C_2 = 2$, $w = 0.8$。在以上参数条件下可以看出, GA-PSO 算法既保持了基本 PSO 算法在搜索初期的快速性, 也增强了算法在收敛停滞时粒子群的多样性, 增加搜索到全局最优解的概率。在因约束条件设置不合理而导致无可行解的情况下, 线性规划难以求解, 而 GA-PSO 可以求解惩罚值最小的不可行解, 供技术人员选用。以上充分说明基于 LP 和 GA-PSO 的烧结配料多目标综合优化方法算法是求解基于线性加权和的烧结配料多目标综合优化模型的有效方法。

3.3 混合制粒和偏析布料过程控制

混合制粒过程是为后续的烧结过程提供具有一定粒度分布规律的混合料, 混合制粒粒度分布是否合适, 对烧结过程的料层透气性具有直接影响, 进而影响烧结生产燃料消耗和烧结矿质量, 偏析布料直接关系到烧结矿产量、质量和能源消耗。因此, 研究混合制粒和偏析布料优化控制, 对稳顺烧结生产过程、提高烧结矿质量、降低钢铁烧结燃料消耗具有重大意义。

3.3.1　混合制粒和偏析布料工艺机理分析

混合制粒和偏析布料都是烧结过程中物料准备的重要工序, 对于整个烧结过程后续工作的顺利进行至关重要。

1. 混合制粒工艺机理

在混合制粒过程中, 混合料需要经过一次混合和二次混合, 生石灰与水的反应 $CaO + H_2O = Ca(OH)_2$ 以及物料在水分子作用下黏结成团是其主要的化学、物理变化过程。不同原料对水分的吸收和吸附程度不同, 会导致制粒效果差异。但是, 稳顺的烧结生产运行原则上不希望原料频繁变化, 并要求原料变化后物理性能尽可能保持一致。不考虑原料特性差异的条件下, 长期的制粒生产实践表明: 混合料粒度分布受水分、圆筒转速、填充率、混合时间等主要因素影响[34]。

混合制粒过程中水以吸附水、毛细水和重力水三种不同的形式存在。吸附水对矿粉产生黏结作用, 决定制粒强度; 毛细水使矿粉迁移, 决定了制粒速度; 重力水对矿粉具有漂浮作用, 在制粒过程造成负面影响。制粒过程水分率不同导致三种水分形式比例不同。

制粒圆筒以一定的转速提供摩擦力和离心力, 带动矿粉运动并使矿粉充分分散并受到挤压。转速低, 物料堆积不易成粒; 转速大, 物料紧贴筒壁, 均会削弱制粒效果。在制粒生产实践过程中得到的圆筒转速如式 (3.24) 所示, 即

$$n = K \times \frac{30}{\sqrt{R}} \tag{3.24}$$

式中, R 为制粒圆筒半径; K 为常数, 取值范围为 $[0.2, 0.35]$; n 为制粒圆筒转速。

制粒过程需要充足的混合时间, 一般情况下不少于 5min, 但是混合时间进一步增加并不能提高制粒效果, 反而影响生产效率。制粒工艺中理想的制粒混合时间如式 (3.25) 所示:

$$t = \frac{L}{0.105 \times R \times n \times \tan(2\alpha) \times 60} \tag{3.25}$$

式中, α 表示圆筒倾角; L 表示圆筒长度。

填充率反映的是矿粉进入制粒圆筒的总量。矿粉自身重力可以提供制粒过程需要的部分挤压力。填充率小, 产量低且矿粉间相互作用力不足; 填充率大, 料层厚致使矿粉运动受限制, 均对制粒造成不利影响。填充率 Φ 的计算公式为

$$\Phi = \frac{Qt}{60\pi R^2 L \gamma} \tag{3.26}$$

式中, γ 表示混合料密度; Q 表示进料量。

通过以上机理分析可以确定粒度分布与水分值、圆筒转速、填充率、混合时间相关。然而, 从制粒设备与工艺要求出发, 这些参数之间又具有以下关联关系。

(1) 圆筒直径 R 为设备参数, 设备建成后为定值。制粒设备建造时, 圆筒转速分档调节, 在实际制粒生产中, 在工艺要求上要求圆筒转速恒定, 选定转速档位后不再变化, 常数 K 为定值。因此, 圆筒转速 n 为不可控的定值。

(2) 由于圆筒倾角 α 和圆筒长度 L 为设备参数, 在圆筒转速 n 不变的情况下, 混合时间 t 也是不可控的常量。

(3) 除了 t、R、L 和圆周率 π 为常数, 填充率 Φ 与进料量 Q 和混合料密度 γ 的比值有关, 这种比例关系反映在实际制粒生产中为配重 m, 该变量为生产计划决定, 可以实时监测但不受制粒过程影响, 对于制粒过程是可观测的不可控变量。制粒过程唯一可观测、可控的变量就是混合料水分率, 混合制粒过程的优化控制问题实际上就是根据配重数值计算水分优化设定的问题。

2. 偏析布料工艺机理

偏析布料的工艺流程图如图 3.3 所示, 经过混合制粒后的烧结料, 装入混合料槽后, 经给料器给料, 再由布料器按要求铺到台车上, 然后进行点火烧结。在某钢铁企业 360m² 烧结生产线中, 圆辊给料机转速范围为 $2.58\sim7.74\text{r/min}$, 其给料量最大为 1000t/h, 直径为 1282mm; 九辊布料器转速范围为 $6.76\sim20.28\text{r/min}$, 布料倾角为 $40°$, 共计 9 个, 由两台变频调速机进行调速。使用梭式布料器可以使烧结料在台车宽度方向布料均匀。此外, 在混合料调节闸门上设计了 5 个微调给料辅助闸门, 由电液推杆驱动, 闸门开度为 $0\sim50\text{mm}$, 闸门可调节在台车宽度方向的布料量。九辊布料器使布料均匀且产生物料偏析, 使混合料的烧结效果更好。平料装置由手动蜗轮千斤顶通过连杆作用使其上下移动 (移动范围 300mm), 用来刮平料层表面, 以利于点火烧结。

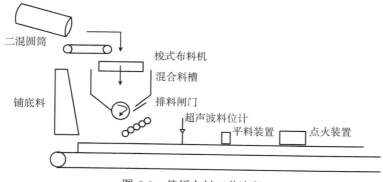

图 3.3 偏析布料工艺流程

　　一般烧结生产时, 首先要在台车炉篦上铺上一层较粗粒级 (10~25mm) 的烧结料, 这部分料被称为铺底料, 其作用是减少篦条烧坏, 避免粘篦条, 维持固定的有效抽风面积, 从而降低烧结机的产量并增加其返矿率, 而且铺底料后, 部分细矿粉受阻, 废气携带出的矿粉量大大减少, 从而延长抽风机的寿命, 相应地提高烧结机的作业率。铺底料之后, 紧接着就进行烧结混合料的布料。布料时, 应使混合料在粒度、化学成分及水分等沿台车宽度均匀分布, 并且具有一定的透气性, 还应使混合料粒度分布和含碳量沿台车高度分布合理, 即达到一定的偏析度。

3.3.2　混合制粒过程建模与优化控制策略

　　本节针对混合制粒过程粒度分布状态参数和制粒过程操作参数的优化问题, 结合某钢铁企业生产线实际情况, 提出混合制粒过程粒度分布建模与优化控制方法。首先, 根据烧结生产历史数据和混合料筛分实验数据建立粒度分布 BP 神经网络评估模型; 然后, 以该模型为目标函数, 以制粒过程状态参数和操作参数的边界为约束条件, 采用粒子群算法计算粒度分布优化值; 最后建立基于 BP 神经网络的制粒水分设定模型, 根据粒度分布优化值和当前配重实现水分优化控制。

　　1. 兼顾料层厚度和透气性的粒度分布模糊评估方法

　　针对某种粒级参数的混合料在烧结过程中的表现情况, 通过烧结过程状态参数的合理性来评估该组粒级参数的优劣, 并提出相应的粒度分布评估模型, 从而为实现粒级参数的优化提供标准。在烧结生产过程中, 料层透气性和料层厚度是反映烧结混合料粒度分布优劣的重要参数。前者反映烧结生产稳顺程度并直接影响烧结矿质量, 后者则反映烧结矿产量 [35]。评估模型的基本思想是: 料层厚度越大, 透气性指数值越高, 则粒度分布越合理。

　　1) 料层厚度对粒度分布评估的影响

　　在烧结生产过程中, 料层厚度越大, 则单位面积承载的混合料就越多, 烧结产量就越大。因此, 料层厚度与混合料粒级参数的评估具有密切关系, 料层厚度是评估混合料粒级参数对烧结产量影响的重要指标。

　　根据这种通过料层厚度评估粒级参数的思想, 提出粒级参数的厚度 h 评估模糊隶属度函数, 如式 (3.27) 所示, 即

$$
\begin{aligned}
\mathrm{NB}_h: \quad & mf_{h1}(h) = 1/\{1 + \exp\{[h - (E_h - 1.177\sigma_h)]/\sigma_h\}\} \\
\mathrm{ZO}_h: \quad & mf_{h2}(h) = \exp[-(h - E_h)^2/(2\sigma_h^2)] \\
\mathrm{PB}_h: \quad & mf_{h3}(h) = 1/\{1 + \exp\{-[h - (E_h + 1.177\sigma_h)]/\sigma_h\}\}
\end{aligned}
\tag{3.27}
$$

式中, $mf_{h1}(h)$、$mf_{h2}(h)$ 和 $mf_{h3}(h)$ 分别表示属于厚度评估 "负大"、"零" 和 "正

大"的隶属度值; E_h 和 σ_h 分别为筛分实验料层厚度数据的平均值与标准差。

2) 透气性指数对粒度分布评估的影响

混合料具有一定的粒度分布和颗粒硬度, 这是料层具有透气性的根本原因。料层透气性是通过平均透气性指数进行衡量的, 而计算平均透气性指数 JPU 的公式如下:

$$JPU = \frac{Q}{A}\left(\frac{h}{P}\right)^{0.6} \tag{3.28}$$

式中, Q 表示主抽流量; A 表示抽风面积, 也就是烧结机台车的面积, 对于特定的烧结机, 该值为常数; h 表示料层厚度; P 表示大烟道负压的绝对值。

非常明显, 透气性指数与料层厚度 h、大烟道负压 P 和主抽流量 Q 是相关的, 对于这种关系可以分析如下。

(1) 在粒级参数不变的条件下, 大烟道负压 P 的变化也导致主抽流量 Q 发生变化, 其特征是在料层厚度 h 不变的情况下, 增加大烟道负压 P 可以导致主抽流量 Q 的增加。

(2) 在粒级参数不变的条件下, 料层厚度越大, 导致料层压实, 抽风困难, 其明显特征是在大烟道负压 P 不变的情况下, 主抽流量 Q 明显减少, 从而导致透气性指数 JPU 不增反减, 以上两点说明: 在粒级参数不变的条件下, Q 是关于 P 递增和关于 h 递减的函数。

(3) 在粒级参数变化的条件下, 若大烟道负压 P 和主抽流量 Q 不变, 透气性指数 JPU 与料层厚度 h 之间是单调递增关系, 两者变化趋势具有一致性。若在 P 和 Q 不变的情况下, 粒级参数变化使料层能够承载的厚度越高, 则具有该粒级参数的混合料透气性越好, 这与粒级参数评估的思想相符合, 是同时评估 h 和 JPU 的前提。

综合前面的分析, 仿照粒级参数的厚度评估隶属度函数, 可以建立粒级参数的透气性评估隶属度函数, 如下式所示:

$$\begin{aligned}
&NB_{JPU}: mf_{JPU1}(JPU) = 1/\{1 + \exp\{[JPU - (E_{JPU} - 1.177\sigma_{JPU})]/\sigma_{JPU}\}\} \\
&ZO_{JPU}: mf_{JPU2}(JPU) = \exp[-(JPU - E_{JPU})^2/(2\sigma_{JPU}^2)] \\
&PB_{JPU}: mf_{JPU3}(JPU) = 1/\{1 + \exp\{-[JPU - (E_{JPU} + 1.177\sigma_{JPU})]/\sigma_{JPU}\}\}
\end{aligned} \tag{3.29}$$

式中, $mf_{JPU1}(h)$、$mf_{JPU2}(h)$ 和 $mf_{JPU3}(h)$ 分别表示透气性评估属于"负大"、"零"和"正大"的隶属度值, E_{JPU} 和 σ_{JPU} 分别为筛分实验透气性数据的平均值与标准差。

在建立粒级参数的厚度评估模糊隶属度函数和透气性评估模糊隶属度函数基础上, 可以建立粒级参数的模糊评估模型, 给出制粒效果的定量表示形式。

3) 粒级参数模糊评估函数

根据粒级参数模糊评估的基本思想为: 通过料层厚度与平均透气性指数综合

评估粒度分布对烧结产量、质量的影响, 结合粒级参数厚度、透气性模糊评估语言变量数目, 建立 9 个模糊推理规则的模糊评估函数。

在模糊推理过程中, 采用数值乘积运算来进行"与"操作, 分别计算 9 条规则的适应度乘积。然后将其进行"归一化", 得到 9 条规则的适应度。在得到每条规则的适应度基础上, 采用重心法计算规则适应度的重心位置, 最后计算评估模型的精确评估输出 O。

粒级参数模糊评估函数的建立, 实现了制粒效果从定性描述向定量分析的转变, 为粒级参数的优化提供了支持。

2. 基于 PSO-BP 的粒度分布优化方法

粒级参数概念的提出为粒度参数的定量化描述提供了基础, 同时也为混合料筛分实验提供了重要依据。在完成以上制粒过程关键参数定量化的基础上, 通过混合料筛分实验, 以及样本对应的混合料在烧结生产过程中的烧结过程热状态参数、操作参数记录, 可以构建粒级参数与模糊评估函数值的样本集, 从而建立粒级参数的 BP 神经网络 (BPNN) 评估模型; 进而以粒级参数为决策变量, 以制粒过程生产边界条件为约束条件, 以最大化模糊评估函数值为目标可以建立粒级参数优化模型, 采用 PSO 算法求解后可以得到最优粒级参数, 实现基于 PSO-BP 的粒度分布的优化。

1) 基于 BP 神经网络的粒级参数优化模型

从制粒过程结束形成混合料至对应混合料开始烧结大约需要经过 40min(包括混合料在混合料槽内停留的时间)。经过筛分实验数据与烧结过程状态参数、操作参数历史数据进行时间配准后, 得到粒级参数样本集 S, 如下式所示:

$$S = \{(X_i, y_i) | X_i = (x_{1i}, x_{2i}, x_{3i}, x_{4i})^{\mathrm{T}}, \quad y_i = f(\mathrm{JPU}_i, h_i), i = 1, 2, \cdots, n\} \quad (3.30)$$

式中, $x_{1i}, x_{2i}, x_{3i}, x_{4i}$ 分别表示 $\leqslant 3\mathrm{mm}, 3 \sim 5\mathrm{mm}, 5 \sim 8\mathrm{mm}, \geqslant 8\mathrm{mm}$ 的混合制粒粒级参数; $X_i = (x_{1i}, x_{2i}, x_{3i}, x_{4i})$ 表示经过筛分后的 n 个样本数据中第 i 个粒级参数; $f(\mathrm{JPU}_i, h_i)$ 表示粒级参数模糊评估函数; y_i 为该粒级参数的模糊评估值。

建立样本集后可以采用 BPNN 方法建立粒级参数优化模型。该模型输入层包括 4 个神经元, 分别接收 4 个粒级参数, 由于粒级参数均在区间 $[0,1]$ 之内, 所以无需做归一化处理; 隐含层为 10 个具有感知器结构的神经元; 输出层神经元 1 个, 经反归一化后为评估模型输出值, 如下式所示:

$$\begin{aligned} \max \quad & y = \max \Psi(X) \\ \text{s.t.} \quad & 0 \leqslant x_i \leqslant 1, \quad i = 1, 2, 3, 4 \\ & x_1 + x_2 + x_3 + x_4 = 1 \end{aligned} \quad (3.31)$$

式中, $X \in \mathbf{R}^n$, $\Psi(X)$ 为粒级参数 BPNN 评估模型。

在建立基于 BPNN 的粒级参数优化模型基础上, 采用智能优化算法求解该优化模型, 可以得到最优的粒级参数。

2) 基于 PSO 的粒度分布优化算法

在基于 BPNN 的粒级参数优化模型中, 目标函数为 BPNN, 具有明显的非线性, 采用经典优化算法容易陷入局部最优解, 因此, 需要采用智能优化算法对最优粒级参数进行求解。

对于式 (3.31) 所示的优化模型可以看出, 粒级参数的工艺约束均为线性约束条件, 并且决策变量为 4 个, 基本 PSO 算法可以对该模型进行有效求解。 在采用 PSO 算法求解的过程中, 首先需要采用罚函数法将式 (3.31) 的约束优化问题转变为式 (3.32) 所示的无约束优化问题。

$$\max_{X} f$$

$$f = \Psi(X) - r_1 \sum_{i=1}^{4} (\max\{\max\{-x_i, 0\}, \max\{0, x_i - 1\}\})^2 - r_2 \left[\left(\sum_{i=1}^{4} x_i \right) - 1 \right]^2$$

$$\tag{3.32}$$

式中, r_1 和 r_2 为惩罚因子。

在将约束优化模型转变为无约束优化问题后, PSO 算法需要初始化粒子群的位置和速度。初始粒子群初始粒子的惩罚项值为零, 并且初代粒子经过速度叠加、位置更新后, 仍然处于可行域内, 从而大大提高了搜索到可行的全局最优解的概率。

3. 基于 BP 神经网络的混合制粒水分设定模型

在获得最优粒级参数后, 需要将其转变成为制粒水分设定, 才能用于实际生产。因此需要在研究不同配重和粒级参数与水分设定值之间的关系基础上, 建立水分优化设定模型, 根据最优粒级参数, 计算不同配重条件下的水分优化设定值。

水分优化设定模型的基本思想是: 根据筛分实验粒级参数数据以及对应配重、水分数据为样本集, 采用 BPNN 方法建立水分设定模型, 以粒级参数优化模型计算得到的优化粒级参数, 以及实时变化的配重值为输入, 求解出水分实时优化设定值, 建立如图 3.4 所示的递阶结构水分优化控制系统。

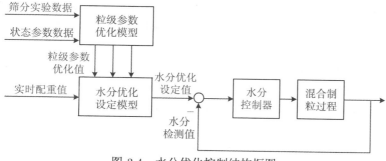

图 3.4 水分优化控制结构框图

经数据配准后建立水分设定样本集

$$Z = \{(X_i', y_i')|X_i' = (x_{1i}, x_{2i}, x_{3i}, x_{4i}, m_i)^{\mathrm{T}}, \ y_i' = H_i, i = 1, 2, \cdots, n\} \tag{3.33}$$

式中, m_i 为第 i 个样本配重; H_i 表示第 i 个样本水分值; 其他变量与前面所述一致。

建立该样本集后, 可以建立 3 层结构的 BPNN 模型。该模型输入层包括 5 个神经元, 分别接收 4 个粒级参数和经时间配准后的对应时刻配重归一化值; 隐含层为 10 个具有感知器结构的神经元; 输出层神经元 1 个, 经反归一化后为评估模型输出值。

BPNN 水分设定模型训练完成后, 采用粒级参数优化模型求解出的优化粒级参数与实时配重值作为该模型的实时输入, 进而可以实现混合制粒水分的在线优化设定。

4. 水分智能控制算法

水分控制器设计为双闭环结构, 内环是流量环, 以加水流量设定值和实时检测值的偏差为输入; 外环是水分环, 以水分设定值和实时检测值的偏差为输入; 内环的随动性较好, 能及时跟踪设定流量; 外环能降低水分的波动, 但存在滞后。

为解决外环控制滞后的问题, 引入前馈控制机制, 通过前馈模型分别计算出一混和二混的加水流量的计算值和修正值, 实现超前调节加水流量的设定值。其中, 水分控制器的输出作为前馈模型的输入, 结合各原料实时流量和原有水分、一混和二混的水分与加水流量检测值、一混和二混的水分控制器输出值等参数, 从前往后按顺序的方式获得前馈模型的计算值; 修正值的计算引入了一混水分和加水流量的检测值, 通过二者从后往前来推算应该加入的一混和二混水量; 由于计算值和修正值各有利弊, 最后将两者进行加权平均, 输出作为加水流量的设定值。

使用将前馈控制和双闭环控制策略相结合的方式, 能够充分发挥二者的优点, 稳定水分的控制, 强化混合的粒度。其中双闭环控制器可使系统达到良好的跟随性, 鲁棒性强; 前馈控制器可超前补偿因烧结原料改变、烧结状况波动等外界扰动所带来的影响, 并补偿检测误差所引起的输出误差, 超前调节加水流量, 解决混合制粒过程滞后的控制问题。

具体步骤阐述如下。

1) 基于最佳粒度分布的水分智能优化设定模型

为了提高粒度控制的可实现性, 可将粒度分布的优化控制转化为水分的智能控制, 如图 3.5 所示。首先, 针对混合制粒过程, 考虑到烧结过程的料层厚度、大烟道负压和主抽流量等因素, 研究并建立混合料粒度分布的满意评价模型。

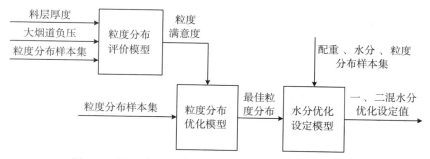

图 3.5　基于最佳粒度分布的水分优化设定模型结构图

然后, 在原料种类相同 (同一批原料) 的情况下, 按照粒度的分布和混合料粒度满意度建立样本集, 以最大化粒度满意度值为目标, 并通过粒子群、模拟退火、蚁群等智能搜索算法, 优化得到最佳的混合料粒度分布。

结合二混水分、配重和粒度分布等历史数据, 通过智能建模方法, 建立配重、粒度分布和二混水分之间的关系模型, 最后, 根据最佳的混合料粒度分布以及当前的配重, 得到二混的水分优化设定值, 并依据其设定一混水分优化设定值。

2) 原料工况自适应加水前馈模型

针对混合料水分控制存在滞后性, 通过机理分析, 在得到水分优化设定值后, 建立参数自整定的加水前馈控制模型, 根据原料的变化和烧结状况的波动, 超前调整加水量。

Step 1: 前馈模型变量的跟踪。

一、二混的加水量是控制水分的关键环节, 混合料加水的过程在很大程度上是由操作工凭经验来控制的, 由于生产数据采集和检测中存在滞后与波动, 以及操作者存在操作知识的差异、判断能力的高低、环境等诸多因素的影响, 人工操作不可避免地导致操作控制的波动, 从而给生产带来不利的影响, 尤其是随着烧结机设备向大型化发展, 这种影响就更大。工业现场运行证明, 采用常规的 PID 控制, 难以满足运行控制指标的要求, 采用一般的自适应控制效果也不理想。

在烧结混合料的一、二混加水过程中, 有多种因素会产生对过程的扰动, 要实现对配水的较好控制, 就必须对各干扰因素有充分的考虑, 影响混合料加水控制因素有:

(1) 进入一混 (二混) 的混合料的流量及水分值的波动;

(2) 配料输送中产生断料、停料过程;

(3) 冷、热返矿的流量及温度变化 (主要对一混影响较大);

(4) 生石灰消化过程中对水分的影响 (主要对一混影响较大);

(5) 配水用水源压力的波动;

(6) 混合料在输送过程中环境对水分的影响 (下雨天)。

前馈加水的主要考虑因素是一混和二混之前混合料水分的含量, 那么就要对各原料的水分由预配开始跟踪。烧结配料总共包括返矿、混均矿、白云石、石灰石、燃料 (焦粉)、粉尘、转炉灰、生石灰等 8 种, 这些原料由于各种原因, 都会带有一定的水分, 在预配之前一般要对整批的原料进行水分的测量, 采用烘箱干燥的方法。烘箱干燥法实质上是一种质量测水法, 先用电子天平称量样品 (八种原料), 记下烘干前的样品质量; 再将样品放入烤箱中, 经过 30min 的烘烤后, 将样本取出, 再用电子天平称量样品, 记下烘干后的样品质量, 最后将烘干前后的样品质量相减, 再除以烘干前的样品质量。为了减少误差, 可以采用多组样品多次测量取均值的方法, 这样就得到了原料原有水分比例。

在一混之前, 部分原料还需要加水, 包括粉尘、转炉灰、生石灰三种, 这三种原料的加水控制由消化、加湿加水系统完成, 它们的加水量是决定一、二混加水流量设定的关键。根据人工经验, 预先设定三种原料的加水比例, 由实际生产得知分别为 0.07、0.07、0.45, 然后将它们分别乘上各自的瞬时物料流量, 便可以得到各自的加水流量。而生石灰消化是消耗水的, 可以通过理论公式计算获得耗水量, 所以还要对生石灰的耗水量进行跟踪。

原料在皮带上传送, 静止的总量是得不到的, 只能通过物料流量计测量各原料的瞬时流量, 而且前馈计算模型需要的量都是瞬时的流量, 因此, 同样需要对这八种原料的瞬时流量进行跟踪。

这样, 就得到了一混之前需要跟踪的量, 包括 8 种原料原有水分率、瞬时流量, 粉尘、转炉灰、生石灰的加水流量, 生石灰消化所需水分等。上述变量均作为一混前馈模型的输入, 输入变量还包括一混目标水分值、水分控制器的输出等, 通过模型的计算便可确定一混所需加水量。

二混除了包含一混跟踪的变量, 还应对一混的加水量、一混后的瞬时流量进行跟踪。这些前馈模型所需变量是实现前馈加水计算的关键, 必须进行实时跟踪检测。

Step 2: 加水前馈计算模型。

根据 Step 1 中的分析, 得到前馈模型所需要的变量, 并对它们进行实时跟踪。

Step 3: 加水前馈修正模型。

单纯依靠上述方法得到的前馈加水计算值直接作为加水流量的设定, 是一个开环的控制, 计算值只是根据水分的设定值变化, 对于实际水分检测值毫无反映, 当然, 反馈可以依赖于外环, 但外环的控制周期较长, 反应时间较慢, 难以及时地调整误差, 适当地在前馈中引入水分和流量的检测值, 与设定值对比, 可以及时地修正加水流量。

通过对水分进行跟踪可以得到理论上一、二混需要的加水流量, 但整个跟踪系统所需数据较多, 且水分率和加水量的关系不直观。在实际生产中, 二混水分率一般比一混多 0.2% 左右, 因此可根据一、二混的水分率差值设定二混的加水量。同样, 一混之前生石灰、粉尘、转炉灰均加了部分的水, 且原料本身含有一定的水分, 故可参照上述方法来修正一混的加水流量。

要设计上述的加水补偿方法, 可以通过两种方法得到二混之前的水分率。一种方法是通过一混后的红外水分仪测量得到一混后混合料的水分率, 但是, 现场一混的水分仪安放处离二混入口大概有 200m 的距离, 混合料在皮带上传送, 会受到外界环境的影响。另一种方法是选择通过当前二混的水分仪测量值和加水流量利用水分率反推二混前的水分率, 但是引入的两个检测量各自都存在误差, 叠加起来误差更大。从获得二混前的水分率这一点出发, 后者比前者更合理, 因此采用这种方法设计一、二混的加水前馈模型。

3) 水分串级控制系统

水分串级控制器设计为双闭环结构, 内环是流量环, 以加水流量设定值和实时检测值的偏差为输入; 外环是水分环, 以水分设定值和实时检测值的偏差为输入; 内环的随动性较好, 能及时跟踪设定流量; 外环能降低水分的波动, 但存在滞后性。

水分的控制主要采用串级控制的结构, 外环是水分环, 采用自适应的模糊 PID 算法, 内环是流量环, 采用 PI 算法。水分环的自适应的模糊控制器采用两输入三输出的结构, 如图 3.6 所示, 输入的是水分率的误差 E、误差变化率 EC, 输出的是 PID 控制器参数的增量 ΔK_P、ΔK_I、ΔK_D。具体设计步骤如下。

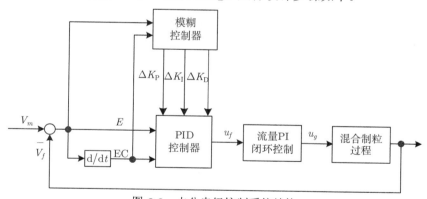

图 3.6　水分串级控制系统结构

Step 1: 模糊化。

根据大量数据分析和现场观察, 将 E、EC、ΔK_P、ΔK_I、ΔK_D 的模糊论域选为

$$E = \{-1, -0.8, -0.6, -0.4, -0.2, 0, 0.2, 0.4, 0.6, 0.8, 1\}$$
$$EC = \{-0.1, -0.08, -0.06, -0.04, -0.02, 0, 0.02, 0.04, 0.06, 0.08, 0.1\}$$
$$\Delta K_P = \{-0.2, -0.16, -0.12, -0.08, -0.04, 0, 0.04, 0.08, 0.12, 0.16, 0.2\}$$

$$\Delta K_{\mathrm{I}} = \{-0.1, -0.08, -0.06, -0.04, -0.02, 0, 0.02, 0.04, 0.06, 0.08, 0.1\}$$

$$\Delta K_{\mathrm{D}} = \{-0.01, -0.008, -0.006, -0.004, -0.002, 0, 0.002, 0.004, 0.006, 0.008, 0.01\}$$

模糊化采用的量化因子和比例因子均为 1, 隶属度函数均采用三角-梯形函数, 最大隶属度为 1, 隶属度函数曲线如图 3.7 所示, 是三角函数和半梯形函数的组合, 中间是三角形函数。

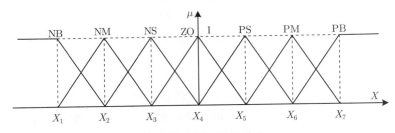

图 3.7　隶属度函数曲线

Step 2: 模糊推理。

模糊关系采用 "If A and B Then C" 的形式, ΔK_{P}、ΔK_{I}、ΔK_{D} 的控制规则如表 3.8~ 表 3.10 所示。

表 3.8　ΔK_{P} 控制规则表

EC	E						
	NB	NM	NS	ZO	PS	PM	PB
NB	PB	PB	PM	PM	PS	ZO	ZO
NM	PB	PB	PM	PS	PS	ZO	ZO
NS	PM	PM	PM	PM	ZO	NS	NS
ZO	PM	PM	PS	ZO	NS	NM	NM
PS	PS	PS	ZO	NS	NS	NM	NM
PM	PS	ZO	NS	NM	NM	NM	NB
PB	ZO	ZO	NM	NM	NM	NB	NB

表 3.9　ΔK_{I} 控制规则表

EC	E						
	NB	NM	NS	ZO	PS	PM	PB
NB	NB	NB	NM	NM	NS	ZO	ZO
NM	NB	NB	NM	NS	NS	ZO	ZO
NS	NB	NM	NS	NS	ZO	NB	NB
ZO	NM	NM	NS	ZO	ZO	ZO	ZO
PS	NM	NS	ZO	PS	PS	PM	PB
PM	ZO	ZO	PS	PS	PM	PB	PB
PB	ZO	ZO	PS	PM	PM	PB	PB

表 3.10 $\Delta K_{\rm D}$ 控制规则表

EC	E						
	NB	NM	NS	ZO	PS	PM	PB
NB	PS	NS	NB	NB	NB	NM	PS
NM	PS	NS	NB	NB	NB	NM	PS
NS	ZO	NS	NM	NM	NS	NS	ZO
ZO	ZO	NS	NS	NS	NS	NS	ZO
PS	ZO	ZO	ZO	ZO	ZO	ZO	ZO
PM	PB	NS	PS	PS	PS	PS	PB
PB	PB	PM	PM	PM	PS	PS	PB

Step 3: 清晰化。

清晰化输出采用加权平均法, 得到模糊控制器的输出后, 在线修正PID参数。

水分自适应的模糊 PID 控制器和流量 PI 控制器最终采用增量式 PID 算法输出控制量。将前馈控制和双闭环控制策略相结合的方式, 能够充分发挥二者的优点, 稳定水分的控制, 强化混合的粒度。其中双闭环控制器可使系统达到良好的跟随性, 鲁棒性强; 前馈控制器可超前补偿因烧结原料改变、烧结状况波动等外界扰动所带来的影响, 并补偿检测误差所引起的输出误差, 超前调节加水流量, 解决混合制粒过程滞后的控制问题。

5. 仿真结果与分析

以某钢铁企业 360m^2 烧结生产线的烧结生产历史数据进行建模、算法设计与分析。为了进行算法对比, 在建模过程中同时建立 BPNN 模型和 LS-SVM 模型进行对比实验。

首先进行粒级参数评估模型准确性仿真。经参数优化选择后, 粒级参数 BPNN 模型的学习率 α 选取 0.25, 冲量系数 β 选取 0.05, 仿真实验结果如图 3.8 所示。

由图 3.8 中以看出, 较 LS-SVM 算法, BPNN 算法建模过程中的准确率和精度更高, 可以更准确地反映粒级参数与评估值之间的关系, 从而对不同的粒级参数进行有效的定量评估。

建立粒级参数评估模型后, 采用 PSO 算法求解最优粒级参数。通过反复实验与参数对比, PSO 算法参数取值为: 粒子群规模 $num = 100$, 常数 $C_1 = C_2 = 2$, 惯性系数 $w = 0.8$, 最大迭代次数 $K = 100$。在以上参数设置下进行 20 次仿真实验, PSO 算法迭代过程全局优化解均值如图 3.9 所示。

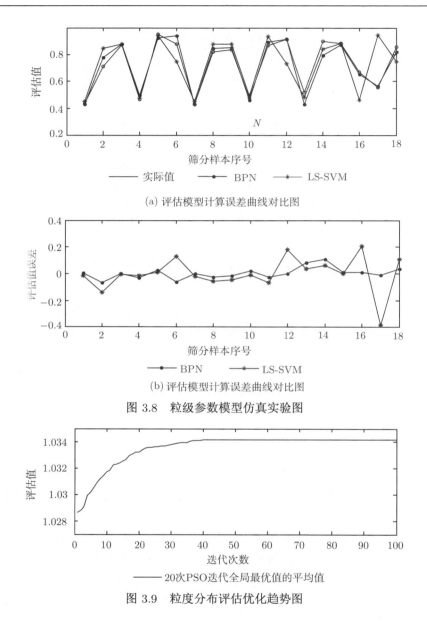

(a) 评估模型计算误差曲线对比图

(b) 评估模型计算误差曲线对比图

图 3.8　粒级参数模型仿真实验图

图 3.9　粒度分布评估优化趋势图

从图 3.9 中 PSO 优化过程粒级参数评估迭代均值可以看出, 在 100 次迭代内, 最优粒级参数 $X^* = (0.1359, 0.3662, 0.3420, 0.1559)^{\mathrm{T}}$ 已经被找到。由此可知, 在目标函数为强非线性的粒级参数 BPNN 评估模型的条件下, PSO 算法仍然能够高效搜索粒度分布优化模型的全局最优解。

在获得最优粒级参数 X^* 后, 根据实际粒级参数和实际配重建立 BPNN 水分设定模型, 经反复实验和参数筛选后, BPNN 水分设定模型的学习率 $\alpha=0.3$, 冲量系数 $\beta=0.5$。仿真实验结果如图 3.10 所示。

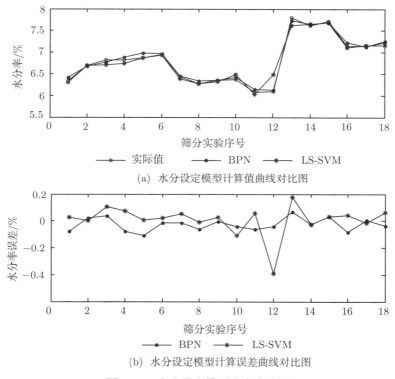

(a) 水分设定模型计算值曲线对比图

(b) 水分设定模型计算误差曲线对比图

图 3.10 水分设定模型仿真实验图

仿真结果模型精度 PrH 达到 99.23%, 表明水分设定模型具有精度高、误差小的特点, 可以准确地反映粒级参数、配重与水分之间的关系。

在此基础上, 以优化粒级参数和实际配重值为输入, 可实现制粒过程水分优化设定, 如图 3.11 所示。

由于水分设定模型的仿真结果并不能说明粒度分布的控制效果, 所以仿真实验需要利用配重、水分生产数据和粒级参数筛分实验数据, 分别对建立 4 个粒级参数的动态特性数学模型进行系统辨识, 以此作为仿真实验的被控对象, 通过控制系统仿真给出最终的评价。在配重输入相同的情况下, 分别输入实际水分给定值和水分优化给定值。原有控制的水分实际值和仿真实验给出的优化控制水分设定值的各粒级参数控制平均值如表 3.11 所示。

由表 3.11 可以看出, 较手动控制, 优化控制的水分设定更加合理, 粒级参数与优化值更加接近。

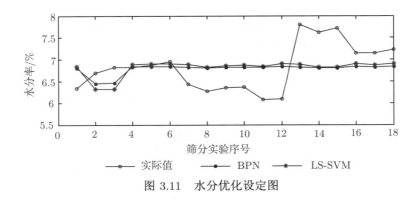

图 3.11　水分优化设定图

表 3.11　不同控制形式的粒级参数对比表

粒级参数	控制形式		
	手动控制	PSO-BP	PSO-LS-SVM
≤3mm	0.2964	0.1830	0.1847
3~5mm	0.2979	0.3386	0.3380
5~8mm	0.2709	0.2922	0.2887
≥8mm	0.1348	0.1862	0.1866

最后, 将优化控制得到的粒级参数和手动控制的粒级参数代入建立的粒级参数评估模型, 两者评估值对比如图 3.12 所示。

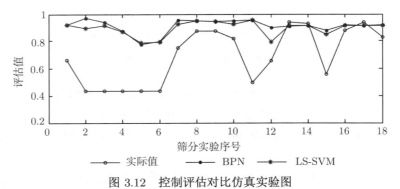

图 3.12　控制评估对比仿真实验图

从图 3.12 中可以看出, PSO-BP 与 PSO-LS-SVM 优化控制的粒级参数评估值明显高于原有的手动控制, 其中 PSO-BP 优化控制具有最好的效果, 制粒效果得到很大的改善。

以上实验结果表明, 基于粒度分布评估的混合制粒 PSO-BP 优化控制算法可以提高制粒效果, 有效降低粒度分布的波动幅度, 对维持烧结生产的稳顺运行具有重要意义。

3.3.3 偏析布料建模与优化控制策略

针对厚料层烧结以及料层偏析度的要求,需从料层厚度与料层偏析度两个方面来进行系统的建模与优化控制。本节采用支持向量机方法建立布料风箱负压综合状况集成预测模型,在此基础上建立料层厚度优化模型,继而进行料层厚度的稳定化控制,同时基于最优料层厚度进行偏析度的优化控制。

1. 风箱负压综合状况预测模型

偏析布料风箱负压综合评判模型是实现偏析布料优化控制的前提,偏析布料过程控制参数的调整是由实际工况来决定的,由于其工艺时间长,工况参数的检测具有相当长的时滞,偏析布料过程控制不仅需要获得当前的风箱负压状况,还需要获得其未来的变化趋势,一方面考虑到风箱负压是由多种工艺因素决定的,根据工艺参数进行风箱负压预测;另一方面风箱负压历史数据中蕴含有大量过程特性,故采用时间序列进行综合透气性预测。在对实际偏析布料过程状况参数的有效预测及可靠评判的基础上,建立起各参数的优化模型,继而获得优化操作参数。

1) 风箱负压综合状况指数

在物料焙烧过程中,烧结抽风为料层反应提供足够的氧气和烧结速度,并且排出烧结废气。通过偏析布料工艺机理分析以及结合现场操作经验,在这样一个从上往下的烧结抽风过程中,各风箱位置的负压及主抽风机的风量反映了料层供氧和燃烧情况,决定了烧结是否能稳顺进行,直接影响到烧结矿的质量和产量。因此,风箱负压和主抽流量作为偏析布料过程中衡量烧结稳顺过程的两大重要参数,是料层厚度调节的重要参考指标,也是料层偏析程度的重要反映。

根据烧结反应过程中烧结料混合料所处的状态,从整体上可将烧结料层从上往下分为干燥、加热、烧结和成品四个阶段,其中烧结阶段的风箱负压是整个烧结过程的关键环节,直接影响烧结过程的垂直烧结速度,进而影响烧结矿的产量和质量。360m^2 钢铁烧结机对应有 24 个风箱,但每个风箱由于其位置的不同而对烧结反应过程产生着不同的影响。1~3 号风箱位置主要对应于干燥阶段;4~16 号风箱位置对应于料层燃烧反应这一重要过程进行阶段;17~19 号风箱位置处于料层烧透阶段,烧结反应即将结束;直至 23 号风箱左右达到烧结终点,最后至 24 号风箱,烧结全部完成,烧结矿形成冷却带。

为了综合评定整个烧结过程的负压状况,考虑各风箱位置负压对整个烧结过程的影响,定义风箱负压综合状况指数 P_m 为

$$P_m = \lambda_1 \sum_{i=1}^{3} P_i + \lambda_2(P_5 + P_{10} + P_{14}) + \lambda_3 P_{18} + \lambda_4 \sum_{i=23}^{24} P_i \tag{3.34}$$

式中,P_i 为各个风箱位置的负压大小;λ_i 反映了各个风箱位置负压的重要程度,满

足加权和为 1, 即根据现场工人操作经验, 权衡考虑各个位置的风箱负压, 这里取
$\lambda_1=0.05$, $\lambda_2=0.19$, $\lambda_3=0.23$, $\lambda_4=0.025$。

2) 工艺参数负压预测模型

烧结过程风箱负压与工艺参数之间是强非线性关系, 且风箱负压是快速变化
的, 采用多元线性回归和灰色理论方法建立的预测模型很难达到工业过程控制的要
求, 预测效果较差。

目前, 神经网络、支持向量机等智能学习方法在过程控制中的成功应用为烧结
负压预测奠定了基础。因此, 分别建立基于神经网络和支持向量机的工艺参数负压
预测模型, 并通过预测结果比较, 将预测效果较好地作为负压预测方法。

(1) 基于支持向量机的负压预测。支持向量机具有良好的时序预测能力和泛化
能力, 在解决小样本、非线性及高维模式识别中具有优势。建立风箱负压综合状况
指数的支持向量机预测模型, 输入工艺参数变量为当前的烧结料流量 x_1、返矿流
量 x_2、混合料水分 x_3、点火温度 x_4、台车速度 x_5, 输出变量为下一时刻的烧结过
程负压综合状况指数 $P_m(k+1)$。

(2) 基于 BP 神经网络的负压预测。建立 3 层 BP 神经网络综合负压指数预测
模型, 其结构与支持向量机预测方法类似, 即输入工艺参数变量为当前的烧结料流
量 x_1、返矿流量 x_2、混合料水分 x_3、点火温度 x_4、台车速度 x_5, 输出变量为下一
时刻的烧结过程负压综合状况指数 $P_m(k+1)$, 对应 5 个输入神经元、15 个隐含层
神经元和 1 个输出神经元。

3) 时间序列负压预测模型

时间序列负压预测模型采用支持向量机方法, 即输入变量为当前负压指数
$P_m(k)$, 以及前 4 个时刻的负压指数 $(P_m(k-1), P_m(k-2), P_m(k-3), P_m(k-4))$,
输出变量为下一时刻的负压综合状况指数 $P_m(k+1)$。时间序列负压综合状况指数
支持向量机预测模型结构表示为

$$P_m(k+1) = f_{\mathrm{BP}}(P_m(k), P_m(k-1), P_m(k-2), P_m(k-3), P_m(k-4)) \qquad (3.35)$$

4) 风箱负压集成预测模型

基于工艺参数的预测模型在工况频繁波动情况下具有良好的预测效果, 而基于
时间序列的预测模型在工况较为稳定情况下, 预测效果较好, 为了进一步提高预测
的精度和扩大模型的适用范围, 将两个模型进行并联集成, 减小模型的预测误差。
采用优化组合算法确定最优加权系数, 建立负压综合状况指数集成预测模型, 最终
预测结果由两个预测模型预测值加权得到。

设 y_t 为负压综合状况指数的实际值, $\hat{y}_{it}$ 为第 i 个单一预测模型在 t 时刻的预
测值, 则称为第 i 个单一预测模型在 t 时刻的预测误差。设 w_i 为第 i 个单一预测

模型的加权系数, 则集成预测模型的预测值为

$$\hat{y}_t = w_1 \hat{y}_{1t} + w_2 \hat{y}_{2t} \tag{3.36}$$

式中, $t = 1, 2, \cdots, n$; 加权系数 w_1、w_2 应满足 $w_1 + w_2 = 1$, w_1, $w_2 \geqslant 0$。

2. 料层厚度优化控制策略

料层厚度是偏析布料过程最直接的控制对象, 其控制目标在于调节布料各设备以达到一定的料层厚度的同时保证料面的平整均匀。目前针对烧结布料过程的控制大多以料层厚度为反馈进行闭环控制。实际生产表明, 实时工况的变化对料层厚度的要求不同, 且台车速度的变化影响料层厚度的稳定, 现有的控制方法没有针对烧结布料的实际情况来调整料层厚度的设定, 也没有很好地跟踪及稳定料层厚度。

为此, 首先根据风箱负压和其他工况参数以及历史料层厚度趋势构建料层厚度的优化模型, 在此基础上, 建立一个具有两层递阶结构的料层厚度控制器, 上层结构主要考虑大干扰、强耦合的影响, 采用前馈补偿控制算法, 实现料层厚度、圆辊转速和排料闸门开度之间的控制; 下层结构针对圆辊转速和排料闸门开度两个操作参数, 采用 PID 控制算法, 设计排料闸门开度控制器和圆辊转速控制器, 实现料层厚度的稳定化控制。

1) 基于遗传算法的料层厚度优化模型

料层厚度需要根据实时的烧结状况 (风箱负压状况, 料槽有无断料情况等) 来进行调整, 而现有的烧结布料过程往往忽略了实时的烧结状况, 按固定的料层厚度来进行烧结。对此, 采用遗传算法, 基于偏析布料实时工况, 优化料层厚度设定值, 具体步骤如下。

Step 1: 设定优化目标。

料层厚度优化控制系统的优化目标参数为料层厚度, 即

$$E = [e_1] = [h] \tag{3.37}$$

记三个性能指标函数为料层厚度 h、风箱负压综合状况指数 P_m 和料槽料位 M

$$q = [q_1, q_2, q_3] = [h, P_m, M] \tag{3.38}$$

以上三个性能指标的评价函数为

$$[s_1, s_2, s_3] = [g_1(h), g_2(P_m), g_3(M)] \tag{3.39}$$

综合评价函数为

$$\varphi = \sum_{i=1}^{3} \alpha_i s_i \tag{3.40}$$

式中, s_i 分别为三个性能指标的评价值; α_i 为加权系数, 其值由各个性能指标的重要程度决定, 满足 $\sum \alpha_i = 1$。

对此, 料层厚度优化问题可以用以下公式进行描述:

$$
\begin{aligned}
\max \quad & f(h) = \max \sum_{i=1}^{3} \alpha_i s_i \\
\text{s.t.} \quad & h_{\min} \leqslant h \leqslant h_{\max} \\
& M_{\min} \leqslant M \leqslant M_{\max} \\
& P_{m\,\min} \leqslant P_m \leqslant P_{m\,\max}
\end{aligned} \tag{3.41}
$$

式中, $h_{\max}$ 和 $h_{\min}$ 分别为料层厚度的最大值和最小值; $M_{\max}$ 和 $M_{\min}$ 分别为料槽料位的最大值和最小值; $P_{m\,\max}$ 和 $P_{m\,\min}$ 分别为负压的最大值和最小值。

Step 2: 设计性能指标评价函数。

根据性能指标要求, 设计各性能指标变量的评价函数。

(1) 料层厚度评价函数。

料层厚度增加, 烧结矿成品率相应提高, 返矿率和 FeO 含量都降低, 并可充分利用料层的自动蓄热作用, 减少固体燃料的消耗, 因此料层厚度增加, 其评价值就越大。但料层过厚会增加上下层烧结矿的不均匀性, 且通过料层的气流阻力增大, 造成产量下降, 因此, 料层厚度也不是越高越好。

如图 3.13 所示, $h_{\max}$ 和 $h_{\min}$ 分别代表正常生产下, 料层厚度能允许的最大值和最小值, 在这个区间内, 对料层厚度的评价值是线性上升的。

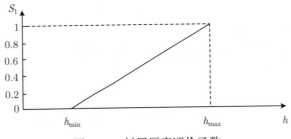

图 3.13　料层厚度评价函数

(2) 风箱负压综合指数评价函数。

在现场操作中, 往往以抽风的现时负压来手动调节料层厚度。风箱负压的评价函数为梯形函数, 如图 3.14 所示, $P_{m\,\max}$ 和 $P_{m\,\min}$ 分别代表正常生产下, 风箱负压允许的最大值和最小值, 单位为 kPa。当风箱负压在 $[P_{m1}, P_{m2}]$ 范围内波动时, 为负压理想状态, 表明料层的供氧和燃烧状况良好, 可以保证烧结生产的顺利进行, 因此评价值为 1, 当负压超过 P_{m2}, 垂直烧结速度加快, 会导致烧结矿成品率下降和烧结矿强度的下降, 因此评价值呈线性下降趋势; 当负压低于 P_{m1}, 烧结利用系数降低, 同时影响烧结矿的质量和产量, 因此评价值也呈线性下降趋势。

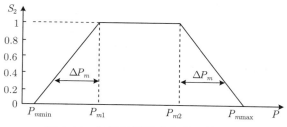

图 3.14 风箱负压综合指数评价函数

(3) 料槽料位评价函数。

在布料过程中, 必须保证料槽既不断料也不溢出。料槽料位的评价函数为梯形函数, 如图 3.15 所示。$M_{\max}$ 和 $M_{\min}$ 分别代表正常生产下, 料槽料位能允许的最大值和最小值, 单位为 t。$[M_1, M_2]$ 为料槽料位的适宜控制范围, 这时的料槽料位完全满足正常生产的需要, 因此评价值为 1, 当超出这个范围, 表明料槽料位上升或下降得太快, 有溢出或断料的趋势, 需要加快给料或减少给料, 因此评价值都呈线性下降趋势。

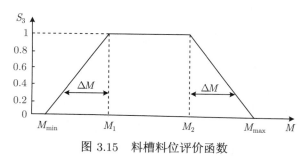

图 3.15 料槽料位评价函数

Step 3: 寻优计算。

结合遗传算法对料层厚度优化问题进行寻优计算, 即以料层厚度综合评价值最大化为目标, 将料层厚度综合评价函数作为遗传算法的适应度函数, 在料槽料位、料层厚度以及风箱负压约束条件下求解优化模型得到料层厚度的最优设定值。

2) 基于遗传算法的料层厚度优化模型

决定下料量的有圆辊转速、闸门开度以及台车速度, 针对下料量难以控制问题, 根据物料流量平衡原理建立料层厚度、圆辊转速和排料闸门开度之间关系, 以此为基础设计前馈补偿控制器消除台车速度干扰的影响, 单独输出圆辊转速和闸门开度的设定值。有了圆辊转速和闸门开度这两个操作参数, 采用 PID 算法, 实现料层厚度的稳定。

对此, 按以下步骤实现料层厚度控制器的设计。

Step 1: 建立前馈补偿控制器。

前馈补偿控制算法消除台车速度干扰的影响, 实现圆辊给料机转速和排料闸门开度的控制。根据物料流量平衡原理建立起料层厚度、圆辊转速和排料闸门开启度之间的关系。圆辊给料机的给料量 W 与物料流出线速度 v_w 及排料闸门开口高度 H_w 和排料闸门宽度 H_b 之间的关系为

$$W = \rho v_w H_b H_w = \rho n \pi L H_b H_w \tag{3.42}$$

式中, ρ 为物料堆密度; n 为圆辊转速; L 为圆辊直径。

考虑取一个比例系数 η 来描述实际情况下的流量与理论状况下的比值, 即

$$W = \eta \rho n \pi L H_b H_w \tag{3.43}$$

此外, 物料流量与台车速度和料层厚度存在如下关系:

$$W = \rho v w h \tag{3.44}$$

式中, ρ 为物料堆密度; v 为台车速度; w 为台车宽度; h 为料层厚度。

则圆辊转速、闸门开度与料层厚度、台车速度之间的关系为

$$W = \rho_1 v w h = \eta \rho_2 n \pi L H_b H_w \tag{3.45}$$

式中, ρ_1 和 ρ_2 分别为布料到台车前后物料的堆密度。

Step 2: 料层厚度反馈控制。

基于机理建模的前馈补偿解耦算法对实际布料系统的应用存在一定的偏差, 因此仅采用前馈控制并不能实现对料层厚度设定值的精确跟踪, 需要建立反馈控制器来消除这一偏差, 使得前馈补偿解耦算法更好地适应实际布料系统。厚度差控制器利用反馈控制原理形成对料层厚度设定值与检测值偏差的控制作用, 从而修正料层厚度前馈串级智能控制系统, 紧密跟踪料层厚度设定值。控制器的输入为料层厚度设定值与检测值之差, 输出为圆辊转速的修正值:

$$\Delta n = \frac{v \Delta h}{k H_{wset}} \tag{3.46}$$

式中, Δn 为圆辊转速的修正值; Δh 为料层厚度设定值与检测值之差; H_{wset} 为排料闸门初始开度; k 为常数。

Step 3: 设计圆辊转速与排料闸门开度控制器。

圆辊转速控制器和排料闸门开度控制器之间是配合来进行给料工作的, 它们之间采取如下的工作模式。

首先, 将排料闸门设置为一个初始开度, 只通过调节圆辊转速来调整下料量, 从而实现对料层厚度的控制, 但圆辊转速有一个调节范围, 即存在转速的最大值和最小值, 圆辊转速控制算法如下:

$$n = \frac{vh}{kH_{wset}} + \Delta n, \quad n_{min} \leqslant n \leqslant n_{max} \tag{3.47}$$

式中, n_{max} 和 n_{min} 分别为圆辊转速的最大值和最小值; Δn 为圆辊转速的修正值。

其次, 排料闸门采用带死区的调节方式, 即排料闸门开度并不需要经常调节, 由于圆辊转速存在可调范围, 当圆辊转速在其调节范围内时, 排料闸门设置为初始开度, 当圆辊转速调节超出这个范围, 才启动排料闸门的控制。排料闸门开度控制算法为

$$H_w = \begin{cases} \dfrac{vh}{kn_{min}}, & n < n_{min} \\[2mm] H_{wset}, & n_{min} \leqslant n \leqslant n_{max} \\[2mm] \dfrac{vh}{kn_{max}}, & n > n_{max} \end{cases} \tag{3.48}$$

3. 偏析度优化控制策略

偏析度是料层上下物料粒度和燃料分布状况的一个描述。料层从上往下的物料粒度分布和燃料分布差异越大, 则偏析度越大, 仅按照偏析度物理意义上来进行定量描述是不可行的。经过偏析布料工艺机理分析, 偏析度可以最终反映为负压状况、主抽风机流量的变化, 且由于不同料层厚度情况下对料层偏析度的大小要求也不同, 偏析度的优化需要建立在料层厚度一定的基础上, 对此, 采用负压综合状况指数、主抽风机流量和料层厚度这三个参数来对偏析度进行客观的定量评价, 并在此基础上, 通过大量历史数据的分析, 得到九辊转速与偏析度的操作关系, 最后再利用遍历优化搜索算法, 得出偏析度的优化设定值, 继而控制九辊转速。

1) 偏析度模糊综合评判模型

偏析度模糊综合评判模型将负压综合状况指数 P_m、主抽风机风量 P_q 以及料层厚度 h 进行模糊分类后作为评价因素, 采用模糊综合评判法计算得到偏析度的评价值。

将偏析状况分为差、中、良、优四档, 构建反映烧结偏析状况的评价向量 T:

$$T = [T_1, T_2, T_3, T_4] \tag{3.49}$$

$$T_j = \alpha_1 f_{1j}(P_m) + \alpha_2 f_{2j}(P_q) + \alpha_3 f_{3j}(h) \tag{3.50}$$

式中, $\alpha_i(i = 1, 2, 3)$ 分别为负压综合状况指数、主抽风机流量、料层厚度的权重, α_i 的大小反映了各因素的重要程度; $f_{ij}(i = 1, 2, 3; j = 1, 2, 3, 4)$ 为模糊分类后的隶属度, 表示第 i 个评价参数的第 j 档隶属度值。

确定评价因素的评语集 U=[差, 中, 良, 优]和隶属度函数。考虑到现场实际过程中对工况的评价方法, 这里采取三角形隶属度函数。

2) 九辊转速控制策略

工业实验和生产实践表明, 九辊转速直接影响着料层的偏析程度, 通过大量的历史数据分析得到九辊转速和偏析度的控制关系, 如图 3.16 所示。

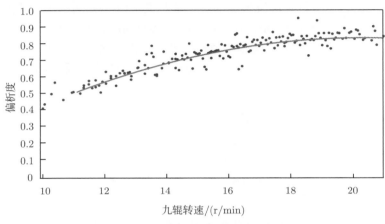

图 3.16　九辊转速与偏析度关系曲线

九辊转速与偏析程度呈正比例关系, 九辊转速越大偏析度越大, 但九辊转速增大到一定程度, 对偏析度的提高也不是很明显了。对此, 采用二次曲线拟合得到两者的关系为

$$S_e = -0.0038v_9^2 + 0.1559v_9 - 0.752 \tag{3.51}$$

式中, S_e 为偏析度评判值; v_9 为九辊转速。

3) 基于遍历搜索算法的偏析度优化控制

偏析度优化控制以偏析度综合评判模型为中心, 即根据偏析度综合评判值, 调节九辊转速设定值, 改善偏析度, 从而改善料层的供氧和燃烧情况, 使得烧结过程稳定高产。

在其他工艺条件不变的情况下, 通过九辊转速的优化遍历搜索算法获得在当前工艺条件下的最优九辊转速设定值 v_9, 作为烧结偏析布料 DCS 系统的设定值, 继而采用 PID 控制算法, 进行跟踪控制。

4. 仿真结果与分析

以国内某钢铁企业烧结生产线的烧结生产历史数据, 验证各建模及控制方法的有效性。

1) 负压综合状况指数预测

现场数据 5s 进行一次采样, 经过均值滤波处理后, 每 30s 取一次数据作为一个样本, 采集 600 个样本, 400 组作训练用, 200 组作预测用, 预测步长为 3min。

基于工艺参数的 SVM 和 BP 神经网络负压预测方法预测结果如图 3.17 所示, 核函数选用径向基函数, 其参数 σ 对预测效果有很大影响, 该参数的选择与实际对象有关。SVM 预测模型参数设置为 $C=2.2$, $\varepsilon=0.01$, $\sigma^2=0.179$。

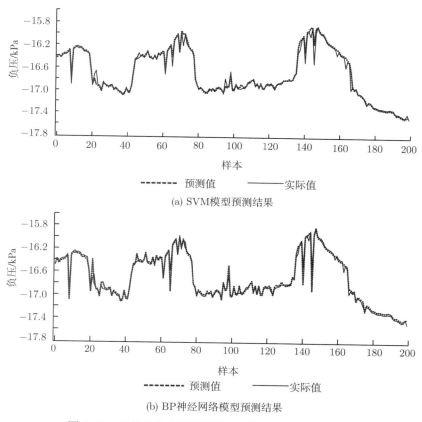

(a) SVM模型预测结果

(b) BP神经网络模型预测结果

图 3.17　工艺参数负压预测结果 (每 30s 取一次数据)

模型预测结果显示, SVM 预测模型均方根误差为 0.024, 平方相关系数为 0.885; 神经网络预测模型均方根误差为 0.027, 平方相关系数为 0.865, 可见 SVM 预测模型精度更高, 对此, 选择基于工艺参数的 SVM 方法预测负压。

基于工艺参数的 SVM 预测模型表明了 SVM 方法的可行性和可靠性。采用 SVM 方法对负压进行时间序列预测, 预测结果如图 3.18 所示, 均方根误差为 0.0253, 平方相关系数为 0.877。集成预测模型综合以上两种预测模型的优点, 使得负压综合状况指数的预测精度有了进一步提升。经过最优组合算法计算得到集成预测模型加权系数 w_1 和 w_2 分别为 0.648 和 0.352。集成预测模型预测结果如图 3.19 所示,均方根误差为 0.0224, 平方相关系数为 0.904。

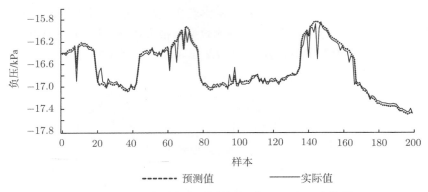

图 3.18　时间序列负压预测结果 (每 30s 取一次数据)

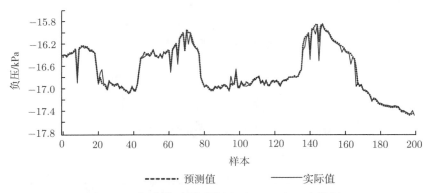

图 3.19　集成模型预测结果 (每 30s 取一次数据)

2) 料层厚度仿真控制效果

优化控制后料层厚度达到了 663.21mm, 从整体趋势上看, 料层厚度整体提高不大, 稳定性在优化后有所提升, 用料层厚度方差来反映其稳定性, 优化前后结果如图 3.20 所示。

3) 偏析度优化仿真效果

偏析度优化控制首先通过模糊综合评判法得到对偏析度的定量评价, 再通过曲线拟合得到九辊转速与偏析度的控制关系, 最后通过遍历搜索算法得到偏析度的优化值。通过实际生产数据的计算和仿真来说明偏析度控制效果。

采用 50 组历史数据进行仿真, 每 30s 进行一次优化计算, 得到在当前一定料层厚度情况下, 偏析度的实际评判值和优化值, 以及九辊转速优化设定值 v_9, 如图 3.21 所示。其中, 图 3.21(a) 为料层厚度曲线, 偏析度的优化都是基于一定料层厚度情况来进行的; 图 3.21(b) 为实际计算得到的偏析度评判值和优化计算得到的偏析度评判值比较曲线, 通过对比可以看出, 优化后的偏析度评判值曲线大部分处于当前偏析度评判值曲线的上方, 也就是经过优化后的偏析度状况要优于优化前的偏析度状况; 图 3.21(c) 为九辊转速控制输出曲线, 即为了达到当前偏析度所需要的

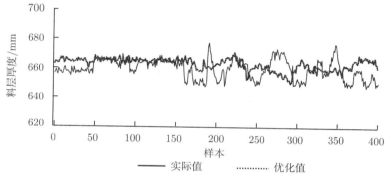

图 3.20 料层厚度优化稳定控制曲线 (每 5s 取一次数据)

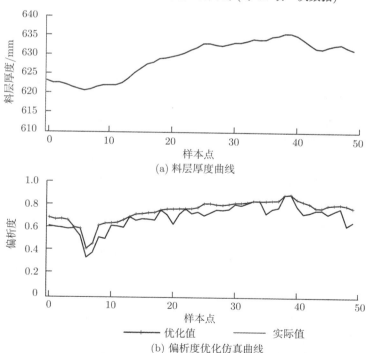

(a) 料层厚度曲线

(b) 偏析度优化仿真曲线

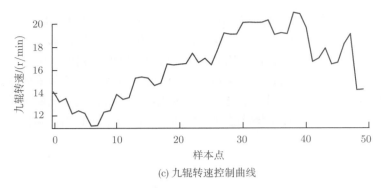

(c) 九辊转速控制曲线

图 3.21　偏析度优化仿真结果 (每 30s 取一次数据)

九辊转速控制器输出。从控制曲线趋势上看, 九辊转速与偏析度呈正相关关系, 所以对九辊转速的调节与偏析度趋势一致, 而偏析度的调整是受料层厚度制约的, 料层厚度越高, 对料层偏析度的要求也越大, 而实际偏析度值并未达到当前料层厚度下的偏析度的最优, 偏析度优化值表明了可以达到的适应当前料层厚度的偏析度值, 对此通过对九辊转速的控制来达到偏析度优化值, 从而改善当前烧结过程的偏析度, 稳定和改善烧结过程。

3.4　烧结点火过程控制

烧结点火为烧结混合料燃烧提供必要的热量, 直接影响烧结过程的热状态。研究点火操作与烧结能耗的关系, 优化点火燃烧过程的操作和控制, 对于降低生产能耗具有重要的现实意义。

烧结点火过程受点火工艺设备和众多操作参数影响。因此, 需要从烧结点火工艺及特点入手, 分析点火燃烧过程的影响因素, 研究点火控制的实质。在此基础上, 针对点火控制非线性、大滞后和多变量等特点, 确定烧结点火智能优化控制的基本思想和总体算法结构。

3.4.1　烧结点火工艺及特点分析

烧结点火主要热量传递设备是点火炉, 其炉膛内炽热的火焰直接经过热辐射的方式将热量传递给烧结混合料。点火炉具有较大的热容量, 与一般的传热设备一样, 其具有较大的时间常数和纯滞后时间。混合料通过点火和抽风使其所含的焦粉燃烧产生热量, 并使烧结料层处在总体氧化气氛中, 局部又具有一定的还原气氛。因而, 混合料不断发生分解、还原、氧化和脱硫等一系列反应, 同时在矿物间产生固液相冷凝时把未熔化的物料粘在一起, 体积收缩, 得到外观多孔的块状烧结矿。点火后, 从上往下依次出现烧结矿层、燃烧层、预热层、干燥层和过湿层, 这些反应层随着烧结过程的发展而逐步下移, 在到达炉箅后才依次消失, 最后只剩烧结矿层[36]。

以双斜带式烧结点火炉为例, 点火炉结构如图 3.22 所示。双斜带式烧结点火炉主要由点火炉、保温炉和两列烧嘴组成。与传统点火炉相比, 其主要特点及优点是: 一列烧嘴向布料装置倾斜, 另一列烧嘴向保温炉方向倾斜, 两列烧嘴相互错开成交叉布置。当两列烧嘴的火焰交叉喷射时, 能在点火炉中部的台车料面上形成连续均匀的带状高温区, 提高了点火质量, 缩短了点火时间。

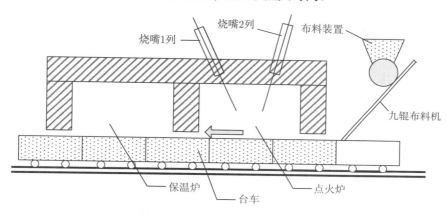

图 3.22　双斜带式点火炉结构图

烧结点火使用的燃料为焦炉煤气或高炉煤气, 或者两者混合使用。烧结点火包括点火温度和点火时间两个主要操作变量。点火温度的高低主要取决于烧结生成物的熔融温度。虽然烧结混合料的化学组成不同, 烧结生成物的种类和数量也各异, 但由于烧结过程总是形成多种生成物, 所以烧结生产中点火温度一般都差别不大。在厚料层操作条件下, 点火温度在 1050~1200℃。

3.4.2　烧结点火燃烧过程控制分析

点火炉主要控制目标是通过点火使混合料获得适度的热量。因此, 有必要深入分析引起混合料所需热量变化的各种因素, 进而明确点火燃烧控制的实质 [37], 从而为点火过程优化控制算法的设计打下基础。

1. 影响燃烧过程控制的因素

在正常工况下, 煤气提供的热量主要被烧结混合料获得, 提高煤气供给的热量值, 混合料也将相应地获得较多的热量。国内烧结生产大都使用人工操作, 由于点火情况受机速、煤气压力及热值等多种因素影响, 依靠经验的人工操作来调节空燃比, 不仅控制精度差而且容易造成波动, 导致点火质量降低, 影响烧结矿产质量。通过深入的工艺机理分析, 影响混合料获得热量的干扰因素如下。

　　(1) 烧结混合料温度、湿度、组分。水分含量和物料组分影响混合料成球的状况，进而影响透气性好坏和混合料充分燃烧所需热量的多少。混合料加水的目的是通过水的表面张力，使混合料小颗粒成球，从而改善透气性，降低能耗。一般混合料中适宜的水分应控制在 5%~7%，超过这一量值，煤气消耗量会明显上升。

　　(2) 烧结机台车运行速度。在点火强度相对稳定的前提下，台车速度的变化与单位时间内烧结料所需的煤气流量成正比。因此，在台车速度变化幅度较大的情况下，点火强度的优化设定对于改善点火燃烧控制具有十分重要的意义。

　　(3) 煤气的压力、温度、热值。在现场烧结点火控制中，一般将煤气的热值、温度视为一个稳定的定值。但事实上，煤气的压力、温度和热值往往存在较大的波动，而常用的通过煤气流量调节来控制点火的方式，容易造成混合料所获热量偏离实际需要值，不利于点火温度的稳定。

　　(4) 过剩助燃空气的比例和点火炉炉膛内的压力。过剩助燃空气和点火炉炉膛压力是两个相互关联和影响的参数。适当的点火炉膛负压有利于火焰引入料层内部，加快燃料燃烧速度。但点火炉炉膛负压过大，则会过多地吸入周围空气，而使过剩助燃空气的比例失调，使点火温度下降，直接影响点火质量。

　　(5) 煤气喷嘴的阻力。煤气喷嘴阻力变化，会直接影响单位时间内进入点火炉内的煤气量，并造成燃气流量控制存在一定的滞后，从而引起烧结物料吸收热量的变化。

　　以上引起混合料所需热量变化的几个干扰因素中，有的是可控的，有的是不可控的。因此，需要充分考虑以上因素的影响，对点火强度进行优化设定，在此基础上优化空燃比的控制，提高烧结点火的自动控制水平。

2. 燃烧过程控制的实质

　　通过以上对影响烧结点火燃烧过程的多种因素的分析，可以确定烧结点火优化控制要解决以下几个关键问题。

　　(1) 点火强度的优化设定。所谓点火强度，就是指单位面积的混合料在点火过程中获得的热量。在实际生产中，混合料组分、含水量等因素也会引起实际所需点火强度偏离理想设定值。因此，点火强度优化设定的目标是，充分考虑引起点火强度变化的各种因素，在点火温度允许波动范围内，实现点火强度随不同工况实时动态的优化设定。

　　(2) 空燃比的控制。空燃比控制的目标是确保点火温度保持在正常波动范围，同时实现最佳的燃料燃烧效率。点火温度是指点火器的火焰温度，它是实现点火强度优化设定的约束条件。理论上，如果确定了点火强度，也就确定了所需的燃气量，这样空燃比控制的目标就是调节实际所需的空气流量，即通过调节空气过剩系数来实现。空气过剩系数 n 定义为

$$n = \frac{f_{AC}}{f_{AL}} \tag{3.52}$$

式中, f_{AC} 为实际空气流量; f_{AL} 为理论空气流量, f_{AL} 由 n 的大小来调整 (一般取值 1~1.05)。但实际工况中, 如果按照由点火强度给定值计算出的煤气流量来调节空气过剩系数, 往往不能实现最佳燃烧效率, 造成点火温度偏高或偏低。因此, 需要综合点火强度和炉膛实时温度等多个变量, 采用智能控制方法, 实现空燃比的动态寻优, 提高燃料燃烧效率, 实现提高烧结矿质量和降低烧结能耗的综合生产目标。

3.4.3　控制结构与控制原理

针对现有烧结点火的工艺特点和点火控制中存在的问题, 提出基于点火强度优化设定的烧结点火燃烧智能控制方法。基本思想是: 充分考虑影响点火强度变化的多种因素, 以烧结矿质量和烧结能耗为综合优化目标, 以点火温度为约束条件, 运用改进粒子群算法实现综合生产目标的优化, 求得点火强度、配碳量等操作参数的动态设定值; 在点火强度优化设定的基础上求得点火炉目标温度设定值, 设计改进的温度模糊控制器, 并实现空燃比的智能自寻优, 得到最佳空燃比, 从而实现点火过程的智能控制。基于点火强度优化设定的烧结点火燃烧过程控制结构如图 3.23 所示。

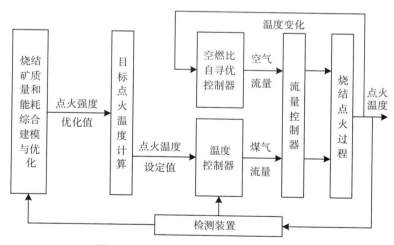

图 3.23　烧结点火燃烧过程控制结构图

烧结点火燃烧过程控制结构主要包括三部分: 以烧结矿质量和烧结能耗综合优化为目标的点火强度优化设定模块、点火温度智能控制器和空燃比自寻优控制器。

点火强度的设定, 直接决定提供给烧结物料的热量多少, 是决定烧结点火质量和烧结正常热状态的关键。因此, 点火强度的优化设定, 应该建立在实现烧结矿质量和烧结能耗综合目标优化的基础之上。通过对烧结矿质量和烧结能耗进行综合建模，并以点火温度为约束条件进行综合目标优化，获得包括点火强度、配碳量等系列操作参数的优化设定值，来指导烧结点火操作，确保烧结综合生产目标的实现。

确定了点火强度，即确定了所需的煤气消耗量，而煤气流量通过点火温度控制器来实现。因此，由点火强度优化值得到点火炉目标温度设定值，建立温度智能控制器。同时，为保障煤气最佳燃烧效率，提出空燃比自寻优控制方法，求出最佳空燃比，保证最佳燃烧效率。

在实际生产中，由于高炉煤气、焦炉煤气和空气管道压力经常波动，从而影响煤气和空气流量控制的精度。所以，需要建立综合反映压力波动和专家经验的煤气和空气流量智能控制器，优化阀门的开度设定值，提高流量控制精度。

3.4.4　智能优化控制算法设计

基于以上对烧结点火过程特点分析和优化控制基本结构的阐述，建立基于点火强度优化设定的烧结点火燃烧智能控制算法，总体设计如图 3.24 所示。

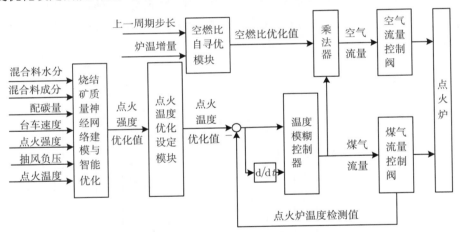

图 3.24　智能优化控制算法设计结构图

基于点火强度优化设定的烧结点火燃烧智能控制算法设计包括三个部分：烧结矿质量和烧结能耗神经网络模型；基于改进粒子群算法的综合生产目标优化；点火温度模糊控制器和空燃比自寻优模糊控制器。具体如下。

烧结矿质量和烧结能耗神经网络建模与综合优化。首先以混合料水分、混合料成分、配碳量、台车速度、点火强度、抽风负压等作为输入，以烧结矿质量指数 (包括 FeO 含量和转鼓指数) 和烧结能耗作为输出，建立 BP 神经网络模型，运用实际生产数据进行实验仿真，验证模型的正确性。在建模的基础上，以烧结矿质量和烧结能耗综合优化为目标，以点火温度为约束条件，运用改进粒子群优化算法进行优化,从而求得实现优化目标前提下对应的点火温度和配碳量的优化设定值。

根据点火强度优化设定值和实时的台车速度、台车宽度等参数,根据相关工艺机理,计算出点火炉目标点火温度的设定值。以温度设定值和实际检测值的偏差和偏差变化率为输入,煤气流量变化量为输出,设计温度模糊控制器,建立全论域范围内带自修正因子的模糊规则对控制器进行改进,提高温度控制器的控制精度和鲁棒性。

针对煤气热值和压力波动对燃烧过程的影响,以点火炉温度增量和上一周期寻优步长为输入,当前寻优步长为输出,设计空燃比自寻优模糊控制器,通过变步长寻优,实现不同工况下空燃比的动态优化,从而确保点火燃烧质量,提高煤气利用率。

3.5 烧结终点优化控制

本节首先介绍烧结终点过程工艺及主要控制问题,设计烧结终点智能优化控制系统总体结构;然后针对烧结终点难以在线检测和存在时间滞后的问题提出终点预报策略,针对烧结终点的控制提出混杂模糊-预测控制策略实现对烧结终点的智能控制;最后提出基于满意度的烧结过程智能优化控制,并对智能优化控制系统在实际工业的应用效果进行分析和总结。

3.5.1 烧结终点控制问题

烧结终点是反映烧结状态的重要参数,描述烧结过程的热状态,反映物料燃烧状况,是烧结过程中各种因素共同作用的结果,通常作为判断烧结过程正常与否的标志之一。由于影响烧结终点稳定性的因素众多,所以难以建立精确的数学模型。目前,烧结终点控制在很大程度上仍然依赖于操作人员的经验,易造成工况波动,影响烧结矿产量与质量。

目前烧结终点的主要控制问题具体表现在以下几个方面。

1) 烧结终点位置的判断

从理论上分析,在料层温度最高点所对应的烧结机台车上的位置就是烧结终点位置,但在实际生产过程中,没有合适的仪器能够直接检测料层温度从而判断烧结终点位置,同时人为判断不可避免地带有不确定性。因此应该更加深入地分析烧结过程中各种可测量参数与烧结终点位置的相关性,采用软测量方法,通过可以检测的过程参数对烧结终点位置进行判断,实现对烧结终点位置的实时计算。

2) 烧结终点位置的预测

大型烧结机上,从台车上布料到烧结矿在机尾被卸下,大约需要 45min,烧结终点根据生产工艺要求通常需要稳定在倒数第二个风箱的位置,即接近烧结机机尾的位置。因此, 烧结终点是滞后于烧结过程的, 这种滞后性使烧结终点难以控制, 必须对烧结终点进行提前预报, 建立烧结终点预测模型, 实现对烧结终点位置的准确实时预报。

3) 烧结终点的控制

由于烧结终点及对烧结终点有直接影响的部分重要参数不能直接检测, 目前在烧结过程中操作人员凭经验通过调整台车速度来稳定烧结终点位置, 不同的操作者调节烧结终点的经验也各有差异, 具有一定的盲目性和随机性, 造成烧穿点和透气性的波动频繁, 对烧结矿的质量产生严重的影响。由于烧结过程的复杂性, 用简单的控制方法或传统的控制理论难以实现有效的控制, 模糊控制虽然已初步应用于烧结终点位置的控制中, 但整体而言, 状态优化控制的效果并不理想。因此需采用多种人工智能方法, 建立烧结终点智能控制模型, 将人工经验转化为可以在计算机上运行的控制算法, 实现计算机模拟人的思维和推理, 更好地对烧结终点进行有效控制。

4) 烧结过程的协调优化控制

烧结过程是一个既包含连续动态子系统又包括离散动态子系统的混杂系统, 单一连续变量的调节会对其他多个离散子系统产生持续性影响。在实际烧结过程中, 烧结终点的控制主要是通过调节台车速度予以实现的, 而台车速度又直接影响着混合料料槽料位的变化, 烧结终点和料槽料位作为一对相互关联、甚至会发生冲突的被控量, 需要同时满足生产指标的要求。现有的烧结生产自动控制系统大多是针对某个局部过程来设计的, 并没有从多目标优化的角度进行协调控制, 因此, 为使烧结终点和混合料料槽料位同时满足生产指标的要求, 需在设计烧结终点智能控制方法的同时考虑料槽料位的控制问题, 建立一个协调优化模型来实现两者的协调优化。

3.5.2　智能优化控制系统结构

烧结终点过程智能控制系统的结构框图如图 3.25 所示, 控制系统主要由烧结终点软测量模型、烧结终点预测模型、烧结终点混杂模糊-预测控制器、料槽料位专家控制器和基于满意度的协调优化模型五个部分构成。

控制系统首先根据烧结终点预测模型得到烧结终点的实时预测值, 进而由混杂模糊-预测控制器对操作参数进行优化设定和跟踪控制, 获得满足烧结终点指标要求的台车速度设定值变化量 $S_i(u_1, u_2, \cdots, u_n) - f(u_1, u_2, \cdots, u_n)$; 混合料料槽料位专家控制模型根据当前工况, 结合料位变化等因素获得满足混合料料槽料位要求的台车速度设定值变化量 Δu。两设定值变化量 Δu_{BTP} 和 Δu_{lw} 通过基于满意度的协调优化模型, 获得最终满足烧结生产要求的台车速度设定值变化量 Δu, 下发到烧结过程指导烧结生产。

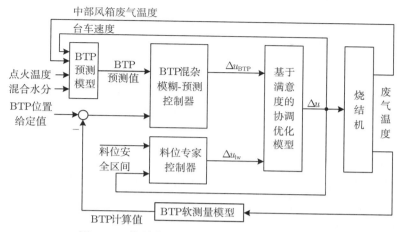

图 3.25 烧结终点过程智能控制系统结构框图

在烧结过程智能控制系统中, 烧结终点混杂模糊-预测控制器是系统的核心, 它包括模糊反馈控制器、预测控制器和软切换模块。

(1) 模糊反馈控制器采用烧结终点实时值与 BTP 设定值的差值为控制器输入, 该控制器反应灵敏, 控制周期短, 可加快 BTP 的调节步伐, 降低 BTP 的波动, 稳定工况; 但由于模糊反馈控制器以当前烧结终点位置为参考对象, 所以不能避免 BTP 调节的滞后影响; 为解决控制滞后问题, 系统引入预测控制以超前调节烧结终点位置。

(2) 预测控制器建立在 BTP 预测模型之上, 以 BTP 预测值为输入量, 以 BTP 预测值与 BTP 设定值的差值为控制器输入, 通过对台车速度进行超前调节, 使烧结终点稳定在理想的控制范围内。然而, 预测模型的长周期性、烧结原料的大波动性和烧结过程本身固有的大滞后与时变等特性, 导致烧结状况在一个烧结周期内经常变化, 难以通过预测模型精确预测 BTP 的位置。若在烧结工况不稳定的情况下单独采用预测控制, 则将造成系统波动, 甚至使控制系统陷入恶性循环。因此, 设计采用反馈控制与预测控制相结合的混杂模糊-预测智能控制策略, 以提高控制精度, 增强系统的鲁棒性。

(3) 软切换模块是连接反馈控制和预测控制的纽带。由以上分析可知, 针对烧结过程具有的不确定性和大时滞特点, 可结合模糊控制和预测控制, 以利用模糊控制模拟人思维的特点, 依据熟练操作人员的经验或相关领域的专家知识, 不依赖于对象的模型进行控制的优点; 并利用预测控制的预测功能, 通过系统当前信息预测系统未来变化趋势, 适于解决具有滞后特性的烧结终点控制系统的优点。同时, 根据烧结实际工况, 分析中部风箱温度与 BTP 位置之间的关系, 建立软切换模型, 通过改变两种控制器输出的比例关系结合两种控制器, 充分发挥二者的优势, 稳定烧结终点的控制。

3.5.3　烧结终点预测方法

烧结终点是烧结机操作的重要依据, 是烧结过程的关键中间参数。终点预报策略可解决烧结终点难定量化和存在时间滞后的问题。烧结终点不能够在线测量。本节主要介绍基于风箱废气温度的烧结终点软测量模型和基于模糊多元线性回归的预测模型。

1. 烧结终点软测量模型

目前通过烧结废气成分分析、抽风负压检测、烧结矿化学成分化验、机尾图像监视等方法判断烧结终点, 但实时性不好, 实际应用效果不理想。本节利用数学方法建立风箱废气温度曲线与烧结终点的关系模型, 在线判断烧结终点位置。

根据烧结理论, 随着烧结过程的进行, 料层温度越来越高, 燃烧带趋向于增厚, 液相增多, 透气性能恶化, 使得风箱废气温度 T_i (i 为对应风箱号) 越来越高, 风箱负压 P_i 变大; 当烧结进行到一定程度后, 透气性好的烧结矿增加, 此时 T_i 仍趋于上升, 但 P_i 趋于降低。

烧结过程越接近完成, 燃烧带越靠近台车面, 同时 T_i 越高; 直至烧结完成后, T_i 才趋于降低, 而 P_i 值趋于稳定, 因此风箱废气温度上升到最高点以后开始下降的瞬间, 所在风箱的位置就是烧结终点位置, 即 T_i 最高点对应的风箱位置就是 BTP 位置。

根据机尾风箱废气温度分布曲线则可推出 BTP 位置, 在烧结终点附近, 风箱废气温度 T_i 与风箱位置 x_i 之间近似为二次关系, 如图 3.26 所示。

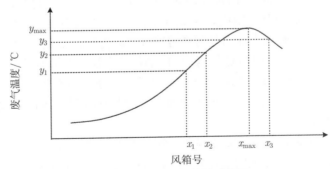

图 3.26　烧结终点判断示意图

也就是说, 满足如下关系:

$$T_i = ax_i^2 + bx_i + c, \quad i = 1, 2, \cdots, m \tag{3.53}$$

式中, a、b、c 为系数; m 为风箱总数。

将废气温度最高的几个 (3 个或 4 个) 风箱坐标 (x_i, T_i) 依次代入式 (3.53), 得到一个在烧结终点附近关于温度与位置间关系的线性方程组, 可解系数 a、b、c, 即

$$a = \frac{\dfrac{y_1 - y_2}{x_1 - x_2} - \dfrac{y_2 - y_3}{x_2 - x_3}}{x_1 - x_3} \tag{3.54}$$

$$b = \frac{y_1 - y_2}{x_1 - x_2} - a(x_1 + x_2) \tag{3.55}$$

$$c = y_i - ax_i^2 - bx_i \tag{3.56}$$

求解这组方程得到其最小二乘解, 从而获得当前 BTP 位置的估计值

$$x_{\max} = -\frac{b}{2a} \tag{3.57}$$

$$T_{\max} = ax_{\max}^2 + bx_{\max} + c \tag{3.58}$$

若取废气温度最高的风箱 x 附近三个风箱, 则有

$$x_{\max} = x - \frac{y_{x-1} - y_{x+1}}{2\left(2y_x - y_{x-1} - y_{x+1}\right)} \tag{3.59}$$

实际运行系统中软测量模型在计算烧结终点前, 对检测参数进行分析与预处理。在检测出异常的情况下, 对温度数据进行修正, 可更准确地确定烧结终点位置。

2. BP 神经网络预测模型

烧结过程具有强非线性、大滞后性、参数信息不完整等特征。要对烧结过程建立一个基于机理分析的精确数学模型几乎不可能。因为灰色模型和 BP 神经网络能在一定程度上解决这一问题, 所以本节基于灰色理论和 BP 神经网络模型建立 BTP 智能集成灰色神经网络模型。

在烧结过程中, 若台车速度过低, 则中部风箱的废气温度升高。反之, 若台车速度过高, 则中部风箱的废气温度降低。因此, 中部风箱的废气温度反映了烧结过程状态的变化和 BTP 的波动, 是 BTP 预测的一个很重要的变量。

以某钢铁企业 280m² 烧结机为研究对象, BTP 预测模型的结构如图 3.27 所示。首先, 基于中部风箱温度计算烧结上升点 (burning rising point, BRP), BRP 指烧结温度上升时所对应的烧结机的横向位置; 其次, 建立 BRP 灰色模型来获得下一个 BRP; 最后, 将下一个 BRP、台车速度、当前 BTP 和 BTP 变化量作为 BP 神经网络模型的输入进行 BTP 预测。

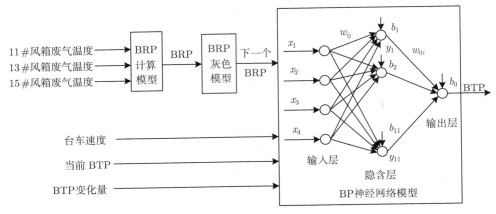

图 3.27　BTP 预测模型结构

在方程 (3.53) 中, 将风箱号 11、13、15 和相应的中部风箱温度分别代入 (x_i, T_i), 再通过拟合得到 a、b、c。然后将 BRP 的理想中部风箱温度代入 T_i, 计算得到 BRP 的理想值。

通过建立灰色模型 GM(1,1) 来得到下一个 BRP。假设 BRP 原始数据的指数序列为 $g^{(0)} = \{g^{(0)}(1), g^{(0)}(2), \cdots, g^{(0)}(n)\}$, 使

$$g^{(1)}(k) = \sum_{i=1}^{k} g^{(0)}(i), \quad k = 1, \cdots, n \tag{3.60}$$

式中, n 是序列的维数, 一般属于 $[4, 6]$, 这里取 $n = 5$。

$g_{(k)}^{(1)}$ 的发展趋势可用以下一阶微分方程描述:

$$\frac{\mathrm{d}g^{(1)}(t)}{\mathrm{d}t} + a \cdot g^{(1)}(t) = u \tag{3.61}$$

式中, a 和 u 分别为发展系数和灰色行动量, 可以由最小二乘法计算得到。

方程 (3.61) 的时域响应函数为

$$\hat{g}^{(1)}(t+1) = \left[g^{(0)}(1) - \frac{u}{a}\right] \cdot \mathrm{e}^{-at} + \frac{u}{a} \tag{3.62}$$

它的离散响应函数为

$$\hat{g}^{(1)}(k+1) = \left[g^{(0)}(1) - \frac{u}{a}\right] \cdot \mathrm{e}^{-ak} + \frac{u}{a}, \quad k = 1, \cdots, n \tag{3.63}$$

$g^{(0)}(k+1)$ 的初始值为

$$\begin{cases} \hat{g}^{(0)}(1) = g^{(0)}(1) \\ \hat{g}^{(0)}(k+1) = \hat{g}^{(1)}(k+1) - \hat{g}^{(1)}(k), \quad k = 1, 2, \cdots, n \end{cases} \tag{3.64}$$

则进行 BRP 预测的 GM(1,1) 模型为

$$\text{BRP}(k+1) = \left[g^{(0)}(1) - \frac{u}{a} \right] \cdot \left[e^{-a \cdot k} - e^{-a \cdot (k-1)} \right] \tag{3.65}$$

基于 BRP 的预测值建立 BTP 的 BP 神经网络预测模型。该神经网络模型具有 4 层 -11 层 -1 层的输入层-隐含层-输出层三层结构。隐含层的神经元数目由反复实验得到。x_j $(j = 1, 2, 3, 4)$ 表示输入层，得到图 3.27 所示的 BP 神经网络模型

$$\text{BTP}(k+1) = \sum_{i=1}^{11} w_{Oi} \, \text{tansig} \left(\sum_{j=1}^{4} w_{ij} x_j + b_i \right) + b_O \tag{3.66}$$

式中，w_{ij} 是输入层第 j $(j = 1, \cdots, 4)$ 个神经元到隐含层第 i $(i = 1, \cdots, 11)$ 个神经元的信号传递权重；b_i 是隐含层第 i 个神经元的偏置；w_{Oi} 是隐含层第 i 个神经元到输出层神经元的信号传递权重；b_O 是输出层神经元的偏置。

另外，权重 w_{ij}、w_{Oi} 和偏置 b_i、b_O 通过对神经网络进行训练得到。

3.5.4 烧结终点混杂智能控制模型

在实际生产过程中，某烧结机烧结矿化学成分分析及质量检测每 2h 统计一次，存在严重的滞后性，解决烧结终点控制的大滞后性是系统的关键。为防止由滞后性引起的系统超调或振荡，Smith 出一种纯滞后补偿模型，消除纯滞后部分对控制系统的影响。但因 Smith 预估控制器对被控对象精确数学模型的依赖，而实际工业过程复杂，难以得到被控对象精确的数学模型，因此具有很大的局限性。

由于烧结过程中存在各种各样的扰动，包括点火温度、水分、主管负压等因素，若单纯采用神经网络预测的控制策略，依然存在一定的问题。因为点火温度、水分、主管负压等是预测模型的主要输入变量，其波动会直接影响预测模型的精度，甚至造成预测值出现较大的偏差，当预测模型的预测值不准确时，依旧采用基于神经网络预测的控制策略，会造成控制系统的输入不准确，使控制系统出现较大的波动，严重时甚至会造成控制效果恶化。

基于上述分析，提出一种混杂模糊-预测控制策略，即在基于神经网络预测控制策略的基础上，引入模糊反馈控制，同时建立软切换模型实现两种控制策略的切换，综合发挥模糊反馈控制和预测控制的优点。具体控制策略如下：当 BTP 处于稳态时，即 BTP 位置相对稳定，在短时间内不会有大幅度的变化，采用反馈模糊控制策略，模型输出以模糊控制器的输出为主，可有效地防止由于预测模型偏差给系统造成的波动，增强系统的鲁棒性；当 BTP 处于非稳态时，采用基于 BTP 神经网络预测模型的预测控制策略，模型输出以预测控制的输出为主，可有效地发挥预测控制超前调节的优势，改善模糊反馈控制对烧结系统大滞后性的不足，提高控制系统的性能。具体的控制方式如下：

(1) 针对烧结过程难以建立数学模型的特点, 利用模糊控制依靠专家经验而不依赖于被控对象的模型的优点, 快速控制 BTP 稳定在理想位置范围内。

(2) 针对烧结过程时变、时滞特点, 采用预测控制对 BTP 进行超前控制。

(3) 结合模糊控制鲁棒性强和预测控制实时性好的优点, 建立混杂模糊-预测控制器, 解决预测控制不能消除系统静态误差的问题, 提高控制系统性能。

(4) 由于利用传统的基于阈值进行控制方式切换的方法将给系统带来很大的扰动, 所以通过深入分析 BTP 稳态的判决条件, 设计一种基于中部风箱温度的软切换控制策略, 准确地实现系统在两种控制器之间的平稳切换, 解决两种控制器切换可能带来的扰动问题。

烧结过程是一个强干扰、非线性、时滞、时变的复杂系统, 其数学模型很难精确建立, 采用常规的控制方法难以实现将烧结终点稳定控制在理想位置范围内的目标。因此, 通过对烧结过程的机理分析和模糊分析, 在已建立的烧结终点计算模型和预测模型的基础上, 充分总结现场操作人员的专家经验, 采用预测控制和模糊控制相结合的方法, 建立烧结终点混杂模糊-预测模型, 对烧结终点进行优化控制。

1. 控制特性分析与控制结构

烧结作业作为一种连续生产的工业过程, 从混合料制粒到烧结成矿整个过程大概为 45min, 操作参数、原料参数对状态参数、指标参数的控制作用具有较大的滞后性。同时烧结过程状态影响因素众多, 且影响因素之间相互耦合, 具有强非线性, 基于线性数学模型的传统控制方法难以达到实际的工艺指标要求。

基于烧结过程的以上特性分析, 确定烧结终点混杂模糊-预测控制器的结构如图 3.28 所示。

BTP 混杂模糊-预测控制器主要由模糊反馈控制器、预测控制器和软切换模块三个部分组成。

第一部分是模糊反馈控制器。烧结终点控制系统是一类典型的模糊系统, 系统的模糊特性包括协调信息的不完整性和模糊性, 具体表现为:

(1) 烧结终点及对烧结终点有直接影响的参数不能够被直接检测;

(2) 不同操作者调节终点的经验各有差异, 经验的继承有很大的不确定性;

(3) 烧结终点人工判断依据的模糊性;

(4) 烧结终点状态的自然语言描述具有明显的模糊性。

由于烧结过程的复杂性, 单纯依靠基于数学模型的传统控制方法难以实现有效控制, 而熟练的操作人员却可以凭经验对其进行操作。因此, 采用模糊控制策略可将专家经验转换成能在计算机上运行的控制算法, 实现计算机模拟人的思维和推理。这种控制方式无需系统精确的数学模型, 只需提供现场操作人员的经验和操作数据, 控制系统鲁棒性强, 适于解决常规控制方法难以解决的复杂非线性系统的控制问题。

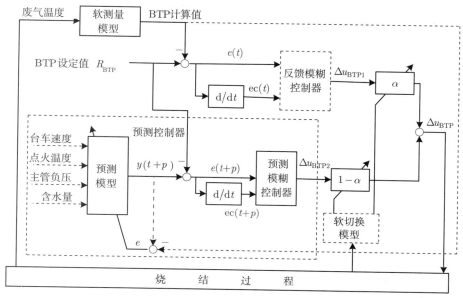

图 3.28 BTP 混杂模糊-预测控制器

模糊控制根据熟练操作人员的经验或相关领域的专家知识,模拟人的思维进行控制,不需要对象模型,实用性较强。但由于模糊控制本质上利用的是当前和过去的信息,不能对系统的变化趋势进行预测或估计,所以对于具有大滞后特点的烧结终点控制效果不够理想。

第二部分是预测控制器。烧结过程是一个具有大滞后的工业生产过程,且生产环境复杂,影响过程的因素较多。为获得较好的控制效果,控制模型的设计应考虑下列问题:

(1) 控制系统的调节跟踪性能好,鲁棒性强,且控制器设计简单;

(2) 要求控制器具有预见性,能对系统的大滞后进行补偿;

(3) 当被控过程参数、结构变慢或环境变化时,系统有自适应的调整功能。

系统采用预测控制器来解决烧结终点控制系统的时变、时滞等问题,可以预测烧结终点位置未来的变化趋势,对于解决有滞后特性的控制对象有明显的优势。将其与模糊控制方法结合起来可以弥补模糊控制的不足,使其适用于具有大滞后特点的对象。

第三部分是软切换模块。对于由多个子控制器来控制一个连续动态系统,目前有两种切换方法:一种是直接切换法,即在判断连续动态系统当前处于哪一个子区间或子过程的基础上,中间不经过过渡,被控对象的输入直接切换到相对应的子控制器的输出上; 另一种切换方法, 即系统控制器输出为多个子控制器输出的加权聚合, 称为"软切换"。软切换控制系统原理图如图 3.29 所示。

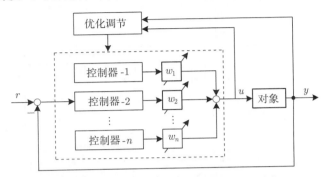

图 3.29　软切换形式切换控制系统原理图

若令软切换每一个子控制器输出为 $u_1, u_2, \cdots, u_n$, 则对应的加权系数分别为 $w_1, w_2, \cdots, w_n$, 则控制器总输出为

$$u = \sum_{i=1}^{n} w_i u_i \tag{3.67}$$

式中, w_i 满足 $\sum_{i=1}^{n} w_i = 1$。

软切换是解决复杂系统控制问题的一种有效方法, 可以有效地实现单一控制器不能够实现的控制目标, 实现系统的多控制器模型协同工作。本节采用多控制器模型的设计思想, 使控制系统具有更好的自适应性和鲁棒性。

2. 反馈模糊控制器

系统采用的模糊控制器为双输入单输出结构。模糊控制器输入参数的偏差 E 是指终点计算值与终点设定值的偏差, 偏差变化 EC 是指偏差的变化趋势和变化速度, 作为输出参数的控制量 uc 是机速的变化量 (调节量)。

1) 烧结终点模糊控制输入变量的确定

采用的是以烧结终点设定值与烧结终点实时值 (由烧结终点软测量模型根据风箱废气温度计算得出 BTP_{real}) 的差值和偏差变化作为输入变量的二维模糊控制器, 以台车速度的变化量 Δu 作为输出变量。

2) 烧结终点模糊控制规则的设计

当 BTP 给定值与反馈值的偏差超出一定范围时, 为了将 BTP 快速回调, 采用专家控制器实现"粗调"过程, 当其偏差值在规定的范围内时, 采用模糊控制器进行控制, 实现 BTP 的"精调"过程。280m² 烧结机要求 BTP 的位置应保持在 17.0

个风箱附近, 在控制器的设计时, 若 BTP 偏差值大于 1 个风箱或小于 −1 个风箱, 则采用专家控制器, 1 个风箱以内的偏差则通过模糊控制器进行调节。

专家知识库中的主要规则如下, 其中 e 为 BTP 偏差, Δu_{BTP} 为台车速度的增量

$$R_1: \quad \text{If} \quad 1.2 \leqslant e \quad \text{Then} \quad \Delta u_{\text{BTP}} = -0.2$$

$$R_2: \quad \text{If} \quad 1.0 < e \leqslant 1.2 \quad \text{Then} \quad \Delta u_{\text{BTP}} = -0.18$$

$$R_3: \quad \text{If} \quad -1.2 \leqslant e < -1.0 \quad \text{Then} \quad \Delta u_{\text{BTP}} = 0.18$$

$$R_4: \quad \text{If} \quad e < -1.2 \quad \text{Then} \quad \Delta u_{\text{BTP}} = 0.2$$

BTP 偏差在 ± 1 个风箱的范围内时, 模糊控制器被激活, 控制器设计分三部分内容: 选择描述输入输出变量的词集、定义各模糊变量的模糊子集、建立模糊控制器的控制规则。

在反馈模糊控制器中, BTP 偏差的基本论域 $e \in [-1.0, 1.0]$ (风箱位置), 选择模糊子集总数为 7 个, 即 {NB, NM, NS, ZO, PS, PM, PB }, 模糊论域 E 为 $\{-6, -5, -4, -3, -2, -1, 0, 1, 2, 3, 4, 5, 6\}$。

偏差变化率的基本论域 $ec \in [-1.0, 1.0]$ (风箱位置/min), 选择模糊子集总数为 7 个, 即 {NB, NM, NS, ZO, PS, PM, PB }, 模糊论域 EC 为 $\{-6, -5, -4, -3, -2, -1, 0, 1, 2, 3, 4, 5, 6\}$。

台车速度输出增量 $\Delta u_{\text{BTP}} \in [-0.15, 0.15]$, 选择模糊子集总数为 7 个, 即 {NB, NM, NS, ZO, PS, PM, PB }, 论域为 $\{-7, -6, -5, -4, -3, -2, -1, 0, 1, 2, 3, 4, 5, 6, 7\}$。

建立模糊控制器的目的是提高系统的鲁棒性, 模糊控制器的鲁棒性由各模糊集合的交集中的隶属度的最大值 R 来衡量。R 较小时控制较灵敏, R 较大时对于对象参数的变化的适应性较强, 即鲁棒性较好。在本控制器中, E 和 EC 采用钟型隶属度函数。

烧结终点模糊控制器控制规则是通过机理分析以及总结烧结专家知识和现场操作人员的经验确定的。控制规则是基于手动控制策略, 即基于操作者经验, 如"若终点超前且终点有继续超前的趋势, 则加快机速"。烧结终点模糊控制规则表如表 3.12 所示。

确定机速控制量变化的原则为: 当偏差大或较大的时候, 确定控制量以加快消除偏差为主; 当偏差较小的时候, 确定控制量主要防止超调, 以系统的稳定性为前提。

3) 模糊决策

模糊控制量采用重心法判决, 由模糊量转换成精确量, 根据不同的 i 和 j 计算台车速度控制量 uc。

表 3.12   烧结终点模糊控制规则表

EC	E						
	NB	NM	NS	ZO	PS	PM	PB
NB	PB	PB	PB	PM	PM	ZO	ZO
NM	PB	PB	PM	PM	PM	ZO	ZO
NS	PM	PM	PM	PS	ZO	NS	NS
ZO	PM	PS	PS	ZO	NS	NM	NM
PS	PS	PS	ZO	NM	NM	NM	NM
PM	ZO	ZO	NM	NB	NB	NB	NB
PB	ZO	ZO	NM	NB	NB	NB	NB

3. 预测模糊控制器

预测控制器包括两个部分, 即 BTP 神经网络预测模型和模糊控制模型, 原理图如图 3.30 所示。图中, $u(t)$ 为控制量, $y_p(t)$ 为目标。系统通过 BTP 神经网络预测模型, 预测出时滞系统在 $\tau_s + T_m$(其中 τ_s 表示系统滞后时间常数, T_m 为系统惯性时间常数) 时刻的响应后, 反馈到系统, 并与系统的设定值相比较, 从而得到系统在 $\tau_s + T_m$ 时刻的误差, 将此误差输入模糊控制器, 求出系统当前时刻的控制量, 并施加于实际动态系统之上, 即完成一次预测控制。

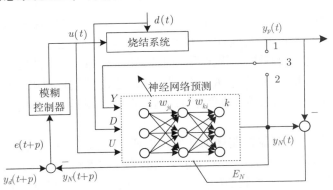

图 3.30   烧结终点预测模糊控制器原理图

时滞系统的未来响应特性与系统当前时刻的状态有关, 与当前及过去时刻系统的状态变化趋势都有关, 其工作过程包括动态系统的特性辨识、动态系统未来响应的预测和模糊控制三个过程, 其预测控制算法如下。

Step 1: 动态系统特性的辨识过程, 开关 3 与 1 相连, 以 $y_p(t)$ 为目标, 训练神经网络, 完成 BP 神经网络对时滞系统的模型辨识, 这时有 $y_N(t) \approx y_p(t)$。

Step 2: 动态系统未来相应特性的预测过程, 开关 3 与 2 相连, 将 $y_N(t)$ 代替

$y_p(t)$, 输入向量 Y 中, 即

$$Y = [y_p(t-10), y_p(t-9), \cdots, y_N(t)]^{\mathrm{T}} \tag{3.68}$$

Step 3: 将 Y 和 D、U 一起输入已训练好的 BP 神经网络, 其中 D 为 BTP 相关影响因素的向量集, 包括点火温度、混合料水分、料层厚度、大烟道废气温度等, 向量 U 为台车速度的时间序列, 即

$$U = [u(t-10), u(t-9), \cdots, u(t)]^{\mathrm{T}} \tag{3.69}$$

通过已训练好的神经网络预测模型求出 $y_N(t+p)$。

Step 4: 计算控制系统预测误差 $e(t+p)$

$$e(t+p) = y_d(t+p) - y_N(t+p) \tag{3.70}$$

式中, $y_d(t+p)$ 为系统期望输出, 由 $e(t+p)$ 根据模糊控制推理求出控制量 $u(t)$, 即可实现对动态系统的控制, 由于控制系统的纯滞后, $u(t)$ 对系统的作用要经过 $(\tau_m + T_m)$ 时间后才能有响应。

Step 5: 重复以上过程, 直至整个过程结束。

预测模糊控制器是以烧结终点预测值 (由烧结终点预测模型根据点火温度、混合料水分、大烟道废气温度以及台车速度等计算得出) 与烧结终点设定值的差值和偏差变化为输入变量, 以台车速度的变化量 Δu 为输出变量。

设计预测模糊控制器的要点是提高控制器的快速性, 通过预测值与设定值的偏差和偏差变化率超前调节台车速度, 实现对 BTP 的预测控制, 其中 E 和 EC 采用三角形隶属度函数。烧结终点预测模糊控制规则表如表 3.13 所示。

表 3.13 预测模糊控制规则表

EC	E						
	NB	NM	NS	ZO	PS	PM	PB
NB	PB	PB	PB	PB	PM	ZO	ZO
NM	PB	PB	PB	PB	PM	ZO	ZO
NS	PM	PM	PM	PM	ZO	NS	NS
ZO	PM	PM	PS	ZO	NS	NM	NM
PS	PS	PS	ZO	NS	NM	NM	NM
PM	ZO	ZO	NM	NM	NM	NB	NB
PB	ZO	ZO	NM	NB	NB	NB	NB

确定机速控制量变化的原则为: 若偏差大或较大, 确定控制量以加快消除偏差为主; 当偏差较小, 确定控制量主要防止超调, 以系统的稳定性为前提。

模糊控制量采用重心法判决, 由模糊量转换成精确量, 根据不同 i 和 j 计算台车速度控制量 uc。

4. 多模型柔韧性切换控制技术

模糊控制器和预测控制器切换的关键在于判断 BTP 是否处于稳定状态, 若处于稳态状态则以模糊反馈控制器的输出为主, 反之以预测控制器的输出为主。

由烧结过程分析可知: 通过料层的风量增大, 垂直烧结速度提高, 中部风箱废气温度升高, 烧结终点超前, 主管负压降低; 而当烧结终点滞后时, 中部风箱废气温度下降, 料层阻力增大, 垂直烧结速度降低, 主管负压升高。可见, 中部风箱废气温度可以直接反映烧结终点位置的变化, 具体的关系如下。

(1) 中部风箱位置偏低时, BTP 处于快速后移的非稳态。如图 3.31 所示, 实线为某时刻 280m^2 烧结机 1~18 号风箱的废气温度曲线图, 由温度最高值点及相邻点的风箱温度拟合二次曲线, 易求得其 BTP 为 17.1。表面上 BTP 位置位于理想的状态, 但是由于此刻的中部风箱温度偏低, 其中 $T_{14} < 100℃$、$T_{15} < 130℃$、$T_{16} < 180℃$, 导致 BTP 快速后移, 虚线为稍后的风箱的废气温度曲线图, 求得 BTP 为 18.5。显然, 此种情形下, 单纯采用模糊反馈控制得到的控制量会使台车速度不变, 甚至增大, 但由于 BTP 的快速后移, 烧结矿没有充分烧透, 严重影响烧结矿的质量。

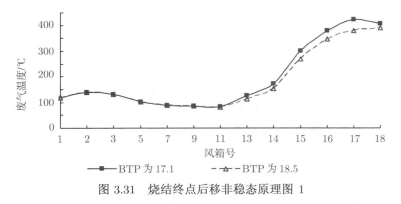

图 3.31 烧结终点后移非稳态原理图 1

(2) 中部风箱位置适中时, BTP 处于快速回移的非稳态, 如图 3.32 所示, 实线为某时刻 280m^2 烧结机 1~18 号风箱的废气温度曲线图, 同样由温度最高值点及相邻点的风箱温度经二次曲线拟合易求得其 BTP 值为 17.9, 从表面上看 BTP 的位置属于一种理想的状态, 但是, 由于此时刻的中部风箱温度适中, 其中 $T_{14} \geqslant 100℃$、$T_{15} \geqslant 150℃$、$T_{16} \geqslant 180℃$, BTP 会快速回移, 虚线为 1min 后的风箱的废气温度曲线图, 同理可求得 BTP 值大于 17.0。显然, 当 BTP 位置处于 17.9 时, 采用模糊反馈控制器得到的控制量会造成台车速度减小, 不但影响 BTP 的稳定, 还会降低烧结矿的产量。

由以上分析可知, 当 BTP 处于非稳态时, 采用单纯的反馈控制已经不能满足系统的控制精度的要求, 应该加大预测控制的作用, 即增大软切换中 α 的值。相反,

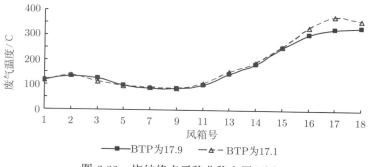

图 3.32　烧结终点后移非稳态原理图 2

若中部风箱温度适中, 并且 BTP 的位置处于 17.0 附近, 则说明 BTP 处于稳态, 为减小系统不确定干扰因素对预测模型的影响, 应以反馈控制为主, 即减小软切换中的 α 值。

模糊控制器与预测控制器根据各自的规则分别产生控制增量, 即烧结机台车速度的变化量, 软切换模型根据中部风箱废气温度判断当前工况, 并在线调整两种控制器的输出比例。

在烧结终点控制系统投运之初, 由于预测模型对烧结过程一无所知, 故其输出比例因子 α 初值设定为 0, 即此时完全采用模糊控制器的输出, 模糊控制器的控制查询表已经根据离线状态信息预先整定。在系统运行的过程中, BTP 预测模型对过程输出的烧结终点预测值趋于准确, 且根据软测量模型判定的结果显示系统处于非稳态, 则 α 值逐渐增大至 1(即完全采用预测控制输出为控制量)。一般情况下, 由于系统干扰及时变的影响, α 在 0 和 1 之间波动, 系统输出为模糊控制器和预测控制器的综合。

通过对烧结过程特性的分析, 判断采用中部风箱温度与稳态条件下的标准温度的偏差、偏差变化率的平均值作为软切换的标准, 如下式所示:

$$
\begin{cases}
T(k) = \dfrac{\sum\limits_{i=11,13,14}[T_i(k) - T_{di}(k)]}{N} \\[4mm]
T'(k) = \dfrac{\sum\limits_{i=11,13,14}[T_i(k) - T_i(k-1)]}{N}
\end{cases}
\tag{3.71}
$$

式中, $T(k)$ 表示 k 时刻中部风箱温度与标准温度偏差的平均值; $T'(k)$ 表示 k 时刻中部风箱温度偏差变化率的平均值; 11、13、14 号风箱的标准温度分别为 $T_{d11} = 100℃$、$T_{d13} = 150℃$、$T_{d14} = 200℃$。采用模糊数学的思想计算软切换的系数, 如图 3.33 所示。

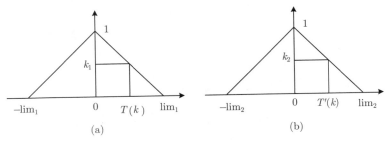

图 3.33　软切换系数原理图

在图 3.33 中, $\lim_1$ 和 $\lim_2$ 分别表示中部风箱温度偏差和偏差变化率的极限值, 根据烧结实际工况, 分别取 $\lim_1 = 50$ 和 $\lim_2 = 10$, 易知

$$k_1 = 1 - T(k)\frac{1.0}{\lim_1} \tag{3.72}$$

$$k_2 = 1 - T'(k)\frac{1.0}{\lim_2} \tag{3.73}$$

当中部风箱温度接近标准温度, 且相对稳定时, 则 k_1、k_2 均接近 1.0, 此时应采用模糊控制器为主, 反之, 则采用预测控制器为主。由以上分析可知, 设模糊控制器输出强度系数为 α_1, 则

$$\alpha_1 = \alpha = \max(k_1, k_2) \tag{3.74}$$

预测控制器的输出强度系数为 α_2, 则

$$\alpha_2 = 1 - \alpha \tag{3.75}$$

复合控制器的输出可采用加权平均法计算得出, 即

$$\Delta u = \frac{\alpha_1 \Delta u_1 + \alpha_2 \Delta u_2}{\alpha_1 + \alpha_2} = \alpha_1 \Delta u_1 + \alpha_2 \Delta u_2 = \alpha \Delta u_1 + (1 - \alpha)\Delta u_2 \tag{3.76}$$

由式 (3.71)∼ 式 (3.73) 可见, 在动态过程中, 由于偏差和偏差变化率都很大, 系统处于非稳态, k_1 和 k_2 都将为很小的数值, 模糊控制器的输出强度系数 α_1 也必定很小, 预测控制器的输出强度系数 α_2 将很大, 所以此时起主要作用的是预测控制器; 同理, 当响应过程进入稳态, 偏差和偏差变化率都较小时, 模糊控制器起主要作用。

此双模控制器在动态过程中将保留预测控制器快速性的优点, 同时也在稳态过程中利用模糊控制无静差的特点, 实现从一种控制方式到另一种控制方式的平稳过渡。当稳态过程存在较大干扰时, 模糊控制器发挥抑制干扰的作用, 控制系统具有较强的抗干扰能力和鲁棒性。

3.5.5 基于满意度的智能优化协调模型

在烧结生产过程中，烧结终点和混合料料槽都受台车速度的影响，是一对矛盾的组合。通过改变烧结机机速来调整 BTP 的操作会引起给料机转速、环冷机速度、板式给矿机速度的变化，进而影响混合料料槽料位的变化。假设某时刻烧结终点稍微超前，烧结终点模糊控制策略通过提高台车速度来实现对 BTP 位置的控制，但当此时料槽料位已经处于低位过限状态，持续提高台车速度势必造成料槽料位减幅加大，以致料位过低甚至断料，造成生产事故；反之，若某时刻烧结终点滞后，烧结终点模糊控制策略则通过降低台车速度来实现对 BTP 位置的控制，而料槽料位已经处于高位过限状态，持续降低台车速度势必造成料槽料位增幅加大，以致料位过高溢出，造成生产事故。可见，烧结终点的控制过程直接影响料槽料位的变化，两者之间甚至会发生冲突。因此，若要保证在生产过程稳顺进行的前提下，实现对整个烧结过程热状态的有效控制，需要对烧结终点和混合料料槽料位进行综合考虑，提出烧结终点和混合料料槽料位之间的智能协调控制策略。

1. 烧结终点和料位的满意度建模

在烧结过程中，烧结终点和混合料料槽料位是两个既相互独立又相互联系的离散变量，要实现对整个烧结过程热状态的有效控制，需要对两者进行综合考虑，建立系统的综合满意度函数，并最终得到系统的满意解集，其算法如下。

(1) 设烧结过程的单一变量的满意度为 S_i，根据烧结过程的特点，分别针对单一变量的实际工艺特点，建立各自的满意度函数 $S_i(u_1, u_2, \cdots, u_n)$

$$S_i(u_1,\ u_2,\ \cdots,\ u_n) = f(u_1,\ u_2,\ \cdots, u_n) \tag{3.77}$$

式中，$u_1, u_2, \cdots, u_n$ 为系统的可调节参数。

(2) 采取线性加权和法，建立系统的综合满意度函数，并把综合满意度作为烧结过程优化问题的新目标函数。

(3) 不断调整综合满意水平，直至求出最大的满意水平对应的解集。

根据算法流程，首先需要根据各个变量的工艺特点，分析各个变量对于系统的综合影响因素，建立单一参数的满意度函数，包括 BTP 满意度函数和混合料料槽料位满意度函数。

(1) BTP 满意度函数。

BTP 位置是烧结过程中极其重要的一个状态参数，是整个控制系统的核心变量。烧结工艺要求 BTP 稳定在倒数第二个风箱的位置。若 BTP 位置超前，则容易引起过烧，不能充分发挥烧结机的生产能力，使产量受损；反之，若 BTP 位置滞后，则造成料层未能完全烧透，增大返矿率，严重影响烧结矿的质量。基于以上分析，确定 BTP 采用三角形满意度函数，如图 3.34 所示。

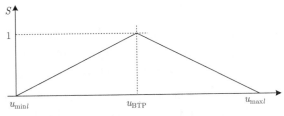

图 3.34   BTP 满意度函数

该满意度函数表示实际输出越接近 BTP 控制模型计算输出值, 则 BTP 的满意度越接近最大值 1, 当实际输出 $u = u_{BTP}$ 时, 其满意度最大, 取 1, 实际输出 u 由 u_{BTP} 向 $u_{\min l}$ 和 $u_{\max l}$ 滑动时, 满意度逐渐降低, 直至最终满意度为 0, $u_{\min l}$ 和 $u_{\max l}$ 分别代表正常生产情况下, 台车速度允许的最小值和最大值, 分别取 1.5m/s 和 3.0m/s, 满意度函数的表达式如下:

$$S(u) = \begin{cases} 0, & u \leqslant u_{\min l}, \quad u \geqslant u_{\max l} \\ \dfrac{u_{\min l} - u}{u_{\min l} - u_{BTP}}, & u_{\min l} < u < u_{BTP} \\ 1, & u = u_{BTP} \\ \dfrac{u - u_{\max}}{u_{BTP} - u_{\max l}}, & u_{BTP} < u < u_{\max l} \end{cases} \tag{3.78}$$

(2) 混合料料槽料位满意度函数。

烧结终点涉及因素众多。原料参数、操作参数和状态参数都会直接或间接对烧结终点状态产生影响。用改变烧结机机速来调整 BTP 的操作会带来如给料机转速、环冷机速度、板式给矿机速度以及混合料料槽料位改变等一系列变化, 控制不当将会导致烧结过程较大波动。料槽料位增幅过大, 或料位过高时, 烧结机台车速度不宜设定过低; 料槽料位减幅过大, 或料位过低时, 台车速度不宜设定过高, 以免出现断料情况, 造成停机事故, 此时需与烧结终点模糊控制策略相协调。

在实际生产情况中, 混合料料槽料位可划分为以下几个区域, 如表 3.14 所示。根据混合料料槽所在的区域, 总结烧结生产过程中料位控制和烧结终点控制之间的关系, 对相关变量的修正划分为以下三种情况。

(1) 料槽料位过限时, 优先控制料槽料位的修正。

混合料料槽和烧结终点都会受台车速度的影响。如果某时刻烧结终点稍微超前, 那么可通过提高台车速度来实现对 BTP 位置的控制, 而此时的料槽料位已经处于低位过限状态, 当持续提高台车速度, 就会造成料槽料位减幅加大, 从而导致料位过低甚至断料; 反之, 烧结终点滞后, 通过降低台车速度来实现对 BTP 位置的控制, 而此时料槽料位已经处于高位过限状态, 当持续降低台车速度势必造成料槽料位增幅加大, 从而导致料位过高溢出。因此, 系统要优先解决料槽过限的问题。

表 3.14 混合料槽料位区域划分

料位区间	状态描述	状态判断
0~20t	料位过低	低位异常
20~30t	料位低	低位过限
30~40t	料位较低	低位过限临界
40~50t	料位正常	正常
50~60t	料位较高	高位过限临界
60~70t	料位高	高位过限
70t 以上	料位过高	高位异常

(2) 料槽料位过限时, 提高响应速度, 缩短控制周期的修正。

由于混合料料槽对于台车速度的响应速度快于烧结终点对于台车速度的响应速度, 烧结终点模糊控制系统的控制周期为 240s, 但对于混合料槽料位则显得太长。在料槽料位过限的情况下, 若持续采用固定的控制周期, 易使系统不仅不能缓解料槽料位过限的情况, 而且引起 BTP 的波动。因此, 在进行料槽料位专家控制时, 需要把控制周期缩短为 120s, 同时为了加快系统的响应速度, 在料槽料位异常时, 立刻下发控制量, 快速使料位恢复正常。

(3) 料槽料位处于过限临界状态时, 保持烧结生产稳定性的修正。

当混合料槽料位处于异常临界状态时, 如果大幅度地改变台车速度, 那么就会容易造成混合料槽料位迅速过限, 使得台车速度被迫回调, 从而造成整个烧结系统的波动。具体地, 假设某时刻混合料槽料位偏低, 处于低料位过限临界状态, 当此时 BTP 有较大超前, 则根据烧结终点模糊控制的计算将会较大幅度地提高台车速度, 那么可以推断出混合料槽料位会急速下降, 进入低位过限状态, 因此, 为防止出现这种情况, 专家控制器应根据实际料位减缓台车速度的增幅, 稳定烧结过程; 相反, 若某时刻料位偏高, 处于高料位过限临界状态, 当此时 BTP 有较大滞后, 则专家控制器应根据实际料位减缓台车速度的减幅, 以此稳定烧结过程。

料位采用梯形满意度函数, 如图 3.35 所示。这是由于料位专家控制模型得到的台车速度输出区间, 可以增大系统的综合满意度。

实际输出在料位模型计算的输出区间之内, 其满意度都取 1, 实际输出 u 由 u_{BTP} 向 $u_{\min l}$ 和 $u_{\max l}$ 滑动时, 满意度逐渐降低, 直至最终满意度为 0, 同样地, $u_{\min l}$ 和 $u_{\max l}$ 分别代表正常生产下, 台车速度允许的最小值和最大值, 分别取 1.5m/s 和 3.0m/s, 其表达式如下:

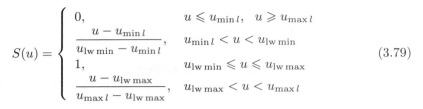

$$S(u) = \begin{cases} 0, & u \leqslant u_{\min l}, \quad u \geqslant u_{\max l} \\ \dfrac{u - u_{\min l}}{u_{\mathrm{lw\,min}} - u_{\min l}}, & u_{\min l} < u < u_{\mathrm{lw\,min}} \\ 1, & u_{\mathrm{lw\,min}} \leqslant u \leqslant u_{\mathrm{lw\,max}} \\ \dfrac{u - u_{\mathrm{lw\,max}}}{u_{\max l} - u_{\mathrm{lw\,max}}}, & u_{\mathrm{lw\,max}} < u < u_{\max l} \end{cases} \tag{3.79}$$

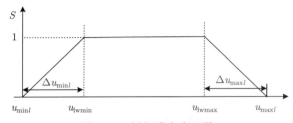

图 3.35   料位满意度函数

2. 系统综合满意度建模及求解

随着企业规模的增大, 烧结工业过程变得更加复杂, 复杂工业过程优化问题的目标与约束条件越来越多, 系统的优化问题归结为一个多目标优化控制问题, 面对复杂的工况, 系统优化可行性是系统优化控制的必要条件。但对于多目标优化控制问题, 在进行系统优化可行性设计的同时, 还需要兼顾目标满意度。根据控制目标对系统的重要性不同, 采用不同的加权系数, 用线性加权和法表示满意优化价值函数。分别设 BTP 和料位的满意度函数为 S_{BTP} 和 S_{lw}, 则系统的综合满意度为

$$S = \gamma S_{\mathrm{BTP}} + (1 - \gamma)S_{\mathrm{lw}} \tag{3.80}$$

从而复杂烧结过程的优化问题转化为如下问题:

$$\begin{aligned} &\max S = \max \left\{ \gamma S_{\mathrm{BTP}} + (1 - \gamma)S_{\mathrm{lw}} \right\} \\ &\mathrm{s.t.} \quad u_{\min l} < u < u_{\max l} \end{aligned} \tag{3.81}$$

求解式 (3.81) 的问题, 可以划分为以下三种情况。

1) BTP 和料位的满意解有交集

如图 3.36 所示, 当 BTP 的满意解 u_{BTP} 处于料位满意解区间 $[u_{\mathrm{lw\,min}}, u_{\mathrm{lw\,max}}]$ 之内时, 即 $u_{\mathrm{BTP}} \in [u_{\mathrm{lw\,min}}, u_{\mathrm{lw\,max}}]$, 显然有 $\max S = \gamma S_{\mathrm{BTP}} + (1 - \gamma)S_{\mathrm{lw}} = 1$, 此时, 无论 γ 取何值均有 $S_{\mathrm{BTP}} = 1, S_{\mathrm{lw}} = 1$, 故有 $S = \gamma + (1 - \gamma) = 1$。显然, 此时系统的满意解即由 BTP 智能控制模型计算得出的台车速度输出值 u_{BTP}。

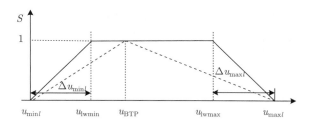

图 3.36 BTP 和料位的最优解有交集

2) BTP 和料位的满意解无交集, 且小于料位满意解

当 BTP 和料位的满意解无交集时, 即说明当前时刻料位控制与 BTP 控制有冲突, 需要根据工业现场的实际情况确定 γ 的值, 以确定以料位为主进行控制或以 BTP 为主进行控制。BTP 和料位的满意解无交集, BTP 的满意解小于料位满意解, 表明 BTP 智能控制模型的结果要求台车速度处于一种较低的水平, 而料位处于较高的位置, 需要台车速度属于一种较高的水平, 以缓解料位过高的工况。当 $u_{\mathrm{BTP}} < u_{\mathrm{lw\,min}}$ 时, 如图 3.37 所示。

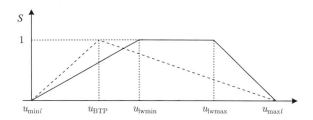

图 3.37 BTP 和料位的满意解无交集, 且小于料位满意解

把式 (3.78) 和式 (3.79) 代入式 (3.81) 得

$$
S(u) = \begin{cases}
0, & u \leqslant u_{\mathrm{min}\,l}, \quad u > u_{\mathrm{max}\,l} \\[2mm]
\gamma \dfrac{u - u_{\mathrm{min}\,l}}{u_{\mathrm{BTP}} - u_{\mathrm{min}\,l}} + (1-\gamma) \dfrac{u - u_{\mathrm{min}\,l}}{u_{\mathrm{lw\,min}} - u_{\mathrm{min}\,l}}, & u_{\mathrm{min}\,l} < u \leqslant u_{\mathrm{BTP}} \\[2mm]
\gamma \dfrac{u - u_{\mathrm{max}\,l}}{u_{\mathrm{BTP}} - u_{\mathrm{max}\,l}} + (1-\gamma) \dfrac{u - u_{\mathrm{min}\,l}}{u_{\mathrm{lw\,min}} - u_{\mathrm{min}\,l}}, & u_{\mathrm{BTP}} < u \leqslant u_{\mathrm{lw\,min}} \\[2mm]
\gamma \dfrac{u - u_{\mathrm{max}\,l}}{u_{\mathrm{BTP}} - u_{\mathrm{max}\,l}} + (1-\gamma), & u_{\mathrm{lw\,min}} < u \leqslant u_{\mathrm{lw\,max}} \\[2mm]
\gamma \dfrac{u_{\mathrm{max}\,l} - u}{u_{\mathrm{max}\,l} - u_{\mathrm{BTP}}} + (1-\gamma) \dfrac{u_{\mathrm{max}\,l} - u}{u_{\mathrm{max}\,l} - u_{\mathrm{lw\,max}}}, & u_{\mathrm{lw\,max}} < u \leqslant u_{\mathrm{max}\,l}
\end{cases}
$$

$$(3.82)$$

那么根据不同的工况, 确定不同的 γ 值, 根据 $\max S$, 即可得到系统的满意解。

3) BTP 和料位的满意解无交集, 且大于料位满意解

BTP 和料位的满意解无交集, BTP 的满意解大于料位满意解, 表明料位可能处于较低的水平, 需要台车以较低的速度行驶, 与之相矛盾, BTP 智能控制模型的结果则要求台车速度处于一种较高的水平, 以保证 BTP 的位置在倒数第二个风箱附近, 如图 3.38 所示。

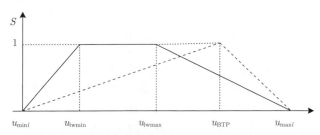

图 3.38　BTP 和料位的满意解无交集, 且大于料位满意解

同理, 把式 (3.78) 和式 (3.79) 代入式 (3.81) 得

$$
S(u) = \begin{cases}
0, & u \leqslant u_{\min l}, \quad u > u_{\max l} \\[2mm]
\gamma \dfrac{u - u_{\min l}}{u_{\mathrm{BTP}} - u_{\min l}} + (1-\gamma)\dfrac{u - u_{\min l}}{u_{\mathrm{lw\,min}} - u_{\min l}}, & u_{\min l} < u \leqslant u_{\mathrm{lw\,min}} \\[2mm]
\gamma \dfrac{u - u_{\min l}}{u_{\mathrm{BTP}} - u_{\min l}} + (1-\gamma), & u_{\mathrm{lw\,min}} < u \leqslant u_{\mathrm{lw\,max}} \\[2mm]
\gamma \dfrac{u - u_{\min l}}{u_{\mathrm{BTP}} - u_{\min l}} + (1-\gamma)\dfrac{u_{\max l} - u}{u_{\max l} - u_{\mathrm{lw\,max}}}, & u_{\mathrm{lw\,max}} < u \leqslant u_{\mathrm{BTP}} \\[2mm]
\gamma \dfrac{u_{\max l} - u}{u_{\max l} - u_{\mathrm{BTP}}} + (1-\gamma)\dfrac{u_{\max l} - u}{u_{\max l} - u_{\mathrm{lw\,max}}}, & u_{\mathrm{BTP}} < u \leqslant u_{\max l}
\end{cases}
$$

$$(3.83)$$

同理, 则根据料位所处的位置, 确定不同的 γ 值, 根据 $\max S$, 即得到系统的满意解。

γ 的取值与系统的综合满意度以及系统的输出有着密切的关系, 根据烧结生产工艺, 确定 γ 的取值, 如下式所示:

$$
\gamma = 1 - \frac{|\mathrm{LW} - \mathrm{LW}_{\mathrm{mid}}|}{\mathrm{LW}_{\mathrm{mid}}}
$$

$$(3.84)$$

式中, LW 为料位。

烧结安全生产的料位区间为 [20t, 70t], 取最中部料位为 45t, 即 $\mathrm{LW}_{\mathrm{mid}} = 45\mathrm{t}$, 式 (3.84) 表明, 当料位越接近 45t, 料位过限的可能性越小, γ 取值偏大, 则料位满意度函数的权值也应该越小, BTP 满意度函数的权值越大, 此时应该以 BTP 的控

制为主; 相反, 料位越偏离 45t, 料位过限的可能性越大, 不安全生产的隐患也越大, γ 取值偏小, 则料位满意度函数的权值也应该越大, BTP 满意度函数的权值越小, 此时应该以料位的控制为主, 保证烧结安全高效地进行。

根据烧结的实际生产工况, 分别取 $u_{\min l}$=1.5m/s 和 $u_{\max l}$ =3.0m/s, 假设在某时刻, BTP 混杂控制模块得到的 u_{BTP} =2.85m/s, 料位专家控制模块得到的 u_{lw} 的输出区间为 [2.6m/s, 2.75m/s], 料位为 25t, 则此时有 $\gamma = 0.556$, 将 $\gamma = 0.556$ 代入式 (3.83), 得

$$
S(u) = \begin{cases}
0, & u \leqslant 1.5, \quad u > 3.0 \\
0.81548u - 1.22322, & 1.5 < u \leqslant 2.6 \\
0.41185u - 0.17375, & 2.6 < u \leqslant 2.75 \\
5.59823 - 1.80815u, & 2.75 < u \leqslant 2.85 \\
16.448 - 5.4827u, & 2.85 < u \leqslant 3.0
\end{cases}
\tag{3.85}
$$

分别计算各个区间系统的综合满意度有: S 分别等于 0、0.8970、0.9588、0.6234、0.8224 和 0, 即可得到当 $u = 2.75$ 时, 系统的综合满意度有最大值 0.9558, 因此, 取系统的综合输出为 $u = 2.75$。

同理, 还可以根据上述方法求出不同时刻、不同工况的系统的综合满意度和系统的实际输出值, 并用于指导实际生产, 保证烧结生产的安全进行和提高烧结矿的质量。

取某烧结机的烧结终点 (南侧) 和混合料料槽料位实时数据, 对数据进行滤波后, 利用智能协调优化控制策略对系统进行控制仿真, 并对仿真结果进行分析比较。图 3.39 为在手动控制情况下的南侧 BTP 位置与混合料料槽料位曲线图。图 3.40 为采用基于满意度的智能协调控制策略的控制仿真图。

由图 3.39 可知, 根据实际生产数据, 手动控制时, 烧结终点的波动频繁, 且波动幅度较大, 在较差的情况下, 烧结终点甚至长期处于 18.5 的状态, 即烧结矿未完全烧透, 这将造成大量返矿; 同时, 混合料料槽料位在一定时间内超出了安全生产的料位区间 [20t, 70t], 出现了低位异常和高位异常的情形, 易造成停机事故。

从图 3.40 中可以看出, 采用智能协调优化控制策略进行控制仿真后, 烧结终点波动大幅度减小, 烧结终点的位置基本保持在 17.0 附近的小范围内波动, 烧结终点位置的波动率与手动控制相比降低了 20%~30%。同时混合料料槽料位变化平稳, 变化区间为 [35t, 50t], 未出现料位过限或异常的状况, 满足料槽料位的控制要求, 能够保证烧结生产的稳定运行。

由此可见, 基于模糊满意度的烧结终点智能协调控制策略能有效降低烧结终点

位置的波动, 同时又兼顾了料槽料位指标的要求, 能够在保证烧结过程安全性的基础上, 实现对烧结终点和混合料料槽料位的协调优化控制, 提高系统鲁棒性。

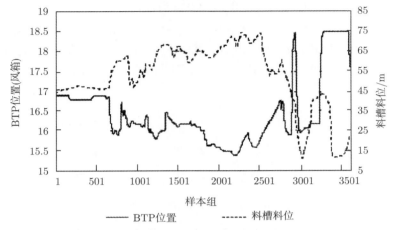

图 3.39 手动控制烧结终点 (南侧) 和混合料料槽料位

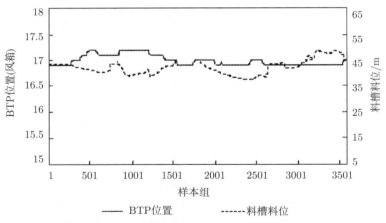

图 3.40 智能协调控制烧结终点 (南侧) 和混合料料槽料位

3.6 烧结综合料场作业管理与优化

原料场主要负责供给烧结、高炉用料, 起到存储和缓冲功能, 是保证钢铁企业连续安全生产的前提 [38, 39]。由于铁矿石资源的限制, 铁矿粉原料品种繁多, 使我国的钢铁企业料场管理相对于国外发达国家不仅管理难度加大, 而且自动化管理水平较低。因此, 利用先进的自动化技术与智能建模方法进行原料场的作业优化管理是十分必要的。

3.6.1 综合料场工艺及存在问题

钢铁企业负责存放整个企业铁矿粉原料的场地称为烧结综合原料场。烧结综合原料场不仅存放来自国内外的各单种铁矿粉原料,而且负责将各种品位不同的铁矿粉原料经过均匀混合形成成分均匀的中和粉,所以综合料场分为一次料场与二次料场两个部分,一次料场负责存放单种铁矿粉原料,二次料场负责存放混合后成分均匀的中和粉。

1. 综合料场生产技术

对于料场生产技术的改进,在富矿储量较低的国家,各大钢铁企业针对原料场的生产工艺进行了大量的改进工作,主要目的为提高大型设备的利用率与保证原料成分不随堆取时间而不同,国内外的钢铁企业综合料场形成了原料进厂、堆料、取料、混匀、堆料、送料的典型工艺,并形成了具有一次料场与二次料场的典型综合料场布局。国内外的烧结料场生产技术改进工作主要体现在以下几个方面。

1) 一次料场采用定点堆料、扇形取料的方式

一次料场存放进厂的各单种铁矿粉原料,定点堆料过程是将堆料机出料口置于料堆正上方,堆料机悬臂随着料堆高度的增加不断升高,堆料机的仰角也随着不断增加,当料堆逐渐堆至最高点时,堆料机进行回转作业,继续下一堆原料的堆放。为避免不同时间和高度所取原料存在粒度上的不同,取料时采取扇形台阶方式进行取料,从料堆上部顺序向下逐步取出。

2) 二次料场采用人字形堆料、三角截面取料的方式

二次料场存放的为各单种铁矿粉原料按照一定的配比进行混合后形成的成分均匀的中和粉。为了保证中和粉完全混合,二次料场采用人字型堆料方式。取料过程采用垂直的方式,从料堆的最上层至最下层按三角形截面进行取料。

3) 增加存放各单种铁矿粉原料的料仓个数

各单种铁矿原料经过取料机与传送皮带被送至混匀料仓,原料场通过控制不同料仓的下料速度来控制各单种铁矿粉的配比,使中和粉达到要求的成分。国内外各大钢铁企业通过尽量增加混匀料仓的个数的方式提高混匀过程的精度。

4) 在堆取料及悬臂架上安装激光测量装置

为了及时获取料堆的实时信息,各大钢铁企业原料场通过在堆取料机悬臂架上安装激光扫描装置实现对料堆的实时扫描,进行精确的料场盘存工作,该项工艺的改进需结合先进的计算机技术实现后续得出料堆体积、质量等信息的任务。

2. 综合料场自动化管理

在综合原料场工艺进行改进的同时,随着自动化技术与计算机技术的发展,国

内外钢铁企业开始重视原料场的自动化管理问题。

料场无人化管理的目的是最大限度地节约人工劳动成本, 并改善工作环境。根据铁矿粉种类繁多的情况, 料场的无人化管理系统包括的功能主要有料场实时三维模型绘制、管理计划通过计算机编程与网络通信转化为 PLC 指令、堆取料机进出料流量实时控制、堆取料机报警及保护机制、自动堆取料作业及库存量实时准确统计等。料场无人化管理系统的研究在国内以上海宝钢集团有限公司 (简称宝钢) 最为领先, 它采用激光扫描装置扫描料场料堆信息, 生成实时的三维料场图, 基于三维料场图给予堆取料机准确的堆取料指令进行自动堆取料, 实现堆取料的无人化操作。由于料场环境的恶劣、激光扫描设备价格的昂贵及技术水平的限制, 目前料场的堆取料无人化操作技术仍处于研究与实验阶段, 国内仍没有长期用于正常生产的无人化料场控制系统。

从目前的国内外研究现状可以看出, 料场的自动化管理已经具有一定的水平, 但是国内与国外先进的原料场生产线相比仍具有一定的差距, 料场的自动化管理水平低。

3. 料场管理存在的主要问题

由于料场的工艺复杂, 铁矿粉种类繁多, 外在影响因素严重, 大量的不确定信息及海量的数据使料场的作业优化管理问题比较复杂, 需基于先进的计算机技术、信息技术及智能优化方法进行料场作业管理与优化系统的设计, 目前料场作业管理及优化系统的设计存在以下几个方面的问题及难点。

1) 料场原料储位选择不合理, 导致原料场利用率较低

目前, 原料场的储位为现场工作人员根据个人经验将原料进行堆放, 没有固定的规则或制度, 不同工作人员的储位决策不同, 导致原料存放存在随意性, 无法防止事件的发生, 且没有考虑场地的利用率、设备的运行成本及料堆的可达性。

2) 原料库存储量不合理, 增加企业成本

料场存放的原料存在时多时少的情况, 若没有对不同种类铁矿粉原料库存量进行合理优化, 则存在库存积压及缺料现象。公司管理者制定的采购计划多依赖于铁矿粉原料的采购价格, 但这表面看似合理的采购计划实际增加了企业成本。

3) 大型设备运行费用高, 堆取料存在人为失误情况

由于料场铁矿粉种类繁多且数量巨大, 大型设备的运行耗能严重, 且设备损耗导致的维护费用较高。为节能减耗, 应该尽量缩短设备的运行路程和提升设备的运行效率。另外, 由于目前料场堆取料均为人为操作, 特别在夜间作业时, 人对料堆信息判断不准确, 进而导致堆取料失误的情况。

3.6.2　综合料场作业管理与优化系统结构

烧结综合料场工艺流程烦琐, 外在影响因素众多, 实现料场作业优化管理, 对

于提高料场生产效率,保证烧结生产与高炉生产稳顺,降低生产成本与设备损耗,提高料场自动化水平都具有非常重大的意义[40]。

大型钢铁企业的综合原料场是用来存放烧结、高炉等所需各种原燃料的场地,料场生产的核心目标是保证后续烧结与高炉生产原料的充分供应,同时保证中和粉的品质。原料场的合理充分利用能为企业提高显著的经济效益,在实现主要目标的基础上,钢铁企业要求料场生产管理实现最大程度的节约生产成本。综合料场作业管理与优化系统的目的是在实现料场生产目标的基础上,提高料场生产效率,降低料场生产成本,节约钢铁企业流动资金。

1. 料场工艺流程

国内烧结综合原料场均分为一次料场与二次料场。这里以某钢铁企业的具体烧结综合料场为例进行介绍。由于国内综合料场生产工艺的相似性,该钢铁企业烧结综合料场生产工艺及特性可以代表国内钢铁企业综合原料场的共有特点。

该烧结综合料场是 $360m^2$ 烧结机与 $3200m^3$ 高炉配套建设项目,主要实现来自国内外的单种铁矿粉原料堆放,预配料、混匀堆料工作。其中,一次料场负责存储单种铁矿粉原料,二次料场负责存储单种铁矿粉预配混匀后的中和粉。一次料场共有三个储料料条,分别称为 A、B、C 料条,每个料条长为 600m,宽为 46m。三个料条的铁矿粉原料按照规则存放,一次料场储量上限为 45 万 t,二次料场共有 D、E 两个料条,每个料条长为 600m,宽为 27m,存放中和粉料堆连续型的料堆,堆料完成时,按一定的堆放形状铺满整个料条,二次料场储量上限为 24 万 t。综合料场工艺流程如图 3.41 所示。

根据综合料场要完成的功能,料场的工序主要有以下几个环节:原料入场、大块筛分、一次料场堆料、一次料场取料、料仓上料、预配料、一次混匀、二次料场混匀堆料、二次料场混匀取料。按各环节的衔接性质及完成的功能,料场的工艺又可分为来料系统、上料系统、混匀堆料、混匀取料。

1) 来料系统

来料系统由原料入场、大块筛分、一次料场堆料、一次料场取料等四个环节组成。铁矿粉来料分为火车进料与汽车进料,火车运输的铁矿粉主要供给烧结机所用,少部分供给高炉所用,汽车运输则全部供给高炉。

火车来料进入厂区主要有翻车机运输,为了辨别原料的种类、成分等信息,需要进行翻车机车号识别。识别系统识别出具体的车号和对应车号的铁矿粉料名与编号,根据料名与编号决定是否将该种类的铁矿粉进行大块筛分。大块筛分环节主要完成对含有杂质较多的国内铁矿粉原料进行处理工作,大块筛分得到的大块杂物由

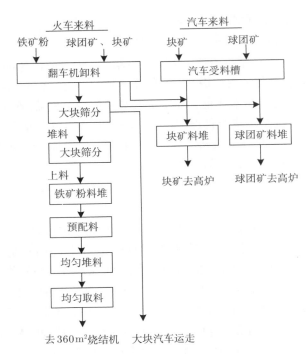

图 3.41 综合料场生产工艺流程

汽车运走。汽车进料系统直接将来料放至受料槽, 不需要由翻车机进行卸料。火车进料铁矿粉与汽车进料铁矿粉最终会经过运输皮带及堆取料机按一定的规则堆至一次料场, 形成铁矿粉堆, 当需要向预配料仓或高炉送料时, 则同样由运输皮带与堆料机完成取料工作。

2) 上料系统

上料系统由料仓上料、预配料、一次混匀组成。原料按一定规则堆放至一次料场后, 在进行新一批中和粉的生产之前, 需要将一次料场的铁矿粉经过取料放置预配料仓中, 该过程称为上料。该次生产中和粉中需要用到的单一铁矿粉种类及数量是由管理层制定的预配料配单决定的, 料场操作人员通过控制不同料仓的下料速度完成配单, 操作人员将配料比例转化为料仓下料速度, 料仓往皮带上面均匀下料, 皮带机在料仓下匀速行走, 完成预配料及一次混匀过程。预配料的准确进行是保证中和粉品质的前提, 因此上料系统作业优化管理要求堆取料机、运输皮带与对应料仓之前准确定位, 且料仓下料精确度高。

上料系统除了向预配料仓送料, 还要完成向高炉的送料。原料场向高炉送料是从固定的块矿料堆和球团矿料堆取料, 原料的类型一般固定不变, 运输过程由运输皮带与堆取料机完成。

3) 混匀堆料

上料系统结束后的混匀堆料为二次料场的中和粉混匀堆料 (混匀平铺)。将配好的中和粉分层均匀堆放到二次料场, 堆取料机在二次料场的一个料条从始点行驶至终点为一层, 料堆层数会随着堆取料机的往返行走而增加, 分层平铺过程是对中和粉的第二次混匀过程, 该综合料场的二次料场采取的是典型的 "变起点, 定终点" 的 "人" 字形堆料, 该堆料方式减少了端部料的产生, 料堆截面为三角形。

4) 混匀取料

混匀堆料结束后, 根据后续烧结生产要求将中和粉从二次料场送至 $360m^2$ 烧结机对应的中和粉料仓称为混匀取料。二次料场取料机按料堆三角形截面截取中和粉, 放至皮带机。中和粉料堆平铺面和截取面呈垂直关系, 所以二次料场的垂直取料过程相当于中和粉的第三次混匀过程。

具体分析, 烧结综合料场生产具有以下特点。

(1) 人为影响因素严重。

料场人为影响因素体现在料场图的绘制由人为完成, 人为绘制料场图是用眼睛大致确定料堆与料堆的位置、空储位的大小等; 堆取料机的操作也是人为的, 人为操作堆取料机需要操作人员自己去判断堆取料机大致的行走位置, 准确率较低。

(2) 环境影响因素严重。

除了人为影响因素, 料场的管理易受天气变化的影响, 上层管理者制定的生产计划预配料计划是按铁矿粉的进场水分制定的, 铁矿粉堆放至料场后, 天气晴朗时, 料堆含水量相对于铁矿粉进场水分会有所降低, 雨水严重时, 料堆含水量相对于铁矿粉进场水分增加, 皮带机及料仓易发生粘料, 不仅使得铁矿粉的测重不准确, 皮带机及料仓粘料产生的物料流失也无法准确计量。

(3) 工艺流程烦琐。

料场的工艺流程烦琐, 除主要的设备堆取料机与皮带机, 还有振动斗、板式给矿机、带式给矿机、振动筛、给矿槽、上料小车、红外线水分仪、编码器、翻车机等辅助设备, 料场设备众多, 且设备的启停、运行等不能完全实现自动化无人控制, 翻车机、皮带机、堆取料机等设备的启停、调度需要人工给出指令。

(4) 数据信息量大。

综合料场与烧结机生产、高炉生产不同, 数据信息量非常庞大, 如来料信息, 包括翻车机车号、来料时间、水分、成份、料名、编码等信息, 受料槽的相关信息, 皮带运输相关信息, 料堆位置、长度、堆取料机规格、俯仰角、提升高度等信息, 除此之外还需要对每次的烦琐工艺流程信息进行记录, 包括下料速度、皮带启停情况、水分测量值等。

2. 系统需求分析

针对料场生产过程人为影响因素严重、环境影响因素严重、工艺流程烦琐及数据信息量大的特点,基于现有料场自动管理系统进行改进,解决料场优化管理存在的主要问题及难点,并设计料场作业管理与优化系统,达到提高料场利用率与运行效率,降低综合料场运行成本高,节约企业流程资金的目的。通过分析,综合料场作业管理与优化系统应主要完成以下功能。

1) 建立料场储位选择决策支持模块

通过分析一次料场铁矿粉原料的存储特点及主要影响因素,研究基于人工经验及模糊多准则优化方法的料场储位选择模型,采用层次分析法对储位准则进行分析,采用模糊权值与模糊期望值计算方法对储位模糊多准则优化模型进行求解,为不同铁矿粉原料分配合理的存储位置,提高料场场地利用率。

2) 开发料场自动成图技术

针对现场无实时自动更新的料场问题,结合堆取料机的运行信息及计算机三维成像技术,自动生成综合原料场实时更新的料场图。

3) 基于库存量预测与优化模型完成库存优化管理功能

通过分析铁矿粉原料库存量变化特点及影响因素,采用合理的建模方法建立库存量预测模型,选择基于模型 GM(1,1) 与 ARMA 模型的集成建模方法,构建库存量预测模块,根据集成模型的预测结果判断是否可能发生断料与缺料时间,提前为管理者的采购计划提供决策。

4) 建立堆取料机优化调度模型与堆取料报警机制

为实现堆取料机优化调度,以其行程最短为目标,建立堆取料机优化调度模型,根据模型的求解结果设计合理的堆取料机的调度方案。同时,在实时料场图绘制的基础上,建立堆取料报警机制,只有当堆取料机位置在堆料的料堆位置,才允许堆取料。

5) 开发料场作业管理与优化系统

通过以上关键技术及功能模块的设计,通过读取现有的数据库服务器中相关数据信息,采用 C/S 架构模式,增加工控机作为系统的客户端,开发综合料场作业管理与优化系统,基于现有综合料场的硬件结构和软件结构,实现系统运行结果的下发与显示。

3. 料场作业管理与优化系统设计

钢铁企业烧结综合料场具有外在影响因素众多、工艺流程复杂、数据信息量大等特点,全流程优化管理难度较大。由于料场管理的难点,目前没有有效的综合料场作业优化管理系统,综合料场已有的自动化架构比较完整,具有上层生产指令下发与下层生产数据采集的条件,但是由于没有采用合理的智能化建模方法与先进的计算机技术解决料场管理中的关键点及难点, 料场的自动化水平仍停留在对设备的基本启停及运行阶段, 不能达到综合料场全流程作业优化管理的水平, 如何将传统建模方法、智能建模方法、信息化技术、计算机技术相结合, 有效地应用于综合料场全流程作业优化管理中, 是提高综合料场智能化、信息化和自动化水平的关键。

基于已有的综合料场自动化系统架构, 设计烧结综合料场作业管理与优化系统, 解决料场作业管理中的关键点及难点, 提高料场管理效率, 提高料场整体自动化水平, 节约企业成本。

1) 系统设计思想

综合料场作业管理优化的目标是提高料场的整体自动化水平, 达到无人化堆取料, 提高料场利用率, 减少机械损耗, 降低原料库存采购存储成本。通过采用计算机三维绘图技术实现实时料场图的绘制, 结合堆取料机优化调度模型实现无人化堆取料, 并建立堆取料失误报警机制; 通过采用层次分析法分析料场储位准则的优先级, 得到料场储位模糊多准则决策模型, 从而得到料场来料的最佳储位, 避免混料事件的同时提高料场利用率; 通过采用多模型集成的方法建立库存量预测模型, 给出库存预警, 避免缺料或断料现象的发生; 通过分析料场库存量存储实际情况, 构建多目标约束的库存量优化模型, 采用遗传粒子群算法对优化模型进行求解, 得到最优的铁矿粉采购量, 节约企业成本; 库存量预测与库存量优化模型共同构成库存量管理模块, 达到保证料场正常连续供料情况下, 采购存储费用最小的目标。

2) 系统整体结构

根据料场工艺要求, 料场作业管理与优化系统需要的功能包括实时料场图绘制、储位优化决策、库存量预测、库存量优化及堆取料机优化调度。根据要完成的功能, 作业管理优化系统基于原有系统架构, 采用三层网络体系结构, 这种结构可以实现系统的资源共享, 减轻服务器的负担, 同时还能够提高应用系统的可扩展性, 便于数据库移植。

综合料场作业管理与优化系统的三层网络结构为一级基础自动化层 (L1)、二级过程控制层 (L2)、三级生产管理层 (L3)。系统整体结构图如图 3.42 所示。

基础自动化层上传生产过程检测参数、设备参数及原料参数等信息, 并根据过程控制层下发的控制量与操作指令对料场作业进行实时控制, 完成电气、仪表控制及画面显示功能。

过程控制层完成基于堆取料机信息的料场图实时绘制及堆取料机报警机制, 并负责生产管理层与基础自动化之间的通信。例如, 将生产管理层下发的配单转化为各单种铁矿原料的实时配比及各个预配料仓的下料速度。

生产管理层负责完成料场作业管理与优化系统的各优化模型, 通过采集料场实时空储位信息及来料信息, 构建料场储位模糊多准则决策模型, 得到料场来料的最佳储位; 通过采集堆取料机作业信息, 建立以机械行程最短为目标的堆取料机作业

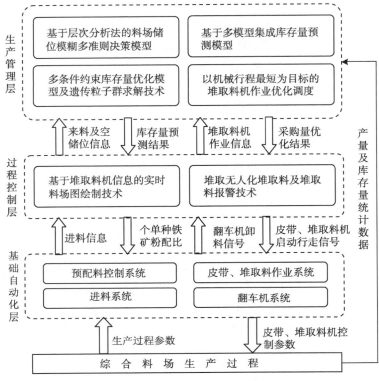

图 3.42　综合料场作业管理与优化系统结构

优化调度模型; 通过从料场生产过程采集中和粉产量及库存量统计信息, 建立料场铁矿粉库存量预测模型及优化模型, 得到料场库存量预测值及各单种铁矿粉原料最佳采购量, 为管理者提供采购决策支持。

综合料场原有过程控制层由数据库服务器、应用服务器与客户端组成。应用服务器主要负责基础自动化层数据采集、物料数据跟踪; 提供预配料系统、翻车机系统、进料系统的接口程序; 将校对和处理后的数据写入数据库服务器。同时与L1、L3 进行通信, 将生产过程数据保存在数据库中。数据库服务器要与 L3、烧结机 L2 等通信。L3 由应用服务器、数据库服务器、客户端组成。L3 数据库服务器负责存储整个料场的生产信息数据。

L2 与 L3 的客户端与服务器采用 C/S 架构模型进行通信, 这种通信模型为各种优化模型的实现提供了很好的环境, 设计的作业管理与优化系统主要基于这种C/S 架构模型, 数据库服务器负责存储作业管理与优化的各种生产数据及模型求解结果, 客户端从服务器端读取数据, 完成模型的计算工作。

该种架构模型便于系统移植, 减轻了服务端的负担, 信息共享程度高, 并符合工作现场实时性较高的要求, 结合综合料场原有系统架构, 通过增加工控机作为客户端, 完成综合料场作业管理与优化系统的相关模块, 并进行系统的实际应用, 可提高料场生产效率, 最终达到降低企业成本的目的。

3.6.3 综合料场储位选择优化方法

原料场管理是钢铁企业管理的核心内容, 而储位选择是原料场管理的关键。在分析料场储位决策的主要影响因素基础上, 针对钢铁企业原料场储位选择问题, 以提高料场利用率和稳定原料成分为目标建立储位优化准则, 并结合三角模糊数和层次分析法提出一种新型的原料场储位优化方法, 为到达原料场的每种原料寻找最优储位 [41]。

1. 料场储位决策主要影响因素

随着科学技术的进步, 我国的钢铁企业发展迅速。大部分企业往往通过建设新的原料场来满足市场需求的增加, 但是在当前土地资源紧缺的情况下, 要建设新的原料场耗费的资金过于庞大。通过分析发现, 大多数原料场存在利用率不高的问题。同时, 随着生产设备的大型化, 钢铁企业对原料质量及其稳定性的要求也越来越高 [42], 因此, 寻找一种合理有效的方法来提高料场利用率和原料成分稳定性具有重要的研究意义和应用价值。

钢铁企业综合料场的储位决策问题是指在现有的料场空间和已知的储位占用前提下, 在某种原料各个可能的存储位置中选择一个最为合适恰当的储位进行入库堆料。在此, 需要分析原料存储作业过程, 并以料场利用率最高和原料成分最稳定为目标, 考虑影响原材料储位选择优劣性的各种因素, 制定合理的储位决策准则, 为储位选择提供依据。

1) 主要影响因素分析

由于钢铁企业的储存原料多为铁矿石、煤炭等类型, 并且通常存储数量大, 大多采用露天堆放, 所以钢铁企业原料场与一般原材料仓库存在很大差异。

一般的原材料仓库受面积、存储设施和布置方式的限制, 对于物料的存储位置都会有相当明确的规定。可以说, 什么类型、多少数量的物料应该存放在什么位置上事先都有明确定义。这样, 既便于物料的快速存取, 又有利于对物料的管理。因此, 一般的原材料仓库的作业管理人员对于物料存储位置的定义是相当清楚和明确的, 一旦有物料入库, 根据入库物料的类型、数量等信息, 可以快速地查找并确认物料的存储位置。相比之下, 钢铁企业综合料场中的储位选择与决策情况却截然不同 [40]。因此, 钢铁企业综合料场储位选择时要考虑的因素很多。

受存取作业的影响, 综合料场的物料存储情况会随着时间点的不同而有所不同, 并且每批次采购的原料种类、产地和成分组成也都不一定相同。为原料选择存储位置时需要同时考虑以下几个因素。

(1) 同种物料应分开存放, 即双系统存放, 以避免因作业设备的机械故障等原因而造成物料的无法取用, 延误下游部门的正常生产。

(2) 不同时间、不同产地的同种物料应分开存放, 以保证物料成分的稳定。

(3) 空料区应尽量保持完整, 以提高料场利用率。

(4) 每次取用同一产地或同批次的原料有助于稳定产品品质, 而每次的取料作业也会因为先前考虑存储位置时的决策优劣而影响取料作业效率的高低。

(5) 避免出现堆取料机作业量过多或过少的现象, 提高机械设备的使用均衡率等。

2) 储位决策准则

以某钢铁企业 $360m^2$ 烧结机配套综合料场为研究对象, 它主要负责存放来自国内外不同种类的铁原料。如图 3.43 所示, 该综合料场总共有 3 个料条, 分别为 A、B、C 料条, 每个料条长 600m、宽 46m, 储料上限为 45 万 t, 有 4 台堆取料机在相邻料条间进行堆取料。

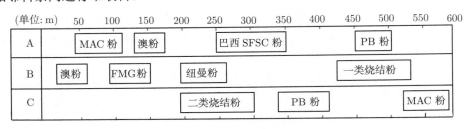

图 3.43　原料场实况图

为达到料场储位优化的目标, 结合料场管理人员的经验分析, 制定以下 7 条准则, 并定义各评估准则对应的语言变量。

(1) 不同种原料的分散性: 为避免不同种类的铁矿石出现混料现象, 不同种原料必须分开堆放。

(2) 同种原料的分散性: 同种原料应存放在两个料条上, 以避免因作业设备的机械故障造成物料无法取用。

(3) 相近原料的集中性: 成分相近的原料应相邻堆放, 以减少原料混合堆放引起的成分波动。

(4) 相同或相近原料的履历性: 为保证原料成分的稳定性, 某个空料区上堆放的原料应与原来堆放的原料品种相同或相近。

(5) 空料区长度的匹配性: 为节约空间, 减少料场碎片, 应优先考虑与待堆原料预计长度相近的空料区。

(6) 设备使用率的均衡性：避免出现机械设备作业量过多或过少的现象, 提高机械设备的使用寿命。

(7) 设备作业的可达性：尽量将使用率较高的矿粉堆放在料场的两端或靠近料场两端, 这样堆取料机发生故障时, 还能使用卡车进行运输。

2. 基于层次分析法的料场储位模糊多准则优化方法

根据综合料场储位选择的实际情况, 以料场利用率和原料成分稳定性为目标, 建立储位选择优化模型, 并针对钢铁企业原料所具有的来源广泛、品种繁多、数量庞大、外在影响因素比较严重等特点, 寻找合适的优化算法, 以得出最优的储位决策方案。

1) 模糊多准则优化方法

目前, 针对料场储位选择问题, 国内很多学者进行了研究, 主要集中在以下几个方面：采用专家控制方法可以将现场管理人员的经验作为专家知识参与到决策中, 提高输入配置计划的合理性, 然而该方法制定的计划与人工制定的计划基本一致, 没有达到提高料场利用率的目标; 嵌入随机迭代局域搜索策略的禁忌搜索算法能对原料场存储分配问题进行求解, 并增强全局搜索能力, 但是对储位选择影响因素的考虑不全面; 现代数学方法虽然可以将矿石料场位置分配问题归结为特殊的整数规划模型, 并形成易于求解的典型运输问题模型, 但也不能从根本上解决料场利用率和原料成分稳定性的问题。

由于国内钢铁企业原料具有来源广泛、品种繁多、数量庞大、库存统计不准确、外在影响因素比较严重等特点, 所以原料的各种存储方案的评价是一个定性和定量相结合的多目标优化问题。而层次分析法 (analytical hierarchy process, AHP) 是在多目标、多准则条件下, 对多种对象进行评价的一种简洁而有力的工具, 适用于解决复杂而难以结构化, 即不能完全用定量方法进行分析决策的问题。因此, 采用 AHP 可以确定每个决策人员赋予各准则的权重值, 解决准则难以量化的问题。

但是, 由层次分析法得出的各准则的权重值只能反映个人对准则的判断, 没有综合所有参与决策者的判断。传统的方法是采用算术平均值或几何平均值进行计算, 这些方法虽然简单, 但是只能反映各准则权重值中的一种, 不够全面。为了把所有决策者的判断都考虑在内, 采用模糊集合理论中的三角模糊数 (triangular fuzzy number, TFN) 方法表示各准则的权重值, 以全面地反映各种情况。

2) 多准则优化模型

设 m 为储位个数, n 为准则个数。将料场中所有空料区分别从 1 到 m (m 为空料区总数, 即储位总数) 进行编号, 对于任一储位 i, 都有一个对应准则 j, $j = 1, 2, \cdots, n$ ($n = 7$) 的模糊期望值。同时, 对于任一准则 j, 都有一个对应的权重值 S_j。为了给每种进厂的原料选择最合适的存储位置, 建立储位优化模型, 其目标函

数如下:

$$\max f = \max \left\{ s_1 q_1(i) + s_2 q_2(i) + \cdots + s_j q_j(i) \right\} \tag{3.86}$$

式中, $i = 1, 2, \cdots, m$; $j = 1, 2, \cdots, n$。

3) 准则权重值的求解

邀请 x (决策群体人数一般为 5~10 名, 这里取 $x = 6$) 名经验丰富的原料场管理人员组成一个决策群体, 由他们对以上制定的 7 条储位优化评估准则, 按照表 3.15 对各准则两两之间的相对重要性进行判断。

表 3.15　AHP 相对重要性评估表

评估尺度	定义
1	两个元素具有相同的重要性
3	经验与判断上稍微倾向某一因素
5	经验与判断上强烈倾向某一因素
7	经验与判断上非常强烈倾向某一因素
9	有足够理由与证据肯定绝对偏向于某一因素
2、4、6、8	上述相邻判断的中间值

各个决策者的判断都是单独进行的, 以避免受其他人员的干扰。因准则有 7 条, 故每个决策者需比较 42 次, 最后将判断结果填入对比矩阵 P:

$$P = \begin{bmatrix} p_{11} & p_{12} & \cdots & p_{17} \\ p_{21} & p_{22} & \cdots & p_{27} \\ \vdots & \vdots & & \vdots \\ p_{71} & p_{72} & \cdots & p_{77} \end{bmatrix} \tag{3.87}$$

求出一致性指标 C.I. $= (\lambda_{\max} - n)/(n - 1)$、对比矩阵 P 的最大特征值 $\lambda_{\max}$ 和特征向量 s, 式中 n 是对比矩阵的维数。如果对比矩阵 P 符合一致性指标要求, 则对特征向量 s 进行归一化处理, 即可求得决策者 $k(k = 1, 2, \cdots, 6)$ 赋予 7 条评估准则的权重值, 如表 3.16 所示。

表 3.16　各决策者赋予评估的权重值

评估准则	决策者					
	1	2	3	4	5	6
准则 1	s_{11}	s_{21}	s_{31}	s_{41}	s_{51}	s_{61}
准则 2	s_{12}	s_{22}	s_{32}	s_{42}	s_{52}	s_{62}
准则 3	s_{13}	s_{23}	s_{33}	s_{43}	s_{53}	s_{63}
准则 4	s_{14}	s_{24}	s_{34}	s_{44}	s_{54}	s_{64}
准则 5	s_{15}	s_{25}	s_{35}	s_{45}	s_{55}	s_{65}
准则 6	s_{16}	s_{26}	s_{36}	s_{46}	s_{56}	s_{66}
准则 7	s_{17}	s_{27}	s_{37}	s_{47}	s_{57}	s_{67}

为了综合考虑所有决策人员的判断, 下一步采用三角模糊数的方法来求解各准则的模糊权重, 这样就能反映可能情况的全部, 而不仅是某些特定部分。

设 S_j 为准则 j 的模糊权重, l 为决策人员数, 则 S_j 可表示为

$$S_j = (L_{S_j}, M_{S_j}, U_{S_j}), \quad j = 1, 2, \cdots, 7 \tag{3.88}$$

式中, $L_{S_j} = \min_l(s_{lj}); M_{S_j} = \mathrm{ave}_l(s_{lj}); U_{S_j} = \max_l(s_{lj})$。

4) 储位期望值及最优储位的求解

为了得到储位 i 对应准则 j 的模糊期望值 $q_j(i)$, 每个决策人员需要根据自身专业知识和实际经验以语言变量的方式对各个准则进行判断, 并以三角模糊数表示。语言变量与三角模糊数之间的转换关系如表 3.17 所示。

表 3.17　语言变量与三角模糊数转换表

语言变量取值	三角模糊数
高	(0.5, 0.7, 1.0)
中	(0.3, 0.5, 0.7)
低	(0, 0.3, 0.5)
库存空位不可用	(0, 0, 0)

定义 $q_j(ki)$ 为决策人员 k 对于储位 i 在准则 j 下的模糊期望值, 由于每个决策人员对问题的认识不同, 所以要综合考虑每个决策者的判断, 则

$$q_j(i) = \frac{1}{n} \otimes [q_j(1i) \oplus q_j(2i) \oplus \cdots \oplus q_j(li)] \tag{3.89}$$

根据三角模糊数运算法则可得

$$q_j(i) = \left[L_{q_j}(i), M_{q_j}(i), U_{q_j}(i)\right] = \frac{1}{n}\left[\sum_{k=1}^{l} L_{q_j}(ki), \sum_{k=1}^{l} M_{q_j}(ki), \sum_{k=1}^{l} U_{q_j}(ki)\right] \tag{3.90}$$

式中

$$L_{q_j}(i) = \frac{\sum_{k=1}^{l} L_{q_j}(ki)}{n}, \quad M_{q_j}(i) = \frac{\sum_{k=1}^{l} M_{q_j}(ki)}{n}, \quad U_{q_j}(i) = \frac{\sum_{k=1}^{l} U_{q_j}(ki)}{n}$$

在求得各准则的模糊权重值 S_j 和储位模糊期望值 $q_j(i)$ 之后, 代入式 (3.86) 中, 应用三角模糊数的乘法和加法准则计算出 f, 结果仍是一个三角模糊数, 再采用加权平均法对该三角模糊数进行反模糊化, 就可以得到目标函数的非模糊值, 再将所有储位的非模糊值从大到小进行排序, 就可以得出各存储位置的优劣性, 非模糊值最大的储位即最优储位。

3. 实验仿真和结果分析

以某钢铁企业 360m² 烧结机配套原料场的实际数据为例, 应用开发的原料场储位管理系统, 可以方便地求出当天到达原料场的各种原料最优存储位置。此时, 原料场上空料区的情况是: A 料条有 3 个空位 (储位号分别为 1~3), B 料条有 5 个空位 (储位号分别为 4~8), C 料条有 6 个空位 (储位号分别为 9~14)。

为了更好地验证该模型的有效性, 进行了原料场储位管理系统的试运行, 并将该自动储位选择方案与人工经验选择方案的效果进行对比, 如图 3.44 和图 3.45 所示。对比的内容主要是料场利用率和原料成分的稳定性。

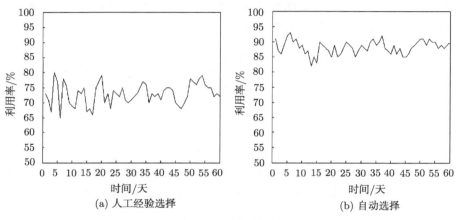

图 3.44　料场利用率

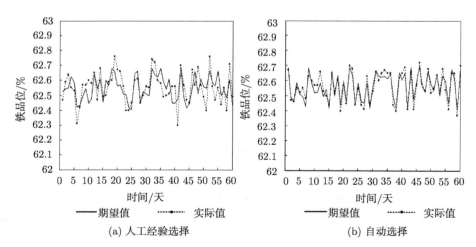

图 3.45　原料成分的稳定性

　　料场利用率可以定义为料场的有效存储面积与料场空地面积的比值, 由于一般料堆的长度都在 10m 以上, 所以长度在 10m 以上的空料区面积为有效存储面积, 低于 10m 的为空间碎片。从图 3.44 中可以看出, 使用自动储位选择后的料场利用率明显比人工经验选择的利用率高。

　　原料成分的稳定性主要是指原料的铁品位、氧化钙含量、二氧化硅含量、氧化镁含量、氧化铝含量、硫含量等化学成分的稳定性。在钢铁生产中, 各种原料需要按照一定的配比进行混匀形成中和料, 而配比是根据各种原料的化学成分制定的。因此, 中和料成分的实际值与目标值的偏差越小, 各种原料成分的稳定性越高。从图 3.45 中可以看出, 使用自动储位选择后中和粉铁品位实际值与期望值的偏差明显比人工经验选择的偏差小。

3.6.4　基于多模型集成的铁矿粉库存量预测方法

　　烧结综合料场频繁使用的铁矿粉原料种类为十几种, 铁矿粉原料由于价格、产地及品位的不同在重要程度上存在差异, 但是, 在形成中和粉的过程中, 不同重要程度的铁矿粉原料所占比例是大致不变的, 所以铁矿粉总量的库存量变化存在一定的规律性, 不同重要程度的铁矿粉原料变化也是具有一定规律性的。钢铁企业生产为计划性生产, 因此对不同种类铁矿粉原料的采购都存在计划性, 会根据国内外铁矿粉价格走势及生产要求制定。

1. 料场库存量变化影响因素及特点

　　目前国内外钢铁企业主要采用扩大料场规模及合理安排料场原料存放位置等方法来增加原材料库存储量, 而一些矿产公司则采用全流程跟踪矿粉供应链的方法实现企业库存量的实时监控。钢铁企业为满足生产需求, 通过扩大原料存储场地面积, 重新布局堆位的方法来实现, 但这种方式耗费较大资金, 不能从根本上优化企业采购成本。通过对库存量进行准确预测, 然后制定合理的采购计划, 是解决原料供应优化问题的重要途径。

　　料场中铁矿粉原料分为火车来料和汽车来料, 也分为国内矿粉与国外矿粉。影响各种矿粉库存量的首要因素为来料量。原料到达原料场后经由传送带进行大块筛分, 筛分后用堆料机将铁矿粉堆至一次料场, 形成实际的铁矿粉料堆, 铁矿粉料堆经过堆取料机与相关皮带放置原料场的多个预配料仓中称为上料, 上料过程是预配料的前提。原料场存放的铁矿粉原料一部分经过堆取料机与传送带直接送至高炉称为高炉用料。经过预配料过程形成中和粉, 将混合后的中和粉经传送带与堆取料机根据一定的规则放置二次料场称为混匀堆料, 混匀堆料环节完成后会在二次料场形成实际的中和粉料堆。在原料场物料被不断传送的过程中, 有多种因素会引起物料库存量的变化。

(1) 大块筛分环节汽车运走的大块料不计量少量物料流失, 使个别矿粉的实际库存量偏低。在物料堆放至一次料场过程中由于洒料等因素会有少量的物料流失。

(2) 上料过程因天气影响, 存在传送带或预配料仓粘料而导致物料流失情况。

(3) 混匀堆料过程物料计算精度较高, 物料流失可忽略。

(4) 物料在一次料场存放过程中消耗时间长短不同, 某些物料会因堆放时间过长而导致料堆下陷, 使实际的库存量偏高。

从原料场工艺可以看出, 料场库存量的目的是保证后续生产的连续性, 起到缓冲及存储的作用, 库存量的最优值为保证后续生产正常进行, 且不发生库存积压现象的库存值。从理论上说, 钢铁企业铁矿粉的库存量主要由每天或每批次的生产计划和采购计划决定, 但是在实际生产中, 铁矿粉库存量受采购瓶颈、季节型订单或订单波动、天气导致的物料损失与人为导致的物料流失等外在因素的影响, 存在较多的不确定性因素。这些不确定因素较难预测, 且其对库存量的影响也较难定量描述, 而库存量的整体变化规律由于生产连续性的要求仍有一定的内在规律可循, 将不确定因素对库存量的影响反映在库存量的时间序列数据中, 通过对时间序列数据的有效分析, 得到其内在隐藏的规律性, 采用合理的建模方法对具有隐藏规律性的数据序列进行建模可以真实反映库存量影响的主要因素及影响因子较小的不确定性因素。

采用灰色系统理论方法作为铁矿粉库存量预测建模方法的一种。同时, 考虑到库存量受许多短期不确定性因素的影响, 在某段短暂时间内, 可能发生小范围波动, 除了采用能够表现库存量长期变化规律的灰色系统理论模型, 采用适合于表现数据序列短期变化规律的时间序列模型与灰色系统理论模型集成建模, 集成模型能够更加全面地反映库存量的变化特点。

集成模型可以充分反映单一预测模型的优点, 互相弥补缺点, 铁矿粉库存量受生产计划与订单计划的影响, 具有长期稳态变化的特点, 同时, 受各种外在因素, 如订单的突然增加或减小、采购瓶颈、季节性的交通瓶颈等问题的影响, 具有短期动态变化的特点, 灰色系统理论可以充分反映库存量的长期稳态变化规律, 而当由于外在不确定性因素导致库存量发生波动时, 时间序列模型可以及时反映短期的动态变化特点。通过分析, 分别采用灰色系统理论中的基于残差修正的等维信息 GM(1,1) 模型与自回归积分移动平均模型中的 ARMA 模型进行库存量预测集成模型的构建, 并采用信息熵理论对两个单一模型进行集成, 集成模型可以实现库存量的准确预测。

2. 基于残差修正的等维新息 GM(1,1) 库存量预测模型

铁矿粉库存量不仅受企业采购计划及生产计划的影响, 且受各种外在因素, 如订单的突然增加或减小、采购瓶颈、季节性的交通瓶颈等问题的影响, 不仅具有白

信息覆盖, 同时具有较大的灰信息覆盖。

灰色系统的基本思想是: 使系统从结构上、模型上、关系上由灰变白或增加白度, 从对灰色信息的认识不多到知之较多, 从而认识其中隐藏的变化规律。灰色系统的思想适用于铁矿粉库存量预测, 并且由于灰色模型对变化缓慢的序列及波动范围有限的时间序列有良好的预测效果。由于钢铁企业原料场生产要求原料供应充分且准时化, 外在影响因素不允许导致库存量大范围波动, 故采用灰色模型进行预测是合适的。

基于残差修正的等维信息 GM(1,1) 建模步骤如下所示。

Step 1: 取库存量最新的 $n = 6$ 个历史数据构成原始序列 $X^{(0)}$

$$X^{(0)} = (x^{(0)}(1), x^{(0)}(2), \cdots, x^{(0)}(n)) \tag{3.91}$$

对库存量原始序列 $X^{(0)}$ 进行一次累加生成, 得

$$X^{(1)} = \left(x^{(1)}(1), x^{(1)}(2), \cdots, x^{(1)}(n) \right) \tag{3.92}$$

式中, $x^{(1)}(k) = \sum_{i=1}^{k} x^{(0)}(i), k = 1, 2, \cdots, n$。

Step 2: 构造背景值, 求解参数列 $[a, b]^{\mathrm{T}}$, 背景值序列

$$Z^{(1)} = (z^{(1)}(2), z^{(1)}(3), \cdots, z^{(1)}(n)) \tag{3.93}$$

式中, $Z^{(1)}(k) = \alpha x^{(1)}(k-1) + (1-\alpha)x^{(1)}(k), k = 1, 2, \cdots, n$。

Step 3: 采用一次累加后的序列, 建立灰色 GM(1,1) 模型的白化微分方程, 即

$$\frac{\mathrm{d}X^{(1)}}{\mathrm{d}t} + aX^{(1)} = b \tag{3.94}$$

式中, a、b 为模型参数, 其中 a 称为发展系数, 其大小反映了序列库存量数据序列的增长速度, b 为灰色作用量。

Step 4: 利用最小二乘估计求得估计参数列 $\hat{a}$:

$$\hat{a} = [a, b]^{\mathrm{T}} = (B^{\mathrm{T}}B)^{-1}B^{\mathrm{T}}Y_N \tag{3.95}$$

式中

$$B = \begin{bmatrix} -z^{(1)}(2) & 1 \\ -z^{(1)}(3) & 1 \\ \vdots & \vdots \\ -z^{(1)}(n) & 1 \end{bmatrix}, \quad Y_N = \begin{bmatrix} x^{(0)}(2) \\ x^{(0)}(3) \\ \vdots \\ x^{(0)}(n) \end{bmatrix}$$

根据式 (3.95) 可求出参数 a 和 b 的值。

Step 5：将离散累加序列预测值 $\widehat{X}^{(1)}$ 进行累减还原得 $X^{(0)}$ 的预测公式为

$$\widehat{x}^{(0)}(n+1) = x^{(1)}(n+1) - x^{(1)}(n) = (1 - \mathrm{e}^a)(x^{(0)}(1) - b/a)\mathrm{e}^{-an} \tag{3.96}$$

根据选取的库存量原始数据序列, 得到库存量预测值为

$$\widehat{x}^{(0)}(n+1) = 5.5639 \times \mathrm{e}^{0.0094n} \tag{3.97}$$

残差修正灰色预测模型是将残差预测值加到原预测值上, 以补偿原预测值, 达到提高精度的目的。

Step 6：原数据序列与预测数据序列之差为残差序列

$$U^{(0)} = X^{(0)} - \widehat{X}^{(0)} \tag{3.98}$$

对残差序列建立 GM(1,1) 模型, 解为

$$\widehat{u}^{(1)}(n+1) = (u^{(0)}(1) - b'/a')\mathrm{e}^{-an} + b'/a' \tag{3.99}$$

对 $\widehat{U}^{(1)}$ 进行累减还原的 $\hat{U}^{(0)}$ 的预测公式为

$$\widehat{u}^{(0)}(n+1) = (1 - \mathrm{e}^{a'})(u^{(0)}(1) - b'/a')\mathrm{e}^{-a'n} \tag{3.100}$$

将式 (3.96) 与式 (3.100) 相加得残差修正预测模型的预测结果

$$\widehat{y}^{(0)}(n+1) = \widehat{x}^{(0)}(n+1) + \widehat{u}^{(0)}(n+1) = 5.5639 \times \mathrm{e}^{0.0094n} - 89.0772 \times \mathrm{e}^{-0.0436n} \tag{3.101}$$

随着时间的推移, 一些干扰因素不断地进入系统并产生影响。为了将库存量新的影响因素考虑进去, GM(1,1) 模型将每一个新的库存量数据送入原始序列中, 重新建立模型, 即形成库存量预测等维信息 GM(1,1) 模型。在加入新数据并去掉老数据后, 再重复 GM(1,1) 的建模步骤, 得到的预测公式会随着新数据序列而发生改变, 使模型更好地适应当前状态。

由上可知, 因为灰色模型对变化缓慢的序列具有较高的预测精度, 所以其适用于长期的静态预测。然而, 当外在的影响变化较大时, 其预测精度也随之下降, 因此, 自回归积分移动平均 (ARIMA) 模型被引入, 以描述系统的动态特性与高阶特性。

3. 库存量预测 ARMA 预测模型

铁矿粉库存量观测值之间有一定的依赖性和相关性, 时间序列预测认为：通过分析历史时间序列, 根据时间序列所反映出来的发展过程、方向和趋势, 进行类推或延伸, 可以预测下一段时间达到的水平。预测模型属于动态模型, 适合于具有动

态变化规律的数据, 适合做短期预测, 与灰色系统理论能够预测缓慢变化数据的特点能够互相补充。

1) ARMA 模型选择

自回归积分移动平均 (ARIMA) 模型, 是一种精度较高的时间序列短期预测方法, 广泛应用于各种类型时间序列数据的预测与分析。其基本思想是: 某些时间序列是依赖时间 t 的一组随机变量, 构成该时间序列的单个序列值虽然具有不确定性, 但整个序列的变化却有一定的规律性, 可以用相应的数学模型加以描述。通过对该数学模型的分析研究, 能够更本质地认识时间序列的结构与特征, 达到最小方差意义下的预测。

对于铁矿粉库存量数据进行时序分析过程中, 根据原料场铁矿粉库存量变化特点, 可以从不同类型的 ARIMA 时序模型中选择合适的模型类型, 比较典型的 ARIMA 模型有自回归模型 AR(p), 将当前值描述为自身过去 p 个观测值的线性组合; 移动平均模型 MA(q), 将当前值描述为过去 q 个时期预测误差的线性组合; ARMA(p, q), 由 AR(p) 与 MA(q) 组合构成。以上几类模型适合于描述平稳时间序列, 而对于非平稳时间序列, 只要通过适当阶的差分运算就可以实现平稳。差分后的模型称为 ARIMA(p, d, q) 模型, 其中 d 是差分的阶数, 所以在构建库存量预测模型时, 根据库存量数据原始序列特点, 在数据分析基础上, 选择 ARIMA(p, d, q) 类型的时序模型进行库存量预测模型的构建。

2) ARIMA(p, d, q) 模型选择

ARIMA(p, d, q) 模型的构建首先要进行模型结构和阶次的辨识。将铁矿粉库存量历史数据作为时间序列数据, 统计数据以天计算, 以某钢铁企业单种高品位铁矿粉库存量预测为例进行模型的构建, 取 100 个原始动态库存量数据构成原始序列 x_t, 首先进行 Augmented Dickey-Fuller test(ADF test, 又称 ADF 单位根检验), 判断原始序列是否为平稳序列, 否则进行差分处理, 直至通过 ADF 单位根检验, 此时差分阶数为 ARIMA(p, d, q) 模型阶数, 即 d 值。验证过程利用 eViews 5.0 仿真软件包实现。

根据模型差分阶次及模型的自相关函数 ACF、偏自相关函数 PACF 的滞后阶数, 模型可能存在多种结构, 此时需要使用 Akaike Information Criterion (AIC) 准则和 Schwarz Criterion (SC) 准则对模型进行比较, 在统计学中, 建立的多个时间序列模型中, 使 AIC 和 SC 函数值达到最小的模型为相对最优模型。

经过比较, 当 $p=4$, $d=1$, $q=1$ 时, 模型结果 AIC 与 SC 值达到最小, 模型最优, 至此, 根据分析结果可得出针对该种铁矿粉库存量数据序列可建立 ARIMA(4, 1, 1) 模型。模型结构确定后判断模型是否适用需要进行模型的检验, 对于 ARIMA(p, d, q) 模型结果的检验采用诊断残差序列 ε_t 是否服从白噪声分布的方法, 残差样本序列 n 为 100, 最大滞后期可取 $n/10$ 或通过 eViews 计算样本残差序列的自相

关函数与偏自相关函数。

通过上述结论, 对该种铁矿粉序列建立 ARIMA(4, 1, 1) 模型是合理的, 最终模型为

$$(1 - 0.570267B - 0.076255B^2 - 0.139612B^3 + 0.021682B^4)z_t = (1 + 0.971967B)\varepsilon_t \tag{3.102}$$

对 z_t 进行反差分可得到原始序列 x_t 的时间序列模型为

$$x_t = x_{t-1} + 0.57026z_{t-1} + 0.076255z_{t-2} + 0.139612z_{t-3}$$
$$- 0.021682z_{t-4} + \varepsilon_t + 0.971967\varepsilon_{t-1} \tag{3.103}$$

4. 基于信息熵的库存量集成预测模型

集成预测的基本出发点是: 承认构造真实模型的困难, 将单种模型预测看成代表或包括不同的信息判断, 通过信息的集成, 分散单项预测模型特有的不确定性和减少总体的不确定性, 从而提高预测模型精度。利用熵值法确定集成预测模型加权系数的基本思想是: 某单一预测模型预测误差序列的变异程度越大, 其在组合预测中对应的权系数就越小。

在建立库存量预测的灰色 GM(1,1) 模型和 ARIMA(4,1,1) 模型后, 采用信息熵加权方式实现子模型的集成, 以准确预测库存量。

基于信息熵加权的计算步骤如下。

Step 1: 计算第 i 个单一预测模型在 t 时刻的预测相对误差的比重 p_{it}:

$$p_{it} = \frac{e_{it}}{\sum\limits_{t=1}^{n} |e_{it}|}, \quad t = 1, 2, \cdots, n \tag{3.104}$$

式中, e_{it} 为第 i 个预测模型在 t 时刻的预测相对误差; n 为预测样本个数。

Step 2: 计算第 i 个单一预测模型预测相对误差的熵值 E_i:

$$E_i = -k \sum_{t=1}^{n} p_{it} \ln p_{it} \tag{3.105}$$

式中, $k > 0$ 为常数; ln 为自然对数。对于第 i 个预测模型, 如果各个时刻所占比重相等, 那么 E_i 取最大值, 即 $E_i = k \ln n$, 取 $k = \dfrac{1}{\ln n}$。

Step 3: 计算第 i 个单一预测模型预测相对误差序列的变异程度系数 d_i

$$d_i = 1 - E_i, \quad i = 1, 2, \cdots, m \tag{3.106}$$

Step 4: 计算各单一预测模型加权系数 w_i:

$$w_i = \frac{1}{m-1}\left(1 - \frac{d_i}{\sum\limits_{i=1}^{n} d_i}\right) \tag{3.107}$$

根据加权系数, 集成预测模型的预测结果为

$$\widehat{x}_t = \sum_{i=1}^{m} w_i \widehat{x}_{it} \tag{3.108}$$

利用上述步骤, 可以得到 GM(1,1) 预测模型与 ARIMA 预测模型相对误差的熵值为

$$\begin{aligned}
E_1 &= -\frac{1}{\ln 100} \times (-4.5512) = 0.9883 \\
E_2 &= -\frac{1}{\ln 100} \times (-4.5520) = 0.9884
\end{aligned} \tag{3.109}$$

两个单一预测模型预测相对误差序列的变异程度系数为

$$\begin{aligned}
d_1 &= 1 - 0.9883 = 0.0117 \\
d_2 &= 1 - 0.9884 = 0.0116
\end{aligned} \tag{3.110}$$

从而得到 GM(1,1) 模型与 ARIMA 模型的加权系数分别为 $w_1 = 0.4515$, $w_2 = 0.5385$。这种库存量集成预测模型为

$$\widehat{x}_t = 0.4515 \widehat{x}_{1t} + 0.5385 \widehat{x}_{2t} \tag{3.111}$$

5. 仿真结果及分析

用国内某钢铁企业某单种铁矿粉的库存量历史数据进行分析及建模, 数据样本个数为 100, 分别根据上述步骤建立基于残差的等维信息 GM(1,1) 模型与 ARIMA 模型, 并根据信息熵确定模型加权系数。

根据最大误差 $E_{\max}$、均方根误差 (RMSE)、平均绝对相对误差 (MAPE)、模型残差平均值 $\overline{E}$ 种指标, 分别对 GM(1, 1) 模型、ARIMA 模型、集成预测模型进行指标结果分析, 具体结果如表 3.18 所示。

表 3.18　库存量预测模型参数指标对比表

指标	GM(1,1)	ARIMA	集成模型
$E_{\max}$	3870.05	3903.60	2981.17
RMSE	0.04521	0.04788	0.02952
MAPE	4.6659%	4.4126%	2.2426%
$\overline{E}$	2639.24	2492.62	1263.75

从表 3.18 可以看出, 提出的基于信息熵融合的铁矿粉库存量质量预测模型依据子模型误差对各子模型输出进行合理加权, 充分融合了 GM(1,1) 模型的静态特性和 ARIMA(4,1,1) 模型的动态特性, 从而获得了较单一模型更高的预测精度, 适用于钢铁企业铁矿粉原料的库存量的精确预测。

3.6.5　基于 GA-PSO 算法的烧结料场原料库存量优化

库存管理的目的是保持料场库存量在最佳水平, 最佳水平的标准一方面为保证后续生产正常连续进行, 另一方面为在正常连续生产基础上, 使采购量最优, 保证原料采购及库存存储费用最小。料场库存量预测的目的为防止断料现象, 保证生产的连续性; 料场库存量优化的目的为最大程度地优化采购库存成本。二者共同构成了料场的铁矿粉库存量优化管理。

1. 库存量优化研究现状

国内外针对钢铁企业库存量优化问题进行了大量研究, 研究重点为基于产品库存问题进行的生产管理及库存管理, 如采用基于订单的方法对炼钢生产的各环节提出的库存控制方案。部分学者基于供应链对企业产品输出环节库存进行了相关研究, 提出了企业供应链各个环节保证准时化供应的管理策略。但根据钢铁企业实际生产经验及相关研究成果, 原料库存的重要性远超过产品库存。针对原材料库存量优化问题国内外也得到了部分研究成果, 但多为基于生产计划制定简单采购方案, 未根据原料场地及库存成本的限制对单种铁矿粉采购量进行优化。

考虑多约束条件的库存量优化模型如下。

不同品位的矿粉经过配比混合得到品位比较均匀的中和粉, 中和粉为后续点火烧结的主要原料, 烧结料场混合形成中和粉的工作为连续不间断性的。

烧结料场原料库存优化节省的资金主要为铁矿粉原料的库存存储费用, 包括原料采购部门的通信费、厂内运输物流费; 原料的存储损失费、料场人工管理费、料场设备的维护费、照明等费用。因此, 烧结料场库存量优化问题为寻找满足连续生产要求的最节省库存存储费用的库存量。

由于生产的连续性, 料场的铁矿粉库存为不间断的, 中和粉的堆料周期按批次计算, 一个批次的时间为一个星期左右。根据料场以上情况, 建立料场库存优化模型, 优化目标为采购库存所占成本最小, 以月为采购间隔, 优化目标如式 (3.112) 所示, 即

$$C_{\min} = \min \left\{ \sum_{i=1}^{n} k_i + C_i x_i + S_i h_i + \left[\frac{1}{2}(x_i + y_i(j) - y_i(j+1)) \right] h_i \right\} \tag{3.112}$$

式中, n 为原料的种类; k_i 为第 i 种原料的采购启动费用, 包括订单费、运输定金等费用; C_i 为本月采购第 i 种原料的采购价格; x_i 为第 i 种原料本月的采购量; $y_i(j)$

为 j 月初第 i 种原料的库存量; $y_i(j+1)$ 为 j 月底 (即下个月初) 第 i 种原料的库存量; h_i 为第 i 种原料的库存存储费用; S_i 为第 i 种原料的安全库存量, 根据不同原料的重要程度, 其值存在差别。

按照钢铁企业的实际情况, 本月的采购量 x_i 按中和粉堆料周期为一个星期计算, 所需要的场地存储费用为 $0.5x_ih_i$。

约束条件如式 (3.113)~式 (3.116) 所示, 即

$$S_i \leqslant x_i \leqslant V_i \tag{3.113}$$

$$x_i + y_i(j) - y_i(j+1) - U_i = 0 \tag{3.114}$$

$$S_i \leqslant y_i \leqslant x_i \leqslant Z_i \tag{3.115}$$

$$\sum_{i=1}^{n} C_i x_i \leqslant C \tag{3.116}$$

式中, V_i 为第 i 种原料的存储上限, 由于存储场地的限制, 且原料数量众多, 单种铁矿粉不能无上限地增大存储量; U_i 为第 i 种原料第 j 月的消耗量; Z_i 为本次采购单种矿粉的最大供应量, C 为本次采购总预算。

安全库存量是因为企业的连续生产要求和订单、采购波动产生的。安全库存量的确定方式为

$$S_i = td_i\rho \tag{3.117}$$

式中, t 为断料发生的时间余量; d_i 为第 i 种原料的日消耗量。为考虑物料流失, 料堆下限等原因导致的实际库存量小于理想库存量留有的库存余度系数, 这里 t 取值为 7, ρ 取值为 1.2。

由于该目标函数涉及的变量较多, 采用经典的线性优化算法耗费时间长, 且很难得出最优解, 所以要采用智能优化算法进行求解。

针对某钢铁企业的批次时间及料场实际情况, 形成中和粉的铁矿粉种类 $n=7$, 由于烧结后续生产工序对料场的需求物料为中和粉, 安全库存量的确定可以根据后续生产对中和粉用量的要求进行制定, 成分接近的铁矿粉原料可以合并确定安全库存量, 根据总量确定安全库存结果, 即 $S_1 + S_2 = 20000$, $S_3 + S_4 = 12000$, $S_5 + S_6 + S_7 = 8000$。每单种铁矿石原料根据重要程度有各自的安全库存值, 根据经验, 每种矿粉安全库存的下限取值为 5000t, 在 X_1 和 X_2 两种原料中, 如果 X_1 的安全库存设为 5000t, 则 X_2 矿粉的安全库存应为 15000t。根据经验, 每种矿粉安全库存的下限取值为 5000t。最终, 各单种矿粉原料形成的中和粉的安全库存总量为 40000t。

由于该目标函数涉及的变量较多, 采用经典的线性优化算法耗费时间长, 且很难得出最优解, 所以需要采用智能优化算法进行求解。

2. 基于遗传-粒子群的库存量优化计算

粒子群算法因固有的参数少、算法简单易实现等优点而得到广泛应用。将遗传算法中的选择、交叉操作引入粒子群算法中, 实现粒子之间信息的共享, 粒子会更快向最优解收敛。因此, 拟采用遗传-粒子群算法解决料场库存量优化问题具有合理性。

粒子群算法求解问题是判断粒子群中粒子每次迭代过程的优劣程度。优劣程度的判断采用适应度函数来定量衡量, 迭代结束时, 适应度最好的解为最优解。

目标函数中的影响因素为本月的采购量及月初、月末库存量, 月初、月末库存量在理想状态应等于安全库存值。适应度函数的求解过程以采购量为主要变量, 根据库存量优化目标函数及约束条件, 采用如式 (3.118) 所示的适应度函数对粒子进行惩罚。

$$f(x_i) = \sum_{k=1}^{6} f_k(x_i), \quad i = 1, 2, \cdots, 7 \tag{3.118}$$

粒子群算法开始搜索前, 应根据优化问题具体情况选定粒子群规模与粒子维数。结合综合料场实际情况, 以铁矿粉品种数目作为粒子维数, 即解空间维数 $D=7$。一种采购方案可以作为粒子的所在位置, 即解空间中的 1 点, 通过产生初始化粒子群, 开始粒子的迭代过程。

粒子群算法认为粒子可以记忆自身到达过的最好位置, 即个体极值; 粒子通过相互交流, 得到整个粒子群中所有粒子到目前搜索到的最好位置。

3. 仿真结果及分析

分别采用 GA-PSO 与 PSO 对库存量优化模型进行寻优。

通过迭代测试, 得到标准 PSO 算法参数设置为: 粒子群个体个数为 100, 解空间维数 $D=7$, 惯性权重 $w=0.75$, 学习因子 $c_1 = c_2 = 1.85$, 最大迭代次数为 1000。GA-PSO 算法的参数设置为: 粒子群个体个数为 100, 解空间维数 $D = 7$, 惯性权重 $w = 0.75$, 学习因子 $c_1 = c_2 = 1.85$, 交叉概率 $P_c = 0.8$, 变异概率 $P_v = 0.1$, 最大迭代次数为 1000。

寻优结果为: GA-PSO 算法在迭代次数为 50 左右时, 适应度值收敛并稳定在 2.385×10^8; PSO 算法在迭代次数为 10050 左右时, 适应度值收敛并稳定在 2.390×10^8。由此可知, GA-PSO 克服了标准 PSO 收敛早熟的特点, GA-PSO 在收敛速度、收敛精度等方面上都比标准的 PSO 算法表现优异。

3.7　烧结过程控制系统实现与应用

本节从烧结配料、混合制粒及偏析布料、烧结终点的控制和综合料场优化等方面, 陈述烧结过程智能控制系统的实现与应用。

3.7.1 配料过程控制系统实现与应用

针对某钢铁企业 $360m^2$ 烧结生产线, 建立 "烧结配料优化与决策支持系统", 用于实现混合料制备过程的优化, 提高烧结生产线的信息化程度, 实现企业降低成本、减少焦粉用量与 SO_2 排放量的目标。

1. 系统硬件结构设计

根据实际需要, 烧结配料优化与决策支持系统安装在该钢铁企业炼铁厂、烧结机本体主控室以及中和料场主控制室, 并通过烧结生产基础自动化网络 (工业以太网) 和公司主干网实现数据交换与传输。系统总体结构设计如图 3.46 所示, 系统具有典型的三级递阶结构。

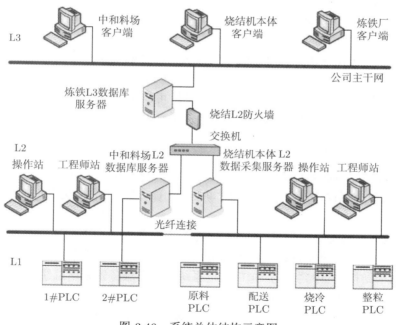

图 3.46 系统总体结构示意图

基础自动化层 (L1): 该层主要执行工业生产过程控制的 PLC, 该烧结生产线现场采用西门子 S7-400 系列 PLC 实现烧结配料与抽风烧结过程的控制及监视, 通过 I/O 卡或 PROFIBUS 总线实现过程仪表检测量的采集以及执行机构控制量的下发。一次配料的控制和二次配料的控制是由 3 台 PLC 完成的。中和料场 1# 和 2# PLC 共同完成一次配料过程的监控, 烧结机本体配混 PLC 完成二次配料的监控以及混合制粒过程的加水流量控制。L1 网络采用总线型工业以太网, 通过交换机实现所有的 PLC 与中和料场 L2 数据库服务器、烧结机本体 L2 数据库服务器、各操作员站、工程师站的数据交换。

过程控制层 (L2)：该层主要对分散在各处的 PLC 中关键的烧结子过程状态参数、操作参数进行实时的监控与数据存储，操作人员通过操作站集中下发操作指令，设置控制参数。该层拥有安置在不同地点的两个数据库服务器，即中和料场 L2 数据库服务器和烧结机本体 L2 数据库服务器，分别存储配料过程操作参数实时信息和抽风烧结过程状态参数、操作参数实时信息及其历史数据。烧结生产过程的关键监控系统位于该层，操作参数设定值由该层的各控制系统计算产生并下发至 L1 执行，如混合制粒水分控制系统运行于该层的某台操作站上。

全局监控层 (L3)：该层拥有 1 台 "铁前 L3 数据库服务器"，实现烧结全过程的集中监视和数据存储。铁前 L3 数据库服务器具有双网卡，一方面通过交换机与中和料场数据库服务器和烧结机本体数据库服务器相连接，交换烧结配料过程与抽风烧结过程的生产数据；另一方面，通过公司主干网与企业 ERP 网络相连，读取配料参数信息并备份存储。

烧结配料优化与决策支持系统分别安装在烧结机本体主控室、中和料场主控室和炼铁厂技术员办公室的 3 台连接在 L3 网络的工控机中，根据不同权限设置使用功能，炼铁厂客户端的用户拥有最高的权限，可以制定、确认和修改配比，中和料场客户端和烧结机本体客户端的用户只有查阅权限。

2. 系统数据流设计

由于烧结配料优化与决策支持系统运行在 L3 层，所以从优化配比的产生至执行，系统的数据流设计包含了两部分，即 L3 与 L2 之间的数据交换和 L2 与 L1 之间的数据交换。

L3 数据库服务器中采用 Orcale 9i 数据库软件对生产数据进行管理，可以为烧结配料优化与决策支持系统提供稳定可靠的数据来源。铁前 L3 数据库服务器具有双网卡结构，其中之一与 ERP 请检系统数据库服务器采用总线型拓扑结构和 TCP/IP 协议进行通信。铁前 L3 数据库服务器通过系统备份的形式从 ERP 请检系统服务器获得原料 7 种化学成分化验数据以及原料价格、烧损率、水分等相关数据，为烧结配料优化与决策支持系统提供全面的配料参数信息。

当烧结配料优化与决策支持系统完成优化配比计算并经过技术人员确认后，系统将优化配比先写入 L3 数据库服务器，此后，一方面，L3 数据库服务器定期更新 L2 数据库服务器，将优化配比下发；另一方面，系统可以生成报表，经技术人员确认签字后向生产车间技术人员和操作人员下发。

L3 与 L2 层之间的数据流如图 3.47 所示，L2 与 L1 之间的数据流如图 3.48 所示。

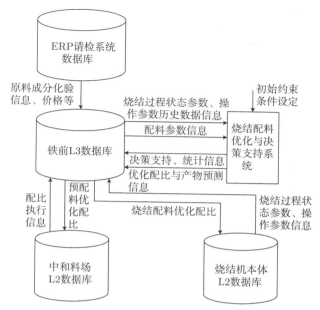

图 3.47　烧结配料优化与决策支持系统数据流图

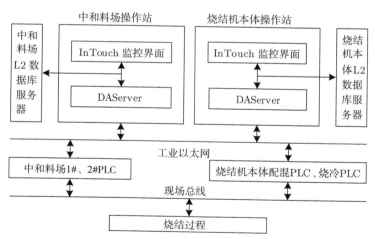

图 3.48　烧结配料优化与决策支持系统基础自动化级配置图

3. 系统软件结构设计

烧结配料优化与决策支持系统软件结构分为三层,包括数据通信层、优化计算层和协调层;按照功能划分,主要由数据库通信模块、优化计算模块、产物质量预测模块和决策支持模块四大部分组成,其结构如图 3.49 所示。

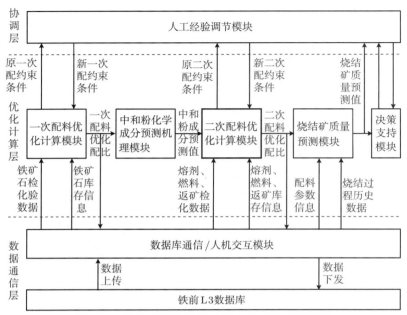

图 3.49　烧结配料优化与决策支持系统结构框图

　　数据库通信模块的主要实现是根据铁前 L3 数据库的数据字典, 利用 Oracle 搜索语句搜索烧结配料优化与决策支持系统需要的数据。同时, 人机交互模块接受技术人员确定的初始配比约束条件和初始化学成分指标约束条件, 写入数据库。

　　优化计算模块和产物质量预测模块互相嵌套, 完成了系统的主要功能。优化计算模块主要包括一次配料优化计算模块和二次配料优化计算模块; 产物质量预测模块内主要包括中和粉化学成分预测模型和烧结矿质量级联集成智能预测模型。

　　一次配料优化计算模块从数据库通信模块中读取配料参数信息, 从人机交互界面获得技术人员设定的配比约束区间和化学成分约束区间, 以及从人工经验调节模块的区间修改增量, 采用基于 LP 的 GA-PSO 多目标综合优化方法, 求解基于线性加权和的一次配料多目标优化模型, 获得一次配料优化配比。中和粉化学成分预测模型根据一次配料优化配比和已经读取的配料参数信息, 根据物料守恒原理计算中和粉 7 种化学成分的预测值, 并以此作为二次配料优化模块的输入之一。

　　二次配料优化模块读取熔剂、燃料、烧结循环利用物检化验信息, 以及由中和粉化学成分预测模型提供的中和粉化学成分的预测值, 结合人工设定的熔剂、燃料、返矿配比约束区间、烧结矿质量约束区间, 采用基于 LP 和 GA-PSO 多目标综合优化方法计算二次配料优化配比。烧结矿质量级联集成智能预测模型根据二次配料优化模块提供的二次配料优化配比以及读取的烧结过程状态参数、操作参数历史数据, 计算烧结矿质量的精确预测值。

人工经验调节模块以烧结矿质量预测值为反馈信息,结合决策支持模块提供的决策信息,提示技术人员修改一次配料和二次配料约束区间的增量,若增量全部为零,则烧结配料配比优化计算完成,所计算出的烧结配料优化配比由数据库通信模块写入铁前 L3 数据库服务器中。

除完成烧结配料优化计算功能,为了提高配料的自动化水平和信息化程度,系统还提供了决策支持模块。决策支持模块主要包括原料成分查询、烧结矿质量历史数据查询及统计分析、抽风烧结过程关键状态参数历史曲线图等辅助决策支持内容,为技术人员提供较为详细的烧结生产过程监视和分析。

4. 系统工业运行结果

将烧结配料优化与决策支持系统应用于 $360m^2$ 烧结生产线,可有效提高生产效率,同时提升经济效益和环境效益。

1) 系统经济效益分析

对于混合料制备过程中的配料环节,其经济效益的集中体现就是调整原料配比,降低配料成本。在系统投运前,配料环节原料配比由技术人员根据经验制定,主观因素影响较大,特别是原料种类增多,人工调节往往顾此失彼,既难以保证实现成本的优化,也容易降低配比的正确率;系统投运后,由于建立了基于线性加权和的多目标优化模型并采用基于 LP 和 GA-PSO 的综合优化方法求解,所得的优化配比下发执行,直接应用于烧结生产。因此,通过对比系统投运前后的成本指标能够充分说明系统带来的经济效益。

在烧结生产中,企业制定年度的期望烧结矿成本,而对于每次配料后生产出的烧结矿成本与期望烧结矿成本之间的差值,称为“合计吨矿成本增减”,其是企业衡量配料成本的重要指标。由于年度的期望烧结矿成本在一年内不会变化,所以,本节截取了投运前后当年的该指标进行对比,如表 3.19 所示。

从表 3.19 可以看出,在系统投运之后,“合计吨矿成本增减”由 14.251 元/吨下降至 -14.357 元/吨,由原先超出企业年度成本计划降至企业计划成本以内。一方面是由于优化配比的执行使配料成本降低,另一方面是由于企业矿石购买结构发生了一定的变化。在系统投运前,高、低品位精粉混合搭配使用,在人工制定配比的过程中为了保证烧结矿的质量往往调高高品位精粉的比例,导致配料成本增加;而在投运后,恰好企业矿石结构进行了适当调整,加大了中品位精粉 (如 FMG 粉) 的投入比例,逐渐形成了以中品位精粉为主,高、低品位精粉合理搭配的矿石购买比例结构,因此也使矿石购买总成本下降。

2) 系统降低能耗和硫元素含量效果分析

在系统投运前,焦粉配比制定的主要依据也是技术人员的经验,因此焦粉配比常常采用定值设置;系统投运后,计算过程中设定了可修改的焦粉配比区间,技术

表 3.19   系统投运前后经济指标对比表

配料序号	合计吨矿成本增减/(元/吨)	
	系统投运前	系统投运后
1	21.567	−6.373
2	10.072	−18.862
3	2.682	−14.571
4	19.002	−18.636
5	10.121	−27.417
6	19.274	−22.825
7	10.644	−17.644
8	17.456	−7.230
9	14.239	−1.449
10	17.456	−8.558
平均值	14.251	−14.357

人员可以通过烧结矿质量预测值作为反馈信息, 调节焦粉配比约束区间, 由于优化模型目标函数中降低硫含量与减少焦粉配比具有同一性, 所以所计算出的优化配比中焦粉配比得到了有效的降低。

表 3.20 是配料过程所对应的焦粉配比数据, 为了进一步说明问题, 同时列出了企业月度的 "固体燃料消耗" 指标, 如表 3.21 所示。

表 3.20   系统投运前后二次配料焦粉配比对比表

配料序号	焦粉配比/%	
	系统投运前	系统投运后
1	3.5400	3.3600
2	3.5400	3.3600
3	3.5400	3.4200
4	3.5400	3.4200
5	3.5300	3.4200
6	3.5300	3.4200
7	3.5300	3.4200
8	3.5300	3.4200
9	3.5300	3.4200
10	3.5300	3.4200
平均值	3.5340	3.4080

表 3.21   系统投运前后月度固体燃料消耗指标对比表

配料序号	固体燃料消耗指标/(kgce/t)	
	系统投运前	系统投运后
1	56.72	56.44
2	56.38	56.15
3	57.88	56.12
平均值	56.99	56.24

从表 3.20 和表 3.21 中可以看出: 由于焦粉配比由投运前的平均 3.5340% 降低至投运后的平均 3.4080%, 相对下降 3.57%; 同时, 企业所提供的经济报表数据上显示固体燃料消耗指标由投运前的 56.99kgce/t 下降至 56.24kgce/t, 相对降低了 1.32%。以上数据均显示系统投运后在节约燃料消耗方面起到了重要作用。需要说明的是: 造成以上相对下降率差别的根本原因是每次配料的规模有差别。

从减排角度考虑, 由于烧结过程中产生的气态 SO_2 不进行在线测量, 所以可采用混合料各种原料硫含量 S_j、配比 x_{2j} 和烧损率 d_j 进行估算, 如下式所示:

$$S_e = \sum_{j=1}^{m} S_j d_j x_{2j} \tag{3.119}$$

式中, S_e 表示转变为 SO_2 排放的硫元素占混合料全重的比例。经过估算, 该指标投运前后对比如表 3.22 所示。

表 3.22   系统投运前后排放指标 S_e 对比表

配料序号	S_e/%	
	系统投运前	系统投运后
1	0.0137	0.0121
2	0.0147	0.0123
3	0.0131	0.0124
4	0.0134	0.0127
5	0.0131	0.0128
6	0.0131	0.0122
7	0.0141	0.0123
8	0.0125	0.0116
9	0.0123	0.0123
10	0.0125	0.0125
平均值	0.0133	0.0123

从表 3.22 估算的指标上看, 系统 SO_2 排放量指标由投运前的平均 0.0133% 下降至投运后的平均 0.0123%, 相对下降 7.52%。以上指标对比结果可以充分说明: 由于在优化目标中考虑了减排目标, 所以系统投运后在源头上减少了 SO_2 的产生量, 对企业实现减少 SO_2 排放具有重要的意义。

3.7.2　混合制粒过程控制系统实现与应用

混合制粒为后续烧结过程提供具有一定粒度分布规律的混合料, 是烧结过程的重要工序。本节首先分析现有烧结混合制粒过程控制系统的特点与结构, 然后进行控制算法的设计和控制系统的实现, 包括体系结构、功能模块、数据通信技术及算法设计, 并对控制系统的实际运行结果进行分析。

1. 控制系统总体设计

该烧结过程控制系统采用 Wonderware 公司开发的 InTouch 10.1 编写系统监控软件, 控制程序采用西门子 S7-400 系列的 PLC 进行开发, 实现基础自动化以及相关参数的监控。该系统结构设计详见烧结配料过程的系统实现。

2. 控制系统实现

控制系统采用 SIMATIC PCS 7 过程控制系统开发后台控制算法、InTouch 开发前台监控界面, 最终建立一个可靠的、人机界面友好的和扩展性高的烧结混合制粒过程智能控制系统。

1) 开发环境

工控机的开发平台采用 Windows XP SP3 系统, 能满足控制系统要求的实时性和应用程序稳定运行的要求。控制系统采用 SIMATIC PCS 7。SIMATIC PCS 7 具有面向工艺、与 PROFIBUS 有机结合、分散系统设置、高扩展性、模块化、组态编程简单、人机界面丰富、数据分析处理功能强大、全集成自动化思想等优点, 满足工业控制系统编程开发要求。

控制程序主要采用 SIMATIC PCS 7 的图形组态工具连续功能图表 (continuous function chart, CFC) 编写, 系统配置了很多的功能块, 如 PID 模块以及各种逻辑运算模块, 通过图形化相互连接, 适合完成复杂连续过程大型自动控制任务的组态。

在工业过程控制系统中, 监控界面与控制算法的开发与设计同样重要。对于监控界面的开发, 运用工业组态软件 InTouch 则可以非常形象、直观地进行系统界面的设计, 且应用简单。因此, 采用 InTouch 10.1 设计系统监控界面、CFC V7.0 开发后台控制算法, 两者通过 DAServer 采用 SuiteLink 协议进行数据交互。

2) 控制系统整体框架

混合制粒前馈串级智能控制系统的整体结构框图如图 3.50 所示。控制系统软件结构主要由 PLC 控制系统和 InTouch 监控系统组成, PLC 采用西门子的 S7-416 控制器。

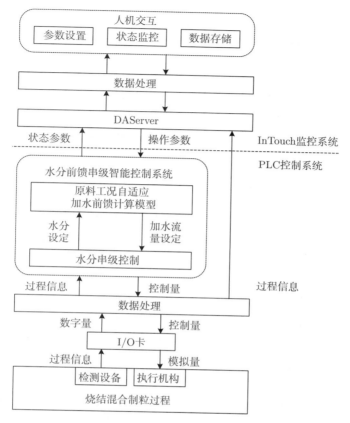

图 3.50 混合制粒智能控制系统结构框图

PLC 控制系统中主要完成数据的采集、处理和控制算法的运行等工作。混合制粒过程的信息经检测设备由 I/O 卡采集到 PLC 中, 并进行数据处理。控制算法主要由原料工况自适应的前馈控制和水分串级控制组成, 控制系统运算得到的控制量经处理匹配后, 再由 I/O 卡下发到混合制粒过程的执行机构, 完成 PLC 的整个控制流程。

InTouch 监控系统主要完成数据采集、处理和存储以及过程状态监控、参数设置等人机交互的工作。InTouch 与 PLC 之间通过 DAServer 采用 SuiteLink 协议通过工业以太网进行数据通信, InTouch 的数据一部分直接来源于混合制粒过程的过程信息, 另一部分则来自底层控制系统。InTouch 带有历史数据库, 可以保存任意天数的历史数据, 并可通过 SQL Server 读取。监控界面带有实时/历史曲线分析、Web 访问、参数设置等功能。操作工人通过监控界面修改后的过程操作参数, 经处理匹配后, 再由 DAServer 下发到 PLC 控制系统中实现人机交互。

3) 软件功能模块

根据控制系统的整体框架, 系统软件设计应该包含三个功能模块: 人机交互界面模块、控制算法模块、数据管理模块。

人机交互界面模块主要实现"人机对话", 便于操作工人实时监控混合制粒过程的运行状态, 以及设定相关操作参数。具体功能包含过程操作参数设置、过程状态监视、历史曲线查询和报警。

控制算法模块是整个系统的关键, 主要实现原料工况自适应的前馈加水计算和水分的串级控制。前馈模型是根据混匀矿和生石灰的原料工况及各原料的流量, 计算一次和二次混合的加水流量; 水分串级控制是用于完成混合料水分稳定跟踪控制。

数据管理模块主要实现数据的采集、预处理、存储、下发等操作, 控制算法模块通过 PLC 的 I/O 卡直接采集现场数据, 人机交互界面模块通过 SuiteLink 通信协议, 实现 InTouch 组态软件与 PLC 之间的实时数据通信, 保证数据的一致性。

4) 数据通信机制

InTouch 监控系统与 PLC 控制系统的数据通信采用基于 SuiteLink 的通信协议, 通过 Wonderware 公司的 DAServer 实现, 主要完成的功能是从 PLC 控制系统取得实时数据, 将数据经过处理之后传送给监控程序进行状态参数的监视, 并将操作工人修改后的操作参数下发到 PLC 系统, 从而实现对现场设备的控制, 完成 PLC 系统和监控软件的无缝连接。

DAServer 是 Wonderware 的通信服务器, 为运行在 Microsoft Windows 2000 和 XP 上的基于 DDE、SuiteLink 或 OPC 的各种客户应用程序和数据设备之间提供了相互连接的能力, 并提供强大的数据诊断功能。Wonderware SuiteLink 使用一个基于 TCP/IP 的协议, 是专为高速工业应用程序的需求而设计的, 具有数据完整性好、吞吐量大, 以及诊断容易等特点, 适用于大型的分布式系统。

3. 系统工业运行结果

设计方案在某钢铁企业的 $360m^2$ 烧结机得到应用。该烧结机的一次混合时间为 3min 左右, 转速是 6r/min; 二次混合时间为 4min 左右, 转速是 6.5r/min。一次混合和二次混合的出口处均装有红外水分仪, 用于测量混合料的水分率。一次混合出口处还装有物料流量计, 用于计量一次混合后的物料流量。其中, 一次混合是二次混合制粒的基础, 一次混合的水分率设定值一般比二次混合低 1% 左右, 一次混合的目标是将混合料的水分率稳定在设定值附近, 而控制系统的最终目标是二次混合的混合料水分率误差在 ±0.2% 以内。

系统投运前后一次混合和二次混合水分的控制效果分别如图 3.51 和图 3.52 所示。

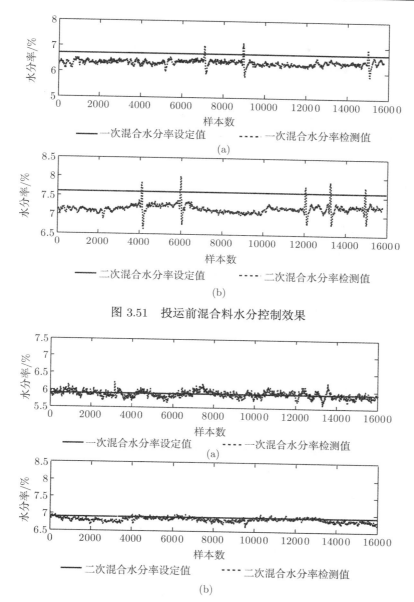

图 3.51   投运前混合料水分控制效果

图 3.52   投运后混合料水分控制效果

由图 3.51 和图 3.52 的数据统计得到, 系统投运前一次混合和二次混合水分率的均方差分别为 0.1099 和 0.1188, 投运后一次混合和二次混合水分率的均方差分别为 0.0857 和 0.057。通过对比可以看出, 投运前一次混合和二次混合的混合料水分率无法达到控制的要求, 投运后一次混合的混合料水分率基本稳定在设定值附近, 二次混合的混合料水分率误差基本上控制在 ±0.2% 左右, 提高了水分控制的精度, 有利于烧结过程的稳顺进行。

通过以上的数据分析可知, 本系统的运行结果切合工业现场的实际情况, 适用于烧结混合制粒过程的水分控制, 具有良好的鲁棒性和控制效果, 达到了预期的控制要求。

3.7.3　偏析布料过程控制系统实现与应用

偏析布料是烧结过程最后物料准备工序。本节在已有烧结平台的基础上, 开发设计偏析布料系统, 设计内容包括系统硬件结构、软件设计、通信机制等方面, 解决偏析布料过程智能控制的工业化实现问题, 最后对控制系统的实际运行结果进行分析。

1. 系统硬件结构

现场烧结过程 DCS 系统为两级结构: L1 级底层设备控制与检测系统、L2 级上位机监控系统。两级通过工业以太网连接, 数据通信稳定可靠。

L1 级为底层设备级, 由 PLC 系统组成, 通过 PLC 的 I/O 设备或现场总线实现对现场过程仪表检测量的采集及执行机构控制量的输出; L2 级由上位机组成, 面向现场操作人员与系统开发人员, 实现对现场工况的监视及各种控制量的下发, 同时加载各种先进控制方法。

1) L1 级底层设备级

过程参数检测涉及的过程参数主要为水分、料层厚度、料槽料位、圆辊转速、九辊转速、台车速度、风箱负压与风量以及返矿流量。该部分设备完成对这些参数的检测、信号的转换和输出, 以及控制信号的接收执行功能。

PLC 控制系统完成数据的采集和处理以及过程控制等功能, 实现料层厚度各控制设备电机的运转, 包括 PLC 控制站、远程 I/O 站等。PLC 与检测装置通过现场总线交换数据。

2) L2 级上位机

上位机包括工程师站和操作站。工程师站完成人机界面组态、PLC 程序的调试等功能; 操作站完成过程参数的监控、报警和记录, 以及操作参数的设定、修改等功能。这里采用 Wonderware 公司的 InTouch 组态监控软件实现对现场工况的监控, 与底层 PLC 设备通过其自带的 SuiteLink 通信协议进行快速数据交换。

2. 系统软件设计与实现

偏析布料智能优化控制算法采用 Visual C++ 6.0 平台进行软件开发。

1) 系统软件整体结构

在系统需求分析的基础上, 根据底层 DCS 系统结构, 在系统 L2 级实施偏析布料智能优化控制算法, 如图 3.53 所示, 将整个软件系统结构分为三层: 组态监控层、先进控制计算层以及基础自动化层。组态监控层由上位机组成, 完成组态监控; 先进控制计算层为各智能优化控制方法程序, 包括风箱负压综合状况预测模型、料层厚度遗传算法和前馈补偿控制算法, 以及偏析度的遍历搜索优化和九辊转速控制算法, 加载于上位机工程师站运行; 基础自动化层由 PLC 设备群组成, 完成对现场生产过程的交互, 即进行数据采集及控制量下发, 以及基本的控制算法。

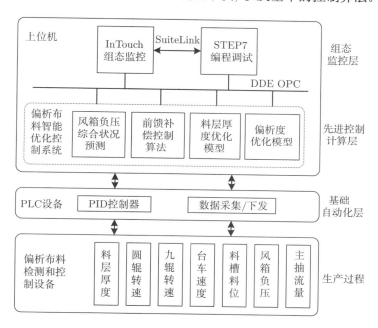

图 3.53 偏析布料过程控制系统软件整体结构

2) 数据通信及设计

针对系统三层软件结构, 相互间通信流程如图 3.54 所示。实际生产过程的实时数据与 PLC 通过现场总线进行交换, 产生的历史数据则记录到 SQL Server 数据库中; PLC 完成实际数据采集和下发, 与上层组态监控软件以自带的 SuiteLink 通信协议进行数据交换; InTouch 利用 DASSIDirec 来配置监控软件的组态; Visual C++ 程序通过 DDE/OPC 技术与组态监控程序及底层 PLC 连接, 且通过 ADO 连接历史数据库。

3. 系统工业运行效果

以偏析布料实验平台为基础, 结合现场控制系统及实际生产数据, 分别以料层厚度和偏析度对系统运行结果进行分析。

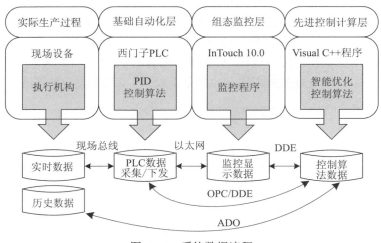

图 3.54   系统数据流程

1) 料层厚度控制运行结果与分析

图 3.55 为料层厚度优化控制方法投运前后料层厚度的稳定性情况。

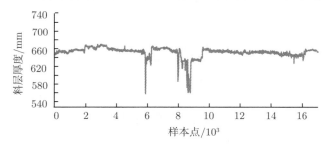

(a) 系统投运前料层厚度历史曲线(24h)

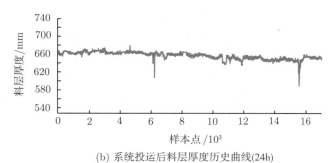

(b) 系统投运后料层厚度历史曲线(24h)

图 3.55   料层厚度控制运行结果 (采样间隔为 5s)

在系统投运前料层厚度均值为 651.56mm, 厚度方差为 167.92, 在样本 6000∼

9000s 时间段, 出现了两次较为明显和时间较长的波动, 料层厚度波动幅值最大达到了 100mm, 通过分析当日工况, 发现该时间内原料总瞬时流量出现了波动, 原因在于出现了轻微的堵料现象, 其他时间段内工况正常稳定, 由此可见, 此时整个控制系统对料层厚度做不到较为稳定的控制。

系统投运后的料层厚度均值为 657.39mm, 较系统投运前的有所提升, 方差为 61.94, 较系统投运前的有所降低。厚度波动幅值能够被控制在 30mm 以内, 但是在样本 6200s 和 156000s 时间点附近, 料层厚度出现两次较为明显的下降, 当日工况表明是原料总瞬时流量出现了波动, 但料层厚度还是很快达到了稳定。

2) 偏析度控制运行结果与分析

通过偏析布料系统对偏析度进行优化控制, 采用历史数据来模拟现场偏析布料过程, 间隔 5s 进行一次数据模拟及计算。

采用模糊综合评判法, 计算得到当前时刻的偏析度实际评判值, 其次基于遍历搜索算法, 搜索计算得到偏析度的优化值, 如图 3.56 所示。

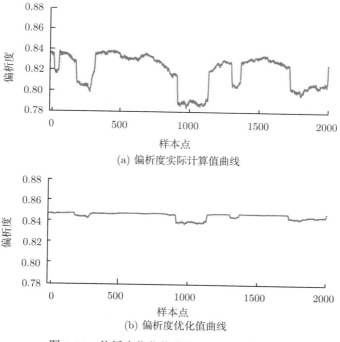

(a) 偏析度实际计算值曲线

(b) 偏析度优化值曲线

图 3.56　偏析度优化值曲线 (采样间隔为 5s)

通过九辊转速控制算法, 由偏析度优化值计算得到九辊转速的设定值, 如图 3.57 所示。

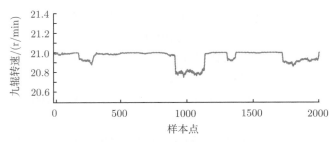

图 3.57　九辊转速控制曲线 (采样间隔为 5s)

最后采用 PID 算法进行九辊转速的跟踪控制。优化后的偏析度值均比优化前要大, 且整体趋势更为平稳, 这也可以减少九辊电机的频繁调节, 延长了电机设备的运行寿命。偏析度优化值决定了当前九辊转速的设定值, 通过九辊转速控制算法计算得到, 所以九辊转速控制曲线与偏析度优化值曲线趋势一致。偏析度实际值曲线与优化值曲线的对比说明了在偏析度优化控制算法运行后, 料层的偏析情况得以改善, 从而更有效地保证了厚料层烧结的顺利进行。

3.7.4　烧结终点过程控制实现与应用

本节对某钢铁企业现有烧结终点过程集散控制系统结构特点和功能模块进行分析, 实现烧结过程智能控制应用软件与集散控制系统的集成。介绍系统整体结构、应用软件体系结构、功能模块、控制算法实现以及数据通信技术, 最后对实际工业应用效果进行分析和总结。

1. 系统结构与功能设计

烧结终点过程采用西门子公司的 SIMATIC PCS 7 控制系统进行过程参数采集和控制, 实现生产过程的自动监视、控制和报警等功能。根据系统的设计原则, 不影响正常的烧结生产, 为此, 在原有控制系统基础上添加一台工业控制计算机以及必要的网络通信设备, 开发烧结终点过程智能控制系统, 实现烧结过程的智能优化控制。

经过烧结终点系统需求分析, 确定系统的功能要求、性能要求、数据接口。烧结过程智能控制系统的功能要求为: 在保证实现控制算法良好运行的基础上, 实现主界面导入、烧结状态监控、烧结参数优化设置、控制方式切换、系统状态异常报警、通信测试和实时数据的采集、系统安全设置和帮助八大功能, 同时提供友好的用户监控和操作接口。系统硬件结构采用以太网与现场的过程级监控机相连接, 采用 OPC 接口, 通过现场的工控软件 WinCC 提供的 OPC 接口读取实时数据并下发实时控制结果, 从而保证数据传输的实时性。

智能控制系统功能模块由三个部分组成: 第一部分为应用程序的人机交互界

面,第二部分为控制算法模块,第三部分为通信模块,如图 3.58 所示。

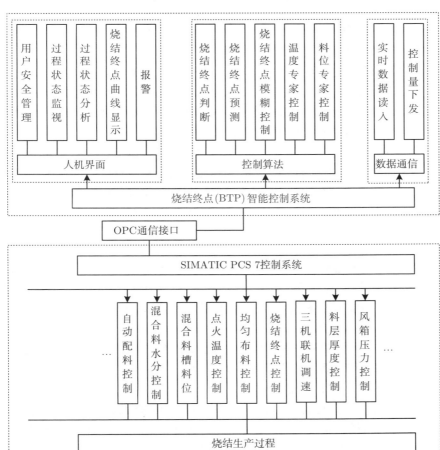

图 3.58　优化控制系统功能模块组成

(1) 人机界面模块主要实现用户对烧结终点状态的监控,便于操作人员及时掌握智能控制系统的运行情况。其由五个功能模块组成：过程状态监视模块、过程状态分析模块、用户安全管理模块、烧结终点曲线显示模块和报警模块。各对应于烧结 BTP 控制主监控画面、系统模型界面、BTP 曲线显示界面、系统过限报警提示等四个主要界面。此外,系统还实现了控制方式切换、屏幕加锁、通信测试等功能以提高控制软件的可操作性和健壮性。

(2) 控制算法模块是智能控制系统的核心,对应于业务层,实现优化控制算法,计算烧结机台车速度的下发量。由烧结终点判断模块、烧结终点预测模块、烧结终点模糊控制模块三个部分组成,采用预测控制与模糊控制相结合的方法,实现对烧结终点的智能控制, 系统模型通过检测中部风箱温度的变化, 结合混合料料况及大烟道废气温度等参数, 通过调节台车速度, 将烧结终点控制在工况要求的范围内。温度、料位专家控制模块分别对 BTP 温度和料槽料位进行优化控制, 以防 BTP 欠烧或过烧、料槽料位超限等异常情况出现。

(3) 数据通信模块实现数据的读取、预处理、工况的辨识以及数据的保存, 对应于系统应用软件体系结构的接口层, 与烧结过程组态软件同步运行。应用软件通过 OPC 数据接口采集实时数据, 经过相关的处理后传送至烧结智能控制模块, 由控制算法计算得到烧结机的台车速度的计算值。

三个部分既相互独立又相互联系, 各个模块之间遵循高内聚、低耦合的原则, 通过共享全局数据区的数据发生关联, 通信模块对全局数据区有读写权, 其他模块除模糊控制算法模块对全局数据区有写权利, 只能从全局数据区读数据, 协调一致地实现一个稳定、可靠、灵活、高效的烧结过程智能控制系统。

2. 系统工业运行效果

烧结终点过程智能控制系统在某烧结厂 $280m^2$ 烧结机进行现场调试和试运行。从自动控制效果来看, 控制算法是有效的, 并根据实际运行情况和控制效果对模糊-预测控制器做了参数调整和优化, 达到项目的设计要求。对控制界面也进行了优化设计, 操作简单, 界面清晰明了。

(1) 系统共有六大功能: 系统监控主画面、控制方式切换、参数优化设置、通信测试、屏幕加锁和帮助。除屏幕加锁和通信测试, 其余各功能均对应各自的版面, 其中系统监视画面为整个系统的主画面。

在主控界面中, 可以监视南北风箱废气温度, 南北烧结终点温度、位置及其变化趋势, 混合料料槽料位及其变化趋势, 并可选择南北控制目标, 限定台车速度阈值和手动下发台车速度。同时, 界面有显示当前烧结终点控制状态的功能, 如当前烧结机是否停机、是否处于自动/手动控制方式下、料槽料位超限及检测参数异常报警等。

(2) 烧结终点预测模型。南北侧的烧结终点预测值及实时值对应曲线如图 3.59 和图 3.60 所示。

由图 3.59 和图 3.60 可知, 南部风箱预测区间命中率为 81.59%, 北部风箱区间命中率为 79.33%。预测值与实时值 (预测周期为 9min, 实时值为 9min 后的 BTP) 基本吻合, 预测模型能较准确地反映烧结终点位置变化和波动, 较好地跟踪了烧结终点位置变化。

(3) 使用烧结过程智能控制系统可有效减小烧结终点的波动, 稳定烧结生产, 有利于烧结矿质量、产量的提高, 控制运行情况如下。

取某段时间内烧结终点自动控制与手动控制两种情况下的运行数据进行对比。

对于烧结终点控制, 其给定值是 17.0 (风箱位置), 90% 以上控制在 ±0.4 个风箱的偏差之内, 控制效果如图 3.61 所示。

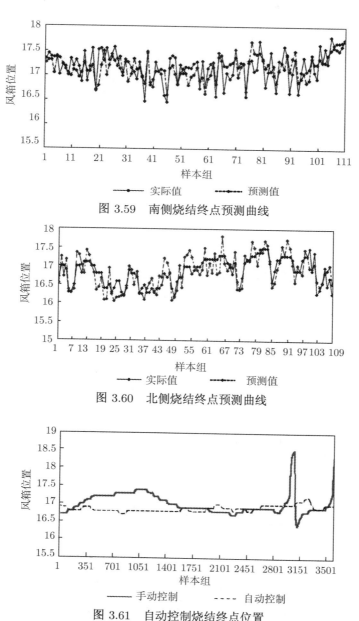

图 3.59 南侧烧结终点预测曲线

图 3.60 北侧烧结终点预测曲线

图 3.61 自动控制烧结终点位置

将自动控制效果下的烧结终点温度与手动控制下的终点温度对比, 其波动大大减小, 并稳定在 450℃左右, 满足了烧结生产指标, 降低了工况波动, 有助于提高烧结矿的质量和产量, 控制效果如图 3.62 所示。

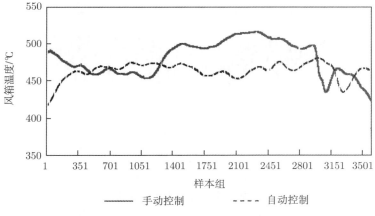

图 3.62　自动控制烧结终点温度

对实时数据经滤波后分析比较, 统计结果表明, 系统投入运行后烧结终点位置的波动率降低了 6%~8%。控制效果数据分析如表 3.23 所示。

表 3.23　使用前后烧结终点波动率的对比

控制方式	BTP 波动率/%	BTP 温度波动率/%
手动控制	20.132	20.192
自动控制	13.282	15.885

烧结智能控制系统可有效提高烧结矿的产量和质量。利用系数是烧结机的关键工艺参数, 为烧结机台时产量 (t/h) 与烧结机有效烧结面积 (m^2) 的商。采取系统投运前与系统投运后生产报表数据进行统计分析, 烧结矿产量及烧结机利用系数均有所提高, 如表 3.24 所示。

表 3.24　使用前后烧结机产量质量指标的对比

控制方式	指标		
	台时产量/(t/h)	利用系数/[t/(h·m²)]	转鼓指数/%
手动控制	464.7	1.66	78
自动控制	469.6	1.677	81

由表 3.24 可知, 烧结过程智能控制系统投运期中烧结矿台时产量比未投运期的台时产量提高了 4.9t/h, 提高的百分比为 1.05%, 利用系数提高了 0.017t/(h·m²); 同时, 作为烧结矿质量指标的转鼓指数平均提高了 3%。由此可见, 烧结过程智能控

制系统实现了烧结过程的优化控制, 有效地提高了烧结矿的产量和质量。

实际运行效果证明了系统的运行结果切合工业现场的实际情况, 达到了预期要求, 从整体上提高了铁矿石烧结工艺过程自动化控制水平, 取得了较好的工业应用效果。

3.7.5　综合料场优化系统实现与应用

本节介绍烧结综合料场作业管理与优化系统的整体结构、应用软件模块和数据通信技术, 解决钢铁企业综合料场中料堆储位选择、原料库存量预测与优化、实时料场图绘制与报警等作业的工业化实现问题。

1. 系统结构设计

设计基于综合原料场现有的硬件架构与软件数据流, 构建料场智能管理系统, 实现原料库存量的预测与优化, 料场储位自动选择, 料场图的实时自动绘制, 采购决策的分析与报警, 料场信息的实时统计与查询等功能。该系统的实现, 将会大大提高综合原料场的库存管理水平和信息化程度。

1) 系统硬件结构

根据综合原料场的工艺流程, 料场的计算机管理系统由三层网络结构组成, 具体的结构图如图 3.63 所示。从图中可以看出, 料场计算机系统三层网络系统分别是 L1 层 (基础自动化层)、L2 层 (过程控制层)、L3 层 (生产管理层)。L1 层网络包括烧结的一级环网和综合料场一级环网, 料场基础自动化控制系统采用西门子 PLC 系列实现, 由 9 台 PLC 组成, 7 台 S7-300 系列 PLC 分别负责控制一次料场的 4 台堆取料机, 二次料场的 1 台堆料机, 2 台取料机。剩余的 2 台 PLC 分别控制所有皮带机和预配料系统, 系统的控制程序通过 STEP7 和 CFC 编程, 然后下载到对应的 PLC 中实现。主控室上位机对整个烧结过程状况的监视与控制, 系统选用 WinCC 在上位机上开发流程监控系统。

综合原料场 L2 级系统由数据库服务器、应用服务器与客户端组成, 应用服务器与原料场一级机、车号识别系统等进行通信, 所有数据都保存在数据库服务器中。数据库服务器要与二炼铁铁前 L3 系统、检化验系统、请检系统、运输平台、烧结 L2 等通信。L2 级系统的硬件设备与客户机都在原料场主控室, 原料场主控室还包括几台操作站和一台工程师站。

L3 层网络是生产管理层, 由数据库服务器和相关客户端计算机组成, 数据库服务器负责过程控制层的生产数据及 ERP 系统下发的生产计划的存储, 数据库服务器采用 Oracle 9i 标准版, 通信方式采用 DB-Link 方式。

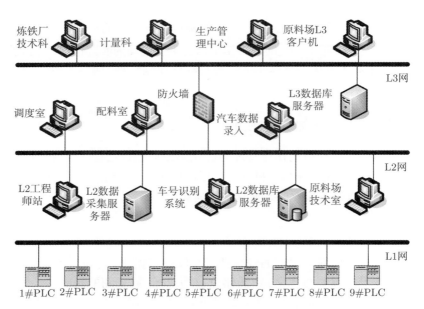

图 3.63　系统硬件结构图

2) 数据流程

根据上述硬件结构图, 可以确定料场计算机管理系统的数据流如图 3.64 所示。L2 层数据采集服务器采集到的数据通过局域网将处理后的数据保存至 L2 层数据库服务器。原料场 L2 数据库服务器与铁前 L3 的通信是双向的, 为保证数据安全, 新铁前 MES 和原料场二级系统都不开放各自的内部表。而是各自建立专用的数据通信表, 把需要传送的数据写入本地的这些表中。

2. 系统功能模块划分

料场智能管理系统的功能模块主要由料场储位决策、库存量预测与优化、料场信息统计查询、采购决策支持和料场图实时绘制五大功能模块组成, 该设计方案系统具有很好的可移植性, 在任何 L3 客户机上均可实现系统的运行。

1) 料场储位决策模块

该功能模块即采用编程方法实现储位选择方案, 将其嵌入料场智能管理系统中不仅可以为原料场库存作业管理人员提供综合料场入库原料储位选择与决策的依据, 加快储位选择与决策速度, 而且可以提高综合料场的库存管理水平, 提高料场空间利用率。

2) 库存量预测与优化模块

该模块实现根据机理模型的库存量实时计算, 实现库存量的实时统计查询, 并采用预测优化方法对库存量进行科学管理。该模块划分为来料信息修正、实时库存量计算、库存量预测与优化。

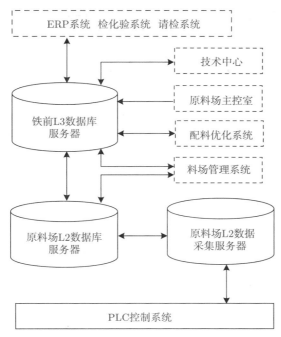

图 3.64 料场计算机管理系统的数据流图

来料信息修正提供对火车来料信息与汽车来料信息的修正, 火车进场是经过专门的车号识别系统识别火车来料的物料名称、物料编码、物料质量, 但车号识别系统存在失效的情况, 这种情况下提供来料信息的人工修正环节。包括对来料信息的添加、修改及保存功能。

实时库存量计算从 L3 级数据库读取来料数据表, 从 L2 级数据库读取一次料场配料数据、实时水分数据。根据模型计算实时库存量, 将库存量计算结果存入 L3 级数据库, 并提供计算结果的查询、导出 Excel 功能。

3) 料场信息统计查询模块

该模块提供料场信息的历史数据统计查询, 并通过 Excel 表格生成生产报表, 替代原手工记录生产日志的方式, 大大提高操作工工作效率, 该模块划分为一次料场信息统计查询、二次料场信息统计查询、料场来料信息统计查询、预配料信息统计查询四大功能。

一次料场信息统计查询包括料堆数据查询、堆取料机作业查询、堆位位置信息查询、一次料场铁矿粉库存量查询。

二次料场信息统计查询包括二次堆场开堆数据查询、二次料场封堆数据查询、堆料机与取料机作业查询、混匀料堆数据统计查询、送往烧结机料量统计查询。

料场来料信息统计查询包括翻车机作业信息统计查询、火车来料查询、汽车进料查询、来料量统计查询、来料成分查询、来料量计划查询、来料堆密度信息查询。

预配料信息统计包括预配方案管理、计划配比通知单查询、配料班数据查询、水分数据查询、班消耗数据查询、配比执行力趋势查询。

4) 采购决策支持模块

采购决策支持模块实现根据矿粉消耗量预测的采购计划判断, 如果采购计划符合生产要求, 则采用; 如果采购计划不符合生产要求, 则给出报警和采购计划修正量提议。该模块划分为矿粉消耗量预测、库存量预测、采购决策支持。

矿粉消耗量预测功能实现从 L2 级数据库读取矿粉消耗量数据表, 消耗量以配料量为准, 因为在料场的质量计量设备中, 以配料秤的计量精度最高。该功能实现了矿粉消耗量的预测。

库存量预测功能实现在已制定的采购方案下的库存量预测。钢铁企业的原材料采购计划分为批次计划、月度计划、季度计划。根据采购计划, 库存量预测分为批次库存量预测、月度库存量预测、季度库存量预测三类库存量预测。根据生产实际, 以上三类库存量预测对生产有实际的指导意义。

5) 料场图实时绘制模块

该模块实时读取"堆取料机信息", 通过程序设计实现堆取料机堆取料信息的实时更新, 根据堆取料机更新信息绘制实时料场图。该模块划分为实时料场图绘制、堆取料机报警机制、手工料场图绘制。

为了防止堆取料机通信故障, 系统不能实时读取堆取料机信息, 而堆取料机仍在进行堆取料作业, 系统提供手工料场图绘制功能。在系统检验堆取料机通信故障报警情况下, 由主控室操作工实现料场图的手工绘制功能。手工绘制功能提供椭圆功能绘制料场图, 并提供调色板和橡皮擦工具, 手工绘制料场图可进行文件保存, 并提供历史料场图的查询功能。通信故障解除后, 要同时对实时料场图进行手动更新, 以适应新情况下的料场图实时绘制。

3. 系统工业运行效果

综合料场优化系统在某钢铁企业 360m² 烧结生产线上调试和试运行, 从运行效果来看, 它可以有效降低综合料场原料采购与库存成本, 提高综合料场的利用率, 并且提高中和粉的铁品位, 保证烧结矿质量, 具有明显的经济效益。

1) 企业管理成本效益分析

对于烧结综合料场作业管理环节, 其工业效益主要体现在制定合理的储位决策准则、提高综合料场利用率和原料成分的稳定性。在系统投运前, 原料厂的场地配置完全依靠人工经验, 现场操作工根据未来很短时间内的来料计划, 决定本次来料大致的存储位置, 主观成分较大。不能根据来料的产地、成分、品质等制定不同的原料合理的存储位置, 料场利用率低, 经常发生混料事件。系统投运后, 由于建立了多准则优化模型和基于层次分析法的模糊多准则优化方法进行求解, 得到最优的储位决策方案, 并应用于烧结生产。因此, 通过对比系统投运前后综合料场的利用率和中和粉铁品位可以充分说明系统带来的管理效益。

这里分别截取系统投运前后两个月 (60 天) 内, 每隔 6 天取一个数据, 共计 10 天的料场利用率进行对比, 如表 3.25 所示。

表 3.25　系统投运前后料场利用率指标对比表

投运日期序号	料场利用率/%	
	系统投运前	系统投运后
1	73	91
2	78	90
3	73	82
4	77	87
5	73	87
6	72	88
7	73	92
8	75	88
9	72	90
10	76	90
平均值	74.2	88.8

由表 3.25 可以看出, 系统投运前后综合料场平均利用率由 74.2% 提高到 88.8%, 达到企业标准。这主要是由于多准则优化模型的目的就是为每种进厂的原料选择最合适的存储位置, 系统投运后, 由于料场储位的合理化, 一方面提高了堆取料机的执行效率, 降低了用于扩张料场场地的费用, 另一方面也减少了混料事件的发生, 保证了烧结矿的质量。

原料成分的稳定性主要由原料的铁品位、氧化钙含量、二氧化硅含量、氧化镁含量、氧化铝含量、硫含量等化学成分的稳定性来衡量。各种原料按照一定的配比进行混匀形成中和料, 根据各种原料的化学成分制定各原料的配比。其目标就是使得中和料成分的实际值与目标值的偏差缩小, 偏差越小, 各种原料成分的稳定性就越高。

分别在系统投运前后两个月 (60 天) 内, 每隔 6 天取一个数据, 对共计 10 天的中和粉铁品位实际值与期望值的偏差进行对比, 如表 3.26 所示。

由表 3.26 可以看出, 系统投运前后中和粉铁品位实际值与期望值偏差的标准误差由 0.0682 下降到 0.0362, 达到了企业的标准。这主要是因为储位管理系统是以原料成分稳定性为目标, 选择与原先堆放的原料品种相同或相近的原料进行堆放, 符合履历性原则, 利于原料成分的稳定性。系统投运后, 自动储位选择后中和粉铁品位实际值与期望值的偏差明显比人工经验选择的偏差小, 有利于保证烧结矿的质量。

表 3.26　系统投运前后中和粉铁品位实际值与期望值偏差对比表

投运日期序号	中和铁粉品位实际值与期望值偏差	
	系统投运前	系统投运后
1	−0.0538	−0.01414
2	−0.0123	0.0526
3	−0.0732	0.0368
4	0.1004	−0.0381
5	0.0454	−0.0325
6	0.0541	−0.0086
7	−0.0392	0.0558
8	0.0845	−0.0378
9	−0.0396	0.0157
10	−0.1139	−0.0581
标准误差	0.0682	0.0362

2) 料场库存量成本效益分析

系统投运前, 料场存在原料存放时多时少的情况, 存在库存积压及缺料的现象, 公司采购计划多依赖于原料的采购价格, 随市场波动性较大, 增加了原料库存量成本, 并且容易发生混料现象, 使得中和粉成分不能满足生产要求, 影响烧结矿质量, 进而影响高炉生产, 情况严重下, 还会导致烧结机停车事件。系统投运后, 由于建立了库存量优化模型, 以采购库存所占成本最小为目标, 在采用标准 PSO 优化算法的基础上, 利用改进型 GA-PSO 算法进行优化。分别对比利用标准 PSO 算法与改进型 GA-PSO 算法优化的系统投运前后采购成本与库存量成本, 如表 3.27 所示。其中方案一和方案二均以月为时间单位。

表 3.27　系统投运前后采购成本与库存量成本对比分析

	投运前方案一	改进 GA-PSO 优化	投运后方案二	标准 PSO 优化
采购成本/元	2.68×10^8	2.54×10^8	2.39×10^8	2.33×10^8
库存成本/元	2.85×10^6	2.72×10^6	2.7×10^6	2.1×10^6

由表 3.27 可以看出, 系统投运后, 采用改进 GA-PSO 算法优化使得采购成本降低了 1.4×10^7 元, 库存成本降低了 1.3×10^5 元, 共节约成本 1.41×10^7 元; 采用标准 PSO 优化算法使得采购成本降低了 0.6×10^7 元, 库存成本降低了 6×10^5 元, 共节

约成本 0.66×10^7 元。从表 3.27 也可以看出改进型 GA-PSO 优化算法比标准 PSO 优化算法优化的采购方案更加合理, 成本更低, 这是由于标准粒子群算法在优化过程中易陷入局部最优解, 而采用改进型 GA-PSO 算法利用遗传算法中个体之间有更多信息交流的特点, 增加了 GA-PSO 算法收敛末期种群的多样性, 因为 GA-PSO 算法增加了跳出局部最优解的可能性, 且具有收敛快的特点。

第4章 高炉生产过程建模与控制

高炉是钢铁行业的关键设备,其主要产品是生铁。生铁是冶金、制造、宇航、机械、军工等行业的主要原料,是支撑国民经济发展的重要物质基础。高炉炼铁生产是钢铁生产的重要环节,是钢铁生产流程上游的一个核心工序,其能耗约占钢铁生产总能耗的 60%,成本约占其 1/3。我国的高炉数量众多,是目前世界上最大的生铁生产国。近年来,随着国民经济的高速发展,高炉自动化程度也逐步提高,生产技术达到了一定水平。生铁产量不断增长,但是在质量、效益、环保等方面同发达国家相比存在着较大差距。

高炉炼铁是在高温、高压、密闭等条件下用还原剂将铁矿石中铁的氧化物还原成铁的过程。高炉是一个典型的"黑箱"容器,与其他生产过程相比,高炉炼铁过程参数检测困难,物料反应复杂,且其机理尚未十分清楚,难以用准确的数学模型进行描述。这些问题导致高炉生产严重依赖人工经验,与现代工业生产自动化、智能化发展趋势不符。针对上述问题,本章从高炉生产过程参数检测出发,介绍高炉布料模型以及基于多源信息融合的料面温度场检测方法;在检测的基础上,介绍高炉炉况智能诊断方法以及热风炉和高炉顶压的智能控制方法;最后给出上述方法的系统实现与工业应用实例。通过上述检测和控制方法的介绍,能够帮助学习人员更深入了解高炉生产机理与现代高炉检测与控制方法,同时给高炉从业人员提供参考。

4.1 高炉生产工艺及流程

高炉是炼铁的主要设备,主要原料有烧结料、焦炭和石灰石。铁矿石中的铁多以磁铁矿、赤铁矿、菱铁矿、褐铁矿等铁的氧化物形式存在,但是由于天然富矿较少,所以大部分贫铁矿石通过破碎、选矿、烧结等工序造成烧结料 (人工富矿) 进入高炉冶炼。焦炭在高炉冶炼过程的作用有三方面:作为还原剂将铁还原出来;通过燃烧为高炉冶炼提供热量,将炉料转化为液体,以便渣铁分离;利用焦炭透气性好的特点,为煤气流通提供通道。石灰石的作用是还原烧结料中的 SiO_2 和 MnO 等矿石,使其变成自由流动的炉渣,与铁水分离[43]。

根据整个流程中各部分所起的作用,高炉炼铁可分为以下几个系统[44]。

(1) 高炉本体系统,包括炉衬、炉壳、炉基、冷却设备等。用钢板作为炉壳,壳内砌耐火砖内衬,本体自上而下分为炉喉、炉身、炉腰、炉腹、炉缸 5 部分。炉缸部分设有风口、铁口和渣口。

(2) 上料系统, 包括储矿槽, 槽下漏斗, 筛分、称量和运料设备, 料车斜桥和炉顶装料设备。

(3) 送风系统, 包括鼓风机、热风机、冷热风管道、热风围管、进风弯管等。

(4) 煤气净化系统, 包括煤气导出管、上升管、下降管、重力除尘器、洗涤塔、文氏管、脱水器、高压阀组、炉顶余压发电系统 (top gas recovery turbine unit, TRT) 等。

(5) 渣铁处理系统, 包括出铁场、炉前设备、渣铁运输设备、水冲渣设备等。

(6) 喷出系统, 包括喷煤、富氧等喷出物的制备、运输和喷入设备等。

高炉是横断面为圆形的炼铁竖炉, 为典型的竖炉型逆流式反应器, 固体炉料从顶部向底部运动, 空气从高炉底部鼓入, 和焦炭作用产生还原气体, 向上运动还原铁矿石, 最后由顶压控制回路控制煤气从上升管排出。高炉生产是连续进行的, 一代高炉 (从开炉到大修停炉为一代) 能连续生产几年到十几年。生产时, 从炉顶 (一般炉顶由料种与料斗组成, 现代化高炉是钟阀炉顶和无料钟炉顶) 不断地装入铁矿石、焦炭、熔剂, 从高炉下部的风口吹进热风 (1000~1300℃), 喷入油、煤或天然气等燃料。由矿石、焦炭和熔剂组成的炉料靠自身的重力作用不断下降, 焦炭在风口前燃烧成煤气, 矿石则还原和熔化成为液态的生铁和炉渣, 并不断地排至炉外, 为上边炉料的下降腾出空间。风口前, 热风和焦炭燃烧生成的煤气则受鼓风机压力的推动向上运动。炉料和煤气在逆向运动中相互接触, 煤气作为热载体和还原剂, 一方面把热量传给炉料, 另一方面夺取铁氧化物中的氧, 同时还原若干其他合金元素, 完成还原反应。

铁矿石通过还原反应炼出生铁, 铁水从出铁口放出。铁矿石中的脉石、焦炭及喷吹物中的灰分与加入炉内的石灰石等熔剂结合生成炉渣, 从出渣口排出。高炉煤气在底部鼓风的作用下从炉顶排出, 经重力除尘和布袋除尘后, 作为工业用煤气。现代化高炉还可以利用炉顶的高压, 用导出的部分煤气通过高炉余压发电系统发电, 提高能源的利用率。

根据高炉内部反应过程和炉料状态, 将高炉内部分为五个主要区域: 炉缸区、风口回旋区、滴落带、软熔带、块状带[45], 如图 4.1 所示。

炉料装入高炉内, 上半部分是块状带, 也称固相区, 下降过程中随着温度不断升高, 矿石不断软化, 在一定位置出现软融带。作为还原剂兼燃料的焦炭则仍保持固体状态, 可以作为透气窗。软融带的底部区域是液体滴落带, 在这里只有焦炭仍是固体, 矿石则以液态渣铁的形态沿焦炭表面向下滴落。滴落带下方是风口回旋区, 其位于风口前端, 是一个近似球形的焦炭循环区, 入炉的焦炭和高炉底部喷入的原煤, 一部分以固体状态直接参加对矿石的还原, 另外一部分在这里燃烧生成 CO, CO 在鼓风风压的作用下, 向上发展还原铁矿石。高炉最底部为炉缸区, 也是渣铁积聚层和铁水产出区域。

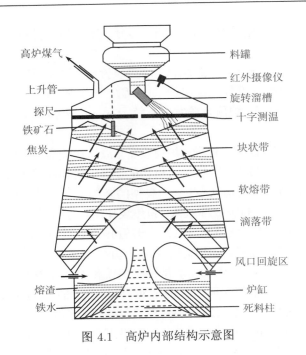

图 4.1　高炉内部结构示意图

4.2　无料钟高炉布料模型

高炉布料模型用于描述装料制度、布料规律与料层料面分布以及煤气流分布的关系。本节确定炉内焦炭层和矿石层的位置、厚度、形状及其比值,并将料面分布的计算结果与高炉生产经验相结合,指导操作工改进装料制度,提高料面透气性,改善煤气利用率,实现高炉生产稳定运行,从而达到降低焦比的目的。

4.2.1　炉顶布料设备

炉顶装料设备是高炉连续生产的关键设备,是高炉操作中上部调节的重要手段,其性能好坏以及运行状态直接影响着高炉生产的效率、质量、安全与稳定。其发展经历了以下四个阶段。

第一代为钟式炉顶,布料手段为大钟布料器。其特点是操作简单、布料手段单一、密封性差、检修困难;调节炉况主要靠改变料线、批重、装料制度、炉料装入顺序等手段来实现。第二代为钟阀加可调炉喉式炉顶结构,它采用阀上的硅橡胶密封代替钟的硬密封,使密封条件大为改善;增加可调炉喉后,确保了炉喉布料的有效调节手段,可根据高炉操作的需要改变炉料堆尖在炉喉的分布位置,达到调节炉况的目的,但是,设备高度很高,质量很大,维护工作量较大,操作复杂。第三代为并罐无料钟式炉顶, 它用布料溜槽取代了大钟布料器, 使高炉布料操作获得了一次飞跃。它用密封阀将料罐和布料设备分开, 用阀密封, 高炉操作压力可以大大提高, 用溜槽布料, 不仅设备质量轻, 维护、检修容易, 而且通过溜槽的倾动和旋转可以获得各种布料形式, 满足各种炉况的要求。但是, 它存在着炉顶料罐称量不准、炉喉布料产生蛇形偏析等缺陷。第四代为串罐无料钟炉顶, 它的上下罐中心及料流调节阀的中心处于高炉中心线上, 使料罐称量准确, 炉喉布料不产生蛇形偏析, 炉喉圆周布料均匀, 炉子工作稳定, 克服了并罐式的缺点并发扬了其优点。

无料钟串罐布料器主要通过调整旋转角度 (β 角) 和倾斜角 (α 角) 实现定点、单环、多环、扇形及螺旋布料等多种形式, 将炉料按照要求布放在高炉内。

4.2.2 高炉布料模型设计

高炉的布料方式、布料制度及炉料物理特性决定了高炉料柱的形成。布料模型是在分析影响料面分布的因素基础上, 建立这些影响因素与高炉炉料分布之间的等价关系式, 通过数学推理实现对炉内料面分布的计算。

1) 料层分布的影响因素

高炉无料钟装料设备布料灵活, 无料钟炉顶通过溜槽的旋转和倾动, 可实现定点、扇形、螺旋以及环形方式。其中单环布料是最基本的布料方式, 布料时溜槽角位不变, 炉内料面形成一个堆尖。多环布料是单环布料的组合形式, 料面形成多个小堆尖, 由于相邻两环间的距离较近, 布完每批料后, 主料流落点位置可近似处理为一个主堆尖。炉料分布在高炉内呈层状分布, 主要受 8 个因素影响 [46-48]:

(1) 溜槽上受溜槽旋转而受的离心力;

(2) 溜槽倾角的变化;

(3) 高炉炉墙内倾角大小;

(4) 高炉料线深度;

(5) 炉喉区域煤气流的分布和流速;

(6) 炉料堆角规律的作用;

(7) 高炉上部具体装料制度 (炉料批重、装料次序);

(8) 高炉本体参数、布料方式以及布料参数。

布料模型综合考虑影响炉内料面分布的各种因素, 设定并求解料面函数。

2) 模型条件假设

综合考虑高炉生产工艺流程、高炉布料影响因素以及炉内料面分布规律, 结合现场操作人员的实际生产经验, 可对布料模型做出如下假设:

(1) 炉料在炉内沿圆周以环状的形式呈中心对称均匀分布;

(2) 炉料在炉内为层状分布, 矿石层与焦炭层混合时的超越现象可忽略;

(3) 炉料的下降为活塞流, 在下降过程始终保持层状结构;

(4) 每批料下完之后, 料面主堆尖只有一个, 且位于主料流落点的位置上;

(5) 由布料经验可知, 每罐料的布料时间不到 2min, 在如此短的时间内, 料面下降量很小, 故可假设在布料过程中料面不下降。

上述假设条件为布料模型的建立提供了参考依据。根据假设条件 (1), 布料建模时只需考虑炉内半个平面内的炉料分布情况, 然后由炉料分布的对称性映射出其在另一半的分布情况; 根据假设条件 (2), 当矿石加到焦层面上时, 焦层坍塌后的滑移面可采用圆弧形或平面形的方式进行表示; 根据假设条件 (3), 在炉内料面下降时, 可沿其放射状运动轨迹建立料面下降修正算法, 对炉内各层料面进行修正; 根据假设条件 (4), 多环布料时, 可选取炉内布料量较多的落点位置作为各批料下完之后的料面堆尖位置; 根据假设条件 (5), 在高炉布料期间, 不对炉内料面分布进行下降修正, 可认为炉内各层料面形状保持不变。基于上述假设, 下面具体介绍高炉布料模型的构成及其设计方法。

3) 模型总体设计

布料模型总体上可分解为下料阀开度模型、料流轨迹模型、炉料分布模型以及矿焦比计算模型四个部分, 它们之间的关系如图 4.2 所示。下料阀开度模型是通过数据拟合获得料流量 Q 和对应下料阀开度 γ 的关系; 料流轨迹模型是以料流量 Q 和下料阀开度 γ 为输入数据, 计算矿石和焦炭落点位置; 炉料分布模型是以矿石和焦炭落点位置为输入数据, 获得矿石层和焦炭层的厚度及形状; 矿焦比计算模型是根据矿石层和焦炭层的厚度及形状, 获取高炉内矿石层和焦炭层径向分布情况。四个子模型之间存在着较强的逻辑先后顺序, 形成了一个结构紧凑的链式结构, 相邻的两个模型之间具有较强的依赖性。

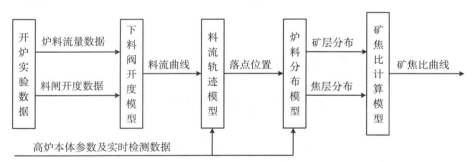

图 4.2   布料模型结构示意图

4.2.3   无料钟高炉布料过程建模

根据高炉布料模型的总体设计方案, 依据高炉具体结构参数和生产过程检测参数建立上述四个模型。

1. 下料阀开度模型

下料阀开度模型采用多项式数据拟合方法处理开炉实验数据, 建立料流量 Q 和下料阀开度 γ 之间的关系。以焦炭为例说明其建模过程。

首先通过式 (4.1) 计算焦炭的料流速度 (kg/s)

$$Q_i = 10^3 \times \frac{W_i \cdot \Omega_i}{L_i}, \quad i = 1, 2, \cdots, m \tag{4.1}$$

式中, W_i 为焦炭批重 (t); L_i 为布料圈数 (圈); Ω_i 为溜槽转速 (圈/s)。

设料流与下料阀开度的关系如下所示:

$$Q = \sum_{j=0}^{n} C_j^* \gamma^j = C_n \gamma^n + C_{n-1} \gamma^{n-1} + \cdots + C_1 \gamma + C_0 \tag{4.2}$$

式中, Q 表示焦炭流量 (kg/s); γ 表示下料阀开度值 (%); $C_0 \sim C_n$ 为待定系数。

基于最小二乘意义上的数据拟合求取式 (4.2) 中的系数 $C_1 \sim C_n$, 使得式 (4.3) 成立。

$$\sum_{i=1}^{m} \sum_{j=0}^{n} \left[C_j^* \gamma_i^j - Q_i \right]^2 = \min \sum_{i=1}^{m} \sum_{j=0}^{n} \left[C_j \gamma_i^j - Q_i \right]^2 \tag{4.3}$$

得到布焦时的下料阀开度模型, 同理可以得到布矿时的下料阀开度模型。

2. 料流轨迹模型

料流轨迹模型的目标是获取炉料在炉内的落点位置。炉料的运动过程如图 4.3 所示: 溜槽以角速度 ω 围绕 Z 轴做圆周旋转运动, 它与 Z 轴的夹角为 α, 炉料以速度 v_1 由下料阀排出, 在中心喉管末端时速度为 v_2, 碰撞溜槽后以初速度 v_3 做变加速运动, 到达溜槽末端速度为 v_4, 离开溜槽后在重力和煤气阻力作用下落入炉内。其计算步骤如下。

(1) 下料阀的有效开口面积 S 与下料阀开度 γ 存在如下关系:

$$S = a\gamma^2 + b\gamma + c \tag{4.4}$$

式中, 系数 a、b、c 由开炉测试数据通过多项式回归方法进行确定。

(2) 分别计算炉料上述各段的速度 v_1、v_2、v_3 和 v_4。

根据下料阀开度模型所得到的料流曲线及式 (4.4) 所求得的下料阀开口面积公式, 即可求得炉料排出下料阀时的速度为

$$v_1 = \frac{Q}{\rho S} \tag{4.5}$$

式中, v_1 为炉料排出下料阀时的出口速度 (m/s); Q 为炉料流量 (kg/s); S 为下料阀有效开口面积 (m²); ρ 为炉料堆密度 (kg/m³)。

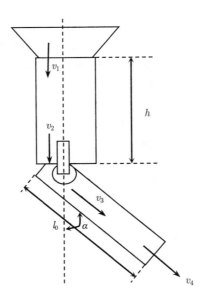

图 4.3　炉料的运动过程分析示意图

炉料由下料阀排出后, 落入中心喉管, 在只受自身重力的作用下以 v_1 的初速度做自由落体运动, 由运动学知识, 炉料在中心喉管的末速度可按下式进行求解:

$$v_2 = \sqrt{v_1^2 + 2gh} \tag{4.6}$$

式中, h 为中心喉管高度 (m); g 为重力加速度 (m/s^2)。

炉料穿出中心喉管后, 以 v_2 的速度落在旋转溜槽上, 炉料与旋转溜槽发生碰撞, 使得炉料的运动方向发生改变, 并且其运动速度发生衰减, 其衰减后的速度 v_3 可按下式计算:

$$v_3 = \lambda v_2 \cos \alpha \tag{4.7}$$

式中, v_2 为炉料离开中心喉管时的速度 (m/s); α 为溜槽倾角; λ 为速度衰减系数, 由开炉实验测试结果进行确定。

炉料以 v_3 的速度到达溜槽后, 由于炉料在旋转溜槽上受多个力的作用, 其运动过程也较为复杂。但是, 由于溜槽的旋转速度不是很高, 所以仍可将炉料当作质点分析其在溜槽上的运动规律。设溜槽的旋转速度为 ω, 一块炉料的质量为 m, 重量为 G, 炉料在溜槽上某点的速度为 v, 炉料与溜槽的摩擦系数为 μ。则炉料在溜槽上的受力情况如图 4.4 所示。

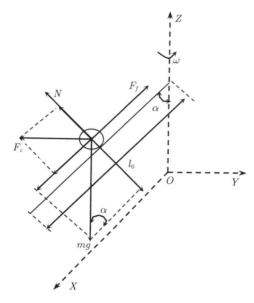

图 4.4 炉料在溜槽上的受力分析示意图

炉料在溜槽上共受七个力的作用, 它们分别如下。

① 炉料自身重力:

$$G = mg \tag{4.8}$$

② 惯性离心力:

$$F_c = 4\pi^2\omega^2 lm\sin\alpha \tag{4.9}$$

③ 溜槽对炉料的反作用力:

$$N = mg\sin\alpha - 4\pi^2\omega^2 lm\sin\alpha\cos\alpha \tag{4.10}$$

④ 炉料与溜槽底面之间的摩擦力:

$$F_f = \mu(mg\sin\alpha - 4\pi^2\omega^2 lm\sin\alpha\cos\alpha) = \mu m\sin\alpha(g - 4\pi^2\omega^2 l\cos\alpha) \tag{4.11}$$

⑤ 惯性柯氏力:

$$F_k = 4\pi\omega v lm\sin^2\alpha \tag{4.12}$$

⑥ 炉料与溜槽侧面的摩擦力 F_s。

⑦ 溜槽侧面对炉料的作用力 N_s。

F_k、F_s 以及 N_s 垂直于 XZ 平面, 在溜槽转速不高的高炉装料过程中, 可以忽略不计。因此, 炉料沿溜槽方向的合力如下:

$$\sum F = G\cos\alpha - \mu(G\sin\alpha - F_c\cos\alpha) + F_c\sin\alpha$$
$$= mg\cos\alpha - \mu(mg\sin\alpha - 4\pi^2 m\omega^2 l\sin\alpha\cos\alpha) + 4\pi^2 m\omega^2 l\sin^2\alpha \quad (4.13)$$

根据 Newton 定律, 炉料沿溜槽方向的运动规律可采用式 (4.14) 所示的方程进行描述:

$$m\frac{\mathrm{d}v}{\mathrm{d}t} = \sum F = mg(\cos\alpha - \mu\sin\alpha) + 4\pi^2 m\omega^2 l\sin\alpha(\sin\alpha + \mu\cos\alpha) \quad (4.14)$$

式中, t 为炉料在溜槽上的运动时间 (s); g 为重力加速度 (m/s^2); l 为炉料在溜槽上的运动距离 (m)。

又根据积分变化, 可以得到式 (4.15):

$$m\frac{\mathrm{d}v}{\mathrm{d}t} = m\frac{\mathrm{d}v}{\mathrm{d}l}\frac{\mathrm{d}l}{\mathrm{d}t} = mv\frac{\mathrm{d}v}{\mathrm{d}l} \quad (4.15)$$

将式 (4.15) 代入式 (4.14) 中, 得

$$mv\mathrm{d}v = m[g(\cos\alpha - \mu\sin\alpha) + 4\pi^2\omega^2 l\sin\alpha(\sin\alpha + \mu\cos\alpha)]\mathrm{d}l \quad (4.16)$$

对式 (4.16) 两边同时进行积分, 得

$$\int_{v_3}^{v_4} v\mathrm{d}v = \int_0^{l_0} [g(\cos\alpha - \mu\sin\alpha) + 4\pi^2\omega^2 l\sin\alpha(\sin\alpha + \mu\cos\alpha)]\mathrm{d}l \quad (4.17)$$

对式 (4.17) 进行积分运算, 得式 (4.18), 即炉料离开溜槽时的末端速度为

$$v_4 = \sqrt{2g(\cos\alpha - \mu\sin\alpha)l_0 + 4\pi^2\omega^2\sin\alpha(\sin\alpha + u\cos\alpha)l_0^2 + v_3^2} \quad (4.18)$$

式中, l_0 为溜槽长度 (m); α 为溜槽倾角; ω 为溜槽旋转速度 (rad/s); u 为炉料与溜槽底面之间的摩擦系数; v_3 为炉料在溜槽上的初速度 (m/s); g 为重力加速度 (m/s^2)。

将速度 v_4 在 X、Y、Z 方向分解, 则炉料离开溜槽时的速度分量 (v_{cx}, v_{cy}, v_{cz}) 可通过式 (4.19) 确定, 即

$$\begin{cases} v_{cx} = v_4\sin\alpha \\ v_{cy} = \omega l_0\sin\alpha \\ v_{cz} = v_4\cos\alpha \end{cases} \quad (4.19)$$

式中, v_4 为炉料离开溜槽时的末速度 (m/s); ω 为溜槽旋转速度 (rad/s); α 为溜槽倾角; l_0 为溜槽长度 (m)。

由速度 v_4 在 X、Y、Z 方向分解的速度, 可通过式 (4.20) 求取炉料质心 C 点在炉内的落点位置为

$$
\begin{cases}
t = \left(\sqrt{v_{cz}^2 + 2gH} - v_{cz} \right)/g \\
X_c = X_{co} + v_{cx}t \\
Y_c = Y_{co} + v_{cy}t \\
X_{nc} = \sqrt{X_c^2 + Y_c^2}
\end{cases}
\tag{4.20}
$$

式中, v_{cx}、v_{cy} 分别为 v_4 在 X 轴和 Y 轴方向的分速度 (m/s); H 为炉料从溜槽末端下落到料面的高度 (m); g 为重力加速度 (m/s^2); X_{co}、Y_{co} 为质点在溜槽末端的初始位置坐标。上述公式求得炉料质心 C 点的落点即主料流落点位置, 如图 4.5 所示。

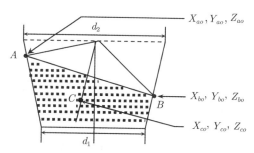

图 4.5　溜槽末端料流截面示意图

同理, 可求溜槽末端料流截面上两端点 A、B 的落点位置 X_{na}、X_{nb}, 由 A、B、C 三点的落点位置便可求出靠近炉墙侧的料流宽度 W_1、靠近高炉中心侧的料流宽度 W_2 以及料流总宽度 W_n, 如下式所示:

$$
\begin{cases}
W_1 = X_{nc} - X_{na} \\
W_2 = X_{nc} - X_{nb} \\
W_n = X_{na} - X_{nb}
\end{cases}
\tag{4.21}
$$

3. 炉料分布模型

炉料分布模型的目标是求解料面形状曲线。求解单环布料料面函数是建立炉料分布模型的基础, 整个料面形状实际上由多个单环布料组合而成。下面以单环布料为例, 从料面形状函数求解、料面修正、原始料面设定等三个方面来阐述炉料分布模型建模方法。

1) 料面形状函数设立及求解算法

根据高炉实验数据和布料经验, 料面函数基本形式为

$$
\begin{cases}
y = a_0 + a_1 x + a_2 x^2, & 0 \leqslant x < X_1 \\
y = b_0 + b_1 x, & X_1 \leqslant x < X_2 \\
y = c_0 + c_1 x + c_2 x^2, & X_2 \leqslant x < X_3 \\
y = d_0 + d_1 x, & X_3 \leqslant x \leqslant X_w
\end{cases}
\tag{4.22}
$$

式中, x、y 分别为料面曲线的横坐标和纵坐标; a_0、a_1、a_2、b_0、b_1、c_0、c_1、c_2、d_0、d_1 为待定系数; X_w 为高炉炉墙距高炉中心的距离; X_1、X_2、X_3 则由下式确定:

$$
\begin{cases}
X_1 = k(1 - \sin \theta_1) \\
X_2 = X_{nc} - W_1 \\
X_3 = X_{na} + W_2
\end{cases}
\tag{4.23}
$$

式中, W_1、W_2 由式 (4.21) 给出; k 为炉料种类系数, 由开炉实验实测结果进行确定; θ_1 为料面内堆角, 由式 (4.24) 进行确定:

$$
\theta_1 = \arctan\left(\tan\theta_0 - K\frac{H}{R}\right)
\tag{4.24}
$$

式中, H 为料线深度 (m); R 为炉喉半径 (m); K 为修正系数; θ_0 为炉料的自然堆角, 由开炉实验实测结果确定 K 和 θ_0。

　　虽然高炉内料面的实际分布形状是复杂多样的, 但料面分布形式可简化为曲线的组合, 这里采用四段曲线描述料面形状, 即料面曲线由曲线 L_1、L_2、L_3、L_4 组合构成, 曲线具体的组合形式与主料流落点位置密切相关, 如图 4.6 所示。按照高炉布料操作经验, 这里将炉喉在其半径方向上分为四个区域, 即区域 1 $(0 < X_{nc} < 0.2R)$、区域 2 $(0.2R \leqslant X_{nc} < X_R)$、区域 3 $(X_R \leqslant X_{nc} < X_w)$、区域 4 $(X_{nc} \geqslant X_w)$, 其中, X_{nc} 为主料流落点位置, R 为炉喉半径, X_R 为料尺位置, X_w 为炉墙至高炉中心的距离。根据主料流落点位置所在的区域, 实际的料面分布形状可采用以下所述的四类料面曲线方程进行分段表示。

　　当主料流落点位于区域 1 时, 料面函数采用图 4.6 所示的曲线段 L_1、L_2 进行表示, 方程形式如下:

$$
\begin{cases}
y = a_0 + |a_1|\, x^2, & 0 \leqslant x < X_{nc} \\
y = b_0 + b_1 x, & X_{nc} \leqslant x \leqslant X_w
\end{cases}
\tag{4.25}
$$

　　当主料流落点位于区域 2 时, 料面函数采用图 4.6 所示的曲线段 L_1、L_2、L_3、L_4 进行表示, 方程形式如下:

$$
\begin{cases}
y = a_0 + a_1 x^2, & 0 \leqslant x < X_1 \\
y = b_0 + b_1 x, & X_1 \leqslant x < X_2 \\
y = c_0 + c_1 x + c_2 x^2, & X_2 \leqslant x < X_3 \\
y = d_0 + d_1 x, & X_3 \leqslant x \leqslant X_w
\end{cases}
\tag{4.26}
$$

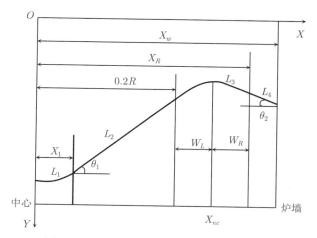

图 4.6　开炉实验料面形状实测结果示意图

当主料流落点位于区域 3 时, 料面函数采用图 4.6 所示的曲线段 L_1、L_2、L_3 进行表示, 方程形式如下:

$$
\begin{cases}
y = a_0 + a_1 x^2, & 0 \leqslant x < X_1 \\
y = b_0 + b_1 x, & X_1 \leqslant x < X_2 \\
y = c_0 + c_1 x + c_2 x^2, & X_2 \leqslant x < X_w
\end{cases}
\tag{4.27}
$$

当主料流落点位于区域 4 时, 料面函数采用图 4.6 所示的曲线段 L_1、L_2 进行表示, 方程形式如下:

$$
\begin{cases}
y = a_0 - |a_1| x^2, & 0 \leqslant x < X_{nc} \\
y = b_0 + b_1 x, & X_{nc} \leqslant x \leqslant X_w
\end{cases}
\tag{4.28}
$$

以上各式中, 炉料系数 K, 炉料堆角 θ, 区域分界点 X_1、X_2、X_3, 主料流落点位置 X_{nc} 以及炉墙距高炉中心距离 X_w 均已确定; 二次曲线的系数 a_0、a_1、c_0、c_1、c_2 和直线的系数 b_0、b_1、d_0、d_1 为待定常数。

因此, 求解料面函数实际上就是确定上述料面方程中的各项系数。由于目前高炉只有探尺可提供 2~3 个点的料面参数, 要想确定上述料面曲线的各项系数, 可考虑引入另外一个等价关系, 即新、旧料面曲线所形成的曲面绕高炉中心线旋转而围成的体积应当与炉料的实际装入量相等, 然后充分利用料面方程中各项系数之间存在的关系即可进行求解。

设炉料 i(i 为矿或焦) 在第 j 环位置 (溜槽 11 个不同倾角中第 j 个倾角所对应的位置) 上布完料之后形成的新料面曲线与旧料面曲线围成的旋转体的体积为

V', 炉料 i 在第 j 环位置上的实际下料量为 V, 根据曲面积分可求得 V', 如图 4.7 所示。

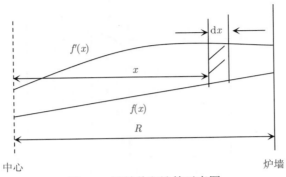

图 4.7   旋转体积计算示意图

图 4.7 中, $f'(x)$ 表示当前待求解的新料面曲线, $f(x)$ 表示上一时刻的料面曲线, $\mathrm{d}x$ 为所取的微元, 令 $F(x) = f'(x) - f(x)$, 从中心至炉墙对 $F(x)$ 进行积分, 则得到如下结果:

$$\begin{cases} V' = \int_0^R 2\pi R F(x)\mathrm{d}x = \int_0^R 2\pi R[f'(x) - f(x)]\mathrm{d}x, & f'(x) \geqslant f(x) \\ V' = \int_0^R 2\pi R F(x)\mathrm{d}x = 0, & f'(x) < f(x) \end{cases} \tag{4.29}$$

式中, 当 $f'(x) - f(x) \geqslant 0$ 时, $F(x)$ 取 $f'(x) - f(x)$ 计算值, 当 $f'(x) - f(x) < 0$ 时, $F(x)$ 取 0, 即保证 $f'(x)$ 始终位于 $f(x)$ 的上面, 计算的体积始终为新、旧曲线围成的旋转体的正体积。

根据溜槽在各环位置上的布料总和等于炉料批重这一关系, 可推出炉料 i 在第 j 环位置上的实际下料量, 如下式所示:

$$V = \frac{W_i n_{ij}}{\rho_i N_i} \tag{4.30}$$

式中, W_i 为炉料 i 的批重 (kg); ρ_i 为炉料 i 的密度 (kg/m^3); n_{ij} 为炉料 i 在第 j 环位置上的布料圈数; N_i 为一批炉料 i 总的布料圈数。

上述四类料面函数具体的求解过程介绍如下。

(1) 第一类料面函数求解过程。

设定料面内堆角 θ_1, 即 θ_1 为已知, 且探尺位置 X_R 为已知, 料线深度 H 可通过探尺测得, 又知料面曲线段 L_1 在 X_1 点处的切线斜率与料面曲线段 L_2 的斜率相等, 于是, 便可得到一组方程, 如下式所示:

$$
\begin{cases}
H = b_0 + b_1 X_R \\
Y_1 = b_0 + b_1 X_1 \\
Y_1 = a_0 + |a_1| X_1^2 \\
\dfrac{\mathrm{d}y}{\mathrm{d}x}\bigg|_{x=X_1} = 2\,|a_1|\,X_1 = b_1
\end{cases}
\tag{4.31}
$$

通过对式 (4.31) 所示的方程组进行联立求解, 可确定料面函数中各项系数, 如下式所示:

$$
\begin{cases}
a_0 = b_0 + b_1 X_1 - |a_1| X_1^2 \\
|a_1| = \dfrac{b_1}{2X_1} \\
b_0 = H - b_1 X_R \\
b_1 = -\tan\theta_1
\end{cases}
\tag{4.32}
$$

(2) 第二类料面函数求解过程。

设定料面堆尖处高度 H_p 已知, 且料面内堆角 θ_1、料面堆尖位置 X_{nc} 以及探尺位置 X_R 均为已知, 料线深度 H 可通过探尺测得, 又知料面曲线段 L_1 在 X_1 点处的切线斜率与料面曲线段 L_2 的斜率相等, 料面曲线段 L_3 在 X_2 点处的切线斜率与料面曲线段 L_2 的斜率相等, 料面曲线段 L_3 在料面堆尖 X_{nc} 点处的切线斜率为零, 料面曲线段 L_4 是经过点 (X_3, Y_3) 和 (X_R, H) 的直线, 可得到一组方程, 如下式所示:

$$
\begin{cases}
H_p = c_0 + c_1 X_{nc} + c_2 X_{nc}^2 \\
\dfrac{\mathrm{d}y}{\mathrm{d}x}\bigg|_{x=X_1} = 2a_1 X_1 = b_1 = -\tan\theta_1 \\
\dfrac{\mathrm{d}y}{\mathrm{d}x}\bigg|_{x=X_2} = c_1 + 2c_2 X_2 = -\tan\theta_1 \\
\dfrac{\mathrm{d}y}{\mathrm{d}x}\bigg|_{x=X_{nc}} = c_1 + 2c_2 X_{nc} = 0 \\
Y_1 = a_0 + a_1 X_1^2 = b_0 + b_1 X_1 \\
Y_2 = c_0 + c_1 X_2 + c_2 X_2^2 = b_0 + b_1 X_2 \\
Y_3 = c_0 + c_1 X_3 + c_2 X_3^2 = d_0 + d_1 X_3 \\
H = d_0 + d_1 X_R
\end{cases}
\tag{4.33}
$$

对方程组 (4.33) 进行联立求解, 通过式 (4.34) 可确定料面函数中的各项系数:

$$\begin{cases} a_0 = b_0 + b_1 X_1 - a_1 X_1^2 \\[2mm] a_1 = -\dfrac{\tan\theta_1}{2X_1} \\[2mm] b_0 = c_0 + (c_1 - b_1)X_2 + c_2 X_2^2 \\[2mm] b_1 = -\tan\theta_1 \\[2mm] c_0 = H_p - c_1 X_{nc} - c_2 X_{nc}^2 \\[2mm] c_1 = -2c_2 X_{nc} \\[2mm] c_2 = \dfrac{\tan\theta_1}{2(X_{nc} - X_2)} \\[2mm] d_0 = H - d_1 X_R \\[2mm] d_1 = \begin{cases} \dfrac{H - c_0 - c_1 X_3 - c_2 X_3^2}{X_R - X_3}, & X_R \neq X_3 \\[2mm] \tan\theta_2 = \tan(\lambda\theta_1), & X_R = X_3 \end{cases} \end{cases} \quad (4.34)$$

式中, θ_2 为外堆角; λ 为外堆角修正系数。

(3) 第三类料面函数求解过程。

设定料面堆尖处高度 H_p, 即 H_p 为已知, 且料面内堆角 θ_1、料面堆尖位置 X_{nc} 以及探尺位置 X_R 均为已知, 料线深度 H 可通过探尺测得, 又知料面曲线段 L_1 在 X_1 点处的切线斜率与料面曲线段 L_2 的斜率相等, 料面曲线段 L_3 在 X_2 点处的切线斜率与料面曲线段 L_2 的斜率相等, 料面曲线段 L_3 在料面堆尖 X_{nc} 点处的切线斜率为零, 于是, 便可得到一组方程, 如下式所示:

$$\begin{cases} H_p = c_0 + c_1 X_{nc} + c_2 X_{nc}^2 \\[2mm] H = c_0 + c_1 X_R + c_2 X_R^2 \\[2mm] \left.\dfrac{\mathrm{d}y}{\mathrm{d}x}\right|_{x=X_1} = 2a_1 X_1 = b_1 = -\tan\theta_1 \\[2mm] \left.\dfrac{\mathrm{d}y}{\mathrm{d}x}\right|_{x=X_2} = c_1 + 2c_2 X_2 = -\tan\theta_1 \\[2mm] \left.\dfrac{\mathrm{d}y}{\mathrm{d}x}\right|_{x=X_{nc}} = c_1 + 2c_2 X_{nc} = 0 \\[2mm] Y_1 = a_0 + a_1 X_1^2 = b_0 + b_1 X_1 \\[2mm] Y_2 = c_0 + c_1 X_2 + c_2 X_2^2 = b_0 + b_1 X_2 \end{cases} \quad (4.35)$$

通过对式 (4.35) 所示的方程组进行联立求解, 可确定料面函数中各项系数, 如下式所示:

$$\begin{cases} a_0 = b_0 + b_1 X_1 - a_1 X_1^2 \\ a_1 = -\dfrac{\tan\theta_1}{2X_1} \\ b_0 = c_0 + (c_1 - b_1)X_2 + c_2 X_2^2 \\ b_1 = -\tan\theta_1 \\ c_0 = H_p - c_1 X_{nc} - c_2 X_{nc}^2 \\ c_1 = -2c_2 X_{nc} \\ c_2 = \dfrac{\tan\theta_1}{2(X_{nc} - X_2)} \end{cases} \tag{4.36}$$

(4) 第四类料面函数求解过程。

设定 θ_1, 即 θ_1 为已知, 且探尺位置 X_R 为已知, 料线深度 H 可通过探尺测得, 又知料面曲线段 L_1 在 X_1 点处的切线斜率与料面曲线段 L_2 的斜率相等。于是, 便可得到一组方程, 如下式所示:

$$\begin{cases} H = b_0 + b_1 X_R \\ Y_1 = b_0 + b_1 X_1 \\ Y_1 = a_0 - |a_1| X_1^2 \\ \dfrac{\mathrm{d}y}{\mathrm{d}x}\bigg|_{x=X_1} = -2\,|a_1|\,X_1 = b_1 \end{cases} \tag{4.37}$$

通过对式 (4.37) 所示的方程组进行联立求解, 可确定料面函数中各项系数, 如下式所示:

$$\begin{cases} a_0 = b_0 + b_1 X_1 + |a_1| X_1^2 \\ |a_1| = -\dfrac{b_1}{2X_1} \\ b_0 = H - b_1 X_R \\ b_1 = -\tan\theta_1 \end{cases} \tag{4.38}$$

将上述所得料面函数离散化, 由程序按照式 (4.29) 所示的积分方法计算新、旧料面曲线绕高炉中心线旋转一周而成的体积, 并将所计算的体积与实际的炉料装入量相比, 若两者误差在允许的范围内则停止求解, 否则, 采用二分法重新设定料面曲线特征参数后继续进行迭代求解, 直至两者之差满足误差要求。

2) 考虑炉料下降的料面形状修正

高炉布料是间断进行的, 在两次布料的间隔中, 炉料是在不断下降的。炉料在高炉内下降过程中保持层状结构, 在炉喉区域沿着垂直线向下移动, 在炉身区域沿着以炉墙延长线与高炉中心线的交点为原点呈放射状向下移动, 如图 4.8 所示。

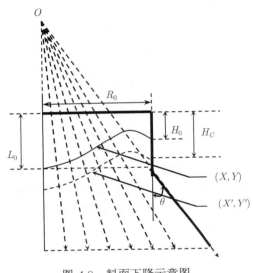

图 4.8　料面下降示意图

炉料下降速度与炉料距离炉心距离成正比, 并且炉料下降时料层中任一点所在的平面通过的炉容空间体积等于料面下降的空间体积, 由此计算料层中任一点在料面下降后的新坐标。

设炉喉半径为 R_0, 炉喉高度为 L_0, 炉墙延长线与垂直线的夹角为 θ, 原始料面的料线为 H_0, 料面下降后的料线为 H_C, 料面下降的高度为 ΔH, 炉料下降的空间体积为 ΔV_D, 料层中任一点所在的平面通过的炉容空间体积为 ΔV_P。

炉料在下降时, 炉内料层中任一点所在的平面通过的炉容空间体积 ΔV_P 应当等于料面下降的空间体积 ΔV_D。料面下降的空间体积可通过探料探尺测定的料线深度得到, 通过这一等价关系及已知条件便可求得炉内料层中任一点在料面下降后的新坐标, 以此坐标来取代炉料未下降之前原始料面的坐标, 从而实现对原始料面形状的修正, 具体修正算法如下所述。

如图 4.8 所示, 设炉内原始料层中任意一点坐标为 (X, Y), 经炉料下降后所形成的新料层坐标为 (X', Y'), 则可根据原始料层及新料层在炉内的位置分为三种情况, 采用下述方法对新料层坐标 (X', Y') 进行求解。

原始料层在炉喉区域, 炉料下降后的新料层也在炉喉区域, $H_0 < L_0$ 且 $H_C \leqslant L_0$

时, 根据上述等价关系有下式成立:

$$\begin{cases} V_D = \pi R_0^2(H_C - H_0) \\ V_P = \pi R_0^2(Y - Y') \\ V_D = V_P \end{cases} \tag{4.39}$$

通过对式 (4.39) 所示的方程组进行联立求解, 可确定炉料下降后新料层中任意一点的坐标 (X', Y'), 如下式所示:

$$\begin{cases} Y' = Y + (H_C - H_0) \\ X' = X \end{cases} \tag{4.40}$$

当原始料层在炉喉区域, 而炉料下降后的新料层在炉身区域, 即 $H_0 < L_0$ 且 $H_C > L_0$ 时, 根据上述等价关系有下式成立:

$$\begin{cases} V_D = \pi R_0^2(L_0 - H_0) + \dfrac{\pi}{3}\Big[(H_C - L_0 + R_0 ctan\theta)^3 tan^2\theta - R_0^3 ctan\theta\Big] \\ V_L = \pi R_0^2(L_0 - Y) + \dfrac{\pi}{3}\Big[(Y' - L_0 + R_0 ctan\theta)^3 tan^2\theta - R_0^3 ctan\theta\Big] \\ V_D = V_L \end{cases} \tag{4.41}$$

通过对式 (4.40) 所示的方程组进行联立求解, 可确定炉料下降后新料层中任意一点的坐标 (X', Y'), 如下所示:

$$\begin{cases} Y' = \sqrt[3]{3R_0^2(Y - H_0)ctan^2\theta + (H_C - L_0 + R_0 ctan\theta)^3} + L_0 - R_0 ctan\theta \\ X' = X \cdot \dfrac{(Y' - L_0)tan\theta + R_0}{R_0} \end{cases} \tag{4.42}$$

当原始料层在炉身区域, 并且在炉料下降后, 新的料层也在炉身区域, 即 $H_0 < L_0$ 且 $H_C < L_0$ 时, 根据上述等价关系有如下成立:

$$\begin{cases} V_D = \dfrac{\pi tan^2\theta}{3}\Big[(H_C - L_0 + R_0 ctan\theta)^3 - (H_0 - L_0 + R_0 ctan\theta)^3\Big] \\ V_L = \dfrac{\pi tan^2\theta}{3}\Big[(Y' - L_0 + R_0 ctan\theta)^3 - (Y - L_0 + R_0 ctan\theta)^3\Big] \\ V_D = V_L \end{cases} \tag{4.43}$$

通过对式 (4.43) 所示的方程组进行联立求解, 可确定炉料下降后新料层中任意一点的坐标 (X', Y'), 如下所示:

$$\begin{cases} Y' = \sqrt[3]{(H_C - L_0 + R_0 ctan\theta)^3 - (H_0 - L_0 + R_0 ctan\theta)^3 + (Y - L_0 + R_0 ctan\theta)^3} \\ \qquad + L_0 - R_0 ctan\theta \\ X' = X\dfrac{(Y' - L_0)tan\theta + R_0}{(Y - L_0)tan\theta + R_0} \end{cases} \tag{4.44}$$

在式 (4.39)~ 式 (4.44) 中, 炉喉半径 R_0、炉喉高度 L_0 以及炉墙延长线与垂直线的夹角 θ 都是已知的高炉本体参数, 而原始料面的料线深度 H_0 及料面下降后的料线深度 H_C 则可以通过探料探尺直接得到.

综上所述, 通过式 (4.40)、式 (4.42) 以及式 (4.44) 所示的计算方法便可得到炉料下降后新料层中任意一点的坐标 (X', Y'), 从而实现了原始料面下降时的实时修正, 得到了炉料分布的新料面形状.

3) 考虑煤气流分布的料面形状修正

鼓风状态下的炉内料面内堆角 θ' 按照式 (4.45) 所示的方法进行修正:

$$\theta' = \theta_1 \sqrt{1 - \left(\frac{V}{V_{\min}}\right)^2} \tag{4.45}$$

式中

$$V = \frac{kP_bQ_b(T_0 + 273)}{\eta_{N_2}\varepsilon SP_0(T_b + 273)} \tag{4.46}$$

$$V_{\min} = \sqrt{\frac{d_m(\rho_m - \rho_a)g}{N\rho_a}} \tag{4.47}$$

其中, θ_1 为非鼓风状态下料面内堆角; V 为炉顶煤气平均流速; $V_{\min}$ 为炉料最小流化速度; 系数 k 和 N 由开炉实验结果确定; P_b 为鼓风压力; Q_b 为高炉风量; P_0 为炉顶煤气压力; T_0 为炉顶温度; T_b 为高炉风温; η_{N_2} 为煤气成分中氮气的百分含量; S 为炉喉截面积; ε 为炉料平均空隙度; d_m 为炉料平均粒度; ρ_m 为炉料单颗粒粒度; ρ_a 为煤气密度; g 为重力加速度.

4) 考虑料层塌落时的料面形状修正

当两种粒度不同的炉料装入高炉时, 料层间相互渗透形成混和层, 并且粒度差别越大, 混和层所占比例也越高. 在布料过程中, 当矿石加到焦层面上时, 在矿石的冲击作用下, 部分焦炭被挤到高炉中心区, 焦层料面发生变形.

高炉布料模拟实验表明, 焦层坍塌发生料面变形后, 塌落部分的滑动面可以简化为一段圆弧或者一段圆弧与一段平面的组合形式, 料层塌落的料面修正可以采用土坡稳定理论修正料面.

另一种修正方法根据炉料载荷的动能和料面落点势能, 通过统计方法确定料层塌落后高炉中心处新料层的厚度增量, 设定滑动面为一段圆弧与一段直线的组合形式, 焦层坍塌后料面形状的修正可以转化为寻找合适圆弧的问题, 由体积不变关系搜索崩料的交界点, 该方法和前面方法相比更加简洁、准确, 缺点是统计工作量较大, 这里采用该方法进行料层的塌落修正.

如图 4.9 所示, 设 $f(x)$ 表示进行了焦层坍塌修正后的新料面曲线, $f'(x)$ 表示焦层坍塌前的料面曲线, (X_C, Y_C) 表示焦层坍塌后高炉中心处炉料堆积形成的新料层中心坐标, (X_D, Y_D) 表示修正后的新料面曲线 $f(x)$ 的圆弧段与焦层坍塌前的料面曲线 $f'(x)$ 的交点, (X_T, Y_T) 表示新料面曲线的圆弧段与其平面段的交点, (X_S, Y_S) 表示焦层坍塌的起始位置, (X_O, Y_O) 表示焦层坍塌滑动面的滑动圆弧圆心坐标, R 表示焦层塌落滑动圆弧的半径, ΔV_1 表示焦层塌落后高炉中心处炉料体积增量, ΔV_2 表示焦层塌落处炉料体积减量。

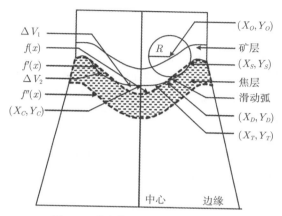

图 4.9 焦层坍塌体积堆积示意图

焦层塌落后其料面修正算法可按下述步骤进行。

(1) 确定焦层塌落的起始位置。

当矿石通过布料溜槽装到焦层面上时, 通过料流轨迹模型计算得出矿石的落点位置和速度, 该位置即焦层塌落的起始位置 (X_S, Y_S)。

(2) 确定焦层塌落后高炉中心处新料层坐标。

分析焦层塌落的受力情况, 对其进行定量计算, 焦层塌落后高炉中心处新料层的厚度增量可确定为[49]

$$\Delta H = 3.94 \times 10^{-4} \left(\frac{m_p v_s^2}{2} + m_p g h \right) - 136 \tag{4.48}$$

式中, m_p 为矿石装入量 (kg); v_s 为矿石落下时在焦层表面方向的分速度 (m/s); h 为矿石落下位置到高炉中心焦层表面的距离 (m); g 为重力加速度 (m/s^2)。可以根据操作经验和实验控制合理的焦炭层坍塌量, 相应地调整炉料中心的厚度增量。

由计算结果和焦层塌落前的原始料面数据便可求得焦层塌落后高炉中心处新料层的坐标 (X_C, Y_C), 其计算公式为

$$\begin{cases} X_C = 0 \\ Y_C = H_O + \Delta H \end{cases} \tag{4.49}$$

式中, H_O 为焦层塌落前原始料面在高炉中心处的高度 (m); ΔH 为焦层塌落后高炉中心处新料层的厚度增量。

(3) 确定焦层塌落后新料层料面函数。

根据上述对炉内焦层塌落现象的分析, 焦层塌落后的料面函数可分段表示, 如下所示:

$$\begin{cases} f(x) = Y_C, & 0 \leqslant x < X_T \\ f(x) = Y_O + \sqrt{R^2 - (x - X_O)^2}, & X_T \leqslant x < X_S \end{cases} \tag{4.50}$$

(4) 求解焦层塌落后新料层料面函数。

焦层塌落起始位置 (X_S, Y_S) 及焦层塌落后高炉中心处新料层的坐标 (X_C, Y_C) 可求, 并且两点同在新料面曲线 $f(x)$ 上; 新料面曲线的圆弧段与平面段在点 (X_T, Y_T) 处相交, 并且圆弧段在该点处的切线斜率为零; 修正后的新料面曲线 $f(x)$ 的圆弧段与焦层塌落前的料面曲线 $f'(x)$ 在点 (X_D, Y_D) 处相交。

根据物料守恒关系可知焦层塌落后高炉中心处炉料体积增量 ΔV_1 与焦层塌落后料层塌落处炉料体积减量 ΔV_2 相等, 由这些已知条件及等价关系可以得到焦层塌落后的新料面函数方程组, 如式 (4.51) 所示。联立式 (4.49)∼ 式 (4.51) 可以求解焦层塌落后的新料面函数。

$$\begin{cases} Y_S = Y_O + \sqrt{R^2 - (X_S - X_O)^2} \\ Y_D = Y_O + \sqrt{R^2 - (X_D - X_O)^2} \\ X_T = Y_O + \sqrt{R^2 - (X_T - X_O)^2} \\ Y_C = Y_T \\ Y_D = f'(X_D) \\ \left. \dfrac{\mathrm{d}y}{\mathrm{d}x} \right|_{X=X_T} = -(X_T - X_O) = 0 \end{cases} \tag{4.51}$$

但是, 考虑到所得到新料面函数方程组中含有圆弧半径 R 的高次项, 直接通过数学方法求解比较困难, 因此可借助计算机进行迭代求解。

根据布料模型精度要求将焦层塌落位置横坐标 X_S 等分成 N_S 等份, N_S 取 X_S/ϵ 计算结果的整数部分 (ϵ 为根据布料模型要求设定的精度), 由二分法查找新料面曲线 $f(x)$ 与原始料面曲线 $f'(x)$ 的确切交点 (X_D, Y_D), 现设定查找的起始位置为 X_A、末端位置为 X_B, 且将 X_A 及 X_B 分别初始化为 X_C 及 X_S, 则 $X_D = (X_A + X_B)/2$, 现将 X_D 代入式 (4.51), 可求得式 (4.52) 所示的焦层塌落后新料面函数解。

然后将所得到的新料面函数离散化, 则焦层塌落后高炉中心处炉料体积增量 ΔV_1 及焦层塌落处炉料体积减量 ΔV_2 可按照式 (4.54) 所示的方法进行计算, 并将其计算结果进行比较, 若有 $\Delta V_1 - \Delta V_2 < -\epsilon$ 成立, 则将 X_D 赋给 X_A, 若有

$\Delta V_1 - \Delta V_2 > \epsilon$ 成立, 则将 X_D 赋给 X_B, 并重复上述判断过程, 直至满足式 (4.55) 所示的条件, 此时得到的函数 $f'(x)$ 即要求的焦层塌落后的新料面曲线, 以此函数对原始料面进行塌落修正. 否则, 则认为此次布料没有造成焦层塌落现象, 不对原始料面进行塌落修正.

$$
\begin{cases}
Y_O = H_O + \Delta H + \dfrac{B - \sqrt{B^2 - 4AC}}{2A} \\[2mm]
X_O = \dfrac{X_S^2 - X_D^2 + Y_S^2 - Y_D^2}{2(X_S - X_D)} + \dfrac{(Y_D - Y_S)}{(X_S - X_D)} Y_O \\[2mm]
R = \dfrac{-B + \sqrt{B^2 - 4AC}}{2A} \\[2mm]
Y_D = f(X_D) \\[2mm]
X_T = \dfrac{X_S^2 - X_D^2 + Y_S^2 - Y_D^2}{2(X_S - X_D)} + \dfrac{(Y_D - Y_S)}{(X_S - X_D)} Y_O \\[2mm]
Y_T = Y_C
\end{cases}
\tag{4.52}
$$

式中, A、B、C 为定常系数, 由式 (4.53) 确定:

$$
\begin{cases}
A = 4(Y_D - Y_S)^2 \\
B = 4(Y_D - Y_S)[(Y_C - Y_D)^2 - (Y_S - Y_C)^2] + 4(Y_D + Y_S - 2Y_C)(X_S - X_D)^2 \\
C = 4(X_S - X_D)^2(Y_D - Y_C)^2
\end{cases}
\tag{4.53}
$$

式中, X_S、Y_S、X_D、Y_D、X_C、Y_C 皆为已知或可求.

$$
\begin{cases}
\Delta V_1 = \displaystyle\sum_{i=1}^{N_D} \pi \left| f'(x) - f(x) \right| (X_{i+1}^2 - X_i^2), \quad x \in (X_C, X_D) \\[3mm]
\Delta V_2 = \displaystyle\sum_{i=N_D}^{N_S} \pi \left| f(x) - f'(x) \right| (X_{i+1}^2 - X_i^2), \quad x \in (X_D, X_S)
\end{cases}
\tag{4.54}
$$

式中, N_D 取 X_D/ϵ 的整数部分; N_S 取 X_S/ϵ 的整数部分.

$$
\begin{cases}
|\Delta V_1 - \Delta V_2| < \epsilon \\
f(X_i) < f''(X_i)
\end{cases}
\tag{4.55}
$$

式中, X_i 为区间 $[X_C, X_S]$ 上任意一点; ϵ 为根据布料模型要求而设定的精度.

通过上述计算, 可以完成考虑料层坍塌时的料面形状修正.

5) 原始料面的设定

原始料面是布料模型启动的基准, 新确定的料面又将作为下次布料模型的原始料面, 如此循环更新.

原始料面类型设定有两种形式。

(1) 先用溜槽大倾角布料, 原始料面如图 4.10 所示, 直线料面可通过如下所示公式计算, 即

$$y = ax + b \tag{4.56}$$

式中

$$\begin{cases} a = -\left(\tan\theta_0 - k\dfrac{H_0}{R}\right) \\ b = H_0 + R\left(\tan\theta_0 - k\dfrac{H_0}{R}\right) \end{cases} \tag{4.57}$$

式中, x、y 分别为料面曲线的横坐标和纵坐标; θ_0 为炉料自然堆角; H_0 为炉内料线深度; R 为炉喉半径; k 为料面堆角修正系数。

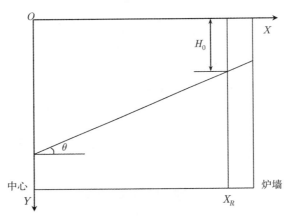

图 4.10   直线型原始料面示意图

(2) 根据观测经验直接设定原始曲线各段的料面方程参数。

如图 4.11 所示, 由于溜槽布料倾角较小、炉内料面料线较浅, 炉料离开布料溜槽后的落点位置在炉喉半径之内, 由开炉实验测试结果可知炉料在炉内的分布一般为曲线型, 其料面方程为

$$\begin{cases} y = a_0 + a_1 x^2, & 0 \leqslant x < X_1 \\ y = b_0 + b_1 x, & X_1 \leqslant x < X_2 \\ y = c_0 + c_1 x + c_2 x^2, & X_2 \leqslant x < X_3 \\ y = d_0 + d_1 x, & X_3 \leqslant x < X_w \end{cases} \tag{4.58}$$

式中, X_1、X_2、X_3 为各段料面曲线在炉喉半径方向上的区间上限, 可在布料模型启动前由布料操作经验进行设定; a_0、a_1、b_0、b_1、c_0、c_1、c_2、d_0、d_1 均为待定系数, 可由式 (4.59) 进行确定; X_w 为高炉炉墙距高炉中心的距离。

假设各段料面曲线在炉喉半径方向上的区间上限设定为 L_1、L_2、L_3, 原始料面的料线深度为 H_0, 料线测量位置贴近高炉的炉壁, 原始料面的堆尖深度为 H_P, 则根据料面曲线各段之间的关系以及炉内料面内堆角与料线深度的关系, 可以由式 (4.59) 确定料面方程中的各项系数, 从而可以确定原始料面形状。

$$
\begin{cases}
a_0 = b_0 + b_1 L_1 - a_1 L_1^2 \\
a_1 = -\dfrac{\tan\theta_0 - kH_0/R}{2L_1} \\
b_0 = c_0 + (c_1 - b_1)L_2 + c_2 L_2^2 \\
b_1 = -\left(\tan\theta_0 - \dfrac{kH_0}{R}\right) \\
c_0 = H_P - 0.5c_1(L_2 + L_3) - 0.25c_2(L_2 + L_3)^2 \\
c_1 = -c_2(L_2 + L_3) \\
c_2 = \dfrac{\tan\theta_0 - kH_0/R}{L_3 - L_2} \\
d_0 = H_0 - d_1 R \\
d_1 = \dfrac{H - c_0 - c_1 L_3 - c_2 L_3^2}{R - L_3}
\end{cases}
\tag{4.59}
$$

式中, θ_0 为炉料自然堆角; H_0 为布料模型启动前的炉内料线深度; R 为炉喉半径; k 为料面堆角修正系数。

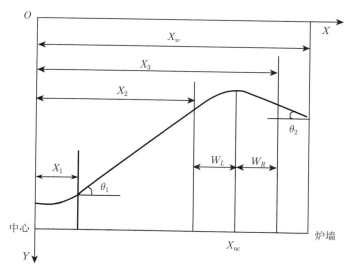

图 4.11 曲线型原始料面示意图

4. 矿焦比计算模型

高炉生产中合理的煤气流分布是保证高炉高产低耗生产的关键因素, 而炉内煤气流的分布除了与原料特性有关, 还和矿石和焦炭在炉内的具体分布情况密切相关。

下面分别介绍矿焦比和矿焦比指数的定义。

1) 矿焦比定义

矿焦比 (O/C) 定义如下: 当一罐炉料装入炉内后, 在炉喉半径方向上各点处矿石层厚度与焦炭层厚度的相对比值。其定义式为

$$\mathrm{OCR} = \sum_{i=1}^{N} \frac{(\Delta L_O)_i}{(\Delta L_C)_i} = \sum_{i=1}^{N} \frac{[f_O'(x) - f_C(x)]_i}{[f_C'(x) - f_O(x)]_i} \tag{4.60}$$

式中, ΔL_O、ΔL_C 分别表示炉内料面分布中矿石层厚度和焦炭层厚度; $f_O'(x)$、$f_C'(x)$ 分别表示一罐炉料装入炉内后所形成的新的矿、焦料面曲线; $f_O(x)$、$f_C(x)$ 分别表示旧的矿、焦料面曲线; N 是计算矿焦比时根据高炉生产工艺要求而设定的累加罐次。

2) 矿焦比指数定义

为了使布料模型所输出的矿焦比分布曲线更能清晰、量化地反映高炉炉内煤气流分布状况, 方便布料操作的分析和模型验证, 通过定义径向矿焦比的指数形式化描述矿焦比曲线分布趋势, 表征不同区域内的矿石和焦炭的分布综合状况。它的基本思想是: 根据炉料距离炉心的距离将高炉炉喉横截面分成三个区域, 即炉心工作段 $[0, 0.5\mathrm{m}]$、中区工作段 $[0.5\mathrm{m}, 1.75\mathrm{m}]$ 以及边缘工作段 $[1.75\mathrm{m}, 2.2\mathrm{m}]$, 每个区域定义一个矿焦比指数 (即炉心指数、中区指数和边缘指数), 矿焦比指数的大小和该区域内矿石和焦炭分布的位置和数量相关。以炉心指数为例说明, 越靠近炉心的点其矿焦比大小对矿焦比炉心指数的影响越大, 同理定义中区指数和边缘指数。其具体定义形式为

$$\begin{cases} \mathrm{OCR_C} = 0.618\mathrm{OCR}_1 + 0.236\mathrm{OCR}_2 + 0.146\mathrm{OCR}_3 \\ \mathrm{OCR_M} = 0.2\mathrm{OCR}_4 + 0.3\mathrm{OCR}_5 + 0.3\mathrm{OCR}_6 + 0.2\mathrm{OCR}_7 \\ \mathrm{OCR_B} = 0.3\mathrm{OCR}_8 + 0.3\mathrm{OCR}_9 + \mathrm{OCR}_{10} \end{cases} \tag{4.61}$$

式中, $\mathrm{OCR_C}$ 为矿焦比炉心指数; $\mathrm{OCR_M}$ 为矿焦比中区指数; $\mathrm{OCR}_1 \sim \mathrm{OCR}_{10}$ 为矿焦比曲线上距离炉心 0、0.25m、0.5m、0.75m、1m、1.25m、1.5m、1.75m、2m、2.1m 的 10 个点的矿焦比值; $\mathrm{OCR_B}$ 为矿焦比边缘指数。

4.3　高炉料面温度场检测

高炉料面温度场是判断炉喉煤气流分布和高炉炉况的重要因素, 可以有效指导高炉布料操作与送风制度。然而, 在高炉生产过程中, 并没有直接检测料面温度场

的设备, 需要通过其他检测信息人为地估计料面温度场分布, 缺乏准确性。为了解决这一问题, 提高料面温度场检测精度, 本节介绍利用高炉内的多源检测信息, 采用基于多源信息融合的高炉料面温度场在线检测方法, 以更准确、更全面地检测料面温度场分布。

4.3.1 高炉料面温度场检测方案设计

高炉冶炼过程是一个存在多种化学反应及物理变化的复杂过程, 影响生产的因素错综复杂, 状态检测信息具有多样性。针对高炉生产过程信息的多样性及其与高炉料面温度场之间的关联程度不同, 首先从工艺机理分析的角度, 研究高炉炉顶多源检测信息与料面温度场之间的定性关系, 然后在机理分析的基础上, 采用关联度分析方法进行高炉多源信息与料面温度场之间的关联度分析, 确定反映料面温度场的特征参数; 最后, 提出一种基于多源信息融合的高炉料面温度场在线检测方案。下面阐述料面温度场在线检测的基本思想以及主要方法 [50]。

1. 多源信息与高炉料面温度场之间的关联性分析

首先从工艺机理分析的角度, 确定高炉炉顶多源检测信息与料面温度场之间的定性关系, 然后采用关联度分析方法, 分析高炉多源信息与料面温度场之间的关联度。

1) 料面温度检测信息关联性分析

由生产经验以及机理分析可知, 一些过程参数能够较好地反映煤气流分布状态, 如料面温度分布、矿焦比径向分布以及煤气流速等, 其对应关系如表 4.1 所示。

表 4.1 煤气流分布的反映参数及相关性

煤气发展状态	CO_2 含量	料面温度	矿焦比	煤气流速
煤气流旺	含量低	较高	低	快
煤气流弱	含量高	较低	高	慢

由于检测设备的限制, CO_2 的百分含量分布以及煤气流速很难实时获取, 所以这两个参数极少应用于煤气流分布的实时在线检测。在高炉生产过程中, 普遍采用获取料面及以上的温度分布表征实时煤气流分布, 这是在生产中最易于实现的一种检测方法。高炉炉喉多种检测或采集信息与温度分布有较强的关联性, 是对温度特征进行提取的重要信息来源。

安装在炉顶的红外摄像机能够拍摄高炉料面温度分布的视频图像, 并通过计算机上的图像采集卡将视频图像转换为数字化的灰度图像。灰度图像以像素灰度的形式保存着料面温度信息, 温度越高的地方对应点的像素的灰度值越大。由于红外图像本身不具备测温的功能, 所以不能获取具体的温度数值。另外, 由于红外摄像机的可视角, 红外摄像机大多时间只能获取高炉中心区以及部分中间环区的图像, 不能得到高炉边缘区的图像信息。

十字测温装置直接检测沿炉喉圆周四个半径方向若干个点的煤气实时温度值, 其覆盖范围包括中心区、中间环区以及边缘区。但是热电偶数量有限, 不能检测整个料面温度的分布状况。另外, 由于十字测温通过与上升的煤气流对流换热以及通过与料面进行辐射换热进行测温, 并且与料面存在一定距离, 所以, 十字测温检测的温度与料面对应位置的实际温度存在一定的偏差。

高炉炉墙的四周安装有若干个热电偶, 用于检测炉墙不同高度区域的炉墙温度, 根据热传导原理, 炉墙温度与高炉料面边缘温度具有很强的相关性, 高炉生产操作人员经常采用炉墙温度估计边缘煤气流的分布状态。因此, 高炉炉墙温度是料面边缘温度检测的一种有效信息。

2) 红外图像与可检测参数之间的关联性分析

红外图像是建立料面温度场的重要依据, 清晰的红外图像能够准确地反映高炉料面的温度分布情况。在分析红外图像的质量与其他因素的关联度时需要考虑的影响因素较多, 只依据机理分析及人工经验确定其主要影响因素, 可靠性不高, 并且缺乏理论依据, 因此, 采用灰色关联分析方法确定各因素对红外图像质量的影响程度, 其步骤如下。

Step 1: 原始数据处理。

(1) 初值化处理: 设有原始数列 $x^0 = \{x^{(0)}(1), x^{(0)}(2), \cdots, x^{(0)}(n)\}$, 其中 $x^{(0)}$ 为某一过程参数的时间序列, 对 $x^{(0)}$ 进行初值化处理得 $y^{(0)}$, 则

$$y^0 = \{y^{(0)}(1), y^{(0)}(2), \cdots, y^{(0)}(n)\} = \left\{ \frac{x^{(0)}(1)}{x^{(0)}(1)}, \frac{x^{(0)}(2)}{x^{(0)}(1)}, \cdots, \frac{x^{(0)}(n)}{x^{(0)}(1)} \right\} \qquad (4.62)$$

(2) 均值化处理: 设有原始数列 $x^0 = \{x^{(0)}(1), x^{(0)}(2), \cdots, x^{(0)}(n)\}$, 其中 $x^{(0)}$ 为某一过程参数的时间序列, 令其均值为 $\overline{x}^{(0)}$, 如下所示:

$$\overline{x}^{(0)} = \frac{1}{n} \sum_{k=1}^{n} x^{(0)}(k) \qquad (4.63)$$

则对 x^0 进行均值化处理, 得 $\overline{y}^0$ 为

$$\overline{y}^0 = \{\overline{y}^{(0)}(1), \overline{y}^{(0)}(2), \cdots, \overline{y}^{(0)}(n)\} = \left\{ \frac{x^{(0)}(1)}{\overline{x}^{(0)}}, \frac{x^{(0)}(2)}{\overline{x}^{(0)}}, \cdots, \frac{x^{(0)}(n)}{\overline{x}^{(0)}} \right\} \qquad (4.64)$$

(3) 归一化处理: 在非时间序列中, 同一序列有许多不同的物理量, 且数值大小相差过分悬殊, 为避免造成非等权情况, 对这些数列进行归一化处理。

Step 2: 计算灰色关联系数。

若经数据处理后的母数列为 $x_0(t)$, 子数列为 $x_i(t)$, 在时刻 $t = k$ 时, $x_0(k)$ 与 $x_i(k)$ 的灰关联系数为

$$\xi_{0i}(k) = \frac{\Delta_{\min} + \rho \Delta_{\max}}{\Delta_{0i}(k) + \rho \Delta_{\max}} \tag{4.65}$$

式中, $\Delta_{0i}(k)$ 为 k 时刻两个序列的绝对值, 即 $\Delta_{0i}(k) = |x_0(k) - x_i(k)|$; $\Delta_{\max}$、$\Delta_{\min}$ 分别为各个时刻的绝对差中的最大值与最小值; ρ 为分辨系数, 其作用在于提高灰关联系数之间的差异显著性, $\rho \in (0,1)$, 一般取 0.5。

Step 3: 求灰色关联度与灰色关联矩阵。

其计算公式为

$$r_{0i} = \frac{1}{n} \sum_{k=1}^{n} \xi_{0i}(k) \tag{4.66}$$

式中, r_{0i} 为子序列 i 与母序列 0 的灰色关联度; n 为序列的长度即数据个数。若有 n 个母序列, m 个子序列, 各子序列对母序列的关联度为 r_{ij}, 则可得灰色关联矩阵为

$$R = \begin{bmatrix} r_{11} & r_{12} & \dots & r_{1m} \\ r_{21} & r_{22} & \dots & r_{2m} \\ \vdots & \vdots & & \vdots \\ r_{n1} & r_{n2} & \dots & r_{nm} \end{bmatrix} \tag{4.67}$$

Step 4: 关联度排序以及优势分析。

对 r_{oi} 从大到小排序, 根据排序结果判断子因素与母因素的关联性强弱, 排序越靠前, 则说明此子因素与母因素的关联性越强, 反之越弱。

基于高炉生产的机理分析以及实际经验, 初步确定影响红外图像质量的因素包括十字测温、煤气成分、上升管温度、料线深度、炉墙温度、炉身静压。以某高炉的具体数据为例, 通过获取原始数据以及灰色关联计算可以得到红外图像质量的灰色关联矩阵为

$$R = \begin{bmatrix} 0.6881 & 0.6008 & 0.6245 & 0.6676 & 0.2434 & 0.2036 \\ 0.8003 & 0.7131 & 0.7002 & 0.7030 & 0.1963 & 0.1967 \\ 0.7693 & 0.7477 & 0.7022 & 0.5663 & 0.1725 & 0.1806 \\ 0.8112 & 0.6794 & 0.7064 & 0.7173 & 0.2156 & 0.2032 \end{bmatrix} \tag{4.68}$$

从灰色关联矩阵可以看出, 前 4 列的数据都大于 0.5, 说明十字测温、煤气成分、上升管温度、料线深度对红外图像的质量影响较大, 而后 2 列的数据都小于 0.5, 因此炉墙温度、炉身静压对红外图像的质量影响较小。因此, 可以确定十字测温、煤气成分、上升管温度、料线深度为影响红外图像质量的重要因素, 从而确定了反映料面温度场中心温度分布的特征参数。

3) 径向温度与可检测参数之间的关联性及可信度分析

高炉上部过程数据可分成两类。一类是由于料面径向温度动态变化对高炉上部不同传感器产生影响的信息, 如红外图像径向灰度分布、炉顶压力、炉顶温度、上升管压力、上升管温度、十字测温数据、煤气成分、探尺数据; 另一类是对料面径向温度有影响作用的信息, 如布料参数中的料重、布料角度等。

红外图像只有在非布料时期中一小段时间内图像质量很好, 灰度反映的温度情况比较真实, 即可信度比较高。当红外图像渐弱的时候, 图像大部分地方的灰度值接近 0, 此时的图像可信度比较低。当红外图像全黑的时候, 图像已经完全不能反映径向温度的情况, 此时的图像对温度的可信度最低。同样在红外图像全白的时候, 径向灰度值几乎全部达到最大, 图像的可信度为最低。因此, 可以判断, 在一个布料周期内, 红外图像检测温度值的可信度随煤气流的分布变化而变化。

十字测温装置是装在炉喉处的, 十字测温的测温点是离散分布的并且点数有限, 因此它检测的是炉喉处的在径向分布上的离散温度值。十字测温对于料面径向温度的检测具有一定的利用价值, 同样也具有一定的可信度。当料线比较低且刚布完一批料的时候, 煤气混合不严重, 此时十字测温点的数据可信度较高; 当料线深度较深时, 高炉上部煤气混合严重, 造成十字测温点的测温值不能很好地反映测温点垂直方向下的料面温度情况, 此时十字测温的可信度比较低。料面与十字测温器的距离如图 4.12 所示。

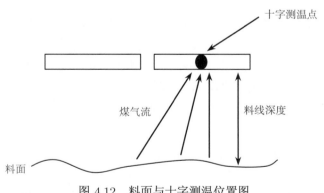

图 4.12   料面与十字测温位置图

由图 4.12 可见, 十字测温受料面上部煤气温度混合程度的影响比较大, 随着料线深度的增加, 十字测温的数值可信度减小。

炉顶压力、上升管压力、煤气成分、上升管温度都是从炉顶上部检测到的, 距离料面比较远, 并且都只是对料面温度的综合反映且可信度不高, 其中上升管温度可以作为十字测温数据映射到料面温度的计算变量。

在布料参数方面, 布料环数、布料角度、料种质量都会对料面径向温度产生影响,但最终影响料面温度的是料层分布。由于焦炭在炼铁中充当提供热量的作用,所以从长期的角度来看,料层中含有焦炭多的地方,相应的温度较高。温度较高只是个趋势,并不代表高炉在一个燃烧周期中时刻都保持着这样的规律。尤其在布料的时候,当矿石布下,由于矿石在径向分布厚度不均,所以刚入炉的常温矿石迅速吸收下面焦炭提供的热量,温度会不断升高,当矿石厚度比较大的地方矿石温度升高得比较慢,可以推测很有可能在短时期内含有焦炭多的地方温度不是最高点。因此料层的分布对料面径向温度的影响比较大,而衡量料层分布的重要指标是矿焦比。

基于上述分析,可以确定十字测温、红外图像、布料参数、料线深度、上升管温度作为计算径向温度所用的检测信息。

2. 高炉料面温度场在线检测方案

高炉内检测炉喉温度的传感器很多,这些传感器分别以图像、温度、成分等方式在不同程度、不同条件下反映高炉料面温度分布情况。

一般情况下,操作人员根据生产经验和理论知识,对这些信息进行分析,估计料面煤气流分布形态。但是,由于这些传感器信息的描述方式不同,信息的检测在时间和空间上不同,所以很难为操作者提供有效和可靠的操作依据。因此,在高炉现有的炉喉检测设备的基础上,针对传感器信息的多元性和多尺度特性,通过研究高炉生产过程多源信息与料面温度场之间的关联度,综合多种特征提取和信息融合方法,提出一种低成本高准确度的高炉料面温度场在线检测方案,整个检测系统分为三层。具体结构如图 4.13 所示。

1) 多源信息检测层

通过高炉生产过程检测传感器,可以检测到反映料面温度场的各种信息。十字测温热电偶、上升管热电偶、炉墙热电偶和探尺等所采集的数据直接收集到 PLC,通过 OPC 服务器传送给计算机,经过数字信号的预处理后,获得十字测温、上升管和炉墙各检测点的温度值以及料线的深度等;高炉红外摄像机采集到的视频流数据,通过图像采集卡转换为连续的红外图像存放于计算机中;煤气成分、炉料成分直接通过 OPC 服务器把检测数据送给计算机。

2) 特征提取层

采用机理分析、统计学理论、人工智能等方法,对检测信息进行特征提取,获取多源信息融合输入的特征信息。基于高炉红外图像,选取最佳红外图像并对图像进行预处理,提取料面温度场的特征信息 (包括中心位置、等温线的特征等);基于高炉的布料模型,计算料面形状和料层矿焦比,并计算基于矿焦比的径向温度分布;综合考虑十字测温、煤气成分、料线深度等信息,提取高炉料面径向温度分布特征信息;结合十字测温边缘和炉墙温度信息,提取料面边缘温度。

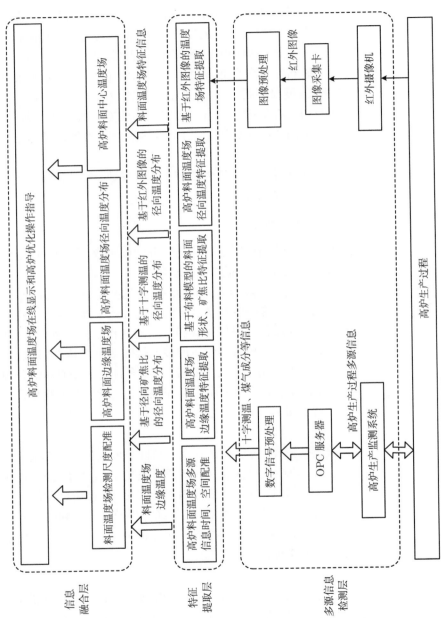

图 4.13　高炉料面温度场在线检测方案

3) 信息融合层

高炉多源信息融合是料面温度场在线检测方案中的核心部分, 通过对料面温度场特征信息的融合处理, 可以获得准确、可靠的高炉料面温度场。在料面温度场特征信息的基础上, 融合高炉料面温度场特征信息、料面形状、料面径向温度分布等特征信息, 获取准确的高炉料面中心温度场; 通过融合基于十字测温、红外图像、矿焦比的径向温度分布获得高炉料面温度场径向温度分布; 通过融合十字测温边缘温度、炉墙温度获得高炉料面边缘温度场。通过建立的中心温度场、边缘温度场、径向温度分布指导高炉操作, 稳顺高炉生产。

4.3.2 高炉料面温度场检测信息特征提取

检测高炉料面温度场是了解高炉内热状态最直接的方法, 是高炉布料操作决策和炉况诊断的一个重要参考, 然而高炉料面温度场建模一直是一个难题。本节针对高炉内的各多源传感器检测参数进行预处理、时间和空间配准以及多源信息的特征提取, 其中特征提取包括提取基于布料模型的料面形状和矿焦比、基于红外图像的料面温度场, 以及多源检测信息的料面温度场边缘温度、径向温度特征提取, 从而为后续的基于信息融合的料面温度场建模做好准备。

1. 多源信息时间和空间配准

利用信息融合技术来融合特征提取得到的多源温度场特征信息, 能够结合各种检测方法的优点, 增大数据面积、提高温度场中各个点温度值的识别能力, 具有增强系统故障容错性与鲁棒性等优点。然而在融合之前, 来自各个传感器的数据通常要变换到相同的时间与空间参照系中。但是由于存在传感器的偏差, 直接进行转换很难保证精度和发挥多传感器的优越性, 所以在进行数据处理时, 采用传感器配准算法。

1) 基于最小二乘的传感器采样时间配准

信息的时间配准就是把多传感器检测的数据统一到扫描周期最长的一个传感器数据。系统检测有三方面数据: 高炉过程检测数据采样周期是 $\tau_1 = 500\text{ms}$; 红外图像采样周期是 $\tau_2 = 5\text{s}$; 布料模型根据开炉数据和布料情况进行计算得到, 不需要进行时间配准。因此, 将过程检测数据和红外图像进行时间配准。

采用最小二乘配准法, 以十字测温时间配准为例, 将十字测温连续 10 次的测量值进行融合, 可以消除由于时间偏差而引起的十字测温和红外图像对料面温度测量的不同步。用 $T_{j10} = [t_{j1}, t_{j2}, \cdots, t_{j10}]$ 表示第 j 个测温点从第 $(k-5)\text{s}$ 到第 k s 之间的 10 次测量值 (其中 k 为大于 5 的整数), t_{j10} 是和拍摄的红外图像的同步值。用 $U_j = [t_j, i_j]^\text{T}$ 表示 $t_{j1}, t_{j2}, \cdots, t_{j10}$ 融合以后的测量值及其导数构成的列向

量。十字测温第 j 个测温点瞬时测量值 t_{ji} 表示为

$$t_{ji} = t_j + (i - 10)\tau_1 t_j + v_{ji}, \quad i = 1, 2, \cdots, 10 \tag{4.69}$$

式中, v_{ji} 表示第 j 个测温点的第 i 次测量的噪声, 改写为向量形式为

$$T_{j10} = W_{j10} U_j + V_{j10} \tag{4.70}$$

式中, $V_{j10} = [v_{j1}, v_{j2}, \cdots, v_{j10}]^{\mathrm{T}}$, 其均值为 0, 协方差阵为

$$\mathrm{cov}[V_{j10}] = \mathrm{diag}\{\delta_r^2, \delta_r^2, \cdots, \delta_r^2\} \tag{4.71}$$

式中, δ_r^2 为融合以前温度量测噪声方差, 同时式 (4.70) 中

$$W_{j10} = \begin{bmatrix} 1 & 1 & \cdots & 1 \\ (1 - 10)\tau_1 & (2 - 10)\tau_1 & \cdots & (10 - 10)\tau_1 \end{bmatrix}^{\mathrm{T}} \tag{4.72}$$

根据最小二乘配准方法, 则有目标函数

$$J = V_{j10} V_{j10}^{\mathrm{T}} = \left[T_{j10} - W_{j10} \hat{U}_j \right] \left[T_{j10} - W_{j10} \hat{U}_j \right]^{\mathrm{T}} \tag{4.73}$$

为使 J 为最小, J 两边对 $\hat{U}_j$ 求偏导数并令其等于零得

$$\frac{\partial J}{\partial \hat{U}_j} = -2(W_{j10}^{\mathrm{T}} T_{j10} - W_{j10}^{\mathrm{T}} W_{j10} \hat{U}_j) = 0 \tag{4.74}$$

因此可得

$$\hat{U}_j = (W_{j10}^{\mathrm{T}} W_{j10})^{-1} W_{j10}^{\mathrm{T}} T_{j10} \tag{4.75}$$

将式 (4.69) 和式 (4.72) 分别代入式 (4.75), 得到融合以后的温度测量值为

$$\hat{t}_j = c_1 \sum_{i=1}^{10} t_{ji} + c_2 \sum_{i=1}^{10} i t_{ji} \tag{4.76}$$

式中, 参数 $c_1 = -2/n = -1/5, c_2 = 6/[n(n+1)] = 3/55, n = 10$。

　　根据最小二乘配准算法得到的 $\hat{t}_j$ 就是十字测温第 j 个测温点测得的与红外摄像机拍摄时间匹配的测量值。按照同样的方法可以将炉墙热电偶的测量值与红外摄像机拍摄时间进行匹配。

　　2) 红外图像空间配准

　　高炉中心区域是高炉煤气流的主要通道, 高炉中心煤气流的发展直接影响高炉生产的多项指标。为获得中心区域的煤气流发展特征, 将从高炉料面的中心偏移程度、炉心宽度以及炉心料面温度等方面对高炉中心区域的特征进行提取。

(1) 红外图像与料面的空间配准。

高炉料面红外图像能够比较理想地反映高炉中心区和部分中间环区的温度信息,但由于红外摄像机安装角度以及料线深度实时改变,导致红外图像与料面坐标存在一定的不匹配,所以,对检测信息进行空间配准非常重要。

红外摄像机安装在高炉炉顶,用于拍摄料面的情况。由于安装角度问题和料线的改变,导致所拍摄到的料面图像会发生一定的形变,并且红外图像与料面的对应尺度不固定,所以,红外图像与高炉料面的参考坐标系是不一致的。十字测温装置安装在料面的上方,其所在坐标系与料面坐标系是平行的。由此可见,在红外图像与十字测温度的坐标系配准之前,将十字测温的检测值和红外图像进行空间关联是不可行的。

为了后期温度定标以及特征提取的需要,必须对红外图像的坐标系进行空间配准,使十字测温的温度检测值与红外图像温度场检测结果在空间参考系达到统一。

如图 4.14 所示, G 表示高炉红外摄像机在炉顶的安装位置,四边形 $A_1B_1C_1D_1$ 为摄像仪所拍摄的实际料面,平行四边形 $ABCD$ 表示拍摄的红外图像,与红外摄像机的拍摄方向垂直。O 为红外图像的中心位置,O_1 为红外图像的中心点在料面中的对应位置,设 M 为红外图像上的任意一个像素点,M_1 为像素点 M 在料面上的对应点,h 为探尺检测获得的料线深度,l 为红外摄像机 G 到探尺零点 R 之间的高度,α 为摄像机与高炉垂直方向的安装倾角。GG_1 为红外摄像机 G 到料面 $A_1B_1C_1D_1$ 的垂直距离,其长度为 $(l+h)$。红外图像与高炉料面的空间配准,为平面 $ABCD$ 下 M 坐标到平面 $A_1B_1C_1D_1$ 下 M_1 坐标的转换。

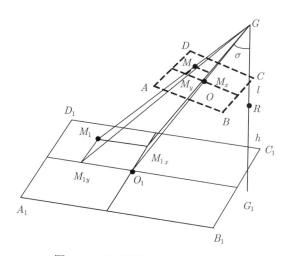

图 4.14 红外图像空间配准求解图

(2) 高炉中心点空间配准。

高炉布料根据布料矩阵采用环形布料的方式投放矿石和焦炭, 与高炉横截面的中心点基本对称。根据高炉生产机理, 在理想状态下, 中心煤气流的中心点即炉心, 为高炉横截面的物理中心 (以下称高炉中心点)。但是, 由于高炉生产中存在一些不确定的因素, 在少数情况下, 炉心位置与高炉中心点存在一定程度的偏移。为了能够提取炉心区以及度量炉心的偏移程度, 对高炉中心点的位置配准尤为重要。

考虑高炉内的检测条件, 高炉中心点可以利用料面温度分布特点进行配准。在绝大多数正常炉况下, 炉料分布在径向基本对称, 此时高炉横截面的物理中心与炉心是一致的。一般来说, 炉心区相对于中心环带的料面温度会高出许多, 因此容易分割获取温度最高的料面区域, 通过计算该区域的重心点, 便可获得高炉中心点的位置。

十字测温装置上的 25 个热电偶能够检测料面上方煤气流温度, 但由于热电偶数量有限, 无法精确得到炉心重心点位置。红外摄像机拍摄的料面红外图像能够反映料面温度场分布, 从图像中可以清晰观测到明亮的炉心区, 如图 4.15 所示。不难看出, 选择合适的阈值对红外图像进行分割, 便可获取图像中炉心区。同时, 根据红外图像和高炉料面坐标系之间的配准关系, 可知利用红外图像获取高炉中心点位置是可行的。

图 4.15　高炉料面红外图像

由于红外摄像机安装存在一定的角度, 高炉中心点的位置在红外图像中的坐标并不固定, 随着料线深度的变化而改变, 所以可以采用分段统计离线建立高炉中心点在红外图像中的坐标与料线深度的关系模型。基本思想为: 在正常炉况时, 高炉红外图像亮区 (炉心区) 的重心点与高炉中心点是基本重合的; 针对不同料线情况, 对相应的红外图像的亮区进行手动分割提取, 计算亮区重心点在红外图像上的坐标, 即高炉中心点在红外图像坐标系的位置; 通过坐标系转换, 可以获得在不同料线下高炉中心点在料面坐标系的位置。具体步骤如下。

Step 1: 根据日常生产料线深度范围, 均匀选取 6 个基准料线 $l_1, l_2, l_3, l_4, l_5,$

l_6。在一个较长的工作期间, 针对每个基准料线, 选取保存相对应的 n 帧红外图像。

Step 2: 在各个基准料线情况下, 对相应的红外图像选取合适的阈值进行分割, 提取出炉心区, 如图 4.16 所示。

图 4.16 高炉料面炉心区

采用重心法计算选取每帧炉心区重心点的坐标。考虑到每次检测存在着一定的随机误差, 因此对 n 帧图像的计算结果取平均, 即可获得在此基准料线下高炉中心点在红外图像中的坐标。

Step 3: 对于相邻两个基准料线之间的高炉中心点, 采用线性插值的方法获取在红外图像坐标系下的位置坐标。

Step 4: 在获取高炉重心点在红外图像坐标系下的位置之后, 进行坐标变换, 计算得到料面坐标系下的高炉中心点的位置坐标。

通过以上步骤, 完成了高炉中心点在料面坐标系上的离线配准, 为后续的温度场检测与特征提取创造了条件。

2. 红外图像处理和特征提取

高炉红外图像将检测到的高炉料面各点温度直接转换为灰度图像, 是高炉炉喉处内热状况最直接的反映, 通过红外图像的处理和分析, 提取红外图像的特征信息, 可以清楚地反映温度场的特征, 间接反映高炉煤气流分布特性。

1) 红外图像预处理

红外图像由于受高炉布料影响, 在炉喉处存在大量的粉尘, 同时由于实际料面到红外摄像机之间, 热空气发生混合, 引起同一区域热值叠加, 导致红外图像往往含有大量噪声, 特征信息不明显, 影响最终的检测结果。因此, 在对红外图像进行分析和特征提取之前, 要对图像进行一些预处理, 滤除图像噪声, 增强有效检测信号。

(1) 红外图像一致性检验。

在红外摄像机对料面连续拍摄过程中, 由于炉况、局部气流、布料器旋转等因素, 剧烈的扰动会导致少数红外图像对料面温度反映严重失真。在这种情况下, 红外图像不能反映料面的温度分布, 如果将这些红外图像引入计算机进行处理, 会严重影响检测的准确性。由于采集的一组图像帧数不多, 采用分布图法对图像进行一致性检验, 对这些失真的图像予以剔除, 分布图法可靠性较高, 计算量少, 且容易实现。具体步骤如下。

Step 1: 在有效的时间区间先后采集 m 帧图像存入图像数组, 从每帧图像中均匀选取相同的 n 个像素。对于 m 帧图像对应的第 i 个像素灰度均值为

$$\overline{x_i} = \frac{1}{m} \sum_{c=0}^{m-1} G_{ci}, \quad i = 1, 2, \cdots, n \tag{4.77}$$

式中, G_{ci} 为灰度值, 则第 j 帧图像的第 i 个像素的灰度方差 S_{ji} 为

$$S_{ji} = (G_{ji} - \overline{x_i})^2, \quad j = 1, 2, \cdots, m; i = 1, 2, \cdots, n \tag{4.78}$$

第 j 帧图像 n 个像素的方差 S_j 为

$$S_j = \sum_{c=1}^{n} S_{jc}, \quad j = 1, 2, \cdots, m \tag{4.79}$$

Step 2: 将由 Step 1 求得的 S_j 从小到大依次排列形成新数列 $Y_1, Y_2, \cdots, Y_m$, 并取中位数 (也称中值) F_M, 即排列中间的值。然后计算上中位数 F_U 为区间 $[Y_M, Y_m]$ 的中位数, 下中位数 F_L 为区间 $[Y_1, Y_M]$ 的中位数。其离散程度为

$$\Delta F = F_U - F_L \tag{4.80}$$

Step 3: 认定那些测量值与中位数的距离大于 $\alpha \Delta F$ 的图像为离异图像, 即无效图像的判别区间为

$$|Y_j - Y_M| > \alpha \Delta F \tag{4.81}$$

式中, α 为常数 $(0 \leqslant \alpha \leqslant 1.0)$, 其大小由剔除图像的精度要求而定。

通过上述图像的一致性检验方法, 能有效去除由于某些原因出现的严重失真的离异图像。

(2) 红外图像滤波。

一致性检验方法能够剔除严重失真的图像, 但是由于炉内恶劣的工作环境、红外摄像机受到的电磁干扰不可避免对红外图像产生一些噪声, 而这些噪声的存在必然对红外图像保存的温度信息造成影响, 不利于料面温度检测与特征的提取, 因此必须予以去噪。

高炉生产是一个连续、动态的过程, 但在正常炉况下又是一个相对稳定的过程, 不会出现急剧的变化。因此, 将某一时刻的料面红外图像作为测温依据是不合

适的, 对于连续采集一组有效图像, 可先完成基于时间尺度的均值滤波去除高炉图像中的部分噪声。同时, 料面图像的相邻各像素点灰度具有很强的相关性, 即料面相邻位置的温度值不会出现跳变, 在完成时间尺度的滤波后, 再采用空间尺度上均值滤波、中值滤波, 抑制图像中还存在的各种噪声干扰。具体步骤如下。

Step 1: 将采集的一组有效红外灰度图像存入图像数组 $B_{ij}(k)$, k 为帧号, i 为一帧图像的行号, j 为一帧图像的列号。

Step 2: 对一组图像采用基于时间尺度的均值滤波, 存储到图像数组 C_{ij}, 即

$$C_{ij} = \frac{1}{n} \sum_{k=0}^{n-1} B_{ij}(k) \tag{4.82}$$

Step 3: 对一帧图像采用基于空间尺度的 8 邻域均值滤波, 存储到图像数组 D_{ij}, 即

$$D_{ij} = \frac{1}{9} \sum_{c=i-1}^{i+1} \sum_{d=j-1}^{j+1} C_{cd} \tag{4.83}$$

Step 4: 对经过均值滤波后的图像采用空间中值滤波方法进行滤波, 并存储于图像数组之中。通过基于时间尺度和空间尺度的两方面滤波后, 图像的噪声能够被很好地抑制, 同时还保持图像灰度变化的平稳性, 滤波之后的灰度图像更好地反映料面温度信息。

图 4.17(a) 为在有效时间段采集的料面原始红外图像, 其中, 白色亮斑反映中心煤气流的发展状态。从图中可以看出原始图像中存在严重的噪声干扰, 在未滤波之前很难较好地提取有用的信息。基于时间尺度的均值滤波之后, 噪声得到了一定的抑制, 如图 4.17(b) 所示。经过基于空间尺度的均值和中值滤波之后, 最终的图像质量获得明显改善, 如图 4.17(c) 和 (d) 所示。通过滤波, 为料面温度的检测和特征提取创造了良好的条件。

2) 基于经验知识和信息熵的图像阈值分割

图像分割是图像识别的重要步骤, 是图像等温线提取的前提。为获得对判断料面温度分布最有利的图像区域特征, 采用基于经验知识和信息熵的图像分割阈值选择策略。该策略根据红外图像的目标大小, 运用知识规则制定判断图像质量的信息熵评价准则, 再根据信息熵理论选择合适的灰度阈值对图像进行分割。

基于经验知识和信息熵的图像分割阈值选择策略的基本思想是: 料面温度场的温度、红外图像的区域大小和位置是判断煤气流分布和炉况的关键信息, 当料面温度较低时, 红外图像具有的温度信息较少, 图像的信息显然越大对于判断煤气流分布越有利, 此时, 按照图像的信息熵最大原则选择分割阈值能更好地反映料面温度场特征; 当料面温度较高时, 高炉内煤气流活跃, 图像有趋于饱和的趋势, 不确定

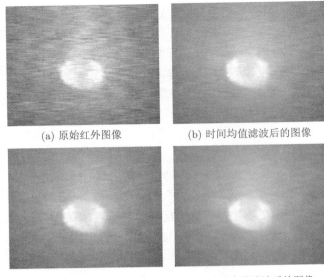

(a) 原始红外图像　　　　　　　　　(b) 时间均值滤波后的图像

(c) 空间均值滤波后的图像　　　　　　(d) 空间中值滤波后的图像

图 4.17　红外图像滤波处理

的干扰较多, 甚至整幅图像全白, 图像具有较多的无效信息, 此时, 按照信息熵最小原则选取的分割阈值, 采用该分割阈值获取的图像区域具有较好的稳定性, 能更好地反映料面温度场和煤气流分布特征。选择策略的具体过程如下。

Step 1: 首先判断红外图像信息中是有效信息多还是无效信息多, 根据经验知识, 图像全白或者全黑对于判断温度分布都不合适, 红外图像的灰度只在一定范围内最能反映料面温度, 因此, 这个区域内料面温度场的大小是反映红外图像信息的关键因素。这里根据经验假定, 如果图像灰度大于 50 的区域面积 S 占总面积的比例 λ 小于等于经验阈值 ψ, 则红外图像中的有效信息较少; 反之, 红外图像中的无效信息较多。

Step 2: 由于高炉料面是一个动态变化的过程, 图像视野随料线深度 x 变化, 所以经验阈值 ψ 是一个随着料线深度变化的量, 这里根据经验知识的统计, 可以近似获得经验阈值 ψ 的经验公式为

$$\psi = \begin{cases} 0.63, & x > 2 \\ 0.5 \times \left(\dfrac{1.3 + x}{2.6} \right), & 1.3 \leqslant x \leqslant 2 \\ 0.5 \times \left(\dfrac{0.26 + x}{1.3} \right), & 0 \leqslant x < 1.3 \end{cases} \tag{4.84}$$

Step 3: 计算各分割阈值分割后的图像的信息熵。分别根据双峰法、最大方差法、一致性准则法可得到不同分割阈值 m_1、m_2、m_3。设阈值 m 将多灰度图像分

成两个区域, 一个区域灰度值为 $0 \leqslant j \leqslant m, j \in N$, 概率分布为

$$F(m) = \sum_{j=0}^{m} \frac{n_j}{n} \tag{4.85}$$

式中, n_j 表示第 j 级灰度值像素数; n 表示所有灰度级别的像素数总和, 该区域的熵为 $-F(m)\ln F(m)$。另一个区域灰度值为 $m + 1 \leqslant j \leqslant 255, j \in N$, 概率分布为 $1 - F(m)$, 该区域熵为 $-[1 - F(m)]\ln[1 - F(m)]$, 则总熵的计算公式为

$$H[F(m)] = -F(m)\ln F(m) - [1 - F(m)]\ln[1 - F(m)] \tag{4.86}$$

Step 4: 根据信息熵和知识经验选择最佳分割阈值 m^*。通过信息熵和知识经验选择最佳分割阈值 m^* 后, 便可进行图像分割, 从而进行红外图像的特征提取。

3) 高炉中心区域特征提取

高炉中心区域是高炉煤气流的主要通道, 高炉中心煤气流的发展特征直接影响高炉生产的多项指标。本书将从高炉料面的炉心区域宽度、炉心偏移度等方面对高炉中心区域的特征进行提取。

(1) 炉心区域宽度。

炉心区域宽度是反映中心煤气流发展区域大小、中心煤气流发展的一个重要指标。中心煤气流发展过宽, 煤气利用很差, 燃料比会很高; 中心煤气流发展过窄, 则可能导致边缘煤气流的过分发展。由于高炉料面中心区的温度是反映煤气流的发展状态, 通过对料面中心高温区域进行提取, 计算其宽度即可得到中心煤气流的发展宽度。

通过基于知识和信息熵的阈值选取法选取图像分割的最佳阈值, 通过图像分割获得二值图像, 在二值图像中心区的边缘横纵两个方向上选取两对中心点 M_1' 与 M_2'、N_1' 与 N_2', 这两对点之间的距离 $M_1'M_2'$ 与 $N_1'N_2'$ 反映了在红外图像上的高炉中心区域的宽度。但这并不能精确反映高炉中心区在料面上的宽度, 必须通过红外图像和料面的坐标转换, 将其转化到料面坐标。可得到 M_1' 与 M_2'、N_1' 与 N_2' 在料面坐标上的两对对应点 $M_1(x_1, y_1)$ 与 $M_2(x_2, y_2)$、$N_1(x_3, y_3)$ 与 $N_2(x_4, y_4)$。计算得到料面坐标下两对点之间的距离为

$$\begin{cases} M_1M_2 = \sqrt{(x_1 - x_2)^2 + (y_1 - y_2)^2} \\ N_1N_2 = \sqrt{(x_3 - x_4)^2 + (y_3 - y_4)^2} \end{cases} \tag{4.87}$$

计算两者距离的均值, 得高炉料面中心区域的宽度为

$$W = \frac{M_1M_2 + N_1N_2}{4R} \tag{4.88}$$

式中, R 为高炉炉喉半径。

(2) 炉心偏移度。

炉心偏移度反映了炉况偏行的程度, 一般来说, 高炉的中心煤气流的位置位于高炉料面的物理中心, 但由于布料、鼓风等可能造成炉心发生偏移, 当偏移的程度较大时, 必然对高炉生产带来很大的损害。因此, 对炉心偏移程度的计算与评价, 有利于指导高炉生产。

高炉料面炉心区温度最高, 通过计算能够确定温度最高点区域即炉心区, 其与高炉中心点的直线距离则反映了高炉炉心的偏移程度。

由红外图像阈值分割, 可得到高炉中心区域的二值特征图像。二值图像边缘灰度为两值变化, 即 $0 \rightarrow 255$, 故不难得到二值图像的中心区域边界的 n 个像素在红外图像中的坐标 $K_i'(x_i', y_i')(i = 1, 2, \cdots, n)$。计算这 n 个像素所围成中心区域的重心为

$$K'(x', y') = \left(\frac{1}{n} \sum_{j=1}^{n} x_j, \frac{1}{n} \sum_{j=1}^{n} y_j \right) \tag{4.89}$$

$K'(x', y')$ 为中心区域中心点在红外图像中的位置坐标。由红外图像坐标到高炉料面坐标转换, 得到 $K'(x', y')$ 在高炉料面坐标 $K(x, y)$, 即

$$\begin{cases} x = (l + h) \cos \alpha \dfrac{x'}{\lambda} \\[2mm] y = \dfrac{y'}{|y'|}(l + h) \sqrt{\dfrac{1}{\cos^2(\beta + \alpha)} + \dfrac{1}{\cos^2 \alpha} - 2 \dfrac{\cos \beta}{\cos(\beta + \alpha) \cos \alpha}} \\[2mm] \beta = \arctan \dfrac{y'}{\lambda} \end{cases} \tag{4.90}$$

由前所述已知在料线为 h 时高炉料面物理中心点的坐标 $O(x_0, y_0)$, 高炉中心偏移程度为

$$V = \frac{\sqrt{(x - x_0)^2 + (y - y_0)^2}}{R} \tag{4.91}$$

式中, R 为高炉炉喉半径。

3. 基于多源信息的高炉料面温度场边缘温度特征提取

高炉生产要求边缘煤气流有一定的强度, 维持良好的高炉内边缘热状态可减少炉料与炉墙之间的摩擦, 防止炉墙结瘤等异常炉况的发生, 但目前缺乏有效的检测设备和方法。采用红外图像不能反映整个料面的温度情况, 因此提出基于炉墙热电偶和十字测温边缘温度的边缘温度提取方法, 实现边缘温度特征提取 [50, 51]。

1) 基于十字测温的边缘温度计算

由于从十字测温热电偶获得的温度信息经过相应变换后获得的数字信号, 包含从各种噪声源引入的噪声成分, 所以首先要对采集的数据进行数字信号预处理, 主要是指数据的平滑滤波处理, 即在滤波周期内, 对剔除最大值和最小值后的采样数据进行均值计算。

与炉墙热电偶相比, 十字测温的边缘热电偶能够直接地检测到炉内的温度信息, 然而十字测温边缘与炉墙边缘存在一定距离, 所检测的信息只是在一定程度上反映边缘温度, 不能得到真实的边缘温度值。采用 BP 神经网络, 融合十字测温边缘温度与料线深度信息, 获得边缘温度估计值 t_1。该网络采用基本的三层结构, 模型的输入层有 5 个神经元, 分别表示十字测温边缘温度 1, 2, 3, 4 与料线深度, 隐含层取 10 个神经元, 输出层有 1 个神经元, 用来表示基于十字测温的边缘温度估计值 t_1。BP 神经网络采用基于专家规则的有导师学习训练方式, 利用高炉操作人员和高炉专家的生产操作经验, 采用填表的形式获得各种情况下边缘温度的估计值 t_1, 并把它作为 BP 神经网络的期望输出值。

2) 基于热传导原理的边缘温度计算

高炉炉墙是高炉的主体结构, 既要承受炉内原料和燃料对炉壁的压力冲击, 又要隔热、耐高温。炉墙从外表面到内表面分四层, 即炉壳、填充层、冷却壁、耐火砖, 如图 4.18 所示。

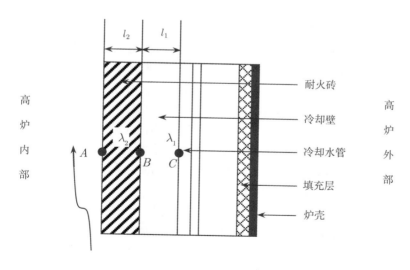

图 4.18 高炉炉墙结构

对于大型高炉热量传递方式均属于多层平板的稳定导热。它相当于一维平板稳定导热问题的串联叠加。因此, 根据炉墙的结构及材料特性, 采用热传导计算方法, 通过炉墙热电偶检测值, 计算得到边缘温度估计值 t_2。

设冷却壁导热系数为 λ_1, 厚度为 l_1; 耐火砖导热系数为 λ_2, 厚度为 l_2; T_B 表示耐火砖层和冷却壁层的交界处的温度值, 通过炉墙热电偶直接测得; T_C 表示冷却水管壁处的温度, 室温取 25℃; t_2 为根据热传导理论计算得到的炉墙边缘温度值。我们的目的是通过 T_B 和 T_C 推导出 t_2 的值。根据一维平板稳定导热原理, 可得

$$\phi_1 = \frac{T_C - T_B}{\dfrac{l_1}{S\lambda_1}} \tag{4.92}$$

$$\phi_2 = \frac{T_B - T_A}{\dfrac{l_2}{S\lambda_2}} \tag{4.93}$$

式中, ϕ_1、ϕ_2 分别表示图 4.18 中的 C 点与 B 点、B 点与 A 点之间的热流量; S 表示冷却壁面积。假设导热稳定, 则 $\phi_1 = \phi_2$, 可以得到 t_2 的温度为

$$t_2 = \frac{l_2 \lambda_1}{l_1 \lambda_2}(T_C - T_B) \tag{4.94}$$

通过以上两种特征提取方法, 可以得到料面温度场的边缘温度, 为后续高炉料面边缘温度场建立做好准备。

4. 基于多源信息的高炉料面径向温度提取

煤气是炉内传热介质, 在高炉炉喉部分, 煤气流量大的区域, 相应的煤气成分中 CO 含量高 (CO_2 含量低), 煤气温度也高, 这说明该区域的煤气利用不好; 反之, 煤气流量小的区域, 煤气成分中 CO 含量低 (CO_2 含量高), 煤气温度也低, 说明该区域煤气利用好。因此, 根据料面径向温度分布能有效地反映径向煤气流的分布状况。这里先分三种方法提取多源信息的料面温度场径向温度, 分别是基于十字测温的料面径向温度计算、基于红外图像的料面径向温度计算、基于矿焦比的料面径向温度计算。这样, 可为后续的基于信息融合的料面温度场径向温度计算提供基础。

1) 基于十字测温的径向温度计算

由于十字测温点数有限, 并且十字测温数据只是炉喉处温度的反映, 所以首先对十字测温进行插值计算, 获得十字测温梁上的连续的温度值, 然后对十字测温和上升管的温度进行相关性分析, 确定距离和温度的关系, 最后根据料线深度和十字测温横梁上的连续温度对径向温度进行计算。

以某钢铁企业 2200m³ 高炉上的十字测温实际情况为例, 即一根横梁上只有 13 个点。虽然测温点均匀分布在横梁上, 但是离散的, 为了更准确地反映出温度的连续变化情况, 采用插值的方法, 对十字测温上的点进行插值, 这样可以获得十字测

温梁上连续的温度变化值。选择样条插值方法对十字测温横梁上测温点进行插值,具体步骤如下。

以东西方向十字测温为例, 若炉喉直径区间 $[0, 2R]$ 上有已知的温度测温点 13 个, 并且均匀地分布在区间上, R 为炉喉处的半径, 具体如下:

$$0 = x_0 < x_1 < \cdots < x_{12} = 2R \tag{4.95}$$

函数 $t = T(x)$ 在这些测温点的值 $T(x_i) = t_i, i = 0, 1, \cdots, 12$ 。寻找 $T(x)$ 在基本检测点 $x_0, x_1, \cdots, x_{12}$ 的样条插值函数 $S(x)$, 使得函数满足下列条件:

(1) 在子区间 $[x_i, x_{i+1}]$ 的表达式 $S_i(x)$ 都是次数不高于 3 的多项式;

(2) $S(x_i) = t_i$;

(3) $S(x)$ 在整个区间 $[0, 2R]$ 上有连续的二阶导数。

求解 $S(x)$ 具体的计算步骤如下。

Step 1: 计算 μ_i, λ_i $(i = 1, 2, \cdots, 11)$, 计算公式为

$$\begin{cases} \mu_i = \dfrac{h_i}{h_i - 1 + h_i} \\ \lambda_i = \dfrac{6}{h_{i-1} + h_i} \left(\dfrac{t_{i+1} - t_i}{h_i} - \dfrac{t_i - t_{i-1}}{h_{i-1}} \right) \end{cases} \tag{4.96}$$

式中, $h_i = x_{i+1} - x_i$ $(i = 0, 1, 2, \cdots, 11)$ 表示十字测温两个点之间的距离; t_i 表示第 i 个测温点对应的温度数值。

Step 2: 计算 $m_1, m_2, \cdots, m_{11}$ 的值, 计算公式为

$$\begin{bmatrix} 2 & \mu_1 & & & \\ 1 - \mu_2 & 2 & \mu_2 & & \\ \ddots & \ddots & \ddots & & \\ & & 1 - \mu_{10} & 2 & \mu_{10} \\ & & & 1 - \mu_{11} & 2 \end{bmatrix} \begin{bmatrix} m_1 \\ m_2 \\ \vdots \\ \vdots \\ m_{11} \end{bmatrix} = \begin{bmatrix} \lambda_1 - (1 - \mu_1)m_1 \\ \lambda_2 \\ \vdots \\ \vdots \\ \lambda_{11} - \mu_{11}m_{11} \end{bmatrix} \tag{4.97}$$

式中, m_i $(i = 1, 2, \cdots, 11)$ 表示所求插值函数的 $S(x)$ 二阶导数。

对于边界处理, 取自然边界条件, 即 $m_0 = m_{12} = 0$。

Step 3: 把 m_i 代入式 (4.98), 计算 $[x_i, x_{i+1}]$ 上的插值函数

$$S(x) = t_i + \left[\frac{t_{i+1} - t_i}{h_i} - \frac{h_i}{6}(2m_i + m_{i+1}) \right] (x - x_i) + \frac{m_i}{2}(x - x_i)^2 + \frac{m_{i+1} - m_i}{6h_i}(x - x_i)^3 \tag{4.98}$$

式中, $S(x)$ 为 $x \in [x_i, x_{i+1}]$ 的插值函数。

Step 4: 根据插值函数, 确定每个十字测温点之间其他位置的温度值, 并用同样的插值方法对十字测温另一根横梁上的数据进行插值计算。这样可以获得两个方向上的十字测温梁上的连续温度分布。

十字测温可以直接反映出炉喉处的径向温度情况, 为了获得料面的径向温度情况, 可以先分析十字测温和炉顶热电偶的相关性, 确定温度和距离的关系, 然后根据料线的深度情况, 把十字测温的温度值映射到料面这个层面上; 最后对插值后的温度值进行修正, 获得料面径向温度。

十字测温处在炉喉处, 与炉顶有一定的距离, 炉顶上升管是在炉顶处。一般情况下, 料面温度高, 十字测温温度就会高, 对应的炉顶的温度也会高, 根据它们的位置特点, 对数据有选择性的分析。

上升管的四个温度传感器在炉顶, 如图 4.19 所示。由图可以看出, T_1 点温度的产生是相应垂直方向里面一部分区域气体混合所致, 对应十字测温的位置就是 OA 衡量附近的温度, 至于相关性有多少, 可以通过计算它们之间的相关性系数, 来判断 OA 横梁上不同位置温度传感器的权重。

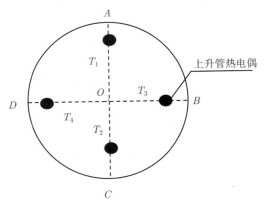

图 4.19　上升管的位置分布

在分析数据相关性时, 采用相关性系数法对十字测温和上升管温度进行分析。相关性系数的计算公式为

$$r = \frac{\sum (X - \overline{X})(Y - \overline{Y})}{\sqrt{\sum (X - \overline{X})^2 \sum (Y - \overline{Y})^2}} \tag{4.99}$$

式中, X 为十字测温点的温度值; Y 为上升管温度值; $\overline{X}$ 为十字测温的平均值; $\overline{Y}$ 为上升管温度的平均值; r 为十字测温与上升管的相关性系数。

根据十字测温衡量与上升管的对应关系, 计算十字测温半根横梁上热电偶与其位置之间的相关性系数。如图 4.19 所示,十字测温横梁 OA 上热电偶编号分别是 13~18,且按照 OA 方向均匀分布。可计算 13~18 号热电偶温度和 T_1 点上升管的温度之间的相关性系数分别为 0.3075、0.5050、0.7387、0.9151、03227、0.1737。从相关性系数可以看出 16 号热电偶温度与 T_1 点上升管的温度之间的相关性系数最大。因此确定 16 号热电偶为在十字测温平面上与 T_1 相对应的参考点。可以根据十字测温到上升管的距离来确定温度衰减的程度,为径向温度的最终值做一个修正值。

同样根据式 (4.99) 确定不同上升管测温点 T_2、T_3、T_4 与十字测温上热电偶的相关性系数最大的测温点。

根据上升管温度、十字测温与料面的距离等检测数据,利用经验公式对十字测温器上的温度值进行修正。

假定料面的温度到炉顶的温度是随着高度逐渐递减的,根据经验公式计算修正温度值,具体为

$$\Delta T_k = \frac{(T_{\text{top}} - T_{\text{m}})d_2}{d_1} \tag{4.100}$$

$$d_2 = L - d_1 \tag{4.101}$$

式中,ΔT_k 为第 k 个上升管对应下方十字测温横梁的温度修正值;T_{top} 为炉顶热电偶的温度值;T_{m} 是与 T_{top} 相关性系数最大的十字测温点的温度值;d_1 为炉顶到十字测温的距离;d_2 为十字测温到料面的距离;L 为高炉料线深度。

通过式 (4.100) 和式 (4.101) 可以计算出 4 个温度修正值,根据不同的温度修正值把插值后十字测温衡梁上的温度值进行修正,这样就可以得到基于十字测温的径向温度值。以东西方向的径向温度计算方法为例,径向温度具体的表达式为

$$T_{\text{east}}(x) = \begin{cases} S(x) + \Delta T_3, & 0 \leqslant x \leqslant R \\ S(x) + \Delta T_4, & R < x \leqslant 2R \end{cases} \tag{4.102}$$

式中,T_{east} 为通过十字测温插值和修正后得到的东西方向的径向温度值;R 为炉喉半径;此时的 $S(x)$ 表示东西方向十字测温器上温度的插值函数;ΔT_3 为第三个上升管对应的十字测温的半根横梁上温度的修正值;ΔT_4 为第四个上升管对应的十字测温的半根横梁上温度的修正值。

2) 基于红外图像的径向温度计算

红外图像信息是反映料面温度场的一个重要信息。一幅红外图像是由很多灰度值不同的点组成的,那么径向的灰度分布是对径向温度的一个重要反映,灰度值越大的地方,表明对应地方的温度越高。为了获得径向温度值,首先对图像进行滤波,然后提取径向灰度值,根据温度和灰度的关系计算得到径向温度值。基于红外图像的径向温度计算框图如图 4.20 所示。

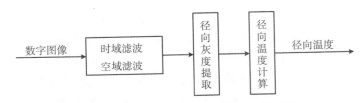

图 4.20   基于红外图像的径向温度计算框图

由于高炉红外图像采用灰度值表示图像信息, 为了能够获得料面温度场径向温度值, 选择与炉顶十字测温方向相同的两个径向进行温度分布特征提取, 其原理如图 4.21 所示。

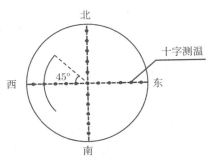

图 4.21   十字测温与径向温度分布

考虑到单一径向的灰度分布具有区域的局限性, 采用基于统计方法的料面径向灰度分布特征提取, 具体步骤如下。

Step 1：选择红外图像上任何一条直径, 将直径上所有的像素点作为基准点。

Step 2：以圆点为中心, 基准点到圆点的距离为半径, 以基准点为起点顺时针和逆时针各做 45° 圆弧, 从而获得一个 90° 圆弧, 统计圆弧上所有像素点的灰度值, 累计求和, 再求平均值作为该基准点的灰度值。

Step 3：完成料面径向灰度分布显示。

3) 基于矿焦比的径向温度计算

高炉布料对料面温度分布有着最直接的影响, 即直接影响着料面的径向温度分布。其中布料的料种及质量、布料的角度、料种的粒度大小, 都会在不同程度上对料面径向温度产生影响, 但是在布料过程参数中, 布料形成的料层分布情况是对径向温度最直接的影响, 而形容料层分布的一个指标就是矿焦比。

从长期的统计看, 矿焦比和径向温度符合一定规律, 矿焦比小的地方, 焦炭含的比例就大, 产生的热量就多, 相应的温度高, 相应位置的温度上升较快。相反, 矿焦比大的地方, 焦炭含的比例就小, 产生的热量相对少些, 温度上升较慢。

下面可以通过公式进行推导, 以单位料柱为计算单位, 如图 4.22 所示。

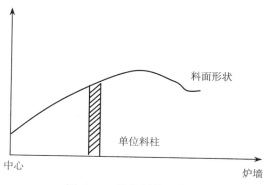

图 4.22　单位料柱示意图

假设高炉内部的热量主要是被矿石和焦炭吸收的, 焦炭释放的热量只被局部极小区域吸收, 各个极小区域之间相互独立。一批料布完后 (除异常情况), 沿着径向的矿焦比的很小的变化是可以忽略的。

由于非布料时料面形状实时变化, 而布料时料面分布可以认为保持不变, 根据热力学原理, 温度变化量为

$$\Delta T = \frac{Q_f}{mC} \tag{4.103}$$

式中, Q_f 为单位时间放出的热量; C 为混合比热容; ΔT 为单位时间温度的变化量; m 为物质的总质量。

根据高炉炉内料种的情况得

$$\Delta T = \frac{m_c c}{m_0 c_0 + m_c c_c} \tag{4.104}$$

式中, m_c 为焦炭质量; c 为单位质量焦炭燃烧时单位时间内放出的热量; m_0 为矿石质量; c_0 为矿石吸收热能的比热; c_c 为焦炭吸收热能时的比热。其中, c、c_0、c_c 都可以通过实验测定。

根据质量和体积的关系可得单位料柱内矿石和焦炭的质量为

$$m_0 = s h_0 \rho_0 \tag{4.105}$$

$$m_c = s h_c \rho_c \tag{4.106}$$

式中, h_0 表示矿石的厚度; h_c 表示焦炭的厚度; ρ_0 表示矿石的密度; ρ_c 表示焦炭的密度; s 表示料柱底面积。

把式 (4.105) 和式 (4.106) 代入式 (4.104) 中得

$$\Delta T = \frac{s h_c \rho_c c}{s h_0 \rho_0 c_0 + s h_c \rho_c c_c} \tag{4.107}$$

根据 $OCR = \dfrac{h_0}{h_c}$, 则

$$\Delta T = \frac{\rho_c c}{\dfrac{h_0}{h_c}\rho_0 c_0 + \rho_c c_c} = \frac{\rho_c c}{OCR \rho_0 c_0 + \rho_c c_c} \tag{4.108}$$

从式 (4.108) 可以看出, OCR 越大的地方, ΔT 越小。当布料时期, 常温的焦炭或矿石按照布料矩阵的设置均匀布到料面上, 温度迅速吸收料面下面焦炭放出的热量, 从而温度升高, 根据式 (4.103) 可以得到布料时候的温度变化表达式

$$\Delta T = \frac{m_c c}{\Delta m_x c_x + m_0 c_0} \tag{4.109}$$

式中, Δm_x 为单位料柱单位时间料重的变化量; c_x 为对应料的比热容。

布料时分两种情况: 布矿石和布焦炭。布矿石时, $\Delta m_x = \Delta m_0$, $c_x = c_0$; 布焦炭时, $\Delta m_x = \Delta m_c$, $c_x = c_c$。

因此, 可以得到料面温度计算公式为

$$T(t) = T_0 + \int_0^t \Delta T \mathrm{d}t = T_0 + \int_0^t \frac{m_c c}{\Delta m_x c_x + m_0 c_0} \mathrm{d}t \tag{4.110}$$

式中, T_0 为常温; Δm_x 为单位料柱单位时间料重的变化量; c_x 为对应料的比热容。

当非布料时期, 料面温度计算公式为

$$T(t) = T_{t0} + \frac{\rho_c c}{OCR \rho_0 c_0 + \rho_c c_c}(t - t_0) \tag{4.111}$$

式中, T_{t0} 为布料后的末温度; OCR 为矿焦比。

4.3.3　基于信息融合的高炉料面温度场计算

特征提取得到的料面温度场信息, 虽然在一定程度上可以反映料面温度场的分布情况, 但是单一信息反映的信息不够全面, 不能建立高精度的料面温度场在线检测系统。首先对传感器检测尺度进行配准, 然后通过融合多源信息特征提取得到的料面温度场相关特征信息, 建立基于多源信息融合的高炉料面中心温度场、边缘温度场、径向温度分布, 实现料面温度场的高精度在线检测。

1. 基于信息融合的高炉料面中心温度场计算

高炉料面中心温度场表征了高炉中心区域煤气流的发展状况, 对指导布料和炉况诊断都有重要作用。通过红外图像特征提取的中心温度场能一定程度地反映煤气流发展状况, 但是, 当图像全黑或全白时, 其不能准确反映煤气流发展状况。因此, 可以融合图像和其他过程信息如十字测温、煤气成分、透气性指数、料线等, 建立高炉料面中心温度场, 并利用十字测温对全黑全白区域进行补偿, 从而建立准确的高炉料面中心温度场。

1) 基于动态定标的传感器检测尺度配准

经过处理的红外图像以灰度值形式描述温度值, 而十字测温建立的模型以摄氏度的形式描述温度, 两者检测尺度并不一致, 必须建立灰度–温度的对应关系, 即温度定标, 才能获得高炉料面中心温度场的温度分布信息。

常用的温度定标方法有线性定标方法和非线性定标方法。线性定标包括两点定标法、多点定标法、统计定标法, 非线性定标有神经网络方法等。考虑到实现的可行性, 选用多点统计方法进行温度定标。

(1) 十字测温插值方法。

由于十字测温装置上的热电偶有限, 半径上只有 7 个热电偶, 并且红外图像只显示中心区和部分中间环带的料面区域, 在一般情况之下只有 3~4 个热电偶检测值与之对应, 用太少的热电偶进行定标, 必然降低检测的准确性, 所以在定标之前有必要对十字测温采取插值处理。根据十字测温的各热电偶的检测值在径向分布特点, 采用 Newton 插值方法对十字测温进行插值。

Newton 插值法具有形式简单、易于实现的优点, 并且具有很理想的插值效果。十字测温可通过如下所示 Newton 插值多项式进行插值, 即

$$N_n(x) = f(x_0) + f[x_0, x_1](x - x_0) + f[x_0, x_1, x_2](x - x_0)(x - x_1) + \cdots$$
$$+ f[x_0, x_1, \cdots, x_n](x - x_0)(x - x_1) \cdots (x - x_n) \tag{4.112}$$

式中, n 阶均差为

$$f[x_0, x_1, \cdots, x_n] = \frac{f[x_0, x_1, \cdots, x_n] - f[x_0, x_1, \cdots, x_{n-1}]}{x_n - x_0} \tag{4.113}$$

在十字测温的插值方案中, 根据实际情况分段构造三个二次 Newton 插值多项式进行插值处理, 插值结果如图 4.23 所示。

(2) 动态分段定标。

将图像灰度分为多个级别, 统计图像中十字测温热电偶附近的灰度值, 确定热电偶基准温度对应的基准灰度值, 基准灰度之间的温度值通过对应基准温度之间的线性插值完成。由于基准灰度与基准温度之间的关联不是绝对固定的, 所以, 须建立温度–灰度自适应调整准则, 动态调整之间的对应关系。其具体步骤如下。

Step 1: 根据图像对应测温点附近灰度出现的频率, 将灰度值分成若干等级。

Step 2: 根据划分的灰度等级, 在图像上提取各灰度范围对应的图像区域。

Step 3: 统计图像中各个灰度范围对应区域包含的测温点数, 其规则如下。

R_1: 在确定测温点所在位置灰度时, 将测温点对应位置附近一定区域的所有像素的灰度平均值作为该点温度对应的灰度值。

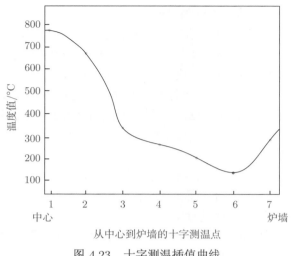

图 4.23   十字测温插值曲线

R_2：在分析某测温点是否在某个灰度级别的区域内时，可统计目标分割的二值图像中该点区域内的像素点数目，若超过一半的像素属于该区域灰度，就认为该测温点在这个灰度区域内。

Step 4：选取最高温度和最低温度作为该灰度范围的待定温度边界，选择过程遵循如下原则。

R_1：如果某一灰度范围的测温点数据不够，则向相邻的灰度等级搜索，把获得的温度数据作为本灰度级别的定标基准温度；如果在临近的区域没有搜索到数据，则下一次迭代循环的时候再处理。若只缺一个，可以向下搜索，也可以向上搜索，可以根据经验或者统计数据决定，这里选择使得本级别灰度具有最大温度区域范围的温度；缺两个的时候，则向两边各搜索一个。

R_2：遇到边缘级别的温度不够时，则向内搜索一个，另一个则根据经验值在搜索到的温度值上叠加一个差值。记录一个灰度值范围缩小或扩大请求的次数，向低灰度搜索定标基准温度时，定标基准灰度记录数次减 1，向高灰度搜索定标基准温度时，定标基准灰度记录次数加 1，定标基准灰度记录的绝对值作为最终的修改灰度范围申请次数。

R_3：当某灰度范围内测温点数据大于 2 个时，取最大、最小值作为定标基准温度。

Step 5：为了避免相邻灰度区域的定标温度出现跳变或者交叉，对相邻两个灰度级别的最大测温点数据（低级）和最小测温点数据（高级）进行求平均值，把得到的平均值作为两个灰度级别分界点灰度的最终定标温度。

Step 6：在每个灰度级别内采用两点法确定灰度-温度的定标关系。

Step 7: 在一段时间后, 统计各区域的请求情况, 根据统计情况确定是否重新进行温度定标, 如果修改灰度范围申请次数大于设定的阈值, 则根据定标基准灰度记录扩大或者缩小灰度区域范围, 转到 Step 2。

动态分段定标算法的特点是: 可以对灰度分级的阈值进行在线自适应学习, 每隔一段时间对各级别灰度阈值在线学习, 使之更合理。

图 4.24 显示了一次红外图像的灰度定标关系曲线, 不难看出, 红外图像灰度和温度之间不存在严格的线性关系。

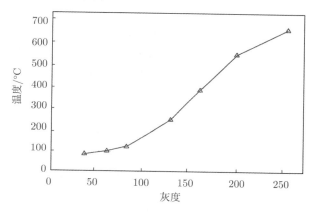

图 4.24 红外图像灰度定标

(3) 超量程处理。

从图 4.24 的灰度定标可知, 当料面温度超过约 650℃时, 红外图像的灰度达到最大值 255, 即红外图像的测温最大范围约为 650℃。在煤气流发展旺盛, 料面部分区域的温度超出红外图像测量范围, 若以通过红外图像定标的方式获取料面温度, 必定造成料面温度检测的较大误差。由前面可知, 经过插值处理后, 十字测温能够估算料面径向的连续温度, 对于红外图像灰度值达到最大的像素点, 采用插值后十字测温对应点代替, 能够保证料面温度检测的精度。

2) 中心温度场计算

基于工况识别选取一组红外图像, 采用基于时间尺度的中值滤波和基于空间尺度的平均滤波消除图像中的脉动干扰和椒盐噪声, 并以红外图像灰度为基础, 利用其他过程信息如十字测温、煤气成分、透气性指数、料线等对红外图像的灰度进行修正。具体计算步骤如下所示。

Step 1: 利用十字测温信息对分割后的红外图像不同区域的灰度进行初步修正。将炉喉径向分割成小区域, 利用 BP 神经网络计算每个区域的平均灰度值, 然后将相邻的区域的交界处的灰度值进行平滑处理, 具体如下。

R_1：确定网络结构为三层结构，将每个区域定点温度和料线深度作为输入，输入层神经元数为 5(中心区域为 4)，隐含层神经元数为 8，输出层为区域的平均灰度值。

R_2：确定神经网络的训练参数和初始权值。

R_3：输入训练样本，对神经网络进行训练，直到训练完成。

R_4：利用已训练好的神经网络，根据输入计算每个区域的平均灰度。

Step 2：CO 含量高、CO_2 含量较低时，料面温度值较高，图像的灰度平均值也较高；CO 含量低、CO_2 含量较高时，料面温度值较低，图像的灰度平均值也较低，即根据全炉的煤气成分对红外图像整体的灰度进行修正。

Step 3：透气性指数高的时候，料面温度值较高，图像的灰度平均值应较高，即根据全炉的透气性指数对红外图像整体的灰度进行修正。

Step 4：通过软件编程，把修正的红外图像的灰度信息转化为伪彩图。

通过以上方法，可以建立高炉料面中心温度场，从而为高炉料面中心煤气流的分布提供重要指导。

3) 基于十字测温的图像全黑全白校正

上述方法建立的高炉料面中心温度场虽然在一定程度上反映了中心煤气流的分布，但是由于红外图像拍摄存在死区，当温度高于 800℃ 的区域，图像输出达到饱和，图像为全白，温度低于 150℃ 的区域，未达到感光灵敏度，图像为全黑，这两种情况不能反映中心煤气流的分布。因此，需要采用多源数据对这样的图像进行动态修正，补偿全黑全白的区域。

根据前面由十字测温计算出每个点的温度对由红外摄像机拍摄的灰度图像继续校正，克服由于红外摄像机的灰度死区造成的全白和全黑区域。主要校正算法如下。

Step 1：进行图像分析确定图像中的灰度若干等级 $(G_0, G_1, \cdots, G_n)$。令 G_0 为最低灰度值，G_n 为最高灰度值。

Step 2：利用图像分割方法，提取图像全黑区域、全白区域，灰度递变区域。

Step 3：在灰度递变区域，由于温度和灰度的关系近似线性，所以可以按照分段两点法定标。假设温度定标的响应特性：

$$y = ax + b \tag{4.114}$$

式中，x 为灰度输入信号；y 为温度值输出信号，求出系数 a 和 b 就可以明确温度和灰度的关系。测得灰度为 G_a 和 G_b 的两点对应的温度分别为 T_a 和 T_b，代入线性方程得

$$a = \frac{T_b - T_a}{G_b - G_a} \tag{4.115}$$

$$b = \frac{T_a G_b - T_b G_a}{G_b - G_a} \tag{4.116}$$

从而计算出温度和灰度的关系。

Step 4：在全白和全黑区域中，根据十字测温计算的温度值，按照式 (4.114) 所示方法计算对应点的灰度值，从而调整图像中全白和全黑区域的灰度。

根据上述调整方法对红外灰度图像进行灰度校正，灰度分布更为合理，可得到更为准确的高炉料面温度场分布。

2. 基于信息融合的高炉料面边缘温度场计算

高炉生产要求边缘煤气流有一定的强度，从而减少炉料与炉墙之间的摩擦，防止炉墙结瘤等异常炉况的发生；同时边缘气流也不能过强，否则会发生还原效率下降、炉壁腐蚀以及炉况向热等情况。基于信息融合的料面边缘温度场的总体框架如图 4.25 所示。

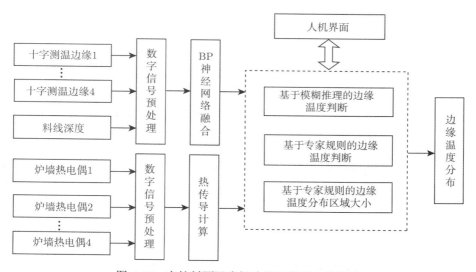

图 4.25　高炉料面温度场边缘温度融合结构图

采用基于模糊推理和专家知识的融合方法计算料面温度场边缘温度，并通过专家规则提取料面温度场边缘宽度，从而得到料面边缘温度场的分布。充分利用炉墙热电偶的温度信息，结合热传导理论计算炉壁内侧的煤气温度，采用神经网络、模糊推理和专家规则等融合方法，融合十字测温边缘温度和料线深度等多源检测信息，实现对高炉料面温度场边缘温度的软测量，为判断料面边缘煤气流发展、诊断炉况，以及优化布料操作提供指导。

1) 基于模糊推理和专家知识的料面温度场边缘温度计算

当边缘温度估计值 $t_1 \in [80, 300], t_2 \in [60, 250]$ (单位为℃) 时，采用模糊推理的

方法, 根据十字测温边缘得到的边缘温度估计值 t_1 与炉墙热电偶得到的边缘温度估计值 t_2, 来判断料面温度场的边缘温度 T_f。

T_1 的模糊变量的词集选择为 7 个, 即 {NB, NM, NS, ZO, PS, PM, PB}, T_2 的模糊变量的词集选择为 5 个, 即 { NB, NS, ZO, PS, PB }, T 的模糊变量的词集选择为 7 个, 即 {NB, NM, NS, ZO, PS, PM, PB}。在该模糊融合器的隶属度函数设计上, 由于融合的精度要求比较高, 故 T_1、T_2 和 T 均采用三角隶属度函数。

考虑到根据十字测温边缘得到的边缘温度估计值 T_1, 根据炉墙热电偶得到的边缘温度估计值 T_2 都与料面温度场的边缘温度 T 呈正比关系, 且温度估计值 T_1 比 T_2 更接近 T 的实际值等特点。采用的模糊推理规则表如表 4.2 所示。

表 4.2　T 的模糊规则表

T_1	T_2				
	NB	NS	ZO	PS	PB
NB	NB	NB	NS	NS	NS
NM	NM	NM	NM	NS	ZO
NS	NM	NS	ZO	ZO	PS
ZO	NS	ZO	ZO	PS	PS
PS	ZO	ZO	PS	PS	PM
PM	ZO	PS	PM	PM	PM
PB	PS	PM	PB	PB	PB

采用比较常用的面积重心法来解模糊得到边缘温度值 T。然后再将 $T[8, +8]$ 按照式 (4.117) 所示的对应关系转化为实际的料面温度的边缘温度值 T_f, 它的范围为 $[60, 300]$(单位为℃)。

$$T_f = \frac{300 - 60}{16}T + \frac{60 + 300}{2} \tag{4.117}$$

由于热电偶损坏或者其他众多干扰因素, 而导致边缘温度估计值超出常规范围, 即 $t_1 \notin [80, 300]$ 或者 $t_2 \notin [60, 250]$(单位为℃), 此时放弃由温度 t_1 和 t_2 通过模糊推理得到的结果 T_f, 而采用专家知识和经验重新计算料面温度场的边缘温度 T_f。

2) 基于专家规则的边缘宽度提取

边缘温度 T_f 能够反映料面温度场边缘温度分布, 进而反映边缘煤气流的流量大小, 即边缘温度 T_f 越高的地方, 边缘煤气流的流量越大, 边缘温度宽度 W 也就越大。因此, 结合专家经验, 确定判断边缘温度宽度 W 的大小。最后, 结合料面温度场的边缘温度值 T_f 的高低和边缘温度宽度 W 的大小获取料面温度场边缘温度分布的特征信息。

综上所述, 采用信息融合的方法可得到高炉料面边缘温度和边缘宽度, 从而建立了高炉料面边缘温度场, 解决了采用传统方法不能得到边缘温度场的难题, 有利于了解料面边缘煤气流的发展状况。

3. 基于信息融合的高炉料面径向温度计算

各种红外图像、十字测温、矿焦比等多尺度信息, 从不同方面和不同角度反映径向温度, 但是它们在不同时刻存在不同的可信度。例如, 十字测温数据, 当料面距离十字测温比较远时, 料面上部煤气流混合严重, 造成通过十字测温数据计算出来的料面径向温度可信度不高, 当料面距离十字测温比较近, 并且还没有到达燃烧旺期, 此时煤气混合不严重, 十字测温数据较可靠。同样, 径向温度分布在燃烧旺期的时候, 径向多处的像素灰度值达到 255, 此时通过定标后的径向温度可信度很低; 矿焦比是在一定假设条件下计算出来的, 通过矿焦比计算出来的径向温度虽存在一定的局限性, 但其在径向温度的形态上有一定的保证。

上述分析表明: 计算单一信息的径向温度可信度不高, 按照信息融合技术对三种特征信息计算的径向温度结果进行融合, 具体的融合结构如图 4.26 所示。信息融合常用的策略是对不同结果进行加权计算, 因此, 以基于红外图像的径向温度信息、基于十字测温的料面径向温度信息、基于布料模型的径向温度信息为基础, 运用加权计算策略对三种特征信息进行加权计算, 获取准确的料面径向温度分布。具体实现如下描述: 首先, 对每一种计算结果赋予一个加权因子; 然后, 根据灰度统计方法和模糊推理算法动态调整加权因子; 最后, 运用加权策略对三种径向温度结果进行加权计算, 得到最终的料面径向温度。其中加权因子通过像素数统计方法和模糊推理算法进行调整, 从而确定在一个径向温度计算周期中加权因子的取值。

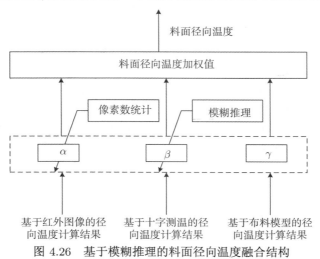

图 4.26 基于模糊推理的料面径向温度融合结构

1) 基于模糊推理的径向温度融合算法

根据前面的分析, 首先赋予每种方法的温度计算结果一个加权因子, 然后对每种计算结果的温度值乘以相应加权因子, 通过对径向灰度分布进行统计确定基于红外图像的径向温度加权因子, 根据基于红外图像的径向温度加权因子和料线深度采用模糊推理算法确定基于十字测温加权因子, 最后确定基于布料模型的径向温度计算加权因子。径向温度的具体计算公式为

$$T_{\text{fusion}} = \alpha T_{\text{grey}} + \beta T_{\text{cross}} + \gamma T_{\text{oc}} \tag{4.118}$$

式中, T_{fusion} 为融合后的结果; T_{grey} 为通过红外图像对径向温度计算的结果; T_{cross} 为通过十字测温对径向温度计算的结果; T_{oc} 为通过布料模型对径向温度计算的结果; α 为 T_{grey} 的加权因子, β 为 T_{cross} 的加权因子, γ 为 T_{oc} 的加权因子, 并且 α、β、γ 满足 $\alpha + \beta + \gamma = 1$。

从式 (4.118) 可以看出, 加权计算是逐点进行计算的, 即在径向分布上, 对每个点的温度值都进行加权计算。

2) 加权因子 α 的确定

当采集的图像通过时域和空域上滤波后效果较好时, 通过径向灰度对温度的计算能够较好地反映出料面径向温度情况。然而, 在一个燃烧周期内 (从上批料刚布完到下批料布料结束), 只有一段时间的红外图像经图像处理后对灰度的提取效果较好。

当刚布完料后, 由于红外摄像机量程的问题, 图像中很多像素值为零, 红外图像不能有效地反映出料面的温度情况。在燃烧旺期时, 红外图像中很多像素值会超过 255, 造成大面积的亮斑, 同样也不能较真实地反映出料面的温度变化。

加权因子 α 的大小是随着图像的质量好坏来确定的, 在图像质量好的情况下, α 值相应地就大, 在图像质量差的情况下, α 值相应地就小。

图像的灰度分布可以反映出图像的质量好坏, 即大多数灰度值取在较暗的区域, 因此这幅图像肯定较暗, 若图像的灰度值集中在亮区, 图像就会偏亮。

垂直方向的两条径向灰度分布可以综合反映图像情况, 因此采用径向像素灰度值分布情况来衡量图像质量的好坏。

径向灰度曲线是由多个像素点组成的, 并且径向曲线上的总像素数是一定的, 对东西方向的径向灰度曲线上的像素灰度值分布情况做统计, 不同灰度值下像素数占总像素数的权重可以用下式表示:

$$f_i = \frac{N_i}{N} \tag{4.119}$$

式中, f_i 表示径向灰度曲线上像素灰度值为 i 时占总像素数的权重; $N_i (i = 0, 1, \cdots, 255)$ 表示像素灰度等于 i 时的像素数; N 表示两条径向灰度曲线上总的像素数。

由于某点不足以判断出图像的质量, 需要综合两条径向灰度曲线上的灰度分布情况来判断, 所以需要设定一个有效阈值来统计在阈值范围内的像素数量, 像素数多则表示图像质量好, 在阈值范围内少则表示图像质量差, 因此, 两条径向灰度曲线上阈值范围内像素数占的权重可以表示为

$$f_y = \sum_{i=k_{\min}}^{k_{\max}} \frac{N_i}{N} \tag{4.120}$$

式中, $k_{\max}$ 和 $k_{\min}$ 分别表示阈值上限和阈值下限; N_i 表示两条径向灰度曲线上的像素灰度值为 i 的个数; N 表示两个径向灰度曲线总的像素数; f_y 表示像素灰度值在 $[k_{\min}, k_{\max}]$ 之间像素数占总像素数的权重。

通过式 (4.120) 可以看出, f_y 的值会随着不同时刻径向灰度曲线的变化而变化。对于高炉的红外图像较亮的时候, 多数像素灰度值已经达到了 255, 对于图像较暗的时候, 多数像素灰度值为 0, 因此确定阈值上限为 254, 阈值下限为 1。因此, 可以把在阈值为 1~254 中的像素数占总像素数权重 f_y 赋值给 α, 赋值公式为

$$\alpha = f_y \tag{4.121}$$

式中, α 为基于红外图像的径向温度计算结果的加权值。

用 g_k 表示径向灰度曲线上的第 k 个像素灰度值, 那么有以下规则:

$$\text{If} \quad g_k = 0 \quad \text{or} \quad g_k = 255 \quad \text{Then} \quad \text{加权值} \ \alpha = 0$$
$$\text{Else} \quad \text{加权值} \ \alpha = f_y$$

3) 加权因子 β 的模糊推理算法

加权因子 β 既可用于衡量十字测温数据的可信度, 又可反映径向温度计算结果的可信度。然而, 加权因子 β 的精确模型难以建立, 所以, 采用模糊推理的方法确定 β 值。

具体的步骤如下。

Step 1: 确定模糊推理的输入变量和输出变量。

由于料线深时, 十字测温器离料面比较远, 所以料面上部煤气混合比较严重。因此选择加权因子 α 和料线 l 作为模糊推理的输入, 输出为十字测温权重系数 β。

Step 2: 设计模糊推理规则。

考虑精度和计算代价, 选择 α 的模糊变量词集为 $\{NB, NM, ZO, PM, PB\}$, 论域为 $\{-5, -4, -3, -2, -1, 0, 1, 2, 3, 4, 5\}$。

l 的模糊变量词集为 $\{NB, NM, ZO, PM, PB\}$, 论域为 $\{-5, -4, -3, -2, -1, 0, 1, 2, 3, 4, 5\}$。

选择十字测温权重 β 的模糊变量词集为 {PB, PM, NS, ZO, PS, NM, NB}, 论域为 $\{-6, -5, -4, -3, -2, -1, 0, 1, 2, 3, 4, 5, 6\}$。

定义隶属度函数: α 采用梯型隶属度函数, l 采用三角形隶属度函数, β 采用三用三角形隶属度函数。

建立推理规则: 当图像较好时, 十字测温的权重系数可以相对取小, 反之取大。这些推理规则可用模糊语句来描述。

$$\text{If} \quad \alpha = \text{NB} \quad \text{and} \quad l = \text{NB} \quad \text{Then} \quad \beta = \text{PB}$$
$$\text{If} \quad \alpha = \text{NM} \quad \text{and} \quad l = \text{NB} \quad \text{Then} \quad \beta = \text{PM}$$
$$\vdots$$
$$\text{If} \quad \alpha = \text{PB} \quad \text{and} \quad l = \text{PB} \quad \text{Then} \quad \beta = \text{MB}$$

Step 3: 参数变换。

根据 α 和 β 的范围值, 参数设置如下所示。

加权因子变换范围为 $[-5, 5]$, α 到其论域 E_α 的映射式为

$$E_\alpha = \frac{5[\alpha - (\alpha_L + \alpha_H)/2]}{(\alpha_H - \alpha_L)/2} \tag{4.122}$$

l 的变化范围为 $[-5, 5]$, l 到其论域 E_l 的映射式为

$$E_l = \frac{5[l - (l_L + l_H)/2]}{(l_H - l_L)/2} \tag{4.123}$$

Step 4: 模糊推理、解模糊并计算模糊输出查询表。

解模糊是将模糊语言表达量恢复到精确数学量, 也就是根据输出模糊子集的隶属度计算确定的输出值。这里采用面积重心法进行解模糊, 计算公式为

$$\beta = \frac{\displaystyle\sum_{i=1}^{5} \mu(u_i) u_i}{\displaystyle\sum_{i=1}^{5} \mu(u_i)} \tag{4.124}$$

式中, u_i 为输出论域中的第 i 个元素; $\mu(u_i)$ 为 u_i 对应的隶属度; β 为解模糊后算出的精确输出量。

4.4　高炉炉况智能诊断与预报

高炉异常炉况是由不恰当调控措施造成的炉料顺行受阻、炉内热量收支失衡的现象。生产实践证明, 异常炉况将对高炉炼铁产生严重危害, 导致生铁质量、产量

下降, 能耗升高, 停产休风等不良后果, 严重的状况甚至将造成设备损坏, 缩短高炉使用寿命。高炉炉况判断是高炉调控的先决条件, 高炉生产操作的装料制度、送风制度、造渣制度以及热制度都要参照高炉炉况进行相应调整。因此, 高炉炉况诊断是高炉控制的一个重要课题。由于高炉是一个大滞后的系统, 各种调控措施发挥作用将需要一个较长的时间, 所以需要实现对高炉炉况的预报, 操作人员据此适时、适度地采取相应的调整措施, 避免炉况的恶化。

4.4.1 高炉炉况影响因素及关联性分析

由于高炉炉内环境极端恶劣的特点, 炉况的有效诊断是难以解决的复杂问题。高炉操作措施概括为四大操作制度：装料制度、送风制度、造渣制度以及热制度。每一种操作制度对高炉炉况有着不同的影响, 实现高炉控制目标需要四大制度相互配合, 但是高炉操作具有严重的滞后性, 高炉操作的时滞性是炉况诊断必须考虑的影响因素。正常炉况的主要标志是煤气流分布合理, 炉料下降均匀顺畅, 各部温度正常稳定, 炉缸工作全面均匀活跃。上述三方面 (高炉料柱透气性、炉料下降、炉缸热状态) 是炉况诊断的重要影响因素。下面内容陈述了高炉现场的炉况分类情况, 并详述高炉操作的时滞性对高炉炉况的影响, 根据高炉冶炼原理阐述高炉料柱透气性、炉料下降、炉缸热状态的具体涵义及影响因素, 简要分析这些因素对炉况的影响, 最后进行关联性分析确定异常炉况的征兆参数[52]。

1. 高炉炉况诊断与预报的内容

高炉炉况是指高炉本体内物理运动状态 (炉料的运动及形态变化、煤气流在炉体内的分布)、化学状态 (炉内各种物质的化学反应状况、焦炭以及配吹燃料的燃烧、热能状态) 及其相互关系[53]。

异常炉况分为以下三大类。

(1) 炉况顺行失常。煤气流与炉料相对运动失常, 如边缘煤气过分发展、边缘过重、管道偏行、连续崩料、悬料等。

(2) 炉缸工作失常, 如炉凉、炉热、炉缸堆积等。

(3) 炉型失常, 如炉墙结厚、炉墙结瘤等。

这三类失常炉况之间既有区别又有联系, 煤气流与炉料相对运动失常, 会破坏炉缸正常工作, 导致炉缸工作失常和炉型失常; 相反, 炉缸工作失常也会影响煤气流的原始分布, 造成煤气流与炉料相对运动失常。

高炉炉况诊断与预报是高炉过程控制的一个重要方面, 是实现高炉生产"优质、低耗、高产、长寿、高效益"的基本保证。高炉生产过程十分复杂, 运用传统数学方法几乎无法准确地定义和描述, 数模求解时所需的初始条件、边界条件、物性参数等也难以测量和保证其精度和完整性, 所有这些问题都限制了数学模型在高炉上的应用。

异常炉况有几十种之多, 悬料、崩料、炉热三种异常炉况是发生频繁的异常炉况, 诊断预报这三种异常炉况对高炉生产具有重要作用。本书后续内容将针对这三种炉况介绍高炉炉况智能诊断和预报方法。

2. 高炉炉况影响因素分析

高炉炉况的影响因素众多, 下面主要从以下四个方面阐述。

1) 高炉操作措施的时滞性

调节炉况的目的是控制其波动, 保持合理的热制度与顺行。高炉的调节措施分为上部调节和下部调节两部分。上部调节主要是通过布料器控制原燃料 (矿石和焦炭) 在料层顶部的分布, 此外, 还有物料的下料批次和批重。下部调节涉及送风 (风压、风量、热风温度等)、喷煤量、富氧量等参数。此外, 影响炉况的因素还有原燃料质量 (如矿石的成分、粒度、还原性、含粉率、熟料配比、焦炭的灰分、含硫量、焦炭强度等)、冷却系统、煤粉的成分等。因此, 分析高炉炉况的影响因素, 以及各操作参数对高炉炉况的时滞性, 对炉况诊断和预报系统输入参数的确定十分重要。

根据各调节手段对炉况影响的大小, 由小到大排列: 喷吹燃料→风温 (湿度) →风量→装料制度→焦炭负荷→净焦等。实践表明, 对于 $1000m^3$ 的高炉, 喷吹煤粉, 改变喷吹量需经 3~4h 才能集中发挥作用 (这是因为刚开始增加喷煤量时, 有一个降低理论燃烧温度的过程, 只有到因增加煤气量, 逐步增加单位生铁的煤气而蓄积热量后才有提高炉温的作用), 调节风温 (湿度)、风量要快一些, 一般为 1.5~2h, 改变装料制度至少要装完炉内整个固体料段的时间, 而减轻焦炭负荷与加净焦对料柱透气性的影响随焦炭加入量的增加而增加, 但对热制度的影响则需要一个冶炼周期。

2) 高炉料柱的透气性

料柱具有良好的透气性, 使上升煤气流均匀、稳定而且顺利地通过, 是保证下料顺行和充分发挥上升煤气流还原和传热作用的前提。透气性不好, 煤气流阻力大, 风压升高, 继而出现崩料、悬料等现象, 这是风量与料柱透气性不相适应的结果。

另一方面, 由于炉料质量差而造成炉内透气性恶化和分布不均匀时, 不仅压差升高和下料不顺, 而且引起煤气流分布不均, 出现管道行程和煤气流偏行等现象, 从而使煤气利用率下降, 炉料的预热与还原不充分, 直接还原度增加, 热量消耗大, 影响高炉焦比和生铁产量。

高炉炉料的透气性是煤气通过料柱时的阻力大小。煤气通过料柱的阻力主要取决于炉料的空隙度。其直接影响炉料顺行、炉内煤气流分布和煤气利用率。其气体力学方程为

$$\frac{Q^2}{\Delta P} = K \left(\frac{\varepsilon^3}{1 - \varepsilon} \right) \tag{4.125}$$

式中, Q 为风量; ΔP 为料柱全压差; K 为比例系数; ε 为炉料空隙度。

在块状带, 矿石和焦炭是分层装入的, 矿石和焦炭在垂直方向上的分布决定了料柱的透气性。

在软熔带, 炉料软化, 体积收缩, 空隙度不断下降, 煤气通过的阻力损失急剧升高。在开始滴落前 ΔP 最高, 约为矿石开始软熔时的 4 倍, 是原矿石层的 8.5 倍。煤气阻力损失与焦窗数、厚度和空隙度成反比。

滴落带是已经熔化成液体的渣铁在焦炭缝隙中滴状下落的区域。煤气运动阻力受固体焦炭块和熔融渣铁的影响。一方面, 要求焦炭力度均匀、高温机械强度好、粉末少, 焦炭空隙度大, 反应性差; 另一方面, 要求渣量少、流动性好。当渣量大, 流动性不好时, 由于煤气通道减小, 煤气流速增加, 严重时甚至出现渣铁被上升气流吹起, 无法正常冶炼, 这种现象称为液泛。

综上所述, 影响高炉透气性的因素为矿石、焦炭的物理特性 (空隙度、粒度等)、布料 (物料分布、料线高度、矿焦层厚度等)、矿石的化学特性 (软熔温度、酸碱度等)。

3) 高炉炉料的下降

高炉炉料下降需要两个条件: 产生下料的空间和炉料下降的作用力。炉料下降的空间, 由焦炭在风口前的燃烧 (30%~40%) 和参加直接还原 (15% 左右), 矿石和熔剂在下降过程中的重新排列、压紧并熔化成液相而体积缩小 (30% 左右) 以及渣铁排放形成。

炉料下降是炉料重力和阻力相互作用的结果。炉料在下降的过程中需要克服炉料和炉墙的摩擦阻力、物料之间的内阻力以及上升煤气的浮力。

块状带炉料下降的有效质量力的表达式为

$$q = \frac{d \left(\gamma - \dfrac{\Delta P}{H} \right)}{4fn} \left(1 - \mathrm{e}^{-4fn\frac{H}{d}} \right) \tag{4.126}$$

式中, q 为炉身料柱的有效质量 (kg); γ 为炉料的堆密度 (kg/m³); $\Delta P/H$ 为单位料柱高度上煤气的阻力损失即浮力 (kg/m³); f 为炉料与炉墙之间的摩擦系数; n 为炉料对炉墙的侧压力系数; H、d 分别为高炉的直径和高度 (m)。

图 4.27 为滴落带至炉缸的下部分区示意图, 按照焦炭的运动状况将其分为燃烧带上方的 A 区、中心基本不动的死料柱 C 区和两者之间疏松滑动的 B 区。A 区内的焦炭直接落入燃烧带燃烧, 因此下落速度快。B 区焦炭沿着中心死料柱形成的滑坡滑入燃烧带燃烧气化, C 区的焦炭不能直接进入燃烧带, 一部分从燃烧带下

方即入燃烧带燃烧, 一部分被直接还原消耗。死料柱下沉, 则炉缸焦炭空隙度增大, 料柱阻力减小, 下料顺畅; 反之, 上浮则变小, 造成风压波动甚至回旋区变小, 下料缓慢。

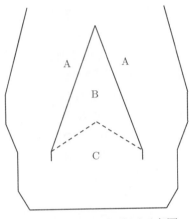

图 4.27　高炉下部分区示意图

综上所述, 影响高炉炉料下降的因素为矿石、焦炭的堆密度, 炉料的透气性, 煤气的黏度、重度以及流速, 炉缸中渣铁量对其也有一定影响。

4) 高炉炉缸热状态

高炉炉料从炉顶加入, 在上部交换区炉料和煤气热交换剧烈, 炉料升温快, 为炉料进入滴落带大量的吸热反应做了热量储备。矿石达到软化温度越低, 软熔带位置越高, 初渣温度低, 进入炉缸后吸收炉缸热量, 增加高炉热缸热量消耗。

软熔带的形状对炉热也有一定的影响。从软熔带滴落下来的渣铁液滴经历曲折的路径进入炉缸汇集, 燃烧带形成的高温煤气具有较大的浮力, 它使滴落的液滴改变流向。液滴与煤气进入倒 V 形软熔带穿越焦窗时, 发生转向边缘的横向流动, 将液滴推向边缘, 落到回旋区上方的液滴则被煤气甩向回旋区周边再继续向下流动, 由于液滴与煤气流接触良好, 两者热交换也好, 所以渣铁进入炉缸时加热充分, 使炉缸热量充足而且均匀。煤气通过 V 形软熔带时却相反, 向中心偏流的煤气流将液滴推向中心, 使液滴直接穿过死料柱进入炉缸, 这样液滴被煤气加热的程度差, 会出现渣温低、铁温高且含硅和硫都高的现象。

综上所述, 高炉的各类影响因素相互作用、相互影响, 仅考虑其中一方面判断炉况状态, 难以维持炉况的长期稳顺运行。近年来, 专家系统、神经网络等智能方法在高炉以及其他复杂系统中获得广泛应用, 并取得了一定的效果。鉴于高炉炼铁过程的复杂性, 专家系统、神经网络等炉况诊断预报方法存在主观性过强、通用性较差的缺点, 可通过结合其他智能方法, 克服原方法的不足, 获取更准确的诊断结果。

3. 高炉异常炉况关联因素分析

高炉诊断与预报方法的首要任务是确定各种类别的关联参数, 通过对已有的征兆数据的学习最终建立诊断与预报模型。 根据高炉冶炼相关理论对高炉异常炉况发生时的征兆进行了细致的描述, 下面将分别讨论确定崩料、悬料、炉热三种异常炉况的关联征兆参数。

1) 崩料

崩料是炉料在下降过程中, 由于炉内多相流运动的变化或者支撑结构的变化造成料层局部或整体发生塌落的一种现象。 连续崩料会影响矿石的预热与还原, 特别是高炉下部的连续崩料, 能使炉缸急剧向凉, 必须及时果断处理。经过多年的经验总结, 崩料的征兆如下:

(1) 料尺连续出现停滞和塌落现象。

(2) 风压、风量不稳、剧烈波动, 接受风量能力很差。

(3) 炉顶煤气压力出现尖峰, 剧烈波动。

(4) 风口工作不均, 部分风口有生降和涌渣现象, 严重时自动灌渣。

(5) 炉温波动, 严重时渣、铁温度显著下降, 放渣困难。

为了揭示崩料形成的过程, 引入崩料指数。 崩料指数是用来推定炉内形成的过剩空间的大小。崩料是一种炉内炉料急速不连续下降的现象, 它的产生是由于炉内有过剩的空间, 需要炉料填满。这个空间越大, 崩料的可能性就越大。假定炉内消耗炉料与风口吹入氧量成比例, 根据装入一批料所需吹入的氧气量来计算炉料标准装入间隔和实际装入间隔的偏差[54]。

根据现场数据和专家经验, 最终确定崩料的征兆参数为平均料速、热风压力、冷风流量、热风温度、炉体压差、炉顶温度、炉顶压力、透气性指数、崩料指数等。

2) 悬料

悬料是炉料透气性与煤气流运动极不适应、炉料停止下降的失常现象。 按部位分为上部悬料、下部悬料; 按形成原因分为炉凉、炉热、原燃料粉末多、煤气流失常等引起的悬料。主要征兆如下:

(1) 料尺停滞不动。

(2) 风压急剧升高, 风量随之自动减少。

(3) 炉顶煤气压力降低。

(4) 上部悬料时上部压差过高, 风口焦炭仍然活跃。

(5) 下部悬料时下部压差过高, 部分风口焦炭不活跃。

根据现场数据和专家经验, 最终确定悬料的征兆参数为平均料速、热风压力、冷风流量、热风温度、炉体压差、炉顶温度、炉顶压力、透气性指数等。

3) 炉热

炉热是焦比过高、矿石品位变化或者风温、风量不适应造成炉缸热量收入大于支出的一种失衡现象, 严重的甚至出现崩料、悬料。炉热会使单位生铁的能耗增加, 同时引起生铁含硅量增加, 造成高炉压力损失增加, 影响顺行。炉热的征兆如下:

(1) 风压逐渐升高, 接受风量困难。

(2) 风量逐渐下降。

(3) 料速逐渐减慢, 过热时出现崩料、悬料。

(4) 炉顶温度升高, 四点分散展宽。

(5) 下部静压力上升, 上部压差升高。

(6) 风口比正常时更明亮。

(7) 渣、铁温度升高, 生铁含硅量上升, 含硫量下降。

根据现场数据和专家经验, 最终确定炉热的征兆参数为平均料速、热风压力、冷风流量、热风温度、炉体压差、炉顶温度、喷煤量、透气性指数、冷却水出入温度、冷却水流量、冷却水压力、富氧量等。

高炉炉况诊断与预报可根据征兆参数和控制参数进行综合判断。征兆参数如上所述, 控制参数包括风温、风量、富氧量、喷煤量、焦炭负荷等。

高炉炉况除了上述参量, 还应考虑冷却系统对系统的影响。因此, 高炉炉况诊断系统输入的直接参量为料速, 风压、风量、风温, 炉顶煤气压力、温度、成分, 压差, 炉体温度, 冷却水温度、压力、流量。复合参量为透气性指数、崩料空穴指数。

高炉征兆参数是高炉在各种外部因素 (控制参数和环境参数) 综合影响下高炉内部状态迁移过程的反映, 因此通过征兆参数实现炉况诊断。而高炉的控制参数, 如风温、风量、喷煤量、焦炭负荷等, 对高炉过程施加的影响具有时滞性, 因此更多地应用于炉况的预报。

4.4.2　基于支持向量机的双层结构炉况诊断

高炉冶炼过程是一个非线性、大时滞、强耦合的系统, 难以通过建立数理模型实现高炉炉况诊断。高炉炉况的诊断一般采用基于炉况案例学习的方法。针对实际高炉炉况案例少、线性不可分的特点, 采用支持向量机 (support vector machine, SVM) 方法对炉况分类数据进行分离, 实现高炉炉况小样本数据的诊断器建模。采用神经网络方法对分类结果进行二次诊断, 给出各种炉况下的可信度值, 通过比较可信度值大小实现高炉炉况的最终判断 [55]。

1. 双层结构炉况诊断模型

从对高炉历史数据的分析可见, 异常炉况具有突发特性, 很难根据过渡过程的信号做出预报, 且难以获得对过渡过程的可信度评价值 [0,1], 采取神经网络方法获得异常炉况可信度值以实现炉况诊断难度较大。从实际使用来看, 神经网络方法的输入节点常常高达百个, 结构的复杂要求训练数据集很大, 而国内中小高炉的检测设备不完善, 很多没有炉顶十字测温仪、炉顶煤气成分在线分析仪等设备, 很多信号采集不到, 同时异常数据集有限, 这些都限制了神经网络方法在中小高炉的应用。由于支持向量机方法求取最大间隙, 获得的是最优分类面, 所以具有很好的泛化能力[56]。而结构风险最小化原理, 保证了在较少的训练集下仍能获得理想的分类效果。而且实践表明支持向量机方法在很少的输入参数下具有很好的分类效果, 特别在小规模数据集的情况下具有优于神经网络的分类效果, 是高炉炉况分类器的较好选择。

支持向量机的惩罚因子和核函数参数对支持向量机分类器的分类能力和泛化能力有很大的影响, 因此采用遗传算法实现支持向量机的预设参数的寻优。根据确定的预设定参数进行支持向量机分类器学习, 获得分类器结构参数, 根据支持向量机分类器输出采用神经网络给出 0~1 范围可信度的诊断结果。通过比较各炉况的可信度值做出最终诊断判决, 形成如图 4.28 所示的双层结构炉况诊断模型。

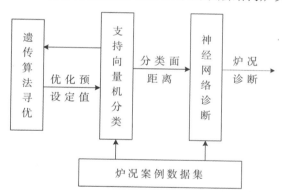

图 4.28　炉况诊断模型建模过程图

第一层结构, 利用支持向量机实现高炉炉况的初次分类, 输出为各种炉况下被分类状态距分类面的距离。由于支持向量机在模式识别方面有较好的理论基础, 对于高炉异常炉况征兆数据集的小样本分类问题是理想的解决方法。传统的支持向量机方法的判决函数是隶属于模式的 "是否" 判别, 无法观测高炉炉况处于某种炉况的程度, 为此支持向量机模块计算当前状态与最优分类面的距离, 通过距离反映高炉炉况隶属于某种炉况的程度。

第二层结构, 由于多类模式分类问题常常由多个分类器组成, 仅根据距离大小确定炉况发生的可能性过于简单, 所以, 采用人工神经网络对高炉炉况进行最终判定, 输出隶属于炉况的隶属度, 完善支持向量机炉况诊断单层模型。由于支持向量机模块的降维作用, 神经网络的输入节点数大幅减少, 网络的复杂度降低, 所以降低了训练数据集小对神经网络诊断精度的影响, 同时也继承了支持向量机方法的较好的泛化能力的优点。

2. 支持向量机炉况分类

支持向量机作为第一层炉况诊断结构, 最初仅解决二值分类问题, 而高炉炉况诊断常是多值分类问题, 可采取以下几种方式解决多值分类问题 [57]。

间接方法: 通过某种方式构造一系列的两类分类器并将它们组合在一起来实现多类分类。

(1) 一对多算法。对于 k 类分类问题, 构造 k 个分类器, 每个支持向量机分类器是用此类的训练样本作为正的训练样本, 而将其他类别的样本作为负的训练样本。最后的输出是 k 个两类分类器输出为最大的那一类。缺点是容易产生属于多类别的点和没有被分类的点。

(2) 一对一算法。该算法在 k 类训练样本中构造所有可能的二类分类器, 共构造 $N = k(k-1)/2$ 个分类器。分类结果采用投票法, 得票最多的类为新点所属的类。缺点是如果单个二类分类器不规范化, 则整个 k 类分类器将趋向于过学习, 推广误差无界。对于任意分类, 需要完成 $k(k-1)/2$ 分类器计算, 当分类数较大时计算量非常庞大, 导致在决策时速度很慢。

(3) 分类树方法。将 k 个分类合并为两个大类, 每个大类再分成两个子类, 重复划分, 直到实现 k 个分类, 树叶节点为 k 个分类。

直接方法: 将多个分类面的参数求解合并到一个最优化问题中, 通过求解该最优化问题实现多类分类。

直接方法虽然将多类分类问题合并到一个优化问题中求解, 得到的支持向量数较间接分类方法少, 但在最优化问题求解过程中的变量以及约束条件的增加, 训练速度不及间接方法, 而且在分类精度上也不占优。因此, 间接方法仍然是支持向量机的主流分类方法。另外, 采用决策导向非循环图支持向量机实现高炉异常炉况的分类, 能取得较好的诊断效果。但是, 此方法的最大问题是任何时刻只能出现一种异常炉况, 而实际上同时可能存在多种异常炉况, 例如, 悬料的发生可能是炉热造成的, 即所谓的热悬料, 因此, 悬料发生时伴随着炉温向热。此外, 异常炉况的程度不同, 调节措施的力度相应不同, 给出隶属于各种炉况的隶属度值对高炉操作更有指导意义, 分类树方法很难实现。这里采用一对多方法构造多个分类器, 即各炉况对其他所有炉况的多个一对多分类器。如图 4.29 所示, 对于有正常、悬料、崩料以及炉热炉况的分类问题, 需要建立四个一对多分类器。分类器输出为测试点距分类面的距离。

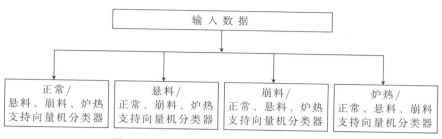

图 4.29　高炉炉况诊断支持向量机层结构

支持向量机分类器分类面是处于两类最大间隔的中间, 但实际上两类数据在支持向量面之间的分布并不一定是均匀的, 存在误分、错分现象, 因此在两个支持向量面之间的状态判别需要考虑其他的判断规则。

3. 神经网络炉况诊断

通过第一层结构支持向量机的降维作用, 可获得输入向量和不同炉况支持向量机分类面距离, 为第二层结构神经网络分类器提供输入数据。在神经网络中采用 BP 算法将各支持向量机分类器的输入映射到 $[0, 1]$ 范围的可信度值, 通过比较可信度值大小判断炉况发生的可能性大小。

1) 炉况诊断神经网络结构

高炉炉况诊断神经网络结构将所有炉况整合到同一个 BP 神经网络中, 输出所有炉况的可信度值。高炉异常炉况诊断网络通过训练征兆数据集建立, 训练集则通过专家判断获取。在实际中, 高炉专家根据经验可以给出单一炉况发生的可信度值, 但很难给出所有炉况的可信度值。按照高炉现场实际, 高炉炉况诊断二层神经网络结构采用 BP 学习算法的多层前向网络, 针对每种炉况采取单独的 BP 神经网络, 每个网络有唯一一输出, 输出为该类炉况的可信度值。诊断系统第二层神经网络整体结构如图 4.30 所示。

诊断网络的第一层为输入层。输入为被分类点距离诊断系统首层各支持向量机分类器最优分类面的距离值; 第二层为隐含层, 该层节点的传递函数采用 Sigmoid 函数; 第三层为输出层, 输出为被诊断状态相对各炉况的可信度值 $[0, 1]$, 为了将输入映射到 $0 \sim 1$, 传递函数采用 logsig 函数。

通过高炉炉况的可信度值的变化, 可观察高炉炉况的发展趋势。所有输出中可信度值最大的炉况发生的可能性最大, 也是高炉操作优先解决的问题。通过对其他炉况的可信度趋势判断, 可为异常炉况的发生原因分析提供参考。

2) 神经网络训练数据

炉况诊断系统的训练数据是在异常炉况或正常炉况发生时的采样数据, 是各炉况发生的征兆数据。支持向量机分类器中, 训练数据依照分类器不同对应的期望输出值为 1 或者 −1。但在神经网络诊断器中, 由于各种炉况具有一定的关联性, 很难判断某一种炉况征兆数据下其他炉况的可信度值, 所以各炉况诊断神经网络的学习数据集如下。

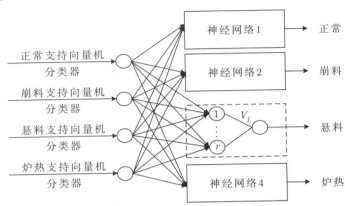

图 4.30 炉况诊断神经网络结构

(1) 正常炉况诊断网络。

由于正常炉况和异常炉况是完全可分的, 所以对于正常炉况诊断网络所有的异常炉况时的可信度值为 0。训练数据集为: 正常征兆数据集期望输出为 1, 所有异常炉况征兆数据集期望输出为 0。

(2) 崩料诊断网络。

由于炉热、悬料会引起崩料的发生, 所以对于炉热、悬料征兆数据不能像支持向量机分类器设为 −1, 而应根据炉况发生的伴随情况设定期望输出。

当崩料发生时也处于炉热状态, 相应的炉热征兆数据期望输出按下式赋值:

$$\begin{cases} \hat{y} = 1 - \dfrac{t_d - t_h}{T}, & 0 < t_d - t_h < T \\ \hat{y} = 0, & t_d - t_h \geqslant T, \ t_d - t_h \leqslant 0 \end{cases} \tag{4.127}$$

式中, t_h 为炉热发生时间; t_d 为崩料发生时间; T 为崩料发生有效区间 (取 30min); $\hat{y}$ 为期望输出。

当崩料发生时前后也处于悬料状态, 相应的悬料征兆数据期望输出按下式赋值:

$$\begin{cases} \hat{y} = 1 - \dfrac{t_d - t_l}{T}, & -T < t_d - t_l < T \\ \hat{y} = 0, & t_d - t_l \geqslant T, \ t_d - t_l \leqslant -T \end{cases} \tag{4.128}$$

式中, t_l 为悬料发生时间; T 为崩料发生有效区间 (取 30min); $\hat{y}$ 为期望输出。

训练数据集为: 崩料征兆数据集期望输出为 1, 正常炉况征兆数据集期望输出为 0, 其他按照式 (4.127) 和式 (4.128) 计算。

(3) 悬料诊断网络。

由于炉热、崩料会引起悬料的发生, 所以对于炉热、崩料征兆数据根据炉况发生的伴随情况设定期望输出。当悬料发生时也处于炉热状态, 相应的炉热征兆数据期望输出按下式赋值:

$$\begin{cases} \hat{y} = 1 - \dfrac{t_l - t_h}{T_l}, & 0 < t_l - t_h < T_l \\ \hat{y} = 0, & t_l - t_h \geqslant T_l, t_l - t_h \leqslant 0 \end{cases} \tag{4.129}$$

式中, T_l 为悬料发生有效区间 (取 30min); $\hat{y}$ 为期望输出。

当悬料发生时前后也处于崩料状态, 相应的崩料征兆数据期望输出按下式赋值:

$$\begin{cases} \hat{y} = 1 - \dfrac{t_l - t_d}{T_l}, & -T_l < t_l - t_d < T_l \\ \hat{y} = 0, & t_l - t_d \geqslant T_l, t_l - t_d \leqslant -T_l \end{cases} \tag{4.130}$$

训练数据集为: 悬料征兆数据集期望输出为 1, 正常炉况征兆数据集期望输出为 0, 其他按照式 (4.129) 和式 (4.130) 计算。

(4) 炉热诊断网络。

由于崩料、悬料的发生与炉热有一定的相关性, 所以对于悬料、崩料征兆数据根据炉况发生的伴随情况设定期望输出。当悬料、崩料发生时处于炉热发生有效区间内, 相应的炉热征兆数据期望输出按下式赋值:

$$\begin{cases} \hat{y} = 1 - \dfrac{t_h - t}{T_h}, & -T_h < t_h - t < T_h \\ \hat{y} = 0, & t_h - t \geqslant T_h, t_h - t \leqslant -T_h \end{cases} \tag{4.131}$$

式中, T_h 为炉热发生有效区间 (取 90min); t 为悬料、崩料发生时间; $\hat{y}$ 为期望输出。

训练数据集为: 炉热征兆数据集期望输出为 1, 正常炉况征兆数据集期望输出为 0, 其他按照式 (4.131) 计算。

3) 炉况诊断方法验证

为了验证双层诊断方法的有效性, 采用某钢铁企业高炉的实时数据进行仿真实验。实验根据高炉的实际情况, 确定炉况支持向量机的输入参数; 根据网络参数进行数据预处理, 通过专家判定和分析获得正常炉况, 悬料、崩料以及炉热三种异常炉况的案例数据集; 根据炉况征兆数据集进行训练, 获得支持向量机分类器参数; 根据支持向量机分类器计算结果获得的新的炉况征兆数据集进行训练, 得到神经网络分类器参数; 应用测试数据获取高炉炉况诊断结果, 验证该诊断方法的有效性和优越性。

(1) 系统输入参数的确定。

通过分析高炉过程数据, 高炉炉体的温度点坏点较多, 炉体圆周点温度相差较大, 因此在此仿真中没有采用炉体温度数据。另外, 高炉没有配备炉喉十字测温仪或者红外线测温仪, 无法获得炉喉煤气流分布, 炉顶煤气成分也没有实时测量值。由于料速不是连续可测值, 所以不考虑料速参数。

综上所述, 高炉炉况诊断仿真系统输入的参量为热风风压、风温, 冷风流量, 炉顶煤气压力、温度, 压差, 冷却水温度、压力、流量, 透气性指数, 下料指数。

根据现场专家判断和分析共选得到 705 组炉况数据, 其中正常炉况数据 326 组, 崩料异常炉况数据 141 组, 悬料异常炉况数据 71 组, 向热异常炉况数据 167 组。

(2) 数据预处理。

一般情况下, 高炉上部加料操作每批料的矿石和焦炭的数量是一定的, 在炉内反应一定的情况下, 单位时间的风量和装料批次具有一定的关系, 定义为下料指数, 其计算公式为

$$x_d = \frac{lg_o}{v} \tag{4.132}$$

式中, x_d 为下料指数; l 为 1h 内装料批次; v 为 1h 内的风量; g_o 为每批矿石重量。当指数值增大时, 可能为炉凉或富氧等原因, 造成单位生铁所需风量变化; 指数值减小, 则可能是空洞增加或者化学反应条件变化引起的。

高炉炉顶压力采用自动化控制, 基本控制在 130kPa 左右, 共有四个测量点。煤气压力值为四点平均值, 炉顶煤气压力偏移值计算公式为

$$P_s = \left[\frac{1}{3}\sum_{i=1}^{4}(P_i - \bar{P})^2\right]^{\frac{1}{2}} \tag{4.133}$$

式中, $\bar{P}$ 为四点平均值。对于炉顶四点温度也采取同样的计算方法。

冷却水分为供回水, 相应的压力、温度、流量分别有两个, 在这里采用供水的压力、温度、流量以及供回水测量参数的差值。

透气性指数采用公式 $Q^2/\Delta P$ 计算, Q 为送风流量, ΔP 为压差。

高炉冶炼周期估算: 由生产数据得平均日产量 1700t, 单位生铁矿石消耗 1700kg/t, 焦比 400kg/t, 矿石和焦炭堆积密度分别为 1.7t/m³ 和 0.5t/m³, 矿批 18.8t, 焦批 5.2t, V_g=480m³, 压缩率 C=0.12, 则

$$V_l = \frac{O}{r_O} + \frac{K}{r_C} = \frac{1.7}{1.7} + \frac{0.4}{0.5} = 1.8 \tag{4.134}$$

$$V_p = \frac{18.8}{1.7} + \frac{5.2}{0.5} = 21.4 \tag{4.135}$$

$$t = \frac{24 \times 480}{1700 \times 1.8 \times (1 - 0.12)} = 4.3 \tag{4.136}$$

$$N = \frac{V_g}{V_p(1 - C)} = \frac{480}{21.4 \times 0.88} = 25.5 \tag{4.137}$$

即每小时料批数为 N/t=5.9(批), 每批料间隔时间为 10min。高炉的出铁间隔为 95min, 此间下料批次为 9.3 批。

高炉炉顶操作在布料时将提起料尺, 在此期间没有料位信号, 布料完成时放下料尺开始测量。一批料分上下两罐, 因此布料间隔为 5min, 实际有料尺信号时间为 2~3min。高炉的采样时间为 5s, 为了消除信号的噪声, 并考虑料位测量时间 (能够反映料位的变化), 选取 1min 为短期时间间隔。中期计算考虑三批料的影响, 时间间隔为 30min。长期时间间隔则为整个冶炼周期 4h。

规范化的基准值选取高炉正常炉况下的短期平均值和波动值。根据采样数据获得相应的值作为规范化基准值。

各时间段特征值计算公式如下:

短期平均值为

$$\bar{x}_{\mathrm{s}} = \frac{1}{12} \sum_{i=1}^{12} x_i \tag{4.138}$$

中期平均值为

$$\bar{x}_{\mathrm{m}} = \frac{1}{30} \sum_{i=1}^{30} \bar{x}_{\mathrm{s}i} \tag{4.139}$$

长期平均值为

$$\bar{x}_{\mathrm{l}} = \frac{1}{8} \sum_{i=1}^{8} \bar{x}_{\mathrm{l}i} \tag{4.140}$$

参数波动量计算只针对短期计算, 具体计算公式为

$$s = \left[\frac{1}{11} \sum_{i=1}^{12} (x_i - \bar{x}_{\mathrm{s}})^2 \right]^{\frac{1}{2}} \tag{4.141}$$

参数变化量计算公式为

$$\Delta x = \bar{x}(t - 1) - \bar{x}(t) \tag{4.142}$$

高炉的检测信号较多, 数量级相差悬殊, 为了消除数量级对网络权值的影响, 对所有数据采取规范化处理。规范化的另一好处是可以使系统具有更好的适应性, 在工艺条件变更后仍能具有很好的使用效果。

(3) 炉况支持向量机分类器仿真。

针对上面四种炉况, 构建正常/其他炉况、崩料/其他炉况、悬料/其他炉况、炉热/其他炉况共四个一对多分类器。由于支持向量机分类器是将某一种炉况和其他炉况分开, 所以支持向量机炉况诊断模型的输入参数应为所有炉况的输入参数。根据实验确定, 径向基函数与其他核函数相比, 综合的分类效果最好, 因此采用径向基函数为核函数。

根据上面的分析, 输入参数为热风风压、风温, 冷风流量, 炉顶煤气压力、温度, 冷却水温度、压力、流量, 透气性指数的平均值及其波动值, 以及送回水温差、压差、流量差, 炉顶煤气压力四点偏差, 炉顶煤气温度四点偏差平均值, 所有的参数都进行了规范化处理。

支持向量机的核函数采用高斯函数, C 以及 δ 参数需要先给定, 这里采取遗传算法实现参数寻优。遗传算法的第一步是确定寻优参数的编码空间, 为了减小搜索空间, 降低搜索时间, 首先给定 C 以及 δ 参数, 获取分类器分类效果, 通过分析确定 C 以及 δ 参数的较小范围。

将 705 组炉况数据分为两组: 2/3 训练数据和 1/3 测试数据。训练数据集用来建立双层炉况诊断模型, 测试集用来验证双层诊断模型的准确率。仿真过程如下。

首先确定预设参数, 分别设 $C = 0.0001, 0.001, 0.01, 0.1, 1, 10, 100, 1000, 10000$; $\delta = 0.0001, 0.001, 0.01, 0.1, 1, 10, 100, 1000, 10000$, 对 4 个支持向量机进行学习, 并用测试数据测试诊断的准确率, 分别获得在不同 C 以及 δ 参数下的分类准确率。

图 4.31 为固定 C 或者 δ 值下的支持向量机分类准确率, 纵坐标为分类准确率, 单位为 %。图 4.31(a) 与 (b) 为正常炉况与其他异常炉况支持向量机在不同 C 和 δ 值下的分类结果。图 4.31(c) 与 (d) 为炉热与其他炉况支持向量机分类结果。图 4.31(e) 与 (f) 为悬料与其他炉况支持向量机分类结果。图 4.31(g) 与 (h) 为崩料与其他炉况支持向量机分类结果。

通过分析可见, δ 值在小于 0.1 和大于 1000 时, 或者 C 值小于 0.01 和大于 100 时, 取值变化对分类的准确率几乎没有影响, 因此确定 δ 值的搜索范围为 0.1~1000, C 值的搜索范围为 0.01~100 。

采用遗传算法对四个支持向量机分类器进行 C 和 δ 值的寻优, 求得各支持向量机优化后的 C 和 δ 值。根据各支持向量机分类器确定的 C 和 δ 值通过训练数据集建立支持向量机分类器。首先, 分类器采用 sgn 函数进行单独分类判别, 确定直接采用支持向量机情况下炉况诊断的准确率, 结果如表 4.3 所示。

最后, 采用分类面距离为支持向量机分类器输出, 对训练数据和测试数据计算, 为神经网络炉况诊断系统提供输入。

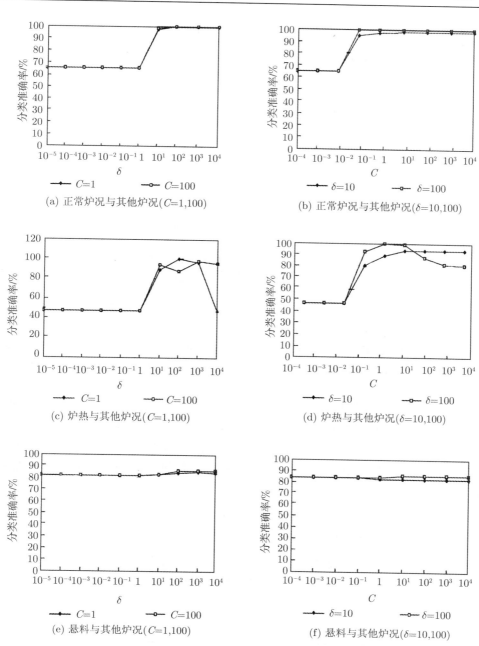

(a) 正常炉况与其他炉况(C=1,100)

(b) 正常炉况与其他炉况(δ=10,100)

(c) 炉热与其他炉况(C=1,100)

(d) 炉热与其他炉况(δ=10,100)

(e) 悬料与其他炉况(C=1,100)

(f) 悬料与其他炉况(δ=10,100)

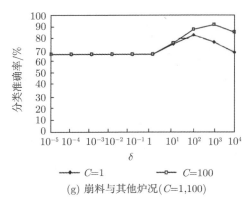
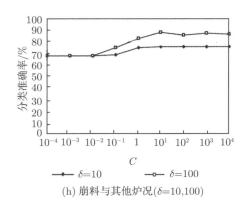

(g) 崩料与其他炉况(C=1,100)　　　　　　　　(h) 崩料与其他炉况(δ=10,100)

图 4.31　不同炉况下的分类准确率

表 4.3　直接支持向量机方法误报率

项目	正常	炉热	悬料	崩料
误报率/%	7.9	7.8	14.1	9.4

(4) BP 神经网络炉况诊断仿真。

将数据按照前面的方式分成训练数据集和测试数据集, 分别建立正常炉况, 悬料、崩料、炉热三种异常炉况四个炉况诊断神经网络, 网络结构通过训练数据集建立。

炉况诊断神经网络建立的关键是确定隐含层神经元个数。隐含层单元数太少, 训练误差太大, 得不到需要的训练精度, 且容错性差; 隐含层单元数太多又会使学习时间过长, 误差也不一定最佳, 有可能出现 "过学习效应"。因此存在一个最佳的隐含层单元数, 可按以下公式计算隐含层神经元个数的取值范围, 通过穷举法确定最佳的隐含层节点数

$$h = \sqrt{p+q} + a \tag{4.143}$$

式中, p 为输入神经元个数; q 为输出神经元个数; a 为常数 (通常取 1~10), 为隐含层神经元个数。神经网络输入为 4, 输出为 1, h 的取值范围为 3~13 个。

通过 MATLAB 仿真, 选取不同的隐含层神经元个数进行测试, 得到如表 4.4 所示的诊断误差结果。

表 4.4　诊断误差比较

h	正常	崩料	悬料	炉热
4	0.0405	0.0795	0.0501	0.0404
6	0.0320	0.0532	0.0312	0.0258
8	0.0359	0.0551	0.0321	0.0266
10	0.0379	0.0553	0.0359	0.0273
12	0.0401	0.0571	0.0386	0.0281

从表 4.4 中可见, 在隐层神经元数取 6 时, 正常、崩料、悬料、炉热四个神经网络对训练数据的诊断误差最小, 因此各诊断网络隐含层神经元个数选为 6, 测试数据按照正常、崩料、悬料、炉热顺序排列。每种神经网络诊断系统对应炉况期望输出为 1, 其他炉况期望输出为 0。图 4.32 的纵坐标为炉况可信度, 为 1 时表示此种炉况发生的概率为 100%, 为 0 时概率为 0%, 可信度取值越大表示此种炉况发生的概率越大。

其实际诊断结果如下。

(1) 正常炉况诊断仿真结果。

网络结构采取 4-6-1 结构。根据获得的诊断网络用测试集测试, 实际结果如图 4.32(a) 所示: 实线为期望输出, 三角形为实际网络输出。若以 0.5 为判断界, 误判的次数为 7 次, 误判率为 2.8%。

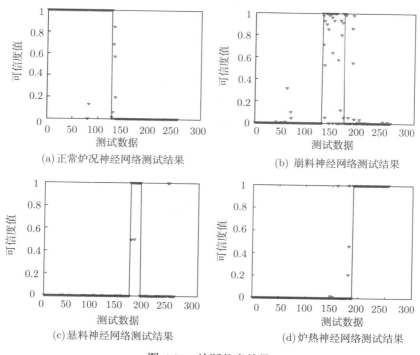

(a) 正常炉况神经网络测试结果

(b) 崩料神经网络测试结果

(c) 悬料神经网络测试结果

(d) 炉热神经网络测试结果

图 4.32 诊断仿真结果

(2) 崩料诊断仿真结果。

网络结构采取 4-6-1 结构。根据网络训练获得的诊断网络用测试集测试, 实际结果如图 4.32(b) 所示: 实线为期望输出, 三角形为实际网络输出。若以 0.5 为判断界, 误判的次数为 13 次, 误判率为 5.1%。

(3) 悬料诊断仿真结果。

网络结构采取 4-6-1 结构。根据网络训练获得的诊断网络用测试集测试, 实际结果如图 4.32(c) 所示: 实线为期望输出, 三角形为实际网络输出。若以 0.5 为判断界, 误判的次数为 7 次, 误判率为 2.8%。其中 3 点悬料未报, 4 点炉热误报为悬料。

(4) 炉热诊断仿真结果。

网络结构采取 4-6-1 结构。根据网络训练获得的诊断网络用测试集测试, 实际结果如图 4.32(d) 所示: 实线为期望输出, 三角形为实际网络输出。若以 0.5 为判断界, 误判的次数为 4 次, 误判率为 1.6%。

此外, 还建立了 23-30-1 结构的 BP 神经网络直接进行炉况诊断 (采用同样的训练数据和测试数据集), 相应的诊断结果如表 4.5 所示。

表 4.5　误报率比较　　　　　　　　　　　　　　　　(单位: %)

误报率	正常	炉热	悬料	崩料
BP 神经网络	8.3	12.1	22.2	16.5
支持向量机	7.9	7.8	14.1	9.4
双层网络	2.8	1.6	5.1	2.8

由于直接神经网络为 23-30-1 结构, 网络相对复杂, 较少的训练数据难以获得较好的权值, 所以分类效果最差。直接采用支持向量机分类器, 相应的分类误报率在 10% 左右, 若再经过第二层神经网络诊断后误报率下降为 5% 以下, 误报率大幅降低。分析原因, 主要是支持向量机通过寻找最优分类面将炉况分为两类, 个别炉况数据点落入靠近分类面另一类炉况一侧, 造成误报。神经网络对分类结果进一步划分, 将靠近支持向量机分类面的独立点重新分离出来, 可获得更好的分类效果。

4.4.3　基于诊断判决的炉况预报

高炉炉况预报对高炉控制有很重要的意义。针对炉况预报难以获取训练数据的问题, 本节介绍一种基于炉况诊断评判结果学习的炉况神经网络预报方法, 构建炉况预报模型, 仿真实验表明, 该方法可以很好地预报炉况的发展趋势。

1. 高炉炉况预报的技术难点与解决办法

高炉操作的合理性是炉况稳顺的前提, 由于高炉的操作制度对高炉炉况影响具有很大的滞后性, 当异常炉况发生时再采取措施, 常常需要很长的恢复时间, 而且操作不当将引起更严重的后果, 所以实现炉况的预报对指导高炉操作十分重要。

由于炉况诊断系统给出的炉况具有较高的准确度, 且能够给出不同炉况下的模式距离。此外, 支持向量机分类器通过核函数将输入参数映射到高维空间实现炉况模式的可分离, 分类面是相对两类学习数据集最大间隔分类面, 实现了高炉炉内状态在各种炉况之间运动的可观测性。因此, 考虑由诊断系统对历史数据进行分类距离计算, 形成符合常规预报方法的数据集, 在此基础上建立预报模型, 通过比较预报输出和诊断输出确定炉况的发展趋势。

图 4.33 为高炉铁水硅含量检测曲线, 硅含量反映了炉缸的化学温度, 间接反映了炉热的情况, 硅含量高说明炉缸向热。由于出铁时间间隔不是固定的, 所以横坐标不是均匀分布的。

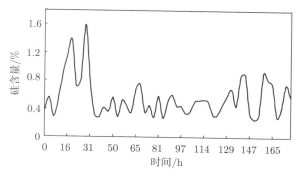

图 4.33　硅含量曲线

图 4.34 为下料料尺变化值曲线 (料尺变化单位: m/min), 反映了料速的变化情况。由于炉顶加料时料尺提起, 测量值为负值, 所以料尺平均值存在负值。

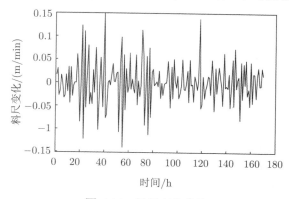

图 4.34　料尺变化曲线

图 4.35 给出了正常、崩料、悬料以及炉热四种炉况支持向量机分类距离, 它反映了炉内状态在四种炉况之间变化的过程。图中纵坐标为分类距离, 0 点为分类面位置, 距离为正值表示状态趋向于对应的炉况状态, 为负值表示状态远离对应的炉况状态, 趋向于其他炉况。

这段时间内高炉实际炉况由炉热状态通过调控逐渐趋向于正常。从图 4.33 可见, 在 10~40h 硅含量较高, 其后的硅含量处于正常值附近小幅波动, 与图 4.35(b)

炉热诊断结果曲线相吻合, 说明炉热诊断结果变化能够很好地反映炉热的变化情况。100h 后炉况趋于正常, 炉温充沛、适宜, 料尺下降均匀, 正常炉况曲线由 −1.0 逐渐过渡到正值, 炉况趋于正常, 同时存在小的波动, 和实际炉况运行状况相吻合。在 100~160h 硅含量正常范围内波动, 料速比较均匀, 图 4.35(a) 的诊断结果表明在此期间炉况稳顺, 运行良好。

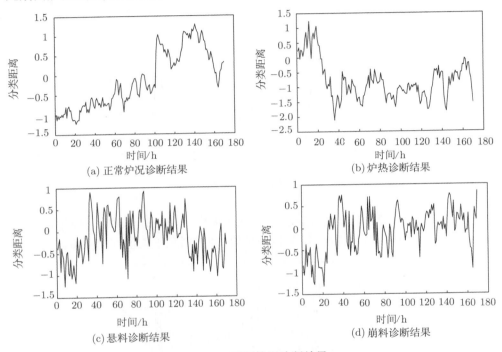

图 4.35   不同炉况诊断结果

炉热状态逐渐趋于顺行状态, 由图 4.35(a) 可见, 炉况逐渐好转, 这也和实际炉况是吻合的。炉热调节过猛会出现小的崩料和难行状况, 图 4.35(c) 和 (d) 反映了这个过程。随着炉况的逐渐顺行, 料速均匀、适宜, 悬料、崩料发生的可能性降低, 相应的炉况分类距离趋向 0 值以下。

通过分析炉况诊断系统实际运行中获取的不同炉况诊断结果, 表明诊断系统能够很好地反映实际炉况的变化状况, 因此, 基于该系统建立预报模型的方法是可行且有效的。

2. 炉况预报模型结构

由于诊断系统可以给出炉内状态向量下的各种炉况分类器的模式距离, 即历史数据下的炉况值, 所以, 可以采用一般的参数预报方法实现炉况预报, 这里采用神经网络实现高炉的炉况预报。

神经网络根据输入数据预报下一周期的正常、悬料、崩料及炉热的预报值。炉况趋势专家判别模块根据预报和诊断结果,基于判别规则库,采用正向推理作出炉况未来发展趋势的"改善""保持"还是"恶化"判断。

3. 炉况预报神经网络

炉况预报神经网络根据网络的输入信号预报下一周期的炉况预报值,网络采取多输入单输出形式,每一个网络给出一种炉况的预报值输出,为此建立正常、悬料、崩料及炉热四个预报神经网络。

1) 正常炉况预报神经网络

炉况预报网络采用三层前向网络结构和 BP 算法,隐含层作用函数为 Sigmoid 函数,输出层作用函数为 purelin 函数。通过 MATLAB 仿真,选取不同的隐含层神经元个数得到网络预报训练误差对比,当隐含层神经元数取 10 时,正常炉况神经网络对训练数据的诊断误差最小,因此正常炉况诊断网络隐层神经元个数选为 10。

矿焦比反映了高炉的负荷情况以及透气性情况,因此是炉况预报必须考虑的因素。出铁量差是实际出铁量和理论出铁量的差别,反映炉内还原反应的进行状况,同时残留铁水对炉况的影响较大,也是炉况预报要考虑的因素。根据前面的分析和仿真实验结果,最终确定网络的输入信号为前三次正常炉况诊断的实际值、矿焦比、喷煤量、前一次出铁的铁量差、下料指数、中期风量平均值、风量的变化值。具体的正常炉况预报神经网络结构如图 4.36 所示。

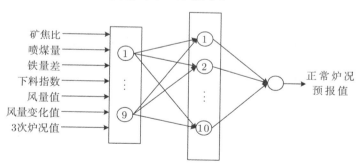

图 4.36　正常炉况预报神经网络

其他炉况预报神经网络采用同样的 BP 算法和网络结构,网络隐含层节点数的确定采用同样的方法。

崩料预报、悬料预报和炉热预报神经网络采取三层前向网络,第一层为输入层,输入正常炉况预报网络的输入信号;第二层为隐含层,该层节点的传递函数采用 Sigmoid 函数;第三层为输出层,传递函数采用 purelin 函数,输出分别为崩料、悬料和炉热的预报值。

2) 崩料预报神经网络

透气性指数、送风压力反映了炉料下降的作用力变化, 因此是崩料炉况预报必须考虑的因素。根据前面部分的分析和仿真实验结果, 最终确定网络的输入信号为前三次崩料诊断的实际值、前一次出铁的铁量差、下料指数、中期风量平均值、风量的变化值、送风风压值、透气性指数。

3) 悬料预报神经网络

根据前面部分的分析和实验结果, 最终确定网络的输入信号为前三次悬料诊断的实际值、前一次出铁的铁量差、下料指数、中期风量平均值、风量的变化值、送风风压值、透气性指数。

4) 炉热预报神经网络

根据前面部分的分析和仿真实验结果, 最终确定网络的输入信号为前三次炉热诊断的实际值、矿焦比、喷煤量、前一次出铁的铁量差、下料指数、中期风量平均值、风量的变化值、富氧含量。

4. 炉况趋势专家判断模块

炉况神经网络预报器输出正常、悬料、崩料以及炉热四种炉况的预报输出值, 为了作出炉况的未来发展趋势, 还必须与当前的诊断值相比较, 做出未来炉况发展是"改善""保持"还是"恶化"的趋势判断。为此, 采用专家系统实现趋势判断。其系统结构如图 4.37 所示。

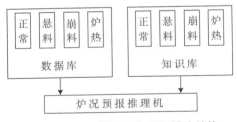

图 4.37 炉况趋势专家判断模块结构

数据库由正常、悬料、崩料、炉热四个子数据库组成, 包含炉况诊断的可信度值 e 和炉况预报值与支持向量机炉况诊断值的差值 ec, e 值越大表示炉内状态处于相应炉况的可能性越大, ec 值越大表示下一周期炉况越向相应炉况发展, 操作人员据此确定调整手段的强弱。知识库由正常、悬料、崩料、炉热四个子知识库组成。推理机根据各子数据库的数据, 从各子知识库中选择匹配的规则, 推理导出炉况的趋势判断。采用产生式规则, 基本结构为: If (条件) Then (判断结论)。

根据历史数据总结出如下规则, 可以较好地预测出炉况的发展趋势。

1) 正常炉况预报规则

R_1: If　　$e > 0.7$　　and　　$ec > -0.2$　　Then　　炉况保持

R_2: If　　$e > 0.3$　　and　　$ec \leqslant -0.2$　　Then　　炉况恶化

R_3: If　　$0 \leqslant e \leqslant 0.7$　　and　　$ec > 0.2$　　Then　　炉况改善

R_4: If　　$0.3 \leqslant e \leqslant 0.7$　　and　　$-0.2 \leqslant ec \leqslant 0.2$　　Then　　炉况保持

R_5: If　　$e \leqslant 0.3$　　and　　$ec \leqslant 0.2$　　Then　　炉况保持

e 为正常炉况的诊断结果, ec 为正常炉况预报值与支持向量机诊断值的差值。

2) 异常炉况预报判断规则

R_1: If　　$e > 0.7$　　and　　$ec > -0.2$　　Then　　S_i 保持

R_2: If　　$e > 0.3$　　and　　$ec \leqslant -0.2$　　Then　　S_i 改善

R_3: If　　$0 \leqslant e \leqslant 0.7$　　and　　$ec > 0.2$　　Then　　S_i 恶化

R_4: If　　$0.3 \leqslant e \leqslant 0.7$　　and　　$-0.2 \leqslant ec \leqslant 0.2$　　Then　　S_i 保持

R_5: If　　$e \leqslant 0.3$　　and　　$ec \leqslant 0.2$　　Then　　S_i 保持

$S_i(i = 1, 2, 3)$ 代表异常炉况, S_1 为悬料, S_2 为崩料, S_3 为炉热, e 为异常炉况 S_i 的诊断结果, ec 为异常炉况 S_i 预报值与支持向量机异常炉况 S_i 诊断值的差值。推理机根据各炉况的 e、ec 值, 采用全局搜索到合适的规则, 推理得到各炉况的趋势判断。

4.5　高炉热风炉燃烧过程智能控制

在钢铁企业中, 热风炉是高炉炼铁生产中的重要设备之一, 它为高炉提供高温热风。多年的生产实践证明, 提高风温是高炉炼铁过程中提高利用系数、降低焦比和提高喷煤量的一项行之有效的措施。优化热风炉燃烧过程的操作, 可以提高热风炉的热效率和送风温度, 降低单位热风能耗, 延长热风炉使用寿命, 对于高炉炼铁生产有很大的现实意义。

4.5.1　高炉热风炉工艺过程机理分析

高炉热风炉为高炉提供高温热风, 在燃烧期, 通过燃烧高炉煤气对蓄热室进行蓄热; 在送风期, 向热风炉鼓吹冷风, 被加热的热风送往高炉, 一般一座高炉有 3~4 座热风炉轮流送风, 保证高炉的正常生产。

热风炉结构及过程分析如下。

热风炉主要由燃烧室和蓄热室两部分组成。图 4.38 为顶燃式热风炉示意图。煤气支管煤气和空气支管的助燃空气混合后进入燃烧器, 在燃烧室进行燃烧, 燃烧煤气产生的高温烟气通过对流和辐射传热到热风炉内的耐火材料 (格子砖或耐火球), 并将热量储存在耐火材料的表面和内部。停止烧炉后, 热风炉转入送风工作制度, 冷风送入处于高温状态的蓄热室吸收储存在耐火材料的热量而被加热, 然后通过管道将热风送入高炉。几座热风炉是交替进行燃烧煤气蓄热和加热鼓风方式工作的, 可以保证高炉不间断正常生产。

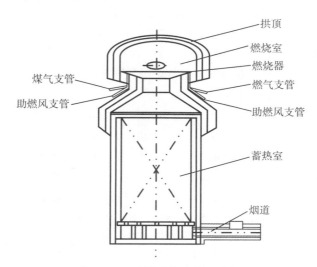

图 4.38　顶燃式热风炉示意图

　　影响热风炉燃烧的因素有很多, 除了加热方式, 还与拱顶温度管理期温度设定、废气温度燃烧终点设定、空燃比设定、煤气流量设定、煤气流量和空气流量控制等 5 个关键因素密切相关 [58]。

　　1) 拱顶温度管理期温度设定值和废气温度燃烧终点设定值的确定

　　首先确定理论拱顶温度。根据气体燃料的热效应计算煤气的发热值 Q_{MR}:

$$Q_{MR} = 126.36\alpha_{CO} + 107.85\alpha_{H_2} \tag{4.144}$$

式中, 126.36 为 $1m^3$ 气体燃料 CO 1% 体积的热效应 (kJ); 107.85 为 $1m^3$ 气体燃料 H_2 1% 体积的热效应 (kJ); α_{CO} 和 α_{H_2} 分别为 CO 和 H_2 的体积百分数。

　　根据空气的热容计算燃烧 $1m^3$ 煤气需要空气现热所带入的热量 Q_{KCR}:

$$Q_{KCR} = 1.302T_K Q_{KCR}\eta b \tag{4.145}$$

式中, 1.302 为 0℃时空气的热容 (kJ/m^3); T_K 为空气预热后的温度; η 为空燃比; b 为空气过剩系数, 一般取 1.00~1.10。

　　根据煤气的平均热容计算燃烧 $1m^3$ 煤气显热所带入的热量 Q_{MCR}:

$$Q_{MCR} = 1.298T_M \tag{4.146}$$

式中, 1.298 为 0℃时煤气的平均热容 (kJ/m^3)；T_M 为煤气预热后的温度。

因此, 燃烧 $1m^3$ 煤气产生的单位体积生成物的热量 Q_R 为

$$Q_R = \frac{Q_{MR} + Q_{KCR} + Q_{MCR}}{V_S + \eta(b-1)} \quad (4.147)$$

根据某钢铁企业实际情况得出理论燃烧温度 T_{LR} 为

$$T_{LR} = 0.519Q_R - 143 \quad (4.148)$$

由于热风炉绝热条件的差异, 理论拱顶温度和理论燃烧温度相差 70~90℃, 所以理论拱顶温度 $T_{LG} = T_{LR} - 80$(此处取平均值)。

结合理论值和某钢铁企业的实际情况, 拱顶温度管理期温度设定值定为 1250℃, 烟道废气温度定为 300℃。

2) 空燃比优化设定

根据热风炉理想状态下燃烧特性, 空燃比优化设定在快速加热期和拱顶温度管理期有不同的优化设定要求。在快速加热期, 用最大煤气量和最小空气过剩系数进行燃烧, 以保证拱顶温度的迅速上升, 在此过程中, 保证最小空气过剩系数的空燃比是最关键的。进入拱顶温度管理期以后, 在保证拱顶温度维持在设定值的基础上, 加大空燃比设定值。

3) 流量优化控制

在煤气压力、空气压力以及高炉煤气总管压力发生变化的情况下, 保证流量实时跟踪空燃比和煤气流量的优化设定值, 实现寻优的效果。

4.5.2　燃烧过程控制设计思想

由于高炉热风炉燃烧过程控制系统是一个多扰动、纯滞后、严重非线性的系统, 难以建立精确的数学模型, 所以选择采用带自适应因子的模糊控制方法建立燃烧控制系统。按时间先后顺序, 高炉热风炉燃烧过程分为三个阶段。

(1) 在拱顶温度到达 1250℃, 进入拱顶温度管理期前, 始终以最大的煤气量和最小空气过剩系数燃烧, 使用模糊控制对空燃比进行寻优。

(2) 进入管理期后, 保持拱顶温度稳定在设定值, 利用模糊控制对空燃比进行寻优, 同时利用专家模糊控制系统进行煤气流量的优化设定, 实现烟气温度上升速率的恒值调节。

(3) 当烟气温度达到 300℃时, 停止加热。

初期拱顶温度的上升速率和进入拱顶温度管理其废气温度的上升速率, 主要取决于燃烧过程的空燃比和煤气流量, 同时还受煤气、空气质量波动和压力波动的影响。所以, 实现热风炉燃烧过程自动控制的关键是随着煤气、空气压力和质量的波

动, 并根据热风炉不同的燃烧状态进行煤气流量和空气流量的实时调整, 空气流量
的调整可以转化为对空燃比的调整。

因此, 在燃烧初期, 以最大煤气量进行加热, 并调整合适的空燃比, 迅速提高拱
顶温度; 到达拱顶温度管理期, 适当减小煤气流量, 并调整合适的空燃比, 保证拱顶
温度不变的情况下, 控制废气的升温速率。显然, 可以根据两个阶段控制目的的不
同, 将过程控制分为两种工况下的温度控制问题。

4.5.3   燃烧过程智能控制结构与策略

根据某钢铁企业高炉热风炉的实际工艺情况, 采用模糊控制、专家控制技术建
立了热风炉智能控制系统。通过建立空燃比和煤气流量的模糊自寻优策略, 根据拱
顶温度模型和废气温度模型, 实现了空燃比和煤气流量设定值的在线调整和自寻
优; 通过模糊控制加专家补偿的方式建立流量优化控制器, 调节煤气流量调节阀和
空气流量调节阀实现最佳煤气流量和最佳空燃比的控制 [58, 59]。

1. 系统结构

系统主要包括三个部分。

1) 工况专家识别器

工况专家识别器通过识别燃烧状态, 确定当前工况, 进而选择不同燃烧阶段的
模糊控制器。

2) 炉温模糊控制器

控制器由三个模糊控制器组成, 包括根据拱顶温度调节的最佳空燃比模糊控制
器和根据废气温度调节的最佳煤气流量模糊专家控制器, 其中最佳空燃比模糊控制
器又分为快速加热期最佳空燃比模糊控制器和拱顶温度管理期最佳空燃比模糊控
制器。

3) 流量优化控制器

流量优化控制器根据煤气流量和空燃比的最佳设定, 采用模糊控制与专家补偿
相结合的方式, 通过调节燃气和空气阀门, 实现对煤气流量和空气流量的控制。

2. 工况专家识别器

工况专家识别器是拱顶温度模型和废气温度模型的一个重要组成部分。它的
首要功能是进行当前工况的识别, 确定燃烧状态处于快速加热期或者拱顶温度管理
期, 进而从两种工况所对应的模糊控制器中选择相应的控制输出。工况专家识别器
具有高可靠性、长期运行的连续性、在线控制的实时性、抗干扰性、使用的灵活性
以及维护的方便性等特点。

工况专家识别器基本结构如图 4.39 所示, 输入集为

$$E = (R_1, e_1, R_2, e_2, Y_1, Y_2, U) \tag{4.149}$$

$$e_1 = R_1 - Y_1 \tag{4.150}$$

$$e_2 = R_2 - Y_2 \tag{4.151}$$

式中, R_1 为拱顶温度设定值; e_1 为拱顶温度偏差; Y_1 为拱顶温度检测值; R_2 为废气温度设定值; e_2 为废气温度偏差; Y_2 为废气温度检测值。

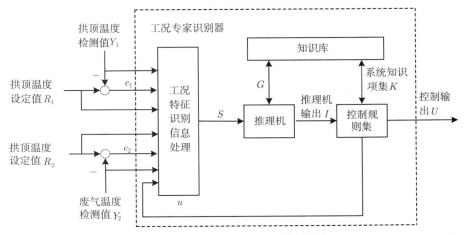

图 4.39　煤气流量寻优专家模糊控制器

专家规则是工况专家识别器的核心, 它根据废气温度和拱顶温度确定燃烧状态, 其包含 5 条大规则。

R_1: If   gdTemp< 1250   and   fqTemp < 300

Then   执行子控制器 1(即快速加热期最佳空燃比寻优控制器)

R_2: If   gdTemp⩾1250   and   gdTemp < 1290   and   fqTemp < 300

Then   执行子控制器 2(即拱顶温度管理期最佳煤气流量寻优控制器)

R_3: If   gdTemp⩾1250   and   gdTemp < 1290   and   fqTemp < 300

Then   执行子控制器 3(即拱顶温度管理期最佳空燃比寻优控制器)

R_4: If   gdTemp⩾1290   and   fqTemp < 300

Then   执行子控制器 4(即异常处理控制器)

R_5: If   (fqTemp ⩾300)

Then   执行子控制器 5(即燃烧结束处理控制器)

其中, gdTemp 为拱顶温度, fqTemp 为烟气温度。

调用子控制器 1、2 和 3, 可以实现热风炉燃烧过程的煤气流量寻优和空燃比寻优。调用子控制器 4、5, 主要实现如下功能。

(1) 拱顶温度在大于 1280℃时, 考虑到对炉体本身的保养, 采用异常处理控制器, 减小煤气流量让拱顶温度保持在 1280℃以下。

(2) 废气温度在大于 300℃时, 进行燃烧结束以后的必要处理。

(3) 拱顶温度小于 1280℃并且废气温度小于 300℃时, 进行正常燃烧的控制, 执行子控制器 1、2 或者 3。

3. 空燃比自寻优

由上面的分析可知, 热风炉的高效燃烧需要合理划分热风炉燃烧过程的不同工况, 即快速加热期和拱顶温度管理期。根据拱顶温度设定值、废气温度设定值、拱顶温度检测值和废气温度检测值等条件, 结合专家经验对燃烧过程进行相应的工况划分, 以便于更好地进行空燃比自寻优和煤气流量自寻优。

1) 快速加热期空燃比自寻优

快速加热期空燃比自寻优的目标是通过调节空燃比, 提高燃烧效率, 使得拱顶温度迅速升高至设定值, 在快速加热期, 煤气压力和热值的波动以及助燃空气流量的变化等因素都会使得空燃比偏离最优设定值, 从而导致拱顶温度上升速度减慢甚至下降, 因此拱顶温度上升速率和空燃比有着非常密切的关系。

集散控制系统 WinCC 软件采集拱顶温度值和气体流量值, 通过计算得到当前拱顶温度上升速率与上一周期速率的差值, 还可以得到空燃比变化方向, 将拱顶温度上升速率差值 e 和空燃比变化方向 a 作为模糊控制器的输入量, 输入量经过模糊化变成模糊量, 用相应的模糊语言表示, 得到了拱顶温度上升速率差值的模糊语言集合的一个子集 E 和空燃比变化方向的模糊语言集合的一个子集 A, 再由 E、A和模糊控制规则 R 根据推理的合成规则进行模糊决策, 得到模糊控制量 U 为

$$U = (E \times A)R \tag{4.152}$$

通过解模糊可以得到空燃比控制增量 u 的精确输出。

根据模糊控制器设计方法, 结合热风炉燃烧过程快速加热期的手动控制经验, 快速加热期空燃比寻优模糊控制器具体设计步骤如下。

Step 1: 确定模糊控制器的输入变量和输出变量。

模糊控制器的输入是拱顶温度当前时间段和上一时间段上升速率差值 e 和空燃比变化方向 a, 模糊控制器的输出是空燃比增量 u。

Step 2: 设计模糊控制器的控制规则。

上升速率差值模糊变量 E 的词集选择为 7 个, 即 {NB, NM, NS, ZO, PS, PM, PB}, 其论域为 $\{-6,-5,-4,-3,-2,-1,0,1,2,3,4,5,6\}$。空燃比变化方向模糊变量 A 的词集选择为 2 个, 即 {N, P}, 其论域为 $\{-1,1\}$。U 的模糊变量的词集选择为 {NB, NM, NS, ZO, PS, PM, PB}, 其论域为 $\{-5,-4,-3,-2,-1,0,1,2,3,4,5\}$。

其次, 为了使空燃比稳定到最优范围内, 达到较高的控制精度, E、A 和 U 的隶属度函数都采用了三角形隶属函数。

最后, 模糊控制的控制规则是基于手动控制策略, 由控制经验可总结出模糊控制规则, 如表 4.6 所示。

表 4.6　快速加热期最佳空燃比寻优模糊控制规则表

A、U、E	NB	NM	NS	ZO	PS	PM	PB
P	NB	NM	NS	ZO	PS	PM	PB
N	PB	PM	PS	ZO	NS	NM	NB

Step 3：模糊控制器参数设定。

根据经验和现场调试结果, 选择快速加热器最佳空燃比模糊控制器的各项参数。拱顶温升速度差范围为 $[-6,6]$, 拱顶温升速度差 e 到其论域 E 的映射式为

$$E = 6 \times \frac{e - (e_{\mathrm{L}} + e_{\mathrm{H}})/2}{(e_{\mathrm{H}} - e_{\mathrm{L}})/2} \tag{4.153}$$

空燃比变化的范围为 $[-1,1]$, 空燃比变化方向 a 到其论域 A 的映射式为

$$A = 1 \times \frac{a - (a_{\mathrm{L}} + a_{\mathrm{H}})/2}{(a_{\mathrm{H}} - a_{\mathrm{L}})/2} \tag{4.154}$$

Step 4：模糊推理、解模糊并计算模糊控制查询表。

模糊推理采用了 Mamdani 推理法。快速加热期最佳空燃比控制器的模糊查询如表 4.7 所示。

表 4.7　快速加热期最佳空燃比寻优控制查询表

A、U、E	-6	-5	-4	-3	-2	-1	0	1	2	3	4	5	6
-1	5	4	3	3	2	1	0	-1	-2	-3	-3	-4	-5
1	-5	-4	-3	-3	-2	-1	0	1	2	3	3	4	-4

通过模糊控制器, 将拱顶温度当前时间段和上一时间段上升速率的差值 e 和空燃比变化的方向 a 模糊化后求得 E、A, 再由 E、A 和模糊控制规则 R 根据模糊推理的合成规则进行模糊决策, 通过查询表 4.7, 得到控制输出 U, 并将此值经过清晰化接口, 求得空燃比的增量 u。

2) 拱顶温度管理期空燃比自寻优

拱顶温度管理期空燃比寻优的目标要求是: 保持拱顶温度稳定在设定值, 以较大的空气过剩系数进行燃烧, 加强对流传热, 以利于废气温度的提升。当拱顶温度超过设定值时, 则加大空燃比; 反之, 减小空燃比。

图 4.40 为拱顶温度管理期空燃比寻优模糊控制器结构图, 根据模糊控制器设计方法, 结合热风炉燃烧过程拱顶温度管理期的手动控制经验, 拱顶温度管理期空燃比寻优模糊控制器具体设计步骤如下。

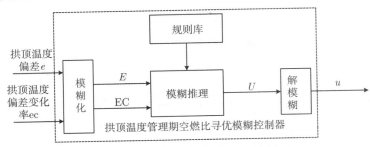

图 4.40　拱顶温度管理期空燃比寻优模糊控制器结构图

Step 1: 确定模糊控制器的输入变量和输出变量。

模糊控制器的输入是拱顶温度的偏差 e 和偏差变化率 ec, 模糊控制器的输出是空燃比增量 u。

Step 2: 设计模糊控制器的控制规则。

E 和 EC 的模糊变量的词集可选择为 5 个, 即 {NB, NM, ZO, PM, PB}, 分别表示负大、负中、零、正中、正大, 其论域为 $\{-5, -4, -3, -2, -1, 0, 1, 2, 3, 4, 5\}$。$U$的模糊变量的词集选择为 {NB, NM, NS, ZO, PS, PM, PB}, 分别表示负大、负中、负小、零、正小、正中、正大, 其论域为 $\{-6, -5, -4, -3, -2, -1, 0, 1, 2, 3, 4, 5, 6\}$。

该阶段控制的目标是让拱顶温度稳定在拱顶温度设定值, 而且控制精度要求并不高, 因此 E 采用梯形隶属度函数。由于温度是滞后的, 希望能从变化率中得到趋势, EC、U 的隶属度函数采用三角形隶属度函数。由控制经验可总结出模糊控制规则, 如表 4.8 所示。

表 4.8　拱顶温度管理期最佳空燃比寻优模糊控制规则表

E、U、EC	NB	NM	ZO	PM	PB
NB	NB	NM	NM	NS	ZO
NM	NB	NM	NS	NS	NS
ZO	NM	NS	ZO	PS	PM
PM	ZO	PS	PM	PM	PB
PB	ZO	PS	PS	PM	PB

Step 3: 模糊控制器的参数设定。

根据经验和现场调试结果, 选择拱顶温度管理期最佳空燃比模糊控制器的各项参数。拱顶温度偏差范围为 $[-5, 5]$, 拱顶温度偏差 e 到其论域 E 的映射式为

$$E = 5\frac{e - (e_L + e_H)/2}{(e_H - e_L)/2} \tag{4.155}$$

拱顶温度变化率范围为 $[-5, 5]$, 拱顶温度偏差变化率 ec 到其论域 EC 的映射式为

$$EC = 5\frac{ec - (ec_L + ec_H)/2}{(ec_H - ec_L)/2} \tag{4.156}$$

Step 4: 模糊推理、解模糊并计算模糊控制查询表。

通过模糊控制器, 将使拱顶温度偏差 e 及其变化率 ec 模糊化后求得 E、EC, 通过查询表得到控制输出 U, 并将此值经过清晰化接口, 求得空燃比的增量 u。

4. 煤气流量自寻优

在热风炉自动控制系统中, 为了保证送风开始时送风温度正好是设定值, 到达拱顶温度管理期以前以最大煤气量加热, 达到管理期后将废气的升温速率作为控制目标, 最高废气温度作为限定条件, 寻找煤气流量的优化设定。

经过快速加热期的加热过程, 当拱顶温度到达 1270℃ 时开始进入拱顶温度管理期。针对常规的模糊控制器控制精度不高的问题, 在拱顶温度管理期采用专家规则与模糊控制集成的方式。选取管理期废气的升温速度偏差 e 及其变化 ec 作为模糊输入量, 输出控制量 u 为煤气流量增量。根据升温速率的变化来调节煤气流量, 当升温速率过大, 且有继续增大的趋势时, 减少煤气流量; 当升温速率偏大, 但速率的变化为负值时, 保持流量不变; 当升温速率偏低且有继续减小的趋势时, 适当增加煤气流量。燃烧终点的确定由废气温度确定, 当废气温度上升到上限时, 停止加热。因此, 煤气流量寻优专家模糊控制器见图 4.41。

1) 煤气流量模糊控制器

设 e、ec、u 对应的模糊变量为 E、EC、U。根据生产工艺要求, 选取 E、EC 和 U 的模糊子集为 {NB, NM, NS, ZO, PS, PM, PB}, 定义相应的论域为 $\{-3, -2, -1, 0, 1, 2, 3\}$。根据现场的实际情况, 选取废气的最终温度为 300℃, 则废气升温速率设定值为

$$v_0 = \frac{300 - T_0}{t_z - t_0} \tag{4.157}$$

式中, v_0 为废气升温速率设定值; T_0 为拱顶温度进入管理期时的废气温度; t_0 为拱顶温度进入管理期时所需燃烧时间; t_z 为燃烧期总时间。

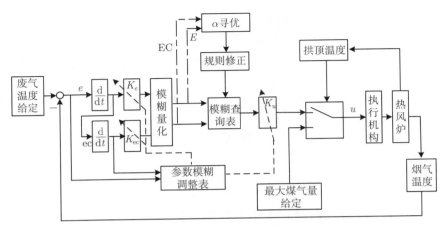

图 4.41　煤气流量寻优专家模糊控制器

用解析表达式来计算输出控制量: $U = -[\alpha E + (1-\alpha)\text{EC}]$, 能够准确表达描述热风炉的控制规则, $u = UK_u + m$, 其中 u 为输出量, α 为修正因子, K_u 为输出量调节因子, m 是常数。α 的大小影响 E 和 EC 的加权程度, 当偏差 E 较大时, 应该多考虑偏差的影响, 而当偏差较小时, 则应该多考虑偏差变化 EC 的影响。因此应该随情况而变, 此处应用校正公式

$$\alpha = \frac{|E|}{|E| + |\text{EC}|} \tag{4.158}$$

对其进行校正, 可得到校正后的模糊控制表。

2) 煤气流量专家控制器

在分析燃烧过程煤气流量模糊控制器控制性能的基础上, 根据温度偏差建立模糊控制器参数的专家修正规则, 从而实现模糊控制器量化因子 K_e、K_{ec} 和比例因子 K_u 的自整定。

专家修正规则根据温度偏差和偏差变化率调整 K_e、K_{ec}、K_u 的值。当 E 和 EC 很大时, 控制系统要减小误差, 加快动态过程, 得到较大的控制量, 加大 K_u; 当 E 和 EC 很小时, 应减小 K_u。因此, 可总结出如下 4 条规则:

$$R_1: \text{If} \quad |e| > 2 \quad \text{and} \quad |ec| > 0.10 \quad \text{Then} \quad K_u = 1.3\bar{K}_u$$

$$R_2: \text{If} \quad |e| > 2 \quad \text{and} \quad |ec| < 0.02 \quad \text{Then} \quad K_e = \bar{K}_e/0.7$$

$$R_3: \text{If} \quad |e| < 0.3 \quad \text{and} \quad |ec| > 1.0 \quad \text{Then} \quad K_{\text{ec}} = \bar{K}_{\text{ec}}/0.7$$

$$R_4: \text{If} \quad |e| < 0.3 \quad \text{and} \quad |ec| < 0.02 \quad \text{Then} \quad K_u = 0.7\bar{K}_u$$

其中, e、ec 分别为废气温升速率偏差和变化率; $\bar{K}_e$、$\bar{K}_{\text{ec}}$、$\bar{K}_u$ 为模糊控制器量化

因子和比例因子在设计时的初值, K_e、K_{ec}、K_u 为专家修正后的量化因子和比例因子。

这种以过程性知识为中心的产生式规则具有很强的模块性, 每条规则可以独立地增删、修改, 便于补充和更新, 具有较强的灵活性。

由生产工艺可知, 高炉煤气总管引出的高炉热风炉的两个煤气支管向热风炉提供高炉煤气, 由高炉热风炉的助燃风机提供助燃风送至热风炉用于热风炉的燃烧。因此, 高炉煤气主管压力波动和助燃风压力波动都将很大程度地影响高炉热风炉煤气支管流量和高炉热风炉空气支管流量。

为实现煤气和空气流量稳定跟踪优化设定值, 在煤气支管流量和空气支管流量的控制过程中, 把模糊控制与专家控制结合起来, 模糊控制根据流量变化给出阀门开度增量值, 专家控制根据煤气主管压力波动和助燃风压力变化, 采用前馈控制策略对阀门开度增量进行修正, 建立流量控制器。

3) 煤气流量控制器结构

煤气流量控制联合采用模糊控制和专家控制, 既保证了较好的控制精度, 又达到了快速响应的效果。流量阀门控制器的具体结构如图 4.42 所示。这样, 系统即使在大而频繁的压力扰动下, 煤气流量、空气流量调节控制依旧可以获得优良的控制品质。

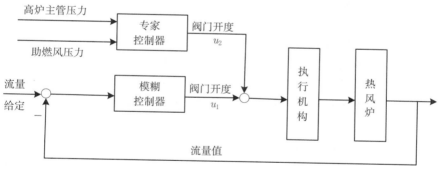

图 4.42　流量控制器结构图

(1) 阀门模糊控制器。

煤气流量调节阀两侧的压力差与空气流量调节阀两侧的压力差基本相同, 所以采用相同的模糊控制策略对流量进行调节。在模糊控制器中, 根据当前流量的偏差和偏差变化率、模糊规则经推理得到阀门开度的设定值。输入变量为流量检测值与设定值的偏差 e 及其变化率 ec, 输出变量为阀门开度的增量 Δu_1。

模糊控制器中, 流量偏差 $e \in [-700\text{m}^3/\text{h}, 700\text{m}^3/\text{h}]$, 论域 $E = \{-6, -5, -4, -3, -2, -1, 0, 1, 2, 3, 4, 5, 6\}$, 模糊变量的词集选择为 {NB, NM, NS, ZO, PS, PM, PB}。流量变化率 ec $\in [-30\text{m}^3/\text{hs}, 30\text{m}^3/\text{hs}]$, 论域为 EC $= \{-3, -2, -1, 0, 1, 2, 3\}$, EC 的模

糊变量为 {NB, NS, ZO, PS, P}。阀门开度输出增量 $\Delta u_1 \in [-5, 5]$，论域 $U = \{-5, -4,$ $-3, -2, -1, 0, 1, 2, 3, 4, 5\}$，$U$ 的模糊变量为 {NB, NM, NS, ZO, PS, PM, PB}。

根据现场调试的经验，流量偏差 e 和流量调节联系比较紧密，而流量偏差变化率 ec 只有较大时方能反映出流量的变化趋势。因此，偏差 E 作为控制增量 U 的主要参考变量，而 EC 则主要作为 U 的一个辅助参考变量。本模糊控制器把实际的控制策略归纳为控制规则表，如表 4.9 所示。

表 4.9　模糊控制规则表

EC、U、E	NB	NM	NS	ZO	PS	PM	PB
NB	PB	PB	PM	PS	PS	ZO	NS
NS	PB	PM	PM	PS	ZO	NS	NM
ZO	PB	PM	PS	ZO	NS	NM	NB
PS	PM	PS	ZO	NS	NM	NM	NB
PB	PS	ZO	NS	NS	NM	NB	NB

由上述所设计的模糊推理规则，选取三角形隶属度函数，采用 Mamdani 模糊推理的重心法解模糊，得到模糊控制查询表。

通过模糊控制器，将流量偏差 e 和流量偏差变化率 ec 模糊化后求得 E、EC，通过查询表得到控制输出 U，并将此值经过清晰化接口，求得阀门开度的增量 Δu_1。

(2) 阀门专家补偿控制。

考虑到流量调节受高炉煤气总管压力波动和助燃风压力变化的影响很大，故需将其引入前馈控制回路，通过专家控制器对阀门开度进行修正。根据历史数据的分析及现场调试经验，共总结出如下的 16 条专家规则，其中，ec_h 为高炉煤气总管压力变化率，ec_k 为助燃风压力变化率，Δu_2 为煤气阀门开度修正量，Δu_3 为空气阀门开度修正量。

根据煤气总管压力变化率给出如下修正规则。

R_1: If　$ec_h > 600\mathrm{Pa/s}$　　Then　$\Delta u_2 = -2.5, \Delta u_3 = 2.5$

R_2: If　$350\mathrm{Pa/s} < ec_h \leqslant 500\mathrm{Pa/s}$　　Then　$\Delta u_2 = -1.5, \Delta u_3 = 1.5$

R_3: If　$150\mathrm{Pa/s} < ec_h \leqslant 350\mathrm{Pa/s}$　　Then　$\Delta u_2 = -0.8, \Delta u_3 = 0.8$

R_4: If　$50\mathrm{Pa/s} < ec_h \leqslant 150\mathrm{Pa/s}$　　Then　$\Delta u_2 = -0.3, \Delta u_3 = 0.3$

R_5: If　$-150\mathrm{Pa/s} \leqslant ec_h < -50\mathrm{Pa/s}$　　Then　$\Delta u_2 = 0.3, \Delta u_3 = -0.3$

R_6: If　$-350\mathrm{Pa/s} \leqslant ec_h < -150\mathrm{Pa/s}$　　Then　$\Delta u_2 = 0.8, \Delta u_3 = -0.8$

R_7: If　$-600\mathrm{Pa/s} \leqslant ec_h < -350\mathrm{Pa/s}$　　Then　$\Delta u_2 = 1.5, \Delta u_3 = -1.5$

R_8: If $ec_h < -600Pa/s$ Then $\Delta u_2 = 2.5, \Delta u_3 = -2.5$

根据助燃风压力变化率给出如下修正规则。

R_9: If $ec_k > 500Pa/s$, Then $\Delta u_2 = 2.0, \Delta u_3 = -2.0$

R_{10}: If $350Pa/s < ec_k \leqslant 500Pa/s$, Then $\Delta u_2 = 1.5, \Delta u_3 = -1.5$

R_{11}: If $200Pa/s < ec_k \leqslant 350Pa/s$, Then $\Delta u_2 = 1.0, \Delta u_3 = -1.0$

R_{12}: If $50Pa/s < ec_k \leqslant 200Pa/s$, Then $\Delta u_2 = 0.4, \Delta u_3 = -0.4$

R_{13}: If $-200Pa/s \leqslant ec_k < -50Pa/s$, Then $\Delta u_2 = -0.4, \Delta u_3 = -0.4$

R_{14}: If $-350Pa/s \leqslant ec_k < -200Pa/s$, Then $\Delta u_2 = -1.0, \Delta u_3 = 1.0$

R_{15}: If $-500Pa/s \leqslant ec_k < -350Pa/s$, Then $\Delta u_2 = -1.5, \Delta u_3 = 1.5$

R_{16}: If $ec_k < -500Pa/s$, Then $\Delta u_2 = -2.0, \Delta u_3 = 2.0$

将模糊控制器得出的控制增量 Δu_1 和专家控制器得出的控制量增量 Δu_2 合成, 得出总的煤气支管流量调节阀控制量增量 $\Delta u = \Delta u_1 + \Delta u_2$。将模糊控制器得出的控制增量 Δu_1 和专家控制器得出的控制量增量 Δu_3 合成, 得出总的空气支管流量调节阀控制量增量 $\Delta u = \Delta u_1 + \Delta u_3$, 从而得到阀门开度的控制量, 实现热风炉燃烧过程流量的优化控制。

4.6 高炉炉顶压力智能解耦控制

高炉炉顶压力是高炉生产中的主要参数之一, 炉顶压力波动过大, 不利于高炉炉况的稳定以及冶炼强度的提高, 因此顶压的稳定对高炉生产具有非常重要的意义。由于高炉布料、均压、加减风、炉况变化等操作都不同程度地影响高炉的压力, 所以很难获得控制对象精确数学模型, 传统控制方法难以取得理想的效果。

针对高炉顶压控制的需求, 研究基于专家规则和模糊 PID 融合的高炉顶压智能解耦控制技术, 通过建立基于顶压偏差的工况专家识别技术, 针对不同的顶压状况研究模糊 PID 融合控制的方法, 利用模糊控制技术实现对 PID 控制输出的补偿, 提高高炉控制系统对顶压波动的抑制能力。

4.6.1 高炉炉顶压力控制工艺

某钢铁企业的 $2200m^3$ 高炉, 使用余压透平发电装置 (TRT) 调节高炉顶压, 同时也能够利用高炉煤气的余压进行发电, 是高炉生产节能减排的重要设备。针对高炉的生产工艺流程, 采用比肖夫环缝和 TRT 静叶联合调节技术控制炉顶压力[60, 61]。炉顶煤气流程简图如图 4.43 所示。

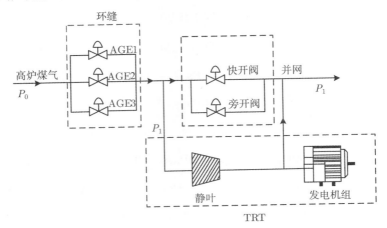

图 4.43　炉顶煤气流程简图

当 TRT 处于发电状态时，从高炉炉顶排出的高炉煤气通过重力除尘器的洗涤塔进行除尘，高炉顶压 P_0 由洗涤塔内的比肖夫环缝进行调节；经过洗涤后的煤气通过 TRT 装置，利用煤气的余压推动发电机的涡轮发电，TRT 的入口压力 P_1 由 TRT 可调静叶控制；快开阀和旁开阀起保护作用，正常工况时关闭，当顶压或前压高于某阈值时才打开以快速降低压力。当 TRT 处于停机状态时，TRT 装置的煤气通道被切断，快开阀和旁开阀打开，此时炉顶压力 P_0 由比肖夫环缝单独调节。

由于高炉布料过程、均压以及炉况波动等扰动的影响，特别是高炉采用中心加焦的生产工艺，导致生产过程中高炉顶压波动一般为 $-7\sim+5\text{kPa}$，不利于炉况的稳定和冶炼强度的提高，严重影响了高炉生产的稳顺、高产。

4.6.2　炉顶压力控制设计思想

根据气体热力学理论，高炉炉顶压力 P_0 和 TRT 前压力 P_1 的动态方程为

$$\frac{\mathrm{d}P_0}{\mathrm{d}t} = K_1(Q_d - Q_1) \tag{4.159}$$

$$\frac{\mathrm{d}P_1}{\mathrm{d}t} = K_2(Q_1 - Q_2) \tag{4.160}$$

式中，K_1 和 K_2 为根据体积、温度和气体常数计算得到的与单位制有关的常量；Q_d 表示料面煤气发生量；Q_1 表示通过环缝的煤气流量；Q_2 表示通过静叶流过的煤气量。将 Q_d 看成系统扰动输入，根据管道气体流量和压差的关系可得

$$Q_1 = \frac{\sqrt{2}AS_1}{\sqrt{\xi_1\rho}}\sqrt{P_0 - P_1} \tag{4.161}$$

$$Q_2 = \frac{\sqrt{2}AS_2}{\sqrt{\xi_2\rho}}\sqrt{P_1 - P_2} \tag{4.162}$$

式中, S_1、S_2 分别表示环缝和静叶的流通面积; ξ_1、ξ_2 分别表示环缝和静叶对气流的阻力系数; A 表示与单位制有关的常量; ρ 表示流通的煤气密度; P_2 表示 TRT 后高炉煤气总管的压力, 由于煤气总管道惯性非常大, 可认为 P_2 是常量。

定义 C 为控制阀的流量系数

$$C = \frac{\sqrt{2}AS}{\sqrt{\rho\xi}} \tag{4.163}$$

它包含了导通面积, 又包含了阻力系数。系统的控制量 l 为阀门的开度, 其影响导通面积和阻力系数, 因此 C 是 l 的一个函数, 表示为 $C(l)$。一般地, C 和 l 是非线性关系, 可用 l_1 和 l_2 分别表示对环缝和静叶的控制输出。将式 (4.161)~ 式 (4.163) 代入式 (4.159) 和式 (4.160) 得

$$\frac{\mathrm{d}P_0}{\mathrm{d}t} = K_1\left[Q_d - C_1(l_1)\sqrt{P_0 - P_1}\right] \tag{4.164}$$

$$\frac{\mathrm{d}P_1}{\mathrm{d}t} = K_2\left[C_1(l_1)\sqrt{P_0 - P_1} - C_2(l_2)\sqrt{P_1 - P_2}\right] \tag{4.165}$$

从式 (4.164) 和式 (4.165) 可以看出系统是个非线性系统。在平衡位置处进行去根号的线性化可以得到

$$\frac{\mathrm{d}P_0}{\mathrm{d}t} = -K_1C_1(l_1)\frac{P_0 - P_1}{2\sqrt{P_{00} - P_{10}}} + K_1Q_d \tag{4.166}$$

$$\frac{\mathrm{d}P_1}{\mathrm{d}t} = K_2C_1(l_1)\frac{P_0 - P_1}{2\sqrt{P_{00} - P_{10}}} - K_2C_2(l_2)\frac{P_1 - P_2}{2\sqrt{P_{10} - P_2}} \tag{4.167}$$

式中, P_{00} 和 P_{10} 分别代表高炉顶压和 TRT 前压平衡时刻的值。定义 R_1、R_2 为系统对象的阻力, 则有

$$R_1 = 2\sqrt{P_{00} - P_{10}} \tag{4.168}$$

$$R_2 = 2\sqrt{P_{10} - P_2} \tag{4.169}$$

因此, 系统的模型可以写为

$$\frac{\mathrm{d}P_0}{\mathrm{d}t} = -K_1C_1(l_1)\frac{P_0 - P_1}{R_1} + K_1Q_d \tag{4.170}$$

$$\frac{\mathrm{d}P_1}{\mathrm{d}t} = K_2C_1(l_1)\frac{P_0 - P_1}{R_1} - K_2C_2(l_2)\frac{P_1 - P_2}{R_2} \tag{4.171}$$

将系统写成状态方程

$$\begin{bmatrix} P_0 \\ P_1 \end{bmatrix} = \begin{bmatrix} -K_1(P_0 - P_1)/R_1 & 0 \\ -K_2(P_0 - P_1)/R_1 & -K_2(P_1 - P_2)/R_2 \end{bmatrix} \begin{bmatrix} C_1(l_1) \\ C_2(l_2) \end{bmatrix} + \begin{bmatrix} K_1Q_d \\ 0 \end{bmatrix} \tag{4.172}$$

式 (4.172) 是根据机理分析计算出的高炉炉顶压力和 TRT 前压力的模型, 该模型描述出环缝开度、静叶开度与高炉炉顶压力和 TRT 前压力的关系。根据建立的模型可以得出以下结论:

(1) 在没有布料等扰动期间, 高炉炉顶压力 P_0 和 TRT 前压力 P_1 变化一般很小, 可以将 $P_0 - P_1$ 和 $P_1 - P_2$ 认为是常数, 则系统变成了较为简单的一阶线性耦合系统, 采用 PID 控制可较为容易地达到控制目标。

(2) 当高炉处于中心布料以及均压过程时, 炉顶压力 P_0 和 TRT 前压力 P_1 变化很大, 模型中 $P_0 - P_1$ 和 $P_1 - P_2$ 不能视为常数, 控制对象为非线性系统, 对于这样具有严重非线性的对象仅通过常规 PID 控制很难获得良好的控制效果。

(3) 模型中存在 $P_0 - P_1$ 的一项, 表明炉顶压力 P_0 和 TRT 前压力 P_1 存在耦合关系, 若在波动较大时忽略二者的耦合关系, 分别单独控制顶压和前压很难达到理想的控制效果, 有必要通过解耦控制降低两者之间的耦合关系。

(4) 由于炼铁过程十分复杂, 方程中的 K、R 和干扰 Q_d 等参量很难辨识到准确的数值, 所以采用基于对象模型的控制方法也很难取得理想的效果。

从模型的结构可以看到, 高炉顶压控制系统是一种具有控制耦合、强非线性的系统, 而且在炉顶压力波动不同时, 系统非线性特性和压力耦合对 PID 控制效果的影响也不同。因此, 可以运用炉顶压力波动情况作为工况参数, 建立不同工况条件下的混合智能控制系统。

基于这一思想, 提出了一种基于专家规则和模糊 PID 融合的高炉顶压智能解耦控制策略: 以压力偏差较小时为一种工况, 采用 PID 算法控制, 以保证稳态精度; 以压力偏差较大时为另一种工况, 利用模糊和 PID 融合的控制方法解决控制对象的非线性问题; 采用模糊解耦算法解除顶压 P_0 和 TRT 前压力 P_1 的耦合关联。

4.6.3　高炉炉顶压力智能控制器设计

含 TRT 的高炉顶压调节系统是一个双输入双输出的非线性耦合系统。针对顶压控制, 提出一种智能解耦控制技术, 运用专家规则进行压力波动工况识别, 采用模糊 PID 融合控制实现顶压混合智能控制。

1. 系 统 结 构

采用如图 4.44 所示的控制系统结构。对于高炉顶压和 TRT 前压, 当压力偏差较小时用 PID 控制以保证系统具有较好的稳态精度, 当压力偏差较大时, 在原有的 PID 控制上融合模糊控制, 利用模糊控制克服系统的非线性, 迅速减少系统较大的偏差。

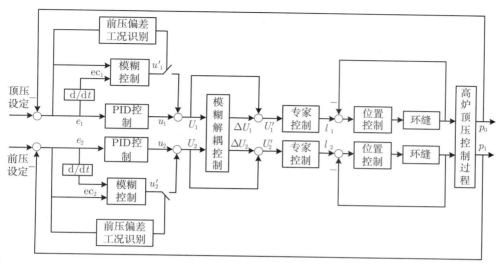

图 4.44 高炉顶压调节系统总体控制结构图

针对高炉顶压和 TRT 前压控制耦合问题, 采用基于专家经验的模糊前馈解耦控制算法对高炉顶压和 TRT 前压控制进行解耦。这种解耦算法的实质是将一个通道的控制输出作为另一个通道的扰动作用, 应用前馈控制原理, 融合模糊控制的思想, 解除控制回路间的耦合。

模糊解耦控制器的输出可以得到环缝和静叶开度的给定增量, 但是由于等压差条件下开度和流量并不是线性关系, 所以有必要根据流量特性和专家经验对开度增量设定进行线性校正, 设计专家控制器对开度进行线性智能补偿, 以达到良好的控制效果。

从图 4.44 可以看出, 高炉顶压控制系统设计遵循基于多工况识别的混合智能控制的基本原则, 包括一个工况识别模块, 即压力波动工况识别模块, 以及混合控制模块, 包含压力模糊 PID 控制器、模糊解耦控制器以及开度补偿专家控制器。

2. 模糊 PID 融合控制

如压力波动工况识别模块中专家规则 2 和 4 所示, 在偏差较大的情况下, 会采用模糊控制器的输出补偿 PID 控制器输出的方式, 提高 PID 控制对非线性压力控制的效果。因此, 模糊控制器与 PID 控制器并联是模糊 PID 融合控制器的构成形式。PID 控制器的设计遵循原有压力控制系统的参数设计方法; 模糊控制器的设计在分析压力控制特点和 PID 控制效果的基础上, 采用了二维模糊控制器结构。

由于高炉顶压和 TRT 前压的控制方法类似, 这里只介绍顶压的模糊 PID 融合控制器设计。

根据模糊控制的设计原理, 顶压模糊控制器采用二维模糊控制器结构, 2 个输

入分别是压力的偏差 e 和压力偏差的变化 ec, 输出为叠加在 PID 输出的增量 u',
A_1 是模糊控制输出比例因子, 且有

$$A_1 = \begin{cases} 0, & |e| \leqslant \varepsilon \\ a_1, & |e| > \varepsilon \end{cases} \tag{4.173}$$

式中, a_1 是常数; ε 是一个较小的常数, 两者均可由用户设定。

　　根据生产实际情况, 对顶压偏差、偏差变化以及模糊输出进行模糊化。顶压偏差
e 的基本论域为 $[-7, +5]$, 模糊论域 X 为 $\{-6, -5, -4, -3, -2, -1, 0, 1, 2, 3, 4, 5, 6\}$,
模糊集合为 { NB, NS, Z, PS, PB }; 偏差变化 ec 的基本论域为 $[-0.6, +0.6]$(由于
检测精度的问题, 偏差变化的计算采用了 6 个周期滑动滤波处理), 模糊论域 Y 为
$\{-3, -2, -1, 0, 1, 2, 3\}$, 模糊集合为 $\{NB, NS, Z, PS, PB\}$; 控制输出的基本论域为
$[-1, +1]$, 模糊论域 Z 为 $\{-6, -5, -4, -3, -2, -1, 0, 1, 2, 3, 4, 5, 6\}$, 模糊集合为 $\{NB,$
NM, NS, ZO, PS, PM, PB$\}$, 输入输出的隶属度函数采用三角函数, 可以获得输入输
出在论域上的模糊隶属度赋值表。模糊输出比例因子 $a_1 = 0.7$, 并对输出进行限幅,
模糊控制输出的最大幅度为 10%。

　　根据专家经验制定如表 4.10 所示的模糊控制规则表。

表 4.10　顶压模糊控制规则表

EC_1、E_1	NB	NS	ZO	PS	PB
NB	PB	PB	PS	ZO	ZO
NS	PB	PM	ZO	ZO	NS
ZO	PM	PS	ZO	NS	NM
PS	PS	ZO	ZO	NM	NB
PB	ZO	ZO	NS	NB	NB

　　模糊控制解模糊过程采用重心法, 所得到的精确控制量为

$$u_1' = \frac{\sum\limits_{i=1}^{n} \mu(u_i) \cdot u_i}{\sum\limits_{i=1}^{n} \mu(u_i)} \tag{4.174}$$

式中, u_i 为输出论域中的第 i 个元素; $\mu(u_i)$ 为 u_i 所对应的隶属度; u_1' 为顶压模糊
控制输出的清晰值。

3. 模糊解耦控制

　　根据建立的顶压模型 (4.172) 可以看出, 顶压 P_0 和 TRT 前压力 P_1 存在耦合,
采用基于专家规则的模糊前馈方法对高炉炉顶压力控制和 TRT 前压力控制进行解
耦。

采用两输入、两输出的模糊控制器实现前馈解耦控制。两个输入为顶压和前压模糊 PID 控制的输出 U_1 和 U_2，两个输出是根据解耦模糊规则对 U_1 和 U_2 的修正量 ΔU_1 和 ΔU_2，隶属度函数均为梯形函数。输入量 U_1 和 U_2 选取 5 个模糊变量的词集，论域为 $[-10, 10]$；输出量 ΔU_1 和 ΔU_2 均选取 7 个词集模糊变量集合，论域为 $[-1, 1]$，比例因子为 0.1。

根据顶压模型 (4.172) 和专家经验可知，在平衡点保持 U_2 不变，增大 U_1，会先使 P_0 减小然后导致 P_1 增大；保持 U_1 不变，增大 U_2，会先使 P_1 减少然后导致 P_0 减小。根据经验总结得模糊控制专家规则表。

利用重心法进行解模糊得到 ΔU_1 和 ΔU_2，然后按照式 (4.175) 和式 (4.176)，以及 U_1、U_2 叠加得到 $\Delta U_1'$、$\Delta U_2'$，输出给环缝的开度补偿专家控制器。

$$U_1' = U_1 + \Delta U_1 \tag{4.175}$$

$$U_2' = U_2 + \Delta U_2 \tag{4.176}$$

炉顶压力控制执行器为比肖夫环缝。在等压差的条件下，随着环缝开度的增加，流量的增速不断降低；在等开度的情况下，随着压差的增大，流量的增长也在降低。

根据专家经验和环缝流量与压差、开度的关系曲线，对环缝开度线性化进行校正，设计出环缝开度的专家校正曲线。即以智能解耦控制器输出的开度 U_1' 为横坐标，根据曲线得到的纵坐标数值作为位置控制器的设定值 l_1。由于静叶开度与流量的线性关系校正方法类似于环缝，采用的开度补偿专家控制器与之相同。

4.7 系统实现与工业应用

将上述所提方法运用到某钢铁企业高炉上，投入运行后，为高炉操作提供了实时准确的指导，有效控制高炉煤气流的分布，使高炉稳顺优化运行，取得了显著的经济效益和社会效益。

4.7.1 高炉布料模型工业应用

将所建立的布料模型应用于高炉生产过程中，布料模型可通过料面形状剖面图及矿焦比曲线的形式反映炉内煤气流的发展趋势，并且能够实时跟踪炉内炉况的变化。根据布料模型的输出结果，结合高炉生产操作经验，指导操作人员及时运用上部调节手段对炉内炉料分布进行合理调整，优化布料制度，从而可达到提高炉内料柱透气性、降低矿焦比、改善冶炼状况的目的。

在高炉布料模型的基础上，借助 Visual C++6.0 可视化编程工具，设计高炉布料操作与监测系统，该系统通过二维剖面图、工业曲线以及参数列表的形式给操作者提供了一个友好的人机界面，从而有效地指导操作工运用上部调节手段定性和定量地了解、分析和控制炉料在炉内的分布, 并对布料制度进行优化, 以改善高炉冶炼状况。目前, 所建立的高炉布料模型已在某钢铁企业的高炉上稳定运行, 运行效果如图 4.45 所示。

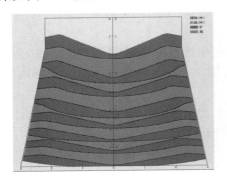

(a) 布料模型输出的料面分布形状

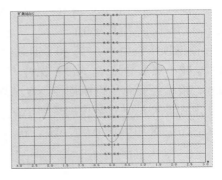

(b) 布料模型输出的径向矿焦比曲线

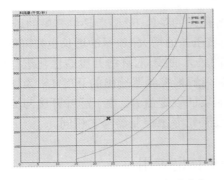

(c) 布料模型输出的下料阀开度开度曲线

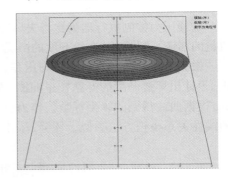

(d) 布料模型输出的料流轨迹曲线

图 4.45　布料模型工业应用

　　高炉操作与监测系统的主画面如图 4.45(a) 所示, 其中横坐标表示距离高炉中心的位置, 纵坐标表示料线深度, 颜色较浅的阴影部分表示焦炭层在炉内的料面分布情况, 颜色较深的阴影部分表示矿石层在炉内的料面分布情况。该画面通过炉料分布剖面图的形式直观清晰地展现了当前时刻炉内料面分布形状、料面堆尖位置、中心料面深度、料层塌落趋势、中心堆积现象、边缘料面形态、料面下降速度以及炉喉径向矿焦层的分布情况等。

　　布料模型推算得出的炉内径向矿焦比曲线如图 4.45(b) 所示, 其中横坐标表示距离高炉中心的位置, 纵坐标表示矿焦比值。该画面通过曲线的形式直观地反映了当前时刻炉喉半径方向上各点处的矿焦比值。

　　布料模型计算得出的下料阀开度关系曲线如图 4.45(c) 所示, 其中横坐标表示当前下料阀开度, 纵坐标表示经过下料阀的炉料流量。该画面通过曲线的形式直观地反映了下料阀的开度与其对应的炉料流量之间的关系, 并通过标记符 "×" 的形式实时跟踪了当前时刻下料阀的开度及其对应的炉料流量。

布料模型计算得出的料流轨迹曲线如图 4.45(d) 所示, 图中横坐标表示距离高炉中心的位置, 纵坐标表示料线深度, 图像上的数字表示布料溜槽所用的角位。

4.7.2 高炉料面温度场检测工业应用

在某钢铁企业 $2200m^3$ 高炉现有的设备条件下, 综合高炉红外摄像机和过程控制系统提供的各种状态信息, 采用智能检测、信息融合、数字图像处理等先进技术手段, 基于多源信息融合的高炉料面温度场模型, 开发了高炉料面温度场线检测系统 (包括中心和边缘温度场在线检测、径向温度分布在线检测等), 将系统成功地应用于高炉实际工业生产过程中, 为高炉布料操作提供了实时准确的指导。

系统采用可视化界面, 以温度场伪彩图、红外图、米字图、等温线等形式形象展示出料面温度场在线检测结果。通过可视化界面, 高炉操作人员可以清晰地观察出高炉料面中心温度场分布、料面边缘温度场分布、等温区域分布等, 从而有效辅助高炉操作人员判断炉喉煤气流分布, 诊断异常炉况和指导高炉布料操作。

将高炉的料面温度场分布趋势以米字图或等温度线形式清晰地描绘出来。温度场米字图可直观观察出炉内料面温度场的分布情况, 以及它和高炉其他区域温度的对比关系。其中, 运行界面图 4.46(a)、运行界面图 4.46(b) 分别是煤气流旺盛、煤气流不旺盛时高炉料面温度场米字图, 米字图以一个 "米" 字架的形式展示料面温度场各区域的分布, 并且能够直观地显示 8 个方向的径向温度具体数值。等温线可以分析等温区域的大小、范围, 比较各温度区域的位置、范围, 如运行界面图 4.46(c) 所示; 可了解任意径向的温度曲线、变化趋势, 如图 4.46(d) 所示; 可以查询既定区域内温度的历史变化趋势等, 同时能准确地标识出煤气流发展的中心位置, 有效地帮助操作员准确判断高炉内煤气的分布情况以及煤气流中心偏离高炉中心的情况。

投入运行后, 为高炉现场操作人员提供了高炉料面温度场在线检测界面、径向温度分布曲线在线显示界面, 历史查询和检索功能等。对高炉操作人员进行优化布料、调控炉内运行状态起到了有效的指导作用, 降低了炉况异常引起的休风率, 为工艺改革创造了条件, 从而较大幅度地提高了煤气利用率和高炉利用系数, 增加了生铁产量, 减少了入炉焦比, 节约了焦炭。

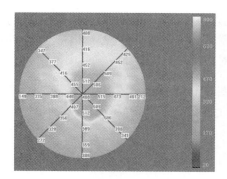

(a) 煤气流旺盛时高炉料面
温度场米字图

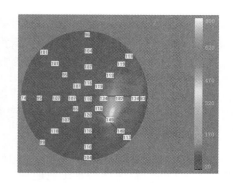

(b) 煤气流不旺盛时高炉料面
温度场米字图

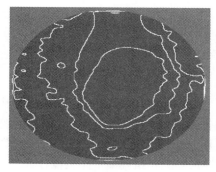

(c) 高炉料面温度场等温线显示

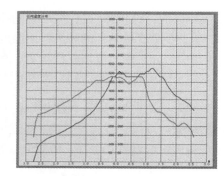

(d) 高炉料面温度场径向温度曲线

图 4.46　高炉料面温度场

4.7.3　高炉炉况智能诊断与预报工业应用

利用某钢铁企业高炉的实际运行数据, 将生产数据分成两部分: 一部分为预报网络训练数据; 另一部分为预报网络测试数据。通过训练数据集采用前面的方法建立了 9-10-1 结构的正常炉况神经网络预报器、9-10-1 结构的崩料神经网络预报器、9-10-1 结构的悬炉神经网络预报器、10-12-1 结构的炉热神经网络预报器。针对测试数据的预报结果显示, 不同炉况的预报值和实际值基本吻合。表 4.11 为各炉况神经网络方法的预报精度。

表 4.11　神经网络方法预报精度

炉况	正常	炉热	悬料	崩料
相对精度/%	89.17	88.42	83.56	85.54

对于高炉的控制, 还没有达到精确控制的水平, 特别在异常炉况发生时, 异常炉况下的控制仍采用基于专家经验方式。因此, 对于炉况的预报并不需要很高的精度。采用支持向量机和神经网络双层诊断模型, 实现了炉况的可信度诊断, 可以反映实际高炉炉况变化的趋势。

4.7.4　高炉热风炉燃烧过程智能控制工业应用

针对某钢铁企业高炉建立了高炉热风炉燃烧过程智能控制系统。系统在投入炼铁厂运行后, 实现了空燃比的自动寻优和煤气流量的最优控制。运行实践表明, 基于专家规则和模糊自寻优策略的高炉热风炉智能控制系统使热风炉的空燃比处于最优状态, 保证拱顶温度和废气温度的快速上升, 提高热风炉的燃烧效率和供风效果。

1. 智能优化控制算法

控制算法主要由三部分组成, 即空燃比寻优、煤气流量寻优、流量控制。空燃比和煤气流量寻优周期为 30s。在自动控制状态, 空燃比和煤气流量寻优的结果作为煤气流量和空气流量的设定值。

空燃比寻优先将采集的拱顶温度等数据进行数据处理, 判断是否到达控制周期, 如到达则判断为燃烧阶段, 并相应地启动该时段的空燃比寻优控制器, 进行空燃比优化设定值计算, 计数器清零; 如果没有到达控制周期, 计数累计, 等待下一个控制周期。

流量寻优将采集的拱顶温度、废气温度等数据进行数据处理, 判断是否到达控制周期, 如到达, 则判断为燃烧阶段, 并相应地启动该时段的煤气流量寻优控制器, 进行煤气流量优化设定值计算, 计数器清零; 如果没有到达控制周期, 计数累计, 等待下一个控制周期。

流量优化控制算法判断是否自动控制状态, 如果是, 则判断是否到达预设的 15s 控制周期, 如果到达控制周期, 启动流量控制器, 对输出的流量下发值进行限幅下发。

2. 工业运行效果

表 4.12 显示热风炉燃烧控制系统投产后 1 个月和投产前 3 个月的数据对比, 可以看出投运本系统后, 热风风温分别提高了 29.14℃、42.07℃、42.82℃。通过一年的平均值比较, 提高了风温 35℃以上。

通过比较燃烧过程智能控制系统正式投入运行前 3 个月和后 1 个月炼铁厂的统计数据, 可看出由于提高了热风炉的燃烧效率, 热风炉供风风温得到显著提高, 取得了明显的经济效益。

表 4.12　系统运行前后热风风温对比

时间	风温/℃	风量/(m/min)
投运后 1 个月	1066.36	1522.68
投运前 1 个月	1023.54	1528.10
投运前 2 个月	1024.29	1583.86
投运前 3 个月	1037.22	1583.86

4.7.5　高炉炉顶压力智能控制工业应用

　　基于专家规则和模糊 PID 融合的顶压智能控制系统已成功应用于某钢铁企业高炉上,系统一年来的运行情况表明系统具有良好的应用效果,大幅降低了炉顶压力的波动,为企业创造了显著的经济效益。

　　工业运行时,炉顶压力设定值为 210kPa,将高炉一天的数据进行对比,其中 00 : 00 ~ 10 : 00 采用传统 PID 控制,10 : 00 ~ 24 : 00 采用开发的顶压优化控制。图 4.47(a) 显示了传统 PID 控制算法下的炉顶压力与设定值的偏差曲线,可以看出炉顶压力的波动范围为 −7~5kPa。图 4.47(b) 为采用智能解耦控制算法的顶压优化控制下的炉顶压力与设定值偏差。

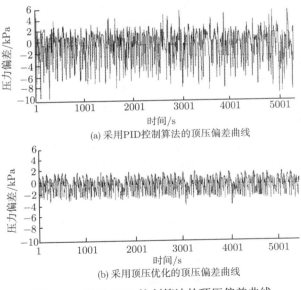

(a) 采用PID控制算法的顶压偏差曲线

(b) 采用顶压优化的顶压偏差曲线

图 4.47　采用 PID 控制算法的顶压偏差曲线

　　经过统计顶压优化控制和 PID 控制的高炉运行情况,顶压偏差的统计结果如表 4.13 所示。从表 4.13 可以看出,采用智能解耦控制器后,高炉炉顶压力的波动明显减小,顶压的绝对误差小于 ±2kPa。顶压智能控制从每一个指标上,都明显优于原有的 PID 控制器, 并且达到了预先的要求, 因此, 开发的顶压优化控制系统能够大幅改善炉顶压力的控制效果。

表 4.13 顶压控制效果对比

指标/kPa	PID 控制器	智能解耦控制器
偏差方差	6.3897	1.4036
$|e| \in [0, 1]$	25.70%	49.95%
$|e| \in (1, 2]$	30.84%	45.98%
$|e| \in (2, \infty]$	43.46%	4.07%

此外, 在顶压优化控制系统投入运行之后, 由于炉顶压力控制更平稳, 某钢铁企业高炉炉顶常态工作压力提高了 10kPa, 由 210kPa 提高至 220kPa, 提高了高炉的冶炼强度, 增加了钢铁产量。

第 5 章　加热炉燃烧过程智能控制

加热炉是钢铁工业轧钢生产线关键设备之一, 也是主要的耗能设备。加热炉燃烧过程具有非线性、强耦合、不确定性、分布参数特性, 是一个高度复杂的工业过程。智能化技术的发展为解决复杂工业过程建模和优化控制问题提供了一种很好的解决方案, 逐渐成为工业过程控制研究的热点。本章将从加热炉燃烧过程自动控制、空燃比自动寻优、钢坯温度预测模型研制、温度优化设定、系统实现与工业应用等方面介绍加热炉燃烧过程智能控制技术。通过将模糊控制、专家系统、神经网络等智能化技术应用到实际的工业过程中, 以减少加热炉燃烧过程中的能耗以及提高控制精度。

5.1　加热炉燃烧过程

本节首先介绍蓄热式加热炉和 CSP 均热炉的生产工艺特点, 然后陈述燃烧过程建模、燃烧过程智能控制技术及其应用, 最终实现加热炉燃烧过程智能控制。

5.1.1　加热炉生产工艺过程

蓄热式推钢加热炉和 CSP 均热炉是热轧生产线上常见的钢坯加热炉, 其钢坯加热机理相同, 而且都具有非线性、大时滞、强耦合和时变等特性。

1. 蓄热式加热炉

20 世纪 80 年代, 英国 Hotwork 公司和 BritishGas 公司采用蓄热式燃烧技术合作建成一套蓄热式陶瓷燃烧器系统。该系统是集烧嘴、蓄热室、排烟器为一体, 同时具备组织燃烧、气体预热、烟气排放三种功能的燃烧系统。

蓄热式陶瓷燃烧器系统由两个烧嘴、两个蓄热室、一套换向装置和相配套的控制系统组成, 如图 5.1 所示。模式 A 表示烧嘴 A 处于燃烧状态, 烧嘴 B 处于排烟状态: 燃烧所需空气经过换向阀, 再通过蓄热室 A, 被其预热后在烧嘴 A 中与燃料混合, 燃烧生成的火焰加热物料, 高温废气通过烧嘴 B 进入蓄热室 B, 将其中的蓄热球加热, 再经换向阀后排往大气。持续一定时间后, 控制系统发出换向指令, 操作进入模式 B 所示的状态, 此时烧嘴 B 处于燃料状态, 烧嘴 A 处于排烟状态: 燃烧空气进入蓄热室 B 时被预热, 在烧嘴 B 中与燃料混合, 废气经蓄热室 A, 将其中蓄热球加热后排往大气。持续与模式 A 过程相同的时间后, 又转换到模式 A 过程, 如此交替循环进行。

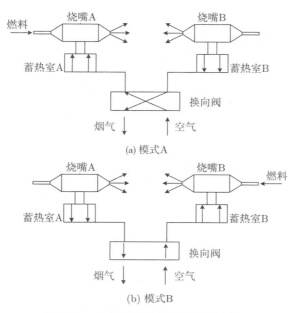

图 5.1　蓄热式燃烧技术工作原理图

　　蓄热式加热炉是采用蓄热式燃烧技术的一种高效、节能、低污染的新型火焰炉, 集换向式燃烧、蓄热式余热回收以及电子自控系统于一体, 结构新颖、技术指标先进, 可以采用热值比较低的燃料。

　　与传统的采用换热器预热空气的燃烧技术相比, 蓄热式推钢加热炉具有如下优点: 烟气余热回收率高, 空气预热温度高, 节能大; 火焰温度高, 炉内温度分布均匀; 有利于环境保护; 结构紧凑, 基建投资小, 见效快。

　　图 5.2 为蓄热式推钢加热炉工作原理示意图。蓄热式推钢加热炉在炉子内壁有一排喷口, 高炉、焦炉混合煤气和空气由此喷出, 每侧各有一组喷口, 位置左右对称, 喷口距离钢坯很近, 火焰紧贴钢坯表面, 可使钢温均匀。来自鼓风机的常温空气由换向阀切换进入蓄热室 B 后, 在极短的时间内被加热到接近炉内温度, 被加热的高温热空气进入炉膛后, 卷吸周围炉内的烟气形成一股含氧量远低于 21% 的稀薄贫氧高温气流, 同时往稀薄高温空气附近注入由烟道换热器预热后的煤气, 煤气在贫氧 (2%～20%) 状态下燃烧。与此同时, 1200℃ 以上的烟气被吸入另一个蓄热室 A, 自上而下流经蓄热室的蓄热体, 烟气中 90% 的热量被蓄热体吸收, 经换向系统, 由引风机抽引至烟囱排入大气。换向阀以一定的频率进行切换, 使两个蓄热式燃烧器处于蓄热与放热交替工作状态, 从而达到节能和降低二氧化氮排放量等目的, 常用的切换周期为 30～200s。由于燃烧器内蓄热室的阻力损失比较大, 自然排烟难度较大, 烟气的排出必须依靠引风机提供动力, 如此周而复始。

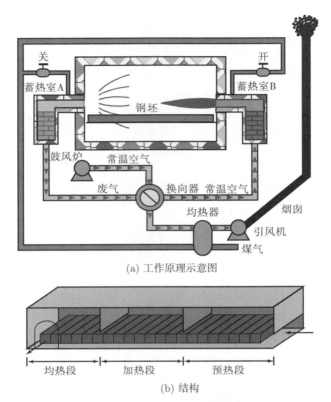

(a) 工作原理示意图

(b) 结构

图 5.2   蓄热式推钢加热炉

蓄热式推钢加热炉安装在热轧线的始端, 钢坯通过推钢机沿滑轨装入炉中, 滑轨温度较低, 因此钢坯与滑轨接触部分的温度会低于钢坯其余部分的温度, 钢坯被加热到目标温度后, 经出钢机推出。炉体在物理上可分为预热段、加热段、均热段。

进入炉口的钢坯温度会影响钢坯烧透所需炉温的设定值, 进冷坯炉温设定值应该高些, 进热坯则炉温设定值应低些。钢坯种类、断面尺寸也是影响炉温设定值的重要因素, 钢坯断面尺寸越大, 所需加热时间越长, 炉温设定值越高。若炉温经过一段时间达不到设定的温度, 此时, 炉体不能出钢, 称为待温; 换辊或者加热不同型号的钢坯时, 为避免炉温升得太高, 应减少煤气流量和空气流量, 炉体不能出钢, 称为保温。为利用余热, 烟道中通常设置了换热器, 换热器吸收废气的热能, 三段的三个换向阀利用废气热能对空气预热, 从而可节省能源, 保证煤气充分燃烧。

2. CSP 均热加热炉

辊底式隧道均热炉利用高效蓄热燃烧技术, 采用高炉、焦炉混合煤气作为主燃料, 通过煤气和空气的混合燃烧给炉体钢坯加热。炉体分为南侧和北侧, 两侧都有一排喷嘴,煤气和空气混合体通过喷嘴进入炉体。两侧并非同时灌入混合气体,三个换向阀经混合气体交替灌入炉体两侧。

按照加热作用的不同,均热炉分为预热段、加热段和均热段,段与段之间没有明确的界限。在钢坯加热过程中其预热段、均热段和加热段与蓄热式推钢加热炉的加热过程大致相同,但按照工艺要求,均热炉整个炉子共分为 7 个温度控制段,每段有一个大的煤气阀门。

钢坯进入加热炉后经预热、加热和均热达到轧制目标温度。预热段对刚送进炉口的钢坯预热,温度一般应保持在 850~1100℃。钢坯在加热初期会因温差过大而产生热应力,因此要求控制升温速度。钢坯经过预热段预热后进入加热段,加热段是加热炉中最重要的炉温控制段,钢坯在加热段被加热的程度决定了钢坯是否能被烧透、炉口能否正常出钢,温度一般应保持在 1150~1220℃。均热段将钢坯均匀加热到 1200~1300℃,若均热段温度过高,将出现钢体打滑现象,温度过低,将损坏轧机,不能出钢,而使炉子处于待轧状态。在钢坯加热过程中预热段、加热段和均热段的炉温分布决定了出炉钢坯温度,是影响产品质量的重要因素,且三段的温度互相耦合,互相影响。

5.1.2 加热炉燃烧过程控制要求

加热炉控制的功能是根据钢坯的入炉参数、生产工况和工艺指标,通过控制炉温、空气燃料流量及空燃比、空气燃料压力、烟气残氧浓度以及炉膛压力,尽可能降低燃耗,减少氧化烧损,使钢坯在炉内均匀受热,达到工艺要求的轧制温度。因此,在实际生产过程中需采取先进控制方法,以减少能耗,提高控制精度,提高产品质量。

1. 控制要求

加热炉燃烧过程控制要求主要包括炉温自动控制、空燃比调节、炉温优化设定、附属回路调节及参数校正四个方面。

1) 炉温自动控制

一般采用的是温度流量双闭环 PID 控制策略,炉温与燃料流量及空气流量构成串级控制,流量控制回路的设定值由炉温调节器的输出给定。在实际的工业生产过程中,由于工况波动严重,尤其是煤气热值不稳定、入炉钢坯温度不稳定等因素的影响,PID 控制超调严重、升降温速度慢,迫切需要寻求智能化的温度流量控制策略。

2) 空燃比调节

处理燃料与空气的关系通常采用配比调节,由于燃料与空气调节回路响应速度不一致,流量测量空板也有误差,燃料热值波动以及烧嘴特性等的变化,这种配比关系难以保证, 特别是在燃烧负荷发生变化的情况下, 更无法保持最佳配比。交叉限幅的措施虽然可以提高加热炉燃烧过程的安全运行系数、保证设定的空燃比, 但若空燃比由人工直接设定, 没有根据实际的工况进行实时调节, 则很大程度影响了三段加热过程燃料的燃烧效率。

3) 炉温优化设定

由于钢坯的加热过程复杂, 影响炉温的因素众多, 钢坯的型号、装炉温度、轧制节奏都直接影响炉温的设定, 并且工况复杂多变, 煤气热值、煤气压力、空气压力的变化都会对温度的最优设定造成影响。炉温的优化设定问题是实现加热炉燃烧过程控制的基础, 也是关键环节。

4) 附属回路调节及参数校正

炉膛压力调节、空气总管压力调节、煤气总管压力调节以及保证稳定空燃比而进行的温度、压力及燃气的热值修正, 都是保证最佳燃烧不可缺少的, 多采用 PI 控制或 PID 控制。在加热炉燃烧控制中, 作为两个主要的电能耗能设备引风机和鼓风机往往满负荷运行, 空气量和废气量调整通过调节空气总管和废气总管的挡板以及对应的空气阀门和废气阀门开度实现。实现引风机和鼓风机智能变频调速控制可以减小加热炉燃烧过程的电能损耗。

2. 控制方法

为解决燃烧过程中存在的以上问题, 可从设备和自动控制两个方面采取措施以降低加热炉的能耗及提高产品质量, 可以概括为三个方面: 炉温自动控制、钢坯升温过程模型和炉温优化设定策略。

1) 炉温自动控制

炉温优化控制大多数还是采用温度流量双闭环 PID 控制器, 控制精度差, 超调严重, 升降温速度慢。神经网络、模糊控制、专家系统、自适应控制等智能化技术的出现为加热炉炉温控制提供了新的方法和思路, 如专家模糊温度控制器、加热炉神经网络燃烧控制等。采用模糊控制、专家控制的最终输出量是空气流量和煤气流量设定值, 流量的闭环控制依靠传统的 PID 控制器来实现。

2) 钢坯升温过程模型

由于炉内钢坯加热温度很难直接测量, 通常用计算机对钢坯在炉内的升温过程进行计算, 采用最多的方法是多元回归方法。

3) 炉温优化设定策略

炉温优化设定是一类典型的最优决策问题, 根据已知的钢坯规格、种类、目标出炉温度、装炉温度和轧制节奏等工况, 设定各段炉温, 使钢坯在合适的时间加热到合适的温度, 且能耗最小。炉温优化的二次型性能指标, 把钢坯的热处理工艺对加热策略、加热速度、加热温度、进入炉内的燃料流量、钢坯内部各点温度分布的限制作为约束条件。可依据传导热的基本定律和能量平衡原理,运用时间、空间离散化技术建立了用以估计炉内钢坯温度分布的加热炉离散状态空间模型,并以此模型推导出加热炉炉温设定值最优化目标函数,炉温设定值范围和钢坯出炉温差为约束。也可采用基于动态模型的启发式优化算法,求得加热炉的最优炉温设定值。

智能化技术运用于加热炉生产过程控制主要包括以下几个方面。

(1) 神经网络、模糊控制、专家系统等智能化技术在加热炉温度控制过程中的应用,主要包括空燃比自寻优策略、风机智能变频调速策略、炉温智能跟踪策略。空气/燃料的最佳配比是加热炉燃烧控制的重要内容,加热炉采用高炉煤气和焦炉煤气的混合煤气,煤气热值波动严重,不合适的空燃比会导致大风量或过燃料操作,严重影响产量、质量以及能耗。在实际生产过程中,煤气燃烧需要的空气量是不断变动的,鼓风机始终运行在额定状态下,风量通过总管挡板开度和各段空气阀门开度进行调节,造成巨大的电能损耗,鼓风机智能变频调速策略具有显著的节约电耗效果。传统的 PID 控制在处理具有复杂工况的加热炉炉温跟踪问题中,存在响应速度慢、超调量大、空燃比失调等问题,需要新的优化控制策略。

(2) 炉内钢坯温度预报方法。由于炉内温度无法实时测量,针对加热炉燃烧过程存在的非线性、强耦合、纯滞后、大惯性、慢时变特点,需要基于软测量技术的钢坯温度预报模型。

(3) 复杂非线性多约束加热炉燃烧过程的炉温优化设定技术。根据工艺分析,炉温可以描述成为一个沿炉长分布的二次函数,满足对应各段目标约束和质量能耗约束。求解复杂非线性、多目标约束炉温优化设定问题的全局最优解,从而确定最优炉温设定二次函数曲线中对应的系数,也就确定了预热段、加热段、均热段的最优设定温度。

(4) 加热炉智能监控系统的工业化实现方法和技术,包括蓄热式加热炉燃烧控制系统和 CSP 加热炉燃烧控制系统,实现多线程、多协议网络集成、多数据库集成、OPC 等技术,以保证控制的实时性、准确性,保证信息管理的实用性、可靠性。

5.2 基于回归神经网络的加热炉建模

工业过程是具有非线性、大时滞、不确定和多层次性质的高度复杂系统,其主要特征可归纳为:动力学模型的不确定性、测量信息的粗糙性和不完整性、动态行为或扰动的随机性、离散层次和连续层次的混杂性、系统动力学的高度非线性、状态变量的高维性和分布性、子系统及层次多样性和各子系统间的强耦合性。它要求工业过程控制对被控对象的动力学模型要有学习和识别能力,对环境和扰动的变化要有适应和稳健能力,由此,各种基于思维模拟的建模方法应运而生。此外,智能控制虽不是基于过程精确模型而进行设计的,但对其控制效果进行分析,以及分析智能控制系统的稳定性, 都需要过程模型。基于思维模拟的建模方法有望解决下列问题: 信息量不足、信息不完备或结构不良的病态问题; 计算的复杂性与实时性要求; 用数学模型难以描述的非线性问题。

人工智能 (artificial intelligence, AI) 是解决复杂问题, 处理噪声、不完整数据和非线性问题的一种有效方法, 在燃烧工程的建模和预测中获得了广泛的应用。

本节将通过分析工业过程中常用的动态神经网络及其学习算法, 建立炉温和钢温预测回归神经网络模型; 基于传热机理建立钢温预测模型, 并将其与回归神经网络模型结合, 建立钢坯温度预测集成模型。

5.2.1　回归神经网络模型

热工过程具有非线性、慢时变、大时滞和不确定性, 难以建立精确的数学模型。基于常规线性模型的控制系统在过程工况发生变化时, 控制品质将会下降, 甚至影响控制系统的正常运行, 因此建立热工过程精确的数学模型是提高控制系统性能的基础。由于具有动态记忆功能, 与前馈神经网络相比, 动态神经网络更适合描述动态系统。

1. 动态神经网络

动态神经网络通常分为时延神经网络 (time delay neural network, TDNN)[62] 和回归神经网络 (recurrent neural network, RNN)。回归神经网络又称反馈神经网络, 根据反馈信号, 可分为输出反馈回归神经网络和状态反馈回归神经网络。

1) 时延神经网络

时延神经网络可用差分方程描述为

$$y(k) = f[u(k), u(k-1), \cdots, u(k-n)] \tag{5.1}$$

式中, $u(k)$ 为 k 时刻神经网络的输入向量; $y(k)$ 为 k 时刻神经网络的输出向量; n 为输入向量的滞后阶数, 在这一网络中不存在反馈。

2) 输出反馈回归神经网络

Narenda 于 1990 年在 TDNN 的基础上, 加入输出反馈得到回归神经网络, 如图 5.3 所示。该网络可描述为

$$y(k) = f[u(k), u(k-1), \cdots, u(k-n), y(k-1), y(k-2), \cdots, y(k-m)] \tag{5.2}$$

式中, m 为输出向量的滞后阶数。

3) 状态反馈回归神经网络

图 5.4 为一状态反馈动态神经网络 Elman 网的结构, 隐含层的回归层可按式 (5.3) 描述为[63]

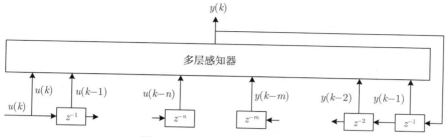

图 5.3 Narenda 动态神经网络

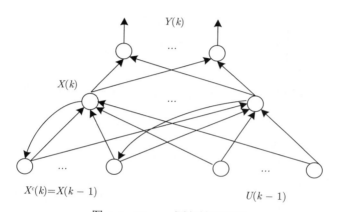

图 5.4 Elman 回归神经网络

$$X^c(k) = X(k-1) \tag{5.3}$$

多输入多输出 Elman 网络可用状态空间模型表示为

$$
\begin{cases}
x_i(k) = f\left(\displaystyle\sum_{j=1}^{N} w_{i,j}^x x_j(k-1) + \sum_{m=1}^{M} w_{i,m}^u u_m(k-1) \right), & i = 1, \cdots, N \\
y_l(k) = \displaystyle\sum_{i=1}^{N} w_{i,l}^y x_i(k), & l = 1, \cdots, L
\end{cases}
\tag{5.4}
$$

式中, $w_{i,j}^x$、$w_{i,m}^u$、$w_{i,l}^y$ 分别为隐含层 i 号节点和回归层 j 号节点之间的权值、隐含层 i 号节点和输入层 m 号节点之间的权值、隐含层 i 号节点和输出层 l 号节点之间的权值; $f(\cdot)$ 为隐含层神经元的激发函数; N、M、L 分别为隐含层神经元的个数、输入层神经元的个数和输出层神经元的个数。通常, 选择单调 Sigmoid 函数作为非线性隐含层激发函数, 以实现对非线性系统的建模和控制, 如取 $f(x) = 1/(1+\mathrm{e}^{-x})$ 或双曲正切函数。

把三个权矩阵表示为

$$\begin{cases} W_x = [w_{i,j}^x]_{N \times N} \\ W_u = [w_{i,m}^u]_{N \times M} \\ W_y = [w_{i,l}^y]_{N \times L} \end{cases} \tag{5.5}$$

则向量形式为

$$\begin{cases} X(k) = f(W_x X(k-1) + W_u U(k-1)) \\ Y(k) = W_y^{\mathrm{T}} X(k) \end{cases} \tag{5.6}$$

式中

$$\begin{cases} Y(k) = [y_1(k), \cdots, y_L(k)]^{\mathrm{T}} \\ U(k-1) = [u_1(k-1), \cdots, u_M(k-1)]^{\mathrm{T}} \\ X(k) = [x_1(k), \cdots, x_N(k)]^{\mathrm{T}} \end{cases} \tag{5.7}$$

如果使用线性隐含层激发函数, 式 (5.7) 为一个线性 Elman 网络, 设 $f(x) = x$, 则

$$\begin{cases} X(k) = W_x X(k-1) + W_u U(k-1) \\ Y(k) = W_y^{\mathrm{T}} X(k) \end{cases} \tag{5.8}$$

动态神经网络可采用不动点学习方法和轨线学习方法, 这两种学习方法的思想与反向传播 (BP)[64] 算法类似。此外, 还有一种基于同时扰动的回归学习算法[65]。

2. 回归神经网络模型

热轧加热炉的燃烧过程和钢坯加热过程比较复杂, 且模型是动态变化的。燃烧过程具有非线性、强耦合、时滞、大时间常数和时变等特性, 为一多输入多输出系统, 此外, 它也是一个分布参数系统, 炉中温度分布是不均匀的, 可看成一个三维的温度场, 而且由于系统受到强干扰, 很难用机理分析的方法建立其精确的数学模型。

炉温分布不但与过去时刻的煤气流量有关, 而且与过去时刻的炉温分布有关; 钢坯的温度分布不但与它所在位置的炉温有关, 而且与过去时刻的钢坯温度分布有关。时延网络不存在反馈, 状态反馈的 RNN 不能直观地反映上述过程的输入输出关系, 因此, 不适合用来建立这两个过程的模型。输出反馈 RNN 能直观地反映加热炉两个过程的输入输出关系, 可选择用来建立加热炉模型。

由于具有逼近任意非线性映射的能力且拓扑结构简单, 径向基函数 (RBF)[66] 神经网络在复杂工业过程控制领域得到了广泛的应用。RBF 神经网络仅在输入空间的局部范围内是非零的, 即只有当输入落入输入空间的一个很小的局部范围内时, 基函数才产生一个有效的非零响应, 且其参数调整律可采用线性调整技术, 比 BP 神经网络具有更快的学习特征。RBF 神经网络只是一种静态网, 通过抽头延迟

线把输出反馈到网络输入端可构成输出反馈回归神经网络, 这种基于 RBF 的回归神经网络可实现动态系统的非线性映射。

1) 炉温分布预测模型

考虑到加热炉燃烧过程的滞后和动态特性, 以及空气流量与煤气流量的比值, 即空燃比不变, 选择 RBF-RNN 中 RBF 前馈型神经网络的输入为各炉温控制区的经过延迟的煤气流量和炉温分布, RBF-RNN 的输出为炉温分布预测, 则其结构可描述为

$$T_{\mathrm{f}}(k) = f(T_{\mathrm{f}}(k-1), \cdots, T_{\mathrm{f}}(k-m), q(k-1), \cdots, q(k-n)) \tag{5.9}$$

式中, $f(\cdot)$ 是 RBF 回归神经网络实现的映射; m、n 分别为输出和输入延迟阶数; q 为煤气流量向量, 其元素为各炉温控制区的煤气流量; T_{f} 为炉温分布向量, 其元素为各炉温控制区的炉温; $\hat{T}_{\mathrm{f}}$ 为炉温预测输出, 其结构如图 5.5 所示。

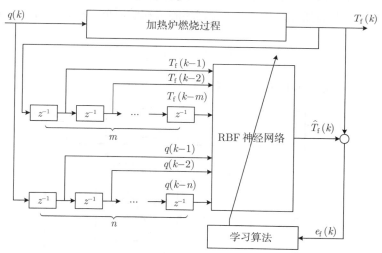

图 5.5 基于 RBF 回归神经网络的炉温分布预测模型

为了简单起见, 取 $m = n = 1$, 则

$$T_{\mathrm{f}}(k) = f(T_{\mathrm{f}}(k-1), q(k-1)) \tag{5.10}$$

模型在加热炉连续升、降温模型系统中占有重要角色, 利用其前向预测特性, 可实现下一时刻炉温预测。

作为一种典型的批模式学习算法, BP 算法在神经网络的训练中得到了广泛的应用。针对批模式训练出来的网络能覆盖过程较大范围的输入输出关系模式, 采用 BP 算法得到一个炉温预测 RNN 模型, 用于燃烧过程控制和炉温优化设定。神经网络的在线学习对学习算法的实时性提出了较高的要求, BP 学习算法对一批数据

进行计算, 且会导致隐含层节点数过于庞大, 影响了模型的实时性。序贯学习, 又称顺序学习, 每次训练只采用一组样本数据, 学习速率快, 适合在线学习, 与基于节点增删 (growing and pruning, GAP) 和扩展 Kalman 滤波 (extended Kalman filter, EKF) 结合[67], 可简化网络结构, 进一步加快学习速率, 同时提高学习精度, 因此, 针对炉温在线预测, 可采用 GAP-EKF 序贯学习算法。

2) 钢温分布预测模型

根据对钢坯加热过程机理的分析, 钢坯在炉中某时刻 (或位置) 的钢温分布取决于上一个时刻的炉温分布和钢温分布, 其输入输出映射关系可表示为

$$T_{\rm b}(t) = G(T_{\rm b}(t-1), \tilde{T}_{\rm f}(t-1)), \quad 0 \leqslant t \leqslant t_{\rm r} \tag{5.11}$$

式中, $T_{\rm b}(t) = [T_{\rm b}(0,t), \cdots, T_{\rm b}(h,t)]^{\rm T}$ 为钢坯的温度分布, h 为钢坯厚度; $\tilde{T}_{\rm f}(t)$ 为 t 时刻钢坯所在位置的加热炉炉温; $t_{\rm r}$ 为钢坯的总在炉时间。将式 (5.11) 离散化得

$$T_{\rm b}(k) = G(T_{\rm b}(k-1), \tilde{T}_{\rm f}(k-1)) \tag{5.12}$$

其结构如图 5.6 所示, 其中 $\hat{T}_{\rm b}$ 为预测输出。

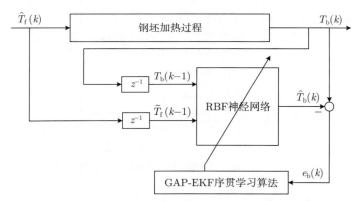

图 5.6　基于 RBF 回归神经网络的钢温分布预测模型

由于钢坯温度分布是满足一定规律的, 所关心的不是整块钢坯的温度分布, 只是钢坯上表面和中心温度, 故不妨取

$$T_{\rm b}(k) = \left[T_{\rm b}(0,k), T_{\rm b}\left(\frac{h}{2}, k\right)\right]^{\rm T} \tag{5.13}$$

钢温分布 RNN 预测模型要求能在线学习, 对模型调节的实时性提出了较高要求, 可选择学习速率快、精度高的序贯学习算法。

5.2.2 钢温预测集成模型

在炉温优化设定中, 关键是如何实现最佳板坯加热模式的在线预测。钢坯温度预测的常规建模方法是基于能量守恒的机理法, 其模型用热传递偏微分方程组描述[68], 也可采用神经网络建立该过程的非线性模型[69]。前面通过回归神经网络模型的介绍, 其适合于钢温的在线预测和自调整, 但因不能获得新样本数据, 不适宜配合炉温优化设定方法的离线研究。因此, 可基于传热机理建立钢温预测模型。此外, 结合钢坯加热过程的传热模型和回归神经网络模型, 实现钢坯温度集成预测模型。

1. 传热模型

钢坯入炉后, 以一定的速度移动, 有炉气、炉壁内表面对钢坯表面的辐射传热和炉气对钢坯表面的对流传热。钢坯表面获得的热量通过传导传热方式进入钢坯内部[70], 以达到工艺要求的平均温度和段面温差。因此, 钢坯温度预测模型由两个部分组成: 不稳定导热方程及其边界条件。

由于炉内钢坯加热过程机理相当复杂, 为通过机理分析建立其数学模型, 并要求该模型简单且能满足精度要求, 对加热炉生产过程作如下假设:

(1) 炉温只是时间和炉长坐标的一维线性函数;

(2) 忽略钢坯与固定梁之间的传热;

(3) 在同一炉段内的总括热吸收率为常数。

钢坯温度预测模型是跟踪某一钢坯的加热过程, 描述其整个加热过程温度变化规律的模型[71]。某一特定钢坯在炉内的位置是随时间而变化的, 通常采用移动坐标系, 即坐标系与钢坯同步移动, 这样钢坯所处的边界条件就转化为一个时变温度场问题。根据钢坯在连续加热炉内的受热情况, 钢坯在炉宽方向上的加热热流基本相同, 在炉长方向上的传导传热比上下表面与炉气的换热要弱得多, 所以其导热微分方程可简化为

$$\frac{\partial T(x,t)}{\partial t} = \frac{1}{c\rho}\frac{\partial}{\partial x}\left[\lambda_r \frac{\partial T(x,t)}{\partial x}\right], \quad 0 \leqslant t \leqslant t_r, 0 \leqslant x \leqslant h \tag{5.14}$$

式中, $T(x,t)$ 为特定钢坯温度分布; x 为沿钢坯厚度方向的坐标; λ_r 为钢坯的传热系数; t_r 为钢坯在炉内加热时间; h 为钢坯厚度; c 为钢坯的比热容; ρ 为钢坯的密度。

钢坯在炉内的位置 y 由钢坯的移动速度 v 决定, 即

$$y(t) = \int_0^t v(\tau)\mathrm{d}\tau, \quad 0 \leqslant t \leqslant t_r \tag{5.15}$$

钢坯跟踪模型的边界条件为

$$\lambda_{\mathrm{r}}\frac{\partial T(x,t)}{\partial x} = \begin{cases} -Q(y,t), & x=0 \\ 0, & x=h \end{cases} \tag{5.16}$$

式中, $Q(y,t)$ 为钢坯表面的热流密度。

　　影响炉膛向钢坯表面传热的因素除温度还有很多其他因素, 这些因素对传热过程的影响复杂。根据 Stefan-Boltzmann 定理[72], 在高温情况下热量主要是通过辐射交换的。因此, 加热炉炉内传热主要以辐射传热为主, 对流传热量所占比例很小。为了简化炉膛对钢坯表面传热过程的数学描述, 可把炉膛对钢坯表面传热的其他影响因素的传热量和对流传热量合并归入辐射传热过程, 并以可测参数炉温代替炉气温度, 则炉膛对钢坯表面的综合传热量数学表达式可表示为

$$Q(y,t) = \Phi(y)\zeta[T_{\mathrm{f}}^4(y,t) - T^4(0,t)] \tag{5.17}$$

式中, $\Phi(y)$ 为钢坯表面的总括热吸收率; $\zeta = 5.67 \times 10^{-8}\mathrm{W}/(\mathrm{m}^2 \cdot \mathrm{K}^4)$ 为 Stefan-Boltzmann 常数; $T_{\mathrm{f}}(y,t)$ 为钢坯表面对应的炉温。

　　对于冷坯加热, 钢坯温度分布的初始条件可设为常温, 即

$$T(x,0) = T_0 \tag{5.18}$$

式中, T_0 为环境温度。

　　钢坯在任一时刻 t 的平均温度 $T_{\mathrm{m}}(t)$ 可以表示为

$$T_{\mathrm{m}}(t) = \frac{1}{h}\int_0^h T(x,t)\mathrm{d}x \tag{5.19}$$

由式 (5.14)、式 (5.16)、式 (5.17) 和式 (5.19) 可得

$$\frac{\partial}{\partial t}T_{\mathrm{m}}(t) = \frac{\Phi(y)\zeta}{hc\rho}[T_{\mathrm{f}}^4(y,t) - T^4(0,t)] \tag{5.20}$$

　　2. 集成模型

　　泛化能力是衡量神经网络学习结果好坏的一个重要指标。在学习完成后, 该网络能进行正确分类的测试样本越多, 则其泛化能力越强。钢温预测 RNN 模型虽然学习速率快, 但只是在当前样本附近具有高预测精度, 其泛化能力较差, 而传热模型则是对整个钢坯加热过程进行拟合得到的, 对钢坯加热过程的所有数据具有较好的记忆力。因此, 将上述两种钢温预测模型并联起来, 通过协调算法分析两个模型的钢温预测结果, 选择并输出其中精度较高的预测结果, 从而实现钢温的软测量。

　　图 5.7 为钢温预测集成模型的结构。$T_{\mathrm{b},1}(n)$、$T_{\mathrm{b},2}(n)$、$T_{\mathrm{b}}^{\mathrm{o}}(n)$ 分别为 t 时刻 RNN 模型和传热模型计算出的钢温预测值和钢温目标值。

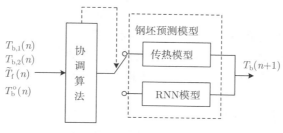

图 5.7 钢温预测集成模型

设 $e_1(n) = \|T_{b,1}(n) - T_b^o(n)\|$, $e_2(n) = \|T_{b,2}(n) - T_b^o(n)\|$, 协调算法的模型选择规则为

$$R_1 : \text{If} \quad e_1(n) \leqslant e_2(n) \quad \text{Then} \quad \text{输出} n + 1 \text{时刻 RNN 模型的钢温预测结果}$$

$$R_2 : \text{If} \quad e_1(n) > e_2(n) \quad \text{Then} \quad \text{输出} n + 1 \text{时刻传热模型的钢温预测结果}$$

5.3 蓄热式加热炉燃烧过程智能控制系统

钢坯加热过程的经典控制方法是双交叉限幅 PID 控制[73], 而加热炉是一个非线性动态系统, 基于精确、固定模型的经典控制很难满足其控制要求。在实际运行中, 其控制效果有时还不如有经验的操作工的控制效果。基于先验知识的智能控制技术不需要被控对象的精确数学模型, 具有较强的容错能力, 在工业过程控制中获得了广泛的应用[74]。

5.3.1 燃烧过程多模型控制

炉温控制是燃烧过程中的一个重要控制环节, 其控制效果直接影响钢材的产量、质量、能耗及环境污染。由于各段炉温之间相互耦合, 对象精确模型难以建立, 以及存在各种扰动等, 加热炉炉温控制没有得到很好的解决。针对热轧加热炉燃烧过程中存在的炉温控制问题, 本节综合解耦控制、多变量 Smith 预估补偿和双交叉限幅控制各自的优点, 采用解耦自适应 PID 控制的方法。针对工况大范围波动情况, 运用基于自调节变异率的免疫克隆进化 (immune clonal evolution , ICE) 模糊神经网络专家控制方法。基于以上控制方法, 建立炉温的多模型控制结构以实现加热炉燃烧过程智能控制。

1. 炉温解耦自适应 PID 控制

在钢坯加热炉燃烧过程的炉温控制中, 常用的炉温 PID 控制难以达到期望的控制目标, 这主要是由于加热炉相邻炉温控制区之间存在强耦合, 而工程中采用独立回路控制方式的结果。此外, 燃烧过程的动态变化也影响其控制性能。通过引入解耦控制、多变量 Smith 补偿、过程的模式识别和自适应算法, 可解决燃烧过程控制中的强耦合、大时滞和 PID 自适应炉温控制问题。炉温解耦自适应 PID 控制方法能适应过程小范围动态变化, 是解决炉温控制问题的有效方法之一。

图 5.8 为某蓄热式推钢加热炉炉温解耦自适应 PID 控制系统的结构。其中, $T_{f,SV}^i$ $(i=1,2,3)$ 是 i 号炉温控制区的炉温设定值; G_{ci} $(i=1,2,3)$ 是 i 号炉温控制区的炉温控制器, 采用 PID 控制; G_d 和 G_s 分别是解耦模块和 Smith 补偿模块的传递函数矩阵; G_{Li} $(i=1,2,3)$ 为煤气、空气流量双交叉限幅模块, 该模块在煤气、空气流量进入稳态之后, 其传递函数为 1(进行控制器、解耦模块和补偿器设计和参数调整都基于这一稳态假设); $G_p^*(s)\theta$ 是对象传递函数矩阵。

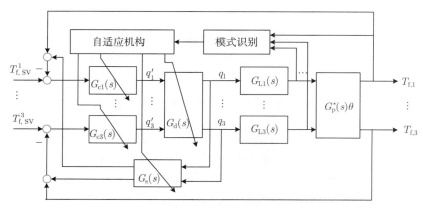

图 5.8　炉温解耦自适应 PID 控制系统

1) 双交叉限幅控制

空气、燃料的最佳配比, 即空燃比是加热炉燃烧控制的重要内容。空气过量会从炉内带走大量热能, 降低火焰温度, 这样不仅会损失掉大量的热能, 而且会导致炉内气体中含有过多的氧, 进而造成钢坯严重烧损, 同时还会产生过多的废气, 导致氧化氮、氧化硫排量增加, 污染环境; 空气不足时会造成燃烧不完全, 降低热效率, 热损失增大, 而且会产生大量黑烟污染环境, 甚至会造成炉尾喷火影响操作人员和设备的安全。产生大风量操作和过燃料操作的原因有很多, 最直接的原因是煤气热值的波动。加热炉如采用高炉煤气和焦炉煤气的混合煤气, 则煤气热值波动严重, 很难在煤气热值波动的情况下保证合适的空燃比。

加热炉的热源主要来自燃料燃烧释放出的热量, 在能源利用上, 希望用于钢坯的比例越高越好, 被烟气带走的热量越少越好。燃烧过程中, 空气过剩系数 μ_a 与节能及防止污染密切相关, 其定义为

$$\mu_a = \frac{q_a}{q_{aT}} = \frac{q_a}{C_a q_g} \tag{5.21}$$

式中, q_a 为实际空气流量; q_{aT} 为理论空气流量; q_g 为实际燃料流量; C_a 为单位燃料流量所需的理论空气量。

热效率与热损失及空气过剩系数之间的关系如图 5.9 所示.

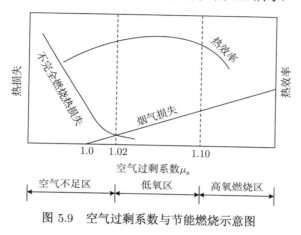

图 5.9 空气过剩系数与节能燃烧示意图

理论上, $\mu_a=1$ 时为最佳燃烧状态, 进入加热炉中的空气量与燃料正好完全燃烧, 但在实际运行过程中很难保证这一点。从图 5.9 可以看出, 当 μ_a 为 1.02~1.10 时, 存在着一个热损失少和污染小、热效率最高的低氧燃烧区, 此时排烟量少, 火焰温度高, 炉内烟气中的含氧量为 0.5%~1.9%, 炉子的热效率损失最低, 称为最佳燃烧区。理想的燃烧过程应该是无论负荷稳定还是急剧变化, 都能保持在最佳燃烧区内进行。

对式 (5.21) 进行变形得

$$\mu_a = \frac{(q_a/q_{a\max}) \cdot q_{a\max}}{(q_g/q_{g\max}) \cdot q_{g\max}C_a} = \frac{F_a q_{a\max}}{F_g q_{g\max}C_a} \tag{5.22}$$

式中, $q_{a\max}$ 和 $q_{g\max}$ 分别为空气和煤气的最大刻度流量值; F_a、F_g 为空气和煤气实际流量的相对值。令 $\beta_a = q_{g\max}C_a/q_{a\max}$, 则式 (5.22) 可变为

$$\mu_a = \frac{F_a}{F_g \beta_a} \tag{5.23}$$

因此, 可以获得空燃比 λ 的计算公式为

$$\lambda = \frac{F_a}{F_g} = \beta_a \mu_a \tag{5.24}$$

显然, 空燃比与空气过剩系数成正比, 也存在一个使热效率极大的最佳值, 而最佳空燃比会因煤气热值变化而产生漂移, 因此提高热效率的问题就转化为寻找最佳空燃比的问题。

对煤气空气流量实行交叉限幅, 可使系统在调节的动态过程中, 保持空气、煤气的相互跟随关系, 控制最佳空燃比。交叉限幅原理如图 5.10 所示。其中, $q_{g,i}^*(i=1,2,3)$ 为来自解耦模块的煤气流量设定值; $q_{a,i}(i=1,2,3)$、$q_{g,i}(i=1,2,3)$ 为空气和煤气流量测量值; HS、LS 分别为高值选择器和低值选择器; a_1、a_2 为过剩空气量的界限设定值; b_1、b_2 为防止冒黑烟的煤气流量界限设定值。

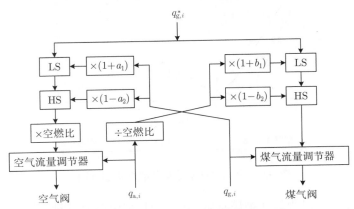

图 5.10　交叉限幅原理

当 $a_1 > b_1$, 要使负荷增加时, 可多增加一些空气流量, 当 $a_2 < b_2$, 要使负荷减少时, 可多减少一些煤气流量, 从而使煤气流量的变化速度总是不超过空气流量的变化速度。可取 $a_1 = b_2 = 0.1$, $a_2 = b_1 = 0.05$。经过交叉限幅得到的空气、煤气流量作为下一级流量控制器的设定输入。因为流量控制器的响应速度比温度控制器快得多, 在进行炉温控制器的设计时, 可忽略该环节的作用, 即把它们看成传递函数为 1 的环节。

双交叉限幅模块在系统处于稳定状态时, 空气过剩系数等于设定值; 在过渡阶段, 负荷减少时, 空气过剩系数不超过设定的上限值, 负荷急剧增加时, 空气过剩系数不低于防止冒黑烟的下限值, 从而确保了燃烧过程都能在最佳燃烧区内进行, 以达到节能、完全燃烧、防止污染的目的。

2) Smith 多变量补偿

加热炉是一个典型的滞后系统。解耦是基于无时滞系统的, 因此, 还需对加热炉的大时滞进行补偿。可采用单变量系统的大时滞补偿方法, 该方法已被扩展到多变量系统以解决时滞问题。

Smith 多变量补偿原理如图 5.11 所示。其中, $T_{f,sv}(s)$、$T_f(s)$ 分别是炉温设定值和炉温; $\bar{G}_c(s)$ 是调节器的传递函数矩阵; $G_p^*(s)\theta$ 是对象传递函数矩阵; $\hat{G}_p(s)\hat{\theta}$ 是对象模型传递函数矩阵; $\hat{G}_p(s)$ 是对象模型无时滞部分传递函数矩阵; $D(s)$ 是外部扰动。

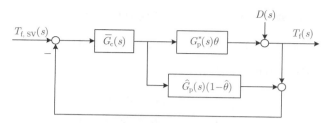

图 5.11　多变量 Smith 补偿原理

如果对象模型与对象过程完全匹配, 则闭环系统特性方程为

$$\det \left(I + \bar{G}_{\mathrm{c}}(s) \cdot \hat{G}_{\mathrm{p}}(s) \right) = 0 \qquad (5.25)$$

多变量系统的 Smith 补偿为

$$G_{\mathrm{s}}(s) = \hat{G}_{\mathrm{p}}(s) - \hat{G}_{\mathrm{p}}(s)I\theta = [g_{ij}(s)(1 - \mathrm{e}^{-\tau_{ij}s})]_{3\times 3}, \quad i,j = 1,2,3 \qquad (5.26)$$

3) 解耦控制

由于加热炉各炉段之间是相通的, 互连炉段之间的炉温变化存在强耦合特性。一个炉温控制段煤气流量的变化, 不但会使本段的炉温变化, 同时会影响相通的其他炉段的温度。解决该问题的办法是解耦, 即把加热炉模型转换为几个弱耦合的子系统, 然后基于这些子系统进行炉温控制。

根据对加热炉内热传递特性分析, 炉中热流主要是从出钢侧流向装钢侧, 因此, 可以假设连通区之间只有一个方向的关联作用, 即一个区的温度变化只会影响入钢方向连通区的温度。虽然炉膛压力、煤气压力和废气压力也会影响炉温, 但与燃料流量相比, 其作用可以忽略不计。

蓄热式推钢加热炉的简化模型如图 5.12 所示。其中, $T_{\mathrm{f},i}$、q_i 分别为第 i 段的炉温、煤气流量。

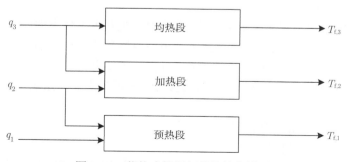

图 5.12　蓄热式推钢加热炉简化模型

为简单起见, 只考虑每一个子系统的稳定特性方程

$$T_{\mathrm{f},i} = f_i(q_i, q_{i+1}), \quad i = 1, 2, 3 \tag{5.27}$$

假设 f_i 在一个小区域内可以线性化, 则

$$\begin{cases} T_{\mathrm{f},1} = a_{1,1}q_1 + a_{1,2}q_2 \\ T_{\mathrm{f},2} = a_{2,2}q_2 + a_{2,3}q_3 \\ T_{\mathrm{f},3} = a_{3,3}q_3 \end{cases} \tag{5.28}$$

其向量形式为

$$T_{\mathrm{f}} = Aq \tag{5.29}$$

式中

$$T_{\mathrm{f}} = \begin{bmatrix} T_{\mathrm{f},1} \\ T_{\mathrm{f},2} \\ T_{\mathrm{f},3} \end{bmatrix}, \quad q = \begin{bmatrix} q_1 \\ q_2 \\ q_3 \end{bmatrix}, \quad A = \begin{bmatrix} a_{11} & a_{12} & 0 \\ 0 & a_{22} & a_{23} \\ 0 & 0 & a_{33} \end{bmatrix}$$

采用对角矩阵法解耦。设解耦后炉温 T_{f} 与调节器输出的煤气流量 q 之间满足下列方程

$$T_{\mathrm{f}} = A^* q \tag{5.30}$$

式中, A^* 为期望的对角线矩阵。由于

$$q = G_{\mathrm{d}}(s)q \tag{5.31}$$

解耦控制器的传递函数可取

$$G_{\mathrm{d}}(s) = A^{-1} A^* \tag{5.32}$$

解耦控制可减小连通炉段之间的相互作用, 原系统可被简化为三个简单的单输入单输出 (SISO) 系统。三个炉段的炉温 PID 调节器可基于该解耦模型和工程经验公式独立设计。

4) 自适应机制

由于燃烧过程具有动态变化特性, 简化模型是基于工作点的线性化模型, 需利用模式识别模块, 根据实际运行数据识别模型线性参数, 通过自适应机构实时调节炉温控制器、补偿器和解耦模块的参数。具体步骤如下。

Step 1: 基于燃烧过程的流量和炉温数据, 采用最小二乘法识别过程当前模型, 即确定矩阵 A。

Step 2: 计算 Smith 补偿器传递函数。

Step 3: 计算解耦模块的参数。

Step 4: 基于解耦后期望的对角线矩阵 A^*, 调用 PID 参数的工程计算公式计算新的控制器参数。

2. 炉温模糊神经网络专家控制

蓄热式燃烧技术运用蓄热室热交换原理, 把助燃空气 (煤气) 预热到高温, 从而大幅度降低加热炉燃料消耗, 具有节能、环保、低污染排放多重优越性。加热炉煤气燃烧的控制目标是根据加热钢坯的型号决定燃烧室炉温分布, 通过控制各段煤气流量和空气流量, 准确跟踪给定的炉温分布。

然而由于存在换向问题, 在蓄热式加热炉燃烧过程控制过程中除了钢坯温度预报、炉温优化设定、炉温控制、空燃比自寻优和鼓风机智能变频调速的过程, 在信号采集与处理过程中还要对数据进行滤波, 过滤掉异常数据和换向过程中的数据, 保证流量跟踪环节的正常运行。在实际工业过程中采用 "限幅滤波+中值滤波" 的方法排除异常数据和换向数据。

在实际工业生产过程中, 由于工况波动严重, 尤其是煤气热值不稳定、入炉钢坯温度不稳定等, 双交叉限幅 PID 控制超调严重、升降温速度慢。虽然用模糊神经网络优化 PID 控器制参数[75] 可改善系统的性能, 但不能从根本上解决问题。炉温解耦自适应 PID 控制系统, 也只能是在过程参数变化范围不是很大的情况下能保证其高精度和稳定性。可通过模糊控制、神经网络、专家系统建立模糊神经网络 (FNN)[64] 专家控制系统, 以解决过程参数急剧变化情况下炉温的控制问题。

模糊专家控制如下。

在炉温优化设定的基础上采用智能控制技术实现蓄热式加热炉温度实时控制, 控制回路结构如图 5.13 所示, 主要包括四个部分: 各段煤气流量与阀门开度、空气流量与阀门开度之间的关系; 空燃比自寻优策略; 鼓风机变频调速控制策略; 加热炉燃烧过程模糊专家控制器。

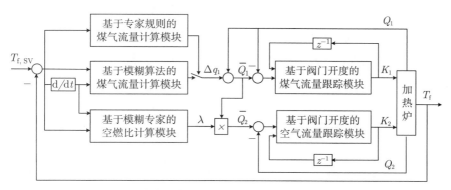

图 5.13　加热炉燃烧过程模糊专家控制器原理框图

加热炉燃烧过程模糊专家控制器是炉温控制的核心环节, 空燃比寻优策略用于保证燃烧过程具有合适的空燃比, 以克服煤气热值波动造成的炉温偏差和煤气燃烧不充分现象。由于模糊专家控制器计算的是煤气空气的流量, 而控制量是煤气空气的阀门开度, 必须建立各段煤气流量与阀门开度、空气流量与阀门开度之间的关系模型。鼓风机变频调速策略用于实时调整电机的速度以进行空气总用量粗调节, 然后根据各段空气用量通过阀门调节实现空气流量的细调节。

(1) 流量与阀门开度关系。

由于模糊专家控制最终的控制对象是煤气阀门和空气阀门的开度, 而模糊专家控制器给出的是煤气流量和空气流量信号, 必须建立阀门开度与流量之间的关系, 共包括六个关系式: 预热段煤气流量与煤气阀门开度, 预热段空气气流量与空气阀门开度, 加热段煤气流量与煤气阀门开度, 加热段空气气流量与空气阀门开度, 均热段煤气流量与煤气阀门开度, 均热段空气气流量与空气阀门开度。流量与开度之间存在一定的线性关系:

$$K_{\text{gas}(i)} = a_{\text{gas}(i)} Q_{\text{gas}(i)} + b_{\text{gas}(i)}, \quad i = 1, 2, 3 \tag{5.33}$$

$$K_{\text{air}(i)} = a_{\text{air}(i)} Q_{\text{air}(i)} + b_{\text{air}(i)}, \quad i = 1, 2, 3 \tag{5.34}$$

可采用最小二乘法对系数进行拟合, 得到相应各段的模型参数。

(2) 空燃比自寻优策略。

采用模糊专家规则进行空燃比自寻优调节, 处理煤气热值波动和设备异常时造成的空燃比异常情况。

根据温度偏差变化率以及炉温偏差进行空燃比的调节。

R_1 : If 　炉温偏差正变化率过大　 and 　炉温偏差较小　 Then 　减低空燃比

R_2 : If 　炉温偏差负变化率过大　 and 　炉温偏差较小　 Then 　增加空燃比

R_3 : If 　炉温偏差变化率正常　　 Then 　保持空燃比

同时为了处理实际生产过程的设备异常状况保证空燃比, 直接对煤气阀门开度进行控制。

R_4 : If 　$K_{\text{gas}(1)} > K_{\text{air}(1)}$ 　 Then 　$K_{\text{gas}(1)} = K_{\text{air}(1)} - 5$

R_5 : If 　$K_{\text{gas}(2)} > K_{\text{air}(2)}$ 　 Then 　$K_{\text{gas}(2)} = K_{\text{air}(2)} - 10$

R_6 : If 　$K_{\text{gas}(3)} > K_{\text{air}(3)}$ 　 Then 　$K_{\text{gas}(1)} = K_{\text{air}(3)} - 5$

其中, $K_{\text{gas}(j)}$、$K_{\text{air}(j)}$ 分别表示煤气、空气阀开度, $j = 1, 2, 3$ 分别表示预热段、加热段和均热段。

(3) 风机变频调速控制策略。

在实际生产中, 可针对不同的电机型号选用相应的变频器对风机进行变频调速。将空气总管挡板打到某个特定的开度, 在此情况下建立电机转速 n 与空气总管

压力 P_{air} 和空气总管流量 Q_{air} 模型。采用具有非线性拟合和自学习能力的 BP 神经网络进行建模, 采用单隐含层结构, 输入变量两个, 即空气总管压力 P_{air} 和空气总管流量 Q_{air}, 隐含层神经元 7 个, 输出变量一个, 即电机转速 n。

神经网络模型结构如图 5.14 所示。其中, $w_{i,j}^H$ 为对应第 i 个隐含层神经元第 j 个输入变量的权值; b_i^H 为对应第 i 个隐含层神经元的阈值, 其中, w_i^o 为对应第 i 个隐含层神经元到输出层神经元的权值, b^o 为输出层神经元阈值。

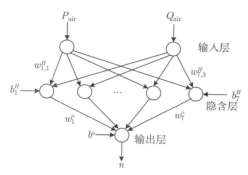

图 5.14　电机转速预测神经网络模型结构图

(4) 燃烧过程模糊专家控制器。

控制规则的设计是设计模糊控制器的关键, 一般包括三部分的设计内容: 选择描述输入变量、输出变量的词集与论域大小, 定义各模糊变量的隶属度函数以及建立模糊控制器的控制规则, 具体步骤如下。

Step 1: 确定模糊变量集合。

作为设计工作的第一部分, 进行系统分析, 然后确定模糊控制器的输入变量及输出变量, 包括它们的数值变化范围, 以及要求达到的控制精度等, 需要根据实际问题进行具体分析, 在建立一个过程的物理模型的基础上, 确定控制器的结构。

为保证具有较好的动态性能, 混压模糊控制器和热值模糊控制器都是二维的控制器, 其中混压模糊控制器选择混压偏差和偏差的变化率为输入量, U_p 为输出量; 热值模糊控制器选择热值偏差和热值偏差的变化率为输入量, U_c 为输出量。

上位工控机进行模糊专家温度跟踪和煤气、空气流量跟踪; 底层控制器完成煤气、空气阀位跟踪。

炉温偏差在一定范围变化时, 模糊控制器开始运行, 根据当前炉温变化和变化率、模糊规则经推理得煤气流量设定值。

模糊煤气流量计算模块的输入变量为炉温测量值与设定值的偏差 e 及其变化率 ec, 输出变量为煤气流量设定值 q。选取相应输入、输出模糊变量的词集个数, 通过模糊化映射关系得到相应模糊变量论域 E、EC、Q。

Step 2: 定义隶属度函数。

在加热炉模糊控制器的隶属度函数设计上, E、EC 可选高斯型隶属度函数, Q 可选双侧高斯型隶属度函数, 模糊规则采用 Mamdali 直接推理法, 解模糊一般采用区域重心法。

Step 3: 建立模糊控制规则。

规则表的建立是模糊控制器的核心, 模糊控制规则选取的原则是: 当误差大或较大时, 选择控制量以尽快消除误差为主; 当误差较小时, 选择控制量要注意防止超调, 以满足控制精度为主要出发点。根据这一原则制定一系列的控制规则, 再将这些控制的规则汇总为表, 从而得到模糊控制规则表。当炉温偏差超出一定范围时, 为了加快炉温升温或降温速度, 采用专家控制规则进行控制。

根据温度偏差和偏差变化率结合专家规则和模糊控制规则表给出各段煤气流量的设定值; 根据各段煤气流量与阀门开度的关系求出各段的煤气阀门开度的设定值; 根据各段煤气流量设定值和空燃比求出空气流量设定值; 根据各段空气流量与阀门开度的关系求出各段的空气阀门开度的设定值。各段煤气阀门开度的设定值与各段空气阀门开度的设定值由上位工业控制计算机下发到各段控制器, 直接控制煤气、空气阀门, 从而实现对温度流量的双闭环控制。

3. 免疫克隆进化学习算法

模糊系统和神经网络不能独自满足所有的控制要求, 因为它们在本质上没有对象状态的记忆功能, 除非在系统中引入外部反馈 (主要是指模糊系统)[76], 因此有必要采用某些学习算法, 对模糊神经网络参数实行在线调节。神经网络常用的学习算法是 BP 学习算法, 在多输入多输出炉的多层神经网络控制方案中采用了 BP 学习算法[77], 但 BP 算法是一种局部搜索算法。可将规则优化、克隆选择和免疫进化算法结合, 采用一种新的免疫克隆进化 (immune clonal evolution, ICE) 优化算法, 在全局范围内搜索炉温模糊神经网络控制器 (fuzzy neural network controller, FNNC) 的最佳参数, 提高搜索精度。

1) 规则优化算法

炉温 FNNC 设计的关键问题之一是其结构和参数的确定, 如何自动生成或调整输入输出变量的模糊隶属度函数或模糊规则, 是一个复杂的问题[78]。为解决该问题, 可采用一种自动调整输入输出变量模糊集合数目的规则优化算法, 调整步骤如下。

Step 1: 对炉温偏差和偏差变化率两个输入变量定义初始模糊集合数 $n = 1$, 输出变量, 即煤气流量增量的模糊集合个数取 $2n - 1$。

Step 2: 评估所构造的 FNNC 的性能。采用 ITAE (integral of time multiplied by absolute error) 积分性能指标

$$J_n(\text{ITAE}) = \sum_{k=1}^{N} k \left| T_{\text{f},i}(k) - T_{\text{f,SV}}^i(k) \right| \tag{5.35}$$

式中, k 为离散时刻; $T_{\text{f},i}$ 和 $T_{\text{f,SV}}^i$ 分别为构造系统第 i 段炉温输出和目标值。

Step 3: 如果性能改善, 即 $J_n < J_{n-1}, n+1 \rightarrow n$, 然后重复 Step 2。如果性能没有改善或改善的性能函数值低于阈值, 那么这种增加被中断, 从而模型结构被确定。

2) 免疫克隆进化优化算法

神经网络学习的 BP 算法在参数学习过程中易陷入局部最优解, 遗传算法 (GA) 虽具有全局搜索能力, 但局部搜索能力不理想, 且易出现进化缓慢的现象。免疫克隆进化算法融合了克隆扩增的高精度局部搜索和免疫进化算法的全局寻优能力, 是一种具有广阔应用前景的优化算法[79]。将规则优化和免疫克隆进化算法相结合, 通过基于炉温 FNNC 结构和参数的免疫克隆进化 (ICE) 优化算法来获取 FNNC 的最佳参数。设通过规则优化每个炉温控制段 FNNC 的隐单元数为 l, 种群最大搜索次数为 iter, ICE 算法搜索 3 个 FNNC 最佳参数的步骤如下。

Step 1: 编码和初始化。以规则优化得到的 FNNC 参数构造初始种群中的一个解, 然后随机产生其余个体, 组成规模为 pop_size 的初始群体 A_n。个体采用实数编码, 编码长度为 $3(5l+3)$, 即

$$\begin{cases} \mu_{1,1}^1, \sigma_{1,1}^1, \mu_{1,2}^1, \sigma_{1,2}^1, \cdots, \mu_{1,1}^l, \sigma_{1,1}^l, \mu_{1,2}^l, \sigma_{1,2}^l, w_1^1, \cdots, w_1^l, K_{e,1}, K_{ec,1}, K_{q,1} \\ \qquad\qquad\qquad\qquad\qquad \vdots \\ \mu_{3,1}^1, \sigma_{3,1}^1, \mu_{3,2}^1, \sigma_{3,2}^1, \cdots, \mu_{3,1}^l, \sigma_{3,1}^l, \mu_{3,2}^l, \sigma_{3,2}^l, w_3^1, \cdots, w_3^l, K_{e,3}, K_{ec,3}, K_{u,3} \end{cases} \tag{5.36}$$

Step 2: 计算评价值。每个个体对应一组控制器参数, 采用 ITAE 积分性能指标

$$J_n(\text{ITAE}) = \sum_{i=1}^{3} \sum_{k=1}^{N} k \left| T_{\text{f},i}(k) - T_{\text{f,SV}}^i(k) \right| \tag{5.37}$$

当前群体 A_n 中每个个体的评价值为

$$f = \frac{1}{a + J_n(\text{ITAE})} \tag{5.38}$$

式中, a 是一个使分母不为零的很小的正数。

Step 3: 选择。从当前群体 A_n 中选出 S 个评价值最高的个体组成群体 B_n(其中 $S <$ pop_size)。

Step 4: 扩展。模拟克隆扩增过程[80], 构造一个较小的邻域, 群体 B_n 中每个个体在其小邻域内随机产生若干新个体, S 个个体共产生 pop_size 个新个体组成群体

C_n。群体 B_n 中任一个体 v_i 的小邻域构造为

$$\text{SN}(v_i) = \{v \mid \|v - v_i\| \leqslant r, v \in \Omega, r > 0\} \tag{5.39}$$

式中, Ω 为可行解空间; $\|\bullet\|$ 为欧几里得范数。$\text{SN}(v_i)$ 由与 v_i 的欧氏距离不大于常数 r 的所有可行解构成, 在解空间中是以 v_i 为中心、以 r 为半径的球形区域, 定义 r 为扩展半径。

　　免疫系统克隆扩增过程中, 亲和性越高的 B 细胞产生的子 B 细胞越多, 模拟这一现象, 用转盘法[81] 实现亲和性越高的个体扩展出越多新个体。设群体 B_n 中的个体为 $v_1, v_2, \cdots, v_S$, 评价值分别为 $f_1, f_2, \cdots, f_S$, 则每个个体扩展出新个体的概率为

$$p_k = \frac{f_k}{\sum\limits_{i=1}^{S} f_i}, \quad k = 1, 2, \cdots, S \tag{5.40}$$

计算累积概率

$$q_k = \sum_{i=1}^{k} p_i, \quad k = 1, 2, \cdots, S \tag{5.41}$$

令 $q_0 = 0$, 在 [0,1] 上产生一个均匀分布的随机数 ω, 若 $q_{k-1} \leqslant \omega \leqslant q_k$, 则 v_k 扩展出一个新个体, 产生 pop_size 个这样的随机数, 就可确定群体 B_n 中每个个体扩展出新个体的数目。

　　Step 5: 变异。模拟免疫系统群体更新过程, 用随机产生的个体替换群体 C_n 中评价值最低的一部分个体, 形成群体 D_n。变异概率按式 (5.42) 调节, 即

$$p_m = \begin{cases} p_{m,\max}, & k < k_0 \\ p_{m,\max} - (p_{m,\max} - p_{m,\min})\dfrac{k - k_0}{\text{iter}}, & k > k_0 \end{cases} \tag{5.42}$$

　　Step 6: 最优个体保留。为了避免群体中最优个体因扩展操作而丢失, 将群体 D_n 中评价值最低的个体替换为群体中评价值最高的个体形成下一代群体 D_n。令 $n = n + 1$, 返回 Step 2 循环计算, 直至满足收敛条件。

　　群体中每个个体相当于一个可行解, 扩展操作相当于在优秀解的小邻域内进行局部细搜索。个体的评价值越高, 其邻域内存在优秀个体的概率越大, 故在其邻域内产生更多新个体的概率越大, 即在其邻域内搜索的次数更多。变异操作用来保持群体多样性。如果变异操作找到解空间中评价值较高区域内的某一解, 则该解被选择操作选出, 扩展操作在该解所在区域进行局部细搜索, 以寻求高精度的解。ICE 通过从全局到局部的两层搜索, 以保证其全局寻优和局部求精能力。

4. 炉温多模型控制结构

对一些比较复杂的系统, 在一定条件下, 多模型控制会具有更强的鲁棒性。工业控制过程中, 不同生产条件下的模型结构或参数往往不同, 这类过程控制模型可视为多模型系统。对非线性系统也往往用多个线性模型来逼近, 多模型方法被认为是处理非线性系统常用的方法和技术[82]。

虽然炉温解耦自适应 PID 控制方法控制精度高, 但是燃烧过程的煤气热值、压力等参数变化剧烈时, 该方法所依赖的静态线性模型已不适合描述实际过程的非线性动态变化, 导致控制性能变差。而基于 ICE 的模糊神经网络专家控制不需要对象的精确数学模型, 在过程动态变化情况下具有更好的稳定性。此外, 在系统设备出现比较严重的故障 (如煤气、空气管道出现严重破裂) 时, 手动控制是连续工业控制系统的一种应急方式, 不可缺少。综合上述三种炉温控制方法的特点, 采用燃烧过程炉温多模型控制系统, 其结构如图 5.15 所示。

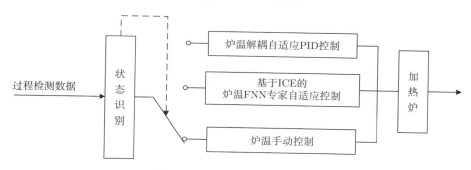

图 5.15 炉温多模型控制系统

过程状态识别模块通过分析在一段时间内过程状态检测数据 (如炉温偏差 e 及其变化率 ec) 的变化范围识别过程当前状态, 从而选择适当的控制模块。控制模块选择规则如下:

(1) 如果 $|e| < \varepsilon_{11}$ 且 $|ec| < \varepsilon_{21}$, 切换到解耦自适应 PID 控制方式;

(2) 如果 $\varepsilon_{11} \leqslant |e| \leqslant \varepsilon_{12}$ 且 $|ec| \leqslant \varepsilon_{22}$, 或 $|e| \leqslant \varepsilon_{12}$ 且 $\varepsilon_{21} \leqslant |ec| \leqslant \varepsilon_{22}$ 切换到模糊神经网络专家控制方式;

(3) 如果 $|e| > \varepsilon_{12}$ 或 $|ec| > \varepsilon_{22}$, 则切换到手动控制方式。

多模型方法的关键问题是多模型算法的模型切换和稳定性, 以及模型集的选择。虽然在实践中, 多模型控制算法取得了成功, 但仍有许多理论和应用上的问题没有完美地解决。

(1) 多模型控制器的理论。例如, 基于加权组合的多模型控制器的稳定性; 基于切换控制的非线性系统、离散时间系统多模型控制器的稳定性等。

(2) 模型集的选取。模型集以及元素模型的多少和模型的相关匹配程度将直接影响控制的精度和性能。

(3) 优化模型集。多模型控制器的缺点是模型多、计算量大。在保证控制精度的前提下优化模型集, 减少元素模型个数, 提高计算速度, 满足工业控制实时性的要求。

(4) 模型切换的稳定性。切换指标的选择是多模型控制的关键问题, 它对算法的稳定性、收敛性、系统瞬态响应具有至关重要的作用。

(5) 对存在随机干扰的不确定系统多模型控制的研究, 以及对模型阶次、参数变化系统、非线性系统多模型控制鲁棒性的研究。

5.3.2　炉温优化设定

根据工艺分析, 炉温可以描述为沿炉长分布的二次函数:

$$u(s) = a + bs + cs^2 \tag{5.43}$$

要满足以下的约束条件: 当 $s=s_i$ 时, $u_{1i} \leqslant a + bs + cs^2 \leqslant u_{2i}$。其中, u_{1i}、u_{2i} 分别是加热炉第 i 段炉温设定的上限、下限值。

考虑到生产工艺对钢坯加热质量的要求并使得能耗最小, 加热炉的炉温设定优化目标函数为

$$\min J = \min \left\{ \frac{1}{2}P[T_m(s_e) - T_m^*(s_e)]^2 + \frac{1}{2}Q[T_s(s_e) - T_c(s_e)]^2 + \frac{1}{2}R \int_0^{t_e} u(s)^2 \mathrm{d}t \right\} \tag{5.44}$$

式中, $T_m(s_e)$、$T_s(s_e)$、$T_c(s_e)$、$T_m^*(s_e)$ 分别为出炉时刻钢坯平均预报温度、表面预报温度、中心预报温度和平均期望温度; $u(s)$ 为炉温, s 为钢坯在炉内的位移; t_e 为钢坯的加热时间; P、Q、R 为加权系数, 并且满足 $P, Q \gg R$。

根据不同型号的钢坯温度预报模型, 可以分别求得系数 a、b、c 对应的值 a^*、b^*、c^*, 以此算得三段的炉温优化设定值。

例如, 对于 HR345 型号钢坯温度预报模型, 按照内点惩罚函数法求解上述的多约束非线性目标问题, 最后求得对应的系数为

$$a^* = 935.23, \quad b^* = 14.88, \quad c^* = -0.17$$

对应的加热炉沿炉长方向的温度分布曲线如图 5.16 所示。根据炉温的最优分布曲线可以获得三段的炉温优化设定值。预热段: $u^*(s_1) = a^* + b^*s_1 + c^*s_1^2 = 950$。加热段: $u^*(s_2) = a^* + b^*s_2 + c^*s_2^2 = 1200$。均热段: $u^*(s_3) = a^* + b^*s_3 + c^*s_3^2 = 1250$。采用相同的方法可以获得所有型号钢坯的优化温度设定如表 5.1 所示。

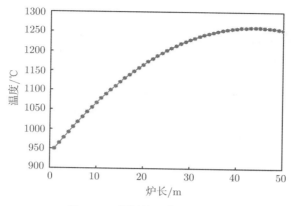

图 5.16　钢坯炉温优化曲线图

表 5.1　各种型号钢坯炉温优化设定表　　　　　　（单位：℃）

钢号	各段炉膛温度优化设定值		
	预热段	加热段	均热段
LZ06	700	1000	1200
45#	820	1150	1250
50#	850	1200	1250
50A 甲	716	1104	1218
55#	800	1150	1250
60#	665	1120	1200
Q345A	800	1050	1200
HR345	950	1200	1250
23MnV	800	1100	1220
40Mn	700	1100	1250
Q195	900	1120	1250
Q235B	780	1100	1200
LZ08	900	1115	1220

5.3.3　系统实现及工业应用

蓄热式加热炉燃烧过程的应用软件采用 Visual C++ 6.0 进行开发, 数据库采用 SQL Server 7.0 进行设计。为了提高系统整体可靠性、可维护性和实时性, 采用了结构化编程、多线程程序设计等技术。各模块设计符合高内聚、低耦合原则。系统各模块通过共享全局数据区关联, 通信模块和控制与优化模块对全局数据区有读写权, 其他模块只有读取权。

1. 系统结构

两级分布式计算机控制系统结构如图 5.17 所示。第一级由 C40、C31 现场控制器、变频器 ACS600、数据采集器 JTM350A 和数显表 TRM006 等组成, 实现对加热炉燃烧过程的分布式实时监视和控制。通过控制器实现预热段、加热段、均热段煤气、空气阀开度的直接控制, 从而实现炉温控制; 数显表 TRM006 完成预热、加热和均热段蓄热室、废气温度及煤气预热温度、换热前和换热后烟温的温度信号显示; 数据采集器 JTM350A 采集炉压、煤气总管压力、空气总管压力和预热、加热、均热段蓄热室温度信号 (新增); 加热炉燃烧控制系统还包括空气总管压力、煤气总管压力、炉压、排烟控制回路, 由两个 C40 和两个 C31 控制器构成。

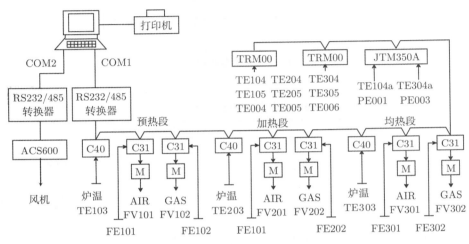

图 5.17   加热炉分布式计算机控制系统通信结构图

变频器实现风机的风量控制, 防止空气进入煤气管道引发爆炸, 保证设备和人员的安全。变频器输出频率范围限制在 25% ~ 100%, 可根据工况调节变频器频率, 控制风机风量。

第二级为上位工业控制计算机, 主要完成用于钢坯加热过程的实时监测, 包括各种参数的显示与查询, 实时曲线的显示, 历史曲线的显示与查询; 修改和发送预热段、加热段、均热段炉温, 煤气和空气阀开度设定值、空燃比等。

由于变频器位置离监控室较远, 通信线与高压电线相邻, 受到很强的电磁信号干扰, 为避免干扰信号对监控室控制器、数据采集器、数显表与工控机通信的影响, 在上位工控机与变频器之间以及上位工控机与其他现场仪器仪表之间采用两条RS485 通信线路。

2. 系统应用软件

根据软件总体设计要求, 对系统监控程序进行分解后, 将系统软件分为五个部分: 通信与数据滤波模块、过程状态可视化监控模块、控制与优化模块、数据库管理模块和信息管理模块。

1) 通信与数据滤波

该模块借助 MsComm 控件编制数据上传和下传通信程序, 主要负责定时地从现场设备, 如数字调节器、变频器、数据采集器和数显表采集过程工况数据, 并且下发 "下传数据区" 的炉温控制数据, 以及现场设备的指令数据等。由于通信接口数据传输速度较慢, 数据采集和下传周期为 1min。

数据滤波程序采用 "限幅滤波 + 中值滤波" 方法对现场采集的数据进行滤波, 过滤异常数据和换向过程中的流量数据, 以保证采样数据能反映实际工况, 保证控制环节的正常运行, 尤其是流量跟踪环节的正常运行。

数据通信采用面向字符的帧数据格式。每个现场设备的通信设置单元设置了不同的通信地址, 波特率与上位机相同, 上位机根据地址可访问相应现场设备。

2) 过程状态可视化监控

钢坯加热炉燃烧过程的各种参数的实时监视有模拟图、表格和曲线三种形式。过程模拟图以过程工艺图为背景, 直观地反映出燃烧过程工艺流程, 同时显示出炉温、炉压、煤气总管压力、空气总管压力、煤气和空气流量等工况信息。过程参数列表把所有监视参数集中到一个界面同时显示, 除能显示模拟图中的参数, 还能显示废气温度等其他工况参数。炉温压力曲线用于显示三段炉温、煤气和空气总管压力变化曲线。

3) 控制与优化

该模块完成炉温多模型控制、炉温优化设定和鼓风机变频控制等功能。炉温多模型控制的切换方式, 可通过棒状图界面选择, 有自动切换和手动切换两种。在手动控制方式下, 通过棒状图界面可直接设置阀门开度控制数据。此外, 该界面还具有鼓风机变频控制功能, 能直接设定鼓风机速度, 并显示鼓风机速度和电流。

4) 数据库管理

系统数据库包括采样与控制数据库和告警数据库。采样与控制数据库存放过程工况数据和控制数据; 告警数据库用来存放过程参数的超限信息。在把采样数据存入采样与控制数据库时, 该模块会判断影响生产安全的数据, 如煤气、空气压力等, 是否越限, 若越限, 一方面将告警信息存入数据库, 另一方面根据告警事件的优先级以声光的形式发出告警, 最多能同时发出 5 个不同超限事件的告警。为了保证有足够空间存放新的工况数据, 该模块具有建新表和删除旧表的功能。

5) 信息管理

该模块具有报表打印、报警日志打印和运行数据查询等功能。为了保证系统操作的安全性, 设置了系统专家级密码和操作员级密码, 同时提供了详细的帮助文档, 提供了操作指导和异常事故处理策略等信息。

3. 智能控制算法流程

温度流量双闭环模糊专家控制算法的流程图如图 5.18 所示, 根据现场加热炉

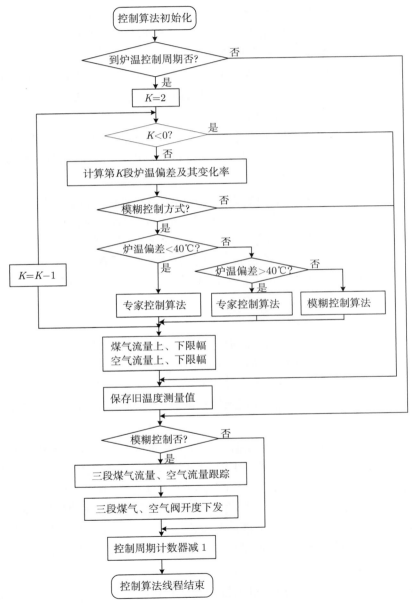

图 5.18　温度流量双闭环模糊专家控制算法的流程图

燃烧过程控制的特点, 为了保证在恶劣的工况条件下正常实现钢坯加热, 缩短升降温的时间, 提高抑制异常工况波动造成炉温偏差扰动的实时性, 限定温度控制周期和流量跟踪周期在一定范围内。第一次启动后, 完成炉温控制周期、流量跟踪周期等参数的设定及装载煤气流量模糊计算表; 为了保证在调用模糊控制算法前获取前一采样时刻的三段炉温测量值, 延时一定的时间后, 读取三段炉温测量值并启动控制算法用定时器。

为了及时响应升温、降温指令, 定时器周期选用 2s。专家控制算法是由若干条件语句组成的程序段; 模糊控制算法是一个查表程序, 由炉温偏差 e 及其变化率 ec 得其论域值 E、EC, 由 E、EC 查二维模糊表得煤气流量模糊值 Q, 对 Q 解模糊得煤气流量 q。其中, 模糊表是用 MATLAB 软件编制的一段程序, 根据输入、输出变量的隶属度函数、模糊推理规则、推理方法等算得。

4. 基于 ICE 算法的炉温多模型控制

炉温多模型优化控制算法是系统的核心控制算法, 包括炉温多模型控制、煤气空气流量跟踪、空燃比自寻优和炉温多模型控制器参数调节三部分。通过对燃烧过程延迟特性分析, 再考虑系统通信速度, 选择炉温多模型控制周期为 5min; 通过分析煤气空气阀时滞特性, 综合考虑炉温控制周期, 选择流量跟踪周期为 1min; 根据炉温 FNNC 参数调节速度, 即 ICE 算法的搜索时间 (搜索 20 代需 13min), 考虑解耦自适应 PID 控制的参数调节时间小于 ICE 算法的搜索时间, 选择控制器参数调节周期为 30min。空燃比自寻优算法计算时间较短, 放在控制器参数调节定时程序中。炉温优化设定的 HPSO 算法搜索 20 代的时间, 即炉温设定优化计算时间为 104s, 也放在控制器参数调节定时程序中, 以节省定时器资源。

炉温多模型控制程序通过分析炉温采样数据和炉温设定值, 通过协调算法选择解耦自适应 PID 控制、模糊神经网络专家控制和手动控制方式之一, 若为解耦自适应 PID 控制, 计算煤气、空气流量设定值, 通过通信程序下发给现场控制级的 PID 控制器, 实现流量跟踪; 若为模糊神经网络专家控制, 计算煤、空气流量设定值, 存入公共缓冲区, 由煤、空气流量跟踪程序算出相应阀门开度, 下发给现场仪表, 直接控制电动调节阀; 若为手动控制, 直接将棒状图界面手动设定的煤、空气流量下发给电动调节阀。

炉温多模型控制器参数调节程序包括解耦自适应 PID 控制器参数调节和模糊神经网络控制器参数调节两部分, 通过协调算法选择。解耦自适应 PID 控制器参数调节程序根据炉温和煤气流量数据, 采用最小二乘法拟合燃烧过程模型参数, 然后计算出解耦控制器、Smith 补偿器和 PID 控制器参数。模糊神经网络控制器参数调节程序, 通过调用 ICE 算法, 基于燃烧过程 GAP-EKF 序贯学习回归神经网络模型和 FNNC 模型的模拟计算, 搜索最佳 FNNC 参数。炉温优化设定程序在炉温解耦自适应 PID 控制和模糊神经网络控制方式被启动, 基于炉温控制模型、煤气空气流量控制模型、炉温预测 GAP-EKF 序贯学习 RNN 模型和钢坯温度预测传热模型, 计算 HPSO 算法的粒子适应度, 即对粒子对应的炉温设定性能进行评估, 直到搜索到最优解或搜索了最大搜索代数。

　　5. 运行效果

　　在工况稳定的情况下, 根据运行数据对各种控制方式的运行效果进行比较:

　　(1) 在近似相同的工况下, 全手动控制具有较高的响应速度, 但在频繁调节的过程中超调量大, 存在较大的稳态误差;

　　(2) 手动 PID 和自动 PID 控制方式在煤气热值好并且稳定的条件下, 控制效果较好, 但在工况波动较大的情况下, 超调量较大, 响应速度较慢;

　　(3) 专家模糊控制算法对工况的波动具有较强的适应能力, 具有较高的稳态控制精度和较小的超调量。

　　图 5.19 中, 虚线表示手动控制的曲线图, 实线表示模糊控制效果图, 其中曲线 1 表示预热段手动控制曲线, 曲线 2 表示预热段模糊控制曲线, 曲线 3 表示加热段手动控制曲线, 曲线 4 表示加热段模糊控制曲线, 曲线 5 表示均热段手动控制曲线, 曲线 6 表示均热段模糊控制曲线。

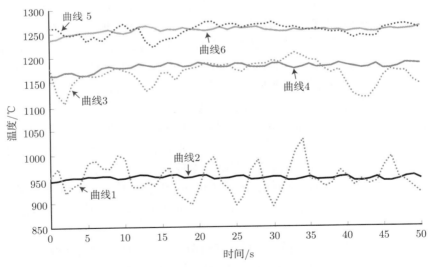

图 5.19　运行效果图

　　当三段炉温设定如下, 即预热段炉温设定 950℃; 加热段炉温设定 1170℃; 均热段炉温设定 1250℃时, 采样点间隔时间为 5s, 截取加热炉温度历史趋势, 通过实际运行效果可以得出, 使用原有系统时, 温度波动范围在 ± 60℃左右, 而使用模糊专家算法控制系统后, 温度在稳定工况下基本稳定在设定温度的 ± 15℃ 范围内, 其温度波动强度远远小于原控制系统下的温度波动。对于加热炉这种大惯性、纯滞后环节, 模糊专家控制可满足现场的控制要求, 提高了炉温控制精度。

蓄热式推钢加热炉多模型控制与优化系统投入运行后, 提高了系统性能, 降低了燃耗、电耗和钢坯烧损, 提高了轧制钢坯的成品率, 实现了"高产、优质、低耗"的生产目标。同时, 提高了加热炉燃烧过程的自动化水平, 加强了信息管理能力, 极大地降低了工人的劳动强度。自适应模糊神经网络专家控制的性能优于手动控制的原因可归结为:

(1) 炉温变化对于手动控制来说太快, 操作人员很难及时完成相应多个控制量的调节, 而在这一方面自动控制具有绝对优势;

(2) 虽然自适应模糊神经网络专家控制是模仿人类操作, 但操作工人很难在 8h 内把注意力都集中在工作上, 由于疲劳和外界干扰容易出错;

(3) 模糊神经网络控制器参数的自适应调节, 使得控制器能及时跟踪加热炉工况的变化, 调整控制器参数, 保证系统控制性能不随工况的变化而变差;

(4) 基于阀门开度的流量跟踪控制, 克服了 PID 控制中的阀门开度信号振荡导致的流量跟踪不稳定和影响阀门寿命的问题;

(5) 空燃比优化和炉温设定优化降低了燃耗、空气污染 (煤气过剩导致的黑烟和高氧燃烧产生的有害物质) 和钢坯的高温氧化;

(6) 故障诊断模块通过识别煤气总管压力、空气总管压力、废气温度等超限并发出声音和光电告警提高了系统的可靠性。

5.4 CSP 均热炉燃烧过程智能优化控制系统

均热炉结构复杂, 具有非线性、大时滞、强耦合和时变特性, 采用常规方法难以建立其系统模型。CSP 均热炉采用的是温度、煤气和空气流量的串级双交叉限幅 PID 控制策略, 流量控制回路的设定值由炉温调节器的输出给定, 各 PID 回路相互独立。但是在实际工业生产过程中, 由于各炉温控制区炉温控制回路之间相互耦合, PID 控制超调严重, 而且该方法对煤气热值和压力的波动抑制能力较差。

这些问题的存在影响钢坯加热质量, 造成钢坯氧化现象严重, 浪费煤气资源, 最终影响效益。完善均热炉的基础自动化控制, 实现均热炉燃烧过程的优化控制, 将为减少技术人员的工作量, 保证薄板生产线的正常运行起到关键作用。

针对均热炉存在的问题, 为了保证均热炉加热燃烧过程处于较好的燃烧状态, 本节通过建立煤气热值与空燃比、炉温变化与煤气流量之间的关系模型, 实现炉温和空燃比的优化控制; 同时为了加强控制效果, 引入阀门反馈控制, 改善均热炉温度控制系统; 采用模糊专家控制方法, 设计空燃比寻优控制器和煤气流量模糊专家控制器; 基于以上方法, 实现均热炉智能控制。

CSP 均热炉燃烧过程智能优化系统通过实现以下几方面以满足实际生产要求:

(1) 通过建立温度优化控制模型, 实现炉温的闭环控制, 使得均热炉生产线各个区域均匀加热, 提高板材扎制的精度, 并为产品质量提供坚实基础;

(2) 建立空燃比寻优模型, 给出合适的煤气和空气流量, 避免空气过剩, 减少板坯的氧化烧损, 以及冒火和冒烟等现象, 避免换热器温度过高引起的烧穿, 减少能源消耗;

(3) 建立阀门控制模型, 减少工人劳动强度, 提高阀门控制精度, 延长阀门使用寿命。

从炉温设定优化, 空燃比优化控制以及炉温跟踪的优化控制三方面对均热炉燃烧控制系统进行优化, 同时提供均热炉炉温、空燃比及其阀门开度的监视画面, 达到简化现场操作人员操作、减轻工人劳动强度、提高炉温控制精度的目的, 实现均热炉温度优化设定, 从而保证均热炉各段炉区均衡加热, 降低能耗, 保证薄板生产线的顺利运行。

为实现 CSP 均热炉燃烧过程的智能控制, 采用模糊专家控制对温度进行跟踪控制, 控制系统结构如图 5.20 所示。

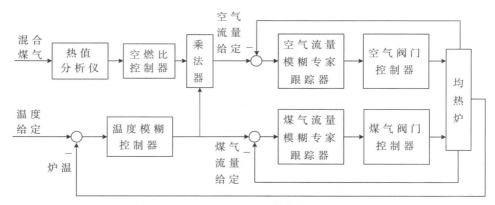

图 5.20　控制系统结构

CSP 均热炉燃烧过程的优化控制的目标是: 通过控制煤气阀门和空气阀门, 根据温度偏差, 在较少的煤气消耗下达到最佳的均热炉温度, 提高炉温的控制精度, 从而保证均热炉各段炉区均衡加热, 降低能耗, 保证薄板生产线的顺利运行。

根据优化控制要求和系统结构框图, 控制系统可以分为三个部分。

(1) 温度优化控制器是炉温控制的核心环节, 主要作用是保证均热炉温度稳定在给定的目标值上, 同时也对煤气流量和热值的波动起到稳定作用。根据均热炉温度的设定值和实际值的偏差, 在考虑煤气热值及流量的情况下, 通过模糊控制器计算煤气流量设定值。

(2) 空燃比自寻优模型用于保证燃烧过程具有合适的空燃比, 克服煤气热值和压力波动造成的钢坯表面氧化和冒烟、冒火等现象。空燃比自寻优控制以热值仪分析的热值以及均热炉实际温度与预测温度的偏差为输入, 通过模糊自寻优控制器计算空气流量, 进而控制阀门, 实现空燃比的优化。

(3) 阀门控制器根据设定的煤气流量和空气流量确定气体阀门开度, 必须首先建立阀门开度与流量之间的关系模型, 把煤气流量和空气流量信号转换成阀门开度。为保证阀门快速反应并跟踪控制信号, 对阀门开度进行线性补偿来修正阀门开度。

5.4.1　模糊专家控制

根据加热炉存在的问题, 在原均热炉燃烧过程控制系统的基础上进行算法改进, 并且运行实现均热炉加热燃烧的智能控制。由于均热炉供气的不确定性、配备的检测和执行部件不能很好地满足常规控制方案的设计, 在充分总结均热炉操作人员控制经验的基础上, 采用模糊控制和专家控制相结合的方法, 实现均热炉自动加热控制。

1. 炉温优化控制

均热炉调温的主要目的是增强对煤气热值和压力波动的抑制能力, 使得均热炉各个区域均匀加热, 提高钢坯轧制的精度以及产品的质量。在煤气热值和压力在一段时间内相对稳定的情况下, 煤气流量和炉温存在一定的正比关系, 这意味着调节煤气流量就能够调节均热炉炉温。在煤气流量发生改变的同时, 需同时控制空气量, 从而保证煤气的充分燃烧。

根据设定温度与实测温度的偏差, 在考虑煤气热值、压力等因素的情况下, 通过经验值确定应增加的供热量, 并经模糊专家控制器得到煤气流量的给定值, 当从PLC 系统反馈的炉温与设定炉温的差在一定范围内时, 采用模糊控制器进行控制, 当反馈的炉温与设定炉温的差超出规定范围时, 模糊控制器就不再起作用, 转而由专家控制系统控制, 快速抑制温度差。因此, 用单一的控制器和控制算法无法实现控制任务, 所以使用切换系统, 通过专家控制器与模糊控制器的自动切换对系统进行控制, 适应系统的不同工况。下面将详细介绍在均热炉炉温控制系统中这两种控制器的设计方法。

1) 温度模糊控制

基于模糊控制的均热炉燃烧过程温度优化控制器是炉温控制的核心环节。本节中, 模糊控制器的设计均为双输入单输出的结构。

　　模糊控制器包括模糊化、模糊推理、解模糊三个过程。模糊化是将偏差和偏差变化率转化为模糊量的过程, 其输出为与输入值对应的各语言值隶属度。将 e、ec 进行模糊化, 得到相应的模糊变量分别为 E、EC。规则库由与操作有关的控制规则组成, 其中控制规则根据操作者或专家的经验知识确定, 并制成控制规则表。这个规则表也可以在实验过程中不断在线地获取信息, 由一个自学习专家控制器进行调整和完善。模糊推理根据输入语言变量激活相应规则, 得出输出语言变量 U; 解模糊将输出语言变量转换为清晰的中间控制量 u。

　　按照以下步骤设计模糊控制器。

　　Step 1: 确定模糊控制器的结构, 即根据具体的系统确定其输入输出变量, 并确定输入输出论域及隶属度函数。

　　Step 2: 设计输入输出变量的模糊化方法, 把输入输出的精确量转化为对应语言变量的模糊集合。

　　Step 3: 设计模糊推理决策算法, 根据模糊控制规则进行模糊推理, 得到输出模糊量。

　　Step 4: 设计对输出模糊量去模糊化算法, 利用重心法进行去模糊化, 实现模糊量到精确量的转化。

　　温度模糊控制器根据当前均热炉温度的偏差和偏差变化率, 通过模糊规则推理得阀门开度的设定值。温度模糊控制器的输入变量为均热炉的设定温度与实际温度的偏差 e 及其偏差的变化率 ec, 输出变量为阀门开度的变化 u。当温度偏差大于 0 时, 增加阀门开度; 当温度偏差小于 0 时, 减少阀门开度。本控制器中, 均热炉温度偏差 E 的论域设定为 $[-50, 50]$, 混煤压偏差变化率 EC 的论域设定为 $[-7, 7]$, 阀门开度变化量输出 U 的论域设定为 $[-2, 2]$。阀门开度的模糊规则查询表如表 5.2 所示。该模糊规则表采用 8×7 的增量式模糊控制规则表。

表 5.2　温度控制模糊控制规则表

EC	E							
	$[50, +\infty)$	$[20,50)$	$[10,20)$	$[0,10)$	$[-10,0)$	$[-20,-10)$	$[-50,-20)$	$(-\infty, -50)$
$(-\infty, -7)$	10 %	8 %	5%	3%	2%	1%	0	0
$[-7,-5)$	8%	5%	3%	2%	1%	0	0	-1%
$[-5,-2)$	5%	3%	2%	1%	0	0%	-1%	-2%
v $[-2,0)$	5%	2%	1%	0	0	-1%	-2%	-5%
$[0, 2)$	2%	1%	0	0	-1%	-2%	-3%	-8%
$[2, 5)$	1%	0	0	-1%	-2%	-3%	-5%	-8%
$[5, +\infty)$	0	0	-1%	-2%	-3%	-5%	-8%	-10%

　　2) 温度专家控制

　　专家控制是智能控制的一个重要组成部分, 具有高可靠性、长期运行的连续性、在线控制的实时性、优良的控制性能、抗干扰性、使用的灵活性以及维护的方便性等特点。专家控制能够根据工业对象本身的时变性、不确定性及现场干扰的随机性，采用不同形式的控制策略，其控制效果能够满足工业过程的一般要求。

知识库是专家系统的核心，包括两部分的内容：一是与比例偏差因子设定有关的数据信息，二是进行推理的时候所用到的一般知识以及领域专家的专门知识和经验。将专家控制经验进行归纳、总结、整理后形成 If < 条件 > Then< 动作 > 的结构。用此语句来描述专家经验，并以数据的形式存储在知识库中。

在均热炉的温度专家控制器设计中，当从 PLC 系统反馈的炉温与设定炉温的差在一定范围内时，采用模糊控制器进行控制，但是当反馈的炉温与设定炉温的差超出规定范围时，模糊控制器就不再起作用，由专家控制系统进行控制，使温度差快速缩小。根据现场的观察和经验的总结，当温度的偏差大于 150℃时，控制器的首要任务是尽快减小偏差，为了达到这一目的，知识库中的主要规则如下。

$$R_1 : If \quad e < -150℃ \quad\quad\quad Then \quad \Delta u_1 增加10\%$$
$$R_2 : If \quad e \geqslant -150℃ \quad and \quad e < -100℃ \quad Then \quad \Delta u_1 增加7\%$$
$$R_3 : If \quad e \geqslant -100℃ \quad and \quad e < -70℃ \quad\ Then \quad \Delta u_1 增加5\%$$
$$R_4 : If \quad e < 150℃ \quad\quad\quad\quad Then \quad \Delta u_1 减少10\%$$
$$R_5 : If \quad e \leqslant 150℃ \quad and \quad e < 100℃ \quad\ Then \quad\quad \Delta u_1 减少7\%$$
$$R_6 : If \quad e \leqslant 100℃ \quad and \quad e < 70℃ \quad\ Then \quad\quad \Delta u_1 减少5\%$$

其中，e 为温度偏差；Δu_1 为煤气流量的增量，推理机根据知识库中的知识和经验进行推理，并得出结论。

2. 空燃比自寻优算法

空气/燃料的最佳配比是均热炉燃烧控制的重要内容，合理的空燃比将使炉温以最快的速度上升到设定值。当煤气流量一定时，空燃比的调节实际上是对空气量的调节。大风量操作会产生过多的废气，这样不仅会损失掉大量的热能，而且会导致炉内气体中含有过多的氧，进而造成钢坯严重烧损；过燃料操作则会造成燃烧不完全，降低热效率，而且会产生大量黑烟污染环境，或者会造成炉尾喷火影响操作人员和设备的安全。

均热炉燃烧过程复杂，很难建立炉温与煤气、空气流量的精确数学模型。采用的交叉限幅方法，虽然可以提高加热燃烧过程的安全系数、保证空燃比在设定的范围内，但是不能根据实际情况进行实时调节，影响燃烧过程燃料的效率。为了给均热炉燃烧过程提供一个合适的空燃比，本节运用模糊专家控制来进行空燃比的优化，处理煤气热值波动和设备异常时造成的空燃比异常现象。

根据燃烧理论，空燃比是否合理，最终要反映到炉温上，空燃比自寻优控制根据均热炉实际温度与预测温度的偏差为输入, 通过模糊自寻优控制器计算空气流量, 进而控制阀门, 实现空燃比的优化。

空燃比自寻优包括两部分, 首先通过热值仪分析给出的煤气热值, 根据专家控制规则得到合适的空燃比; 然后把空燃比与当前的煤气流量给定值相乘得到空气流量设定值。由于煤气热值波动比较频繁, 所以采用专家规则来调节空燃比。

空燃比专家调节规则分为六条规则, 如下所示:

$$R_1 : \text{If} \quad \text{煤气热值} Q \geqslant a_1 \quad \text{Then} \quad \text{空燃比} \alpha = a_1$$

$$R_2 : \text{If} \quad \text{煤气热值} Q \geqslant a_2 \quad \text{Then} \quad \text{空燃比} \alpha = a_2$$

$$R_3 : \text{If} \quad \text{煤气热值} Q \geqslant a_3 \quad \text{Then} \quad \text{空燃比} \alpha = a_3$$

$$R_4 : \text{If} \quad \text{煤气热值} Q \geqslant a_4 \quad \text{Then} \quad \text{空燃比} \alpha = a_4$$

$$R_5 : \text{If} \quad \text{煤气热值} Q \geqslant a_5 \quad \text{Then} \quad \text{空燃比} \alpha = a_5$$

$$R_6 : \text{If} \quad \text{煤气热值} Q < a_6 \quad \text{Then} \quad \text{空燃比} \alpha = a_6$$

其中, $a_1 \sim a_5$ 阈值为相应热值下的空燃比。$a_1 \sim a_6$、$b_1 \sim b_6$ 可以根据实际的应用情况进行在线更新。

根据煤气热值得到的空燃比, 只是一个初步优化的空燃比。当炉温稳定在设定值时, 再通过模糊自寻优控制器, 调节空燃比, 使其达到最优。根据燃烧理论, 空燃比是否合理, 最终要反映到炉温上, 当煤气流量一定时, 合理的空燃比将使炉温以最快的速度上升到设定值。

均热炉燃烧系统由于建模方面的困难, 一般的最优控制手段难以实现, 为实现空燃比的自寻优控制, 采用模糊控制理论, 以炉温为控制目标进行寻优, 设计模糊自寻优控制器。

这个模糊自寻优控制器, 具有自动改变搜索方向与控制步长的功能, 即施加某一控制作用后, 如果效果明显, 则在原搜索方向上可取稍大的控制步长, 如果效果不明显, 则控制步长可取小些, 如果出现相反作用, 则改变搜索方向。

通过模糊自寻优控制器, 避免空气过多剩余, 使空燃比更趋于合理化, 保证煤气充分燃烧, 减少板坯的氧化烧损, 减少能源消耗, 提高生产效率。

3. 阀门线性补偿控制

控制系统结构中最重要的是控制器, 因此阀门线性补偿控制的核心是流量模糊专家控制器的设计。执行机构是自动控制系统不可缺少的组成部分, 它接收控制器或者人工给定的控制信号, 发生相应的动作, 完成对生产过程各种参量的控制。执行机构的精度以及反应速度都对控制效果产生直接影响。均热炉的煤气和空气气动调节阀如果是开环控制, 则会影响燃烧控制系统的控制效果。因此需要引入阀门反馈模块, 对阀门进行闭环控制。

由于控制器给出的是煤气流量和空气流量信号, 所以必须首先建立阀门开度与流量之间的关系模型, 把煤气流量和空气流量信号转换成阀门开度。为保证阀门快速反应并跟踪控制信号, 控制阀门的开度需要使用一些控制算法来实现。拟采用专家控制算法对阀门进行控制。首先对阀门的特性进行归类总结, 形成专家规则; 然后根据专家规则, 对阀门开度实施控制。

为设计合理的阀门控制器, 首先建立阀门开度与流量之间的关系模型。进而采用流量模糊控制策略来控制阀门开度, 跟踪给定的煤气和空气流量参考值。因此模糊控制器的输入为流量偏差及其变化率, 输出为阀门增量, 模糊控制规则如表 5.3 所示。

表 5.3 流量控制模糊控制规则表

EC	E							
	$[20,+\infty)$	$[10,20)$	$[5,10)$	$[0,5)$	$[-5,0)$	$[-10,-5)$	$[-20,-10)$	$(-\infty,-20)$
$(-\infty,-5)$	8 %	5%	3%	2%	1%	0	0	0
$[-5,-2)$	5%	3%	2%	1%	0	0	0%	-1%
$[-2,0)$	5%	2%	1%	0	0%	0	-1%	-2%
$[0,2)$	2%	1%	0	0	0	-1%	-2%	-3%
$[2,5)$	1%	0	0	0	-1%	-2%	-3%	-5%
$[5,+\infty)$	0	0	0	-1%	-2%	-3%	-5%	-8%

为保证阀门快速反应并跟踪控制信号, 需要对阀门的开度进行线性补偿来修正阀门开度。了解阀门开度理论值与实际检测值之间的关系, 需对阀门开度进行测试并记录, 阀门开度设定与开度反馈值的关系如表 5.4 所示。其中, 反馈值 1 为阀门开度设定值由大到小变化时检测到的反馈值, 反馈值 2 为阀门开度设定值由小到大变化时检测到的反馈值。从表格中可以看出, 阀门设定值为 10%~90% 时基本呈线性关系, 当阀门开度为 50% 时, 反馈值很接近真实值; 当开度小于 50% 时, 反馈值比真实值偏大; 当开度大于 50% 时, 反馈值比真实值偏小; 而且距离阀门开度 50% 越远, 相应的误差越大。

表 5.4 阀门开度与反馈值关系表

阀门开度/%	80	75	70	65	60	55	50	45	40	35	30
反馈值 1	73.5	69.6	65.2	61.9	57.6	53.6	50	46	42.5	38.3	34.6
反馈值 2	74	70.1	66.1	62.2	58.2	54.3	50.3	46.4	42.4	38.5	34.5

分析表 5.4 中的数据, 通过拟合, 得到真实反馈值与下发值之间的关系曲线。为了使阀门开度反馈值与真实阀门开度基本相等, 对阀门开度进行补偿是必要的。考虑到阀门特性, 归纳出的阀门修正函数为

$$y = \begin{cases} 0, & 0 < x < 10.8 \\ \dfrac{x - 10.8}{0.79}, & 10.8 \leqslant x \leqslant 89.8 \\ 100, & x > 89.8 \end{cases} \tag{5.45}$$

式中, x 代表阀门开度; y 代表补偿后的下发值。

5.4.2　系统实现及工业应用

工业控制软件是工业过程控制系统中重要的组成部分, 担负着管理、决策和控制的任务, 是满足实际应用环境而编制的软件, 主要负责数据的采集、处理、显示及人机交互等操作, 软件产品的品质直接影响控制系统的稳定性和产品的质量, 是工业控制的灵魂。

加热炉燃烧控制系统优化是在原有的集散型控制系统运行环境和 InTouch 组态软件系统组成的控制平台下, 利用可与之相兼容的 Visual C++ 语言, 进行加热炉燃烧控制系统优化应用软件程序的编写, 并用 OPC 技术对应用软件和 PLC 系统进行无缝连接, 使应用软件能够通过 PLC 系统对现场的执行设备进行控制, 从而把应用软件纳入整个控制系统。主要从系统硬件结构、系统数据流程、系统功能设计以及关键技术四个方面对该系统的总体设计思路进行说明, 最后介绍系统的应用情况。

1. 优化控制系统硬件结构

系统硬件结构如图 5.21 所示。从系统的网络图中可以看到, 系统包括 2 台服务器、PLC 控制器。2 台服务器是独立的, 其中一台作为主服务器, 用于监视及控制; 另外一台作为从服务器。

均热炉的控制系统由西门子 PLC 控制系统以及 Wonderware 公司出产的 InTouch 组态软件组成。Simatic NET 通过工业以太网与现场 PLC 进行数据通信, 然后再与 Wonderware 的组件 I/O Server 进行 DDE 通信, 交换数据, 最后在 InTouch 组态软件上进行监视与控制。

Simatic NET V6.0 是西门子在工业控制层面上提供的一个开放的、多元的通信系统。它能将工业现场的 PLC、主机、工作站和个人计算机联网通信。Simatic NET 推出了多种不同的通信网络以适应自动化工程中种类的多样性, 包括工业以太网、AS-I、PROFIBUS 和 PROFIBUS-PA, 这些通信网络都符合德国或国际标准。

Simatic NET 系统包括: 传输介质、网络配件和相应的传输设备; 协议和服务; 连接 PLC 和计算机到 LAN 网上的通信处理器 (CP 模块)。

美国 Wonderware 公司的过程可视化组态软件 InTouch 组态软件, 对现场 PLC 进行系统组态。InTouch 包括三个主要程序: InTouch 应用程序管理器、WindowMaker 以及 WindowViewer。

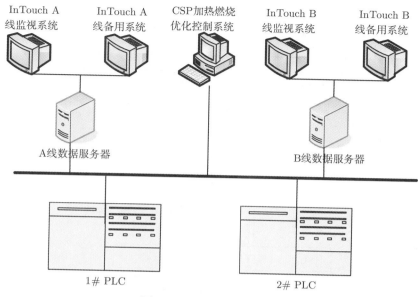

图 5.21 系统硬件结构图

InTouch 应用程序管理器用于创建和管理应用程序, WindowMaker 通过一种强有力的图形方法来浏览和配置 InTouch 应用程序。WindowMaker 是 InTouch 的开发环境, 在这个开发环境中可以使用面向对象的图形来创建富于动画感的触控式显示窗口。这些显示窗口可以连接到工业 I/O 系统和其他 Microsoft Windows 应用程序。WindowViewer 是用于显示在 WindowMaker 中创建的图形窗口的运行时环境。同时 WindowViewer 执行 InTouch QuickScript 执行历史数据的记录和报告、处理报警记录和报告, 并且可以充当 DDE 和 SuiteLink 通信协议的客户机和服务器。

2. 基于 Visual C++ 的软件模块设计

根据图 5.21 的系统硬件结构图, 可以得出系统数据流图, 如图 5.22 所示。

数据通信基于 OPC 技术, 主要完成的功能是从 PLC 控制系统取得实时数据, 并将数据经过处理之后传送给应用程序的控制中; 另外, 将应用程序控制算法得到的控制量下发到 PLC 模块, 实现对现场设备的控制, 完成 PLC 控制系统和应用软件的无缝连接。

CSP 均热炉燃烧过程智能优化控制主要是用软件来实现的, 基于 PLC 控制组态平台, 采用系统本身的组态语言或者是可与之兼容的以 Windows 2000 为操作系统、面向对象的 Visual C++ 语言进行应用软件的编写; 然后应用 OPC 技术实现应

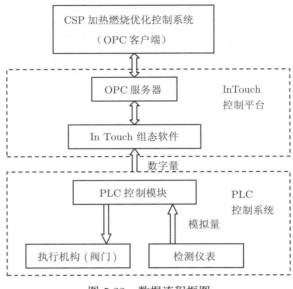

图 5.22   数据流程框图

用软件和原 PLC 控制系统的无缝连接, 使应用软件能够通过 PLC 系统对现场的执行设备进行控制, 从而把控制应用软件纳入整个 CSP 均热炉燃烧过程智能优化控制系统。

3. 系统软件结构

根据软件总体设计的要求和过程, 软件主要包括两部分: 组态软件和应用软件。根据现场的情况, 为了符合操作人员的习惯, 组态软件完成界面操作的功能, 包括: 控制状态和参数的设定、实时状态监视、历史数据分析等; 应用软件完成的功能是数据通信、炉温控制模型及阀门线性补偿部分。图 5.23 为系统软件结构图。

组态软件主要完成对控制状态和参数的设定, 使现场工作人员可以根据实际情况决定是否使用温度自动控制、阀门是否需要自动控制以及自动控制时的一些参数的设定。

应用程序部分包括独立的控制界面, 是温度控制算法的实现程序。在温度模型和阀门优化控制部分的软件中, 模糊控制算法封装在类 Cfuzzy 中, 温度控制器的设计封装在 CLGCSPDlg 中。应用程序通过 OPC 接口和组态软件连接, 完成阀门控制量下发和各检测量上传。由于控制的周期长短相差较大, 程序的主题部分集中在两个计时器中, 在长周期的计时器完成温度控制, 而在短周期的计时器中完成阀门控制。

在应用程序的设计过程中, 采用模块化的设计, 以保证程序的可维护性, 提高数据的安全性。

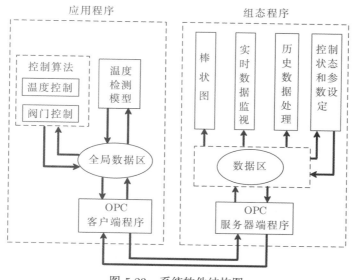

图 5.23 系统软件结构图

4. 运行效果

CSP 均热炉燃烧过程智能优化控制系统由两台工业控制机和西门子 PLC 控制器组成两级系统, 并利用可与之相兼容的 Visual C++ 语言实现温度的优化控制等应用软件, 共同完成均热炉智能控制、工艺过程的实时监视和综合信息管理。

控制算法可实现空燃比自动寻优和炉温最优控制。当煤气热值和压力波动、负载变化等外部因素影响时, 使加燃烧过程中空燃比不处于最优空燃比并且炉温波动, 加热炉燃烧过程智能优化控制系统可以自动对空燃比寻优, 在保证炉温的基础上使空燃比处于最优状态, 提高炉温的稳定性和系统的响应速度。图 5.24 为随机截取的均热炉同一区温度历史趋势曲线, 时间跨度约为 120min。

从图中可以直观地看出, 使用原有系统时, 温度波动范围在 ±40℃左右, 而使用智能控制系统后, 温度在稳定工况下基本稳定在设定温度的 ±10℃范围内。即使由于煤气热值波动造成温度骤降, 温度也可以迅速被拉回原设定温度, 其温度波动强度远远小于原控制系统下的温度波动。

系统根据实际运行情况和控制效果对炉温模糊控制器、空燃比专家调节规则和阀门补偿函数做参数调整和优化, 有较好的控制效果。通过智能优化控制软件的应用, 提高了空燃比的准确性, 改善了煤气和空气阀门的特性, 使均热炉温度控制趋于稳定, 有效降低了温度的波动, 达到了优化改造预定的目标。该系统工作可靠、性能稳定、功能齐全、操作方便, 温度控制精度达到了要求。

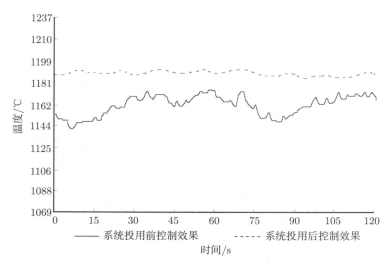

图 5.24　系统投用前后控制效果图

第6章　公用工程系统智能控制与优化

供水、供气、供电、供热等都是耳熟能详的市政公用工程系统, 这些公用工程系统是人们日常生活的基本保障。复杂冶金过程中也包含了类似这样的公用工程系统, 煤气供应就是冶金过程中典型的公用工程系统。煤气是钢坯加热过程、烧结过程、炼焦过程中的主要燃料。在复杂冶金过程中, 煤的燃烧和干馏产生了高炉煤气、焦炉煤气等副产品, 高炉煤气和焦炉煤气通常经过混合加压处理后作为燃料送往钢坯加热、烧结、炼焦、煤气发电等生产过程。

高炉煤气和焦炉煤气的热值不同, 两种煤气的热值都达不到各单位对煤气燃料的要求, 一般企业都把两种煤气混合加压, 使其达到各单位对煤气燃料的热值要求, 然后送往各单位。煤气的计量也是煤气供应过程中的重要组成部分, 煤气的计量关系到各用气单位的煤气供给需求关系, 精确的煤气计量是平衡煤气的发生量与消耗量的基础。本章主要介绍复杂冶金过程中煤气的混合加压、煤气的计量与消耗平衡等公用工程系统的智能控制与优化方法。

6.1　煤气混合加压过程智能解耦控制

煤气混合加压过程是钢铁生产的重要环节, 混合煤气的质量直接影响钢铁的质量和产量。煤气混合加压过程复杂, 影响因素多, 人工手动控制很难达到生产要求, 迫切需要一种有效的控制方法。

本节在深入分析煤气混合加压过程机理的基础上, 利用模糊控制、解耦控制、专家控制、集成优化控制等技术, 建立煤气混合加压解耦控制模型, 并利用二自由度专家控制方法来稳定混合煤气热值和压力[83-85]。

6.1.1　煤气混合加压工艺过程

下面首先介绍煤气加压站生产工艺过程, 然后从控制的角度分析煤气混合加压过程的基本特性, 得出煤气混合加压过程控制要求。

1) 加压站生产工艺过程

钢铁工业生产中的高炉煤气、焦炉煤气等副产煤气都是宝贵的能源, 充分回收和利用这些副产煤气, 不仅在企业能源消耗与平衡工作中具有重要作用, 更是节能与环保工作的重要问题, 是实施可持续发展战略的重要环节。为了更充分合理地使用能源, 防止热值低的煤气放散, 钢铁企业通常将不同热值的副产煤气混合及加压,使得混合煤气的热值满足生产的要求后再送往生产单位。

高炉、焦炉煤气混合加压过程就是将高炉煤气总管输送过来的高炉煤气 (热值低, 一般为 $3150\sim4180\mathrm{kJ/m^3}$) 和焦炉煤气总管输送过来的焦炉煤气 (热值高, 一般为 $5900\sim18300\mathrm{kJ/m^3}$) 直接进行混合[86], 然后通过加压机加压, 最后送往各用户单位。煤气混合加压过程如图 6.1 所示。

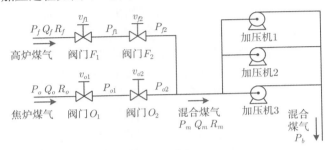

图 6.1　高炉、焦炉煤气混合加压过程工艺流程图

煤气混合加压过程虽然没有直接生产产品, 但在钢铁企业生产中起着重要作用。只有保证这道工艺的正常生产, 才能确保高炉和焦炉的正常安全运行, 降低煤气的放散率, 节约能源, 保护环境。热值和压力稳定的混合煤气是各个煤气用户稳定生产的前提, 如果热值或压力不稳定, 就可能会在加热炉燃烧过程中产生如下的问题: 温度波动大、加热不均匀、煤气燃烧效率低、设备损耗大, 从而影响能耗、烧损率、废钢率、产量、质量等指标。

在图 6.1 中, $P_f(P_o)$ 为高炉煤气管道 (焦炉煤气管道) 的压力值, $Q_f(Q_o, Q_m)$ 为高炉煤气 (焦炉煤气、混合煤气) 的流量, $v_{f1}(v_{f2}, v_{o1}, v_{o2})$ 为阀门 $F_1(F_2, O_1, O_2)$ 的开度值, $P_{f1}(P_{f2})$ 为在蝶阀 $F_1(F_2)$ 后高炉煤气管道的压力值, $P_{o1}(P_{o2})$ 为在蝶阀 $O_1(O_2)$ 后焦炉煤气管道的压力值, $P_m(P_b)$ 表示加压机前 (加压机后) 混合煤气管道的压力值, $R_f(R_o, R_m)$ 表示高炉煤气 (焦炉煤气、混合煤气) 的热值[87]。

因此, 对高炉、焦炉煤气混合加压过程的控制目标是稳定混合煤气的热值和压力。一般要求热值和压力分别稳定在 $12000\mathrm{kJ/m^3}$ 和 $13\mathrm{kPa}$ 附近, 具体数值视生产要求而定。加压站普遍采用的生产方式为: 高炉煤气管道和焦炉煤气管道各有两道蝶阀, 通过调节这四道蝶阀来调节焦炉煤气和高炉煤气流量的比值, 以实现混合煤气的热值和混合后压力稳定的目标, 煤气混合后再通过变频器控制加压机的转速来实现变频调速, 最终达到稳定加压机后压力的目的[88]。

根据能量守恒定律, 混合煤气的热值计算公式为

$$R_f Q_f + R_o Q_o = R_m Q_m \tag{6.1}$$

式中, 由于混合煤气的总流量 Q_m 由生产过程要求决定, 是不可控的, 所以当一种

煤气流量改变时需要改变另外一种煤气流量来达到调节混合煤气热值的目的。

2) 过程特性分析

高炉、焦炉煤气混合加压过程是一个连续的过程,高炉煤气和焦炉煤气经蝶阀管道汇总混合,再经加压机加压后,送往后续的煤气用户。在煤气混合过程中,混合煤气热值和压力的波动与下列因素有关。

(1) 高炉煤气和焦炉煤气的气源压力。若加压机前压力不变,任一煤气的气源压力波动,必然会导致压力差的改变,致使煤气流量发生变化,混合比发生变化,从而引起混合煤气热值和压力的波动。

(2) 煤气用户的生产。当用户开始生产时,混合煤气需求量陡增,致使加压机前压力减小,压力差增大,高炉煤气和焦炉煤气的流量增大,但增量是不同的,致使流量配比发生改变,热值发生波动;当生产单位停止生产时,混合煤气需求量陡减,致使加压机前压力升高,压力差减小,高炉煤气和焦炉煤气的流量降低,但减小量是不同的,致使流量配比发生改变,热值同样发生波动。

(3) 整个钢铁集团生产调度。钢铁集团生产调度也影响混合煤气的热值和压力,如焦化厂生产的焦炉煤气太多,不能直接排放到大气中 (焦炉煤气毒性大),只能把焦炉阀门全开,致使混合煤气热值很高;若某生产单位检修,加热炉保温停轧,要求混合煤气热值降低,则只能关小焦炉阀门,开大高炉煤气阀门。

综上所述,混合煤气热值和压力的波动是由多方面因素决定的。这些因素大部分是无法预料的,而且出现频繁,从而导致混合煤气热值和压力的波动剧烈,影响生产。为了保证混合煤气热值和压力的稳定,加压站采用四蝶阀和变频器进行调节。在进行调节的过程中,混合煤气的热值与压力相互耦合。为了调节热值,可能破坏压力平衡;为了调节压力,可能破坏热值平衡,使得混合煤气热值与压力很难同时满足生产要求。

3) 煤气混合加压过程控制要求

煤气混合加压过程是钢铁生产过程中的重要环节。各种加热炉所使用的混合煤气都是通过煤气加压站生产的。高炉煤气和焦炉煤气经过加压站物理作用后,具有稳定的热值和压力,以满足钢铁生产对混合煤气质量的要求。由于未配比加压的煤气压力多变,同时煤气混合加压过程具有很多扰动,而手动调节存在相对滞后性,所以有必要对煤气混合加压过程进行自动控制,以保证混合煤气质量。

煤气混合加压过程的控制要求主要有以下三个。

(1) 混合煤气热值的智能解耦自动控制。在煤气混合过程中存在着严重的耦合现象,煤气热值主要由四个蝶阀来进行调节,但调节单一管道上的蝶阀,使高炉煤气流量或者焦炉煤气流量发生改变,既影响混合煤气的压力,又影响混合煤气的热值,从而无法保证热值与压力的同时稳定。对煤气混合配比的控制主要采用两种方法:传统的 PID 控制和智能化的神经网络解耦控制。由于被控对象的复杂性,传统的 PID 控制存在控制精度差和有较大的超调量等缺点, 并不能很好地解决此耦合问题。而神经网络解耦控制实现复杂, 针对性太强, 无法有效地推广与应用。两种方法都忽视了所用的四个蝶阀组间的耦合, 无法实现完全解耦, 影响了控制效果。因此, 迫切需要寻求一种更先进的智能解耦控制方法来解决煤气混合加压过程中存在的耦合问题。

(2) 混合煤气压力的自动控制。由于混合煤气加压过程复杂, 气源压力的波动、加压机转速的改变、蝶阀开度的调节、后续单位生产调整等因素都会影响混合煤气压力 (简称混压) 的稳定。为了控制混合煤气的机后压力, 国内采用较多的是 PID 控制和模糊控制, 但一般都没有考虑加压机前压力的变化, 从而控制效果较差。因此, 设计一种更完善的压力控制方案是实际生产的需求。

(3) 建立煤气混合加压过程智能解耦控制系统。煤气加压站底层设备繁杂, 需要采集的数据点众多, 一般采用集散控制系统来统一处理底层设备数据的采集和控制。如何在底层的集散控制系统基础上实现先进的智能控制算法, 保证通信的实时性和准确性的同时, 设计一种先进的控制系统, 使之具有良好的可移植性和通用性, 适合大多数的煤气加压站借鉴和采用, 是亟待解决的问题。

6.1.2　智能解耦控制系统总体设计

煤气加压站有两个控制目标: 混合煤气的热值和加压机后压力。由于热值调节和压力调节之间的耦合作用, 要保证热值和压力的双稳, 就必须解决控制过程中的耦合问题。

煤气加压站的控制系统分为两个控制子回路: 热值、压力解耦控制回路和加压机压力控制回路。在热值、压力解耦控制回路中以加压机前混压波动范围、混合煤气的热值稳定跟踪设定值为控制目标, 采用智能控制方法来实现解耦, 同时充分考虑专家经验, 在一些特殊的情况下极限控制以保证系统的稳定; 在加压机的压力控制回路中以加压机后压力稳定跟踪设定值为控制目标, 采用二自由度的专家控制策略。

智能解耦控制系统总体结构如下。

经过对被控对象的仔细分析, 确定了解耦控制系统的结构, 将其划分为热值、压力解耦控制回路和加压机的压力控制回路, 如图 6.2 所示。

对于热值、压力解耦控制回路, 通过控制这四道蝶阀的开度达到使混合煤气热值和混合后压力稳定的控制目的, 其中热值为主要控制目标, 对热值的控制精度要求较高, 而混压为辅助的控制目标, 主要是抑制混压的波动。在该控制回路中之所以将混压作为控制目标, 主要是基于以下三点原因。

(1) 若在该回路不考虑混压, 仅仅以热值为控制目标, 则有可能由于将蝶阀的开度调得过小, 导致混压过低, 出现加压机前负压的情况, 这时会严重影响加压机

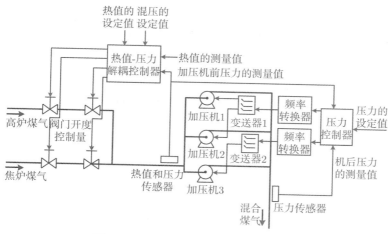

图 6.2 智能解耦控制系统逻辑结构图

的生产, 甚至出现煤气倒灌的情况, 使得整个煤气管网出现危险。

(2) 由于混压对加压机后压力有较大的影响, 如果混压波动较大, 则加压机后压力的调节就很困难, 若能将混压的波动抑制在一定的范围, 则能给加压机后压力的调节创造良好的条件, 同时混压的稳定也有助于煤气混合过程的平稳。

(3) 将混压作为该回路的控制目标, 可以在保证热值的基础上尽可能提高混压值, 这样可以使加压机在相对较低的频率下运行, 从而达到节约能源的目的。

因此, 在热值、压力解耦控制回路中必须将混压作为一个控制目标。将混压作为控制目标后, 热值调节和混压调节存在严重耦合, 因此必须设计一个解耦控制器, 消除热值调节与混压调节之间的耦合作用, 这也是控制系统的核心所在。

对于加压机的压力控制回路, 该回路通过变频器控制加压机的转速来实现变频调速, 最终达到稳定加压机后压力的目的。在该回路中, 不但要将测量的加压机后压力作为反馈值, 而且要将测量的混压作为前馈值引入该控制回路中。这主要是由于在该回路中热值的调节精度要大大高于混压的调节精度, 同时由于上、下游生产单位的波动, 混压在一定的范围内还有波动, 故将混压信号作为前馈信号引入加压机压力控制回路中, 使得混压的波动对加压机后压力的影响降到最小。

6.1.3 热值、压力解耦控制回路

在热值、压力解耦控制回路中, 热值与压力之间严重耦合, 同时外界的扰动也非常显著, 这给控制器的设计带来很大的困难。通过将模糊控制、专家控制、模糊解耦、变周期控制等控制策略融为一体, 较好地适应了复杂的被控对象, 能够得到较好的解耦效果。

1. 热值、压力解耦控制回路设计

由生产工艺可知, 煤气混合过程的输入量为高炉煤气和焦炉煤气, 输出量为混合煤气的压力和热值, 煤气蝶阀开度与煤气压力和流量呈抛物线关系, 输入煤气的改变既影响混合煤气压力, 又影响混合煤气热值。因此, 该被控对象是一个非线性强耦合的双输入、双输出多变量系统, 必须采用相应的解耦控制策略对其进行解耦控制。

解耦控制算法为控制系统的核心, 解耦方式以及具体的参数设置直接关系整个控制系统的运行效果。就控制理论, 存在着两种解耦方式: 基于精确数学模型的解耦方式和基于智能控制的解耦方式。前者精度高、准确, 但是适应性差, 对模型的准确性要求较高; 后者适用于某些难以求解精确数学模型的控制对象, 它的构建需要从实际的控制中抽取较多的专家经验。由于四蝶阀控制的数学模型难以求解, 并且现场工况的波动太大, 所以难以采用第一种方法进行求解, 而采用智能解耦的方法。

在设计解耦控制方案时, 以熟练操作人员的经验作为指导依据: 操作人员在对四蝶阀进行操作时, 并不是只看热值或只看混压, 而是要兼顾这两个目标, 首先判断热值或者混压这两个控制目标是否处于正常, 如果不正常, 首先计算出相应的控制量, 然后根据热值的控制量和混压的控制量来综合考虑如何调节四个阀门; 在对蝶阀进行操作时, 并不是只调某个阀门, 而是根据当前情况来灵活进行处置。例如, 如果热值高于设定值, 操作人员要调小热值, 可以采取关小焦阀或是开大高阀两种方式, 操作人员会跟据当前的混压来进行判断, 如果混压较低, 就会开大高阀, 如果混压较高, 则关小焦阀, 这样调节既保证热值, 也保证压力。在某种意义上说, 这就是操作人员通过自己的经验对热值调节与混压调节进行解耦。

在采用智能解耦的控制方式时, 利用这些专家经验设计整个解耦控制系统的结构以及具体的控制器是关键。首先可以据此设计解耦控制系统的结构, 其具体的设计内容如下所述。

(1) 将当前的热值偏差信号与混压偏差信号转化为控制量, 也就是将操作人员对当前的热值与混压的判断转化为控制算法可以进行运算的数值量。

(2) 将经过转化后的热值控制量和压力控制量进行解耦, 然后转化为高炉煤气阀门开度增量和焦炉煤气阀门开度增量的控制输出, 这主要通过操作人员的专家经验进行解耦。

(3) 将高炉煤气阀门开度增量和焦炉煤气阀门开度增量转化为蝶阀的实际开度给定, 这是因为现场高炉煤气管道与焦炉煤气管道分别有两道蝶阀, 所以必须设计控制器将高炉煤气阀门增量与焦炉煤气阀门增量在这两道阀门上进行分配。

由于煤气混合过程的控制特性非常复杂, 所以要实现对该复杂工业过程的有效

控制是相当困难的。各种智能化技术,如模糊逻辑、神经网络、专家系统等本身都具有一定的适应面和局限性,很难用一种技术来实现煤气混合过程中的优化控制问题。因此系统基于集成化思想,采用综合了多种智能化技术优点的智能集成控制技术来设计具体的控制器。考虑到要充分利用专家经验,且这些专家经验难于用数学模型进行描述,但实践证明却是行之有效的,而模糊控制与专家控制都具有模拟人的思维方式,并将这些专家经验转化为控制规则的能力,故在控制器的设计中将主要采用模糊控制策略和专家控制策略,其中在设计解耦控制器时采用模糊控制与专家控制相融合的控制策略。

整个解耦控制策略的设计思想如图 6.3 所示。其中, r_p 为压力的设定值, r_c 为热值的设定值, e_p 为压力的偏差, $\dot{e}_p$ 为压力的偏差变化率, e_c 为热值的偏差, $\dot{e}_c$ 为热值的偏差变化率, u_p、u_c 分别为混压模糊控制器和热值模糊控制器计算出的控制量, $\tilde{u}_f$、$\tilde{u}_o$ 分别为模糊解耦控制器输出的高炉煤气阀门 (简称高阀) 和焦炉煤气阀门 (简称焦阀) 的开度值, u_f 为经过专家控制器调整后的高阀的开度给定值, u_o 为经过专家控制器调整后的焦阀的开度给定值。

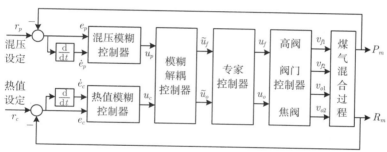

图 6.3 热值、压力解耦控制方框图

根据图 6.3 的控制思想,首先由混压模糊控制器和热值模糊控制器获得对应于混压和热值的控制量,然后通过模糊解耦控制器对这两个量进行解耦得到高炉煤气阀门和焦炉煤气阀门的阀位增量,再通过专家控制器调整这个控制量,最后通过高炉煤气阀门控制器和焦炉煤气阀门控制器得出高炉煤气阀门和焦炉煤气阀门的开度给定值,由执行机构分别控制高炉煤气和焦炉煤气的阀门开度,实现混合煤气的热值控制,同时稳定加压机前的混合煤气压力。其中的热值设定由操作人员给出,而混压设定是加压机前混合煤气的压力给定值,它根据高炉煤气和焦炉煤气的压力测量值得到,原则是保持加压机前的混合煤气压力与高炉煤气和焦炉煤气的压力之间有一个合适的差值。

2. 热值、压力模糊控制器设计

模糊控制器的设计包括以下几个步骤。

1) 确定模糊控制器的输入变量和输出变量

首先对系统进行分析, 然后确定模糊控制器的输入变量及输出变量, 包括它们的数值变化范围, 以及要求达到的控制精度等, 需要根据实际问题进行具体分析, 在建立一个过程的物理模型的基础上, 确定控制器的结构。

为保证系统具有较好的动态性能, 混压模糊控制器和热值模糊控制器都是二维的控制器, 混压模糊控制器选择混压偏差 e_p 和混压偏差的变化率 $\dot{e}_p$ 为输入量, u_p 为输出量; 热值模糊控制器选择热值偏差 e_c 和热值偏差的变化率 $\dot{e}_c$ 为输入量, u_c 为输出量。

2) 设计模糊控制器的控制规则

控制规则的设计是设计模糊控制器的关键, 一般包括三部分的设计内容: 选择描述输入变量、输出变量的词集与论域大小, 定义各模糊变量的隶属度函数及建立模糊控制器的控制规则。

首先, 确定模糊变量集合。

对于混压模糊控制器, 由于对其控制精度要求不高, 故 e_p 的模糊变量的词集选择为 5 个, 即 {NB, NM, ZO, PM, PB}, 论域为 $\{-6, -5, -4, -3, -2, -1, 0, 1, 2, 3, 4, 5, 6\}$; $\dot{e}_p$ 的模糊变量的词集选择为 3 个, 即{NB, ZO, PB}, 论域为 $\{-4, -3, -2, -1, 0, 1, 2, 3, 4\}$; u_p 的模糊变量的词集选择为 5 个, 即 {NB, NM, ZO, PM, PB}, 论域为 $\{-6, -5, -4, -3, -2, -1, 0, 1, 2, 3, 4, 5, 6\}$。

对于热值模糊控制器, 其控制目标为热值, 而对热值的控制精度相当高, 故 e_c 的模糊变量的词集选择为 7 个, 即 {NB, NM, NS, ZO, PS, PM, PB}, 论域为 $\{-8, -7, -6, -5, -4, -3, -2, -1, 0, 1, 2, 3, 4, 5, 6, 7, 8\}$; $\dot{e}_c$ 的模糊变量的词集选择为 5 个, 即 { NB, NM, ZO, PM, PB }, 论域为 $\{-6, -5, -4, -3, -2, -1, 0, 1, 2, 3, 4, 5, 6\}$; u_c 的模糊变量的词集选择为 7 个, 即 {NB, NM, NS, ZO, PS, PM, PB}, 论域为 $\{-8, -7, -6, -5, -4, -3, -2, -1, 0, 1, 2, 3, 4, 5, 6, 7, 8\}$。

接着, 定义隶属函数。在混压模糊控制器的隶属度函数设计上, 考虑到控制的精度要求不高, 故 e_p 和 $\dot{e}_p$ 的隶属度函数都采用梯形隶属函数; 在热值模糊控制器的隶属度函数设计上, 控制精度要求比较高, 故采用通常的三角形隶属度函数。

最后, 建立模糊控制规则。模糊控制规则选取的基本原则如下: 当热值或混压误差较大时, 选择控制量以尽快消除误差为主; 当误差较小时, 选择控制量要注意防止超调, 以满足控制精度为主。根据这一原则制定一系列的控制规则, 再将这些控制的规则汇总为表, 就得到了模糊控制规则表。混压模糊控制器的控制规则和热值模糊控制器的控制规则分别如表 6.1 和表 6.2 所示。

3) 确定模糊控制器参数

根据经验和现场的调试结果, 混压模糊控制器的各项参数如下所示。

压力偏差范围为 $[-1.5, 1.5]$, 压力偏差 e_p 到其论域 $E_p[-6, +6]$ 的映射式为

表 6.1　混压控制模糊规则表

e_p	$\dot{e}_p$		
	NB	ZO	PB
NB	PB	PB	PM
NM	PB	PM	ZO
ZO	PM	ZO	NM
PM	ZO	NM	NB
PB	NM	NB	NB

表 6.2　热值控制模糊规则表

e_c	$\dot{e}_c$				
	NB	NM	ZO	PM	PB
NB	PB	PB	PB	PM	PS
NM	PB	PB	PM	PS	ZO
NS	PB	PM	PS	ZO	NS
ZO	PM	PS	ZO	NS	NM
PS	PS	ZO	NS	NM	NB
PM	ZO	NS	NM	NB	NB
PB	NS	NM	NB	NB	NB

$$E_p = 6 \times \frac{e_p - (e_{p\_L} + e_{p\_H})/2}{(e_{p\_H} - e_{p\_L})/2} \tag{6.2}$$

压力偏差变化率范围为 $[-1,1]$, 压力偏差变化率 $\dot{e}_p$ 到论域 $\dot{E}_p[-4,+4]$ 的映射式为

$$\dot{E}_p = 4 \times \frac{\dot{e}_p - (\dot{e}_{p\_L} + \dot{e}_{p\_H})/2}{(\dot{e}_{p\_H} - \dot{e}_{p\_L})/2} \tag{6.3}$$

热值模糊控制器的各项参数如下所示: 热值偏差范围为 $[-1000,1000]$, 热值偏差 e_c 到其论域 $E_c[-8,+8]$ 的映射式为

$$E_c = 8 \times \frac{e_c - (e_{c\_L} + e_{c\_H})/2}{(e_{c\_H} - e_{c\_L})/2} \tag{6.4}$$

热值偏差变化率范围为 $[-1000,1000]$, 热值偏差变化率 $\dot{e}_c$ 到其论域 $\dot{E}_c[-6,+6]$ 的映射式为

$$\dot{E}_c = 6 \times \frac{\dot{e}_c - (\dot{e}_{c\_L} + \dot{e}_{c\_H})/2}{(\dot{e}_{c\_H} - \dot{e}_{c\_L})/2} \tag{6.5}$$

4) 模糊推理、解模糊并计算模糊控制查询表

在模糊控制中, 对建立的模糊规则要经过模糊推理才能决策出控制变量, 系统采用了 Mamdani 推理法。解模糊是将由语言表达的模糊量转换到精确数值, 即根

据输出模糊子集的隶属度计算出确定的输出的数值。系统采用比较常用的面积重心法来解模糊, 面积重心法的计算式为

$$u_0 = \frac{\sum \mu(u_i) \cdot u_i}{\sum \mu(u_i)} \tag{6.6}$$

式中, u_i 为控制量论域中的第 i 个元素 ($i=1, 2, \cdots, n$, n 为控制量论域等级范围); $\mu(u_i)$ 为 u_i 对应的隶属度; u_0 为解模糊后算出的精确控制量。

用 MATLAB 编写程序, 可根据模糊逻辑运算规则离线算出混压模糊控制器和热值模糊控制器的模糊查询表, 如表 6.3 所示。

表 6.3　热值、压力解耦模糊表 (输入为 u_p、u_c, 输出为 $\tilde{u}_f$、$\tilde{u}_o$)

u_c	u_p				
	NB	NM	ZO	PM	PB
NB	$\tilde{u}_f = ZO$	$\tilde{u}_f = PS$	$\tilde{u}_f = PM$	$\tilde{u}_f = PB$	$\tilde{u}_f = PB$
	$\tilde{u}_o = NB$	$\tilde{u}_o = NB$	$\tilde{u}_o = NM$	$\tilde{u}_o = NS$	$\tilde{u}_o = ZO$
NM	$\tilde{u}_f = NS$	$\tilde{u}_f = ZO$	$\tilde{u}_f = PS$	$\tilde{u}_f = PM$	$\tilde{u}_f = PB$
	$\tilde{u}_o = NB$	$\tilde{u}_o = NM$	$\tilde{u}_o = NS$	$\tilde{u}_o = ZO$	$\tilde{u}_o = PS$
NS	$\tilde{u}_f = NM$	$\tilde{u}_f = NS$	$\tilde{u}_f = ZO$	$\tilde{u}_f = PM$	$\tilde{u}_f = PB$
	$\tilde{u}_o = NB$	$\tilde{u}_o = NM$	$\tilde{u}_o = NS$	$\tilde{u}_o = PS$	$\tilde{u}_o = PM$
ZO	$\tilde{u}_f = NM$	$\tilde{u}_f = NS$	$\tilde{u}_f = ZO$	$\tilde{u}_f = PS$	$\tilde{u}_f = PM$
	$\tilde{u}_o = NM$	$\tilde{u}_o = NS$	$\tilde{u}_o = ZO$	$\tilde{u}_o = PS$	$\tilde{u}_o = PM$
PS	$\tilde{u}_f = NB$	$\tilde{u}_f = NM$	$\tilde{u}_f = ZO$	$\tilde{u}_f = PS$	$\tilde{u}_f = PM$
	$\tilde{u}_o = NM$	$\tilde{u}_o = NS$	$\tilde{u}_o = PS$	$\tilde{u}_o = PM$	$\tilde{u}_o = PB$
PM	$\tilde{u}_f = NB$	$\tilde{u}_f = NM$	$\tilde{u}_f = NS$	$\tilde{u}_f = ZO$	$\tilde{u}_f = PS$
	$\tilde{u}_o = NS$	$\tilde{u}_o = ZO$	$\tilde{u}_o = PS$	$\tilde{u}_o = PM$	$\tilde{u}_o = PB$
PB	$\tilde{u}_f = NB$	$\tilde{u}_f = NB$	$\tilde{u}_f = NM$	$\tilde{u}_f = NS$	$\tilde{u}_f = ZO$
	$\tilde{u}_o = ZO$	$\tilde{u}_o = PS$	$\tilde{u}_o = PM$	$\tilde{u}_o = PB$	$\tilde{u}_o = PB$

3. 模糊解耦器设计

如图 6.3 所示, 该模糊解耦控制器为一个双输入、双输出的控制器, 输入为 u_p、u_c, 输出为 $\tilde{u}_f$ 和 $\tilde{u}_o$。其中 u_p、u_c 为已经计算出的压力控制量和热值控制量, 它们经过模糊解耦以后, 可以得出高炉煤气阀门开度的增量 $\tilde{u}_f$ 和焦炉煤气阀门开度的增量 $\tilde{u}_o$, 由当前实际的阀门开度和阀门的开度增量, 就可以得到输出阀门的开度。

解耦控制规则的确立基于以下专家经验: 当混压发生变化时, 同比例地开大高炉煤气管道的阀门和焦炉煤气管道的阀门, 可以调节混压, 同时保证热值的稳定; 当热值发生变化时, 反比例地开大高炉煤气管道阀门和焦炉煤气管道阀门, 可以调节热值, 同时保证压力的稳定; 而当混压、热值均发生变化时, 则第一步先同比例地变

化阀门来调压力, 第二步再反比例地变化阀门来调热值, 最后将这两步得出的控制量进行合成, 得出一个最终的控制量下发。

这些专家经验必须将其转化为计算机可以进行计算的变量才能用于自动控制中。在这些专家经验中也存在着许多不确定知识, 必须将其进行表述, 故系统采用模糊控制策略, 通过模糊隶属度函数来处理专家控制系统中的不确定知识来解决这一问题。

举例来说, 如下所述 (其中 $\tilde{u}_f$ 为高炉煤气阀门开度增量, $\tilde{u}_o$ 为焦炉煤气阀门开度增量)。

If $u_p = \mathrm{PB}$ Then $\tilde{u}_f = \mathrm{PM}$ and $\tilde{u}_o = \mathrm{PM}$ (同比例改变阀门开度调压力)

If $u_c = \mathrm{PM}$ Then $\tilde{u}_f = \mathrm{NS}$ and $\tilde{u}_o = \mathrm{PS}$ (反比例改变阀门开度调热值)

经过合成, 最终的结果为 $\tilde{u}_f = \mathrm{PS}$, $\tilde{u}_o = \mathrm{PB}$, 故模糊规则为

If $u_p = \mathrm{PB}$ and $u_c = \mathrm{PM}$ Then $\tilde{u}_f = \mathrm{PS}$ and $\tilde{u}_o = \mathrm{PB}$

即该模糊解耦控制器实际上是一个双输入 (u_p、u_c), 双输出 ($\tilde{u}_f, \tilde{u}_o$) 的模糊控制器。其模糊控制规则表如表 6.3 所示。

阀门开度增量从 $\tilde{u}$ 到 $\tilde{U}$ 的映射式为

$$\tilde{U} = \frac{\tilde{u} \times (\tilde{u}_{-H} - \tilde{u}_{-L})/2}{6} + \frac{\tilde{u}_{-L} + \tilde{u}_{-H}}{2} \tag{6.7}$$

式中, $\tilde{u}_{-H}$ 为 6, $\tilde{u}_{-L}$ 为 -6, 也就是说阀门每次最多变化 6 个开度。

经过 MATLAB 编程可离线计算出相应的高阀控制增量和焦阀控制增量。

4. 专家控制器设计

由于煤气混合加压过程的复杂性, 单独利用模糊推理难以保证在异常工况下煤气混压和热值的稳定, 所以需要引入专家控制来保证系统性能的稳定。对于专家控制器, 它主要用于控制以下一些特殊工况:

(1) 混压高于焦炉煤气压力;

(2) 混压高于高炉煤气压力;

(3) 混压低于下限值;

(4) 混合煤气的热值突然大幅度降低。

设 $\delta\tilde{u}_f$ 和 $\delta\tilde{u}_o$ 分别为 $\tilde{u}_f$ 和 $\tilde{u}_o$ 的变化量, δu_f 和 δu_o 分别为 u_f 和 u_o 的变化量, $P_{\min}$ 为 P_m 的最小值, δu_{FM} 和 δu_{OM} 分别为 δu_f 和 δu_o 的最大值。在正常工况下, 专家控制器的输出为

$$\delta u_f = \delta\tilde{u}_f, \quad \delta u_o = \delta\tilde{u}_o \tag{6.8}$$

在异常工况下, 总结了一些特殊规则, 即

$$R_1 : \text{If} \quad P_m < P_{\min} \quad \text{Then} \quad \delta u_f = \delta u_{\text{FM}} \quad \text{and} \quad \delta u_o = \delta u_{\text{OM}}$$

即如果混压低于下限值, 会造成加压机生产的不安全, 这时就要将混压调高作为目标。因此, 焦炉煤气阀门和高炉煤气阀门应完全打开。

$$R_2 : \text{If} \quad P_m > P_f \quad \text{Then} \quad \delta u_f = -\delta u_{\text{FM}} \quad \text{and} \quad \delta u_o = -\delta u_{\text{OM}}$$

即如果混压大于高炉煤气管道的压力, 则说明焦炉煤气的管道压力过高, 同时热值也很高, 所以这时就要将焦炉煤气阀门和高炉煤气阀门完全关闭。

$$R_3 : \text{If} \quad P_m > P_o \quad \text{Then} \quad \delta u_f = -\delta u_{\text{FM}} \quad \text{and} \quad \delta u_o = \delta u_{\text{OM}}$$

即如果混压大于焦炉煤气管道的压力, 说明高炉煤气的管道压力非常高, 且热值非常低, 因此, 焦炉煤气阀门应完全打开, 高炉煤气阀门应完全关闭。

$$R_4 : \text{If} \quad R_m < 4500\text{kJ/m}^3 \quad \text{Then} \quad \delta u_f = -\delta u_{\text{FM}} \quad \text{and} \quad \delta u_o = \delta u_{\text{OM}}$$

即如果混合煤气的热值突然低于 4500kJ/m^3, 应该通过完全打开焦炉煤气阀门, 完全关闭高炉煤气阀门来迅速增加混合煤气的热值。

$$R_5 : \text{If} \quad P_o > 8.5\text{kPa} \quad \text{and} \quad \delta u_o < 0 \quad \text{Then} \quad \delta u_o = 0$$

即如果焦炉煤气的管道压力高于 8.5kPa, 并且焦炉煤气阀门继续关小, 此时要以保证焦炉安全为第一目标, 停止关小焦炉煤气阀门, 否则过高的焦炉煤气的管道压力将会对焦炉稳定生存构成威胁。

5. 阀门控制策略

由于现场高炉煤气管道与焦炉煤气管道分别有两道蝶阀, 所以, 需要设计蝶阀控制器分配这两道阀门上的高阀增量与焦阀增量。设计蝶阀控制器需先分析蝶阀组系统的相对增益矩阵, 然后利用蝶阀的流量特性曲线设计单蝶阀开度专家控制器, 使单个蝶阀更好地响应控制量, 提高控制品质。

1) 蝶阀并联的相对增益矩阵

Bristol 提出: 对于一个 n 个被控变量和 n 个操作变量的多变量控制系统, 被控变量 y_i 和操作变量 u_j 间的相对增益 λ_{ij} 定义为

$$\lambda_{ij} = \frac{\left(\dfrac{\partial y_i}{\partial u_j}\right)_u}{\left(\dfrac{\partial y_i}{\partial u_j}\right)_y} \tag{6.9}$$

式中, $\left(\dfrac{\partial y_i}{\partial u_j}\right)_u$ 表示除 u_j, 其他 u 都保持恒定, 即其他回路都为开环时, $u_j \to y_i$ 通道的增益; $\left(\dfrac{\partial y_i}{\partial u_j}\right)_y$ 表示除 y_i, 其他 y 都保持恒定, 即其他回路都为开环时, $u_j \to y_i$ 通道的增益。

在高炉、焦炉煤气混合加压过程中, 蝶阀的控制结构如图 6.4 所示, 其中 Q_o 为焦炉煤气流量, Q_f 为高炉煤气流量, Q_m 为混合管道煤气总流量。根据式 (6.9) 相对增益的定义来推导双蝶阀并联的相对增益矩阵。

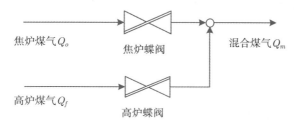

图 6.4 双蝶阀并联工作示意图

设焦炉、高炉和混合煤气热值分别为 R_o、R_f 和 R_m, 煤气混合过程静态关系为

$$\begin{cases} R_m = \dfrac{R_o Q_o + R_f Q_f}{Q_o + Q_f} \\ Q_m = Q_o + Q_f \end{cases} \tag{6.10}$$

设操作量 $u_1 = Q_o$, $u_2 = Q_f$, 被调量 $y_1 = R_m$, $y_2 = Q_m$。根据相对增益的定义, 先求取 u_1 到 y_1 通道的第一和第二放大系数

$$p_{11} = \left.\frac{\partial}{\partial u_1}\left(\frac{R_o u_1 + R_f u_2}{u_1 + u_2}\right)\right|_{u_2} = \frac{(R_o - R_f)u_2}{(u_1 + u_2)^2} = \frac{R_o - R_m}{Q_m} \tag{6.11}$$

$$q_{11} = \left.\frac{\partial}{\partial u_1}\left(\frac{R_o u_1 + R_f(y_2 - u_1)}{y_2}\right)\right|_{y_2} = \frac{R_o - R_f}{Q_m} \tag{6.12}$$

因此, 可求得

$$\lambda_{11} = \frac{p_{11}}{q_{11}} = \frac{R_o - R_m}{R_o - R_f} \tag{6.13}$$

同理, 可求得 λ_{12}、λ_{21}、λ_{22}, 结合相对增益矩阵的性质可求得相对增益矩阵为

$$\Lambda = \begin{bmatrix} \lambda_{11} & \lambda_{12} \\ \lambda_{21} & \lambda_{22} \end{bmatrix} = \frac{1}{R_o - R_f}\begin{bmatrix} R_o - R_m & R_m - R_f \\ R_m - R_f & R_o - R_m \end{bmatrix} \tag{6.14}$$

$$\begin{bmatrix} \Delta R_m \\ \Delta Q_m \end{bmatrix} = \Lambda \begin{bmatrix} \Delta Q_o \\ \Delta Q_f \end{bmatrix} \tag{6.15}$$

在实际生产中, 焦炉煤气热值 R_o=17000kJ/m³, 高炉煤气热值 R_f=3000kJ/m³, 混合煤气热值 R_m 在 3000~17000kJ/m³ 内变化。假设混合煤气热值偏低, 如 R_m=4000kJ/m³, 此时提高热值有两种方法: 开大焦阀或关小高阀。由式 (6.14) 可得到此时的系统相对增益矩阵为

$$\Lambda = \frac{1}{14} \begin{bmatrix} 13 & 1 \\ 1 & 13 \end{bmatrix} \tag{6.16}$$

根据增益矩阵, 可以计算出

$$\begin{cases} \Delta R_m = \dfrac{13}{14} \Delta Q_o \\[3mm] \Delta Q_m = \dfrac{1}{14} \Delta Q_o \end{cases} \tag{6.17}$$

式 (6.17) 说明与调节高阀相比, 此时调节焦阀更能有效地实现热值的调节, 且改变焦阀开度对压力的影响很小。这种调节法基本解除了热值与压力间的耦合。

若采用关小高阀来调节热值, 则根据相对增益矩阵可知

$$\begin{cases} \Delta R_m = \dfrac{1}{14} \Delta Q_f \\[3mm] \Delta Q_m = \dfrac{13}{14} \Delta Q_f \end{cases} \tag{6.18}$$

显然, 关小高阀调节对热值的调节作用很小, 且调节高阀对压力会产生很大的影响, 会破坏压力的稳定。由于增益矩阵的非对角线元素一般不为零, 在基于增益矩阵进行调节的基础上, 根据双蝶阀控制规律和专家经验, 再设计模糊解耦器, 能更进一步消除这种耦合的影响。

2) 蝶阀串联的相对增益矩阵

高炉、焦炉煤气混合加压过程中, 当控制器计算出焦炉和高炉煤气阀门组的控制值后, 蝶阀控制器根据蝶阀串联增益矩阵决定如何调节相应阀门组的两个阀门。

由于高炉煤气阀门与焦炉煤气阀门压力分配的基本思想完全一样, 以下以焦炉煤气蝶阀组为例, 对蝶阀控制策略具体说明如下。

如图 6.5 所示, 设 P_0 为 1#蝶阀前的焦炉煤气压力, P_1 为 2#蝶阀前的焦炉煤气压力, P_2 为 2#蝶阀后的焦炉煤气压力, v_{o1}、v_{o2} 分别为 1#蝶阀和 2#蝶阀的开度, Q_0 为焦炉煤气管道煤气流量, ct 代表常数。

压力-流量过程可以描述为

$$Q_0 = v_{o1}(P_0 - P_1) = v_{o2}(P_1 - P_2) = \frac{v_{o1}v_{o2}}{v_{o1} + v_{o2}}(P_0 - P_2) \tag{6.19}$$

两个回路都处于开环时, 被调流量 Q_0 对 v_{o1} 的增益即第一放大系数为

$$\frac{\partial Q_0}{\partial v_{o1}}\bigg|_{v_{o2}=\text{ct}} = \left(\frac{v_{o2}}{v_{o1}+v_{o2}}\right)^2 (P_0 - P_2) \tag{6.20}$$

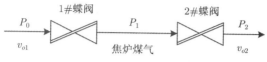

图 6.5 压力-流量管道系统

压力回路闭合时, Q_0 对 v_{o1} 的偏导数即第二放大系数为

$$\frac{\partial Q_0}{\partial v_{o1}}\bigg|_{P_1=\text{ct}} = P_0 - P_1 = \frac{v_{o2}}{v_{o1}+v_{o2}}(P_0 - P_2) \tag{6.21}$$

根据相对增益的定义有

$$\frac{\dfrac{\partial Q_0}{\partial v_{o1}}\bigg|_{v_{o2}=\text{ct}}}{\dfrac{\partial Q_0}{\partial v_{o1}}\bigg|_{P_1=\text{ct}}} = \frac{v_{o2}}{v_{o1}+v_{o2}} \tag{6.22}$$

$$\lambda_{11} = \frac{P_0 - P_1}{P_0 - P_2} \tag{6.23}$$

同样可以求出 v_{o2} 对流量 Q_0 的相对增益 λ_{12} 为

$$\lambda_{12} = \frac{P_1 - P_2}{P_0 - P_2} \tag{6.24}$$

如果改用 P_1 来描述此压力-流量系统, 即

$$P_1 = P_0 - \frac{Q_0}{v_{o1}} = P_2 + \frac{Q_0}{v_{o2}} = \frac{v_{o1}P_0 + v_{o2}P_2}{v_{o1}+v_{o2}} \tag{6.25}$$

则可确定另一增益, 对式 (6.25) 求取偏导数, 就可分别推导出 v_{o1}、v_{o2} 对 P_1 的两个通道的相对增益。

这时, 压力-流量系统的输入输出关系可用相对增益矩阵表示, 可写为

$$\begin{bmatrix} \Delta Q_0 \\ \Delta P_1 \end{bmatrix} = \Lambda_p \begin{bmatrix} \Delta v_{o1} \\ \Delta v_{o2} \end{bmatrix} \tag{6.26}$$

$$\Lambda_p = \begin{bmatrix} \lambda_{11} & \lambda_{12} \\ \lambda_{21} & \lambda_{22} \end{bmatrix} = \begin{bmatrix} \dfrac{(\partial Q_0/\partial v_{o1})|_{v_{o1}=\mathrm{ct}}}{(\partial Q_0/\partial v_{o1})|_{P_1=\mathrm{ct}}} & \dfrac{(\partial Q_0/\partial v_{o2})|_{v_{o1}=\mathrm{ct}}}{(\partial Q_0/\partial v_{o2})|_{P_1=\mathrm{ct}}} \\ \dfrac{(\partial P_1/\partial v_{o1})|_{v_{o2}=\mathrm{ct}}}{(\partial P_1/\partial v_{o1})|_{Q_0=\mathrm{ct}}} & \dfrac{(\partial P_1/\partial v_{o2})|_{v_{o2}=\mathrm{ct}}}{(\partial P_1/\partial v_{o2})|_{Q_0=\mathrm{ct}}} \end{bmatrix} \tag{6.27}$$

$$= \begin{bmatrix} \dfrac{P_0-P_1}{P_0-P_2} & \dfrac{P_1-P_2}{P_0-P_2} \\ \dfrac{P_1-P_2}{P_0-P_2} & \dfrac{P_0-P_1}{P_0-P_2} \end{bmatrix}$$

分析相对增益矩阵 Λ_p 得到蝶阀组控制策略：如果系统中 P_1 接近 P_2，则用 1#阀门控制流量 Q_o，用 2#阀门控制压力 P_1；如果 P_1 接近 P_0，则用 2#阀门控制流量 Q_o，用 1#阀门控制压力 P_1；如果 P_1 接近 $(P_0 \sim P_2)$ 的中点，则同时调节两个阀门。

3) 蝶阀专家控制策略

第 2 章 2.4.3 节蝶阀专家控制算法中的控制策略表明, 根据蝶阀的流量特性 (图 6.6) 合理设计蝶阀专家控制器对于保证系统的控制精度具有很重要的意义。

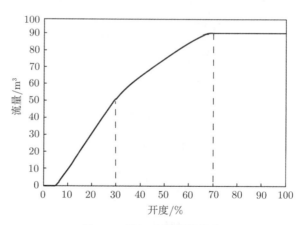

图 6.6　蝶阀流量特性曲线

根据蝶阀特性曲线分析可见, 在不同的阀位区域, 相同的阀位调节, 效果是不同的, 因此需要利用专家算法来修正蝶阀的控制量。在系统中专门设计了单蝶阀专家修正器, 拟合了蝶阀的流量特性曲线, 在不同的蝶阀开度区间, 用不同的参数修正控制量。设 μ 为蝶阀的开度检测值, χ 为蝶阀的控制输入量, $\delta\chi$ 为计算得到的阀门增量, 则专家修正规则为

$$\mathrm{R}_1 : \mathrm{If} \quad \mu \in [5,30] \quad \mathrm{Then} \quad \chi = \chi + \delta\chi$$

$$\mathrm{R}_2 : \mathrm{If} \quad \mu \in (30,85] \quad \mathrm{Then} \quad \chi = \chi + \delta\chi/K$$

$$R_3 : \text{If} \quad \mu > 85 \text{ and } \delta\chi \geqslant 0 \quad \text{Then} \quad \chi = \chi + 0$$

$$R_4 : \text{If} \quad \mu < 5 \text{ and } \delta\chi \leqslant 0 \quad \text{Then} \quad \chi = \chi + 0$$

6. 变周期控制策略

在实际的工业过程控制系统中, 被控对象的状态是不断变化的, 为了获得良好的控制性能, 控制器必须根据控制系统的动态特性, 不断地改变或调整控制策略, 以便使控制器本身的控制规律适应控制系统的需要。在手动控制过程中, 如果误差大且变化速度快, 为了尽快消除误差, 操作人员就要相应地增加控制操作的次数。反之, 当误差已经很小且变化速度较慢时, 操作者就会减少控制操作的次数, 控制量的改变也小, 甚至维持不变。因此, 可以仿效人的手动控制中变周期的控制策略, 即利用计算机模拟人的控制行为, 最大限度地识别和利用控制系统动态过程所提供的特征信息, 在线调整控制周期, 使控制作用及时准确, 从而实现对缺乏精确数学模型的对象进行有效的控制。

系统被控对象的动态特性波动明显, 特别是在用户流量发生剧烈波动时, 例如, 某个大用户因生产事故停轧时, 该用户的煤气加热炉通常在半分钟内就会将正常生产的流量调节到只维持保温状态的最低状态, 这时如果控制周期刚好已经过去, 就只能在下一个控制周期开始时再进行调节, 这样就难以达到控制要求。所以必须在线检测这种剧烈的波动, 在热值发生突变时, 马上进入控制周期, 配合专家控制器, 可以使系统达到较好的控制效果。

系统的控制周期设计为 20s, 但在 10s 以后, 系统会在线检测热值的剧烈波动, 当热值比设定值低于 350kJ/m^3 或者高于 600kJ/m^3 时, 系统立即实施控制, 计算并下发控制量, 然后系统会将计数值清零, 重新开始计数。在此有两个问题必须说明。

(1) 系统要在 10s 以后才在线检测, 这主要是因为控制量的下发采用的是增量叠加式的形式, 即在当前阀门实际值的基础上叠加一个计算出的控制量后再下发, 由于被控对象的滞后性, 如果在整个 20s 内都检测, 那么在进入第一个控制周期并下发控制量以后, 效果不会马上显现出来, 在下一秒中, 系统很可能又进入控制周期, 在当前阀门实际开度的基础上重新叠加一个控制量, 这就相当于 2s 内做了连续两次控制, 接着很有可能再进入控制周期, 如此循环, 等到热值偏差已经不大时, 已经严重超出系统的控制量, 很可能会出现严重的超调, 形成振荡, 影响系统的稳定。正是基于同样的原因, 系统在进入控制周期以后会将计数值清零, 重新开始计数。

(2) 在线检测的热值死区并不对称, 下限值为 350kJ/m^3, 而上限值为 600kJ/m^3, 这主要是因为生产用户对于热值低的情况比较敏感, 热值低时比热值高时对生产的影响更大。

6.1.4　压力控制回路

加压机压力控制回路主要通过调节变频器来控制加压机的转速, 从而达到稳定加压机后压力的目的。采用一个二自由度的专家控制策略, 既可以保证对控制目标的跟踪精度, 又具有较好的干扰抑制特性, 因而具有优良的控制性能。

1) 压力控制回路总体设计

加压机压力控制回路是解耦控制回路的后续回路, 其控制目标为保证加压机后压力的稳定, 控制手段为控制变频器的频率。在解耦控制回路中, 其控制目标是热值与混压的双稳, 混压的稳定就是给加压机后压力的调节创造条件。由于热值调节与混压调节之间有耦合作用, 为保证热值的精确, 对混压的精度要求并不太高, 同时, 混压也是随着高炉煤气管压和焦炉煤气管压的波动而波动的, 所以混压的稳定只是相对的, 并没有稳定在某个数值左右。因此, 在设计加压机压力控制回路时必须考虑混压信号, 以便更好地抑制混压波动给加压机后压力带来的影响。

该回路采用二自由度的专家控制策略, 控制框图如图 6.7 所示。反馈专家控制器和前馈专家控制器形成一个二自由度的专家控制器。这样既考虑了控制回路的误差, 又考虑了系统当前的工况, 具有很好的适应性。

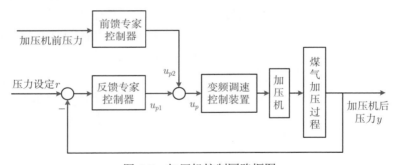

图 6.7　加压机控制回路框图

压力设定一般为 13kPa, 随生产要求进行波动, 但是考虑到变频器不应当调节太频繁, 控制器死区范围设置为 0.5kPa, 即加压机后压力在 12.5~13.5kPa 范围内波动时, 控制器不动作。

2) 反馈专家控制器设计

工业控制系统一般采用的是 PI 或者 PID 控制器, 而且基本上是采用增量式的算法, 这主要是为了消除静态误差, 减小超调, 加快过渡过程。但在进行控制状态的手动/自动切换时, 要实现真正的无扰切换, 需让给定值跟踪被控量, 同时将控制器内部历史数据清零, 但这样做一方面增加了系统负担, 另一方面当控制方式由手动切换到自动时, 由于控制器的内部状态被清零, 积分作用被消除, 又有可能发生欠调, 使过渡过程延长。因此, 系统采用 P 控制器的增量式算法。

采用 P 控制器的增量式算法, 虽然可以有效地解决系统手动/自动切换的冲击问题, 但是对于系统不同的工况, 采用同样的 P 值, 却显得力不从心。加压机的加压过程是一个参数时变、强非线性的工业过程, 特别是当用户的生产不正常时, 流量波动非常大, 这就意味着控制对象的特性也发生了较大的改变, 在这种情况下, 若采用单一的 P 控制器, 就不能适应对象特性的这种变化。因此, 系统设计了反馈专家控制器, 用来对 P 控制器的参数进行在线调整。

反馈专家控制器采用产生式的规则描述方法, 根据现场调试得到的经验, 得到了如下的三条规则。

R_1 : If   压力偏差大于 2kPa   Then $u_{p1} = 10$

R_2 : If   压力偏差大于 1kPa   and   压力偏差小于 2kPa   Then $u_{p1} = 8$

R_3 : If   压力偏差大于 0.5kPa   and   压力偏差小于 1kPa   Then $u_{p1} = 6$

控制规则制定的原则是根据偏差的大小, 即大偏差时增强控制作用, 加快系统的响应速度; 小偏差时减弱控制作用, 提高稳态精度。

用专家控制器检测系统当前状态, 在线调整 P 控制器的参数, 可以更好地适应系统的波动, 获得更好的控制效果。

3) 前馈专家控制器设计

混压对机后压力的影响是很明显的: 在加压机转速一定的情况下, 混压高则机后压力高, 混压低则机后压力低。在某种程度上, 可以将混压看成一种扰动信号, 因此, 机后压力的调节必须要将混压考虑进来, 系统将混压信号通过一个 P 控制器也引入机后压力的调节中, 更好地补偿系统扰动的作用, 使系统能够实现更加灵敏和准确的调节。通过大量的现场数据统计, 混压值在 3.5kPa 时属于比较正常的工况, 故将 3.5kPa 作为基准值, 将当前实际混压与该基准值的偏差作为前馈信号来计算前馈控制量 u_{p2}。

在该控制器的设计中, 采用前馈专家控制器在线修改 P 值。根据现场调试得出以下两条规则。

$$R_1 : \text{If}\quad 偏差小于\ 1.5\text{kPa}\quad \text{Then}\quad u_{p2} = 2$$

$$R_2 : \text{If}\quad 偏差大于\ 1.5\text{kPa}\quad \text{Then}\quad u_{p2} = 4$$

将由反馈专家控制器得出的控制量 u_{p1} 和由前馈专家控制器得出的控制量 u_{p2} 合成, 最终得出控制量, 即 $u_p = u_{p1} + u_{p2}$, 由 u_p 控制变频器的频率来改变加压机的转速, 从而达到机后压力稳定调节的目的。

6.1.5 系统实现与工业应用

国内某钢铁企业一加压站采用四蝶阀调节焦炉煤气和高炉煤气比例, 实现混合煤气热值的稳定。采用鼓风机进行加压,以符合生产单位对压力的要求。四蝶阀系统采用手操器控制,为节省电能,鼓风机系统采用变频器控制。一般生产工艺要求是:混合煤气热值和压力稳定在工艺设定值附近,上下波动不超过 ±5%。

1) 控制系统构成

针对煤气加压站的实际运行情况和特点,控制系统采用了两层结构,即采用直接数字控制、过程监控两级分布式控制方案,上位机完成过程监控功能,集散控制系统完成直接数字控制功能。其中,上位机不但运行组态软件,完成整个生产过程的调度与监控,并对实时数据和历史曲线进行统计和分析,形成相应的报表,还运行智能解耦控制软件,对实时数据进行处理,完成解耦控制。集散控制系统在线采集生产过程参数及设备运行状态,根据各执行机构的信号,控制生产现场的各个相关设备和系统运行。

控制系统的逻辑结构如图 6.8 所示。控制系统把控制目标分为两个部分来完成。一部分是热值控制,另一部分是压力控制。由于四蝶阀调节存在相互耦合作用,原控制系统没有对煤气热值和压力进行解耦控制,所以容易导致混合煤气热值波动大、煤气输出总管压力不稳定等问题。控制系统引入热值、压力解耦控制器,它是控制系统的核心,把热值控制和压力控制进行解耦,以消除四蝶阀调节存在的相互耦合作用,便于准确地对阀门加以调节。同时,把加压机变频调速纳入控制系统,实现混合煤气压力的自动控制。

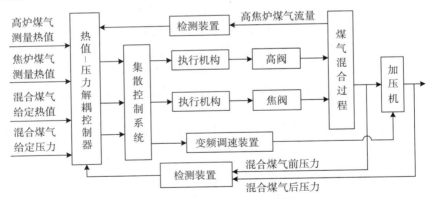

图 6.8   智能解耦控制系统逻辑结构图

从图 6.8 中可以看出,控制系统设置了内环和外环两大控制回路。内环控制回路主要是高炉和焦炉煤气阀门流量的反馈控制,实现高炉煤气与焦炉煤气的高效混合,主要作用是稳定混合煤气热值。外环控制回路为压力与热值的反馈控制,主要作用是稳定混合煤气压力,对于热值的波动也起到了一定的稳定作用。这样,就构成了一个基于混合煤气热值与压力反馈的自动控制系统。

在图 6.8 中, 热值、压力解耦控制器根据混合煤气的热值与压力给定值, 以及高炉煤气和焦炉煤气的热值与流量测量值, 得到高炉和焦炉煤气阀门的阀位给定值, 通过集散控制模块, 由执行机构分别控制高炉煤气和焦炉煤气的阀门, 使混合煤气热值符合要求。同时, 也得到变频调速装置的控制频率, 通过集散控制模块, 由变频调速装置控制加压机的转速, 使混合煤气压力符合要求。高炉煤气和焦炉煤气的流量, 以及混合煤气的压力通过检测装置进行在线测量, 反馈到解耦控制器, 形成闭环控制回路。

2) 控制软件结构

智能解耦控制系统实际上是在原有集散控制系统的基础上添加一种新的智能集成解耦控制算法, 其主要作用是如何在复杂的工况下对整个煤气混合加压过程进行实时监控, 而其他的功能, 如数据的采集、处理等操作, 均由集散控制系统完成。由 Visual C++ 编写的智能集成解耦控制系统软件只需通过 OPC 接口读入数据, 进行计算以后下发控制量即可。该系统与集散控制系统的关系如图 6.9 所示。

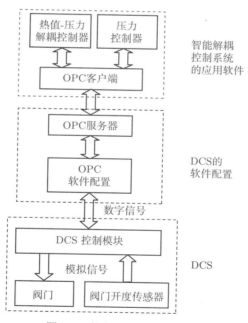

图 6.9　控制系统框架示意图

根据系统应具备的功能, 智能解耦控制系统软件主要包括人机接口、通信模块、控制算法三部分。

(1) 人机接口: 实现"人机对话", 提供友好易用的用户操作, 供操作人员对控制系统的支配; 实时显示当前控制系统的过程数据以及状态信息。按功能又可以分为运行状态监视模块、控制过程操作模块、控制过程报警模块。

(2) 通信模块：主要完成控制软件与现场 PLC 控制系统之间的实时数据交换，实现应用软件与现场控制系统的无缝连接。

(3) 控制算法：对采集信息进行整合，包括数据处理、优化、依据给定算法进行数据运算等，它主要包括煤气热值与压力的智能解耦控制、混合煤气压力的二自由度专家控制。

控制算法程序是该系统的核心，系统的控制回路有两个：热值、压力解耦控制回路和加压机后压力控制回路。热值、压力解耦控制回路的控制算法步骤如下。

Step 1：对系统进行数据采集，分析其是否可自动控制，若可自动控制，跳转到 Step 2，若不可自动控制，则跳转到 Step 6。

Step 2：判断其是否满足控制周期条件，若满足，则跳转到 Step 3，若不满足，则计数器加 1 并跳转到 Step 6。

Step 3：判断其热值是否满足大于 $4500kJ/m^3$ 的条件，若满足，则进入 Step 4，若不满足，则专家控制器输出并跳转到 Step 5。

Step 4：查询模糊表并计算增量，并进入 Step 5。

Step 5：蝶阀控制器计算下发开度和下发控制量，并将计数器清零。

Step 6：退出程序，否则循环执行 Step 1 ～ Step 5。

根据现场的煤气混合过程的工艺特点，为了保证在恶劣的工况条件下正常地实现热值平衡，减小热值波动，提高抑制异常工况波动造成热值偏差扰动的实时性，热值控制周期设置为 15s。混合煤气加压的二自由度专家控制算法流程如下。

Step 1：对系统进行数据采集，分析其是否可自动控制，若可自动控制，跳转到 Step 2，若不可自动控制，则跳转到 Step 5。

Step 2：判断其是否满足控制周期条件，若满足，则跳转到 Step 3，若不满足，则计数器加 1 并跳转到 Step 5。

Step 3：反馈专家控制器计算，前馈专家控制器计算，并将这两个计算结果合并。

Step 4：频率限幅并下发，紧接着计数器清零。

Step 5：退出程序，否则循环执行 Step 1 ～ Step 4。

3) 控制效果及分析

根据国内某钢铁企业一加压站热值、压力解耦自动控制系统运行数据对各种控制方式的运行效果进行如下比较。

(1) 在工况比较稳定的情况下，全手动控制具有较高的响应速度，但在频繁调节的过程中超调量大，存在较大的稳态误差。

(2) 自动控制算法对工况的波动具有较强的适应能力，具有较高的稳态控制精度和较小的超调量。

(3) 对于热值调节, 无论自动控制还是手动控制都有很多 "锯齿", 这说明热值的波动频繁而快速, 调节的难度很大, 但自动控制时的波动明显不如手动控制时剧烈, 这也充分说明了解耦控制算法对热值波动的抑制能力。

(4) 对于加压机后压力调节, 无论自动控制或是手动控制, 变化相对比较 "平滑", 在这种情况下, 自动控制时调节效果仍然远远好于手动控制时的效果。

图 6.10 给出了在手动控制与自动控制时热值调节的效果示意图, 其中实线为自动控制时的数据线, 虚线为手动控制时的数据线, 热值设定为 $12000kJ/m^3$。

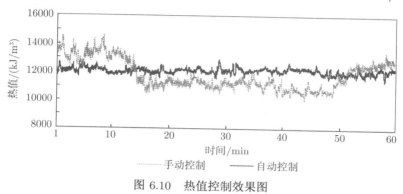

图 6.10 热值控制效果图

图 6.11 给出了在手动控制与自动控制时机后压力的控制效果图, 其中实线为自动控制时的数据线, 虚线为手动控制时的数据线, 压力的设定为 13kPa。

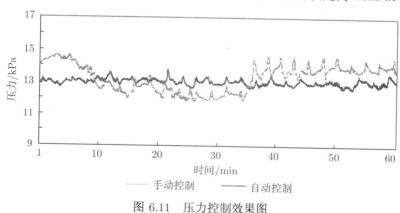

图 6.11 压力控制效果图

如图 6.10 和图 6.11 所示, 热值波动范围很小, 后段阀门调节次数较少, 说明控制器成功解决了热值和压力的耦合问题, 寻找到使热值稳定的最佳控制点。

对图 6.10 中自动控制情况下的热值数据进行计算, 其热值的实际值与设定值间的平均误差为 $26.0394kJ/m^3$, 标准差为 $282.1972kJ/m^3$, 达到了煤气热值下限的调节精度为 5% 的要求。

根据对图 6.11 中的自动控制下的加压机后压力数据进行的计算, 其加压机后压力的实际值与设定值间的平均误差为 0.0399kPa, 标准差为 0.2578kPa, 其调节精度也达到了 5% 的控制要求。

6.2　煤气平衡认证系统

煤气是流程工业 (冶金、采矿、造纸、电力、石化等) 生产的主要燃料之一, 煤气计量系统是工业大生产不可缺少的子系统, 是企业煤气调度和经济核算的重要依据。本节主要从煤气计量与平衡、煤气平衡认证系统中的主要技术原理, 以及系统实现与应用三个部分来介绍煤气平衡认证系统。

6.2.1　煤气计量与平衡

煤气从气源、储配、输送到计量是一项较为复杂的系统工程。煤气计量则是节能工作的基础, 煤气计量系统通常存在煤气放散率高、煤气计量系统误差大、煤气发生量与消耗量不平衡等问题。如何减少煤气计量系统的误差, 合理平衡煤气的发生量与消耗量, 降低煤气放散, 提高煤气利用率, 对于企业优化能源调度, 降低成本, 提高产能具有重要意义。

国外很多科研机构和企业已经开始研究煤气计量系统所存在的主要问题, 如美国的 VNIIMS 公司、Mosgaz 公司和 Mosoblgaz 公司共同开发了一个 VMM 模型来进行计量平衡。NTNU、CSIRO 等研究室则研究了超声波流量计, 并在美国的 Daniel Industries 公司进行试运行; 国内也有很多企业, 如武汉钢铁集团公司 (简称武钢)、宝钢、福建三明钢铁厂、平顶山市燃气总公司等, 开始重视煤气的计量与平衡, 其中武钢采用目标管理法, 宝钢采用平衡预调整法, 福建三明钢铁厂则采用缓冲用户的方法等[89]。但是, 目前国内外企业在保证煤气平衡方面使用的都是根据相关经验或标准进行人工平衡认证, 其煤气平衡的自动化程度低, 平衡过程不够透明, 平衡结果不够科学客观。

"煤气平衡认证系统"能够在一定程度上解决煤气计量系统存在的煤气发生量与消耗量不平衡、煤气平衡自动化程度低、计量精度低、误差较大等问题。

6.2.2　煤气平衡认证系统中的主要技术原理

煤气平衡认证系统涉及很多先进的技术与方法, 下面详细介绍该系统中用到的煤气消耗预测技术、煤气平衡认证分析技术、基于差压式流量计的虚拟仪表技术、煤气热值和密度实时软测量技术、煤气数据 Web 发布技术、基于 Oracle 分布式数据库系统数据通信技术、多线程技术这七类主要技术原理。

1. 煤气消耗预测技术

煤气消耗预测是根据煤气用户的消耗特性, 建立相应的煤气消耗预测模型, 对用户即将消耗的煤气进行科学、准确的预测, 从而得到用户煤气消耗的预测流量。煤气消耗预测是实现煤气合理调度的重要依据, 也是煤气平衡认证的主要参考数据之一。在某钢铁企业中应用时, 将七个主要的煤气用户 (棒材一厂、棒材二厂、型材厂、带钢厂、转炉炼钢厂、电炉炼钢厂和 130 烧结厂) 按照生产类型的不同分为轧钢类、炼钢类和烧结类用户, 通过对三类用户的煤气消耗特点进行分析, 分别建立适当的消耗预测模型。煤气消耗预测技术主要包括多层递阶回归分析技术、BP神经网络预测技术、基于平均值方法的消耗预测技术[90-92]。

1) 多层递阶回归分析技术

对于线性关系较为明显的问题, 通常采用回归分析方法, 这种方法对于复杂的函数关系, 存在如何选择基函数和求解系数的困难, 且模型参数是固定的。煤气消耗系统是决策变量与因变量之间并不存在固定参数关系的动态系统, 因此, 采用传统的固定参数回归分析模型拟合效果较差, 而且预测误差也不稳定。

多层递阶分析方法将预报对象看成随机动态的时变系统, 把时变系统的状态预报分离成对时变参数的预报和在此基础上对系统状态的预报两部分。通过对时变参数的预报, 减小系统状态预报的误差, 从而克服了常规统计方法的弱点。

多层递阶回归分析方法是将多层递阶分析方法与回归分析方法结合, 既考虑了动态系统的时变性, 又能体现高相关因子在预报模型中的重要作用, 其数学描述为

$$Y(k) = \sum_{i=0}^{m} a_i \beta_i(k) u_i(k) + e(k) \tag{6.28}$$

式中, $Y(k)$ 为预测对象; a_i $(i = 0, 1, 2, \cdots, m)$ 为非时变的回归系数; $\beta_i(k)$ 为系统时变参数; $u_i(k)$ 为预测因子; m 为预测因子个数; k 为流动时间; $e(k)$ 为零均值白噪声。

设煤气消耗量 Y 与 m 个因子 u_i 相关, 共有 n 个样本数据, 则煤气消耗的预测量 $Y(k)$ 的计算步骤如下。

Step 1: 用线性回归分析方法求得各因子相应的回归系数 a_i。

Step 2: 令

$$\begin{cases} Y'(k) = Y(k) - a_0 \\ u_i'(k) = a_i u_i(k) \end{cases} \tag{6.29}$$

式中, $Y'(k)$ 为新的预测量; $u_i'(k)$ 为新的预测因子。

Step 3: 将式 (6.28) 代入式 (6.29), 则有

$$Y'(k) = \sum_{i=0}^{m} \beta_i(k) u_i'(k) + e(k) \tag{6.30}$$

此时应用多层递阶方法中的时变参数跟踪递推算法:

$$\beta_i(k) = \beta_i(k-1) + u'_i(k) \frac{Y'(k) - \sum\limits_{i=1}^{m} u'_i(k)\beta_i(k-1)}{\sum\limits_{i=1}^{m} [u'_i(k)]^2} \tag{6.31}$$

对式 (6.31) 的时变参数进行跟踪, 求得一系列的时变参数跟踪序列 $\{\beta_i(k)\}$。

Step 4: 用均值近似法得出 $\beta_i(k)$ 的预报值

$$\beta_i(n+h) = \frac{1}{n} \sum_{t=1}^{n} \beta_i(t) \tag{6.32}$$

式中, h 为预测步长; n 为样本长度。

Step 5: 系统的状态预测方程

$$Y(k) = a_0 + \sum_{i=1}^{m} a_i \beta_i(k) u_i(k) \tag{6.33}$$

轧钢制品是钢铁企业的主要产品, 因此轧钢类用户煤气消耗量较大, 因为轧钢制品型号的多样性和不同型号的轧钢制品对于加热炉的温度要求不相同等, 导致了轧钢类用户的煤气消耗情况很不稳定。棒材是主要的轧钢制品之一, 下面以棒材厂为例分析轧钢类用户的煤气消耗特性。

图 6.12 是棒材厂煤气用量与产量的对应散点图, 描述了一年内煤气消耗与产量的对应关系。图 6.13 为棒材厂煤气用量与热装温度的对应散点图。从图 6.12 和图 6.13 中可以看出, 棒材厂日煤气用量与日产量之间有着较为明显的线性关系, 随着产量增加, 消耗的煤气呈上升趋势, 日煤气用量与热装温度之间也有着不是很规则的线性关系, 随着热装温度的升高, 所消耗的煤气量呈下降趋势。

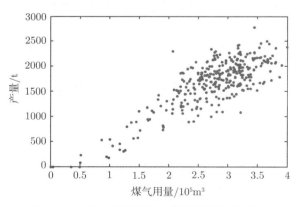

图 6.12　棒材厂煤气用量与产量对应散点图

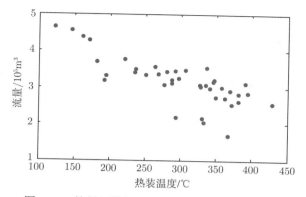

图 6.13 棒材厂煤气用量与热装温度对应散点图

针对轧钢类用户煤气消耗的动态特性, 采用基于多层递阶回归分析方法的消耗模型, 模型的预测对象即输出量, 为下一天的煤气流量, 主要输入量为钢产量 (t) 和热装温度 (℃), 模型的训练数据为前两年的流量数据、产量数据和热装温度数据。

仍以棒材厂为例说明多层递阶回归分析的预测方法: 选择下一天的高焦炉混合煤气流量作为预测对象 $Y(k)$, 即模型的输出量, 选取钢产量、热装温度作为主要输入量, 即取 $u_1(k)$ 为钢产量, $u_2(k)$ 为钢坯的热装温度, $m = 2$, 模型的样本数据选取的是连续两年的历史数据, 即 $k = 730$。所选取的数据如表 6.4 所示。

表 6.4 历史数据

k	日期	煤气流量 $Y(k)$	钢产量 $u_1(k)$	热装温度 $u_2(k)$
1	第一年 01-01	308563	1662658	391.9
2	第一年 01-02	312502	1674000	226.2
3	第一年 01-03	324855	1683224	228.5
4	第一年 01-04	305679	1654876	278.4
⋮	⋮	⋮	⋮	⋮
730	第二年 12-31	326222	1735788	285.5

针对表 6.4 中的数据, 按照 Step 1 ∼ Step 5 的步骤, 首先利用线性估计最小二乘法求得 $Y(k)$、$u_1(k)$、$u_2(k)$ 三个因子的回归系数依次为 $a_0 = 12014.3$, $a_1 = 0.1877$, $a_2 = -154.1676$, 然后根据式 (6.29) 令 $u_1'(k) = a_1 u_1(k)$, $u_2'(k) = a_2 u_2(k)$, $Y'(k) = Y(k) - a_0$, 利用式 (6.30) 和式 (6.31) 求得 $\beta_i(k)$ 的估值序列如表 6.5 所示。

表 6.5 $\beta_i(k)$ 时变参数估值序列的值

k	1	2	3	$\cdots$	730
β_1	0.8206	0.7197	0.7264	$\cdots$	0.7223
β_2	−0.2681	−0.2744	−0.2758	$\cdots$	−0.2801

利用多层递阶回归分析模型对棒材厂煤气用量进行预测的结果如图 6.14 和图 6.15 所示。从图 6.14 中可以看出，轧钢类用户煤气消耗由于受到钢产品型号、加热炉状况、通风状况等诸多因素影响，实测值的流量曲线上下波动，几乎没有较为平滑的部分，而预测值的流量曲线则对于波动的跟随性较好，而对于平滑部分的跟随性则稍显不足，但是由于实测值曲线极少有平滑的部分，所以总体上采用多层递阶回归方法预测的跟随性比较强。

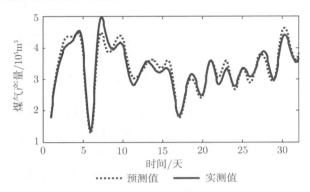

图 6.14　棒材厂预测值与实际用量对比图

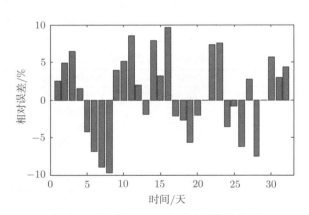

图 6.15　棒材厂预测值相对误差直方图

针对表 6.5 的数据，采用均值近似法对 $\beta_i(k)$ 进行预测，得出 $\beta_i(k)$ 下一步的预测值 $(k = 731)\beta_1(k) = 0.7688$，$\beta_2(k) = -0.2685$，将 $\beta_1(k)$、$\beta_2(k)$、a_0 和 a_1 代入式 (6.33)，即可得到 $k = 731$ 时的 $Y(k)$ 的值。

由图 6.15 可以看出，在这 30 多天的预测中，预测相对误差最低可达到 0.01%，最高是 9%，平均相对误差在 4% 左右，相对误差基本稳定在 5% 左右，因此预测精度比较高，达到了设计要求。

综上所述, 采用多层递阶回归分析的方法对轧钢类用户进行煤气用量预测的精度较高, 对系统状况变化的跟随性和长期预测性效果都不错, 较好地反映了煤气消耗量与相关因子之间的关系, 体现了消耗系统的动态特性, 避免了常用的回归分析在确定调度函数时选择基函数及难以求解系数的问题, 对个别极端样本有好的适应性, 整个模型思路清晰, 便于编写通用的计算机程序。

2) BP 神经网络预测技术

在非线性系统的预报方法中, 神经网络具有自学习、自组织、自适应和非线性动态处理等特性, 并具有极强的容错和联想能力, 为解决非线性系统以及模型未知系统的预报和控制问题提供了一条新途径。神经网络的预报方法在工业控制、动态矩阵预测等众多领域都得到了广泛应用, 是一种精确的非线性系统预报模型。

图 6.16 为转炉炼钢厂一年之中煤气消耗量与产品产量的对应散点图。可以看出转炉炼钢厂煤气消耗量与产品产量的线性关系不明显, 图中散点分布杂乱, 两者之间找不到线性关系, 可见转炉炼钢厂日煤气用量与日产量之间有明显的非线性关系, 产量与煤气消耗之间没有必然的规律, 因此针对炼钢类煤气用户用气需求的随机性、多样性、时变性同时存在的特点, 选取三层 BP 神经网络的预测方法来建立炼钢类用户的消耗预测模型。

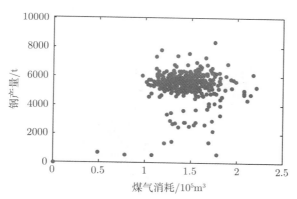

图 6.16 转炉炼钢厂煤气用量与产量对应散点图

炼钢类用户神经网络消耗模型的建立主要分为三步。

Step 1: 确定 BP 神经网络模型的输入向量, x_1 为前一日的煤气用量, x_2 为前一日的钢产量, x_3 为当天的产量。

Step 2: 进行网络训练, 取网络输入变量数 $n = 3$, 输出变量数 $m = 1$, 采用包含 1 个隐含层的神经网络 BP$(3,q,1)$, 利用两年的数据, 对 BP 神经网络进行训练, 在隐含层单元数 $q = 5$ 时, 经过一定次数的训练, 平均绝对误差达到精度要求, 因此最终采用的网络结构为 BP$(3,5,1)$。

Step 3：控制网络的收敛，在训练中采用输出值 W_{np} 与实测值 W_p 的平均绝对误差 E_a 控制网络的收敛，E_m 为误差精度：

$$E_a = \frac{1}{P} \sum_{p=1}^{P} |W_{np} - W_p| \leqslant E_m \tag{6.34}$$

利用训练后的网络对转炉炼钢厂煤气用量进行预测，预测值与实际煤气用量的对比曲线图如图 6.17 所示，预测结果相对误差的直方图如图 6.18 所示。

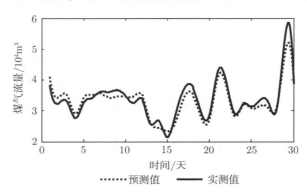

图 6.17　转炉炼钢厂预测值与实际值对比图

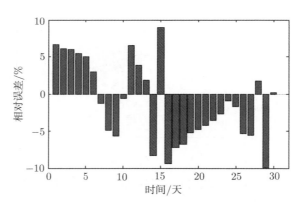

图 6.18　转炉炼钢厂消耗预测相对误差直方图

从图 6.17 中可以看出，由于炼钢工艺的煤气消耗受炼钢炉状况、通风状况、入料状况等诸多因素影响，实测值的流量曲线在一段时期内比较平滑，但是经常有突发性的波峰或者波谷，而预测值的流量曲线不仅对于平滑部分具有较好的跟随性，而且对于突发性的流量波峰和波谷跟随效果也不错。

而从图 6.18 中则可以看出，在 30 天的预测中，预测相对误差最低可达到 0.1%，最高是 9% 左右，平均相对误差为 4.5% 左右，相对误差基本稳定在 5% 以内，预测精度比较理想, 达到了设计要求。

3) 基于平均值方法的消耗预测技术

平均值模型是一种取用户前一段时间煤气消耗的加权平均值作为当天消耗的方法, 由于在工业现场只能获取烧结类用户的煤气消耗数据, 所以针对烧结类用户所建立的加权平均值模型是一种在有限数据情况下行之有效的方法。图 6.19 和图 6.20 给出了使用加权平均值模型对 130 烧结厂进行消耗预测的效果, 模型所选取的时间段为前 30 天。

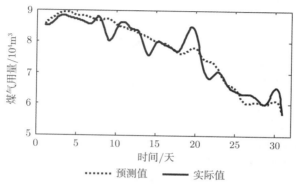

图 6.19 130 烧结厂预测值与实际用量对比图

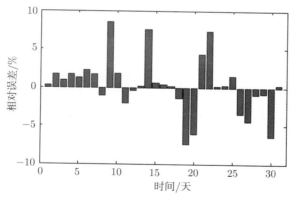

图 6.20 130 烧结厂消耗预测相对误差直方图

从图 6.19 中可以看出, 由于烧结类用户煤气消耗总体上比较平稳, 所以实测值曲线大部分比较平滑, 偶尔会出现突发性的波峰或者波谷, 预测值曲线对于平滑的部分跟随性较强, 而对于波峰和波谷则跟随性不强, 但是由于实测值曲线很少有突发性的波峰和波谷, 所以预测值曲线的跟随性符合要求。

从图 6.20 中可以看出, 采用平均值模型的预测方法, 预测相对误差最低可达到

0.01%, 最高则达到 8% 以上, 平均相对误差为 4% 左右, 相对误差则稳定在 3% 左右, 预测的精度较高。

总体来说, 平均值模型对于较为平稳的煤气消耗过程具有较好的预测精度, 而对于用户状况突然变化引起的流量消耗大幅度波动则缺乏准确的预测, 正好适应了烧结类用户煤气消耗比较平稳的特点。

2. 煤气平衡认证分析技术

煤气流量计测量精度的有限性以及计量系统故障的不可预测性等因素导致了煤气的发生量与消耗量不平衡, 这也是国内外流程工业能源系统普遍存在的问题, 它降低了企业煤气计量和经济核算的精确度, 给企业经济效益带来了不良影响。

煤气平衡认证解决的问题是当煤气的生产计量与消耗计量失去平衡时, 如何科学平衡各种煤气的发生量与消耗量, 客观公正地认证煤气用户的煤气消耗量。

针对煤气发生量与消耗量不平衡的问题, 一般采用手工平衡认证的方式, 对各个煤气生产用户和消耗用户都设有煤气流量检测点, 使用煤气采集监控系统通过 PLC 采集与煤气流量相关的实时数据, 如压力、差压、温度等, 由专门的煤气平衡管理员对煤气实时数据进行统计和汇总, 生成相关原始数据报表, 再根据企业的计量管理文件, 凭借个人经验进行人工平衡认证, 然后生成煤气平衡数据报表, 经过上级审计部门审定以后, 将平衡以后的数据作为企业的核算依据, 这一工艺流程如图 6.21 所示。

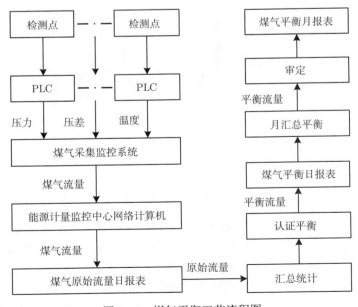

图 6.21　煤气平衡工艺流程图

在图 6.21 中，煤气流量的计量由于受煤气管网故障、计量仪表故障、用户生产消耗状况等诸多因素影响，由数据采集系统所采集汇总的各种煤气的生产与消耗计量不可能达到绝对平衡，只能是在一定范围以内的相对平衡。按照企业计量管理文件的规定，有符合下列原则之一的，必须要进行平衡。

R_1：总发生量与消耗量差值大于 $\pm 5\%$。

R_2：发生量超过理论计算量的 10%。

R_3：在没有重大技术改进措施且能源结构没有调整的情况下，用户消耗量比历史平均水平降低 15% 以上。

R_4：产品结构、设备等没有重大变化的情况下，当月消耗数据高于历史平均水平 10% 以上。

煤气平衡专业管理员每天从网络上打印煤气原始流量日报表，统计汇总并对比 $R_1 \sim R_4$，如果需要平衡，则收集其他与煤气计量有关的数据，根据这些数据修改因为停电、仪表检修等影响计量的数值，逐项汇总统计并进行平衡确认后，向网络录入经认证的日平衡数据，生成煤气平衡日报表。日平衡完成后，为保证数据的准确性，当发现数据有异常情况时，平衡管理员应根据生产、计量系统数据平衡的实际情况，按规定进行日数据的修正，并于月底进行一次性最终调整。每月一日汇总做出上个月煤气平衡月报表，经过主管单位领导审定以后，将煤气平衡月报表录入网络，作为企业经济核算的最终依据。

整个煤气平衡的工艺流程包括原始数据的采集、统计、汇总和录入，参考与补偿数据的采集、分析、计算和统计，审定单位的审定、领导的审批，以及平衡数据的汇总与录入等，平衡管理员任务繁重，平衡过程和平衡结果主观因素较多。

分析整个煤气平衡的工艺流程得出煤气平衡认证中存在如下一些主要问题。

(1) 数据集成的自动化程度低。在平衡认证过程中，管理员经常需要参考历史数据、产量数据、停记状况等参考数据，由于这些数据位于企业网的不同分布式数据库中，所以管理员不得不远程登录这些数据库并且手工查询、记录、统计这些数据，导致数据集成的自动化程度低。

(2) 管理员任务烦琐。管理员除数据采集的工作，每天都需要进行数据的分析、计算、统计、录入和制作报表，遇到无法平衡的特殊情况时还需要查阅计量管理文件，利用相关式进行流量的计算，出现供耗双方对于平衡结果存在异议的问题时，还需要进行双方的协调和请求领导指示等工作，这就导致了平衡认证管理员技术要求较高，任务烦琐，负担较重。

(3) 平衡过程涉及的主观因素较多。由于煤气的平衡流量与各个单位的经济核算挂钩，多算或者少算煤气流量实际上就直接影响了单位的生产成本，所以各单位都希望在产量一定的情况下尽可能减少生产成本、增加经济效益，因此平衡管理员以及主管部门领导经常需要花力气协调各方利益。

(4) 平衡过程透明度不高：平衡过程中遇到计量管理文件没有规定的情况时，管理员往往凭借经验进行平衡，并没有具体的平衡式或者平衡模型，因此煤气用户无法得知平衡过程中具体使用了什么方法和利用了什么数据，往往是管理员得出了数据，主管领导同意，而煤气用户觉得差不多符合基本情况就可以了，平衡过程透明度不高。对于平衡的结果，各煤气用户只能在月初得到上个月的平衡月报表的打印件，而得不到每天的平衡日志，平衡月报表也没有对每个用户的原始流量和平衡流量进行比较。

煤气平衡认证分析技术是基于煤气平衡认证的工艺流程，建立煤气自动平衡认证模型，自动获取数据，自动进行特殊情况处理，基于消耗预测模型的预测结果、历史流量和产量数据自动运行平衡认证算法，自动生成平衡日志，从而实现煤气的自动平衡认证。煤气自动平衡认证模型如图 6.22 所示。

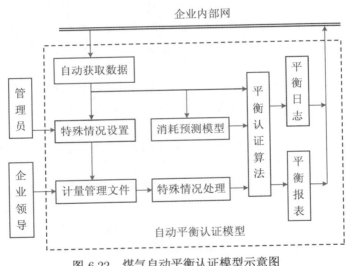

图 6.22　煤气自动平衡认证模型示意图

模型提供了两个用户接口，即管理员接口与企业领导接口。管理员接口供平衡管理员进行特殊情况设置和平衡认证运行参数设置；企业领导接口供相关领导修改计量管理文件的相关参数。模型以企业内部网为基础，从网上自动采集相关数据，模型运行完成以后再将结果数据发布到网上。

模型内部主要包括以下几个部分。

(1) 自动获取数据。对于平衡认证模型所需要的各种数据，如原始流量、历史流量、产量、企业日经营情况数据等，采用分布式数据库通信技术自动从企业的网络数据库中获取，并进行相关的统计汇总操作，不需要管理员频繁地登录各种数据库进行查询、统计等，有效地减少了管理员的工作量。

　　(2) 特殊情况设置。特殊情况包括停记、停电、停产、仪表检修等导致该检测点的煤气流量计停止计量或计量不准的情况。由各个煤气用户提交故障情况表, 然后管理员对各检测点进行相关的特殊情况设置, 所设置的特殊情况将存入平衡故障日志中, 便于各个煤气用户自行查询。平衡日志通过企业内部网进行发布, 煤气用户只需利用浏览器就可以查询, 因此对于平衡故障日志与煤气用户上报的故障情况表不相符的地方可以及时反映, 有效地避免了平衡过程中人为因素对于平衡结果的影响, 增加了平衡认证的透明度。

　　(3) 特殊情况处理。管理员设置完特殊情况以后, 模型利用自动获取的数据, 结合平衡故障日志, 自动参考企业计量管理文件的相关规定, 对于文件中所规定的特殊情况, 按照相关标准公式, 自动进行统计计算、结果入库等操作。计量管理文件规定的部分计算参数则可以由相关领导通过用户接口进行设置。

　　(4) 消耗预测模型。由于自动平衡认证需要利用用户消耗预测数据, 所以在平衡认证开始以前必须运行用户消耗预测模型, 对建立了消耗模型的各用户煤气流量进行预测, 并将预测结果存入本地数据库。

　　(5) 平衡认证算法。由于煤气平衡在很大程度上与用户的产量相关, 而用户消耗预测模型中已经考虑了产量的影响因素, 所以依据是否对用户建立了消耗预测模型将平衡认证算法分为以下两类。

　　一类是建立了消耗预测模型的用户。将待平衡的流量根据各检测点当天流量、历史平均流量 (前一个月的平均流量) 和消耗模型流量三者的几何平均数进行加权平均。以高炉煤气平衡为例, 具体描述如下: 假设有 n $(n \in N^*)$ 个高炉煤气用户, 第 i 个用户的当天流量设为 F_i, 历史平均流量设为 H_i, 如果对该用户建立了消耗模型, 则设消耗模型流量为 X_i, 待平衡的高炉煤气流量设为 G, 第 i 个用户的平衡流量设为 F_I, 使用式 (6.35) 计算 F_I。焦炉煤气、混合煤气和转炉煤气的平衡方法与高炉煤气的平衡方法类似。平衡认证所选取的检测点的历史平均流量为当前时间前一个月的平均流量, 样本数据动态跟随, 提高了平衡模块的合理性。

$$F_I = \frac{G\sqrt[3]{X_i F_i H_i}}{\sum_{i=1}^{n} \sqrt[3]{X_i F_i H_i}} \tag{6.35}$$

　　另一类是没有建立消耗预测模型的用户。以混合煤气平衡为例, 假设有三个混合煤气用户 A、B、C, 它们的当天煤气用量依次为 F_a、F_b、F_c, 设三个用户当天钢产量为 T_{a1}、T_{b1}、T_{c1}, 前一天钢产量为 T_{a2}、T_{b2}、T_{c2}, 前 $i-1$ 天的钢产量依次为 T_{ai}、T_{bi} 和 T_{ci}, 其中 $1 \leqslant i \leqslant n$ $(n = 1, 2, \cdots, 730)$。设平衡允许误差为 p, 三个用户的平衡误差为 p_a、p_b 和 p_c, 平衡以后流量为 F_A、F_B 和 F_C, 记当天待平衡的煤气

流量为 Y, 则 p_a、p_b 和 p_c 的计算式为

$$\begin{cases} p_a = \dfrac{Y \sum\limits_{i=1}^{n} T_{ai}}{F_a \sum\limits_{i=1}^{n} (T_{ai} + T_{bi} + T_{ci})} \\[3em] p_b = \dfrac{Y \sum\limits_{i=1}^{n} T_{bi}}{F_b \sum\limits_{i=1}^{n} (T_{ai} + T_{bi} + T_{ci})} \\[3em] p_c = \dfrac{Y \sum\limits_{i=1}^{n} T_{ci}}{F_c \sum\limits_{i=1}^{n} (T_{ai} + T_{bi} + T_{ci})} \end{cases} \tag{6.36}$$

式 (6.36) 在 $1 \leqslant i \leqslant n$ 范围内循环运算, 当 $p_a < p$、$p_b < p$、$p_c < p$ 时循环结束, 并由式 (6.37) 计算 F_A、F_B 和 F_C 的值:

$$\begin{cases} F_A = F_a + \dfrac{Y \sum\limits_{i=1}^{n} T_{ai}}{\sum\limits_{i=1}^{n} (T_{ai} + T_{bi} + T_{ci})} \\[3em] F_B = F_b + \dfrac{Y \sum\limits_{i=1}^{n} T_{bi}}{\sum\limits_{i=1}^{n} (T_{ai} + T_{bi} + T_{ci})} \\[3em] F_C = F_c + \dfrac{Y \sum\limits_{i=1}^{n} T_{ci}}{\sum\limits_{i=1}^{n} (T_{ai} + T_{bi} + T_{ci})} \end{cases} \tag{6.37}$$

经验证, 在 $n < 100$ 时即可得到满足条件的日平衡流量值。

在利用煤气自动平衡模型进行煤气平衡时, 管理员只需要根据煤气用户提交的故障情况表进行特殊情况设置, 然后设定消耗预测模型和平衡认证的每天运行时间, 并且保证所设定的消耗模型运行时间在平衡认证的运行时间以前, 再由相关人员设定默认的计量管理文件参数, 平衡认证算法在设定的时间启动, 得出平衡结果并形成平衡报表和平衡日志。

煤气自动平衡认证模型使整个煤气平衡认证过程公开透明, 不需要人工干预, 自动化平衡, 有效地减少了管理员的工作量和平衡中主观因素的影响, 平衡认证的结果科学合理、查询方便。

3. 基于差压式流量计的虚拟仪表技术

通常的虚拟仪表是指利用计算机强大的显示、处理、存储能力来模拟物理仪表的处理过程, 而本节所指的虚拟仪表涉及流量测量节流装置 (差压流量计) 的特殊性, 因此与传统意义上的虚拟仪表有所不同。

根据气体流量测量节流装置的特点, 煤气流量是通过煤气的差压、压力和温度三者由公式计算得到的间接量。煤气流量计算式按照单一煤气和混合煤气的不同而不同。单一煤气的流量计算式如式 (6.38) 所示, 混合煤气的流量公式如式 (6.39) 所示, 混合气体的密度公式如式 (6.40) 所示:

$$Q = K \sqrt{\frac{P_a + P}{273.15 + t}} \sqrt{\Delta P} \tag{6.38}$$

$$Q = K \sqrt{\frac{P_a + P}{273.15 + t}} \frac{\sqrt{\rho_0}}{\rho} \sqrt{\Delta P} \tag{6.39}$$

$$\rho = \frac{Q_1 \rho_1 + Q_2 \rho_2 + \cdots + Q_n \rho_n}{Q_1 + Q_2 + \cdots + Q_n} \tag{6.40}$$

式 (6.38) $\sim$ 式 (6.40) 中, Q 为待求的煤气流量, K 为雷诺系数, P_a 为标准大气压, 这三个量对于同一个测量点都是固定值; P 为实测的煤气压力; t 为实测的煤气温度; ΔP 为实测的煤气差压; ρ_0 为常量, 表示标态下气体密度; ρ 为混合气体的密度; ρ_1 和 ρ_2 分别表示单一煤气的密度; Q_1 和 Q_2 分别表示单一气体的流量。ρ 由系统的软测量线程计算得到并存于数据库中。

由式 (6.38) $\sim$ 式 (6.40) 可以看出, 煤气流量值 Q 的精确性与流量的计算式、压力实测值 P、差压实测值 ΔP 和温度实测值 t 的精确性密切相关。压力、差压和温度值都是现场测量装置直接测量的量, 所以这三个量的精确性又与现场测量装置的量程设置密切相关。流量计算式中的系数 K 和 ρ_0 是否设置正确以及压力、差压和温度三种测量装置的量程是否设置合理都直接影响煤气流量值的准确性和精确性。

因此, 根据煤气流量测量方面的实际情况, 虚拟仪表主要有三个方面的功能: 第一, 对流量、差压、压力和温度值进行在线显示; 第二, 检测流量计算式的参数是否正确, 检测测量装置的量程是否设置合理; 第三, 当测量装置的量程不合理时, 辅助现场操作人员校正量程。以下重点描述后两个功能的具体实现方法。

(1) 检测流量计算式的参数和测量装置的量程是否合理。

　　用户首先从自动检验和手工检验两种方式中选择一种。选择手工检验时, 用户手工输入差压、温度和压力值, 由流量计算式 (6.38) 或者式 (6.39) 计算 Q 的值, 用户自行检查该 Q 的值是否合理, 若不合理则可以断定流量计算式的参数设置有问题。在输入温度值时, 提供了 Pt100 的电阻转换, 即用户可以直接输入温度值, 也可以输入电阻值, 系统将自动转换为温度值; 选择自动检验时, 自动从数据库中读取选定检测点的最大压力量程 P_0、最大温度量程 t_0、最大差压量程 ΔP_0、实测的差压值 ΔP、实测的压力值 P、实测的温度值 t 和煤气流量 Q, 用户又可以选择差压类型、压力类型或者温度类型。

　　当用户选择差压类型时, 取 $P = P_0$, $t = t_0$, ΔP 为实测值, 由式 (6.38) 或者式 (6.39) 计算得到流量的计算值 Q_j, 由于 Q_j 是根据测量装置最大量程计算得到的流量, 所以当 Q 与 Q_j 的偏差不在允许范围以内时, 则可以断定 Q 的值存在不合理性。若 $Q > Q_j$, 即流量实测值大于使用最大量程的计算值, 则可以断定流量计算式的参数值设置不正确。若 Q 与 Q_j 偏差超出了误差范围, 则可以断定检测点的最大压力量程 P_0 或者最大温度量程 t_0 设置不合理。

　　因此, 用户可以依次选择差压、压力和温度三种类型的虚拟仪表自动检测方式, 从而最终确定是哪一种或者多种仪表的量程设置不合理, 然后到测量现场校正仪表。

　　(2) 辅助现场操作人员校正仪表。

　　用户在现场校正仪表时, 需要两个操作员, 一个操作员在测量现场改变仪表的量程, 另一个操作员操作虚拟仪表的界面, 因此除了在主系统中包括了虚拟仪表模块, 还为虚拟仪表模块设计了一个客户端的单机版, 这样用户可以直接使用测量现场的网络计算机或者使用手提计算机进行操作, 只需要一个操作员即可完成, 方便了用户使用, 提高了校准效率。

　　现场校正仪表时, 假设 $Q_{\max}$ 为需要校正的量程, 则校正步骤分为如下几步。

　　Step 1: 设定一个量程范围 $0 \sim Q_{\max}$, 在这个量程范围内调节量程, 调节幅度为每次 25%, 通过虚拟仪表的人机交互式图形界面依次读取调节以后的流量值 Q_{11}、Q_{12}、Q_{13}、Q_{14} 和 Q_{15}。

　　Step 2: 重新从 $Q_{\max}$ 到 0 调节量程, 调节幅度也为每次 25%, 依次读取流量值 Q_{25}、Q_{24}、Q_{23}、Q_{22} 和 Q_{21}。

　　Step 3: 按照表 6.6 所示方法计算各个量程的基本误差和回程误差。

　　Step 4: 根据各个量程的上行误差、下行误差和回程误差计算相对于 $Q_{\max}$ 的相对上行误差、相对下行误差和相对回程误差, 例如, 量程为 $25\%Q_{\max}$ 的相对回程误差为 $(Q_{12} - Q_{22})/Q_{\max}$。

　　Step 5: 当某个量程的相对上行误差、相对下行误差和相对回程误差均满足规定的要求时, 设定该量程为正确量程并且打印流量系统校准原始记录报表; 如果没有满足条件的量程, 则重新设定一个 $Q_{\max}$, 重复 Step 1 $\sim$ Step 5。

表 6.6　虚拟仪表校验的误差计算

量程	上行流量	下行流量	上行误差	下行误差	回程误差
0	Q_{11}	Q_{21}	$Q_{\max} - Q_{11}$	$Q_{\max} - Q_{21}$	$Q_{11} - Q_{21}$
$25\%Q_{\max}$	Q_{12}	Q_{22}	$Q_{\max} - Q_{12}$	$Q_{\max} - Q_{22}$	$Q_{12} - Q_{22}$
$50\%Q_{\max}$	Q_{13}	Q_{23}	$Q_{\max} - Q_{13}$	$Q_{\max} - Q_{23}$	$Q_{13} - Q_{23}$
$75\%Q_{\max}$	Q_{14}	Q_{24}	$Q_{\max} - Q_{14}$	$Q_{\max} - Q_{24}$	$Q_{14} - Q_{24}$
$100\%Q_{\max}$	Q_{15}	Q_{25}	$Q_{\max} - Q_{15}$	$Q_{\max} - Q_{25}$	$Q_{15} - Q_{25}$

4. 煤气热值和密度实时软测量技术

混合煤气的热值和密度直接影响钢坯加热炉时的温度, 关系到钢铁产品的质量, 是煤气调度中的重要参考因素, 但是混合煤气的热值和密度是很难通过仪表直接测量的量, 所以通过合理的实时软测量对热值和密度进行实时的计算和监视十分重要。

针对某钢铁企业有一加压站和三加压站的情形, 热值和密度的软测量算法描述如下: 若设高炉煤气热值为 R_g, 焦炉煤气热值为 R_j, 高炉煤气密度系数为 K_g, 焦炉煤气密度系数为 K_j, 一加压站高炉煤气流量为 F_{g1}, 一加压站焦炉煤气流量为 F_{j1}, 三加压站高炉煤气流量为 F_{g3}, 三加压站焦炉煤气流量为 F_{j3}, 一加压站混合煤气热值为 R_1, 三加压站混合煤气热值为 R_3, 一加压站混合煤气密度为 ρ_1, 三加压站混合煤气密度为 ρ_3, 则 R_1、R_3、ρ_1、ρ_3 的计算如下:

$$R_1 = \frac{R_g F_{g1} + R_j F_{j1}}{F_{g1} + F_{j1}} \tag{6.41}$$

$$R_3 = \frac{R_g F_{g3} + R_j F_{j3}}{F_{g3} + F_{j3}} \tag{6.42}$$

$$\rho_1 = \frac{K_g F_{g1} + K_j F_{j1}}{F_{g1} + F_{j1}} \tag{6.43}$$

$$\rho_3 = \frac{K_g F_{g3} + K_j F_{j3}}{F_{g3} + F_{j3}} \tag{6.44}$$

以上四个公式中的系数 R_g、R_j、K_g、K_j 可以由用户输入, 其他数据由函数从数据库读取, 计算结果进行在线显示并存入数据库。软测量由后台运行的软测量线程来实现, 线程嵌入了软测量的算法函数, 每 9s 进行一次软测量, 然后利用多线程技术使得热值和密度在线显示, 实现了热值和密度的实时在线监控。

5. 煤气数据 Web 发布技术

煤气数据 Web 发布子系统, 将煤气的原始流量数据和平衡以后的流量数据在企业内部网上进行 Web 发布, 实现了平衡认证的公开化和透明化。

在煤气数据 Web 发布方面, 采用的是客户机、应用服务器 (Web 服务器)、数据库服务器三层结构, 考虑到煤气数据 Web 发布中的一些实际的特殊因素, 系统选取了 Oracle Application Server 4+ 的简装版 Oracle Web DB 作为 Web 发布的应用服务器。

Oracle Web DB 是 Oracle 公司为实现快速应用开发 (rapid application development, RAD) 而设计的一套快速开发 Web 的方案。Oracle Web DB 基于客户机/应用服务器/数据库服务器三层模型, 它的体系结构如图 6.23 所示。

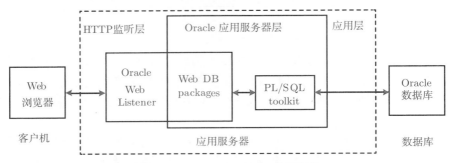

图 6.23   Oracle Web DB 体系结构

Oracle Web DB 组件包中包含了 Web DB Listener 组件、PL/SQL toolkit 组件和 Web DB packages 组件。Web DB Listener 组件实现 HTTP 监听层的功能, Web DB packages 组件实现应用服务器层的请求代理和插件服务功能。

PL/SQL 是 Oracle 系统的过程化语言, 它是对 SQL 语言的扩充。PL/SQL 把现代软件工程的数据封装、信息隐藏、重载以及例外处理等许多特性有机地集成在一起, 从而将面向对象的程序设计思想和方法引入 Oracle 服务器和 Oracle 的各种开发工具之中。PL/SQL toolkit 组件实际上则是一个处理 PL/SQL 语言程序包的功能插件, 由它来实现从 PL/SQL 到存储过程的转化, 以实现最终通过存储过程对于数据库进行存储访问。

在 Oracle Web DB 环境下管理员所有的操作都是直接通过浏览器来完成的, 不需要其他编程环境或者手工写 HTML 语句和复杂的存储过程。管理员只需要通过浏览器内嵌的 PL/SQL 编辑器手工编制 PL/SQL 程序块, Oracle Web DB 的 PL/SQL toolkit 组件将自动编译 PL/SQL 语句然后生成相应的存储过程, 并通过存储过程访问数据库。由于使用 Oracle Web DB 所建 Web 站点的维护和管理只需通过标准的浏览器操作, 需要编码的部分较少, 大大减少了开发管理人员的工作量, 可以用来快速建立小规模的 Web 站点。

煤气数据 Web 发布子系统分为原始数据、平衡数据、数据比较和流量预测四个子模块。原始数据子模块实现原始数据的查询、统计和报表打印。平衡数据子模块实现平衡数据的查询、统计和报表打印。数据比较子模块包括数据比较直方图和数据比较报表，直观地反映了原始与平衡数据的差别和平衡误差。

6. 基于 Oracle 分布式数据库系统数据通信技术

系统运行所需的各种实时数据和历史数据均需要通过 Oracle 分布式数据库网络获取，各种数据的通信方式因数据的种类和存放地点不同而各不相同，导致了数据通信过程中容易出现数据格式不匹配、通信协议不兼容、数据更新方式不统一、数据响应延迟、网络拥塞等问题。

考虑到通信过程中可能出现的问题，采用的分布式数据库网络在通信协议方面采用了兼容性强的 TCP/IP 协议、Net8 协议和 SQL *Net 协议，在通信方式方面主要有不同版本的 Oracle 数据库之间的远程通信、Oracle 数据库与 iFIX 过程数据库之间的远程通信、Oracle 与 Aceess 之间的远程通信，在数据的更新和响应方面采用了数据库链路、多表联合快照、多表联合视图、远程同义词、PL/SQL 过程包等复杂数据库对象，有效地解决了分布式数据库通信过程中易于出现的各种问题。

7. 多线程技术

在 Windows 操作系统中，采用的是抢先式多任务，这意味着程序对 CPU 的占用时间是由系统决定的。进程就是应用程序的运行实例。每个进程都有自己私有的虚拟地址空间，都有一个主线程，但可以建立另外的线程。进程中的线程是并行执行的，每个线程占用 CPU 的时间由系统来划分。

线程是一个不同于进程的概念，由于其自身具有的特点，用它进行编程可以改善程序的性能，多线程编程已经得到越来越广泛的应用。线程可被看成操作系统分配 CPU 时间的基本实体。系统不停地在各个线程之间切换，它对线程的中断是汇编语言级的。系统为每一个线程分配一个 CPU 时间片，某个线程只有在分配的时间片内才有对 CPU 的控制权。实际上，在计算机中，同一时间只有一个线程在运行。由于系统为每个线程划分的时间片很小 (20ms 左右)，所以看上去好像是多个线程在同时运行。

对多任务的 Windows 操作系统，用多线程编程有明显的好处，多线程在建立分布式计算机系统或网络系统时有着明显的优势，如果不用多线程方式，对每个请求进行串行处理，必然会引起任务的等待。采用多线程编程可以让服务器并行处理多个客户请求，可以满足实时性要求，又可以节省系统资源。

针对煤气平衡认证分析系统，需要进行实时数据监控、软测量、煤气消耗预测、平衡认证分析，同时还要进行信息管理以及数据查询、显示报表等操作。为此采用了多线程技术，将软测量、煤气消耗预测和平衡认证分析作为系统的后台线程，其他模块作为系统的前台线程。

6.2.3　系统实现与应用

本节主要从系统硬件结构、系统开发环境、系统数据流程、系统功能划分四个方面介绍煤气平衡认证系统, 并简要说明其应用。

1) 系统硬件结构

系统的结构简图如图 6.24 所示。各个煤气用户的煤气流量数据由 PLC 和 iFIX SCADA 采集到 iFIX 系统的过程数据库, 网络上的 FIX Node 可以直接访问 iFIX 的过程数据库, 实现在线监控。

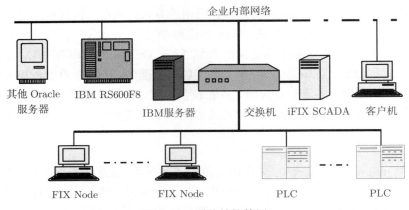

图 6.24　系统结构简图

2) 系统开发环境

系统的软件开发方法为面向对象的方法, 开发平台为 Windows 2000 Server 中文版, 开发工具为 Microsoft Visual C++ 6.0 中文企业版和 Microsoft Visual Basic 6.0 中文企业版, 使用的数据库为 Oracle 8.17 中文企业版和 Microsoft Access 2000。

3) 系统数据流程

系统的数据流程示意图 6.25 中所包括的数据种类描述如下。

(1) 煤气实时数据: 由 iFIX SCADA 数据采集服务器从 PLC 系统采集并存入 iFIX 的过程数据库。FIX Node 实时监控节点直接从过程数据库读取煤气实时数据。iFIX SCADA 数据采集服务器内嵌的 VBA(Visual Basic for Applications) 程序将部分实时数据定时发往 IBM xSeries 255 服务器数据库。

(2) 检测点参数数据: 包括检测点编码、检测点名称以及各个检测点的相关量程和系数等数据。iFIX SCADA 数据采集服务器启动时将自动向 IBM xSeries 255 服务器发送一次检测点参数数据。

(3) 煤气累积数据: 是 iFIX SCADA 数据采集服务器内嵌的 VBA 程序对 iFIX 过程数据库中的煤气实时数据进行累加和相关计算以后所得到的数据, 属于煤气班累积原始数据, 该数据由 iFIX SCADA 数据采集服务器的 VBA 程序向 IBM RS600F8 小型机定时发送。

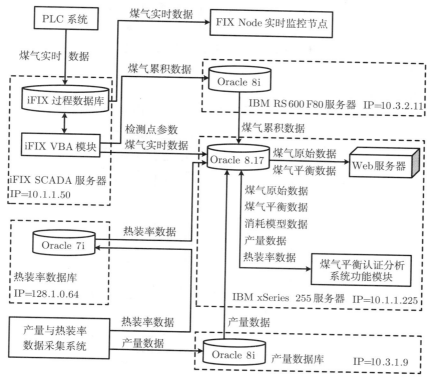

图 6.25 系统数据流程示意图

(4) 产量数据: 由专有的产量数据采集系统采集并发送到 IP 为 10.3.1.9 的 Oracle 8i 数据库, IBM xSeries 255 服务器定期从该数据库读取相关的部分产量数据。

(5) 热装率数据: 指钢坯的热装温度, 由专有的热装温度数据采集系统采集并发送到 IP 为 128.1.0.64 的 Oracle 7i 数据库, IBM xSeries 255 服务器从该数据库定期读取相关的部分热装温度数据。

(6) 煤气原始数据: 包括煤气的班累积原始流量、日累积原始流量、月累计原始流量和年累积原始流量, 其中班累积原始流量由 IBM xSeries 255 从 IBM RS600F8 小型机定期远程读取, 日累积原始流量、月累计原始流量和年累积原始流量直接由班累积原始流量累加得到。累加所得到的煤气原始数据被送往 Web 服务器进行发布。

(7) 消耗模型数据: 指的是通过煤气平衡认证分析系统的用户消耗模型模块计

算所得到的煤气流量数据,包括日消耗模型数据、月消耗模型数据和年消耗模型数据,这些流量数据都直接存放在 IBM xSeries 255 服务器数据库中。

(8) 煤气平衡数据:指通过煤气平衡认证分析系统的平衡认证模块计算所得到的煤气流量数据,包括日平衡认证数据、月平衡认证数据和年平衡认证数据,这些流量数据直接存放在 IBM xSeries 255 服务器数据库中。煤气平衡数据被送往 Web 服务器进行发布。

4) 系统功能划分

根据系统的功能分配,将应用软件分解为 10 个功能模块,如图 6.26 所示。

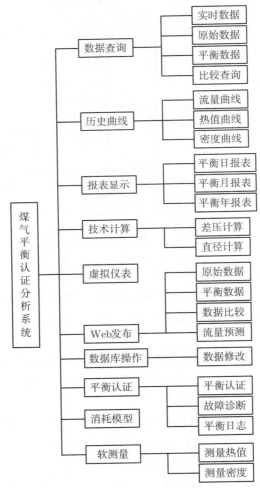

图 6.26　应用软件模块结构图

(1) 数据查询模块: 包括实时数据、原始数据、平衡数据和比较查询四个子模块, 提供交互式人机界面, 主要实现煤气实时数据在线显示、原始煤气数据查询、平衡以后煤气数据查询以及原始煤气数据、用户消耗模型煤气数据和平衡以后煤气数据三者的比较查询。用户通过下拉框输入查询条件, 查询的结果数据通过表格进行显示。

(2) 历史曲线模块: 包括流量曲线、热值曲线和密度曲线, 实现了煤气流量、煤气热值和煤气密度的历史趋势显示。流量曲线的横坐标是日期, 纵坐标是流量, 同一坐标下同时显示原始煤气流量和平衡煤气流量, 数据表现更加直观, 便于用户比较。热值曲线的横坐标是时间, 纵坐标是煤气热值。密度曲线的横坐标是时间, 纵坐标是煤气密度。使用交互式人机界面, 历史曲线的日期段或者时间段由用户通过下拉框输入。

(3) 报表显示模块: 以报表的形式显示煤气平衡日报表、煤气平衡月报表和煤气平衡年报表。报表的内容包括日期、检测点编码、检测点名称、煤气类型、煤气流量和生产消耗类型。报表以煤气类型, 即高炉煤气、焦炉煤气、混合煤气和转炉煤气进行分组统计。使用交互式人机界面, 报表的日期由用户通过下拉框输入。对于新加入或者删除的检测点或煤气类型无需人工干预, 具有自动更新功能。

(4) 技术计算模块: 包括差压计算和节流孔直径的计算。差压和节流孔直径的计算都需要进行复杂的迭代运算, 而且需要查表得到诸多的计算参数, 使用手工计算时十分烦琐, 且计算误差较大。技术计算模块提供了交互式人机界面, 用户通过编辑框输入计算参数, 系统自动输出计算结果。当用户输入参数错误时, 提示出错信息。

(5) 虚拟仪表模块: 使用交互式人机界面, 实现在线对检测点的流量进行校准、打印差压和流量系统校准原始记录报表、实现温度、压力和差压三种类型的虚拟计算。

打印差压和流量系统校准原始记录报表时, 要求技术人员在现场改变测量仪表的量程, 系统自动读取量程的变化量进行检测并用检测结果自动填写报表, 保证了校准报表数据的真实性和可靠性。

在线对检测点的流量进行校准时, 需要读取在线的检测点实时差压、压力、温度和流量值, 用计算的流量值与在线的流量值进行比较, 分析绝对误差与相对误差, 实现流量的校准。

温度虚拟计算供用户进行 Pt100 的温度换算, 显示温度的虚拟值、温度的实时值和温度量程, 并根据温度量程计算温度的固定值。差压虚拟计算实现差压实时值显示、差压量程显示和差压固定值计算。压力虚拟计算实现压力虚拟值, 即压力默认值的显示、压力量程的显示和压力实时值的显示, 并根据压力量程计算压力固定值。

(6) Web 发布模块: 基于建立于 IBM xSeries 255 服务器上的 Web 服务器实现

远程用户直接通过 IE 浏览器查询显示原始煤气流量数据、平衡以后煤气流量数据和原始平衡煤气流量数据比较,并可以预测当天的煤气流量数据。在 IE 浏览器上提供交互式人机界面,用户通过下拉框或编辑框输入查询条件或参数,使用浏览器中嵌入的数据表格或者直方图显示查询结果数据。

对远程用户进行 IP 地址和密码的限制,保证信息的安全性。系统管理员使用特殊的用户名和密码可以通过浏览器远程对 Web 发布网站进行管理和维护,而无需本地登录到 Web 服务器,方便了用户对于 Web 站点和服务器的管理工作。Web发布模块使得煤气平衡认证的过程更加透明化和公开化。

(7) 数据库操作模块: 提供交互式人机界面来实现平衡以后煤气流量数据、检测点编码数据和检测点名称数据的手工修改。对进行数据库操作的用户有严格的用户名和密码限制,用户也可以修改自己的密码。申请用户名和修改用户名则必须由系统管理员完成,普通用户没有该权限。

(8) 平衡认证模块: 包括平衡认证、故障诊断和平衡日志三个子模块。用户通过交互式人机界面输入平衡认证所需相关参数并对出现异常的检测点进行故障诊断和故障设置以后,平衡认证线程在后台定期运行,实现了高炉煤气、焦炉煤气、加压站混合煤气和转炉煤气的日、月、年自动平衡。

修改平衡认证的参数和进行故障设置要求用户输入用户名和密码,保证了平衡认证过程的数据安全性。用户每次所进行的故障诊断和故障设置都将被写入平衡日志,平衡日志可以被查询和打印。

(9) 消耗模型模块: 用户通过交互式人机界面输入消耗模型的相关参数后,消耗模型线程在后台定期运行。根据煤气用户的历史数据,建立了型材厂、转炉炼钢厂、电炉炼钢厂、130 烧结厂、棒材一厂、棒材二厂和带钢厂的日、月、年煤气消耗模型,它具有在线自学习和自适应功能,实现了煤气计量故障诊断分析。

(10) 软测量模块: 包括混合煤气密度和混合煤气热值的软测量。用户通过交互式人机界面输入相关参数后,软测量线程在后台定期运行,实现混合煤气密度和混合煤气热值的在线自动测量,达到了软测量的目的。

5) 系统应用与运行结果

将"煤气平衡认证系统"应用到某钢铁企业的实际生产线上,效果明显。以下抽取了型材厂、转炉炼钢厂、带钢厂、棒材一厂、棒材二厂和 130 烧结厂共六个检测点,这六个点在某个月的日平衡结果曲线如图 6.27 ～ 图 6.32 所示。

型材厂和转炉炼钢厂使用的是一加压站混合煤气,从图 6.27 和图 6.28 中的平衡结果来看,平衡流量曲线与原始流量曲线跟随性较好,平衡流量与原始流量平均相差在 10% 以内,而且两条曲线存在重合与交汇的情况,这说明了一加压站混合煤气因为仪表故障、管网泄漏和特殊情况等造成的计量损失较少,因而煤气的利用率较高。

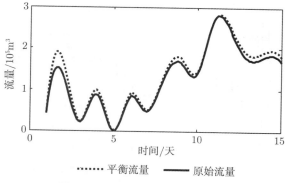

图 6.27 型材厂平衡结果曲线图

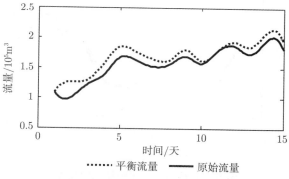

图 6.28 转炉炼钢厂平衡结果曲线图

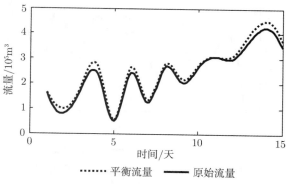

图 6.29 带钢厂平衡结果曲线图

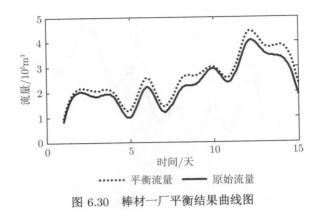

图 6.30   棒材一厂平衡结果曲线图

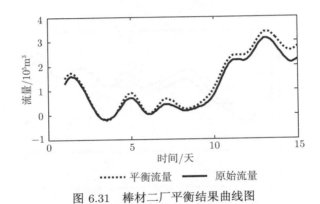

图 6.31   棒材二厂平衡结果曲线图

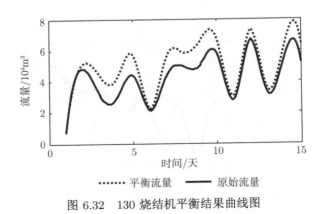

图 6.32   130 烧结机平衡结果曲线图

图 6.29 是带钢厂使用转炉煤气的平衡结果, 从图中可以看出平衡流量曲线与原始流量曲线不仅跟随性强, 而且相差均匀, 约为 5%, 这是由于转炉煤气只有带钢

厂一个用户, 所以煤气的损失极小, 煤气的利用率相当高。

棒材一厂、棒材二厂和 130 烧结厂使用的是三加压站混合煤气, 从图 6.30~图 6.32 可以看出, 平衡流量曲线与原始流量曲线的跟随性要差于图 6.27~ 图 6.29, 且平衡流量与原始流量相差也较大一些, 平均约为 14%, 这除了与三加压站的计量系统误差大、管网损失较大相关, 另一个原因在于三加压站的一个新的用户 (180 烧结厂) 的部分煤气用量没有纳入计量中来。

从以上六个用户的平衡结果曲线图可以看出, 平衡结果与实测值差值的波动基本平稳, 煤气平衡流量与煤气原始流量相差小于 15%, 达到了煤气平衡的要求。

根据一段时间系统运行情况, 在高炉煤气放散率为 6% 和管损率为 1% 的情况下, 平衡以后的高炉煤气总发生量与消耗量相差 4.5%, 用户原始流量与平衡流量相差平均为 13% 左右。焦炉煤气总发生量与消耗量相差在 2% 左右, 用户原始流量与平衡流量相差平均为 6% 左右。在管损率为 1% 的情况下, 一加压站混合煤气总发生量与总消耗量相差约为 5%, 三加压站约为 8%, 一加压站混合煤气用户原始流量与平衡流量相差平均为 10%, 三加压站平均为 14%, 转炉煤气则分别为 1% 和 5%。

总的说来, 焦炉煤气和转炉煤气的平衡与原始流量相差较少, 这是由于焦炉煤气热值较高, 价格较贵, 各单位对于焦炉煤气都会充分利用, 放散较少, 导致了焦炉煤气的利用率相对较高。另外, 由于转炉煤气的用户较少, 所以, 转炉煤气的计量误差小, 其利用率也相对较高。三加压站混合煤气平衡相差稍微偏大, 这主要是因为三加压站中较大用户 (180 烧结机) 部分煤气用量没有纳入计量中来, 如果把它纳入计量中来, 则三加压站混合煤气平衡相差将会减小。

"煤气平衡认证系统" 投入运行后, 降低了高炉煤气放散, 增加了混合煤气产量, 增加了加热炉产能, 提高了钢产量。同时, 系统投入运行后, 降低了管理员的劳动强度, 方便了生产管理和煤气资源的调度, 减少了煤气的放散, 有效地提高了煤气的利用率, 既提高了企业自动化和信息化程度, 又促进了煤气资源的合理利用, 对于节能降耗、降低环境污染具有重要意义。

参 考 文 献

[1] 李勇, 吴敏, 曹卫华, 等. 基于粒度分布评估与优化的烧结制粒过程 PSO-BP 控制算法. 自动化学报, 2012, 38(6): 1007-1016.

[2] 王安娜, 陶子玉, 姜茂发, 等. 基于 PSO 和 BP 网络的 LF 炉钢水温度智能预测. 控制与决策, 2006, 21(7): 814-820.

[3] Wu M, Duan P, Cao W H, et al. An intelligent control system based on prediction of the burn-through point for the sintering process of an iron and steel plant. Expert Systems with Applications, 2012, 39(5): 5971-5981.

[4] 关力. 基于轧制信息的钢坯热轧过程智能建模研究. 大连: 大连理工大学硕士学位论文, 2006.

[5] Wu M, Cao W H, He C Y, et al. Integrated intelligent control of gas mixing-and-pressurization process. IEEE Transactions on Control Systems Technology, 2009, 17(1): 68-77.

[6] 李飞, 马休, 曹卫华, 等. 煤气混合过程热值与压力的模糊补偿解耦控制. 中南大学学报 (自然科学版), 2011, 42(1): 94-99.

[7] 胡波. 基于模拟退火算法的炼焦生产协调优化控制系统设计及应用. 长沙: 中南大学硕士学位论文, 2009.

[8] Shang X, Lu J, Sun Y, et al. Data-driven prediction of sintering burn-through point based on novel genetic programming. International Journal of Iron and Steel Research, 2010, 17(12): 1-5.

[9] Liao Y X, She J H, Wu M. Integrated hybrid-PSO and fuzzy-NN decoupling control for temperature of reheating furnace. IEEE Transactions on Industrial Electronics, 2009, 56(7): 2704-2714.

[10] Wu M, Yan J, She J H, et al. Intelligent decoupling control of gas collection process of multiple asymmetric coke ovens. IEEE Transactions on Industrial Electronics, 2009, 56(7): 2782-2792.

[11] 赖旭芝, 李爱平, 吴敏, 等. 基于多目标遗传算法的炼焦生产过程优化控制. 计算机集成制造系统, 2009, 15(5): 990-997.

[12] Wu M, Lei Q, Cao W H, et al. Integrated soft sensing of coke-oven temperature. Control Engineering Practice, 2011, 19(10): 1116-1125.

[13] 邓俊, 赖旭芝, 吴敏, 等. 基于神经网络和模拟退火算法的配煤智能优化方法. 冶金自动化, 2007, 31(3): 19-23.

[14] Wu M, Xu C H, She J H, et al. Intelligent integrated optimization and control system for lead-zinc sintering process. Control Engineering Practice, 2009, 17(2): 280-290.

[15] 雷琪, 吴敏, 曹卫华. 基于混杂递阶结构的焦炉加热过程火道温度智能控制. 信息与控制, 2007, 36(4): 420-426.

[16] 阎瑾, 吴敏, 曹卫华. 基于耦合度的集气管压力智能解耦控制. 冶金自动化, 2008, 32(4): 9-14.

[17] 蔡雁, 吴敏, 杨静. 基于优化调度模型的焦炉推焦计划编制方法. 中南大学学报 (自然科学版), 2007, 38(4): 745-750.

[18] 蔡雁. 焦炉作业计划与优化调度系统的设计与应用. 长沙: 中南大学硕士学位论文, 2007.

[19] 鞠文波. 热轧带钢轧制批量计划软件系统开发与研究. 大连: 大连理工大学硕士学位论文, 2005.

[20] 于振东, 蔡承祐. 焦炉生产技术. 沈阳: 辽宁科学技术出版社, 2003.

[21] 吴敏, 朱华琦, 曹卫华, 等. 焦炉作业计划与优化调度系统设计与实现. 控制工程, 2009, 16(2): 176-180.

[22] Jia S J, Yi J, Yang G K, et al. A multi-objective optimisation algorithm for the hot rolling batch scheduling problem. International Journal of Production Research, 2013, 51(3): 667-681.

[23] Kosiba E D, Wright J R, Cobbs A E. Discrete event sequencing as a traveling salesman problem. Commuters in Industry, 1992, 19(3): 317-327.

[24] 朱华琦. 适合多工况的焦炉作业计划优化调度方法的研究与实现. 长沙: 中南大学硕士学位论文, 2008.

[25] Dorigo M, Gambardella L M. Ant colony system: A cooperative learning approach to the traveling salesman problem. IEEE Transactions on Evolutionary Computation, 1997, 1(1): 53-66.

[26] Maniezzo V, Colorni A. The ant system applied to the quadratic assignment problem. IEEE Transactions on Knowledge and Data Engineering, 1999, 11(5): 769-778.

[27] Wu M, Wang C S, Cao W H, et al. Design and application of generalized predictive control strategy with closed-loop identification for burn-through point in sintering process. Control Engineering Practice, 2012, 20(10): 1065-1074.

[28] 熊永华, 许虎, 吴敏, 等. 一种烧结生产过程控制云制造仿真实验平台. 计算机集成制造系统, 2012, 18(7): 1627-1636.

[29] Wang C S, Wu M. Hierarchical intelligent control system and its application to the sintering process. IEEE Transactions on Industrial Informatics, 2013, 9(1): 190-197.

[30] 向齐良, 吴敏, 向婕, 等. 烧结过程烧结终点的预测与智能控制策略的研究及应用. 信息与控制, 2006, 35(5): 662-666.

[31]   Moustakidis S P, Rovithakis G A, Theocharis J B. An adaptive neuro-fuzzy tracking control for multi-input nonlinear dynamic systems. Automatica, 2008, 44(3): 851-856.

[32]   Eberhart R C, Kennedy J. A new optimizer using particles swam theory. Proceedings of the Sixth International Symposium on Micro Machine and Human Science, Tokyo, 1995: 39-43.

[33]   Wu M, Chen X X, Cao W H, et al. An intelligent integrated optimization system for the proportioning of iron ore in a sintering process. Journal of Process Control, 2014, 24(1): 182-202.

[34]   陈略峰. 烧结混合制粒过程水分智能控制策略及工业应用. 长沙: 中南大学硕士学位论文, 2012.

[35]   李勇. 烧结混合料制备过程智能集成优化控制策略及其工业应用. 长沙: 中南大学博士学位论文, 2012.

[36]   李福东. 基于点火强度优化设定的烧结点火燃烧智能控制方法研究. 长沙: 中南大学硕士学位论文, 2009.

[37]   宁德乙. 烧结点火炉改造. 北京: 冶金工业出版社, 2000.

[38]   蔡雁, 钟茜怡, 吴敏, 等. 基于 GA-PSO 算法的烧结料场原料库存量优化. 化工学报, 2012, 63(9): 2824-2830.

[39]   Wang W L, Xu J, Wang J Y. Model of iron and steel enterprises group raw material requirement planning based on consumer chain. Computer Integrated Manufacturing Systems, 2010, 16(5): 1074-1081.

[40]   蔡雁. 烧结综合料场作业管理与优化系统设计及应用研究. 长沙: 中南大学博士学位论文, 2013.

[41]   蔡雁, 吴敏, 周晋妮, 等. 基于层次分析法的储位模糊多准则优化方法. 湖南大学学报 (自然科学版), 2013, 40(6): 103-108.

[42]   Kim B I, Koo J G, Park B S. A raw material storage yard allocation problem for a large-scale steelworks. International Journal of Advanced Manufacturing Technology, 2009, 41(9): 880-884.

[43]   Wu M, Nakano M, She J H. A model-based expert control strategy using neural networks for the coal blending process in an iron and steel plant. Expert Systems with Applications, 1999, 16(3): 271-281.

[44]   郝素菊, 蒋武锋, 方觉. 高炉炼铁设计原理. 北京: 冶金工业出版社, 2003.

[45]   刘祥官, 刘芳. 高炉炼铁过程优化与智能控制系统. 北京: 冶金工业出版社, 2003.

[46]   Bugaev S F, Nikitin L D, Portnov L V, et al. Aspects of the control of charge distribution in a blast furnace with additional regulators. Metallurgist, 2004, 48(11-12): 544-547.

[47] Nath N K. Simulation of gas flow in blast furnace for different burden distribution and cohesive zone shape. Materials and Manufacturing Processes, 2002, 17(5): 671-681.

[48] Pandey B D, Yadav U S. Blast furnace performance as influenced by burden distribution. Ironmaking and Steelmaking, 1999, 26(3): 187-192.

[49] Kajiwara Y, Jimbo T, Sakai T. Development of a simulation model for burden distribution at blast furnace top. Transactions of the Iron and Steel Institute of Japan, 1983, 23(12): 1045-1052.

[50] An J Q, Wu M, He Y. A temperature field detection system for blast furnace based on multisource information fusion. Intelligent Automation and Soft Computing, 2013, 19(4): 625-634.

[51] 安剑奇, 吴敏, 何勇, 等. 基于多源信息可信度的高炉料面温度检测方法. 上海交通大学学报, 2012, 46(12): 1945-1950.

[52] 曲飞. 高炉炉况智能诊断与预报方法研究. 长沙: 中南大学硕士学位论文, 2007.

[53] 毕学工. 高炉过程数学模型及计算机控制. 北京: 冶金工业出版社, 2002.

[54] 安剑奇, 吴敏, 何勇, 等. 基于料面温度场特征的高炉炉况诊断方法. 浙江大学学报 (工学版), 2010, 44(7): 1276-1281.

[55] 曲飞, 吴敏, 曹卫华, 等. 基于支持向量机的高炉炉况诊断方法. 钢铁, 2007, 42(10): 17-19.

[56] Vapnik V N. The Nature of Statistical Learning Theory. New York: Springer-Verlag, 1999.

[57] 唐发明, 王仲东, 陈绵云. 支持向量机多类分类算法研究. 控制与决策, 2005, 20(7): 746-775.

[58] 马智慧. 高炉热风炉燃烧过程智能优化控制策略及应用研究. 长沙: 中南大学硕士学位论文, 2006.

[59] 马智慧, 吴敏, 曹卫华. 钢厂热风炉燃烧控制模型的开发与应用. 计算机测量与控制, 2006, 14(1): 54, 55.

[60] 安剑奇, 吴敏, 熊永华, 等. 高炉炉顶压力智能解耦控制方法及应用. 信息与控制, 2010, 39(2): 180-186.

[61] 陈奇福, 吴敏, 安剑奇, 等. 模糊 PID 控制在高炉炉顶压力控制系统中的应用. 冶金自动化, 2010, 34(2): 10-14.

[62] 王耀南. 智能控制系统: 模糊逻辑, 专家系统, 神经网络控制. 长沙: 湖南大学出版社, 1996.

[63] Hunt K J, Sbarbaro D, Zbikowski R, et al. Neural networks for control systems-A survey. Automatica, 1992, 28(6): 1083-1112.

[64] Yu X H, Efe M O, Kaynak O. A general backpropagation algorithm for feedforward neural networks learning. IEEE Transactions on Neural Networks, 2002, 13(1): 251-254.

[65] Yutaka M, Masatoshi W. Simultaneous perturbation learning rule for recurrent neural networks and its FPGA implementation. IEEE Transactions on Neural Networks, 2005, 16(6): 1664-1672.

[66] 王中杰, 柴天佑, 邵诚. 基于 RBF 神经网络的加热炉钢温预报模型. 系统仿真学报, 1999, 11(3): 181-184.

[67] Kadirkamanathan V, Niranjan M A. Function estimation approach to sequential learning with neural networks. Neural Computation, 1993, 5(6): 954-975.

[68] Hisashi E, Yoshiro S, Naoki Y, et al. Development of a simulator to calculate an optimal slab heating pattern for reheat furnaces. Electrical Engineering in Japan, 1997, 120(3): 42-53.

[69] 刘志远, 吕剑虹, 陈来九. 新型 RBF 神经网络及在热工过程建模中的应用. 中国电机工程学报, 2002, 22(9): 118-122.

[70] Holman J P. Heat Transfer. New York: McGraw Hill Book Company, 1986.

[71] 王锡淮, 李柠, 李少远, 等. 步进式加热炉建模和炉温优化设定策略. 上海交通大学学报, 2001, 35(9): 1306-1309.

[72] Siegel R, Howell J R. Thermal Radiation Heat Transfer. New York: McGraw Hill Book Company, 1981.

[73] 吴翊, 吴孟达, 成礼智. 数学建模的理论与实践. 长沙: 国防科技大学出版社, 1999.

[74] Abilov A G, Zeybek Z, Tuzunalp O, et al. Fuzzy temperature control of industrial refineries furnaces through combined feedforward/feedback multivariable cascade systems. Chemical Engineering and Processing, 2002, 41(1): 87-98.

[75] Gao Z Q, Trautzsch T A, Dawson J G. A stable self-tuning fuzzy logic control system for industrial temperature regulation. IEEE Transactions on Industry Applications, 2002, 38(2): 414-424.

[76] Beatrice L, Leonardo M R, Marcello C. A neuro-fuzzy approach to hybrid intelligent control. IEEE Transaction on Industry Applications, 1999, 35(2): 413-425.

[77] Khalid M, Omatu S, Yusof R. MIMO furnace control with neural networks. IEEE Transactions on Control Systems Technology, 1993, 1(4): 238-245.

[78] Zhang B, Wang J C, Zhang J M. Dynamic model of reheating furnace based on fuzzy system and genetic algorithm. Control Theory and Applications, 2003, 20(2): 293-296.

[79] 左兴权, 李士勇. 采用免疫进化算法优化设计径向基函数模糊神经网络控制器. 控制理论与应用, 2004, 21(4): 521-525.

[80] de Castro L N, von Zuben F J. Learning and optimization using the clonal selection principle. IEEE Transactions on Evolutionary Computation, 2002, 6(3): 239-251.

[81] 王小平, 曹立民. 遗传算法——理论、应用与软件实现. 西安: 西安交通大学出版社, 2002.

[82] 廖迎新. 基于群体搜索策略的热轧加热炉多模型优化控制研究. 长沙: 中南大学博士学位论文, 2006.

[83] 李飞, 马休, 袁艳, 等. 煤气混合加压过程智能控制系统的实现与应用. 湖南大学学报 (自然科学版), 2011, 38(8): 45-49.

[84] 吴敏, 周国雄, 雷琪, 等. 多座不对称焦炉集气管压力模糊解耦控制. 控制理论与应用, 2010, 27(1): 94-98.

[85] Truettt C T, Fohner D G. Electrohydraulic control system for coke oven back-pressure regulation. Iron and Steel Engineer, 1997, 74(11): 32,33.

[86] 陈炜. 煤气混合加压过程智能解耦控制方法的研究与应用. 长沙: 中南大学硕士学位论文, 2005.

[87] 袁艳, 曹原, 曹卫华, 等. 基于机理和子空间辨识的煤气混合过程集成建模. 东北大学学报 (自然科学版), 2014, 35(1): 5-9.

[88] 马休. 煤气混合过程的集成建模与自组织模糊解耦控制方法. 长沙: 中南大学硕士学位论文, 2012.

[89] 熊永华, 吴敏, 田建军, 等. 煤气平衡认证分析系统的设计. 计算技术与自动化, 2006, 25(2): 31-34.

[90] 李玲玲, 吴敏, 曹卫华. 基于多层递阶回归分析的轧钢煤气用量预测. 控制工程, 2004, 11(增刊): 33-35.

[91] 王伟, 吴敏, 雷琪, 等. 炼焦生产过程综合生产指标的改进神经网络预测方法. 控制理论与应用, 2009, 26(12): 1419-1424.

[92] 聂秋平, 吴敏, 曹卫华, 等. 一种基于消耗预测的钢铁企业煤气平衡与数据校正方法. 化工自动化及仪表, 2010, 37(2): 14-18.